浙江省重点教材

南方现代设施园艺栽培技术

主　编　童正仙

副主编　曾洪学　陈勇兵

主　审　喻景权

中国水利水电出版社
www.waterpub.com.cn

内 容 提 要

本教材以提高设施园艺技术应用能力和培养职业技能为目标，以浙江等南方地区现代设施农业发展现状和趋势为依据，以花卉师、蔬菜园艺师、果树园艺师、绿化工等技能考核标准为参照，模块化构架教材体系，项目化组织教材内容。本教材包含设施育苗技术、设施无土栽培技术、花卉设施栽培技术、蔬菜设施栽培技术、果树设施栽培技术、特种经济作物设施栽培技术等主要内容。特别是根据现代设施农业发展特点融入了一些极具特色和发展前景的设施栽培项目。如：有机生态无土栽培、草莓设施栽培、石斛设施栽培、葡萄避雨栽培、杨梅设施栽培、茶设施栽培等内容。且内容紧贴现代设施园艺生产实践和技术前沿，融入生产实例、行业规范及职业标准，力求反映现代设施园艺的科学性、先进性和实用性。

本教材突出理实融合的理念，以能力培养为主线，每篇含有2～8个项目，每个项目都结合生产实际，引入1～2个实例和2～3项技能实训，便于实施"教、学、练"一体化教学，使培养的学生更贴近岗位需求，更能适应生产实际，更快地实现学业、就业到职业的过渡和转换。本教材图文并茂、内容充实、适用面广，可供南方大多数高职高专院校相关专业师生使用，也可供本科院校独立学院和中等职业技术学校相关专业师生参考使用。

图书在版编目（ＣＩＰ）数据

南方现代设施园艺栽培技术 / 童正仙主编. -- 北京：
中国水利水电出版社，2014.5
浙江省重点教材
ISBN 978-7-5170-2586-3

Ⅰ．①南… Ⅱ．①童… Ⅲ．①园艺－保护地栽培－教
材 Ⅳ．①S62

中国版本图书馆CIP数据核字(2014)第223147号

书　　名	浙江省重点教材 **南方现代设施园艺栽培技术**
作　　者	主编　童正仙　副主编　曾洪学　陈勇兵　主审　喻景权
出版发行	中国水利水电出版社 （北京市海淀区玉渊潭南路1号D座　100038） 网址：www.waterpub.com.cn E-mail：sales@waterpub.com.cn 电话：(010) 68367658（发行部）
经　　售	北京科水图书销售中心（零售） 电话：(010) 88383994、63202643、68545874 全国各地新华书店和相关出版物销售网点
排　　版	中国水利水电出版社微机排版中心
印　　刷	北京瑞斯通印务发展有限公司
规　　格	184mm×260mm　16开本　27.25印张　680千字
版　　次	2014年5月第1版　2014年5月第1次印刷
印　　数	0001—3000册
定　　价	**49.00元**

凡购买我社图书，如有缺页、倒页、脱页的，本社发行部负责调换

前　言

　　设施园艺随着社会经济和现代科技的发展而快速发展，已成为各地农业产业转型升级的重要举措，是农业现代化的重要标志。本教材根据南方现代农业产业发展特点及浙江省重点教材建设要求进行编写，被列为浙江省高职高专重点教材。

　　本教材遵循教育部高职教育发展系列精神，秉承"理实融合，实践育人"的教育理念与指导思想，改革课程体系，着力培养学生的技术应用能力和职业技能；基于"项目教学、任务驱动、工学结合"的人才培养模式，改革课程教学内容。根据快速发展的南方现代设施园艺生产特点及发展趋势，针对设施农业技术和园艺类专业特点及职业岗位任职要求，以能力培养为主线，科学构建设施条件下的园艺作物生产教学内容。内容紧贴现代设施园艺生产实践和技术前沿，融入生产实例、行业规范及职业标准，力求反映现代设施园艺的科学性、先进性和实用性，适应目前职业教育发展方向和设施园艺相关岗位的高素质技能型人才培养目标。

　　本教材共分概述、设施育苗技术、设施无土栽培技术、花卉设施栽培技术、蔬菜设施栽培技术、果树设施栽培技术、特种经济作物设施栽培技术等7个部分。每个部分含有2～8个项目，每个项目都结合生产实际，引入1～2个应用实例，便于进行案例教学和实务操作。并按"工学交替、全程职业能力培养"要求，在每个项目后还安排2～3项技能实训。切实将理论融入实践，便于实施"教、学、练"一体化教学，培养学生的技术应用能力和职业技能。

　　本教材编写分工如下：前言、概述由童正仙编写；第一篇由靳晓翠、童正仙、陆寿忠、徐苏君编写；第二篇由曾洪学、童正仙编写；第三篇由靳晓翠、吕乐燕、吕萍、陈秀芹、齐振宇编写；第四篇由陈勇兵、吕乐燕、童正仙、吕萍、张雅编写；第五篇由童正仙、陆寿忠编写；第六篇由曾洪学、陈海生、胡民强编写。全书最后由童正仙、陆寿忠、曾洪学统稿。

　　本教材书稿承蒙长江学者、浙江大学教授喻景权担任主审，他在百忙之中认真负责地审阅了全部书稿并提出了宝贵的意见，借此深表感谢！

　　在本教材完成出版之际，谨对为本教材编写提供各种支持和帮助的各位表示最衷心的感谢！在教材编写过程中，参考、借鉴和引用了有关文献资料和网上资料，谨向各位专家学者表示诚挚的谢意！

由于编者学识、水平及时间所限，经验不足，错误疏漏之处在所难免，敬请专家和读者批评指正，以便改进和提高。

编　者
2013 年 12 月

目 录

前言

概述 …………………………………………………………………………………………………… 1

第一篇 设施育苗技术

项目一 播种育苗技术 …………………………………………………………………………… 11

  任务一 种子质量检验技术 …………………………………………………………………… 11

  任务二 种子播前处理技术 …………………………………………………………………… 16

  任务三 容器播种育苗技术 …………………………………………………………………… 19

  任务四 穴盘播种育苗技术 …………………………………………………………………… 22

  实例1-1 西瓜穴盘育苗 ……………………………………………………………………… 25

  实训1-1 商品种子净度分析 ………………………………………………………………… 26

  实训1-2 种子发芽试验 ……………………………………………………………………… 29

  实训1-3 盆播育苗 …………………………………………………………………………… 32

  思考 …………………………………………………………………………………………… 33

项目二 扦插育苗技术 …………………………………………………………………………… 34

  任务一 硬枝扦插育苗 ………………………………………………………………………… 35

  任务二 嫩枝扦插育苗 ………………………………………………………………………… 38

  实例1-2 红叶石楠全光照喷雾扦插繁殖 …………………………………………………… 40

  实训1-4 葡萄的硬质扦插 …………………………………………………………………… 42

  实训1-5 常春藤的穴盘扦插 ………………………………………………………………… 44

  思考 …………………………………………………………………………………………… 44

项目三 嫁接育苗技术 …………………………………………………………………………… 45

  任务一 认识嫁接繁殖 ………………………………………………………………………… 45

  任务二 木本嫁接育苗技术 …………………………………………………………………… 46

  任务三 蔬菜嫁接育苗技术 …………………………………………………………………… 52

  实例1-3 桃快速嫁接育苗 …………………………………………………………………… 55

  实训1-6 葡萄嫩枝嫁接育苗 ………………………………………………………………… 56

  实训1-7 茄子嫁接育苗 ……………………………………………………………………… 58

  思考 …………………………………………………………………………………………… 59

项目四 组织培养育苗技术 ……………………………………………………………………… 60

  任务一 认识植物组织培养 …………………………………………………………………… 60

任务二　培养基配制 ……………………………………………………………… 61

任务二　植物组织培养操作 ……………………………………………………… 63

实例1-4　龙牙百合鳞片的组织培养 …………………………………………… 64

实训1-8　MS培养基母液的配制 ………………………………………………… 67

实训1-9　MS培养基的配制 ……………………………………………………… 68

实训1-10　烟草的初代培养 ……………………………………………………… 70

思考 …………………………………………………………………………………… 70

参考文献 ……………………………………………………………………………… 72

第二篇　设施无土栽培技术

项目一　设施无土栽培 ……………………………………………………………… 73

任务一　无土栽培应用 …………………………………………………………… 73

任务二　设施无土栽培营养液配制 ……………………………………………… 78

实训2-1　霍格兰营养液母液的配制 …………………………………………… 87

思考 …………………………………………………………………………………… 88

项目二　无基质栽培 ………………………………………………………………… 89

任务一　深液流栽培 ……………………………………………………………… 89

任务二　营养液膜栽培 …………………………………………………………… 93

任务三　喷雾栽培 ………………………………………………………………… 97

实例2-1　温室生菜管道水培 …………………………………………………… 99

实训2-2　温室生菜管道水培的种植管理 ……………………………………… 101

思考 …………………………………………………………………………………… 101

项目三　基质栽培 …………………………………………………………………… 102

任务一　基质栽培 ………………………………………………………………… 102

任务二　有机生态型无土栽培 …………………………………………………… 105

实例2-2　玫瑰基质栽培 ………………………………………………………… 108

实例2-3　番茄有机生态型无土栽培 …………………………………………… 109

实训2-3　无土栽培基质的配制和消毒 ………………………………………… 111

实训2-4　有机无土栽培基质的配制 …………………………………………… 112

思考 …………………………………………………………………………………… 112

第三篇　花卉设施栽培技术

花卉设施栽培概述 …………………………………………………………………… 113

项目一　大花蕙兰设施栽培技术 …………………………………………………… 116

任务一　认识大花蕙兰的栽培特性 ……………………………………………… 116

任务二　大花蕙兰的繁殖 ………………………………………………………… 118

任务三　大花蕙兰的设施栽培 …………………………………………………… 119

实例 3-1 大花蕙兰切花栽培技术 ·················· 121

实例 3-2 大花蕙兰高山催花 ·················· 122

实训 3-1 大花蕙兰的上盆 ·················· 124

实训 3-2 大花蕙兰的组织培养 ·················· 125

思考 ·················· 126

项目二 蝴蝶兰设施栽培技术 ·················· 127

任务一 认识蝴蝶兰的栽培特性 ·················· 127

任务二 蝴蝶兰的繁殖 ·················· 129

任务三 蝴蝶兰的设施栽培 ·················· 129

实例 3-3 蝴蝶兰温室高效栽培技术 ·················· 131

实训 3-3 蝴蝶兰栽培基质配制和盆钵选择 ·················· 133

实训 3-4 蝴蝶兰组培苗炼苗和移栽 ·················· 134

思考 ·················· 135

项目三 红掌设施栽培技术 ·················· 136

任务一 认识红掌的栽培特性 ·················· 136

任务二 红掌的繁殖 ·················· 137

任务三 红掌的设施栽培 ·················· 138

实例 3-4 红掌盆栽高效生产技术 ·················· 139

实训 3-5 红掌水培 ·················· 141

实训 3-6 红掌切花瓶插保鲜液的配制 ·················· 142

思考 ·················· 143

项目四 观赏凤梨设施栽培技术 ·················· 144

任务一 认识观赏凤梨的栽培特性 ·················· 144

任务二 观赏凤梨的繁殖 ·················· 147

任务三 观赏凤梨的设施栽培 ·················· 147

实例 3-5 擎天凤梨标准化生产技术 ·················· 149

实训 3-7 观赏凤梨的换盆 ·················· 151

实训 3-8 观赏凤梨病害的识别 ·················· 152

思考 ·················· 153

项目五 仙客来设施栽培技术 ·················· 154

任务一 认识仙客来的栽培特性 ·················· 154

任务二 仙客来的繁殖 ·················· 156

任务三 仙客来的设施栽培 ·················· 157

实例 3-6 仙客来优质栽培 ·················· 159

实训 3-9 仙客来穴盘苗培育 ·················· 161

实训 3-10 仙客来的越夏管理 ·················· 162

思考 ·················· 163

项目六　一品红设施栽培技术 ······················· 164

　　任务一　认识一品红的栽培特性 ······················· 164

　　任务二　一品红的繁殖 ······························· 166

　　任务三　一品红的设施栽培 ··························· 166

　　实例3-7　一品红设施栽培技术 ······················· 167

　　实例3-8　杭州一品红高山越夏栽培 ··················· 168

　　实训3-11　一品红的花期调控 ························· 171

　　实训3-12　一品红的扦插育苗 ························· 171

　　思考 ··· 173

项目七　切花百合设施栽培技术 ····················· 174

　　任务一　认识百合的栽培特性 ························· 174

　　任务二　切花百合的设施栽培 ························· 175

　　实例3-9　高山百合种球培育 ························· 177

　　实训3-13　百合分球繁殖 ····························· 178

　　实训3-14　百合球根的栽培与挖掘 ····················· 179

　　思考 ··· 180

项目八　切花月季设施栽培技术 ····················· 181

　　任务一　认识切花月季的栽培特性 ····················· 181

　　任务二　切花月季的设施栽培 ························· 182

　　实例3-10　切花月季大棚栽培技术 ····················· 184

　　实训3-15　切花月季嫁接 ····························· 187

　　实训3-16　切花月季的支柱和牵引 ····················· 189

　　思考 ··· 190

项目九　其他花卉设施栽培技术 ····················· 191

　　任务一　非洲菊设施栽培技术 ························· 191

　　任务二　菊花周年开花栽培技术 ······················· 193

　　任务三　矮牵牛设施栽培技术 ························· 195

　　任务四　绿萝设施栽培技术 ··························· 198

　　实例3-11　浙江海宁《非洲菊栽培技术规程》 ··········· 200

　　实训3-17　非洲菊的采收保鲜 ························· 203

　　实训3-18　成品花的包装与运输 ······················· 204

　　思考 ··· 204

　　参考文献 ··· 206

第四篇　蔬菜设施栽培技术

项目一　茄果类蔬菜设施栽培技术 ··················· 208

　　任务一　番茄设施栽培技术 ··························· 209

　　任务二　茄子设施栽培技术 ··· 218
　　任务三　辣椒设施栽培技术 ··· 224
　　实例 4-1　茄子大棚越冬栽培 ·· 230
　　实训 4-1　蔬菜种子播前处理 ·· 231
　　实训 4-2　蔬菜播种技术 ··· 232
　　实训 4-3　番茄植株调整与保花保果 ······································· 232
　　思考 ··· 233

项目二　瓜类设施栽培技术 ·· 234
　　任务一　黄瓜设施栽培技术 ·· 234
　　任务二　西瓜设施栽培技术 ·· 243
　　任务三　甜瓜设施栽培技术 ·· 251
　　实例 4-2　西瓜多膜覆盖全程避雨长季节栽培技术 ························· 256
　　实例 4-3　大棚瓠瓜早熟高产栽培技术 ····································· 258
　　实训 4-4　黄瓜嫁接育苗技术 ·· 259
　　实训 4-5　蔬菜植株调整 ··· 260
　　思考 ··· 261

项目三　豆类蔬菜设施栽培技术 ·· 262
　　任务一　菜豆设施栽培技术 ·· 262
　　任务二　豇豆设施栽培技术 ·· 269
　　实例 4-4　豇豆设施高效栽培技术 ·· 275
　　实训 4-6　整地、作畦、地膜覆盖 ·· 277
　　实训 4-7　蔬菜灌溉 ··· 278
　　思考 ··· 279

项目四　其他蔬菜设施栽培 ·· 280
　　任务一　小白菜设施栽培技术 ·· 280
　　任务二　芹菜设施栽培技术 ·· 283
　　任务三　菠菜设施栽培技术 ·· 291
　　任务四　茼蒿设施栽培技术 ·· 294
　　实例 4-5　大棚芹菜周年多茬高效种植技术 ································· 296
　　实例 4-6　两菜一瓜与甜玉米高效搭配大棚栽培周年茬口安排 ··············· 298
　　实训 4-8　蔬菜定植 ··· 298
　　实训 4-9　蔬菜的采收及采后处理 ·· 299
　　思考 ··· 300

参考文献 ·· 301

第五篇　果树设施栽培技术

项目一　葡萄设施栽培技术 ·· 303

任务一　认识葡萄的栽培特性 ……………………………………………………………… 304

任务二　了解葡萄设施栽培的主要类型和适宜品种 ……………………………………… 307

任务三　优质高效栽培葡萄 ………………………………………………………………… 310

实例5-1　海盐县葡萄大棚栽培技术模式 ………………………………………………… 317

实训5-1　葡萄夏季护理 …………………………………………………………………… 319

实训5-2　葡萄疏花疏果 …………………………………………………………………… 320

实训5-3　葡萄冬季修剪 …………………………………………………………………… 321

思考 …………………………………………………………………………………………… 322

项目二　草莓设施栽培技术 …………………………………………………………………… 323

任务一　认识草莓的栽培特性 ……………………………………………………………… 323

任务二　了解草莓设施栽培的主要类型和主要品种 ……………………………………… 327

任务三　优质高效栽培草莓 ………………………………………………………………… 330

实例5-2　浙江省建德市大棚草莓促成栽培技术 ………………………………………… 337

实训5-4　草莓移栽 ………………………………………………………………………… 339

实训5-5　草莓疏花疏果 …………………………………………………………………… 340

思考 …………………………………………………………………………………………… 340

项目三　桃设施栽培技术 ……………………………………………………………………… 341

任务一　认识桃的栽培特性 ………………………………………………………………… 342

任务二　了解桃设施栽培的主要类型和适宜品种 ………………………………………… 344

任务三　优质高效栽培桃 …………………………………………………………………… 346

实例5-3　临安市大棚油桃栽种技术 ……………………………………………………… 356

实训5-6　桃疏花疏果 ……………………………………………………………………… 358

实训5-7　桃树冬季修剪 …………………………………………………………………… 359

思考 …………………………………………………………………………………………… 360

项目四　樱桃设施栽培技术 …………………………………………………………………… 361

任务一　认识樱桃的栽培特性 ……………………………………………………………… 362

任务二　了解樱桃设施栽培的主要类型和适宜品种 ……………………………………… 364

任务三　优质高效栽培樱桃 ………………………………………………………………… 367

实例5-4　浙江临安中国樱桃促成栽培获高效 …………………………………………… 375

实训5-8　樱桃夏季修剪 …………………………………………………………………… 378

实训5-9　樱桃冬季修剪 …………………………………………………………………… 379

思考 …………………………………………………………………………………………… 379

项目五　杨梅设施栽培技术 …………………………………………………………………… 380

任务一　认识杨梅的栽培特性 ……………………………………………………………… 381

任务二　了解杨梅设施栽培类型及适宜品种 ……………………………………………… 383

任务三　杨梅大棚早熟栽培 ………………………………………………………………… 386

任务四　杨梅大棚避雨栽培 ………………………………………………………………… 393

实例 5-5　温州茶山大棚杨梅促成栽培 ·· 394

实训 5-10　杨梅的定植 ·· 395

实训 5-11　杨梅的结果习性观察 ·· 396

思考 ··· 397

参考文献 ·· 398

第六篇　特种经济作物设施栽培技术

项目一　铁皮石斛设施栽培 ·· 399

任务一　认识铁皮石斛栽培特性 ·· 400

任务二　铁皮石斛的繁育 ··· 401

任务三　铁皮石斛的设施栽培 ··· 402

实例 6-1　无公害铁皮石斛生产技术 ··· 407

实训 6-1　铁皮石斛的组织培养 ··· 409

实训 6-2　铁皮石斛组培苗的定植 ·· 410

思考 ··· 410

项目二　茶树设施栽培技术 ·· 411

任务一　了解茶树的栽培特性 ··· 411

任务二　茶树品种及茶叶的分类 ·· 413

任务三　茶树设施高效栽培 ·· 414

实例 6-2　杭州地区名优茶设施栽培 ··· 418

实例 6-3　浙南地区茶园大棚薄膜覆盖栽培 ·· 418

实训 6-3　茶苗扦插繁育 ··· 420

思考 ··· 421

参考文献 ·· 422

概　　述

一、现代设施园艺的意义

设施园艺是指在不适宜园艺作物（菜、花、果）生长发育的寒冷或炎热季节，利用保温、防寒或降温、防雨设施、设备，人为地创造适宜园艺作物生长发育的小气候环境，不受或少受自然季节（或不良环境）的影响而进行的园艺作物生产。

设施园艺集生物、环境、建筑、材料、信息等技术于一体，随着现代科技和经济的发展而不断发展，是农业现代化的重要标志和集中体现，故可称之为现代设施园艺。

设施园艺尽管改变了园艺作物生长的环境条件，使南果北移、北菜南种成为可能，地域性界限明显减弱；但由于南北气候的巨大差异，以致栽培设施、栽培方式及栽培技术也存在很大差异。由于北方冬季长而寒冷，设施栽培起步较早，研究和应用较多，设施以日光温室为主；而南方相对起步较晚，研究较少，且设施以塑料大棚为主。进入 21 世纪后，由于南方经济发展相对较快，对农业科技、设施的投入和对高品位园艺产品的需求大大促进了设施园艺产业的快速发展，已成为南方农业生产转型升级的重要支撑，其意义也表现得越来越突出。主要表现如下。

（1）增加了花色种类，调节了市场供应。设施栽培扩大了不少品种的适栽区域，增加了适栽种类和品种；改变了园艺作物的开花结果和上市时间，解决了蔬菜、水果的淡季等问题，丰富了市场，改善了供应，满足了多种需求。如奥运会、世博会、国庆节等大型活动和节日对花卉、水果、蔬菜的需要等；草莓、西瓜、番茄、辣椒等可以从常规栽培的春夏季上市提早到前一年的 11—12 月上市，基本实现了全年供应。

（2）延长了生产季节，提高了产量。设施栽培改善了生产条件，大大延长园艺作物生产季节，从而增加产量。如番茄，设施栽培中采用无限生长型品种，产果期可达 11 个月，产量可高达 $75 \sim 112.5 t/hm^2$，而露地栽培仅 $11.25 \sim 22.5 t/hm^2$。

（3）改变了上市季节，提高了效益。设施栽培改变了园艺产品的上市时间，提高了价格，价格是传统栽培的几倍甚至几十倍，如茄子、辣椒在浙江杭州市场多年春季旺产时仅 1 元/kg 左右，而设施栽培上市在春节前后可达 20 元/kg 左右。国庆、元旦、春节等节日，培育和组合较好的蝴蝶兰、大花蕙兰等每盆售价可高达千元以上。节日送礼品花、礼品果、礼品菜已越来越成为一种时尚。

（4）避免了自然灾害，保障了高产稳产。南方地区园艺生产存在着冬季冻害、早春寒害、晚霜为害、夏季高温、梅雨、暴雨、冰雹、台风及多雨高湿等多种自然灾害，通过设施栽培可以避免或减轻这些灾害，以保高产稳产及优质。如杨梅通过促成栽培可以避免晚霜及梅雨为害，保证产量产值稳定，避免大小年。

（5）提高了土地利用率，增加了单位面积产出率。设施栽培避免了寒冬、炎夏带来的冬闲、秋淡等，采用套种、间作等可实现全年生产、多茬生产、立体种植等，大大提高土地利用率和单位面积产出率。

（6）提高了品质，促进了可持续发展。利用园艺设施有利于发挥物理防治、生态防治、生物防治、农业防治的优势，减少农药、化肥、大气、土壤、水质等污染，可实现无公害生产，提高产品质量，促进可持续发展。

（7）推进了农业现代化发展进程。设施栽培促进了现代农业的发展，如农业机械化、无土栽培、农业标准化、精准农业、自动化、计算机等在设施农业中的应用，尤其是工厂化栽培、植物工厂、智慧农业，已成为农业现代化发展的主要方向和重要标志。

设施农业改变了传统意义上的农业——"面朝黄土背朝天"，设施农业在改变作物生长环境的同时，也改变了人们从事农业生产的工作环境和技术要求；发展成现代的工厂化农业，可创造出神话的农业、农业的神话。

发展设施农业是实现农业现代化的必由之路，由于现代设施园艺在国民经济和人们生活中的特殊地位，设施园艺已成为设施农业的最重要组成部分。

二、国内外设施园艺发展概况

（一）发展历史和现状

设施园艺从 20 世纪初开始，作为一种产业得到发展。当时美国已有 1000 多个温室用于各季蔬菜栽培。到 20 世纪 50 年代，美国、加拿大的温室生产达到高峰，荷兰、德国的温室工业化生产业已兴起。20 世纪 60 年代后，随着现代工业向农业的渗透，设施农业在一些发达国家迅速发展，美国研制成功无土栽培技术，使温室栽培技术产生一次大变革。20 世纪 80 年代，全世界温室面积达 20 万 hm^2；90 年代达到 45 万 hm^2；到 21 世纪初在许多国家已经达到很高水平，温室面积已达 60 万 hm^2。荷兰、日本、以色列等国是当今世界设施园艺发展的典范。

我国设施农业发展于改革开放后，1981 年全国设施栽培面积仅 0.72 万 hm^2，到 2000 年突破 210 万 hm^2，到 2010 年已超过 350 余万 hm^2，居世界首位。

20 世纪 90 年代后，随着南方经济的快速发展，以塑料大棚为主的南方设施农业发展迅速，并逐步由蔬菜向花卉、果树、园林植物等产业拓展。如浙江省 2001 年设施农业面积为 4.65 万 hm^2；2012 年设施栽培面积达到 18.25 万 hm^2，比上年增加 8.6%，且设施档次明显提高，智能大棚、连栋大棚数量分别比 2011 年增 39.7% 和 19.2%。

（二）发展趋势

国内外设施园艺发展都经历了从阳畦、小棚、中棚、塑料大棚、普通温室到现代化温室、植物工厂，即由低水平到高科技含量、自动化控制的发展阶段。主要发展方向是机械化、自动化、无土栽培、植物工厂等。设施园艺已发展成由多学科技术综合支持的技术密集型产业，以高投入、高效益以及可持续发展为特征，现已成为许多国家国民经济的重要支柱产业。世界设施园艺的发展趋势主要表现如下。

1. 温室大型化

由于棚室较大时有室内温度稳定、日温差较小、便于机械化操作、单位面积造价低等优点，我国中小拱棚比例在不断减少，连栋温室、大型温室的比例快速提高；一些先进的国家，温室建筑有向大型化、超大型化发展的趋势，每栋温室的面积基本上都在 0.5hm^2 以上，并逐步向 1hm^2，甚至更大方向发展。

2. 结构标准化

根据当地的自然条件、栽培制度、资源情况等因素，设计适合当地条件，能充分利用太阳辐射能的一种至数种标准型温室，构件由工厂进行专业化配套生产。

3. 调控自动化

根据作物种类，不同时间或不同条件下的温度、湿度、光照及二氧化碳浓度等要求，定时、定量地进行调节，保证作物在最适宜的环境条件下生长发育。现在世界上发达国家的温室作物生产，温室内环境的调节与控制已经由一般的机械化发展为由计算机控制，做到及时精确管理，创造更稳定、更理想的栽培环境。

4. 管理机械化

发达国家的温室作物栽培，已普遍实现了播种、育苗、定植、管理、收获、包装、运输等作业的机械化、自动化，并逐步向植物工厂发展。我国温室内的播种、育苗、灌溉等也在逐步向机械化、自动化方向发展。

5. 技术科学化

在充分了解和掌握园艺作物在不同季节、不同发育阶段、不同气候条件下，对各种生态因子要求的基础上，制定一整套具体指标，一切均按栽培生理指标进行科学管理。温度、光照、水分、养分及二氧化碳的补充等措施都根据测定的数据和作物的需求进行科学管理。

6. 栽培无土化

无土栽培具有节肥、节水、省力、省药和高产、优质等特点，避免了土壤质地、土壤污染、盐渍化等制约，是设施农业发展的一个重要方向。发达国家十分重视无土栽培的发展，并要求在温室栽培中占有一定的比例。欧盟要求 2010 年之前所有成员国的温室必须采用无土栽培。美国是世界上最早进行无土栽培商业化生产的国家，至 2007 年无土栽培面积已超过 2000hm²。荷兰是无土栽培最发达的国家，2007 年其无土栽面积达 4000hm²，已有 64% 的温室采用无土栽培技术。日本也是无土栽培较发达的国家，2007 年无土栽培面积约 300hm²。

进入 21 世纪后，随着有机生态型无土栽培的研究成功和推广应用，我国的无土栽培发展极为迅速，前景十分看好，不但在蔬菜、花卉设施栽培中被广为应用，还在园林植物、景观绿化中被广泛应用。全国应用面积 2005 年超过 1500hm²，2011 年达 3000 多 hm²，以沿海经济发达地区所占比例较大。

7. 生产工厂化

工厂化生产是设施农业发展的最高阶段，植物工厂是继温室栽培之后发展的一种高度专业化、现代化的设施农业。现代化的植物工厂能在完全密闭、智能化控制条件下实施按设计工艺流程进行全天候、全年性的高效生产，真正实现了农业生产的工业化。它与温室生产的不同点在于完全摆脱大田生产条件下自然条件和气候的制约，应用现代化先进技术设备，完全由人工控制环境条件，全年均衡供应农产品。在日本、美国等发达国家发展迅速，已经实现了工厂化生产蔬菜、食用菌和名贵花木等。日本采用植物工厂栽培蔬菜，种苗移栽 2 周后即可收获，全年收获产品 20 茬以上。蔬菜一般平均年产量是露地栽培的数十倍，是温室栽培的 10 倍以上。荷兰、美国采用工厂化生产蘑菇，每年可栽培 6.5 个周期，每周期只需 20d，产蘑菇 25.27kg/m²。至 2007 年全世界约有 28 个植物工厂。2011 年始，我国植物工厂进入了快速发展时期，先后有福建平潭植物工厂、山东高青植物工厂、安徽宣城植物工厂、京汤山植物工厂、南京六合植物工厂、江宁台湾农民创业园的智能植物工厂、无锡三阳植物工厂等多家生产型植物工厂建成并投产。

三、南方设施园艺特点

(一) 气候特点

我国地域广袤，南北气候差异极大，南方主要表现为四季分明，雨量充沛；冬季气温较暖和，夏季气温偏高；雨水偏多，湿度较大；阴雨天多，光照不足等。对于园艺作物栽培，有其有利的方面，也有不利的方面。但可以利用设施栽培，克服其不利环境因素，利用其有利自然资源，使设施栽培发挥出最佳的效果和最大的效益。南方主要的气候特点如下。

1. 温度特点

(1) 气温偏高。南方的气温较高，在自然条件下，园艺作物生长发育和上市都较早；设施栽培中，可以减少加温和提早熟期，保温要求也相对北方较低，效益明显。但是，气温高，也有不利的方面，盖棚后在白天光照充足与棚室密闭时，棚室内的气温升高很快，会高达40℃以上，当气温超过35℃时，会引起多数园艺作物落花、落果、落叶或导致果实畸形、干瘪、软熟变质等。

冬季气温较高，会使有些果树通过自然休眠困难，尤其是一些低温需求量较多的落叶果树，如大樱桃，若是未通过休眠期就升温，反会延缓其萌芽，或是萌芽和开花都不整齐。所以，对低温需求较多的品种要特别注意，宜在升温之前，创造或利用低温环境、延长低温处理时间等方法解除休眠。

(2) 昼夜温差小。南方不仅白天的气温高，而且夜间的气温也较高，昼夜温差小，对果实增糖，转色，增色，促进成熟不利，会使得果实可溶性固形物含量低、着色差、品质不良。为改变昼夜温差小的状况，白天主要靠盖膜与揭膜等管理；而夜间需要降温时，除揭膜通风外，还需要采用机械排风、降温等设备，或是夜间在棚内铺冰降温，以达到昼夜有一定温差的目的。

(3) 冻害和寒害。南方冬季也常遇低温，特别是0℃以下的低温，会使园艺植物发生冻害；有时还会遭遇倒春寒和晚霜危害。如柑橘遭遇−9℃以下的低温就会发生冻害；杨梅花期遭遇晚霜为害会落花落果减产严重。果树、花卉等促成栽培冬季盖棚后，提早开花，但一旦花期遭遇倒春寒或晚霜为害如保护不当，就会加重冻害。

2. 湿度特点

我国南方大多是雨水多、湿度大。常因多雨而引起湿度过大、洪水泛滥或是地下水位过高，引起园艺作物落花落果、病害严重、裂果，甚至植株死亡。采用大棚促成或避雨栽培，可以避免雨水带来的直接不利影响，减轻病害及坐果不良等而保障高产稳产；但设施栽培也带来光照减弱、棚内空气湿度大等不利影响。

(1) 空气湿度大。南方不仅雨水多且空气湿度大，大多空气相对湿度在70%以上。空气湿度过大，往往会使果实增糖困难，可溶性固形物含量低，风味淡，着色差。且湿度过大，会使病害容易发生，低温冻害加重，引起授粉受精不良、落花落果严重、产量不稳等。

(2) 土壤含水量高。南方雨水多，遇连续阴雨、暴雨及台风时，往往会造成园地积水、江河倒灌、洪水泛滥，使得土壤含水量较高，影响根部呼吸，或使根群遭有毒物质危害，严重时引起植株死亡。

3. 日照特点

与北方相比，南方光照条件有较大的差别，主要表现如下。

(1) 多雨，日照少。南方相对于北方，雨水多，阴天多，光照时间受影响，如葡萄在南方露地栽培，会因多雨引起开花坐果不良、落花落果、病害多、成熟期裂果等，采用设施栽培，可以避免或减轻多雨的危害；但有些果树或果菜类植物，设施栽培时，如遇阴雨多，还会影响果实增色、增糖和成熟。因此，在雨水较多、雨日较长的天气下，有必要给棚室进行增光，以加速果实成熟，提高品质。

（2）高温，光照强。光照不足或是光照过强，都会影响果树设施栽培的正常进行。南方7—9月气温高，光照强烈，果树露地栽培，其果实或嫩梢常遭日灼危害；而设施栽培时若采用适当遮光，可以避免或减轻强光危害；但遮光不及时，棚内温度有可能更高，更易发生高温危害，所以在强光高温天气下，更需要遮光处理。

4. 有毒物质多

南方因为多雨、高湿常使土中含水量过多，通气困难，土壤缺氧，而使铁离子还原成亚铁，硫还原成硫化氢等有害物质；如施肥不当，也会引起氨气、亚硝酸、一氧化碳等有害气体较多，毒害根系及棚内植物。

（二）南方设施园艺高效栽培的关键

设施园艺是集生物、建筑、材料、机械、信息技术、栽培技术和管理等学科于一体的系统工程，对应用者的管理和技术水平提出了更高的要求，如对使用设施设备的选择、栽培方式和品种选择、生长环境调节和控制等，都要求及时精确，如管理不当，不但达不到高产出、高效益，还将会高损失、高风险。要获得高效栽培，必须把握好以下方面。

1. 选用适宜的设施类型

我国现今使用的园艺设施就棚体的大小和结构大体可分为大型设施、中小型设施和简易设施。大型设施，如连栋或单栋温室、大棚、日光温室等；中小型设施，如中小棚、遮阳棚、避雨棚、改良阳畦等；简易设施，如风障、阳畦、冷床、温床、简易覆盖、地膜覆盖、防虫防鸟网等。温室往往还具有对环境条件调控的加温、降温、通风、遮阳、灌溉、施肥、控制系统等。

各种设施设备因其结构、性能不同，功能、作用也各有不同，在选用配置时应根据当地的自然条件、栽培季节、市场需要和栽培目的选择适用的。如南方地区一般栽培宜选择塑料单栋大棚、连栋大棚等，而不宜采用日光温室；温室宜选用适于南方气候条件的华东型温室，同时，还应注意资金、劳力、物料及技术力量等问题，生产者应根据各自的条件，根据需要和可能，加以选择和配备。

2. 选择适宜的种类和品种

生产上要根据南方气候特点、设施类型及栽培方式选择相适宜的品种，如蔬菜促成栽培中一般宜选择优质、早熟、耐寒、耐弱光等品种，果树促成栽培中除选择早熟、优质、生育期短、耐弱光等特性外，还应重点考虑需冷量要求低的品种；最好还要考虑选择在露地条件下难以获得成功栽培，而在设施条件下易获得高效的优势品种，如欧亚种葡萄等。

3. 要求较高的管理技术

设施栽培是比露地生产要求较严格和复杂的技术。首先必须了解不同园艺作物在各生育阶段对外界环境条件的要求，并掌握所用设施的性能及其变化规律，协调好两者间关系，从而创造适宜作物生育的环境条件。设施园艺涉及多学科知识，所以要求生产者素质高，知识全面；不但懂得生产技术，还要善于经营管理，有市场意识。

4. 创造合适的小气候条件

园艺作物设施栽培，是在不适宜作物生育季节进行生产，因此设施中的环境条件，如温度、光照、湿度、营养、水分及气体条件等，要靠人工进行创造、调节或控制，以满足园艺作物生长发育的需要。环境调节控制的设备和水平，直接影响园艺产品产量和品质，也就影响经济效益，因此，必须进行合理设施选择和环境调控。

5. 充分发挥园艺设施的效应

设施园艺生产除需要设备投资外，还需加大生产投资，实现高投入、高产出。即在单位面积上获得最高的产量，最优的品质，提早或延长（延后）供应期，提高生产率，增加收益，否则对生产不利，影响发展。特别要注意品种、设施及管理技术的匹配性，以获得最优的效益。如促成栽培的草莓，品种上宜选择休眠浅的品种，设施上宜选择冬季保温性好的双膜大棚，技术措施上要配合苗期促花芽、适期定植、适期扣棚、花期防冻、授粉等。

6. 充分利用当地自然资源

设施园艺地域性强，应因地制宜，充分利用当地自然资源。南方地区雨水相对较多，光热不如北方充足，而冬季没有北方寒冷，故宜以发展塑料大棚及塑料温室为主。有条件的地区如有地热（温泉）资源、工业余热等，可以用于温室加温，还应充分利用太阳能等自然资源，降低能源成本。

7. 有利实行生产专业化、规模化和产业化

大型设施园艺一经建成必须进行全年生产，提高设施利用率，而生产专业化、规模化和产业化，才能不断提高生产技术水平和管理水平，从而获得高产、优质、高效。

四、南方园艺设施的主要类型、特点及应用

根据南方的气候特点、栽培目的及经济、科技发展情况，南方设施栽培方式主要有促成栽培、避雨栽培、延后栽培、遮阳栽培、防虫防鸟栽培及地膜覆盖等。由于气候特点和北方有很大不同，所用设施也有很大区别。北方以日光温室为主，而南方主要以连栋温室、塑料大棚和避雨棚为主。

目前南方应用较多的是单栋塑料钢架大棚和连栋塑料钢架大棚，但随着经济和科技的发展，采用先进工程技术和智能化管理的连栋大型温室也发展越来越快。南方设施园艺中应用较多的大棚和温室类型主要有以下几种。

（一）现代温室

现代温室是指能够进行温度、湿度、肥料、水分和气体等环境条件自动控制的大型单栋或连栋温室。用玻璃或硬质塑料板和塑料薄膜等进行覆盖，配备由计算机监测和智能化管理的系统，可以根据作物生长发育的要求调节环境因子，满足生长要求，能够大幅度地提高作物的产量、质量和经济效益。

温室根据其覆盖材料的不同分为玻璃温室和塑料温室两大类，塑料温室又分为软质塑料（PVC膜、PE膜、EVA膜等）温室和硬质塑料（PC板、FRA板、FRP板等）温室。温室内通常除安装有水帘、风机等通风降温系统外，还配置有加温、遮阳等系统，这是与大棚的最大区别，具有温度、光照、湿度、空气等调控能力。根据温室的结构和大小又分为单栋温室和连栋温室。发展较多较好的主要是连栋温室。目前常见的温室类型如下。

1. 连栋玻璃温室

连栋玻璃温室是以玻璃为透明覆盖材料的温室。由于玻璃质量重，对基础和架材的要求较高。目前南方通常使用的玻璃温室多数为 Venlo 型玻璃温室。

Venlo 型玻璃温室的标准脊跨为 3.2m 或 4.0m，单间温室跨度为 6.4m、8.0m、9.6m 等，大跨度的可达 12.0m 和 12.8m。柱间距 4.0～4.5m，柱高 2.50～4.30m，脊高 3.50～4.95m，玻璃屋面角度为 25°［图 0-1（a）］。单脊连栋温室的标准跨度为 6.4m、8.0m、9.6m、12.8m。

玻璃温室透光率高，抗风、抗雪压，不易老化，使用寿命长，适应性广。但对架材及基础的强度要求高，一次性投资较大，一般造价在 800～1200 元/m² 不等。玻璃温室主要用于高档花卉、蔬菜、水果的促成栽培［图 0-1（b）］。

（a）Venlo 型玻璃温室

（b）玻璃温室应用

图 0-1　连栋玻璃温室

2. 连栋塑料温室

连栋塑料温室是以透明塑料薄膜为主要覆盖材料的温室。其基本结构为跨度 7～10m，间距 3～4m，肩高 3～4m。常用的型号有 7430 型、8430 型、7340 型、8340 型等。通风有侧窗，也有顶窗，而以机械通风为主，温室最大宽度可扩大到 60m，但最好控制在 50m 左右；对温室的长度，没有严格要求，但最好控制在 100m 以内。由于其覆盖材料主要为塑料薄膜，对架材及基础的强度要求比玻璃温室低，所以其应用范围近期远高于玻璃温室，成为现代温室发展的主流。造价在 200～800 元/m² 不等。

连栋塑料温室主要用于蔬菜、花卉、果树的促成栽培（图 0-2）。

图 0-2　连栋塑料温室

（二）连栋大棚

连栋大棚是由 2 个或 2 个以上的单栋大棚组成，其脊高为 3.8～5.5m，肩高 2.5～3.5m，单栋跨度 6～8m。目前，我国使用的连栋大棚多数是由国内厂家自己生产的，但也有一些从荷兰、以色列等国引进的。近年来，在浙江、江苏、上海等地发展较快。

大型连栋式塑料大棚近十几年得到迅速发展。通常跨度在 6～8m，开间在 4m 左右，肩高 3～4m。以自然通风为主，有侧窗通风的，也有顶窗通风的，使用侧窗和顶窗联合通风，效果更好。最大宽度在 50m 以内，最好在 30m 左右。造价在 100～200 元/m² 不等。

连栋大棚比单体大棚具有更稳定的环境性能，以及更方便的操控性，近年来在葡萄、草莓、瓜果蔬菜的促成栽培以及种苗生产中应用越来越广（图 0-3）。连栋塑料大棚常用的型号如下。

图 0-3　连栋大棚

1. 连栋塑料钢架大棚 GLP-832

跨度 8m，主立柱为 80mm×60mm×2.5mm 热浸镀锌矩形钢管，材质 Q235，间距 4m；天沟高 3m，顶高 4.5m，采用热浸镀锌钢板冷弯成型，厚度 1.5mm；副立柱采用 4 根 φ32×1.5mm 热浸镀锌圆管，材质 Q235，间距 1m；拉幕梁 60mm×40mm×2mm 热浸镀锌矩形钢管，材质 Q235；顶拱杆外径 32mm，壁厚 1.5mm，间距 1m，拱杆钢管采用带钢先成型再热浸镀锌的生产工艺，单重（5±0.15）kg，材质 Q235；纵向设 2 组"×"形斜拉加强杆，横向设水平或斜加强杆；立柱基础为 200mm×200mm×700mm 水泥墩，塑料薄膜采用防老化防雾滴聚乙烯农膜，厚度不少于 0.12mm，压膜线采用大棚专用压膜线，间距 1.8m，压膜线顶部、侧面均用八字簧固定。带外遮阳，遮阳率为 70%，外遮阳骨架立柱间距 4m，棚顶以上 0.5m 处，采用尼龙托网线。每栋顶部靠天沟处有机械传动双向卷膜机构，卷膜机构有自锁装置。

2. 连栋塑料钢架大棚 GLP-622

跨度 6m，主立柱为 60mm×40mm×2.5mm 热浸镀锌矩形钢管，材质 Q235，间距 3m；天沟高 2.2m，顶高 3.8m，天沟采用热浸镀锌板冷弯成型，厚度 1.5mm；副立柱为 60mm×40mm×2mm 热浸镀锌矩形钢管，材质 Q235，间距 1m；拉幕梁采用 60mm×40mm×2mm 热浸镀锌矩形钢管，材质 Q235；顶拱杆外径 φ22，壁厚 1.2mm，间距 0.6m，拱杆钢管采用带钢先成型再热浸镀锌的生产工艺，单重（4.2±0.15）kg，材质 Q235；塑料薄膜采用防老化防雾滴聚乙烯农膜，厚度不少于 0.1mm，基础采用预制钢筋混凝土（C23），顶部预埋 φ12 螺栓连结立柱，边侧和顶部采用手动卷膜通风装置，通风口安装防虫网，卡槽 4 道，拉杆 3 道，压膜线采用大棚专用压膜线，压膜线间距 1.8m，用专用地锚固定，压膜线顶部侧面用八字簧固定。带外遮阳，遮阳率为 70%。

（三）单栋大棚

单栋大棚主要是由钢管、毛竹片等硬质材料为骨架搭建的跨度在 6m 以上（含 6m）、顶高 2.0m 以上（含 2.0m）、长 30m 以上（含 30m）的圆拱形棚，大棚的覆盖材料可以是具有保温效果的薄膜，也可以是具有遮阳降温效果的遮阳网等（通常将跨度在 2～4m 的圆拱形棚称作中棚，跨度在 2m 以下者称小棚。）

目前推广应用的主要是单栋塑料钢架大棚，该棚型主要选择既能牢固防锈，又能抗风、雪的镀锌钢管，一般为装配式镀锌薄壁钢管结构（GP 系列）。装配式镀锌薄壁钢管大棚的规格一般为：跨度为 6～8m，顶高 2.5～3.5m，长 30～60m，通风口高度 1.2～1.8m。用管壁厚 1.2～1.8mm 的薄壁钢管制成拱杆、立杆、拉杆，拱杆间距 0.6～1m，内外热浸镀锌以延长使用寿命。

该类型大棚建造方便，成本较低，使用寿命较长，在南方适用性广。适合种植蔬菜、瓜果、花卉等，主要用于茄果类、瓜类等园艺作物的冬春季和夏季育苗；蔬菜、瓜果的春提早、秋延后栽培或从春到秋的长季节栽培（夏季去掉裙膜，换上防虫网，再覆盖遮阳网）；果树的促成栽培、避雨栽培等。该棚型一般土地利用率 80% 以上；使用寿命 10 年以上；造价 20～45 元/m²。常见的单栋塑料大棚类型主要如下。

1. 单栋塑料钢架大棚 GP - C622

棚宽 6m，主拱杆外径 22mm、壁厚 1.2mm、拱杆间距 0.6m、肩高不低于 1.5m、插入泥下深度 35cm 以上、顶高不低于 2.5m，卡槽 4 道，拉杆 1 道，斜拉撑不少于 4 根，棚头直杆 12 根，压膜线间距 1.2m，用专用地锚固定。钢管采用带钢先成型再热浸镀锌的生产工艺，单根长度 4.7 m，每根单重 3.1±0.15kg，材质 Q235，卡槽采用热镀锌钢板冷弯成型，厚度 0.7mm，塑料薄膜采

图 0 - 4　单栋塑料钢架大棚 GP - C622

用防老化防雾滴聚乙烯农膜，厚度不少于 0.07mm，压膜线采用专用大棚压膜线。该棚型一般棚长 30～50m，常见的为 6m×30m，俗称为标准棚（图 0 - 4）。

2. 单栋塑料钢架大棚 GP - C825

棚宽 8m，主拱杆外径 25mm、壁厚 1.5mm、拱杆间距 0.6～0.8m、肩高不低于 1.8m、插入泥下深度 40cm 以上、顶高不低于 3.3m，卡槽 4 道，拉杆 3 道，斜拉撑不少于 4 根，棚头直杆 12 根，压膜线间距 1.2m，用专用地锚固定。钢管采用带钢先成型再热浸镀锌的生产工艺，单根长度 6.2m，每根单重（5.39±0.15）kg，材质 Q235，卡槽采用热镀锌钢板冷弯成型，厚度 0.7mm，塑料薄膜采用防老化防雾滴聚乙烯农膜，厚度不少于 0.07mm，压膜线采用专用大棚压膜线，带卷膜器（图 0 - 5）。

3. 简易竹架大棚

简易竹架大棚是用直径 4cm 的圆竹或 5cm 宽的竹片做拱杆而成的大棚。一般宽 5～6m，

顶高2～3.2m，侧高1～1.2m，拱杆间距1～1.1m。其优点是取材方便，造价低，约0.3万元/667m²，但棚内柱子多，遮光率受影响，作业不方便，使用寿命短，抗风雪性能差。由于成本低，简易竹架大棚也是目前应用较多的类型之一（图0-6）。

图0-5　单栋塑料钢架大棚GP-C825　　　　　　图0-6　简易竹架大棚

（四）避雨棚

　　这类棚以顶部覆盖塑料薄膜避免雨水直接淋洗植株为主要目的。避雨棚的覆盖宽度和高度一般因植物种类和栽培方式而定，宽度通常以避免雨水淋刷植株为度，一般与畦宽同宽，或2～4畦宽共一个顶，即2～4畦宽，棚高以不影响植物正常生长、不致使植株灼伤为度，一般离植株顶部50cm以上。这类棚主要用于不适宜雨水直接淋洗和空气湿度太大的作物，如浙江省等南方地区的葡萄避雨栽培。此类棚造价约10～40元/m²（图0-7）。

图0-7　避雨棚

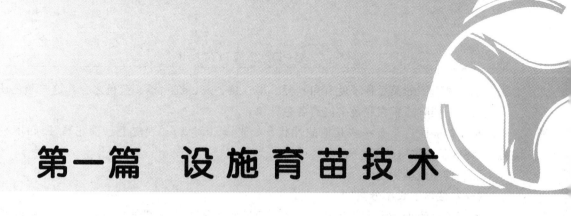

第一篇 设施育苗技术

项目一 播种育苗技术

· **学习目标**

知识：了解种子质量检测与控制技术，熟悉种子的精选、消毒及催芽等处理技术，掌握容器播种育苗、穴盘工厂化播种育苗等技术。

技能：会对种子质量的进行检验，能进行种子消毒、催芽处理，会进行容器播种和管理、穴盘播种和管理等操作。

· **重点难点**

重点：种子的检测技术、催芽技术、种子的穴盘育苗和容器育苗技术。

难点：种子的检测技术、催芽技术。

任务一 种子质量检验技术

现代园艺所指的种子是泛指广义的种子，不仅是植物形态学所说的由胚珠受精所形成的种子，还包括植物的果实、根、茎、叶等所能繁殖的器官，而播种育苗中所指的通常是真正意义上的种子或果实。种子的种类及品种繁多，生产者需对其进行全面的了解。

种子质量是育苗的基础，优良的种子是提高种苗质量的保证。优良的种子除应具有各品种本身的优良特性外，还应具有较高的发芽率和整齐的发芽势，同时应具备较高的纯度和净度且无病虫害。要鉴别种子的纯度、净度等指标，必须会识别各品种种子本有的形态特征及其大小、类型等。

一、种子形态识别

种子的外部形态特征主要包括形状、大小（千粒重）、种皮色泽及附着物、种皮上的网纹结构等。它们是种子鉴别、清选、分级、包装和检验的重要依据。

种子的形状因植物种类不同而有很大差异，主要有圆球形（如紫茉莉、白菜类）、卵形（如金鱼草）、椭圆形（如四季海棠）、肾形（如鸡冠花、茄果类）、披针形（如孔雀草、万寿菊）以及线形、扁平形等。

种子具有各种颜色，使种子外表呈现出丰富的色彩和斑纹。在实践中往往可以根据颜色来鉴别品种。例如菜豆种子就有白、黑、褐、黄、灰、红、橙、蓝色之分，这些颜色还各有深浅之别，同时还常在底色上嵌有各色花纹。

种子的表面还常有一些其他的性状，如光泽（菜豆）、表皮毛（棉花）、凹凸不平（洋葱）、浮雕状花纹（桃子）等。

二、种子类型识别

（一）按种子大小分类

不同植物的种子大小非常悬殊，大可超过成人拳头（如椰子），小的像尘土般细微（如某些兰科植物种子）。种子的大小通常以长、宽、厚或千粒重表示。长宽厚在种子清选上有重大意义。

在生产实践中则常以千粒重作为指标，一般可将种子依大小划分为 4 个等级。

（1）大粒种子。平均每粒种子在 1g 以上者或平均每克种子在 1～10 粒以内，如佛手、莲子等。

（2）中粒种子。平均每克种子含有 11～150 粒，如甜瓜、萝卜等。

（3）小粒种子。平均每克种子含有 151～500 粒，如甜椒、韭菜等。

（4）细粒种子。平均每克种子含有 500 粒以上，如芹菜、兰花等。

（二）按种子生产方式分类

按种子生产方式分类有常规种子和杂交种子。常用的瓜类、茄果类蔬菜及草本花卉等多数为杂交一代。

（三）按种子处理方式分类

（1）未经处理的种子。未经处理的种子指未经过包衣、去尾、丸粒化、脱毛等加工处理的普通种子，如金盏菊、一串红、彩叶草等。

（2）包衣种子。对一些很细小的种子，如四季海棠、大岩桐等，由于发芽率受到外界的影响很大（光照、湿度、温度等），经过包衣处理剂丸粒化后，能大大划提高发芽率和整齐度。

（3）精选种子。精选种子指经过清选、分级、刻划等方法处理的种子，如羽扇豆、鹤望兰等。精选后的种子能有效地提高种子的发芽率。

（4）脱化种子。脱化种子是指经过脱毛、脱翼、去尾等处理的种子，如孔雀草、番茄、花毛茛等。脱化的种子更适用于自动化的针式或滚筒式播种机播种。

（5）预发芽种子。预发芽种子指经过预发芽处理的种子，如三色堇。种子发芽过程中的内部生理活动已经开始，但胚根没有突破种皮。这类种子发芽迅速，发芽率高，整齐度好。

三、种子质量检验

种子质量检验是指种子收获后，收购、调运或播种前对每批种子进行的检验。收购时主要检验种子纯度、净度、发芽率、水分等。种子精选入库后，还需检验千粒重、病虫害等。由于种子从入库、销售到播种往往又经过多个渠道、多个环节及较长时间等，种子质量也会发生相应的变化。为了保证种苗培育的数量和质量，进行商品化种苗生产时，播种前必须经过种子质量的检验和发芽试验。种子各物理性状的测定如下。

1. 净度的测定

净度是指被检验的某一园艺植物种子中纯净种子的重量占供检种子总重量的百分比。净度是种子播种品质的重要指标之一，是确定播种量的主要根据。只有种子净度高，才能较准确地计算出播种量。

（1）测定样品的提取。将种子样品用四分法或分样器法进行分样。提取一份样品称量和测定。净度测定用的样品量，一般按种粒大小、千粒重和纯净程度等情况确定。除种粒大的300～500粒外，其他种子通常要求在净度测定后，能有纯净种子2500～3000粒。

（2）测定样品的分析。将测定样品铺在种子检验板上，仔细观察，区分出纯净种子、废种子及夹杂物3部分。分类标准如下：

1）纯净种子。包括完整的、未受伤的发育正常的种子。

2）废种子。包括能明显识别的空粒、腐坏粒、严重损伤的和无种皮的裸粒种子。

3）夹杂物。包括其他植物的种子、叶子、果柄、种翅、种子碎片、沙粒、土块和其他杂物等。

（3）种子净度的计算。经过上述的分析后，用天平称量纯净种子、废种子和夹杂物的重量，然后按下列公式计算净度（计算至小数后一位，以下四舍五入）：

$$净度 = \frac{纯净种子重}{纯净种子重 + 废种子重 + 夹杂物重} \times 100\%$$

2. 千粒重的测定

千粒重是指在阴干状态下的1000粒纯净种子的重量，一般以克（g）来表示。千粒重能说明种子大小、饱满程度。同一园艺植物的不同种子批，千粒重数值愈高，说明种子愈大而饱满，内部贮藏营养物质多，空粒少，播种后发芽率高，苗木质量好。

千粒重的测定方法有百粒法、千粒法和全量法。多数种子应用百粒法。凡种粒大小、轻重极不均匀的种子，可采用千粒法。样品纯净种子粒数少于1000粒者，可将全部种子称重后，换算成千粒重，称全量法。采用千粒法时，从净度测定所得的纯净种子中不加选择地数出1000粒种子称重。称重量后计算千粒重。

3. 含水率的测定

种子含水率是指种子中所含水分的重量占种子重量的百分率。种子含水率是影响种子寿命的重要因素之一。种子安全贮藏的含水率因种类品种的不同而不同，一般8%～10%较适宜。含水率过高、过低都有可能使种子失去活力。

种子含水率一般采用简易测定法，简易法主要是通过感官来鉴定种子的含水率。一般情况下，凡干燥种子，颜色、光泽正常，用手插入种子堆内非常容易，且有光滑而坚硬的感觉；用手搅动时，种子响声清脆；用牙咬种子抗压力较大，咬碎时响声清脆，呈碎块状；切断时感到坚硬，且断片崩开。而湿润种子，颜色、光泽暗淡，甚至生霉、结块；用手插入种子堆内有涩、潮湿、发热感觉；搅动时不光滑，无清脆声音；牙咬时抗压力小，呈湿饼状，且不散落。要求安全含水率高的大粒种子，如板栗等种子。如果用手抓一把摇动时有声响，种仁干缩、离壳，说明种子过于干燥，降低或完全丧失了活力，不宜于播种。

4. 生活力测定

为确切了解种子的优劣，根据上述质量检验的结果，在播种前还应测定种子的生活力。种子潜在的发芽能力称为种子的生活力。种子生活力可以用某些化学试剂使种子染色的方法来测定。用有生活力的种子数与供检种子总数的百分比来表示。但是测定的结果只接近发芽率，而不能代替发芽率，因为处于休眠状态的种子，其生活力高于发芽率。当需要迅速判断种子的品质时，对休眠期长和难于进行发芽试验的种子，则可采用快速的染色法来检测种子。

测定时，从纯净种子中用四分法随机提取 50 粒（大粒）或 100 粒（小粒）。由于各种种子的内含物不同，对试剂的反应也不相同，可分别选用不同的方法测定生活力。当前以靛蓝染色法和四唑染色法为主，还有红墨水染色法等。

（1）靛蓝染色法。靛蓝染色法常以靛蓝胭脂红的苯胺染料（简称靛蓝）为试剂对种子进行染色，检验其生活力。靛蓝是一种蓝色粉末的苯胺染料。

用此法检验种子生活力的原理是：靛蓝试剂能透过死细胞组织而染上颜色，但不能透过活细胞的原生质。根据种胚着色的情况可以区别出有生命力的种子和无生命力的种子。此法适用于大多数园艺植物的种子，如苹果、梨、桃、李、海棠、毛桃、红枫等。靛蓝试剂是用蒸馏水将靛蓝配成浓度为 0.05％～0.10％的溶液，最好随配随用。供测定用的种子经浸种膨胀后取出种胚。剥取种胚时要挑出空粒、腐坏和有病虫害的种粒，并记入种子生活力测定表中。剥出的胚先放入盛有清水或垫湿纱布的器皿中。全部剥完后再放入靛蓝溶液中，并使溶液淹没种胚。

实验时应注意：染色结束后，立即用清水冲洗，分组放在潮湿的滤纸上，用肉眼或借助手持放大镜、实体解剖镜逐粒观察。如放置时间过长，易褪色，会影响检验效果。

（2）四唑染色法。四唑染色法常以氯化三苯基四唑（简称四唑）为检验试剂对种子进行染色，检验其生活力。其原理是用中性蒸馏水溶解四唑，进入种子的无色四唑水溶液，在胚的活组织中，被脱氢酶还原生成稳定的、不溶于水的红色物质，而死种胚则不显这种颜色。鉴定的主要依据是染色的部位，而不是染色的深浅。这种方法适用于大多数园艺植物的种子。测定的具体方法与靛蓝染色法基本相同，测定时应注意试剂的浓度：一般试剂浓度为 0.1％～1.0％的水溶液。浓度高，反应较快，但药剂消耗量大；浓度低，要求染色的时间较长。适宜浓度为 0.5％的溶液。浸染时，将盛装容器置于 25～30℃的黑暗环境中。时间因园艺植物种类而异，一般为 24～48h。

（3）红墨水染色法。将砧木种子浸入水中 10～24h。使种皮软化，然后细心剥去种皮（桃、杏、李等有坚硬木质外壳的种子，只需轻轻砸碎外壳，不需用水浸泡），放入 5％红墨水中，染色 1～2h，再将种子取出，用清水冲洗干净。观察染色后的种子，凡胚和子叶完全染色者，为无生活力的种子；胚或子叶部分染色者，为生活力弱的种子；胚和子叶没有染色者，为有生活力的种子。

5. 优良度测定

种子优良度即良种率，是指优良种子数与供检种子总数的百分比。

优良度的检验主要依靠感观测定，此法简单易行，可迅速得出结果。在生产上主要适用于种子采集、贮藏、购买等工作现场。常用的方法有解剖法、挤压法、透明法、比重法和爆炸法等。

（1）解剖法。从纯净种子中，随机提取测定样品。先对种子的外部特征进行观察，即感观检测。如种粒是否饱满整齐，颜色及光泽是否新鲜正常，是否过潮过干，有无异常气味，有无感染霉菌的迹象，有无虫孔，有无机械损伤等。为了观察种子内部状况，可适当浸水，纵切，仔细观察种胚、胚乳或子叶的大小。

优良种子具有下述感官表现：种粒饱满，胚和胚乳发育正常，呈该植物新鲜种子特有的颜色、弹性和气味。

劣质种子具有下述感官表现：种仁萎缩或干瘪，失去该植物新鲜种子特有的颜色、弹性和气味，或被虫蛀，或有霉坏症状，或有异味，或已霉烂。种子优良度的计算方法与发芽测定相同，计算结果要登记在种子优良度测定记录表上。

（2）比重法。将种子放在水中，通过漂浮或下沉来鉴别种子生活力的好坏。如板栗，下沉的是好种子，漂浮的是坏种子。

（3）手摇法。大粒种子如核桃、板栗，可用手摇，有响声的是坏种子。

（4）爆炸法。此法适用于小粒种子，如苹果、梨、海棠等。把选作样品的种子100粒，逐粒放在烧红的热锅或铁勺中，根据有无响声和冒烟情况，来鉴别种子的质量。凡能爆炸并有响声，又有黑灰色油烟冒出的是好种子，反之为坏种子。

优良度测定结束后，分别统计各次重复中优良种子百分率，并计算出平均数。逐项填入种子优良度测定记录表。

6. 发芽能力测定

种子发芽率是指种子在适宜条件下的发芽数占全部供检种子数的百分率。

它是确定播种量的一个重要依据。种子发芽能力的有关指标是用发芽试验来测定的，一般只适用于休眠期较短或已经层积处理的园艺植物的种子。桃、杏等硬壳种子应砸开种壳，用种仁做发芽试验。核桃则只需沿种核缝合线轻轻砸开一条裂缝即可。

（1）种子萌发的条件。成熟的种子发芽所需的环境条件，主要有水分、温度和氧气。

1）水分。水分是种子发芽的首要条件。种子发芽第一阶段需要吸水膨胀，水分透过种皮吸入种子内部，即所谓吸胀作用。因此，发芽试验前适当地浸种有一定好处，但浸种时间长短应视园艺植物种子而定，一般浸种时间不能过长，约24h。

不同园艺植物种子的发芽床应使用不同的材料，常用的有滤纸、脱脂棉、纱布、细砂、疏松的土壤等。目前各国多使用在化学作用上不影响种子发芽，而又容易供水的中性滤纸或脱脂棉作发芽床。发芽床上水分的供给必须适宜，一般是发芽床材料饱和含水量的60%，使发芽床保持湿润，而且种子四周不出现水膜。因发芽环境中水分过多往往影响氧气进入种子，抑制种子的呼吸作用。

发芽试验所用的水最好是不含杂质的中性（pH=6.5~7.0）蒸馏水。

种子吸水的结果，使种皮破裂，呼吸作用加强，酶化过程活跃，贮藏营养物逐渐转化为可溶状态供种胚吸收利用。种胚利用水解的可溶性物质后，细胞增大并分裂，开始生长并突破种皮，伸出胚根。

2）温度。温度是种子发芽的必要条件。种子萌发过程是在一系列酶促反应下进行的，温度过低不利酶的催化作用，温度过高使酶的结构遭到破坏，一般园艺植物种子发芽的适宜温度为20~30℃。

3）氧气。氧气也是种子发芽所必需的条件。种子在萌发过程中，呼吸作用不断增强，需要足够的氧气，才能促进酶的活动，使贮藏的有机物水解，放出能量，供给胚生长，所以在发芽试验过程中，要注意适当通气和不使水分过多而隔绝氧气。

（2）种子发芽力测定的方法。

1）提取测定样品。测定样品从净度分析所得的、经过充分混拌的纯净种子中按照随机原则提取100~500粒。

2）种子置床。将数取的种子均匀地排在湿润的发芽床上，粒与粒之间应保持一定的距离，防止种子间的交叉感染。通常小粒种子选用纸床；大粒种子选用砂床；中粒种子选用纸床、砂床均可。

纸床：纸床包括纸上和纸间。纸上是将种子放在一层或多层纸上发芽。纸间是将种子放在两层纸中间。

砂床：砂床包括砂上和砂中。砂上是将种子压入砂的表面；而砂中是指将种子播在一层平整的湿砂上，然后根据种子大小加盖 10～20mm 厚度的松散砂。

3）置箱培养。将种子置入电热恒温发芽箱中，设定好温度、湿度、光照等。

4）检查管理。发芽期间要经常检查温度、水分和通气状况。如有发霉的种子应取出冲洗，严重发霉的应更换发芽床。

5）观察记载。在种子发芽试验过程中，至少应观察记载两次，即发芽初期和发芽终期。记载时区分正常幼苗、不正常幼苗，硬实、新鲜未发芽的种子和死种子等。

6）结果计算。种子发芽力用发芽率和发芽势两个指标衡量。

种子发芽率是在最适宜发芽的环境条件下，在规定的时间内（延续时间依不同植物种类而异），正常发芽的种子数占供试种子总数的百分比，反映种子的生命力。其计算公式为

$$发芽率 = \frac{萌发种子数}{供试种子数} \times 100\%$$

发芽势是指种子自开始发芽至发芽最高峰时的粒数占供试种子总数的百分率。发芽势高即说明种子萌发快，萌芽整齐。

$$发芽势 = \frac{种子发芽达到最高峰时种子发芽粒数}{供试种子数} \times 100\%$$

种子检验可以控制种子质量，但不能直接提高种子质量，它是种子质量评价和播种量计算的重要依据，对育苗用的种子都应该进行质量检验。

任务二　种子播前处理技术

经检验合格的种子，才可用于播种。为了使种子发芽迅速整齐，并促进幼苗的生长，提高幼苗产量和质量，在播种之前还要进行选种、消毒和催芽等一系列的处理。种子处理有利于提高种子活力，防治病虫害，打破种子休眠，促进种子发芽，还利于机械化精细播种。

一、种子精选

种子精选又称净种，指去除种子中混杂物的技术措施。园艺植物种子中经常混有砂粒、土块、枝叶碎屑、空粒、废种、异类种子等，为了获得纯度高、品质好的种子，确定合理的播种量，并保证幼苗出土整齐和良好生长，在播种前要对种子进行精选。种子精选方法主要有风选、水选、筛选、粒选等，可根据种子及夹杂物特性而选择应用；批量生产时可根据需要选择合适的种子精选机进行精选。

二、种子消毒

为消灭种子所带病虫害，及使种子和幼苗免遭栖居土壤中的病原菌和害虫侵袭，在催芽、播种前要对种子进行消毒处理。种子消毒的主要方法如下。

（一）物理方法

1. 温汤浸种法

先用常温水浸种 15min，再转入 55～60℃热水中浸种，不断搅拌，并保持该水温 10～

15min，然后让水温降至30℃，继续浸种至吸足水分。温汤浸种时结合药液浸种，杀菌效果更好。如用种子重量0.1%的50%多菌灵溶液浸种1h，捞出种子后用清水清洗干净，继续浸种1～2d，以增加抗性。

2. 热水烫种法

烫种时需用2个容器，将热水来回倾倒，最初几次动作要快，使热气散发并提供氧气，一直倾倒至水温降到55℃时，再改为不断地搅动，并保持该温度7～8min，以后的步骤同温汤浸种法。此法一般用于难于吸水的种子。

（二）化学方法

1. 药液浸种法

此浸种法是将种子浸渍在一定浓度的药液中一定时间，然后取出晾干进行播种，从而消灭种子表面和内部所带病原菌或害虫的方法。此浸种法消毒比较彻底，但浸种后种子不能堆放时间过长，应在晾干后立即播种。主要方法如下：

（1）福尔马林溶液浸种。在播种前1～2d，把种子放入0.15%的福尔马林溶液中，浸泡15～30min，取出后密封2h，然后将种子摊开阴干，即可播种或催芽。

（2）硫酸铜溶液浸种。以0.3%～1.0%硫酸铜溶液浸种4～6h，取出阴干备用。此法对有些种子除消毒作用外，还具有催芽作用，能提高种子发芽率。

（3）高锰酸钾溶液浸种。以0.5%高锰酸钾溶液浸种2h，或用3%的溶液浸种30min，取出后密封0.5h，再用清水冲洗数次，阴干后备用。注意胚根已突破种皮的种子，不能采用此法。该法除灭菌作用外，对种皮也有一定的刺激作用，可促进种子发芽。

（4）石灰水浸种。用1.0%～2.0%的石灰水浸种24h，有较好的灭菌效果。

2. 药剂拌种法

药剂拌种法是将一定数量和规格的药剂与种子按比例进行混合，使被处理种子外面都均匀覆盖一层药剂，形成药剂保护层的种子处理方法。拌种处理又可分为干拌和湿拌。如用敌克松粉剂拌种，可有效防治幼苗猝倒病。方法为用种子重量的0.2%～0.5%敌克松粉剂，先用10～15倍的细土配成药土，拌种后播种。

3. 闷种法

闷种法是将一定量的药液均匀喷洒在播种前的种子上，待种子吸收药液后堆在一起并加盖覆盖物，堆闷一定时间，来防止病虫危害的种子处理方法。此法操作简便，效率高。

三、包衣与丸衣

（一）包衣

包衣是将药物、肥料、保水剂、生长调节剂、微生物制剂等物质包裹在种子表面的种子处理技术。经包衣处理的种子，播种后能在土壤中建立一个适于种子萌芽和幼苗生长的微环境。包衣材料通常包括有效剂和助剂两部分。有效剂包括杀虫剂，杀菌剂，中量、微量元素肥料，抗旱保水剂，促进生根、出苗的生长调节剂，具有固氮、促进土壤养分释放或改善微生态环境等功能的微生物制剂等。各种有效剂可单独包衣，亦可混合包衣。如混合包衣，须注意各有效剂之间的相克性，如微生物制剂一般不能与杀虫剂、杀菌剂等混包。助剂包括成膜剂、分散剂、缓释剂、防冻剂、染色剂等。包衣通常采用专用包衣机实现，亦可利用容器进行人工包衣。

（二）丸衣

丸衣与包衣的主要区别在于，丸衣以增加播种材料的体积和重量、改善播种材料的流动性为主要目标，同时兼顾其他处理。丸衣后播种材料都呈球形或近球形，重量增加数倍直至百倍。对于质量轻、流动性差的种子，如一些禾本科草种等，丸衣可明显提高播种质量和效率，尤其适合播种机等自动化播种。丸衣材料通常包括有效剂、填充剂、黏合剂和干燥剂四部分。有效剂与包衣相似；填充剂一般选用惰性物质，如黏土、硅藻土、泥炭、炉灰等；常用的黏合剂材料有阿拉伯树胶、羧甲基纤维素钠、淀粉、胶水等；干燥剂可选用碳酸钙、磷酸盐、白云石等。丸衣通常采用专用丸衣机实现，亦可利用容器进行人工丸衣。

四、种子催芽

催芽即是用人为的方法促进种子萌动和萌发，并使种子长出胚根的处理。种子催芽的方法很多，生产上常用的有浸种催芽、层积催芽、药剂催芽等，可根据种子特性和经济效果来选择适宜的方法。生产上浸种催芽往往和消毒结合一起进行。

（一）浸种催芽

浸种的目的是促使种皮变软，种子吸水膨胀，有利于种子发芽，同时在浸种、洗种时，还可排除一些抑制性物质，有利于打破种子休眠。浸种法主要包括以下三种。

1. 热水浸种

对于种皮特别坚硬、致密的种子，为了使种子加快吸水，可以采用热水浸种，如桃、杏、李、冬瓜等的种子，水温为 70～75℃，甚至更高一些，如冬瓜种子有时可以用 100℃ 沸水烫种。可参考并结合热水烫种消毒进行。

2. 温水浸种

温水浸种常用于蔬菜、果树、观赏植物种子的催芽，一般温度为 55～60℃，用水量为种子量的 5～6 倍，不断搅拌，并保持水温恒定 10～15min，然后自然降至 30℃，继续浸种。常结合消毒的温汤浸种同时进行。

3. 冷水浸种

对于种皮薄的种子，一般用冷水浸种，浸种时间根据作物种类而定。

常见种子的浸种水温和时间见表 1-1。

表 1-1   **常见种子浸种水温（始）和时间**

种 类	水 温/℃	浸 种 时 间
番茄、黄瓜	55	6～8h
茄子	50	3～4h
辣椒	55	6～15h
核桃、板栗	70～80	3～4d
	冷水	5～7d
柑橘	35～40	6h

（二）层积催芽

层积催芽是把种子和湿润物混合或分层放置于一定的低温、通气条件下，用以解除种子休眠，促进种子萌发的一种催芽方法。这种方法，适用于深休眠种子和在春季播种的种子，也广泛应用于浅休眠种子。通过层积催芽，种皮得到软化，透性增加，种内的生长抑制性物质逐渐减少，生长激素逐渐增多，种胚得到进一步的生长发育，因此可以促进种子的发芽。

层积催芽的温度因各园艺植物的生物学特性不同，对温度的要求也有差异，多数果树种子要求一定的低温条件，一般是稍高于 0℃，变动在 0～10℃。低温有利于破除种子的休眠，且呼吸弱、养分消耗少。

层积催芽的方法在园艺植物种苗生产中广泛应用。绝大多数果树种子如毛桃、山毛桃、山定子、海棠、杜梨、山楂、山杏、毛樱桃、猕猴桃、板栗等和园林绿化种子如广玉兰、含笑、白玉兰等，都可以采用此方法。层积催芽效果良好，不过需时间较长。

层积催芽时，还要用层积材料将种子混合起来（或分层次放置），给种子创造适宜的湿润环境和通气条件。层积材料主要用干净河砂、泥炭等，它们的含水量一般为饱和含水量的60%，即手握湿砂成团，但不滴水，触之能散为宜，不宜过湿，过湿容易引起烂种。砂子用量为种子的容积的 3～5 倍，宜多不宜少。层积方法是先在木箱或盆底部铺一层湿砂，再将与湿砂混合均匀的种子装入，上面用湿砂盖好，放入窖内或埋在背阴的地方。如果种子量大，可在室内直接地面铺砂层积。即在地面（泥地或水泥地，以泥地为好）铺一层种子粗度 3～5 倍厚的砂，再铺上与湿砂混合均匀的种子，或一层种子一层砂铺放均匀，最后在上面铺上稍厚的一层砂。砂的湿度同上，并经常检查，保持湿度；如发现砂偏干，可适当喷水增湿。

（三）药剂催芽

用化学药剂、微量元素、植物激素等溶液浸种，可以加强种子内部的生理过程，解除种子休眠，促进种子提早萌发，使种子发芽整齐，幼苗生长健壮。常用的化学药剂主要是酸类、盐类和碱类，其中以浓硫酸和小苏打最为常用。植物激素中赤霉素、2，4 - D、吲哚乙酸、吲哚丁酸、萘乙酸、激动素等，微量元素有硼、铁、铜、锰、钼等，对种子都有一定的催芽效果。但所需浓度和浸种时间要经过试验，催芽时要慎重。

（四）其他催芽方法

用各种物理方法擦伤种皮，以利种子吸水，可大大促进皮厚坚硬种子的发芽，生产上常将种子与粗砂、碎石等混合搅拌（大粒种子可用搅拌机进行），以磨伤种皮。在国外目前已有专门的种子擦伤机。

任务三 容器播种育苗技术

由于育苗在园艺生产中的重要地位和作用，设施育苗是园艺设施在园艺生产上应用最早也是最广泛的。随着设施园艺生产的不断发展，设施育苗技术也得到了快速的发展和提高；育苗方式、育苗手段、育苗设施不断更新和完善。根据所用设施不同，园艺植物的设施播种育苗主要可以分为穴盘育苗、容器育苗和苗床育苗等。

容器育苗是将种子或插穗播或插在装有营养土（基质）的容器中培育种苗的技术。用这种方式育成的种苗称为容器苗。根据种子类型不同又可分为播种育苗和扦插育苗，这里所指的为播种育苗。由于容器育苗所用培养基通常是按一定要求配制而成的营养土，故又常称为营养钵育苗。随着设施栽培及社会经济的发展，容器育苗发展也极其迅速，应用越来越广泛。

一、容器育苗的特点

（一）容器育苗的优点

容器育苗与传统大田育苗相比主要有以下优点：

（1）没有缓苗期，可四季移植。与普通裸根苗相比，应用容器育苗时，容器苗的根系在容器内形成，因苗随根际土团（有时和容器一起）栽种，起运苗和栽种过程中根系不易损伤，栽植后没有缓苗期，成活率高、发根快、生长旺盛，对于不耐移栽的种苗尤为适用。

（2）营养和环境条件可人为控制。容器育苗所用的营养土是经过认真选择和配制的，加以容器育苗常在塑料大棚、温室等保护设施中进行，故可使苗的生长发育获得较佳的营养和环境条件，苗木生长快，育苗周期短。大田育苗需 1～2 年才能出圃的苗，容器育苗往往仅需半年至 1 年即可育成，育苗成本大幅降低，效益大幅提高。

（3）便于管理和运输。生长阶段可根据生长情况适时调节秧苗间的距离，便于管理。运输时可节省起苗包装时间和费用等。

（4）节约种子。容器育苗所用的种子一般都经过严格的挑选，每个容器只播种一至几粒，可节省大量种子。

（二）容器育苗的缺点

容器育苗也有其不足之处，与大田育苗比，容器育苗对培育基质要求、管理技术及种苗运输费用都相对较高。

二、育苗容器选择

随着设施育苗技术的发展，育苗容器种类也越来越多。生产上可根据育苗品种、育苗周期、苗木规格等的不同要求进行选择。

1. 育苗容器的种类

育苗容器随制作材料、规格大小、形状的变化而不同，并且不断改进。

按制作材料可分为软塑料、硬塑料、泥炭、纸浆、陶、生物降解塑料（主要用秸秆等加胶合剂制成）等。现在生产上大量推广应用的是硬质和软质塑料容器。

按形状可分为筒形、圆锥形、正方形、六角形、蜂窝形等。圆筒形营养钵易使根系在容器中盘旋成团，栽后根系不易伸展，但目前此种应用最多。

按栽植方式可分为可栽植容器和不可栽植容器两类。可栽植容器能和种苗一起栽入生产园，如蜂窝纸杯、泥炭容器等；不可栽植容器是在种苗栽植时需取下容器，如用聚苯乙烯、聚氯乙烯制成的穴盘、塑料袋、营养杯等。还有单杯和连杯、有底和无底之分，其中无底的六角形和四方形有利于根系舒展。容器内部常设 2～6 条纵向棱状突起，苗木根系沿棱线向下伸展，防止根系在容器中盘旋。

2. 育苗容器的规格

育苗容器的规格取决于育苗地区、育苗对象、育苗期限和苗木规格等，实际中可根据不同育苗种类和育苗目标进行选择使用。容器规格一般高 8～25cm，直径 5～15cm。容器太小不利于根系生长，容器太大需培养土较多，会导致分量加重，育苗、栽植费用增高，也给运输带来不便。在实际生产中，培育 3～6 个月的种苗，容器以直径 4～5cm、高 10～12cm 的薄膜容器为宜；培育苗龄 1 年以上叶片较大、根系发达的种苗，一般使用容积较大的穴盘或直径 5～6cm、高 12～15cm 的营养袋（钵）为宜。

三、育苗基质选择与配制

育苗基质是固定苗木根系，使植株直立生长的载体，同时，容器苗根系所需的水分和营养全部是由容器中基质供给或人工定期定量施肥来提供。因此，育苗基质是决定容器苗质量的关键，在基质选择中，应遵循"因地制宜，就近取材，理化性质良好，有较好的保湿、保肥、通气、排水性能，成本低，无病虫害"的原则。

目前，国内外将育苗基质分为土壤基质和无土基质两大类，一般用天然土壤与其他物质、肥料配制的基质称为土壤基质；不用天然土壤，而用泥炭、蛭石、珍珠岩、树皮等人工或天然的材料配制的基质称为无土基质。国外无土基质配方（均以体积比例计算）有泥炭-蛭石混合（1：1、2：1、3：2、3：1）、泥炭-珍珠岩混合（1：1、7：3）等。各基质配方在配制时，通常加入少量石灰石、石膏或矿质肥料，在育苗过程中每隔48～72h追施全营养液1次。

目前我国各地容器育苗培养基配方不尽相同，多为就地取材。可以充分利用我国所特有的棉子壳、稻糠、椰壳等资源，把它们经过发酵，添加一定比例的泥炭、黄砂、珍珠岩和肥料，就可配制出优质的盆栽基质。在配制时，特别要注意基质中是否含有对植物生长不利的有毒成分。基质 pH 值一般要求为 5.5～6.5，当然可根据植物选择相应 pH 值的基质。

四、容器育苗管理

（一）苗床的准备

容器育苗营养钵的摆放和地栽苗一样，要将苗地整理出摆放的苗床。苗床的宽度可根据除草、病虫害防治、施肥和灌溉等管理方便而定，一般宽度为 1～1.5m。栽培区用"园艺地布"覆盖，或者铺盖碎石、松鳞和木屑。在铺盖覆盖物之前，要对土壤进行彻底除草。覆盖园艺地布，可以有效防止杂草，便于操作管理。铺盖石子和松鳞既利于排水，又利于防止杂草的滋生，减少管理费用。一般碎石的厚度在 10cm 左右，松鳞的厚度在 10～20cm。有些苗圃为了节省水资源和便于管理，直接把装好苗的容器半埋或全埋于土壤中。当苗床土温不能满足育苗要求时，还可以在苗床上铺设电热线进行加温培育。

（二）营养土的配制及装盆

1. 营养土配制

育苗前根据育苗种类、数量和容器大小，计算出所需营养土的总量和各组分用量；将营养土基质材料粉碎、过筛；按一定比例混合，然后进行基质消毒、调湿及调整 pH 值备用。

2. 营养土装盆

播种前要把营养土装到容器中，可以手工装土，也可以机械装土。手工装土时不要装得过满，一般比容器口低 1～2cm，装满土后从侧面敲打容器使虚土沉实。国外幼苗的装盆工作已机械化作业，可大大加快装盆、运输及摆放速度。

一般按容器苗的类型进行分区，在各大区按区内幼苗的特点进行摆放，如按种苗的大小进行分区，按种苗对环境条件要求不同进行分区等。如按植物对水分的需求及酸碱度的不同分不同的小区摆放，对环境条件要求相同的植物放置于同一区内，采用相同的管理措施。这样既便于管理，又有利于植物生长发育。

（三）播种、移苗或扦插

容器育苗要求种子的纯度达 95% 以上，发芽率在 90% 以上，以免造成"空钵"。播种前应对种子进行消毒及催芽处理。一般中小粒种子，每个容器中播 1～2 粒，大粒种子播 1 粒。播后用营养土或湿砂覆盖，厚度约为种子短轴的 1.5～2 倍，并立即喷透水。出苗前要经常保持营养土湿润。发现空钵应及时补种。

有些是先在苗床上密集播种，小苗长到 3～5cm 时将其移入容器中培育，称移苗，又叫上杯。小苗培育阶段的播种及管理与播种育苗相同。对于小粒种子的容器育苗多用此法。有些是将插穗插入容器中育苗。其扦插过程和要求与普通扦插育苗方法相同。

（四）浇水

好的水质，能培育出高质量的幼苗。一般来说，中性或微酸的可溶性盐含量低的水为佳，有利于植物的生长，水中不含病菌、藻类、杂草种子就更为理想。容器苗的灌溉方式主要有喷灌和滴灌，全自动控制喷灌技术不仅可以节约用水用工，喷灌均匀，还可以兼作施肥，省工省力，且施肥均匀，效果好。容器苗的用水量一般要大于地栽苗，灌溉的次数也随着季节的不同而不同，灌水量和灌水次数依植物的需要而定。

（五）施肥

容器苗一般不能直接施入基肥，否则会导致某些元素的浓度过高，造成死苗，追肥一般结合灌水进行。常用含有一定比例的氮、磷、钾的复合肥料，用1：200的浓度配成水溶液，而后进行喷施或灌根。根据苗木各个生长期的不同要求，不断调整氮、磷、钾比例和施用量，以达到最佳效果。

（六）松土除草

容器内的营养土因灌溉也会导致板结，也会发生杂草，所以，应及时松土除草。要做到"早除、勤除、尽除"。

（七）间苗和补苗

在容器育苗生产中，往往因为播种量偏大或撒种不均匀而使苗密度不均匀，必须及时间苗和补苗。一般在出苗后20d左右，小苗发出2～4片叶时进行间苗和补苗。每个容器内保留1株健壮苗，其余苗要拔除。补苗后一定要再浇一遍水，但不要太多。

（八）温湿度调控

利用塑料大棚进行容器育苗时，要控制好棚内的温度和湿度。白天棚内的温度应控制在25℃以上，但最高不超过35℃，夜间控制在15℃左右。出苗前棚内相对湿度保持在80%左右，出苗后棚内相对湿度保持在50%～60%。并注意防治病害。

任务四　穴盘播种育苗技术

穴盘育苗是用草炭、蛭石、珍珠岩等轻质无土材料作基质，以不同孔穴的穴盘为容器，通过精量播种、覆盖、镇压、浇水等一次成苗的现代化育苗技术。该育苗方式通常是利用机械化自动精量播种生产线完成基质装填、压穴、播种、覆土、镇压和浇水等系列作业，然后在催芽室和温室等设施内进行有效的管理，一次培育成苗的现代化育苗技术体系，故常被称为机械化育苗或工厂化育苗。

一、穴盘育苗的特点

（一）穴盘育苗的优点

（1）节省人力、能源。穴盘育苗从基质搅拌、装盘至播种、催芽等一系列作业实行机械化、自动化操控，因此极大地减轻了劳动强度，提高了劳动效率。同时单位面积育苗量大幅增多，占地只是常规育苗的1/5，且成苗快，苗龄比常规育苗缩短10～20d，大大提高了经济效益。

（2）提高种子利用率。穴盘育苗采用机械精量播种，极大提高了播种率和出苗率。由于实行规范化管理，生产效率高，能培育出生长健壮、规格整齐的优质快繁种苗。节省了种子用量，提高成苗率。

（3）提高幼苗质量。穴盘育苗能实现种苗的标准化生产，育苗基质、营养液等采用科学配方。播种时一穴一粒，成苗时一穴一株，每株幼苗都有独立的空间，水分、养分互不竞争，幼苗根系发达，定植时不伤根系，容易成活，缓苗快，能严格保证种苗质量和供苗时间。

（4）适宜远距离运输。穴盘育苗是以轻质无土材料作为育苗基质，其比重小，保水能力强，并且不受季节限制，适于远距离运输。

（二）穴盘育苗的缺点

（1）投入费用大。工厂化穴盘育苗一般需要精良的播种机械、催芽室及设施完备的现代温室等，往往费用投入较大。

（2）管理要求高。工厂化穴盘育苗投入大，育苗速度快，生产效率高，对环境条件调控要求高，对管理技术水平要求也高。

二、育苗设施与设备配备

工厂化穴盘育苗主要有基质处理车间、装盘及播种车间、催芽室和现代温室等设施，以及基质消毒机、基质搅拌机、育苗穴盘、自动精播生产线装置、恒温催芽设备、育苗设施内的喷水系统、二氧化碳增施机、运苗车和育苗层架等设备。

（1）基质处理车间。工厂化穴盘育苗多为批量生产，基质常使用复合基质，需要基质混合、搅拌、消毒等机械。

（2）装盘及播种车间。工厂化穴盘育苗过程中，基质的装盘、播种是关键部分，通常由基质装盘机、播种机、覆土机、喷淋机等组成成套的播种生产线，所以装盘和播种车间是工厂化穴盘育苗的重要车间。通常基质的混合、搅拌、装盘机械与播种流程机械连接在一起。装盘及播种车间还要求有充足的水源。

（3）自动精量播种生产线装置。穴盘自动精播生产线装置是工厂化育苗的核心设备，由穴盘摆放机、送料及基质装盘机、压穴及精播机、覆土机和喷淋机等五部分组成。精量播种机有真空吸入式和齿轮转动式，后者要求丸粒化种子。生产中多采用真空吸入式。按照设计样式一般分为针管式播种机、板式播种机和滚筒式播种机。

（4）恒温催芽室。工厂化穴盘育苗通常采用恒温催芽室进行催芽，所以还要求有良好的催芽室。一般播种生产线播种后需要在催芽室进行 $7\sim10d$ 恒温催芽。利用恒温催芽室催芽，温度易于调节，催芽数量大，出芽整齐一致。

（5）二氧化碳增施机。育苗期在现代温室一般为保温通常与外界通气通风较少，常常因二氧化碳浓度低而影响苗的生长发育，故增施二氧化碳可以促进壮苗。

（6）运苗车和育苗层架。运苗车采用多层结构，根据成苗高度确定放置架的高度；育苗层架的高度和宽度要与建造的催芽室相匹配。

三、穴盘育苗技术管理

（一）种子选择

工厂化育苗每穴播1粒种子，因此种子发芽率应大于90％，且应选择抗病、高产优良品种。

（二）育苗穴盘的选择

穴盘育苗为了适应精量播种的需要和提高苗床利用率，选用规格化的穴盘，其规格宽27.9cm，长54.4cm，高 $3.5\sim5.5cm$；孔穴数有 72 孔、128 孔、200 孔、288 孔等多种规格。用过的穴盘在再使用前应清洗和消毒，防止病虫害发生或蔓延。培育叶面积小、苗龄短的幼苗，应选择孔径小、孔数多的穴盘；培育叶面积大、苗龄长幼苗，选择较大孔径的穴盘。瓜类如南瓜、西瓜、冬瓜、甜瓜育苗时多采用 50 穴的；番茄、茄子、黄瓜多采用 72 穴或 128 穴的；辣椒采用 128 穴或 200 穴的。

（三）育苗基质的选择

穴盘育苗的基质要求无病虫、无杂质，有良好的通气性、保水性，尽可能使幼苗在水分、氧气、温度和养分上得到满足。常用基质材料有草炭（泥炭）、珍珠岩、蛭石等。国际上常用草炭和蛭石各半的混合基质育苗；蔬菜育苗配制比例通常为草炭：蛭石：珍珠岩＝3：1：1，1m³ 的基质中再加入磷酸二铵 2kg、高温膨化的鸡粪 2kg，或加入氮磷钾（1：1：1）三元复合肥 2～2.5kg。育苗时原则上应用新基质，并在播种前用蒸汽消毒或加多菌灵、百菌清等处理。

（四）基质装盘与播种

先将基质拌匀，调节含水量至 55%～60%。填装基质时将充分混合并经过严格消毒的基质填装穴盘，可机械操作，也可人工填装。大批量生产可采用机械播种，快速、省人工；小量生产可人工点播，但速度慢、费人工。播种完毕做好标签，注明品种、花色、播种日期等以便及时掌握发芽、生长状况，加强管理。

（五）营养液配方与管理

营养液配方取决于基质本身的成分。采用草炭、有机肥和复合肥的专用基质，以浇水为主，适当补充大量元素即可；采用草炭、蛭石的基质，则要严格的营养液配方和肥料用量。营养液配方一般以大量元素为主，微量元素多由基质提供。氮、磷、钾比例为 1：1：1 或 1：1.7：1.7 为宜。营养液的浓度视情况而定，经常与灌水结合，为了防止盐分积累，一般每浇 3d 左右，要浇一次清水。

（六）环境控制与幼苗管理

1. 环境控制

幼苗期环境控制包括适宜的温度、充足的水分和氧气。催芽和培养温度根据作物种类控制，催芽湿度要保持在 90% 以上。

2. 肥水管理

种子出苗后即可浇水，以保持基质湿润为宜，从子叶展平到 2 叶 1 心期，保持基质水分含量为最大持水量的 70%～75%，3 叶 1 心后为 65%～70%。

苗床边际水分蒸发强烈，因此要对苗床周边 10～15cm 范围进行补充灌溉。定期调整穴盘排放顺序，防止喷水不均匀。

3. 病虫害防治

病虫害防治严格执行预防为主、综合防治的原则。通过提高秧苗素质、控制环境、设置防虫网、严格消毒等措施减少病虫害发生，采取物理和生物防治辅以必要的化学药剂防治。

4. 补苗

工厂化穴盘育苗播种时一穴一粒，易出现缺苗。在 1 片真叶展开时应及时补齐，并浇缓苗水。

5. 定植前炼苗

出室前 5～7d 通过降温通风、减少肥水供应次数进行炼苗。出室前 2～3d 应施一次肥水，喷一次杀菌、杀虫剂，让幼苗带肥带药出室。

四、种苗的包装运输

1. 包装箱

种苗的包装一般采用纸箱包装，一个纸箱内，依据不同的设计可放置 4～6 个穴盘，采用纸板分层叠加，并在箱外标注"种苗专用箱"及向上箭头。内层隔纸板应经过防潮处理。

2. 装箱

装箱前，基质应保持合理的水分，不应过湿或过干。成品苗要朝上放置，装满后用打包带或胶带扎紧。

3. 运输

运输时最好采用专用车运送，通常为保温车。

4. 到达后的处理

种苗到达目的地后，应马上打开包装箱，并将种苗放置阴凉通风处，喷水护苗，以使幼苗能够尽快恢复。

实例 1-1　西 瓜 穴 盘 育 苗

西瓜穴盘育苗具有成苗快，无土传病害，而且幼苗根坨不易散，根系完整，定植不伤根，缓苗快，成活率高，适合远距离运输，有利于规范化管理等优点，目前生产上被广泛应用。其主要技术如下。

一、穴盘选择

选择使用 50 穴或 72 穴黑色塑料穴盘，由于其吸光性好，更有利于种苗根部发育。孔穴体积大，装基质多，其水分、养分蓄积量大，水分调节能力强，通透性好，有利于幼苗根系发育，但单位面积育苗数量较少，成本略增加。

最好选用新的穴盘，如果是使用过的穴盘可能会有残留一些病原菌、虫卵，所以使用前一定要进行清洗、消毒。方法是先用刷子清除苗盘中的残留基质，并用清水冲洗干净，晾干，再用 50% 的多菌灵 500 倍液浸泡 12h 或用高锰酸钾 1000 倍液浸泡 30min 消毒。然后再洗净晾干。

二、基质配制

采用草炭、蛭石、珍珠岩等轻型基质为育苗基质，并要求基质无病菌、无虫卵、无杂质，有良好的保水性和透气性。配制比例为草炭：蛭石：珍珠岩＝3：1：1，并加入磷酸二铵 $2kg/m^3$ 和高温膨化的鸡粪 $2kg/m^3$，或加入氮磷钾（1：1：1）三元复合肥 2～2.5kg/m^3。基质要求采用新基质，并在播种前用蒸汽加多菌灵或百菌清消毒。

三、播种育苗

（一）种子处理

为了防止出苗不整齐，通常要对种子进行预处理，即精选、温烫浸种、药剂浸（拌）种、搓洗、催芽等，种子经过处理后再播种。

（二）科学播种

1. 基质装盘

将基质拌均匀，并调节含水量至 55%～60%。然后将基质装到穴盘中，尽量保持原有物理性状，用刮板从穴盘一方与盘面垂直刮向另一方，使每穴中都装满基质，而且各个格室清晰可见。

2. 压盘

用相同的空穴盘垂直放在装满基质的穴盘上，两手平放在空穴盘上轻轻下压，最好一盘一压，保证播种深浅一致、出苗整齐。

3. 播种

将种子点在压好穴的盘中，在每个孔穴中心点放1粒，种子要平放。注意多播几盘备用。

4. 覆盖

播种后覆盖原基质，用刮板从盘的一头刮到另一头，使基质面与盘面相平。

5. 苗床准备

除夏季苗床要求遮阳挡雨外，冬春季育苗都要在温室或避风向阳的大棚内进行。大棚内苗床面要耙平，地面覆盖一层地布或地膜，在地布上摆放穴盘。

6. 浇水、盖膜

穴盘摆好后，用微喷水车或带细孔喷头的喷壶喷透水（忌大水浇灌，以免将种子冲出穴盘），然后盖一层地膜，利于保水、出苗整齐。

四、苗期管理

（一）温湿度调控

种子发芽期需要较高的温度和湿度。温度一般保持白天23～25℃，夜间15～18℃，相对湿度维持95%～100%。当种子露头时，及时揭去地膜。种子发芽后下胚轴开始伸长，顶芽突破基质，上胚轴伸长，子叶展开，根系、茎干及子叶开始进入发育状态。幼苗子叶展开的下胚轴长度以0.5cm较为理想，1cm以上则易导致徒长，所以下胚轴伸长期必须严格控制温度、湿度、光照等，相对湿度降到80%，及时揭盖遮阳网，并注意棚内的通风、透光、降温。夜间在许可的温度范围内尽量降温，加大昼夜温差，以利壮苗。

（二）水肥调节

幼苗真叶生长发育阶段的管理重点是水分，应避免基质忽干忽湿。浇水掌握"干湿交替"，即一次浇透，待基质转干时再浇第2次水。浇水一般选在正午前，下午16：00后若幼苗无萎蔫现象则不必浇水，以降低夜间湿度，减缓茎节伸长。注意阴雨天日照不足且湿度高时不宜浇水；穴盘边缘苗易失水，必要时应进行人工补水。在整个育苗过程中无需再施肥。此外，定植前要限制给水，以幼苗不发生萎蔫、不影响正常发育为宜。还要将种苗置于较低温度下，即适当降低3～5℃维持4～5d进行炼苗，以增强幼苗抗逆性，提高定植后成活率。

实训1-1 商品种子净度分析

一、目的要求

掌握识别净种子、其他植物种子和杂质的方法，掌握种子净度的分析技术，练习其他植物种子数目的测定方法和结果计算方法。

二、材料与用具

（1）材料。某园艺植物种子送验样品一份。

（2）用具。净度分析工作台、分样器或分样板、套筛、感量0.1g的台秤、感量0.01g

的天平、感量0.001g的天平或相应的电子天平、小碟或小盘、镊子、括板、放大镜、木盘、小毛刷等。

三、方法和步骤

（一）送验样品的称重和重型混杂物的检查

（1）将送验样品倒在台秤上称重，得出送验样品重量M。

（2）将送验样品倒在光滑的木盘中，挑出重型混杂物，在天平上称重，得出重型混杂物的重量m，并将重型混杂物分别称出其他植物种子重量m_1，杂质重量m_2。m_1与m_2重量之和应等于m。

（二）试验样品的分取

（1）先将送验样品混匀，再用分样器分取试验样品一份，或半试样两份，试样或半试样的重量见规程中有关章节内容。

（2）用天平称出试样或半试样的重量（按规定留取小数位数）。

（三）试样的分析分离

（1）选用筛孔适当的两层套筛，要求小孔筛的孔径小于所分析的种子，而大孔筛的孔径大于所分析的种子。使用时将小孔筛套在大孔筛的下面，再把筛底盒套在小孔筛的下面，倒入半试样，加盖，置于电动筛选机上或手工筛动2min。

（2）筛理后将各层筛及底盒中的分离物分别倒在净度分析桌上进行分析鉴定，区分出净种子、其他植物种子、杂质，并分别放入小碟内。

（四）各种分出成分称重

将每份半试样的净种子、其他植物种子、杂质分别称重，其称量精确度与试样称重相同。其中，其他植物种子还应分种类计数。

（五）结果计算

（1）核查各成分的重量之和与样品原来的重量之差有否超过5%。

（2）计算净种子的百分率（P）、其他植物种子的百分率（OS）及杂质的百分率（I）。

先求出第1份半试样的P_1、OS_1、I_1。

$$P_1 = (净种子重量 \div 各成分重量之和) \times 100\%$$

$$OS_1 = (其他植物种子重量 \div 各成分之和) \times 100\%$$

$$I_1 = (杂质重量 \div 各成分重量之和) \times 100\%$$

再用同样方法求出第2份半试样的P_2、OS_2、I_2。

若为全试样则各种组成的百分率应计算到一位小数，若为半试样，则各成分的百分率计算到两位小数。

（3）求出两份半试样间三种成分的各平均百分率及重复间相应百分率差值，并核对允许差距，见《农作物种子检验规程净度分析》（GB/T 3543.3—1995）。

（4）含重型混杂物样品的最后换算结果的计算：

$$P_2 = P_1 \frac{M-m}{M}$$

$$OS_2 = OS_1 \frac{M-m}{M} + \frac{m_1}{M} \times 100\%$$

$$I_2 = I_1 \frac{M-m}{M} + \frac{m_2}{M} \times 100\%$$

其中：P_1、OS_1、I_1 分别由分析两份半试样所得的净种子、其他植物种子和杂质的各平均百分率，而 P_2、OS_2 和 I_2 分别为最后的净种子、其他植物种子及杂质的百分率，（$m_1/M \times 100\%$）为重型混杂物中其他植物种子的百分率，（$m_2/M \times 100\%$）为重型混杂物中杂质的百分率。

（5）百分率的修约。

若原百分率取两位小数，现可经四舍五入保留一位。各成分的百分率相加应为100.0%，如为 99.9% 或 100.1% 则在最大的百分率上加上或减去不足或超过之数。如果此修约值大于 0.1%，则应该检查计算上有无差错。

（六）其他植物种子数目的测定

（1）将取出半试样后剩余的送验样品按要求取出相应的数量或全部倒在检验桌上或样品盘内，逐粒进行观察，找出所有的其他植物种子或指定种的种子并计出每个种的种子数，再加上半试样中相应的种子数。

（2）结果计算可直接用找出的种子粒数来表示，也可折算为每单位试样重量（通常用每千克）内所含种子数来表示：

$$其他植物种子数（粒/kg）=\frac{其他植物种子粒数}{送验样品的重量（g）} \times 1000$$

四、实训报告

根据上述检验结果，填写净度分析的结果报告单。要求净度分析的最后结果精确到一位小数，如果一种成分的百分率低于 0.05% 则填为微量，如果一种成分结果为零，则须填报"－0.0－"（表 1-2、表 1-3、表 1-4）。

表 1-2　　　　　　　　　　　净度分析结果记载表

重型混杂物检查：M（送验样品）= g，m（重型混杂物）= g，m_1= g，m_2= g						
		净种子	其他植物种子	杂质	重量合计	样品原重	重量差值百分率
第一份半试样	重量/g						
	百分率/%						
第二份半试样	重量/g						
	百分率/%						
百分率样间差值							
平均百分率							

表 1-3　　　　　　　　　　　其他植物种子数测定记载表

其他植物种子测定		其他植物种子种类和数目							
试样重量	g	名称	粒数	名称	粒数	名称	粒数	名称	粒数
净度半试样Ⅰ中									
净度半试样Ⅱ中									
剩余部分中									
合计									
或折成每千克粒数									

表 1-4　　　　　　　　　　净度分析结果报告单　　　　　　　　　样品编号

作物名称:			品　种:
成分	净种子	其他植物种子	杂质
百分率/%			
其他植物种子名称及数目或每千克含量(注明学名)			
备注			

实训 1-2　种子发芽试验

一、目的要求

熟悉主要园艺作物种子的发芽条件;练习并掌握种子标准发芽试验的方法、幼苗鉴定标准和结果计算方法。

二、材料和器具

(1) 试验种子。白菜种子。

(2) 用具。种子发芽室或光照发芽箱、真空数种器或电子自动数粒仪、恒温干燥箱、发芽盒或培养皿、吸水纸、消毒砂、镊子、温度计 (0~100℃)、烧杯、标签纸、滴瓶等。

(3) 药品。70%的酒精、蒸馏水、高锰酸钾、双氧水、硝酸钾、硝酸等。

三、方法步骤

标准发芽试验分为准备、数取试验样品、种子置床、贴标签、入箱培养、检查管理、幼苗鉴定、结果计算、核对误差、结果报告等步骤。

(一) 准备

1. 灭菌处理

为了预防霉菌感染,干扰检验结果,试验所使用的光照发芽箱、真空数种器或电子自动数粒仪、发芽盒和镊子等用具一般都要经过灭菌处理。比如,发芽盒、镊子应在仔细洗净之后,用70%的酒精擦拭或在沸水中煮 5~10min 后备用。此外,如果需要,也可将种子用 0.2%~0.5%的高锰酸钾溶液适当浸泡,但取出后要用清水冲洗数次。

2. 制备发芽床

(1) 纸床。可以用发芽纸或滤纸、吸水纸等作为纸床。其要求是具有一定的强度、质地好、吸水性强、保水性好、无毒无菌、清洁干净,不含可溶性色素或其他化学物质,pH 值为 6.0~7.5。

纸床包括纸上 (TP) 和纸间 (BP)。纸上是将吸水纸 1~4 层直接放入发芽盒 (皿) 等容器内,铺平后加水至饱和,然后将种子摆放其上。也可将纸床放在光照发芽箱内,箱内相对湿度接近饱和。纸间有盖纸法和纸卷法,前者是把一层湿的吸水纸盖在纸上的种子上面,后者是先把种子摆在一层或二层湿润的吸水纸上,然后盖上一层同样的吸水纸,卷成纸卷,直立在保湿的容器里。

(2) 砂床。一般用无化学污染的细砂或清水砂为材料。使用前先检去石子和杂物,洗涤后放入搪瓷盘内,摊薄,在 120~140℃高温下烘 3h 以上,取出冷凉后过 0.80mm 和 0.05mm 孔径的土壤筛,将 0.05~0.80mm 粒径的砂加水拌匀(砂的含水量为其饱和含水量的 60%～80%，用手压砂以不出现水膜为宜），然后将湿砂放于发芽盒内，摊平，砂子厚度为 2～3mm。

砂床包括：砂上（TS）和砂中（S）。砂上是将种子压入砂的表面。砂中是将种子播在一层平整的湿砂上，然后根据种子大小加盖 1～2cm 厚度的松散砂。

（二）数取试验样品

从经过充分混合的净种子中，用数种设备或手工随机数取 400 粒，活力低的种子和成熟度差的种子可适当增加。通常以 100 粒为一次重复。

（三）置床

将浸过的种子排在有湿砂的发芽盒（皿）内，种子之间保持一定距离。排好后轻压种子，使其与砂面相平，种子上盖湿纱布，纱布上盖 0.5～1cm 厚的湿砂，稍加镇压后加盖。

（四）贴标签

在发芽盒内侧贴上标签，写明样品号码、品种名称、置床日期、重复次数等，并登记在发芽试验记载簿上。

（五）入箱培养

根据作物要求把发芽箱调至所需温度，将置床的发芽盒（皿）放在箱内支架上。发芽盒（皿）盖好盖子。幼苗培养室内湿度保持在 70%～80%。

（六）检查管理

在发芽试验期间，每天检查发芽箱内的温度和发芽床的水分。其要求是：温度保持在规定温度±1℃之间；对发芽床水分不足的，应遵循一致性原则，用滴管或喷壶适量补水，但种粒四周出现水膜，则表示水分过多。同时，注意通气和种子发霉情况。使用玻璃培养皿作发芽容器的，注意加盖后的通气情况，在检查中发现表面生霉的种子，应取出洗涤后放回原处，发现腐烂种子应取出并记载。严重发霉（超过 5%）的应更换发芽床。

（七）观察记载

根据检查观察情况，将观察结果记入表 1-5。

（八）幼苗鉴定标准

白菜幼苗属于子叶出土型的双子叶植物，其幼苗主要构造包括初生根、次生根、下胚轴、子叶、顶芽等，幼苗鉴定标准为芸薹属一组（ISTA，幼苗鉴定手册分为 A.2.1.1.1）。

1. 正常幼苗

全部主要构造均应正常。

根系：初生根完整，或带有轻微缺陷，如褪色、有坏死斑点，破裂不深且已愈合。

幼芽：下胚轴完整，或仅有轻微缺陷，如褪色、有坏死斑点，破裂不深且已愈合，稍有弯曲。

子叶：完整，或仅有轻微缺陷，如无功能组织少于 50%，有 2 片子叶。

顶芽：完整。

2. 不正常幼苗

凡有一个或几个主要构造不正常，正常发育受阻，或整个幼苗有缺陷，如畸形、破碎，先长子叶后长根，两株连在一起，黄化或白化，纤细，玻璃状，由初次感染引起的腐烂。

根系：初生根有缺陷，如发育迟缓、短小、破损、从顶端撕裂、收缩、纤细、玻璃状、蜷缩在种皮里、负向生长，由初次感染引起的腐烂。即使有次生根存在，也应作为不正常幼苗。

　　幼芽：下胚轴有缺陷，如缩短、变粗或残缺；深度破裂、中心撕裂、收缩、弯曲、形成环状、严重弯曲形成螺旋状；纤细，玻璃状；由初次感染引起的腐烂。

　　子叶：其缺陷已扩展，无机能组织占 50% 以上，如肿胀、卷曲或其他畸形，损伤、分离、残缺、褪色，有坏死斑点，玻璃状，由初次感染引起的腐烂。

（九）结果计算

$$正常幼苗\% ＝（正常幼苗数÷试验种子总数）×100\%$$
$$硬实种子\% ＝（硬实种子数÷试验种子总数）×100\%$$
$$新鲜未发芽\% ＝（新鲜未发芽种子数÷试验种子总数）×100\%$$
$$不正常幼苗\% ＝（不正常幼苗÷试验种子总数）×100\%$$
$$死种子\% ＝（死种子数÷试验种子总数）×100\%$$

（十）结果报告

　　填写发芽试验结果时，须填报正常幼苗、不正常幼苗、硬实、新鲜不发芽种子和死种子的百分率，各百分率修约至最接近的整数，0.5 修约进入最大值，其总和应为 100%。若其中某项结果为零，则需填入"—0—"。同时还要填报采用的发芽床、温度、试验持续时间以及发芽前的处理方法。

四、实训报告

　　将试验结果填入表 1-5。

表 1-5　　　　　　　　　　种子发芽试验记载表

样品编号		置床日期		年　月　日			
作物名称		品种名称		每重复置床种子数			
发芽前处理		发芽床		发芽温度		持续时间	
重　复							
	Ⅰ		Ⅱ		Ⅲ		Ⅳ
小计							

试验结果	正常幼苗	%	附加说明：
	硬实种子	%	
	新鲜未发芽	%	
	不正常幼苗	%	
	死种子	%	
	合计	%	

试验人：

实训 1-3　盆　播　育　苗

一、目的要求

熟悉温室盆播育苗的整个过程，掌握播种的关键技术与操作管理。

二、材料与用具

温室秋播花卉种子：瓜叶菊、蒲苞花、三色堇、金鱼草等。

多菌灵 1000 倍液、代森锌 800～1000 倍液等消毒药品，培养土、木板条、网眼筛、喷水壶、塑料标签牌等。

三、方法和步骤

盆播育苗的方法和步骤为：培养土准备→消毒→填土→镇土→播种→覆土→浸水→覆盖→播后管理。

（1）培养土准备。

1）腐叶土。园土＝2：1 加少量厩肥土和河砂。

2）腐叶土。园土：砻糠灰＝1：1：1 加少量过磷酸钙和厩肥土。

培养土消毒，用多菌灵 1000 倍液、代森锌 800～1000 倍液消毒。

（2）填土。用瓦片盖住盆底排水孔，下层填入 1/3 厚碎瓦片或粗砂砾，中层填入约 1/3 厚筛出的粗粒培养土，上层填上播种用培养土，约 1/3 厚。

（3）镇土。填好盆土后，用木板条将土面压实刮平，土面距盆沿约 2～3cm。

（4）播种。细粒种子撒播法。为防止播种密度过密，掺入细砂与种子一起混播，细培养土覆盖，看不见种子为准。中、大粒种子用点播，播后覆土。

（5）浇水。底部浸水法浇水，盆下部浸入水中，水从排水孔中渗入，土面湿润后即可。

（6）覆盖。盆面上覆盖玻璃或报纸，置于荫棚下，减少水分蒸发。

（7）播后管理。维持盆土湿润，干时仍用底部浸水法浇水，幼苗出土后逐渐移于光照充足处。

四、实训报告

（1）播种操作，根据表 1-6 进行观察记载并写出实验报告进行结果分析。

（2）成苗率计算：成苗率（％）＝单位面积苗数/单位面积播种粒数×100％。

（3）播种繁殖适用于哪些园艺作物种类？有何优缺点？

表 1-6　　　　　　　　　　播种育苗管理观察记载表

专业：　　　　班级：　　　　学号：　　　　姓名：

播种作物：　　　　播种方式：　　　　种子粒数：

日　期 /（月．日）	白天平均 温度/℃	夜晚平均 温度/℃	发芽数 /株	成苗数 /株	间苗数 /株	定苗数 /株

思考

1. 播种后的管理有哪些？
2. 种子萌发的条件？
3. 种子催芽的概念，浸种催芽有哪几种方法？
4. 穴盘育苗的优点？
5. 试述穴盘育苗的技术要点。

项目二 扦插育苗技术

设施扦插育苗根据扦插的设施和场地主要有普通拱棚扦插育苗、温室工厂化扦插育苗、全光照迷雾扦插育苗等。普通拱棚扦插育苗的设施主要是塑料大棚、中棚，甚至小棚，插床可以是营养土或基质配制成的扦插苗床，或是穴盘或营养钵等扦插容器，温室工厂化扦插育苗的设施主要是具有温湿度调控系统的温室大棚及其苗床，插床多为穴盘等；全光照迷雾扦插育苗主要设施是全光照迷雾系统，插床可以是穴盘，也可以是扦插床。一般穴盘使用的基质以草炭、蛭石、珍珠岩为主；而扦插床使用的基质以沙、草炭等为主。

扦插繁殖是将园艺植物的根、茎、叶的一部分，插入基质中，使之生根发芽成为独立植株的方法。扦插所用的一段营养体称为插条（穗）。扦插所得到的苗称为"扦插苗"。扦插育苗具有变异性较小，能保持母株的优良性状和特性；幼苗期短，结果早，投产快；繁殖方法简单，成苗迅速等优点；但缺点是扦插苗根系较浅而弱，寿命不如有性繁殖的长久。易生不定根的藤本、草本、木本果树和花卉以及多肉类植物都可用扦插繁殖。扦插是园艺植物的主要无性繁殖方法之一，根据插（穗）材料不同可分为枝（茎）插、根插与叶插。在育苗生产实践中以枝插应用最广，根插次之，叶插在花卉上应用较多。

一、枝插

枝插育苗是利用园艺植物枝（茎）作为插穗培育新植株的繁殖方法。枝插是扦插育苗中应用最多的方法。其中根据枝梢的不同生长阶段和扦插时间又可分为硬枝扦插和嫩枝扦插。硬枝扦插是在植物休眠期用完全木质化的1~2年生枝条作插穗的扦插方法。嫩枝扦插又称绿枝扦插，是在生长期采用半木质化的枝梢做插穗的扦插方法。

二、根插

根插是用根做插穗的扦插方法。有些园艺植物能从根上产生不定芽形成幼株，可采用根插繁殖（图1-1），

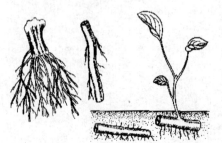

图1-1　根插

根插的插穗剪取和扦插方法可以参照硬枝扦插，扦插时多是定点穴插，将其直立或斜插埋入土中，根上部与地面基本持平，表面覆1～3cm厚的锯末或覆地膜，经常浇水保湿。对于某些草本植物如牛舌草、剪秋萝、宿根福禄考等根段较细的植物，也可以把根剪成3～5cm长，用撒播的方法撒于床面，覆土1cm左右，保持湿润，待产生不定芽后再进行移植。

根插主要用于芍药、牡丹、宿根福禄考等根上易生不定芽的植物或枣、柿、核桃、长山核桃、山核桃、漆树等枝插成活困难的树种。苗圃中棠梨、山定子、海棠、苹果营养系矮化砧等，可利用苗木出圃残留下根段进行根插。

三、芽叶插

叶插包括叶芽插和叶插。

（一）叶芽插

叶芽插是用易生根的叶柄做插穗的扦插育苗方法（图1-2）。插条仅有1芽附1片叶，芽下部带有盾形茎部1片，或1小段茎，插入插床中，仅露芽尖即可，随取随插。一般在嫩枝扦插材料不够或加快繁殖时用，扦插方法和设施可参考嫩枝扦插。

图1-2 叶芽插

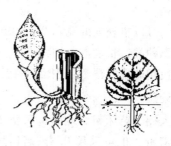

图1-3 叶插

（二）叶插

叶插是选取叶片或者叶柄为插穗的扦插方法（图1-3）。适用于叶易生根又能发芽的植物，常用于叶质肥厚多汁的花卉，如秋海棠类、非洲紫罗兰、十二卷属、虎尾兰属、景天科的许多种。叶插发根的部位有叶脉、叶缘及叶柄。叶插的时间、方法及管理可参考嫩枝扦插。

任务一 硬枝扦插育苗

硬枝扦插是在植物休眠期用完全木质化的1～2年生枝条作插穗的扦插方法。硬枝扦插多用于藤本和木本植物的扦插，如葡萄、无花果、石榴、月季、八仙花、栀子花、杜鹃花、紫薇等植物。

一、设施选择和准备

硬枝扦插多数采用普通拱棚扦插育苗。设施主要选择大棚、连栋大棚等；有需要和条件时，可以采用大棚套中棚或小棚，以提高床温，促进发根早、发芽齐，成苗率高。插床可以是营养土或基质配制成的扦插苗床，或是穴盘或营养钵等扦插容器。具体可根据育苗目标、插穗类型、生根难易及其移栽成活率等选择使用。一般插穗粗大、来源充足、生根容易、移栽成活率高的可以采用扦插苗床，如是插穗较细小、种质资源少、生根困难、移栽成活率低的可以采用穴盘或营养钵等扦插。

二、扦插基质和插床准备

（一）扦插基质选择和准备

理想扦插基质是排水、通气良好，又能保湿，不带病、虫、杂草及任何有害物质。常用于扦插的基质主要有河砂、蛭石、珍珠岩、草炭、碳化稻壳等。不同人工混合基质常优于土壤，可按不同植物的特性按合适的比例混合配备。基质配比也可参考播种育苗进行。

选择好基质后，在混合的过程中喷洒 0.3％高锰酸钾液或 800 倍 70％的甲基托布津液等杀菌剂进行消毒。采用穴盘或容器扦插的，消毒之后装填扦插穴盘或容器，保证每穴孔或容器的基质松紧度相同，装满基质后整齐摆放到苗床上。

（二）插床准备

用于穴盘或容器扦插的插床可以整理成畦宽 1.5～2.0m、沟宽 0.3～0.5m、长与大棚长度相宜的苗床；畦面可以直接整平并根据需要布置电热线成电热温床，在其上直接安置扦插穴盘或容器，也可以在畦面和沟都铺设地布或树皮或碎石等材料后在畦面安置扦插穴盘或容器。

直接扦插的可以整理成畦宽 1.2～2.0m、沟宽 0.3～0.5m、长与大棚长相宜的插床，床土可以根据插穗种类、长度等不同铺设 10～15cm 配制好的营养土或混合基质。也可以根据需要在插床周边用砖块或混凝土围沿；在床沟铺设砖块、碎石或树皮等。

三、消毒处理

扦插前对大棚、苗床架、地面及穴盘（或扦插容器）、扦插床进行全面的消毒，可用甲醛熏蒸的办法消毒、也可采用 0.3％高锰酸钾溶液消毒。基质的消毒，可在混合的时候进行。枝条的消毒，将枝条用清水清洗过后在 800 倍液的 70％甲基托布津溶液中浸泡 1～2min。剪刀也要在剪插穗前用酒精进行消毒。

四、插穗选取与贮藏

硬枝扦插插穗是在秋季落叶后至翌年早春树液开始流动之前，选取成熟、生长健壮、芽体饱满、节间短而粗壮，并且无病虫害的 1～2 年生枝条中部段作。不同树龄、不同部位的枝条扦插成活率不同，应合理选取。多年生植物，插穗的生根能力常随母株年龄的增长而降低。侧枝比主枝易生根，向阳枝条比背阴枝条生根好；硬枝扦插时取自枝梢基部的枝条生根较好。扦插枝条采集后一般通过低温湿砂贮藏（类似于种子的层积处理）至扦插，一定要保证休眠芽不萌动。

插穗长度视插穗节间长短和扦插深度而定，一般以 5～15cm 为宜，要保证插穗上有 2～3 个发育充实的芽，有些易生根、长势强健的枝条也可仅保留 1 个芽。插穗剪取时，上剪口应位于芽上 1.0cm 左右，不小于 0.5cm；剪口形状以平面为主；下剪口形状可以是斜面（单斜面或双斜面），也可以是平面，以单斜面为多，单斜面可在基部芽的对面环节处往下斜剪，平面可在距下节部 1cm 左右处剪取。

五、扦插

（一）扦插时间

硬枝扦插可以在秋季落叶后或次年萌芽前进行。南方设施育苗多在秋季随剪随扦插，有利于促进早生根发芽；露地一般将插穗贮藏至翌年春季萌芽前扦插。

（二）激素处理

对于不易生根的品种和插穗，扦插前最好使用合适的激素适当处理，可以用速蘸法。具体处理为：将剪取好的插穗，事先以小把扎好；将插穗基部1～2cm在生根剂中蘸3～5s时间取出，即行扦插。常用的有萘乙酸（NAA）、ABT生根粉等。如NAA1000～2000mg/L速蘸插穗基部数秒钟或20～200mg/L处理插穗基部数小时，IBA5000～10000mg/kg速蘸插穗基部5s；不同树种的处理浓度和处理时间各异，应以实验为基础，区别对待。

（三）扦插方法

扦插前保持插床或基质适当湿润，一般为基质饱和含水量的60%左右。为保持插床良好的湿度和提高温度，宜在插床铺设地膜或报纸（图1-4）。报纸可以起到一定保湿和保温效果。且能以微喷等方式补充水分；而地膜保湿和增温效果比报纸好，但补充水分相对不方便，采用黑膜还有抑制杂草生长的作用。

图1-4 硬枝扦插插床覆盖

扦插深度以插穗插入土中1/2～2/3，或仅留最上部一个芽露出土面（图1-5），并以适当斜插为好，最好上端芽朝上，下端斜面朝下。

扦插密度根据不同植物及其扦插苗生长大小而定。一般为（8～15）cm×（10～20）cm。

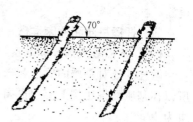

图1-5 硬枝扦插

六、插后管理

（一）温度

扦插苗生根最佳的基质温度为18～25℃。"冷顶部，热底部"的一般原则有利于插穗生根。温度低于18℃则生根缓慢，成苗一致性差，成活率也较不理想。土壤温度（包括其他插床基质温度）如能比气温高3～6℃时，更可促进根的迅速发生。所以硬枝扦插苗床早春可以通过电热温床、覆盖地膜、拱棚等方法来提高土温，促进早发根、发好根。环境温度不宜超过38℃，当温度过高时可通过打开天窗通风降温的办法降低棚温，棚温回归正常后及时关闭天窗。温度过高易导致插穗失水甚至烧苗。应保持环境温度相对稳定或缓慢变化，避免出现剧烈的温差。

（二）湿度

插穗在湿润的基质中才能生根，一般插床基质含水量控制在50%～60%。水分过多常导致插穗腐烂。扦插初期，水分较多则愈合组织易于形成，愈合组织形成后，适宜较少水分。为避免插穗枝叶中水分的过分蒸腾，要求插床环境保持较高的空气湿度，通常以80％～90％的相对湿度为宜。故可以采用地膜覆盖等方式保持土壤湿度。

（三）光照

早春温度较低时，加强光照有利于提高温度、促进提早发根。在夏季光照过强并且棚内温度过高时，可通过遮盖外遮阳来降低棚温，平时情况下应尽量减少遮阳。光照不足，易导致枝芽徒长，又使得基质不容易干，不利根系生长。

（四）空气

插条在生根过程中需进行呼吸作用，因此要求扦插基质有良好的通气条件，可适当降低基质的含水量，保持湿润，适当通风提高氧气供应量，促进根系良好生长。如早期覆盖地膜或拱棚的，要注意及时通风，避免通风不良或高温烧苗。而在寒冷季节的阴雨天，要注意覆盖保温，避免寒害和冷害。

任务二 嫩枝扦插育苗

嫩枝扦插又称绿枝扦插，是在生长期采用半木质化的枝梢做插穗的扦插方法（图1-6）。多用于草本花卉和常绿木本花卉、果树等，草本花卉又称草茎扦插。草本花卉如菊花、

绿枝扦插　　　嫩枝扦插

图1-6 嫩枝扦插

大丽花、丝石竹、矮牵牛、香石竹等，木本花卉如木兰属、蔷薇属、绣线菊属、火棘属、连翘属和夹竹桃等，均可用此法进行繁殖。

一、设施选择和准备

由于嫩枝扦插一般是在夏季气温较高时进行，所以嫩枝扦插最好采用全光照迷雾设施，并配置适当遮阳设施。

二、扦插基质和插床准备

（一）扦插基质选择和准备

嫩枝扦插对基质的要求和选择可参考硬枝扦插，但嫩枝扦插对基质通气性的要求更高，所以在基质配备比例上要求更高，尽量不用或少用原土，采用插床扦插的基质可以河砂、草炭为主。

（二）插床准备

用于穴盘或容器扦插的插床可以整理成畦宽1.5～2.0m、沟宽0.3～0.5m、长与大棚长度相宜的苗床。穴盘或容器扦插的最好畦面和沟都铺设地布或树皮或碎石等材料后在畦面安置扦插穴盘或容器。

直接的插床可以整理成畦宽1.2～2.0m，沟宽0.3～0.5m；基质以河沙或混合基质为宜，少用通气不良的原土。在插床周边可用砖块或混凝土围沿；在床沟铺设砖块、碎石或树皮等。

三、消毒处理

对扦插设施、插床、基质等的消毒可以参照硬枝扦插，由于嫩枝扦插多在夏季高温高湿时进行，发病的几率大于硬枝扦插，故消毒要求更高，尽可能彻底全面。

四、插穗选取

嫩枝扦插插穗以组织老熟适中的半木质化枝为宜，过嫩易腐烂，过老则生根缓慢。一般树冠上部枝梢作插条比用下方部位的生根好，营养枝比结果枝更易生根，去掉花蕾比带花蕾者生根好。通常选择营养良好、发育正常、无病虫害的枝条作插穗。阴生枝、老枝、病枝都不适合用作插穗使用。

插穗采取前应对母本树进行病害防治和营养补充。如在采穗前10d左右用杜邦易保＋磷酸二氢钾喷施1次。在采穗前4～5d再喷1次。在干旱季节，还宜在采穗前1～2d，浇透水1次，如高温晴天，最好能加盖遮阳网。

采穗所用剪刀要求刀口锋利，剪取时用力均匀，切口平滑，不破皮、不劈裂。在采枝、剪穗过程中要切实注意保湿，扦插前务必保持枝条的活性，可采用喷雾、水壶洒水，或基部插在水中以及用湿毛巾包裹等方法进行保湿。

插穗可以是枝的中部段，也可以是枝的顶部，若是顶部的宜保留上端2～3片叶（图1-6）。插穗长度一般以保留2～3个饱满芽为宜，不同树种插穗剪取长度各异，易生根者可适当短一些。插穗上切口为平口，离最上面一个芽1cm为宜（干旱地区可为2cm）。如果距离太短，则插穗上部易干枯，影响发芽，下剪口在靠近节处斜剪形成单斜面切口。

五、扦插

（一）扦插时间

嫩枝扦插一般在插穗大量半木质化时进行为宜，故多数在新梢生长中期的5—6月份。但在温室栽培时只要有合适插穗，周年都可在温室内进行扦插，不受季节限制。

（二）激素处理

扦插前最好使用合适的激素适当处理。不同植物适宜的激素种类、处理浓度和处理时间各不相同，还是应先试验，后应用。具体方法可以参考硬枝扦插。但处理时嫩枝插穗不宜捏或扎得太紧。

（三）扦插方法

扦插前对基质或扦插床浇淋一次水。扦插时插穗以与地面成70°左右角斜插，上端芽朝上，下端斜面朝下为好；扦插深度为以插穗长度的1/3～1/2。插穗扦插过深，插在扦插基质的蓄水层中会导致插穗透气性不佳，不利于生长甚至插穗腐烂。穴盘扦插时通常穴盘只有4～5cm深，扦插过深根系的生长空间减少，不利于根系生长。

未插入土里部分可以留下叶柄或部分叶片或半叶；顶部嫩枝的可保留上端2～3片叶。扦插时插穗方向一致，密度适宜，以使插穗的叶片（或新叶）相互不重叠为宜，嫩枝扦插过程中插穗的叶片朝同一方向有利于减少叶片重叠。一般插穗随剪随插，在剪取和扦插之前要注意保湿防高温，可用湿布包裹、遮盖等保存。多汁液种类应使切口干燥后扦插，多浆植物使切口干燥半日或数天后扦插，以防腐烂。

六、插后管理

（一）水分

空气湿度是保证插穗不失水的最主要因素，应采用合理时间间隔的间歇喷雾进行控制（图1-7）；喷雾系统要求使整个苗床喷雾均匀，并做好防风措施，避免因为受风的影响导致喷雾不均匀，而出现插穗或者苗干死的情况（图1-8）；合理的基质干湿度，有利于插穗尽快发根和根系生长。

图1-7　蓝莓全光照迷雾扦插

图1-8　红叶石楠扦插育苗喷水不均匀状

（二）光照

嫩枝扦插一般都带有叶片，以便在日光下进行光合作用，提高生根率。由于叶片表面积大，阳光充足温度升高，蒸腾作用强会导致插条失水萎蔫。因此，在嫩枝扦插初期要适当遮阳，当根系大量生出后，陆续给予光照。嫩枝扦插，可采用全光照喷雾扦插，以加速生根，提高成活率。插穗在全部生根后停止喷雾的情况下可以通过遮阳来减弱强光照对扦插苗的伤害（图1-8）；同时减少对水分管理的工作量。

（三）温度

大多数园艺植物适宜扦插生根的温度为18～25℃，但受产地生态有所影响，如热带花卉等植物可在25～30℃，耐寒类植物温度可稍低。所以5—6月是大部分园艺植物嫩枝扦插的最佳时间。但环境温度不宜超过38℃，温度过高易导致插穗失水甚至烧苗，夏季可以采用遮阳网覆盖及喷雾来降低温度，避免烧苗。如是温室、大棚育苗，应注意揭膜通风，并保持环境温度相对稳定或缓慢变化，避免出现剧烈的温差。

实例1-2　红叶石楠全光照喷雾扦插繁殖

一、插穗剪取

1. 采穗母树的准备

剪取插穗前对采穗母树进行病害防治和营养补充。在采穗前10d用杜邦易保＋磷酸二氢钾喷施1次。在采穗前4～5d再喷1次。

2. 采插穗

红叶石楠按母树修剪要求采穗。嫩枝扦插插穗采集时间是在母树的生长季，采集当年生开始木质化的粗壮枝条作插条。红叶石楠穗条的剪取时间最好是：在抽梢停止之后到下次抽梢之前，顶部叶片比较熟化的时候，不能在枝条抽新梢时采穗，最佳的采穗时间是5月和9月各1次。采下枝条必须注意保湿，在高温晴天应在早晨或傍晚采穗。

红叶石楠插穗大体可以分为5种：嫩枝嫩芽、半木质化偏嫩的穗条、半木质化的穗条、半木质化偏老的穗条、木质化了的老枝。扦插通常选择中间的3种插穗，相对细胞分裂旺盛，比较容易生根，插穗的长度可以控制在4～6cm，枝条太长没有必要，但是过短也会影响抽芽。一般留 1～2 片健康的叶子，过长过大的叶片也只留 4cm 左右的叶子，叶片留的太多会造成枝条失水，而且影响单位面积的扦插量。小而健康的叶片可以留 2 片，半木质化的顶芽一般留 2 片比较成熟的叶片。

二、生根剂处理

红叶石楠处理的生根剂浓度一般是 IBA 5000mg/L，插穗下部 1～1.5cm 部分在药液中蘸 5s 即可。处理的生根剂在 10000mg/L 内浓度相对越高，枝条发根的数量越多。

三、扦插

插穗入土深度以其长度的 1/3～1/2 为宜。插穗一般随采随插，不宜贮藏。扦插完毕立即浇透水。插后叶面再喷 500 倍 50% 的多菌灵和炭疽福美混合液。扦插密度为 12 万株 /hm^2。

四、温度管理

红叶石楠扦插育苗的棚内温度应控制在 38℃ 以下、15℃ 以上，最适温度为 25℃。如温度过高，则应进行遮阴，通风或喷雾降温；温度过低，应使用加温设备加温。加温会造成基质干燥，故每间隔 2～3d 要检查扦插基质并及时浇 1 次透水，否则，插穗易失水干枯。

五、喷雾控制

在扦插初期，插穗刚离开母体，仍有较大的蒸腾强度，插穗基部下切口的吸水能力极弱，保证插穗不失水主要靠频繁的间歇喷雾。在扦插早期，愈伤组织形成之前应多喷，使叶面经常保持一层水膜；愈伤组织形成之后，可适当减少喷雾，并适当的给基质中补充肥水。

全光照扦插育苗成功与否，主要取决于能否根据扦插的不同时期进行喷雾，红叶石楠全光照扦插喷雾控制见表 1-7，一般扦插育苗前期，愈伤组织形成前（约扦插 20d 以前）应保证育苗大棚空气相对湿度在 85% 以上，小拱棚空气湿度在 95% 以上；愈伤组织形成后（约扦插 20d 后），可待叶片上水膜蒸发减少到 1/3 开始喷雾；待普遍长出幼根时，可在叶面水分完全蒸发完后稍等片刻再进行喷雾；大量根系形成后（3cm 以上）可以只在中午前后少量喷雾，但是基质需定期浇水，基质湿度应保持在 60% 左右；待普遍长出侧根后应及时炼苗移栽。

表 1-7　　　　　　　　　　　红叶石楠全光照扦插喷雾控制

天气	时　间　段	7：00—8：30	9：30—15：30	15：30—17：00	备　注
夏季晴天	愈伤组织形成前	3/7	3/4	3/6	喷雾时间/间隔时间
	愈伤组织形成后	3/10	3/5	3/10	
	根长出后（<2cm）	4/25	4/15	4/25	
	根长出后（>2cm）	0/0	5/25	0/0	
阴天	愈伤组织形成前	4/25	4/15	4/25	
	愈伤组织形成后或根长出后	无需喷雾或少量喷雾			

注　喷雾时间看叶面水膜情况确定，间隔时间和温度有直接关系，需注意观察。

六、病虫害的防治

嫩枝扦插在高温高湿环境下，容易感染细菌而腐烂，因此除了在插前进行插穗杀菌处理外，插后仍要加强病虫害防治，扦插一结束要及时喷施 50％的多菌灵或 50％的甲基托布津 800 倍液，以后每 5～7d 喷一次，在雨后一定要及时喷施杀菌剂，红叶石楠在扦插期主要容易发生炭疽病，需要进行周期性防治，防治药剂主要有炭疽福美、代森锰锌、百菌清等。虫害主要有蚜虫和蛾类幼虫的危害，防治药剂主要有吡虫啉和高效氯氰菊酯等。喷药要求在傍晚，停止喷雾后进行，插穗生根后可适当减少喷药次数。在扦插后，如果有苗木出现发病和腐烂现象，要及时清理，防止病害蔓延。

七、肥料的使用

（一）水溶性肥料的使用

水溶性肥料的使用，方法有叶面追肥和基质浇肥。在扦插后要经常进行叶面追肥，可以结合喷药防病同时进行。喷施的叶面肥可以采用"国美"水溶性肥料 20 - 10 - 20 和 14 - 0 - 14 两种，两者交替使用，能有效补充穗条生根和生长的所需营养。通常在愈伤组织形成到幼根长出，使用水溶性氮肥 50mg/kg 喷施即可，在根系大量形成后到移栽前，浓度可增加到 100～150mg/kg，可以采用基质浇肥的形式，达到上下同时吸收。

（二）控释肥的使用

在红叶石楠扦插育苗中，为了方便管理，和持续不断的供应小苗在生根以后可以在穴盘培养很长时间的营养所需，使用缓释肥是最方便的。生产中一般在基质表面施用 APEX 控释肥 90～120g/m² 或 20g/60 穴盘。

八、炼苗与养护

在苗木生根后，一般根系长到 3cm 以上，就可以搬到荫棚区炼苗，水分管理，见干见湿，一般一个月时间。

生根苗的上盆，基质用草炭：珍珠岩为 8：2，一般草炭需要加石灰调节 pH 值，同时补充钙元素。苗木上盆时一般要做到，随起随种随浇水。

红叶石楠的管理同平常的苗木栽培管理一样，特别要注意的是其小苗的管理。红叶石楠是抗性比较强的品种，但在小苗阶段也容易出现问题，小苗因为抗性比较弱，容易感染病害，引起病害发生的原因主要有冻害、高温、栽培介质长期过湿等。在冬季和初春都容易发生冻害，红叶石楠在冬季只要温度适合，仍会不停地生长，所以冬季小苗最好在大棚里过冬，或者冬季减少水分供应，不施肥。夏季高温时最好在荫棚下过夏。水分管理要注意，见干见湿。但不能让基质过干，过干后基质就很难浇透。

肥料管理，一般上盆时在基质里拌缓释肥（要不含尿素氮或尿素氮含量很少的，如A-PEX 18 - 8 - 8 常绿植物肥）4kg/m³。上盆后再定期浇施水溶性肥料 700～1000 倍液，具体根据苗木生长情况进行管理。

实训 1 - 4　葡萄的硬质扦插

一、实训目的
掌握葡萄硬枝扦插的时间、扦条剪取及扦后管理。
二、实训材料与用具
（1）材料。葡萄枝蔓、生根粉、营养钵、干净清水。
（2）用具。枝剪、烧杯、玻棒、桶。

三、方法步骤

（一）扦插时间

一般在冬季落叶后至春季萌芽前进行，此时枝蔓养分积累较多，有利于发根成活。

（二）枝蔓的选择

枝蔓结合冬季修剪采取。选择品种纯正、生长健壮、充分老熟、芽眼饱满的一年生枝蔓的中下部。枝蔓上部较细弱，芽眼不饱满，不宜选用。另外，节间过长的徒长枝，也不宜选用；基部芽眼不饱满的枝段也最好不选用。

（三）插条剪取

枝蔓采集后，通常剪成带 2～3 个芽、长 10cm 左右的插条，要求顶芽饱满，上端剪口距芽 1～2cm，如果剪口离芽太近，插条干枯会影响到芽眼萌发；下端在芽眼处斜剪，呈马耳形，芽眼处根原体多，贮藏养分多，有利于发根。

（四）插条处理

春季气温通常升高比地温快，扦插后往往先萌芽而后生根。因此扦插前对扦条进行处理，可以促进生根，提高成活率。

（1）浸水促根法。将剪好的插条 50 条绑成一捆，扦插前用干净的清水浸泡插条基部 36～48h，深度 3～4cm，期间换水 2 次。此法方便安全、经济实惠。

（2）生长调节剂促根法。用 ABT 生根粉 2 号、吲哚丁酸、吲哚乙酸和萘乙酸等四种植物生长调节剂处理葡萄插条后都有刺激发根作用，其中以 ABT 生根粉 2 号 150mg/L 浸 5h 处理效果最好，发根数量最多，新梢长势旺盛。处理后取出插条晾干 2～3h 再扦插。

（五）营养钵准备

一般选用高 10cm、上口径 8～9cm 的营养钵。

（六）营养土配制

疏松肥沃的园土、腐熟的有机肥各 1 份，加入适量的磷肥拌匀。

（七）营养袋装土

将营养土装满营养钵，然后将营养钵整齐地摆放备用。

（八）扦插方法

将处理的插条插入已经准备好的营养钵内，深度以插入穗长 2/3 或仅露出顶芽为宜，压实并充分淋水。

（九）插后管理

（1）搭棚保温。为促发插条提早发芽，可以采用大棚覆盖保温。棚内保持气温 25～30℃、相对湿度以 80％～90％为宜。

（2）淋水保湿。每天或隔天喷水一次，每次喷水量宜少，使上下湿土相接即可。

（3）施肥。在生长期如果营养不足，叶片薄而黄，可以喷施 0.3％尿素＋0.2％磷酸二氢钾液 1～3 次。

四、实训报告

（1）扦插后 45d，检查成活率并记录。

（2）提高葡萄硬枝扦插成活率应掌握哪些技术要点？

实训1-5 常春藤的穴盘扦插

一、实训目的

掌握常春藤的插穗选择、剪取、扦插及插后管理技术。了解插穗的抽芽和生长发育规律。

二、实训材料与用具

（1）材料。常春藤，72孔穴盘，泥炭、蛭石、珍珠岩，生根剂。

（2）用具。剪刀、铁锹、喷壶、水桶、标签等。

三、方法步骤

（一）基质的准备

将泥炭、蛭石、珍珠岩按照4∶3∶3的比例充分混合，并加水搅拌，使基质含水量达到70%～80%。手攥成团，松手即散为宜。

（二）装盘

将混合好的基质装入盘中，注意不能用手按实，要求装穴盘基质稍加压实并弄平，保证每孔松紧程度基本一致。

（三）选条

选生长健壮、无病虫害的半木质化的当年生嫩枝作插穗。

（四）插穗剪取

用修枝剪剪插穗。每穗留2个节，下部叶片剪掉，下部以斜切口为好。注意插穗不要太长。采、制插穗要在阴凉处进行，防止水分散失。可不断给插穗喷水以保持湿润。

（五）催根处理

一般用速蘸法处理。激素种类与浓度按照所选生根剂配制。

（六）扦插

采用直插法，插穗深度2cm左右，每孔一穗。叶片朝同一方向摆放，防止重叠。

（七）放置

贴上标签，摆放整齐，盖好遮阳网。

（八）养护管理

四、实训报告

（1）以组为单位，进行扦插苗的养护管理，并做记录。

（2）记录插穗的成活率及生长情况。

思考

1. 常用的扦插育苗方法有哪些？

2. 怎样提高扦插育苗成活率？

3. 嫩枝扦插与硬枝扦插有何不同？

4. 嫩枝扦插的温湿度管理有什么要求？

项目三　嫁接育苗技术

- **学习目标**

　　知识：了解嫁接育苗的方法、影响嫁接成活的主要因素，掌握园艺植物嫁接育苗的主要技术，砧木培育、接穗选取、嫁接时期、嫁接方法及其嫁接后的管理要点。

　　技能：会进行砧木培育、接穗的剪取，嫁接操作；能熟练进行瓜类蔬菜的嫁接育苗及果树的芽接和枝接育苗。

- **重点难点**

　　重点：影响嫁接成活的主要因素，嫁接的关键技术，嫁接后的管理要点。

　　难点：嫁接砧木和接穗的选择、嫁接的操作，嫁接后除萌和温湿度管理。

任务一　认识嫁接繁殖

　　嫁接是将某一植株上的枝条或芽，接到另一株植株的枝、干或根上，使之形成一个新的植株的繁殖方式。用于嫁接的枝条或芽称为接穗，承受嫁接的植株称为砧木，接活后的苗称为嫁接苗。嫁接通常用符号"/"表示，即接穗/砧木。嫁接多用于果树、花卉和林木的繁殖上，近年来在蔬菜育苗上也得到了广泛的应用。

一、嫁接育苗特点

　　嫁接育苗既能保持接穗品种的优良特性，又能利用砧木的有利特性，达到早果、增强抗逆性、扩大繁殖系数等目的。

（一）保持母本的优良特性

　　嫁接是一种无性繁殖手段，不会像种子繁殖一样产生性状变异，且嫁接的接穗多采自遗传性稳定的优良品种，通过无性繁殖可以保持母本原有的性状。

（二）增强植株抗逆性，提高环境适应能力

　　嫁接所选用的砧木一般为野生果树、花卉或蔬菜的实生苗，根系发达，抗逆性强，嫁接技术可借助砧木的特性，提高植物抗病虫、抗寒、抗旱、耐涝和耐盐碱等能力，还可以有效防治各种土传病害及连作危害；甚至可使植株矮化或乔化，以致可以扩大栽培范围或降低生产成本，改良栽培方式。

（三）提早开花结果，提高产量

　　嫁接所用接穗皆采于成年期的母本植株，嫁接成活后的嫁接苗也具备成年期的特点，比种子繁殖开花结果早。同时嫁接苗利用砧木发达的根系增强吸收水分和养分的能力，生育旺盛，为早熟丰产奠定基础。

（四）扩大繁殖系数

　　由于嫁接所用的砧木可用种子繁殖，容易获得；接穗仅仅利用一个枝段或一个芽就可育

成一个完整植株，所以可以大大提高繁殖系数，加速优良品种繁育和推广。

（五）实现特定的栽培目的

嫁接可以恢复树势、更换品种、控制株型等。利用嫁接可以挽救树势衰弱的古树名木或珍稀品种，快速的更换或推广果木新品种，也可利用矮化砧或高脚砧等控制树冠发育，改变株型，或达到一树多花多果多品种特殊效果等。

二、嫁接成活原理

嫁接成活的原理是具有亲和力的两株植物间在结合处的形成层，产生愈合现象，使导管、筛管互通，以形成一个新个体。嫁接的过程实际上是砧木和接穗切口相愈合的过程。愈合发生在新的分生组织或恢复分生的薄壁组织的细胞间，通过彼此间联合完成。嫁接时必须尽可能使砧木和接穗的形成层有较大的接触面而且紧密贴合。

三、影响嫁接成活的因素

（一）嫁接亲和力

嫁接亲和力是指接穗与砧木嫁接后能够生长成为一株植物的能力。亲缘关系近的，亲和力强，反之则弱。例如桃接于毛桃、梨接于杜梨、柿接于君迁子等亲和力都很好。

（二）砧木和接穗的生长发育状况

发育健壮的接穗和砧木嫁接后成活率高。砧木和接穗的生活力，尤其是接穗在运输、贮藏中的生活力的保持是嫁接成活的关键。

（三）嫁接技术

熟练的嫁接技术也非常重要，嫁接刀要锋利，动作要快，使切口在空气中暴露的时间要短；切口要光滑平整，使砧木和接穗的形成层密接，以利成活；绑缚要松紧适度。

（四）接后管理

嫁接后的除萌、剪砧、温湿度及肥水管理等，对嫁接成活也影响极大。芽接苗要及时分次剪砧，对砧木萌蘖要及时除去。嫁接后要保持苗床合适的温度和湿度。

任务二 木本嫁接育苗技术

果树、花卉等木本植物为了保持优良品种性状，利用嫁接改善树形，加快成形、提早投产，常采用嫁接繁殖。因植物种类、砧穗状况及嫁接时期等不同，嫁接方式与方法也多种多样，一般依砧木和接穗的来源性质不同可分为枝接和芽接。

一、枝接

枝接是把带有数芽或1芽的枝条接到砧木上的嫁接方法。枝接按嫁接枝条的嫩老又可分为硬枝嫁接和嫩枝嫁接。

（一）枝接的时期和类型

枝接的接穗既可以是一年生休眠枝，也可以用当年新梢，同样嫁接时砧木既可处于未萌芽状态（即将解除休眠），也可以处于正在生长的状态。因此，按照接穗和砧木的生长状况有以下几种类型：

（1）硬枝/硬枝。即接穗为休眠的一年生枝（个别树种也可用多年生枝，如杨梅、枇杷），砧木为即将解除休眠或已展叶的硬枝。一般在休眠期进行，浙江等南方地区，以春季嫁接为好。落叶树常在春季萌芽前进行；杨梅和枇杷等常绿树通常在3月中旬至4月中旬进行。

（2）嫩枝/硬枝。即接穗为当年新梢，砧木为已展叶的硬枝。一般在生长期接穗处于半木质化时进行。

（3）嫩枝/嫩枝。即接穗和砧木均为当年新梢。生长期接穗和砧木处于半木质化时均可进行。

（4）硬枝/嫩枝。即将保持未发芽的一年生硬枝嫁接到当年新梢上。一般在砧木半木质化而接穗未萌芽前进行。

（5）硬枝/芽苗。即将保持未发芽的一年生硬枝嫁接到刚萌芽的芽苗上。一般在砧木种子刚发芽未展叶的芽苗期进行。

其中以第一种方法应用最为普遍，第三种次之，其他几种方法应用相对较少。

（二）枝接的方法

1. 切接

切接常适用于根茎 1～2cm 粗的砧木，是枝接中常用的方法。此法操作简易，适应性广，还可用于根接、大树高接等。嫁接流程如下：

（1）削接穗。接穗通常长 5～8cm，以具 2～3 个饱满芽为宜，目前生产上也很多采用单芽切接，即接穗削好后顶部留有一个完整的芽。削接穗时在接穗下部削成一长一短 2 个削面，长面在侧芽的同侧，削掉 1/3 左右的木质部，长 2～3cm，在长面的对面削一马蹄形小斜面，长度在 1cm 左右（图 1-9）。

（2）砧木处理。在离地面 5～8cm 处剪断砧木。选砧皮厚、光滑、纹理顺的地方，把砧木切面削平，然后在本质部的边缘向下直切。切口宽度与接穗直径相等，深一般 2～3cm。

（3）接合。将接穗长削面向里，插入砧木切口。使接穗与砧木的形成层对准靠齐。如果不能两边都对齐，对齐一边亦可（图 1-9）。

（4）绑缚。用塑料薄膜缠紧，要将劈缝和截口全都包严实。注意绑扎时不要碰动接穗。包扎时最好将接穗顶端切口也包住（图 1-10），或用小薄膜袋套住，以减少水分损失，提高成活率。

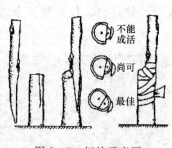

图 1-9 切接示意图

图 1-10 切接绑缚状

2. 劈接

劈接常用于乔木类的嫁接，对于较细的砧木也可采用，葡萄的嫩枝嫁接常采用此法。劈接流程如下：

（1）削接穗。接穗长 8～10cm，削成楔形，有 2 个对称削面，长 3～5cm。接穗的削面要求平直光滑，粗糙不平的削面不易紧密结合。削接穗时，应用左手握稳接穗，右手推刀斜切入接穗。推刀用力要均匀，前后一致，推刀的方向要保持与下刀的方向一致。一刀削不平，可再补一两刀，使削面达到要求。

（2）砧木处理。将砧木在嫁接部位剪断或锯断。截口的位置很重要，要使留下的树桩表面光滑，纹理通直，至少在上下 6cm 内无伤疤，否则劈缝不直，木质部裂向一面。待嫁接部位选好剪断后，用劈刀在砧木中心纵劈一刀，使劈口深 3～4cm。

（3）接合与绑缚。用劈刀的楔部把砧木劈口撬开，将接穗轻轻地插入砧内，使接穗厚侧面在外，薄侧面在里，然后轻轻撤去劈刀。插时要特别注意使砧木形成层和接穗形成层对准。

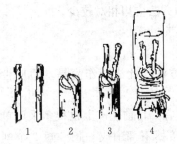

图 1-11　劈接示意图
1—接穗削面；2—砧木劈开状；3—插入
接穗，厚面向外；4—接后包扎
套袋保湿

一般砧木的皮层常较接穗的皮层厚，所以接穗的外表面要比砧木的外表面稍微靠里点，这样形成层能互相对齐。也可以木质部为标准，使砧木与接穗木质部表面对齐，形成层也就对上了。插接穗时不要把削面全部插进去，要外露 0.5cm 左右的削面。这样接穗和砧木的形成层接触面较大，有利于分生组织的形成和愈合。较粗的砧木可以插 2 个接穗，一边一个。然后，用塑料条绑紧，包扎时最好将接穗顶端切口也包住，或用小薄膜袋套住（图 1-11）。

劈接硬枝嫁接时应在砧木发芽前进行，旺盛生长的砧木韧皮部与木质部易分离，使操作不便，也不易愈合。劈接伤口大，愈合慢，切面难于完全吻合。

嫩枝嫁接是用当年萌发半木质化的嫩枝作接穗的一种枝接方法，砧木多用嫩枝，多数采用劈接法。葡萄常用此法，一般在生长季节的 5 月初至 8 月上中旬进行，但以早为好。

嫩枝嫁接时处于温度较高的时节，且接穗为正处于生长期的枝梢，故要特别做好保湿防晒，应将接穗放在装有凉水的桶中保湿，嫁接时用快刀片将接穗切成单芽段，在芽上方 2～2.5cm 处平削，在芽下方 0.5～0.8cm 处从芽的两侧向下削成两个斜削面，长 2.5～3.0cm；将砧木新梢从 20～30cm 处的节间剪断，在中央垂直向下开长 2.5～3.0cm 的切口，将接穗插入砧木的切口，使二者形成层对齐，用薄膜条包扎嫁接口，仅留接芽于外边（图 1-12、图 1-13）。

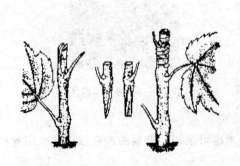

图 1-12　嫩枝嫁接示意图

图 1-13　嫩枝嫁接状

嫩枝嫁接时宜在砧木基部留有少量新梢或叶片，以利成活（图 1-13）。

3. 舌接

常用于葡萄的枝接，一般适宜砧径 1cm 左右粗，并且砧穗粗细大致相同的嫁接。

在接穗下芽背面削成约 3cm 长的斜面，然后在削面由下往上 1/3 处，顺着枝条往上劈，劈口长约 1cm，呈舌状。砧木也削成 3cm 左右长的斜面，斜面由上向下 1/3 处，顺着砧木往下劈，劈口长约 1cm，和接穗的斜面部位相对应。把接穗的劈口插入砧木的劈口中，使砧木和接穗的舌状交叉起来，然后对准形成层，向内插紧。如果砧穗粗度不一致，形成层对准一边也可。接合好后，绑缚即可（图 1-14）。

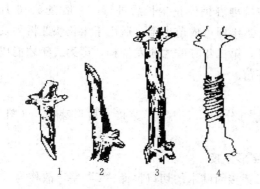

图 1-14　舌接示意图
1—接穗切削状；2—砧木切削状；
3—接合状态；4—绑缚状

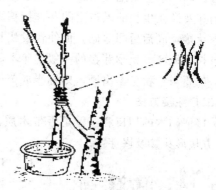

图 1-15　靠接示意图

4. 靠接

用于嫁接不易成活的常绿木本植物。靠接在温度适宜且花卉生长季节进行，在较高温期最好。将要选作接穗与砧木的两株植株，置于一处，选取可以靠近的两根粗细相当的枝条，在能靠拢的部位，接穗与砧木都削去长约 3~5cm 的一片，然后相接，对准形成层，使其削面密切结合，然后用塑料膜带扎紧（图 1-15）。待愈合成活后，将接穗自接口下方剪离母体，并截去砧木接口以上的部分，则成一株新苗。已经应用在苹果、柿子和蜜橘等果树的嫁接上。

5. 芽苗接

芽苗接又称籽苗嫁接，主要用于核桃、板栗和银杏等大粒种子，是用刚发芽未展叶的芽苗作砧木的一种枝接方法。如银杏，取粗度 0.3~0.4cm 的 1~2 年生休眠硬枝作接穗，采后蜡封保湿贮藏于低温下备用。嫁接前接穗削成两个长度相等的削面使接穗基部呈楔形，削面长约 1.5cm（类似于劈接）。

将沙藏的银杏种子置于温室内催芽，露白后播于砂质苗床上，幼苗出土后，适当蹲苗，促其根茎加粗，待幼芽长到 2.5~3.0cm、第一片真叶即将展开时，在子叶柄以上 3.0cm 处剪断，顺子叶柄沿幼茎中心切开 2cm 的切口。将接穗立即插入切口，马上用薄膜条包扎。将嫁接苗移栽到铺有 10cm 厚蛭石的愈合池内，或栽入营养钵内。栽植深度以种子全部埋入蛭石层，接口外露为宜。注意保持适宜的湿度和温度，待嫁接口愈合、接穗发芽后移栽大田培育。

二、芽接

凡是用 1 个芽作接穗的嫁接方法称芽接。芽接的接穗通常为带 1 芽的茎片，或仅为 1 片不带或带有木质部的树皮，常用于较细的砧木上。芽接具有接穗用量省；操作快速简便；嫁接适期长，可补接；接合口牢固等优点，应用广泛。

（一）芽接的时期和类型

芽接都在生长季节进行，可在春、夏、秋三季进行，但一般以夏秋芽接为主。绝大多数芽接方法都要求砧木和接穗的木质部与韧皮部易分离（即离皮），且接穗芽体充实饱满时进行为宜。通常落叶树在 7—9 月，常绿树 9—11 月进行。当砧木和接穗都不离皮时宜采用嵌芽接法。砧木不宜太细或太粗，接穗必须是经过一个生长季，已成熟饱满的侧芽，不能用已萌发的芽及尚在生长的嫩枝上的芽作接穗。在接穗春梢停止生长后进行，一般在 5—6 月进行夏季芽接，成活后即剪砧，促使快发快长，当年即可成苗出圃。适用于生长快速树种及生长季节长的地区。秋季芽接的一般当年不萌发，第二年春季才萌发抽梢，即第二年才能成苗出圃。如要当年秋冬季出圃，则称半成苗或芽苗。

（二）芽接方法

芽接依砧木的切口和接穗是否带木质部等可分为"T"字形芽接（盾形芽接）（图 1-12）、方块形芽接及嵌芽接。

图 1-16 "T"形芽接示意图
1—削取芽片；2—剥下芽片；
3—插入芽片；4—绑缚状态

1. "T"字形芽接

"T"字形芽接因砧木的切口很像"T"字，故称为"T"字形芽接；又因削取的芽片呈盾形，故又称盾形芽接（图 1-16）。"T"字形芽接是果树育苗上应用广泛的嫁接方法；也是操作简便、速度快和嫁接成活率最高的方法。

（1）削芽。左手拿接穗，右手拿芽接刀。选接穗上的饱满芽，去叶留叶柄；先在芽上方 0.5cm 处横切一刀，切透皮层，横切口长 0.8cm 左右。再在芽以下 1～1.2cm 处向上斜削一刀，由浅入深，深入木质部，并与芽上的横切口相交。然后用右手抠取盾形芽片。芽片长 1.5～2.5cm，宽 0.6cm 左右。

（2）开砧。在砧木距地面 10cm 左右处，选一光滑无分枝处横切一刀，深度以切断皮层达木质部为宜。再于横切口中间向下竖切一刀，长 1～1.5cm，成"T"字形开口。砧木直径在 0.6～2.5cm 之间为宜；砧木过粗、树皮增厚反而影响成活。

（3）接合。用芽接刀尖将砧木皮层挑开，把芽片插入"T"形切口内，使芽片的横切口与砧木横切口对齐嵌实。

（4）绑缚。用塑料条捆扎。先在芽上方扎紧一道，再在芽下方扎紧一道，然后连缠三四下，系活扣。注意露出叶柄，露芽不露芽均可。

2. 嵌芽接

嵌芽接是对于枝梢具有棱角或沟纹的树种，如板栗、枣等，或其他植物材料在砧、穗均难以离皮时采用嵌芽接（图 1-17）。

（1）取接芽。接穗上的芽，自上而下切取。先从芽的上方 1.5～2cm 处稍带木质部向下斜切一刀，然后在芽的下方 1cm 处横向下斜切一刀，取下芽片。

（2）切砧木。在砧木选定的高度上，取背阴面光滑处，从上向下稍带木质部削一与接穗芽片长、宽均相等的切面。将此切开的稍带木质部的树皮上部切去，下部留 0.5cm 左右。

（3）插接穗。将芽片插入切口使两者形成层对齐，再将留下部分贴到芽片上，用塑料条绑扎好即可。

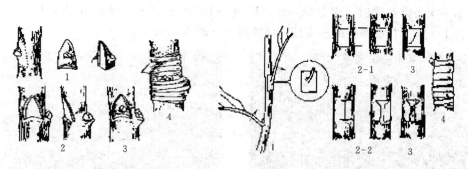

图 1-17　嵌芽接示意图
1—削接芽；2—削砧木接口；
3—插入接芽；4—绑缚

图 1-18　方块形芽接示意图
1—取接芽；2—砧木切割状（2-1 横切，2-2 纵切）；
3—贴接芽；4—包扎

3. 方块形芽接

方块形芽接是用双刀片在芽的上下方各横切一刀，使两刀片切口恰在芽的上下各 1cm 处，再用一侧的单刀在芽的左右各纵割一刀，深达木质部，芽片宽 1.5cm，用同样的方法在砧木的光滑部位切下一块表皮，迅速放入接芽片使其上下和一侧对齐，密切结合，然后用塑料条自下而上绑紧即可（图 1-18）。此法主要用于核桃、柿树等嫁接。

三、嫁接后的管理

各种嫁接方法嫁接后都应及时进行合理的温度、空气湿度、光照、水分及病虫害等正常管理，不能忽视任何一方面；以保证嫁接苗的成活和健壮生长。特别还要做好以下方面的管理。

1. 检查成活率

嫁接后 7～15d，即可检查成活情况，芽接接芽新鲜、叶柄一触即落者为已成活；枝接苗需待接穗萌芽后有一定的生长量时才能确定是否成活。未成活的要在其上或其下及时补接。

2. 剪砧

夏末和秋季芽接的在翌春发芽前及时剪去接芽以上砧木，以促进接芽萌发，春季芽接的随即剪砧，夏季芽接的一般 10d 之后解绑剪砧。剪砧时，修枝剪的刀刃应迎向接芽的一面，在芽片上 0.3～0.4cm 处剪下。剪口向芽背面稍微倾斜，有利于剪口愈合和接芽萌发生长，但剪口不可过低，以防伤害接芽。

3. 除萌

剪砧后砧木基部会发生许多萌蘖，须及时除去，以免消耗养分和水分。去除过晚会造成苗木上出现伤口而影响苗木的质量。

4. 补接

嫁接 10d 后要及时检查，对未成活的要及时补接。

5. 松绑与解绑

芽接一般接后新梢长到 30cm 时，则应及时松绑，否则易形成缢痕和风折。若伤口未愈合，还应重新绑上，并在1个月后再次检查，直至伤口完全愈合再将其全部解除。对愈合较困难、枝梢生长较缓慢的枝接苗甚至可以等到出圃或定植时才解绑。

6. 设立支柱

在第一次松绑的同时，用直径3cm、长80～100cm的木棍，绑缚在砧木上，上端将新梢引缚其上，每一接头都要绑一支柱，以防风折（图1-19）。

图1-19　嫁接苗立支柱状　　　　　　图1-20　嫁接苗摘心处理状

7. 圃内整形

某些树种和品种的半成苗，发芽后在生长期间，会萌发副梢即2次梢或多次梢。可以利用副梢进行圃内整形，培养优质成形的大苗。

8. 摘心

待新梢生长到一定长度（视种类及苗木培育要求而定）进行摘心，以促进枝梢分枝；或秋季末新梢摘心，有利于促进枝梢成熟，以提高抗寒能力（图1-20）。

9. 其他管理

幼树嫁接的要在5月中、下旬追肥一次，大树高接的在秋季新梢停长后追肥，各类型嫁接树8～9月喷施0.3%$KH_2PO_4$2～3次，有利于防止越冬抽条及下年雌花形成，同时要做好土壤管理和控制杂草等。

任务三　蔬菜嫁接育苗技术

设施栽培蔬菜及瓜类，由于精耕细作，反季节、长季节上市及其全年供应，成为农业高效栽培的主要内容，但土壤盐渍化、土传病害、轮作不便等连作障碍很大程度上制约了其发展，而利用嫁接育苗有利于增强植株的抗病性、抗逆性及其肥水吸收性能，可有效克服连作障碍，防止一系列病害的侵染，从而实现稳产高效，以致嫁接技术在瓜类蔬菜生产中应用越来越广泛。在日本、荷兰等发达国家，蔬菜幼苗嫁接的操作已逐渐被机械（智能化机器人）所代替，比手工嫁接能提高工效几十倍。

一、嫁接方法

蔬菜嫁接根据接穗和砧木生长状况及嫁接时期不同，方法有很多种，主要的方法有插接、切接、靠接等，其中以插接应用最普遍。

（一）插接

插接是在接穗子叶全展，砧木子叶展平、第一片真叶显露至初展时进行。嫁接时先切除砧木心叶，再用细竹签在切掉心叶的砧木正中央直向下插一小孔，然后把接穗削成相应长度的楔形，插入小孔里即可（图1-21、图1-22）。插接适用于西瓜、黄瓜、甜瓜等，尤其是应用胚轴较粗的砧木种类。

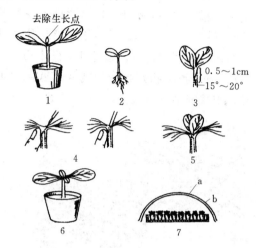

图1-21 黄瓜插接示意图

1—除去砧木生长点；2—取接穗；3—削接穗；4—砧木
插孔；5—插入接穗；6—嫁接好的种苗；7—嫁接后
放置拱棚内苗床中培育

图1-22 黄瓜嫁接苗

插接方法简单，成活率也较高。插接法砧木苗无须取出，减少嫁接苗栽植和嫁接夹使用等工序，也不用断茎去根，嫁接速度快，操作方便，省工省力。嫁接部位紧靠子叶节，细胞分裂旺盛，维管束集中，愈合速度快，接口牢固，砧穗不易脱裂折断，成活率高。接口位置高，不易再度污染和感染，防病效果好。但插接对嫁接操作熟练程度、嫁接苗龄、成活期管理水平要求严格，技术不熟练时嫁接成活率低，后期生长不良。

（二）靠接

靠接是在砧木和接穗的胚轴上各切一个方向相反的切口，切口的深度，砧木切入胚轴的1/2，接穗切入1/3，切口过深易折断，过浅不易成活。切口角度为40°左右，角度过大过小都不易成活。然后将接穗与砧木的切口相互衔接，并用特制的嫁接小夹子夹上，使砧木与接穗密切接合，同时移植于塑料育苗钵中，约经12～13d愈合。愈合后在接口下剪断接穗的胚轴，并去掉夹子，

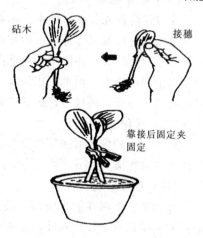

图1-23 黄瓜靠接示意图

一般在下午进行效果较好（图1-23）。嫁接后最初2～3d要适当遮光，以防萎蔫。靠接适用于黄瓜、甜瓜、西瓜、西葫芦、苦瓜等，以黄瓜应用较多。靠接的嫁接适期为砧木子叶全展，第一片真叶显露，接穗第一片真叶始露至半展时。

靠接苗易管理，成活率高，生长整齐，操作容易。但嫁接速度慢，接口需要固定物，并且增加了成活后断茎去根工序；接口位置低，易受土壤污染和发生不定根，幼苗搬运和田间

管理时接口部位易脱离。所以生产中不如插接应用多。

（三）劈接

劈接宜在接穗具有 3～5 片真叶，砧木具有 5～6 片真叶时进行，所以要求砧木比接穗提前播种，一般番茄砧木提前 5～7d 播种，茄子砧木提前 7～15d 播种。嫁接时砧木保留基部 1～2 片真叶切除上部茎，用刀片将茎从中间劈开，劈口长约 1.5cm，接穗在第二片真叶处剪断，并将基部削成楔形，其削口长短应与砧木的切口长度相适应。接穗插入砧木切口并用嫁接夹子夹上，或用薄膜条包扎严实（图 1-24）。茄果类植物嫁接常用此法。劈接法可以在砧穗苗龄均较大时进行，操作简便，容易掌握，嫁接成活率也较高。

图 1-24 番茄劈接图

1—砧木切口；2—削接穗；3—插入接穗；4—绑缚

二、影响嫁接苗质量的主要因素

（一）砧木选择

嫁接育苗首先应选好砧木。砧木应具有根系发达、与接穗有高度的亲和力、抗病力强、有促进接穗生长发育等特性。如嫁接黄瓜用黑子南瓜作砧木，不但嫁接亲和力强，能增强黄瓜对枯萎病的抗性，还能增强对低温的适应能力。黄瓜、西瓜、薄皮甜瓜还常用中国南瓜、杂种南瓜等作砧木，西瓜还用瓠瓜作砧木；番茄宜用 BF 兴津 101、Ls-89 等作砧木，茄子宜用兴津 1 号茄、耐病 VF 茄等作砧木。

（二）播种适期

嫁接砧木和接穗的播期很重要。如用南瓜作砧木，黄瓜接穗应比砧木早播 3～5d，甜瓜接穗比砧木晚播 5～7d，番茄接穗比砧木晚播 3～5d。

（三）嫁接适期

嫁接期应掌握在适当时期。黄瓜接穗第一片真叶半展或全展，砧木子叶完全张开为适期；番茄接穗有 2.5 片真叶，砧木有 3～4 片叶为适期。

（四）嫁接方法和技术

不同种类、不同嫁接时期要选择相适宜的嫁接方法，如瓜类以插接法较为适宜，而茄果类以劈接法较宜。嫁接时刀口和动作要快，削面和伤口要平，砧木和接穗的形成层要对准，嫁接口绑扎一定要紧，整个伤口包扎严密，保湿要好。

（五）嫁接后的管理

嫁接后要及时浇水，要注意做好保温、保湿及适当遮阴等管理；并要及时除去砧木上长出的不定芽及接穗切口处长出的不定根等，对靠接苗更要及时断根（茎）。

实例 1-3 桃快速嫁接育苗

桃由于其芽具有早熟性，萌芽率和成枝率都很强，在浙江等气候温暖的南方生长季长，加上适当的保温催芽设施，只要方法得当，管理良好，能达到当年播种、当年嫁接、当年出圃的快速繁育，即称之为"三当育苗"。其主要技术有以下方面。

一、砧木选择

南方桃嫁接育苗宜选择毛桃为砧木。毛桃不但与南方栽培桃类亲和力强，生长健壮，根系发达，而且具有较强的耐湿抗高温能力，嫁接苗能提高桃树的抗涝抗湿能力，适应南方多雨高湿的栽培环境，使之健壮生长，高产稳产。且种源丰富，嫁接方法简便，成活率高，繁殖速度快。

二、砧木培育

1. 种子采集与贮藏

毛桃一般采用实生苗培育。种子于每年的 8 月前后在南方当地的野生毛桃上采集，稍加腐烂洗去桃肉留存桃核，阴干贮藏。贮藏一般采用沙藏层积，即用湿度适宜（相对湿度 60％左右）的河沙（手捏成团，一触即散），一层沙一层桃核堆放于室内阴凉处（或木箱及缸内）。

2. 播种

种子贮藏后于 1 月底 2 月初播种。播种前将种子浸种 2～3d，并用 70％的甲基托布津 800 倍液对种子和播种床进行全面消毒。种子撒播于苗床，并覆细土 2～3cm。播种后用地膜加拱棚覆盖即可。待种子露芽时立即揭去地膜，以避免嫩芽烫伤。白天棚内温度超过 30℃时应通风降温。

3. 移栽

待砧木苗有 2 片真叶时即可移栽，最好在 4 月前就完成移栽。移栽前对砧木苗用 70％的百菌清 600 倍液或 50％的多菌灵 500 倍液等进行病虫防治，并结合进行一次根外追肥。同时，对移栽苗地进行施肥和消毒处理。肥料用腐熟完全的有机肥 2000kg/667m² 左右，或优质商品有机肥 200～300 kg/667m²。

4. 砧木苗管理

为加速砧木苗的生长，移栽成活后，应多次进行土壤追肥或根外追肥，土壤追肥前期用尿素 10～15kg/667m²，后期用 20kg/667m² 进行浇施。根外追肥根据长势喷施 0.3％的尿素和 0.2％的磷酸二氢钾。

5. 嫁接

在 5 月中旬至 6 月中旬，砧木粗达 0.5cm 左右时，尽早进行嫁接。嫁接方法采用"T"字形芽接。接穗采于品种优良，生长健壮的母本树，接穗粗度与砧木粗度相宜。嫁接选择晴朗少风的天气进行，接穗随采随接，并注意保湿。

6. 接后管理

（1）检查成活率。嫁接后 7～15d，即可检查成活情况，接芽新鲜，叶柄一触即落者为已成活，否则为未成活。未成活的要在其上或其下及时补接。

图1-25 桃苗芽接后折砧状

（2）折砧。嫁接后7~10d内，也可以在接后立即进行，即在嫁接口上2~3cm处进行折砧（图1-25）。砧木上叶片可继续制造养分供嫁接苗生长所需。

（3）剪砧。嫁接后15d左右在接芽上方约2cm处进行第一次剪砧（图1-26）；当接芽萌发后约10cm时，即可在接口上0.3cm左右处进行第二次剪砧。第二次剪砧时可以同时剪下绑缚薄膜的上端扎口，以使绑条解松。

（4）其他管理。嫁接成活后要及时抹除砧芽，增施速效肥料，加速枝梢生长及壮实，

图1-26 桃芽接剪砧状

同时，做好病虫害防治。梅雨季节等多雨时及时做好排水防涝，夏季干旱时期根据旱情适当灌溉防旱，切忌大水漫灌。

7. 成苗出圃

在正常管理下，到秋季落叶时，苗高可达80cm以上，粗达0.8cm左右，这时即可出圃。

实训1-6 葡萄嫩枝嫁接育苗

一、实训目的

使同学们了解葡萄嫩枝嫁接的方法，熟悉嫁接流程，掌握砧木和接穗的选取、处理、嫁接及接后管理。

二、材料工具

（1）接穗。处于生长期的优良品种葡萄接穗、接芽。

（2）砧木。适于葡萄嫩枝嫁接的生长期砧木。

（3）工具。整枝剪、嫁接刀、塑料薄膜、塑料桶等。

三、方法步骤

（一）嫁接时期

葡萄嫩枝嫁接即绿枝嫁接。在葡萄生长期当年萌发的新梢呈半木质化或接近木质化时均可进行，以5月下旬至6月上旬为佳。

（二）砧木的选择与处理

砧木宜选择在当地适应性、抗逆性强，生长健壮、与嫁接品种亲和力好的品种，如在南方多雨地区特别宜选择抗湿性强的 SO_4 等为砧木，砧木可以是当年的扦插苗。砧木最好在嫁接前2～3d，先进行摘心和去掉副梢，促进加粗。在砧木基部留2～3个叶片，在节上留2～3cm的节间处剪断，用锋利的芽接刀在砧木剪口中间垂直劈开，深度约2～2.5cm。

（三）接穗的选择和采集

接穗选择品种优良，生长健壮、处于半木质化的新梢或副梢。在芽上1～1.5cm处和芽下3～3.5cm处断开，剪下后去掉叶片，只留1cm左右长的叶柄，放在塑料桶中用湿毛巾盖上备用。接穗上的芽，最好是未萌发的夏芽，嫁接成活后，可早于冬芽20d左右萌发并长成新梢。

（四）嫁接方法

1. 开砧

在砧木基部留2～3个叶片，在节上留2～3cm的节间处剪断，用锋利的芽接刀在砧木剪口中间垂直劈开，深度约2～2.5cm。

2. 削接穗

葡萄嫩枝嫁接的接穗常为单芽。嫁接时，于接芽下方约2～3cm处两侧削成光滑、超平的楔形斜面。

3. 结合

接穗削好后，将砧木的切口轻轻撬开，将接穗插入，使形成层对准，砧木和接穗的粗细不一致时，也要保证一侧的形成层对准。接穗斜面刀口上露1～2mm，俗称"露白"，有利愈合。接好后用塑料条绑缚严密，仅露出叶柄和接芽。最好塑料条直接将接穗上端剪口包严；或用小塑料袋将嫁接部位及接穗整个包住，防止失水，有利于提高成活率，等成活后再将塑料袋去掉。

4. 嫁接注意事项

（1）嫁接操作技术要领。快、平、齐、紧、严。即嫁接刀具要锋利，动作要快；切口和削面要平；形成层要对齐；绑缚要紧，保湿要严。

（2）切削砧、穗时不撕皮和不破损木质部。

（3）嫁接时，嫁接刀、接口和削面都要保持洁净，避免水分、灰尘等落入。

（五）嫁接苗管理

（1）挂牌。

（2）检查成活、松绑。

（3）砧木抹芽和除蘖。

（4）扶正、引缚。

（5）补接。

(6) 田间管理（温度、湿度、肥水、病虫等）。

四、实训报告

(1) 检查嫁接成活率，并记录和计算。

(2) 如何进行选穗、采穗？

(3) 怎样提高嫁接成活率？

实训 1-7 茄 子 嫁 接 育 苗

一、实训目的

通过操作，让学生掌握茄果类蔬菜的嫁接育苗技术。

二、材料和工具

(1) 材料。茄子及其砧木苗种子、播种基质。

(2) 用具。穴盘、育苗盘、营养钵、喷壶、刀片、竹签、嫁接夹等。

三、内容和方法

（一）播种

砧木的播种方法和茄子育苗相同，接穗需要在砧木 2 片子叶出土时播种，将砧木苗和接穗苗分别播于穴盘或育苗盘中。

（二）嫁接

1. 靠接

把砧本和接穗同时起出后，用刀片在第三叶片至第四叶片间斜切，砧木向下切，接穗向上切，切口深 1～1.5cm、长度为茎的 1/2，角度 30°～40°，砧木切口上留 2 片叶切除上部叶片，以减少水分蒸腾，然后把砧木和接穗切口嵌合，用嫁接夹固定。

2. 劈接

砧木苗留 2～3 片叶平切，然后在中间向下垂直切 1cm 深的口，接穗苗留 2～3 片叶，切掉下部，削成楔形，楔形大小与砧木切口相当（1cm 长），削完立即插入砧木切口中对齐后，用嫁接夹固定。

（三）嫁接后管理

嫁接完后浇透水，在温室或小拱棚内养护，加强管理。

嫁接后 1～3d：相对湿度 95％以上，日温 25～28℃，夜温 20～22℃，遮阴，密闭不通风。

嫁接后 4～6d：相对湿度 95％左右，日温 25℃，夜温 20～22℃，密闭不通风，早晚逐渐延长见光。

嫁接后 6～7d 后：增加通风，每天中午喷雾 1～2 次，逐渐撤掉覆盖物。

嫁接后 10～12d：进入正常管理，除砧木萌蘗，靠接苗断根。

（四）观察记录

四、实训报告

(1) 总结不同嫁接方法的操作技术要点。

(2) 观察记录，统计嫁接成活率。

思考

1. 常用的嫁接繁殖方法主要有哪几种？分别有哪些应用？
2. 嫁接繁殖中选择砧木应注意什么？
3. 影响嫁接成活的因素有哪些？
4. 常用的蔬菜嫁接育苗方法有哪些，有何区别？

项目四　组织培养育苗技术

- **学习目标**

　　知识：了解植物组织培养的原理、条件，掌握培养基配制，外植体选择、灭菌、接种及培养等组培育苗关键技术和流程。

　　技能：熟悉组培育苗的实验室要求、仪器设备及其操作，能熟练进行培养基母液、培养基的配制、外植体的选取、灭菌、接种及其培养等操作。

- **重点难点**

　　重点：培养基母液、培育基配制，外植体选取、灭菌、接种、初代培育、继代培养、生根培养、炼苗移栽、培养管理。

　　难点：培养基母液配制、外植体选取、接种、初代培育、生根培养。

任务一　认识植物组织培养

一、组织培养育苗的特点与应用

　　植物组织培养是指通过无菌操作分离植物体的一部分，接种到培养基上，在人工控制的条件下进行培养使其产生完整植株的过程。植物组织培养的理论依据是细胞全能性学说。

（一）组织培养育苗的特点

　　(1) 培养条件可以人为控制。组织培养采用的植物材料完全是在人为提供的培养基和小气候环境条件下进行生长，摆脱了大自然中四季、昼夜的变化以及灾害性气候的不利影响，且条件均一，对植物生长极为有利，便于稳定地进行周年培养生产。

　　(2) 生长周期短，繁殖率高。植物组织培养是由人为控制培养条件，根据不同植物不同部位的不同要求而提供不同的培养条件，因此生长较快。另外，植株也比较小，往往20～30d 为一个周期。所以，虽然植物组织培养需要一定设备及能源消耗，但由于植物材料能按几何级数繁殖生产，故总体来说成本低廉，且能及时提供规格一致的优质种苗或脱病毒种苗。

　　(3) 管理方便，利于工厂化生产和自动化控制。植物组织培养是在一定的场所和环境下，人为提供一定的温度、光照、湿度、营养、激素等条件，极利于高度集约化和高密度工厂化生产，也利于自动化控制生产。

（二）组织培养育苗的应用

　　植物组织培养技术在生产上应用已经相当普遍，很多生产单位已经把组织培养育苗技术作为一种繁育良种的手段。鉴于组培技术成本高、技术复杂，在生产上主要用于以下方面：

　　(1) 快速繁育大量种苗，实现工厂化育苗。

（2）通过单倍体育种、胚珠离体培育、辐射育种及体细胞杂交等研究利用组织培养技术进行良种培育。

（3）通过对植物茎尖生长点分生组织的诱导培养，获得无病毒植株。

二、植物组织培养的设备与配置

植物组织培养首先需要准备一个理想的实验室和一套适宜的设备，主要包括准备室、无菌操作室和培养室。

（一）准备室

培养器皿的洗涤、培养基的配制、分装、包扎、高压灭菌等均在准备室完成。需要的设备和用具主要有实验台、药品柜、水源、天平、冰箱、酸度计、加热器、纯水器、分装设备、高压灭菌锅、消毒柜、培养基配制用玻璃仪器及器械用具等。

（二）无菌操作室

无菌操作室也称接种室，培养材料的消毒、接种、无菌材料的继代、从生苗的增殖或切割、嫩茎插植生根等都在无菌操作室完成。室内需要设置超净工作台、接种箱、空调、紫外灯、消毒器、酒精灯、接种器械（镊子、解剖刀、剪刀、接种针等），无菌室外最好留有缓冲间并安有紫外灯。

（三）培养室

接种好的材料要放入培养室培养。要求能够控制温度和光照，并保持无菌。培养室内应配备培养架，以有效利用空间和能源。主要设备有培养架、培养箱、摇床、空调、除湿机、加湿器、光照设备、排风装置等。

任务二 培养基配制

一、培养基的组成

培养基是植物组织培养的重要基质。为植物组织生长发育提供营养物质、植物激素及所需环境。

（一）培养基的成分

培养基的主要成分包括水、各种无机盐类（大量元素和微量元素）、有机化合物（蔗糖、维生素类、氨基酸或其他水解物等）、螯合剂（EDTA）和植物激素，固体培养基还加入琼脂使培养基固化。

（二）培养基的配方

不同培养基由于所含营养成分及其浓度不同，其实验材料的反应也有差异。根据培养方式可分为固体培养基和液体培养基。固体培养基即含有琼脂等固化剂的培养基；液体培养基即未加固化剂的培养，一般需进行振荡。

基本培养基是指不含激素的培养基。完全培养基中激素的种类和浓度往往根据实验目的而改变。White 培养基是最早的培养基配方。MS 培养基是目前使用最广泛的培养基。另外常见的培养基还有 B5、N6、SH、WS、HE、改良 Nitsch 等培养基。

下面以 MS 培养基为例，概述其配制方法。MS 培养基母液的配制见表 1-8。

二、培养基配制及灭菌

培养基是组织培养的重要基质，选择合适的培养基是组织培养成败的关键。目前国际上流行的培养基有多种，以 MS 培养基最常用。

表 1-8　　　　　　　　　　　MS 培养基母液的配制表

类别	化合物	培养基浓度/(mg/L)	母液扩大倍数	1L 母液中药品称取量/mg	每升培养基取母液的量/mL
大量元素	$CaCl_2 \cdot 2H_2O$	440	10 倍	4400	100
	KNO_3	1900		19000	
	$MgSO_4 \cdot 7H_2O$	370		3700	
	$NH_4 \cdot NO_3$	1650		16500	
	KH_2PO_4	170		1700	
微量元素	$MnSO_4 \cdot 4H_2O$	22.3	100 倍	2230	10
	$ZnSO_4 \cdot 7H_2O$	8.6		860	
	H_3BO_3	6.2		620	
	KI	0.83		83	
	$Na_2MoO_4 \cdot 2H_2O$	0.25		25	
	$CuSO_4 \cdot 5H_2O$	0.025		2.5	
	$CoCl_2 \cdot 6H_2O$	0.025		2.5	
铁盐	$Na_2 \cdot EDTA$	37.3	100 倍	3730	10
	$FeSO_4.7H_2O$	27.8		2780	
有机物	甘氨酸	2	100 倍	200	10
	盐酸硫胺素	0.4		40	
	盐酸吡哆素	0.5		50	
	烟酸	0.5		50	
	肌醇	100		10000	

（一）母液配制

为了方便配制其他培养基，避免每次配制培养基都要称量各种化学药品，通常按培养基原量的浓度增大 10 倍、100 倍、500 倍、1000 倍等配制成一种浓缩液，这种浓缩液就叫作母液。同时母液配制也可保证各物质成分的准确性。母液配制时可分别配成大量元素、微量元素、铁盐、有机物和激素类等。见表 1-8。

（二）培养基配制

（1）取烧杯或三角瓶注入一定量的蒸馏水，将各种母液按所需容积分别用移液管吸取并混合在一起，然后按要求加入一定的激素、蔗糖后定容至一定体积。

（2）用 1mol/L 的 NaOH 或 HCl 调节 pH 值至 5.5～6.5。

（3）如制固体培养基，则加入 1% 左右的琼脂后加热煮沸，使其溶化。

（4）分装，可用漏斗将液状培养基注入培养瓶，注入量视培养瓶容量大小而定，通常为容器的 1/5 左右。

（5）封瓶口。

（6）高压蒸汽灭菌。120℃、1.08×10^5 Pa 下消毒 15～20min。注意压力不能太大，时间也不宜过长，否则蔗糖、有机物特别是维生素类物质会在高温下分解，影响培养基的酸碱度，琼脂也会分解，颜色变深且不易凝固。

（7）灭菌后的培养基可放入接种室内静置，让其降温后凝固，如需斜面可将其斜放。

任务二 植物组织培养操作

一、外植体的消毒

（一）外植体清洗

将采集的植物材料除去不用的部分，对留用的部分仔细清洗，可先用洗衣粉或洗涤灵洗涤，必要时用毛刷刷洗，然后流水冲洗数分钟至数小时。

（二）消毒剂溶液浸泡杀菌

清洗后的材料用滤纸擦干，用75%酒精浸泡30～60s，再将材料浸泡于次氯酸钙、次氯酸钠、氯化汞等消毒剂溶液中数分钟。使用消毒剂的原则是既要达到消毒目的，又不能损伤植物组织和细胞，还要符合就地取材的原则。

（三）无菌水冲洗

接种材料使用消毒剂后，要用无菌水洗涤3～5遍，最后用无菌纸擦干净。

二、外植体的接种

将消毒好的外植体在超净工作台上进行分离，切割成所需要的材料大小，并将其转移到培养基上的过程，称外植体接种。

（一）接种前的准备工作

（1）在接种前1～2周用甲醛熏蒸接种室。

（2）接种前15～20min，打开超净工作台的风机以及台上的紫外灯。

（3）先洗净双手，在缓冲间换好专用实验服、拖鞋，并佩戴口罩、手套等。

（4）上工作台后，用酒精棉球擦拭双手。然后70%酒精喷雾降尘，并擦拭工作台面。

（5）先用酒精棉球擦拭接种工具，再将镊子和剪刀等蘸95%酒精在酒精灯火焰上灼烧，放置冷却。

（二）接种操作

（1）用冷却后的接种工具，对外植体进行适当的切割。

（2）打开培养瓶，将瓶口在酒精火焰上方转动，灼烧数秒。

（3）用灼烧并冷却的镊子夹取外植体送入培养瓶，轻轻插入或放在培养基表面。

（4）接种完后，将瓶口再次在火焰上灼烧数秒后，盖好盖子。

（5）接种时，接种员双手不能离开工作台，不能说话、走动和咳嗽等。

（6）接种工具随时蘸95%酒精灼烧，避免交叉污染。

（7）接种完毕后，在培养瓶上注明植物名称、接种日期、处理方法等，并及时清理超净工作台。

三、外植体的培养

培养条件要严格控制，一般要求温度控制在（25±2）℃，光周期一般都选用16h光照、8h黑暗、1500～5000lx光照下培养。培养室的湿度一般要求保持70%～80%。在接种时应避免把整个外植体全部埋在琼脂中，以免造成缺氧，培养瓶盖需要一定的透气性。

四、生根、炼苗与移栽

经过初代培养和继代增殖后，对组培苗进行生根培养，然后进行炼苗和移栽。试管苗组织比较细嫩，而且是在无菌的环境条件下生长，如果突然移栽到自然环境中，幼苗将很难成活。

（一）生根培养

选择适宜的生根培养基，并将组培苗转入，在上述培养室中培养使其生根。

（二）炼苗

将培养瓶不开口移到自然光照下锻炼 2～3d，让无菌苗接受强光的照射，使其长得壮实起来，然后再开口炼苗 1～2d，经受较低湿度的处理，以适应将来自然湿度的条件。

（三）移栽

用镊子将幼苗从培养瓶中取出，用室温的水，轻轻刷掉幼苗上沾的培养基，将幼苗移入经过灭菌的蛭石、珍珠岩或配好的专用基质中，开始可浇含有大量元素的培养液，逐步过渡到正常的肥水管理。瓶苗一般移植到温室后，一定要控制好温度和湿度，注意遮阴 2～3d。以后逐步加大光照，每隔 7～10d 追肥 1 次，使幼苗逐步适应自然环境。

实例 1-4　龙牙百合鳞片的组织培养

龙牙百合属百合科、百合属植物，药食兼用，是上等的滋补佳品，栽培经济效益好。百合繁殖方法主要有分球繁殖、鳞心繁殖、鳞片繁殖等，但经多代无性繁殖以后，导致病毒积累、种性退化，严重地制约着百合产量和质量的提高。利用组织培养与脱毒技术相结合，能够迅速去除无性繁殖体内病毒，复壮品种，并可加快百合的快速繁殖速度。

龙牙百合的许多器官、组织都可作为外植体，如鳞片、花梗、叶片、茎尖、腋芽、花瓣、花托、花丝、花药、胚、子房、根尖等，其中采用鳞片作外植体的较多。

一、培养基的制备

（一）母液的配制

在组织培养工作中，配制培养基是日常工作，为简便起见，将配方中的药品一次称量供一段时间使用，即配一些浓溶液，用时稀释，这种浓溶液称母液。下面以 MS 培养基为例，制取母液（表 1-9），一般应按表列顺序依次称量，分别溶解在少量蒸馏水中，最后再依次加到一起，并定容到规定的体积。

表 1-9　　　　　　　　　　　　　　**MS 培养基母液的配制**

成　　　分	用量/(mg/L)	每升培养基取用量/mL
母液 I（大量元素）		
NH_4NO_3	33000	
KNO_3	38000	50
$CaCl_2 \cdot 2H_2O$	8800	
$MgSO_4 \cdot 7H_2O$	7400	
KH_2PO_4	3400	
母液 II（微量元素）		
KI	166	5

续表

成　　分	用量/(mg/L)	每升培养基取用量/mL
H_3BO_3	1240	
$MnSO_4 \cdot 4H_2O$	4460	
$ZnSO_4 \cdot 7H_2O$	1720	5
$Na_2Mo_4 \cdot 2H_2O$	50	
$CuSO_4 \cdot 5H_2O$	5	
$CoCl_2 \cdot 6H_2O$	5	
母液Ⅲ（铁盐）		
$FeSO_4 \cdot 7H_2O$	5560	5
$Na_2 \cdot EDTA \cdot 2H_2O$	7460	
母液Ⅳ（有机成分）		
肌醇	20000	
烟醇	100	
盐酸吡哆醇	100	5
盐酸硫胺素	20	
甘氨酸	400	

（二）培养基的配制

（1）在容量瓶中加入表1－9中的母液Ⅰ50mL，母液Ⅱ、Ⅲ、Ⅳ各5mL，按需要加入植物激素和其他打算加入的物质，加入蒸馏水将最终体积调整到1L。

（2）倒入洁净的不锈钢锅内，加入所需要的琼脂和糖，加热溶解。

（3）充分混合好以后，用KOH（或NaOH）调整pH值。

（4）趁热将培养基分注到培养瓶中，按容器的大小和培养要求放入适量的培养基。

（5）高压灭菌后，放在室温下冷却备用。

二、外植体的选择

在选取鳞片作外植体时，要选择具备龙牙百合品种特征、无病虫害危害的种球。外部鳞片易污染要将其剥离，中部鳞片肉质厚，生长势强，易诱导小鳞茎，是最佳的外植体。内部鳞片幼嫩，诱导率低，不易产生小鳞茎，故不宜采用。就季节性而言，以秋、冬季的鳞片分化成小鳞茎的能力最强。

三、外植体的消毒

由于龙牙百合鳞茎都生长在土中，受土壤微生物的影响，所以一般都会有污染。为此外植体消毒要严加注意，鳞片先用流线型自来水冲洗12h以上进行预灭菌，再用70%酒精消毒1min，用0.1%升汞消毒10min，最后用无菌水冲洗4～6次，用无菌吸水纸吸干水分。

四、外植体的培养

（一）初代培养

（1）打开超净工作台和无菌操作室的紫外灯，照射20～30min，关闭紫外灯。

（2）操作前10～20min使超净工作台处于工作状态，让过滤室空气吹拂工作台面和四周的台壁。

（3）用水和肥皂洗净双手，穿上灭菌过的专用实验服、口罩、帽子与鞋子，进入接种室。

（4）用70%～75%的酒精擦拭工作台和双手。

（5）用蘸有70%酒精的纱布擦拭装有龙牙百合原代培养基的培养瓶，放进工作台。

（6）将解剖刀、剪刀、镊子等器械浸泡在95%酒精中，在火焰上灭菌后，放在器械架上。

（7）将灭菌后的龙牙百合中部鳞片，切成1～2cm² 大小的小块。

（8）用酒精灯火焰烧瓶口，转动瓶口使瓶口各部分都烧周全，打开瓶口。

（9）取下接种器械，在火焰上灭菌。

（10）用镊子轻轻夹取外植体，背部朝下植入培养基中，按一定密度植入均匀，注意外植体不能相互接触，也不能碰到瓶口。然后在酒精灯上烧瓶口一周，迅速用已消毒的封口膜将瓶口封住。操作期间应经常用70%酒精擦拭工作台和双手；接种器械应反复在95%的酒精中浸泡和在火焰上灭菌。

（11）接种结束后，清理和关闭超净工作台。

将已经接种的培养瓶摆放在培养室内，培养条件为：温度控制在（23±2）℃，光照控制在300～500lx进行脱分化，之后温度控制在（25±2）℃，每天10h1500lx光照。

在龙牙百合原代组织培养过程中，鳞片诱导产生小鳞茎的过程是比较缓慢的，一般为30d以上，甚至培养6个月后还会有小鳞茎产生，所以需要在这段培养过程中每20d左右将原始材料转接到与新鲜诱导培养基上。转接注意要将已被污染的外植体去除。

初代培养接种后30d左右，在鳞片的近轴面和鳞片中段肉质比较肥厚的部位，分化出1～3个肉眼可见的针尖大小的小突起。40d左右发育成球状的可见鳞片的小鳞茎。

（二）继代培养

当诱导出的龙牙百合小鳞茎长到直径0.5cm大小时，将其轻轻剥离下来可进行继代培养。把原来的鳞片又转到新鲜的诱导培养基上继续诱导小鳞茎，小鳞茎还会在其他的部位产生，整个生长周期可以延续5～6个月，但随着培养时间增长，分化能力逐渐减弱，甚至死亡，所产生的小鳞茎生长势也比前期分化的弱。

（1）超净工作台灭菌。接通电源，打开紫外灯照射20min，同时打开风机20min。

（2）人员准备。洗净双手，穿上实验服进入接种室。在超净台内用酒精棉球擦拭双手、台面及接种工具、种苗瓶表面。

（3）种苗瓶准备。要选择带有生长势好，小鳞茎长到直径0.5cm大小的种苗瓶，取10瓶左右的装有继代培养基的培养瓶放入超净台内。

（4）转接前准备。将酒精灯放在距超净台边缘30cm，正对身体正前方处。将种苗瓶放在灯前偏左处，继代培养瓶放在灯前处，消毒瓶放在灯右边，以利方便操作。

（5）转接。打开原种瓶，将瓶口过火一次，置于一定位置。剪刀和镊子灼烧灭菌后，左手持小鳞茎，右手持镊子分割小鳞茎。打开空白瓶，瓶口过火一次，用过火、冷却的镊子夹住分割的小鳞茎迅速转接在空白瓶中，每瓶2～3个，接完后瓶口过火封口。以后重复上述动作。

（6）消毒。每接5瓶后，再用酒精棉球擦拭双手一次，以防交叉感染。

（7）标记。每接完10瓶后，写明标号，移出超净台，置于台顶，再接下一批。

（8）培养。转接结束后，将材料放在培养室内培养。

小鳞茎在继代培养培养 30d 左右可增殖 1～2 倍。开始是在鳞茎基部产生小鳞茎，40d 左右小鳞茎长大，形成 2～4 个丛鳞茎。小鳞茎慢慢抽出新芽，然后形成小植株。此时可把丛芽切割继续培养增殖。

五、生根培养

生根培养是使无根苗生根的过程。当培养材料增殖到一定数量后，要使其进入到生根培养阶段。若不能及时将其转到生根培养基上，易使分化出的无根苗发黄老化，或因过分拥挤而使无效苗增多造成抛弃浪费。

（一）接种

在超净工作台上，按照无菌操作规程接种，首先将继代培养的无根苗从培养瓶中取出，放入无菌的培养皿中，仔细切割成单株，然后插入培养基中，每瓶接种 5 株。

（二）培养

将接好的培养瓶放回培养室中，温度设置为 25～28℃，光照强度为 1500lx，每天给予 10～12h 光照。7d 后观察生根情况。

培养 7d 后芽基部开始形成根尖，慢慢伸长成辐射状白色的小根。20d 后根长达 7～10cm，基部稍膨大。

六、炼苗移栽与管理

当试管苗长成具 4～5 片叶、3～4 条根、7cm 左右高时，在自然光照和温度条件下炼苗 20d。

（一）育苗盘准备

取干净的育苗盘，将消毒的草炭和蛭石按 2：1 混合，然后倒入育苗盘中，用木板刮平。将育苗盘放入 1～2cm 深的水槽中，使水分浸透基质，然后取出备用。

（二）试管苗脱瓶

用镊子将龙牙百合试管苗轻轻取出，放入清水盆中，小心洗去根部琼脂，然后捞出，放入干净的小盆中。

（三）移栽

用竹签在基质上打孔，将小苗栽入育苗穴盘中，轻轻覆盖、压实，密度为 3cm×3cm。待整个穴盘栽满后用喷雾器喷水浇平。最后将育苗盘摆入到驯化室中，正常管理。

实训 1 - 8 MS 培养基母液的配制

一、实训目的

学习植物组织培养基母液的配制方法，为培养基的配制做准备。

二、材料与用具

（1）仪器用具。分析天平、药匙、玻璃棒、称量纸、洗瓶、各种规格烧杯及容量瓶、母液试剂瓶、量筒、移液管或移液枪、电炉等。

（2）试剂。1mol/L NaOH、1mol/L HCl、95％酒精、MS 培养基各成分试剂、植物生长调节剂 2，4 - D、6 - BA、IAA、NAA 等。

三、内容与方法

（一）MS 大量元素母液的配制

一般将大量元素分别配制成 10 倍的母液，使用时再分别稀释 10 倍。依次称取 NH_4NO_3 16.5g、KNO_3 19.0g、KH_2PO_4 1.7g、$MgSO_4 \cdot 7H_2O$ 3.7g、$CaCl_2 \cdot 2H_2O$ 4.4g。共配成 1L 的母液，倒入 1L 试剂瓶中，存放于冰箱中。

（二）MS 微量元素母液的配制

一般将微量元素配制成 100 倍母液。依次称取 KI 0.083g、$Na_2MoO_4 \cdot 2H_2O$ 0.025g、H_3BO_3 0.62g、$CuSO_4 \cdot 5H_2O$ 0.0025g、$MnSO_4 \cdot H_2O$ 1.69g、$CoCl_2 \cdot 6H_2O$ 0.0025g、$ZnSO_4 \cdot 7H_2O$ 0.86g。

配成 1L 母液，倒入 1L 试剂瓶中，存放于冰箱中。

（三）MS 有机质母液的配制

一般配制成 100 倍 MS 有机母液。依次称取肌醇 10g、盐酸硫胺素（VB1）0.01g、烟酸 0.05g、甘氨酸 0.2g、盐酸吡哆醇（VB_6）0.05g。配成 1L 母液，倒入 1L 试剂瓶中，存放于冰箱中。

（四）MS 铁盐母液的配制

一般配制成 100 倍 MS 铁盐母液。依次称取：EDTA 二钠 3.73g 和 $FeSO_4 \cdot 7H_2O$ 2.78g。配成 1L 母液，倒入 1L 试剂瓶中，存放于冰箱中。

（五）几种生长调节物质的配制

各种生长素和细胞分裂素要单独配制，不能混合在一起，生长素类一般要先用少量 95% 的酒精或 1mol/L 的 NaOH 溶解，细胞分裂素一般要先用 1mol/L 的 HCl 溶解，然后再加蒸馏水定容。一般取 100mg 配成 100mL 母液。

（六）母液的保存

将以上配制好的各种母液，贴上标签，保存在 4℃ 左右冰箱内。

四、实训报告

(1) 植物组织培养中一般母液有几种？

(2) 母液配制过程中可能会有沉淀产生，为什么？如何避免？

实训 1-9 MS 培养基的配制

一、实训目的

通过 MS 固体培养基的配制，掌握配制培养基的基本技能。

二、材料与用具

(1) 仪器用具。酸度计或 pH 试纸、电磁搅拌器、电炉、分析天平、高压灭菌锅、微量移液器、移液管、量筒、容量瓶、培养瓶、烧杯、玻璃棒、药匙、称量纸、标签。

(2) 试剂。MS 培养基的各种母液、琼脂、蔗糖、蒸馏水、0.1mol/L NaOH、0.1mol/L HCl 等。

三、方法步骤

（一）MS 固体培养基的配制

（1）将配制好的 MS 培养基母液从冰箱中取出，按顺序排列，并逐一检查是否沉淀或变色，避免使用已失效的母液。

（2）取少量的蒸馏水（约为配制培养基量的 2/3）加入烧杯中。

注意：配 500mL 培养基用 1000mL 烧杯。

（3）按母液顺序和规定量，用量筒、移液管或微量移液器取母液，依次放入烧杯中。如配制 1000ml 培养基，需 MS 大量元素母液 100mL、MS 微量元素母液 10mL、MS 铁盐母液 10mL、MS 有机物母液 10mL。

（4）通过计算，用微量移液器取所需的各种生长调节剂母液。

（5）加入蔗糖（30g/L），溶解。

（6）加琼脂，煮沸 1～2min（溶化琼脂）。

（7）定容。用容量瓶。

（8）调 pH 值。用 1mol/L NaOH 或 1mol/L HCl 将 pH 值调至 5.8。注意：①经高温高压灭菌后，培养基的 pH 值会下降 0.2～0.8，故调整后的 pH 值应高于目标 pH 值 0.5；②pH 值的大小会影响琼脂的凝固能力，一般当 pH 值大于 6.0 时，培养基将会变硬；低于 5.0 时，琼脂就不能很好地凝固；③用 1mol/L NaOH 或 1mol/L HCl 调节 pH 值时，避免加入过量的水溶液，导致溶液体积增大，培养基不能很好地凝固（因加入的琼脂量一定）。

（9）分注到培养瓶中。100～150mL 培养瓶每瓶装入 20～35mL 的培养基。注明培养基名称及配制时间。

（二）MS 固体培养基的灭菌——高压蒸汽灭菌（湿热灭菌法）

MS 固体培养基的灭菌一般用高压蒸汽灭菌（湿热灭菌法），具体操作流程如下。

1. 洗涤

把组织培养用的培养皿、三角瓶、试管等玻璃器皿进行彻底清洗。自然晾干或烘箱干燥。

2. 包扎

用牛皮纸、报纸、纱布或锡箔纸把玻璃器皿和金属器械分别包扎好。

3. 装水

在高压灭菌锅内装入一定量的水。水要淹没电热丝，切忌干烧。

4. 装物品

在灭菌锅内放入含培养基的培养瓶、装蒸馏水的玻璃瓶，以及包扎好的玻璃器皿和金属器械等。

5. 灭菌

接通电源，设置灭菌时间和温度，当锅内压力达到 108kPa 时，温度为 121℃时，维持 15～20min，即可达到灭菌的目的。切断电源，让灭菌锅自然冷却。

6. 贮存

冷却后，将培养基和无菌水从灭菌锅中拿出放置在接种室或专用柜中备用。其他器具应立即放于烘箱内烘干，再贮存备用。

四、实训报告

（1）记录培养及制备过程中，各母液及试剂的用量。

（2）配制培养基时应注意哪些问题？

（3）高压灭菌时应注意哪些问题？

实训 1－10 烟草的初代培养

一、实训目的

了解组织培养的基本过程，掌握接种技术；熟悉超净工作台的使用方法。

二、材料与仪器

（1）材料。新鲜的烟草幼嫩植株。

（2）仪器。超净工作台、灭菌锅、接种器械、烧杯、培养皿、移液管、酒精灯、灭菌好的剪刀、镊子、滤纸等。

（3）试剂。MS 培养基＋NAA 1.0mg/L＋6－BA 0.5mg/L、70%酒精、0.1%升汞、无菌水。

三、内容与方法

（一）接种准备

接种室及超净工作台灭菌，操作人员准备。

（二）外植体消毒

取健康的烟草幼嫩叶片，先用洗涤剂清洗干净。再用 70%酒精消毒 30～60s，0.1%升汞消毒 10min，再用无菌水冲洗 3～5 次。

（三）外植体的接种

（1）用灭菌冷却后的接种工具，对烟草叶片进行适当的切割。

（2）打开培养瓶，将瓶口在酒精火焰上方转动，灼烧数秒。

（3）用灼烧并冷却的镊子夹取切好的叶片送入培养瓶，轻轻放在培养基表面。

（4）接种完后，将瓶口再次在火焰上灼烧数秒后，盖好盖子。

（5）接种时，接种员双手不能离开工作台，不能说话、走动和咳嗽等。

（6）接种工具随时蘸 95%酒精灼烧，避免交叉污染。

（7）接种完毕后，在培养瓶上注明植物名称、接种日期、处理方法等。及时清理超净工作台。

（四）外植体的培养

将接种好的外植体放于培养室中培养，温度 25℃，2000lx 光照。观察并记录污染状况和愈伤组织的形成。

四、实训报告

（1）外植体灭菌时应注意哪些事项？

（2）接种过程中出现了哪些问题，应如何避免？

思考

1. 植物组织培养的理论依据是什么？

2. 进行植物组织培养必需的实验室及其设备有哪些？

3. 如何选择外植体？

4. 植物组织培养过程中如何避免污染？

5. 如何进行培养基的配制？

参 考 文 献

[1] 马志峰．园艺植物种苗生产技术［M］．北京：中国农业出版社，2010．

[2] 王月英．园艺植物育苗技术［M］．北京：中国农业出版社，2010．

[3] 张庆霞，金伊洙．设施园艺［M］．北京：化学工业出版社，2011．

[4] 张彦萍．设施园艺［M］．北京：中国农业出版社，2010．

第二篇　设施无土栽培技术

项目一　设施无土栽培

- **学习目标**

　　知识：了解无土栽培的概念、类型、特点及应用；了解营养液的组成、配制原则；掌握无土栽培营养液配制流程和操作规程。

　　技能：会进行营养液母液、工作液的配置、保存；能对营养液各成分含量、氧浓度、EC 值、pH 值等进行测定、调节和控制；会对栽培营养液进行温度、光照、测定、更换及循环利用和废液处理等管理。

- **重点难点**

　　重点：营养液的配制方法，营养液的测定、调节、控制、更换、废液处理等。

　　难点：营养液的配制、使用管理。

任务一　无土栽培应用

一、无土栽培分类

（一）无土栽培概念

　　无土栽培（Soilless Culture）是指不用天然土壤而用人工配制的营养液或固体基质加营养液栽培作物的一种新型农业生产方式。它改变了自古以来农业生产依赖于土壤的种植习惯，将农业生产推向工业化生产和商业化生产的新阶段，成为未来农业最具发展潜力的新技术。

　　无土栽培技术的理论基础是 19 世纪中叶德国化学家李比希（Justus Freiherr von Liebig）提出的矿质营养学说（即植物以矿物质作为营养）。矿质营养学说的核心是植物在栽培过程中不使用天然土壤，而是把植物固定在装有营养液的栽培装置中或者生长在含有有机肥或充满营养液的固体基质中，这种人工创造的植物根系环境，不仅能满足植物对矿质营养、水分和空气条件的需要，而且能人为地控制和调整植物生长所需的条件，来满足甚至促进植物的生长发育，并发挥它的最大生产能力，从而获得最大的经济效益或观赏价值。

　　无土栽培技术已在世界许多国家得到重视和广泛应用，如英国、德国、意大利、加拿大等，这些国家在无土栽培面积和应用技术水平等方面都居世界前列。美国是应用无土栽培最早的国家之一，也是世界上最早应用无土栽培进行商业化生产的国家。日本不仅在无土栽培的实验研究和大面积应用方面处于世界领先水平，而且开展了卓有成效的超前性研究。荷兰是世界上无土栽培最发达的国家之一，无土栽培面积已达 3000 多 hm^2。荷兰无土栽培作物主要是番茄、黄瓜、甜椒和花卉（主要是切花），其中大部分实现了微电脑控制，达到了现代化、自动化生产管理。国际无土栽培学会（International Society of Soilless Culture, ISOSC）的总部就设在荷兰。

　　我国无土栽培研究和应用起步较晚，但发展较快。1985 年农业部正式将无土栽培技术立项进行协作攻关，至今全国无土栽培技术研究部门和单位已达 50 多个。中国农业科学院蔬菜花卉研究所推出的有机生态型无土栽培技术，具国际领先水平，已在园艺作物中广泛应用。我国无土栽培技术正处在蓬勃发展中。

　　（二）无土栽培的分类

　　无土栽培根据是否使用基质，以及基质的特点可分为基质栽培和无基质栽培；按其消耗能源多少和对生态环境的影响，可分为有机生态型和无机耗能型无土栽培（图 2-1）。

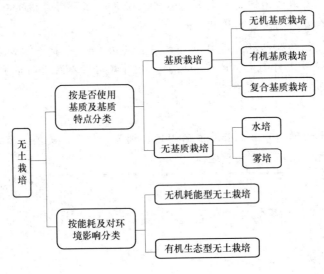

图 2-1　无土栽培的分类

1. 基质栽培

　　基质栽培简称基质培，是指植物根系生长在各种天然或人工合成的基质中，通过基质固定根系，并向植物供应养分、水分和氧气的无土栽培方式。基质培的最大特点是，有基质固定根系并借以保持和供应营养和空气，在多数情况下，水、肥、气三者协调，供应充分，设备投资较低，便于就地取材进行生产，生产性能优良而稳定。缺点是基质占用部分投资，体积较大，填充、消毒、再利用费用较高，费时费工，后继生产资料消耗较大。根据基质种类不同，基质培分为无机基质栽培、有机基质栽培和复合基质栽培；根据栽培形式的不同分为槽培、箱培和盆培、袋培、立体栽培。

　　（1）无机基质栽培。无机基质栽培是指用河砂、岩棉、珍珠岩、蛭石等无机物作基质的无土栽培方式。在西欧、北美岩棉栽培中占绝大多数，我国常用的基质有珍珠岩、蛭石、煤渣、砂等。目前，无机基质栽培发展最快，应用范围较广。

如在无机基质栽培过程中全部采用化肥配制的营养液进行栽培,对营养液进行循环利用时需大量能耗,灌溉排出液污染环境和地下水,生产出的农产品硝酸盐含量较高,所以称之为无机耗能型无土栽培。

(2) 有机基质栽培。有机基质栽培是指用草炭、木屑、稻壳、树皮、菇渣等有机物作为基质的无土栽培方式。这类基质为有机物,在使用前多做发酵处理,以保持理化性状的稳定,达到安全使用的目的。

如在有机基质栽培过程中全部使用固态有机肥代替营养液,灌溉时只浇清水,排出液对环境无污染,能生产合格的绿色食品,故称之为有机生态型无土栽培。有机生态型无土栽培方式应用前景广阔。

(3) 复合基质栽培。把有机、无机基质按适当比例混合后,即形成复合基质,可改善单一基质的理化性质,提高使用效果,而且可就地取材,复合基质配方选择的灵活度较大,因而基质成本较低。复合基质栽培是我国应用最广、成本最低、使用效果较稳定的无土栽培方式。

2. 无基质栽培

无基质栽培是指植物根系生长在营养液或含有营养液的潮湿空气中(但育苗时可以采用基质育苗方式,用基质固定根系)。无基质栽培分为水培和雾培两大类。

(1) 水培。水培主要特征是植物大部分根系直接生长在营养液的液层中。根据营养液液层的深度不同分为多种形式(表 2-1)。水培类型各有优缺点,宜根据不同地区的经济、技术水平选用。

(2) 雾培。雾培又称喷雾培或气培,营养液雾化后喷射到根系周围,雾气在根系表面凝结成水膜被根系吸收。根连续地或不连续地处于营养液滴饱和的环境中,很好地解决了水、养分和氧气供应问题,植株生长快。雾培也是扦插育苗的最好方法。但因雾培设备投资大、管理技术高、根际温度受气温影响大,生产上很少应用,大多用于展览厅上展览、生态酒店和旅游观光农业上观赏。

表 2-1　　　　　水　培　类　型

水　培　类　型		英文缩写	液层深度/cm	营养液状态	备　注
主要类型	营养液膜法	NFT	1~2	流动	
	深液流法	DFT	4~10	流动	
	浮板毛管水培法	FCH	5~6	流动	营养液中有浮板,上铺无纺布
	浮板水培法	FHT	10~100	流动、静止均可	植物定植在浮板上,浮板在营养液中自然漂浮
其他	潮汐式水培 (EFT)、静止曝气法 (SAT)、曝气液流法 (AFT)、各种静止水培				

二、设施无土栽培应用

设施无土栽培作为一项农业高新技术,在一定的设施环境条件下可按需供水供肥,人为地有效调控栽培环境,具有土壤栽培无法比拟的优越性,发展潜力大,但同时也存在着不足,只有充分认识其特点,才能正确评价无土栽培技术,合理把握其应用范围和价值,从而做到恰当应用无土栽培技术,发挥其最大效能。

（一）设施无土栽培的特点

设施无土栽培从栽培设施到环境控制都能做到根据作物生长发育的需要进行监测和调控，可使蔬菜、花卉等植物完全按照人类的需要进行生产，避开季节、地理的不良影响，做到全年生产，全年供应。设施无土栽培的优点和效益主要集中在以下几个方面。

1. 优点

（1）产量高，效益好，品质优，价值高。设施无土栽培和设施园艺相结合，能合理调节植物生长所需的光、温、水、气、肥等环境条件，尤其人工创造的根际环境能妥善解决水气矛盾，使植物的生长发育过程更加协调，所以能充分发挥其生长潜能，取得高产。与土壤栽培相比，无土栽培的植株生长速度快、长势强，如西瓜播种后 60d，其株高、叶片数、相对最大叶面积分别为土壤栽培的 3.6 倍、2.2 倍和 1.8 倍。绿叶菜生长速度快，叶色浓绿，幼嫩肥厚，粗纤维含量少，维生素 C 含量高；果菜类商品外观整齐、开花早、结果多、着色均匀、口感好、营养价值高，如无土栽培的番茄可溶性固形物比土壤栽培多 280%，维生素 C 含量则由 18mg/100g 增加到 35mg/100g，总酸增加 3 倍，硬度达到 $6.4kg/cm^2$，比土壤栽培提高 1 倍，维生素 A 的含量也稍有增加，干物质含量增加近 1 倍。无土栽培香石竹香味浓郁，花期长，开花数多，单株年均开 9 朵花（土培 5 朵），裂萼率仅 8%（土培 90%）；无土栽培仙客来花茎粗，花瓣多，商品质量高，且能提早上市。

（2）节水、省肥，提高土地利用率及生产效率。设施无土栽培通过营养液按需供应水肥，能大幅度减少土壤灌溉水分、养分的流失、渗漏和土壤微生物的吸收固定，充分被植物吸收利用，提高水肥利用率。无土栽培耗水量大约只有土壤栽培的 1/4～1/10，一般可节水 70% 以上，是发展节水型农业的有效措施之一。全世界土壤栽培肥料利用率大约只有 50% 左右，我国土壤栽培的肥料利用率只有 30%～40%。而无土栽培按需配制和循环供应营养液，肥料利用率达 90% 以上，即使是开放式无土栽培系统，营养液的流失也很少，从而大大降低生产成本。无土栽培不需中耕、翻地、锄草等作业，加上计算机和智能系统的使用，逐步实现了机械化和自动化操作，节省人力和工时，提高了劳动生产率，与工业生产的方式相似。另外，可以立体种植植物，提高了土地利用率。日本称无土栽培为"健幸乐美"农业。

（3）病虫害少，生产过程可实现无公害化。无土栽培可人为严格控制生长条件，为植物生长提供了相对无菌和少虫的环境，避免了外界环境和土壤病原菌及害虫对植物的侵袭，加之植物生长健壮，因而病虫害轻微；种植过程中可少施或不施农药，不存在土壤种植中因施用有机粪尿而带来的寄生虫卵及重金属、化学有害物质等公害污染。肥料利用率高，使用过的营养液可二次利用或直接排到外界，通常不会对环境造成二次污染。

（4）避免土壤连作障碍。设施土壤栽培常由于植物连作导致土壤连作障碍，而传统的处理方法如换土、土壤消毒、灌水洗盐等局限性大，效果不理想，而被动地不断增加化肥用量和不加节制地大量使用农药，又造成生产成本不断上升，环境污染日趋严重，植物产量、品质和效益急速下滑。无土栽培可以从根本上避免和解决土壤连作障碍的问题，每收获一茬后，只要对栽培设施进行必要的清洗和消毒就可以马上种植下一茬作物。

（5）极大拓展农业空间。无土栽培使作物生产摆脱了土壤的约束，可极大扩展农业生产的可利用空间且不受地域限制。在荒山、河滩、海岛、沙漠、石山等不毛之地和城市的阳台和屋顶，以及河流、湖泊及海洋上，甚至宇宙飞船上都可以进行无土栽培。在温室等园艺设施内可发展多层立体栽培，充分利用空间，挖掘园艺设施的农业生产潜力。

（6）有利于实现农业现代化。无土栽培可以按照人的意志进行生产，所以是一种"受控农业"，有利于实现农业机械化、自动化，从而逐步走向工业化、现代化。目前一些发达国家，已进入微电脑时代，供液及营养液成分的调控，全用计算机管理，在奥地利、荷兰、俄罗斯、美国、日本等国都有"水培工厂"，是现代化农业的标志。我国近十年来引进和兴建的现代化温室及配套的无土栽培技术，有力推动了我国农业现代化的进程。

2. 缺点

（1）一次性投资较大，运行成本高。只有具备一定设施设备条件才能进行无土栽培，而且设施的一次性投资较大，尤其是大规模、集约化、现代化无土栽培生产投资更大。在目前我国社会经济水平条件下，依靠种植作物回收投资是很难的。无土栽培生产所需肥料要求严格，营养液的循环流动、加温、降温等消耗能源，生产运行成本较土壤栽培要大。高昂的运行费用迫使无土栽培生产高附加值的园艺经济作物和高档的园艺产品，以求高额的经济回报。另外，必须因地制宜，结合当地的经济水平、市场状况和可利用的资源条件选择适宜的无土栽培设施和形式。近年来，我国陆续研制出一些节能、低耗的简易无土栽培形式，大大降低了投资成本和运行费用。如浮板毛管水培，鲁 SC 型无土栽培，有机生态型无土栽培、袋培、立体栽培等都具有投资小、运行费用低、实用的特点。

（2）技术要求较高。无土栽培过程的营养液配制、供应、调控技术较为复杂，要求管理人员具备相应的知识和技能，有较高的职业素质。但采用自动化设备、选用厂家生产的无土栽培专用肥料、采取简易无土栽培形式（如有机基质培等），可大大降低管理技术难度。

（3）管理不当，易发生某些病害的迅速传播。无土栽培生产属设施农业，相对密闭的栽培环境湿度大、光照较弱，而水培形式中根系长期浸于营养液中，若遇高温，营养液中含氧量急减，根系生长和功能受阻，地上部环境高温高湿，病菌等易快速繁殖侵染植物，再加上营养液循环流动极易迅速传播，导致种植失败。如果栽培设施、种子、基质、器具、生产工具等消毒不彻底或操作不当，易造成病原菌的大量繁殖和传播。无土栽培的营养液在使用过程中缓冲能力差，水肥管理不当还容易出现生理性障碍。

（二）设施无土栽培的应用

设施无土栽培是在可控条件下进行的，完全可以代替土培，但它的推广应用受到地理位置、经济环境和技术水平等诸多因素的限制，在现阶段或今后相当长的时期内，无土栽培不能完全取代土培，其应用范围有一定的局限性。

（1）用于高档园艺产品的生产。当前多数国家用无土栽培生产洁净、优质、高档、新鲜、高产的无公害蔬菜产品，多用于反季节和长季节栽培。露地栽培条件下产量和质量较低的七彩甜椒、高糖生食番茄、迷你番茄、小黄瓜等可用无土栽培生产，供应高档消费或出口创汇，经济效益良好。另外，以无土栽培方式生产的切花、盆花，花朵较大、花色鲜艳、花期长、香味浓，深受消费者青睐。草本药用植物和食用菌无土栽培，同样效果良好。

（2）在不适宜土壤耕作的地方应用。在沙漠、盐碱地等不适宜进行土壤栽培的不毛之地可利用无土栽培大面积生产蔬菜和花卉，具有良好的效果。

（3）在土壤连作障碍严重的保护地应用。无土栽培技术作为解决温室等园艺保护设施的土壤连作障碍问题的有效途径被世界各国广泛应用。适合国情的各种无土栽培形式在设施园艺上的应用，同样成为彻底解决土壤连作障碍的有效途径。在我国设施园艺迅猛发展的今天，更具有其重要的意义。

（4）在家庭园艺中应用。利用小型无土栽培装置，利用家庭阳台、楼顶、庭院、居室等空间种菜养花，既有娱乐性，又有一定的观赏和食用价值，便于操作、洁净卫生，可美化环境，适应人们返璞归真、回归自然的心理，这是一种典型的"都市农业"和"室内园艺"栽培形式。

（5）在观光农业、生态农业和农业科普教育基地应用。观光农业是近几年兴起的一个新的产业，是一个新的旅游项目；大小不同的生态酒店、生态餐厅、生态停车场、生态园的建设，成为倡导人与自然和谐发展新观念的一大亮点；高科技示范园则是向人们展示未来农业的一个窗口；许多现代化无土栽培基地已成为中小学生的农业科普教育基地。而无土栽培是这些园区或景观采用最多的栽培方式，尤其是一些造型美观、独具特色的立体栽培方式，更受人们青睐。

（6）在太空农业上应用。在太空中采用无土栽培种植绿色植物是生产食物最有效的方法，无土栽培技术在太空农业上的研究与应用正发挥着重要的作用。如美国肯尼迪宇航中心用无土栽培生产太空中宇航员所需的一些粮食和蔬菜已获成功，并取得了很好的效果。

任务二　设施无土栽培营养液配制

一、营养液组成

（一）营养液中营养元素成分

植物的新陈代谢过程需要多种营养元素，必需的元素有16种，即碳、氢、氧、氮、磷、钾、钙、镁、硫、铁、锌、锰、硼、铜、钼、氯，也称根系矿质营养。

根据营养元素含量占植物体干重的百分数，这些元素又分为大量元素和微量元素。含量在千分之几以上的营养元素称大量元素，包括氮、磷、钾、钙、镁、硫等；含量在万分之几以下的营养元素称微量元素，包括铁、锌、锰、硼、铜、钼等。

营养液中必须包含植物生长发育所必需的矿质营养元素，即绝大多数的营养液都含有氮、磷、钾、钙、镁、硫、铁、锌、锰、硼、铜、钼等12种元素。氯离子因大多数水源和化合物中均含有，所以一般营养液配方中不再添加氯元素。

（二）营养液组成原则

组成营养液的各种矿质元素，是以含有这些矿质元素的化合物的形式存在的，由这些化合物按一定的比例配制成的营养液，必须符合以下原则：

（1）营养液必须含有植物生长发育所必需的全部矿质营养元素。

（2）含各种营养元素的化合物必须是根部可以吸收的状态，也就是可以溶于水的呈离子状态的化合物。

（3）营养液中各种营养元素的数量比例，应该是符合植物生长发育要求的、均衡的。

（4）营养液中各营养元素的无机盐类构成的总盐度及其酸碱度，是适合植物生长发育要求的。

（5）组成营养液的各种化合物，在栽培植物的过程中，应在较长时间内能保持被植物正常吸收的有效状态。

（6）组成营养液的各种化合物的总体，在被根系吸收过程中，造成的生理酸碱反应应该是比较平衡的，即具有很强的缓冲性。

二、营养液原料准备

（一）水

营养液是指各种含营养元素的化合物溶解在水中制备而成的溶液。配制营养液的水首先要符合饮用水的标准，还要符合下列标准：

（1）硬度。水质有软水和硬水之分，所谓硬水就是指水中 Ca、Mg 盐的浓度比较高，达到一定的标准。其标准统一以每升水中 CaO 的重量表示，$1° = 10mgCaO/L$。硬度的划分为：$0° \sim 4°$ 为很软水，$4° \sim 8°$ 为软水，$8° \sim 16°$ 为中硬水，$16° \sim 30°$ 为硬水，$30°$ 以上为极硬水。用硬水配制营养液必须将其中 Ca 和 Mg 的含量计算出来，以便减少配方中规定的 Ca、Mg 用量。用作营养液的水，硬度一般以不超过 $10°$ 为宜。

（2）酸碱度。pH 值为 $6.5 \sim 8.5$。

（3）溶解氧。使用前水中的溶解氧应接近饱和。

（4）NaCl 含量。小于 2mmol/L。

（5）Cl 含量。自来水消毒时，常用液氯，故水中 Cl 含量常超过 0.3mg/L，这对植物有害。因此，自来水要晾晒半天后，方可使用。

（6）栽培食用植物（如蔬菜等），应不含重金属及有害健康的元素，如汞、镉、砷等。

（二）配制营养液的原料

一般将化学工业制造出来的化合物，按品质（主要是纯度）分为四类：①化学试剂，又细分为三级，即：保证试剂（一级试剂）、分析试剂（二级试剂）、化学纯试剂（三级试剂）；②医药用品；③工业用品；④农业用品。

化合物的选择应遵循下列原则：

（1）化合物中化学试剂类纯度最高，价格昂贵，以下依次为医药用品、工业用品、农业用品。在生产中，大量元素的供给多采用农业用品（化肥），以利降低成本。如果没有合格的农业用品，可用工业用品代替。微量元素用量少，可用纯化学试剂或医药用品。

（2）营养液配方中标出的用量是以纯度表示的，在配制营养液时，要按各种化合物原料标明的百分纯度来折算出原料用量。

（3）商品标识不明、技术参数不清的原料严禁使用。如果采购到的大批原料缺少技术参数，应取样送化验部门化验清楚后再使用。

（4）原料中本物以外的营养元素，都可以作为杂质处理，但是如果含量较多，会干扰营养平衡时，则要计算出来，相应减少该化合物的用量。

（5）有时原料本物虽然符合纯度要求，但含有少量的有害元素也不能使用。

三、营养液配制

配制营养液时，总的原则是避免难溶性物质沉淀产生。钙离子与磷酸根离子和硫酸根离子，在高浓度的情况下，易产生磷酸钙和硫酸钙沉淀，所以要避免在高浓度条件下，钙离子与硫酸根离子和磷酸根离子相遇。营养液有浓缩液（也称母液）和工作液（也称栽培液）两种配制方法。生产上一般配成母液后再配成工作液。

（一）母液配制

1. 计算

按照要配制的母液的体积和浓缩倍数计算出配方中各种化合物的用量。

（1）无土栽培肥料多为工业用品和农业用品，常有吸湿水和其他杂质，纯度较低，应按实际纯度对用量进行修正。

（2）硬水地区应扣除水中所含的 Ca^{2+}、Mg^{2+}。例如，配方中的 Ca^{2+}、Mg^{2+} 分别由 $Ca(NO_3)_2 \cdot 4H_2O$ 和 $MgSO_4 \cdot 7H_2O$ 来提供，实际的 $Ca(NO_3)_2 \cdot 4H_2O$ 和 $MgSO_4 \cdot 7H_2O$ 的用量是配方量减去水中所含的 Ca^{2+}、Mg^{2+} 量。但扣除 Ca^{2+} 后的 $Ca(NO_3)_2 \cdot 4H_2O$ 中氮用量减少了，这部分减少了的氮可用硝酸（HNO_3）来补充，加入的硝酸不仅起到补充氮源的作用，而且可以中和硬水的碱性。加入硝酸后仍未能够使水中的 pH 值降低至理想的水平时，可适当减少磷酸盐的用量，而用磷酸来中和硬水的碱性。如果营养液偏酸，可增加硝酸钾用量，以补充硝态氮，并相应地减少硫酸钾用量。扣除营养液中镁的用量，$MgSO_4 \cdot 7H_2O$ 实际用量减少，也相应地减少了硫酸根（SO_4^{2-}）的用量，但由于硬水中本身就含有大量的硫酸根，所以一般不需要另外补充，如果有必要，可加入少量硫酸（H_2SO_4）来补充。在硬水地区硝酸钙用量少，磷和氮的不足部分由硝酸和磷酸供给。

2. 称量

分别称取各种肥料，置于干净容器或塑料薄膜袋中，或平摊在地面的塑料薄膜上，以免损失。在称取各种盐类肥料时，注意稳、准、快，称量应精确到 ±0.1 以内。

3. 肥料溶解

将称好的各种肥料摆放整齐，最后一次核对无误后，再分别溶解，也可将彼此不产生沉淀的化合物混合一起溶解。注意溶解要彻底，边加边搅拌，直至盐类完全溶解。

4. 分装

配成 A、B、C 三种母液，分别用三个贮液罐盛装。

A 罐：以钙盐为中心，凡不与钙盐产生沉淀的化合物均可放在一起溶解。

B 罐：以磷酸盐为中心，凡不与磷酸盐产生沉淀的化合物均可放在一起溶解。

C 罐：预先配制螯合铁溶液，然后将 C 液所需称量的其他各种化合物分别在小塑料容器中溶解，再分别缓慢倒入螯合铁溶液中，边加边搅拌。

A、B、C 浓缩液均按浓缩倍数的要求加清水至需配制的体积，搅拌均匀后即可。浓缩液的浓缩倍数，要根据营养液配方规定的用量和各盐类的溶解度来确定，以不致过饱和而析出为准。其浓缩倍数以配成整数值为好，方便操作。一般比植物能直接吸收的均衡营养液高出 100～200 倍，微量元素浓缩液可浓缩至 1000 倍。

5. 保存

浓缩液存放时间较长时，应将其酸化，以防沉淀的产生。一般可用 HNO_3 酸化至 pH＝3～4，并存放塑料容器中，阴凉避光处保存。

（二）工作液配制

1. 母液稀释

（1）计算好各种母液需要移取的液量，并根据配方要求调整水的 pH 值。

（2）在贮液池或其他盛装栽培液的容器内注入所配制营养液体积的 50%～70% 的水量。

（3）量取 A 母液倒入其中，开动水泵循环流动 30min 或搅拌使其扩散均匀。

（4）量取 B 母液慢慢注入贮液池的清水入口处，让水源冲稀 B 母液后带入贮液池中参与流动扩散，此过程加入的水量以达到总液量的 80% 为度。

（5）量取 C 母液随水冲稀带入贮液池中参与流动扩散。加足水量后，循环流动 30min

或搅拌均匀。

（6）用酸度计和电导率仪分别检测营养液的 pH 值和 EC 值，如果测定结果不符配方和作物要求，应及时调整。pH 值可用稀酸溶液如硫酸、硝酸或稀碱溶液如氢氧化钾、氢氧化钠调整。调整完毕的营养液，在使用前先静置一些时候，然后在种植床上循环 5～10min，再测试一次 pH 值，直至与要求相符。

（7）做好营养液配制的详细记录，以备查验。

2. 直接配制

（1）按配方和欲配制的营养液体积计算所需各种肥料用量，并调整水的 pH 值。

（2）配制 C 母液。

（3）向贮液池或其他盛装容器中注入 50%～70%的水量。

（4）称取相当于 A 母液的各种化合物，在容器中溶解后倒入贮液池中，开启水泵循环流动 30min。

（5）称取相当于 B 母液的各种化合物，在容器中溶解，并用大量清水稀释后，让水源冲稀 B 母液带入贮液池中，开启水泵循环流动 30min，此过程所加的水以达到总液量的 80%为度。

（6）量取 C 母液并稀释后，在贮液池的水源入口处缓慢倒入，开启水泵循环流动至营养液均匀为止。

（7）做好营养液配制的详细记录，以备查验。

在荷兰、日本等国家，现代化温室中进行大规模无土栽培生产时，一般采用 A、B 两母液罐，A 罐中主要含硝酸钙、硝酸钾、硝酸铵和螯合铁，B 罐中主要含硫酸钾、硝酸钾、磷酸二氢钾、硫酸镁、硫酸锰、硫酸铜、硫酸锌、硼砂和钼酸钠，通常制成 100 倍的母液。为了防止母液罐出现沉淀，有时还配备酸液罐以调节母液酸度。整个系统由计算机控制调节、稀释、混合形成工作液。

在配制工作液的过程中，要防止由于加入母液速度过快造成局部浓度过高而出现大量沉淀。如果较长时间开启水泵循环之后仍不能使这些沉淀溶解时，应重新配制营养液。

（三）营养液配制操作规程

为了保证营养液配制过程中不出差错，需要建立一套严格的操作规程。

（1）仔细阅读肥料或化学品说明书，注意分子式、含量、纯度等指标，检查原料名称是否相符，准备好盛装贮备液的容器，贴上不同颜色的标识。

（2）原料的计算过程和最后结果要经过三名工作人员三次核对，确保准确无误。

（3）各种原料分别称好后，一起放到配制场地规定的位置上，最后核查无遗漏，才动手配制。切勿在用料及配制用具未到齐的情况下匆忙动手操作。

（4）原料加水溶解时，有些试剂溶解太慢，可以加热；有些试剂如硝酸铵，不能用铁质的器具敲击或铲，只能用木、竹或塑料器具取用。

（5）建立严格的记录档案，以备查验。记录表格见表 2-2、表 2-3。

表 2-2　　　　　　　　　　　　　**浓 缩 液 配 制 记 录 表**

配方名称			使用对象	
A 母液	浓缩倍数		配制日期	
	体积		计算人	

续表

配方名称			使用对象	
B 母液	浓缩倍数		审核人	
	体积		配制人	
C 母液	浓缩倍数		备注	
	体积			
原料名称及称取量				

表 2-3 　　　　　　　　　　工作液配制记录表

配方名称		使用对象		备　注
营养液体积		配制日期		
计算人		审核人		
配制人		水 pH 值		
EC 值		营养液 pH 值		
原料名称及称（移）取量				

四、营养液配方实例

规定在一定体积溶液中含有某些化合物种类和数量称为营养液配方。例如在 1L 的营养液中含有硝酸钙 590mg、硝酸钾 404mg、磷酸二氢钾 136mg，硫酸镁 246mg、硫酸亚铁 13.9mg、乙二胺四乙酸二钠 18.6mg、硼酸 2.86mg、硫酸锰 2.13mg、硫酸锌 0.22mg、硫酸铜 0.08mg、钼酸铵 0.02mg。这就是 1 种营养液配方（华南农业大学番茄配方），按照这个规定用量而配制出来的营养液浓度称为 1 个剂量；如果将上述配方中的各种化合物用量减少一半所配制出来的营养液浓度称为 0.5 剂量或 1/2 剂量或半个剂量，其余照此类推。

目前，世界上的无土栽培营养液配方很多，无土栽培相关论著多数都收集了很多的配方，例如 Hewitt（1966）收集了大约 160 种配方。有些配方经过了几十年的使用，如霍格兰配方。现以霍格兰配方和华南农业大学番茄配方（表 2-4）为例来说明营养液配方的化合物种类和其用量的差异。

表 2-4 　　　　　　　　　　两种营养液配方的比较（省略微量元素）

化合物	霍格兰配方（Hoagland & Arnon,1938）				华南农业大学番茄配方			
	化合物用量		元素含量	元素含量总计	化合物用量		元素含量	元素含量总计
	mg/L	mmol/L	mg/L	mg/L	mg/L	mmol/L	mg/L	mg/L
$Ca(NO_3)_2 \cdot 2H_2O$	945	4	N:112;Ca:160	N:210	590	2.5	N:70;Ca:100	N:126
KNO_3	607	6	N:84;K:234	P:31	404	4.0	N:56;K:156	P:24
$NH_4H_2PO_4$	115	1	N:14;P:31	K:234	—	—	—	K:195
KH_2PO_4	—	—	—	Ca:160	136	1	K:39;P:24	Ca:100
$MgSO_4 \cdot 7H_2O$	493	2	Mg:48;S:64	Mg:48;S:64	246	1	Mg:24;S:64	Mg:24;S:64
总浓度	2160	13	—	747	1376	8.5	—	533

五、营养液管理

营养液管理主要指循环供液系统中营养液的管理；非循环使用的营养液不回收使用，管理方法较为简单，将在以后章节中叙述。营养液的管理是无土栽培的关键技术，尤其在自动化、标准化程度较低的情况下，营养液的管理更重要。如果管理不当，则直接关系到营养液的使用效果，进而影响植物生长发育的质量。

（一）营养液中溶存氧的调整

无土栽培尤其是水培，氧气供应是否充分和及时往往成为测定植物能否正常生长的限制因素。生长在营养液中的根系，其呼吸所用的氧气供应主要依靠根系对营养液中溶存氧的吸收。若营养液的溶解氧含量低于正常水平，就会影响根系呼吸和吸收营养，植物就表现出各种异常，甚至死亡。

1. 水培对营养液溶存氧浓度的要求

在水培营养液中，溶存氧的浓度一般要求保持在饱和溶解度50％以上，这相当于在适合多数植物生长的液温范围（15～18℃）及含氧量范围（4～5mg/L）内。这种要求是对栽培不耐淹浸的植物而言的。对耐淹浸的植物（即体内可以形成氧气输导组织的植物），这个要求可以降低。

2. 影响营养液氧气含量的因素

营养液中溶存氧的多少，一方面与温度和大气压力有关，温度越高、大气压力越小，营养液的溶存氧含量就越低；反之，温度越低、大气压力越大，其溶存氧的含量就越高。另一方面与植物根系微生物的呼吸有关，温度越高，呼吸消耗营养液中的溶存氧越多，这就是为什么在夏季高温季节水培植物根系容易产生缺氧的原因。

3. 增氧措施

是否采取增氧措施主要取决于植物种类、生育阶段及单株占有营养液量。一般瓜类、茄果类作物的耗氧量较大，叶菜类的耗氧量较小。植物处于生长茂盛阶段、占有营养液量少的情况下，溶存氧的消耗速度快；反之则慢。

溶存氧的补充来源，一是从空气中向溶液中自然扩散；二是人工增氧。自然扩散的速度较慢，增量少，只适宜苗期使用，水培及多数基质培中都采用人工增氧的方法。人工增氧措施主要是利用机械和物理的方法来增加营养液与空气的接触机会，增加氧在营养液中的扩散能力，从而提高营养液中氧气的含量。具体的加氧方法有落差、喷雾、搅拌、压缩空气、循环流动、间歇供液、滴灌供液、夏季降低液温、降低营养液浓度、使用增氧器和化学增氧剂等。多种增氧方法结合使用，增氧效果更明显。

营养液循环流动有利于带入大量氧气，此法效果很好，是生产上普遍采用的办法。循环时落差大、溅泼面较分散、增加一定压力形成射流等都有利于增强补氧效果。

在固体基质的无土栽培中，为了保持基质中有充足的空气，可选用如珍珠岩、岩棉和蛭石等合适的多孔基质，还应避免基质积水。

（二）营养液浓度调整

由于作物生长过程中不断吸收养分和水分，加之营养液中的水分蒸发，从而引起营养液浓度、组成发生变化。因此，需要监测和定期补充营养液的养分和水分。

1. 水分补充

水分的补充应每天进行，一天之内应补充多少次，视作物长势、每株占液量和耗水快慢而定，以不影响营养液的正常循环流动为准。在贮液池内划上刻度，定时使水泵关闭，让营养液全部回到贮液池中，如贮液池水位已下降到加水的刻度线，则要加水恢复到原来的水位线。

2. 养分补充

养分的补充方法有以下几种：

（1）根据化验了解营养液的浓度和水平。先化验营养液中 $NO_3 - N$ 的减少量，按比例推算其他元素的减少量，尔后加以补充，使营养液保持应有的浓度和营养水平。

（2）从减少的水量来推算。先调查不同作物在无土栽培中水分消耗量和养分吸收量之间的关系，再根据水分减少量推算出养分的补充量，加以补充调整。例如：已知硝态氮的吸收与水分的消耗的比例，黄瓜为 70：100 左右；番茄、甜椒为 50：100 左右；芹菜为 130：100 左右。据此，当总液量 10000L 消耗 5000L 时，黄瓜需另追加 3500L(5000L×0.7) 营养液，番茄、辣椒需追加 2500L(5000L×0.5) 营养液，然后再加水到总液量 10000 L。其他作物也以此类推。但作物的不同生育阶段，吸收水分和消耗养分的比例有一定差异，在调整时应加以注意。

（3）从实际测定的营养液的电导率值的变化来调整，这是生产上常用方法。在无土栽培中营养液的电导率目标管理值经常进行调整。营养液 EC 值不应过高或过低，否则对作物生长产生不良影响。因此，应经常通过检查调整，使营养液保持适宜的 EC 值。在调整时应逐步进行，不应使浓度变化太大。

（三）电导率调整

（1）针对栽培作物不同调整 EC 值。不同蔬菜作物对营养液的 EC 值的要求不同，这与作物的耐肥性和营养液配方有关。如在相同栽培条件下，番茄要求的营养液浓度比莴苣要求的营养液浓度高些。虽然如此，各种作物都有一个适宜浓度范围。就多数作物来说，适宜的 EC 值范围为 $0.5 \sim 3.0$mS/cm，过高不利于生育。

（2）针对不同生育期调整 EC 值。作物在不同生育期要求的营养液 EC 值不应完全一样，一般苗期略低，生育盛期略高。如日本有资料显示，番茄在苗期的适宜 EC 值为 $0.8 \sim 1.0$mS/cm，定植至第一穗花开放为 $1.0 \sim 1.5$mS/cm，结果盛期为 $1.5 \sim 2.0$mS/cm。

（3）针对不同栽培季节、温度条件调整 EC 值。营养液的 EC 值受温度影响而发生变化，在一定范围内，随温度升高有增高的趋势。一般来说，营养液的 EC 值，夏季要低于冬季。Adams 认为，番茄用岩棉栽培冬季的营养液 EC 值应为 $3.0 \sim 3.5$mS/cm，夏季降至 $2.0 \sim 2.5$mS/cm 为宜。

（4）针对栽培方式调整 EC 值。同一种作物采用的无土栽培方式不同，EC 值调整也不一样。例如，番茄水培和基质培相比，一般定植初期营养液的浓度都一样，到采收期基质培的营养液浓度比水培的低，这是因为基质会吸附营养之故。

（5）针对营养液配方调整 EC 值。同样用于栽培番茄的日本山崎配方和美国 A－H 营养液配方，它们的总浓度相差 1 倍以上。因此补充养分的限度就有很大区别（以每株占液量相同而言）。采用低浓度的山崎配方种植时补充养分的方法是：每天都补充，使营养液常处于 1 个剂量的浓度水平。即每天监测电导率以确定营养液的总浓度下降了百分之几个剂量，下降多少补充多少。采用高浓度的美国 A－H 配方种植时补充养分的方法是：以总浓度为 1/2 个剂量时为补充界限。即定期测定营养液中电导率，如发现营养液浓度已下降到 1/2 个剂量的水平时，即行补充养分，补回到原来的浓度。隔多少天会下降到此界限，视生育阶段和每株占液量多少而变。

应该注意的是营养液浓度的测定要在营养液补充足够水分使其恢复到原来体积时取样，而且一般生产上不做个别营养元素的测定，也不做个别营养元素的单独补充，要全面补充营养元素。

（四）营养液酸碱度控制

1. 营养液 pH 值对植物生长的影响

营养液的 pH 对植物生长的影响有直接的和间接的两方面。直接的影响是，当溶液 pH 值过高或过低时，都会伤害植物的根系。间接的影响是，使营养液中的营养元素有效性降低以至失效。pH＞7 时，P、Ca、Mg、Fe、Mn、B、Zn 等的有效性都会降低，特别是 Fe 最突出；pH＜5 时，由于 H^+ 浓度过高而对 Ca^{2+} 产生显著的拮杭，使植物吸不足 Ca^{2+} 而出现缺 Ca 症。有时营养液的 pH 值虽然处在不会伤害植物根系的范围（pH 值在 4～9），仍会出现由于营养失调而生长不良的情况。所以，除了一些特别嗜酸或嗜碱的植物，一般将营养液 pH 值控制在 5.5～6.5。

2. 营养液 pH 值的变化

营养液的 pH 值变化主要受营养液配方中生理酸性盐和生理碱性盐的用量和比例、栽培作物种类、每株植物根系占有的营养液体积大小、营养液的更换速率等多种因素的影响。生产上选用生理酸碱变化平衡的营养液配方，可减少调节 pH 值的次数。植株根系占有营养液的体积越大，则其 pH 值的变化速率就越慢、变化幅度越小。营养液更换频率越高，则 pH 值变化速度越慢、变化幅度也越小。但通过更换营养液来控制 pH 值变化不经济，费力费时，也不实际。

3. 营养液 pH 值的检测

检测营养液 pH 值的常用方法有试纸测定法和电位法两种。

（1）试纸测定法。取一条试纸浸入营养液样品中，半秒钟后取出与标准色板比较，即可知营养液的 pH 值。试纸最好选用 pH＝4.5～8 的精密试纸。

（2）电位法。电位法是采用 pH 计测定营养液 pH 值的方法。在无土栽培中，应用 pH 计测定 pH 值，方法简便、快速、准确、精度较高，适合于大型无土栽培基地使用。常用的酸度计为 pHS－2 型酸度计。

4. 营养液 pH 值的控制

（1）选用生理平衡的配方。营养液的 pH 值因盐类的生理反应而发生变化，其变化方向视营养液配方而定。选用生理平衡的配方能够使 pH 值变化比较平稳，可以减少调整的麻烦，达到治本的目的。

（2）酸碱中和。pH 值上升时，用稀酸溶液如 H_2SO_4 或 HNO_3 溶液中和。H_2SO_4 溶液的 SO_4^{2-} 虽属营养成分，但植物吸收较少，常会造成盐分的累积；NO_3^- 植物吸收较多，盐分累积的程度较轻，但要注意植物吸收过多的氮会造成体内营养失调。生产上多用 H_2SO_4 调节 pH 值。中和的用酸量不能用 pH 值作理论计算来确定。因营养液中有高价弱酸与强碱形成的盐类存在，例如 K_2HPO_4、$Ca(HCO_3)_2$ 等，其离解是逐步的，会对酸起缓冲作用。因此，必须用实际滴定曲线的办法来确定用酸量。具体做法是取出定量体积的营养液，用已知浓度的稀酸逐滴加入，随时测其 pH 值的变化，达到要求值后计出其用酸量，然后推算出整个栽培系统的总用酸量。应加入的酸要先用水稀释，以浓度为 $1\sim2mol/L$ 为宜，然后慢慢注入贮液池中，随注随搅拌或开启水泵进行循环，避免加入速度过快或溶液过浓而造成局部过酸而产生 $CaSO_4$ 的沉淀。

pH 值下降时，用稀碱溶液如 NaOH 或 KOH 中和。Na^+ 不是营养成分，会造成总盐浓度的升高。K^+ 是营养成分，盐分累积程度较轻，但其价格比较贵，且多吸收了也会引起营养失调。生产上最常用的还是 NaOH。具体操作可仿照以酸中和碱性的做法。这里要注意的是局部过碱成会产生 $Mg(OH)_2$、$Ca(OH)_2$ 等沉淀。

（五）光照与液温管理

1. 光照管理

营养液受阳光直照时，对无土栽培是不利的。因为阳光直射使溶液中的铁产生沉淀，另外，阳光下的营养液表面会产生藻类，与栽培作物竞争养分和氧气。因此在无土栽培中，营养液应保持暗环境。

2. 营养液温度管理

（1）营养液温度对植物的影响。营养液温度即液温直接影响到根系对养分的吸收、呼吸和作物生长，以及微生物活动。植物对低液温或高液温的适应范围都是比较窄的。温度的波动会引起病原菌的滋生和生理障碍的产生，同时会降低营养液中氧的溶解度。稳定的液温可以减少过低或过高的气温对植物造成的不良影响。一般来说，夏季的液温保持不超过 28℃，冬季的液温保持不低于 15℃，对适应于该季栽培的大多数作物都是适合的。

（2）营养液温度的调整。除大规模的现代化无土栽培基地外，我国多数无土栽培设施中没有专门的营养液温度调控设备，多数是在建造时采用各种保温措施。具体作法是：种植槽采用隔热性能高的材料建造，如泡沫塑料板块、水泥砖块等；加大每株的用液量，提高营养液对温度的缓冲能力；设置深埋地下的贮液池。

营养液加温可采取在贮液池中安装不锈钢螺纹管，通过循环于其中的热水加温或用电热管加温。热水由锅炉加热、地热或厂矿余热加热获得。最经济的强制冷却降温方法是抽取井水或冷泉水通过贮液池中的螺纹管进行循环降温。

无土栽培中应综合考虑营养液的光、温状况，光照强度高，温度也应该高；光照强度低，温度也要低。强光低温不好，弱光高温也不好。

六、供液时间与供液次数

营养液的供液时间与供液次数，主要依据栽培形式、植物长势长相、环境条件而定。在栽培过程中应考虑适时供液，保证根系得到营养液的充分供应，从经济用液考虑，最好采取定时供液。供液的原则是：根系得到充分的营养供应，但又能达到节约能源和经济用肥的要求。一般在用基质栽培的条件下，每天供液 $2\sim4$ 次即可，如果基质层较厚，供液次数可少些，基质层较薄，供液次数可多些。NFT 培每日要多次供液，果菜每分钟供液量为 2L，而叶菜仅需 1L。作物生长盛期，对养分和水分的需求大，因此，供液次数应多，每次供液的时间也应长。供液主要集中在白天进行，夜间不供液或少供液。晴天供液次数多些，阴雨天少些；气温高光线强时供液多些，温度低、光线弱时供液少些。应因时因地制宜，灵活掌握。

七、营养液更换

循环使用的营养液在使用一段时间以后，需要配制新的营养液将其全部更换。更换的时间主要取决于有碍作物正常生长的物质在营养液中累积的程度。这些物质主要来源于营养液配方所带的非营养成分（NaNO₃ 中的 Na、CaCl₂ 中的 Cl 等）、中和生理酸碱性所产生的盐、使用硬水作水源时所带的盐分、植物根系的分泌物和脱落物以及由此而引起的微生物分解产物等。积累多了，造成总盐浓度过高而抑制作物生长，也干扰了对营养液养分浓度的准确测量。判断是否更换营养液的主要方法如下：

（1）经过连续测量，营养液的电导率值居高不降。

（2）经仪器分析，营养液中的大量元素含量低而电导率值高。

（3）营养液有大量病菌而致作物发病，且病害难以用农药控制。

（4）营养液混浊。

（5）如无检测仪器，可考虑用种植时间来决定营养液的更换时间。一般在软水地区，生长期较长的作物（每茬 3～6 个月，如果菜类）可在生长中期更换 1 次或不换液只补充消耗的养分和水分，调节 pH 值。生长期较短的作物（每茬 1～2 个月，如叶菜类），可连续种 3～4 茬更换 1 次。每茬收获时，要将脱落的残根滤去，可在回水口安置网袋或用活动网袋打捞，然后补足所欠的营养成分（以总剂量计算）。硬水地区，生长期较短的蔬菜一般每茬更换一次，生长期较长的果菜每 1～2 个月更换一次营养液。

八、废液处理与再利用

无土栽培系统中排出的废液，并非含有大量的有毒物质而不能排放。主要是因为大面积栽培时，大量排出的废液会影响地下水水质，如大量排向河流或湖泊将会引起水的富营养化。另外，即使有基质栽培的排出废液少，但随着时间推移也将对环境产生不良的影响。因此，经过处理后重复循环利用或回收用作肥料等是比较经济且环保的方法。处理方法有杀菌和除菌、除去有害物质、调整离子组成等。营养液杀菌和除菌的方法有紫外线照射、高温加热、砂石过滤器过滤、药剂杀菌等。除去有害物质可采用砂石过滤器过滤或膜分离法。

把经过处理的废液收集起来，用于同种作物或其他作物的栽培或用作土壤栽培的肥料，但需与有机肥合理搭配使用。

实训 2-1　霍格兰营养液母液的配制

一、目的要求

能根据栽培要求，选择适当的营养液配方；能正确计算原料用量，正确配制和保存营养液。

二、材料与用具

（1）材料。硝酸钾、硝酸钙、磷酸二氢钾、硫酸镁、乙二胺四乙酸二钠、硫酸亚铁、硫酸锰、硼酸、硫酸锌、硫酸铜、钼酸铵。

（2）用具。天平、量筒、烧杯、玻璃棒、试剂瓶、标签等。

三、方法与步骤

（1）要求。根据霍格兰营养液配方，配制 500mL100 倍母液。

霍格兰营养液配方：硝酸钾 510mg/L、硝酸钙 820mg/L、硫酸镁 490mg/L、磷酸二氢钾 136mg/L、乙二胺四乙酸二钠 20mg/L、硫酸亚铁 15mg/L、硫酸锰 4mg/L、硼酸 6mg/L、硫酸锌 0.2mg/L、硫酸铜 1mg/L、钼酸铵 0.2mg/L。

（2）计算。根据配方和配制营养液量计算出所需每种原料的用量。

（3）称量。根据计算出的各原料用量分别称量。

（4）溶解。A液：硝酸钾、硝酸钙；B液：磷酸二氢钾、硫酸镁；C液：微量元素。

将配制好的母液装入试剂瓶中，贴好标签，并注明溶液名称、倍比、配制日期以及配制人，避光保存。

四、作业

（1）无土栽培营养液对水质有哪些方面的要求？

（2）营养液配方组成的原则是什么？

（3）简述营养液母液及工作液配制的基本程序及相关要求。

思考

1. 何谓无土栽培？简述无土栽培技术的优缺点。

2. 根据基质的不同特点可将基质培分为哪几种类型？各有何特点？

3. 结合当前设施农业的发展状况，谈谈你对无土栽培发展前景的认识。

项目二 无基质栽培

• **学习目标**

　　知识：了解无基质栽培的特点、要求及其应用；熟悉深液流栽培和营养液膜栽培、喷雾栽培的特征、设施结构，掌握深液流栽培和营养液膜栽培、喷雾栽培管理要点。

　　技能：能对深液流栽培和营养液膜栽培、喷雾栽培的设施设备进行设计、选择、应用和调节；会对深液流栽培和营养液膜栽培、喷雾栽培进行从种植到收获的全程操作管理。

• **重点难点**

　　液流栽培和营养液膜栽培、喷雾栽培设施的设计和调节，液流栽培和营养液膜栽培、喷雾栽培的全程操作规程。

• **学习提示**

　　采用对比的方法，理解深液流技术、营养液膜技术和其他几种水培设施的基本组成、差异和特点。在把握共性的基础之上，辩证分析各水培设施中种植槽的深浅、营养液量的多少以及营养液各种性质的变化特点和栽培管理技术。

　　无基质栽培是指植物根系生长在营养液或含有营养液的潮湿空气中的栽培方式，主要包括水培和雾培。水培是一种新型的植物无土栽培方式，又名营养液培，其核心是将植物根茎固定于栽培槽中并使根系自然垂入植物营养液中，这种营养液能代替自然土壤向植物体提供水分、养分、氧气、温度等生长因子，使植物能够正常生长并完成其整个生命周期。水培根据营养液液层的深度不同又可分为深液流法、营养液膜法、浮板毛管水培法、浮板水培法等多种形式。雾培是喷雾栽培的简称，又称为气培，可分为喷雾培和半喷雾培两种形式。

任务一　深液流栽培

　　深液流栽培又称深液流技术，简称 DFT（Deep Flow Technique），是最早开发成可以进行农作物商品生产的无土栽培技术。从 20 世纪 30 年代至今，通过改进，深液流栽培被认为是比较适用于第三世界国家的类型。DFT 在日本普及面广，我国的台湾、广东、山东、福建、上海、湖北、四川等省（直辖市）也有一定的推广面积，成功地生产出番茄、黄瓜等果菜类和莴苣、茼蒿等叶菜类蔬菜。因此，这种类型的水培设施也比较适合我国现阶段的国情。

一、DFT 设施

　　深液流水培设施一般由种植槽、定植板（或定植网框）、贮液池、营养液循环流动系统等四大部分组成。由于建造材料不同和设计上的差异，生产中已有多种类型。实践表明日本神园式比较适合我国生产实际（图 2-2）。

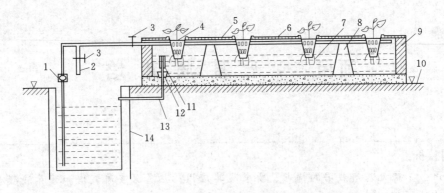

图 2-2 改进型神园式深液流水培设施组成纵切面示意图

1—水泵；2—充氧支管；3—流量控制阀；4—定植杯；5—定植板；6—供液管；

7—营养液；8—支撑墩；9—种植槽；10—地面；11—液层控制管；

12—橡皮塞；13—回流管；14—贮液池

（一）种植槽

种植槽一般宽度为 80～100cm，槽深 15～20cm，槽长 10～20m。原来日本神园式种植槽由水泥预制板块加塑料薄膜构成，为半固定的设施，现将其改成水泥砖结构永久固定的设施（华南改进型）。槽底用 5cm 厚的水泥混凝土制成，然后在槽底的基础上用水泥砂浆将火砖结合成槽周框，再用高强度等级耐酸抗腐蚀的水泥砂浆抹面，以达防渗防蚀的效果（图 2-3）。

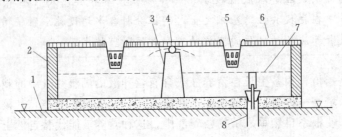

图 2-3 种植槽横切面示意图

1—地面；2—种植槽；3—支撑墩；4—供液管；5—定植杯；

6—定植板；7—液面；8—回流及液层控制装置

这种槽不用内垫塑料薄膜，直接盛载营养液进行栽培。成功的关键在于选用耐酸抗腐蚀的水泥材料。这种槽的优点是农户可自行建造，管理方便，耐用性强，造价低。其缺点是不能拆卸搬迁，是永久性建筑，槽体比较沉重，必须建在坚实的地基上，否则会因地基下陷造成断裂渗漏。

（二）定植板

定植板（图 2-4）用硬泡沫聚苯乙烯板块制成，厚约 2～3cm，板面开若干个定植孔，孔径为 5～6cm，种果菜和叶菜都可通用。定植孔内嵌一只塑料定植杯（图 2-5），高 7.5～8.0cm，杯口的直径与定植孔相同，杯口外沿有一宽约 5mm 的唇，以卡在定植孔上，不掉进槽底。杯的下半部及底部开有许多 $\phi3$ 的孔。定植板的宽度与种植槽外沿宽度一致，使定植板的两边能架在种植槽的槽壁上，这样可使定植板连同嵌入板孔中的定植杯悬挂起来（图 2-3）。定植板的长度一般为 150cm，视工作方便而伸缩，定植板一块接一块地将整条种植槽盖住，使光线透不进槽内。

（三）地下贮液池

地下贮液池是为增大营养液的缓冲能力、为根系创造一个较稳定的生存环境而设的。有些类型的深液流水培设施不设地下贮液池，而直接从种植槽底部抽出营养液进行循环，日本M式水培设施就是这样。这无疑可以节省用地和费用，但也失去了地下贮液池所具有的许多优点。

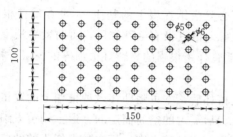

图 2-4 定植板平面图（单位：cm）

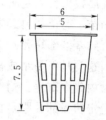

图 2-5 定植杯（单位：cm）

（四）循环供液系统

循环供液系统包括供液管道、回流管道、水泵及定时器，所有管道均用塑料制成。

二、DFT 栽培

（一）种植槽处理

1. 新建种植槽的处理

新建成的水泥结构种植槽和贮液池，会有碱性物质渗出，要用稀硫酸或磷酸浸渍中和，除去碱性后才开始使用。开始时先用水浸渍数天洗刷去大部分碱性物质，然后再放酸液浸渍，开始时酸液调至 pH 值为 2 左右，浸渍时 pH 值会再度升高，应继续加酸进去，浸渍到 pH 值稳定在 6~7 之间，排去浸渍液，用清水冲洗 2~3 次即可。

2. 换茬阶段的清洗与消毒

换茬时对设施系统消毒后方可种植下茬作物。

（1）定植杯的清洗与消毒。将定植板上的定植杯捡出，集中到清洗池中，将杯中的残茬和石砾脱出，从石砾中清去残茬，再用水冲洗石砾和定植杯，尽量将细碎的残根冲走，然后用含 0.3%~0.5% 有效氯的次氯酸钠或次氯酸钙溶液浸泡消毒，浸泡 1d 后将石砾及定植杯捞起，用清水冲洗掉消毒液待用。

（2）定植板的清洗与消毒。用刷子在水中将贴在板上的残根冲刷掉，然后将定植板浸泡于含 0.3%~0.5% 有效氯的次氯酸钠或次氯酸钙溶液中，使定植板湿透后捞起，一块块叠起，再用塑料薄膜盖住，保持湿润 30min 以上，然后用清水冲洗待用。

（3）种植槽、贮液池及循环管道的消毒。用含 0.3%~0.5% 有效氯的次氯酸钠或次氯酸钙溶液喷洒槽、池内外所有部位使槽池湿透（每平方米面积约用 250mL），再用定植板和池盖板盖住保持湿润 30min 以上，然后用清水洗去消毒液待用。全部循环管道内部用含 0.3%~0.5% 有效氯的次氯酸钠或次氯酸钙溶液循环流过 30min，循环时不必在槽内留液层，让溶液喷出后即全部回流，并可分组进行，以节省用液量。

（二）栽培管理

1. 栽培作物种类的选择

初次进行水培生产时，应选用一些较适应水培的作物种类来种植，如番茄、直叶莴苣、蕹菜、鸭儿芹、菊花等，以获得水培的成功。在没有控温的大棚内种植，要选用完全适应当季生长的作物来种植，切忌不顾条件地去搞反季节种植。

2. 秧苗准备与定植

（1）育苗。用穴盘育苗法育出幼苗（育苗穴盘的穴孔应比定植杯口径略小）。

（2）移苗入定植杯。准备好稳苗用的非石灰质的小石砾（粒径以大于定植杯下部小孔为宜），在定植杯底部先垫入 $1\sim2cm$ 的小石砾，以防幼苗的根茎直压到杯底，然后从育苗穴盘中将幼苗带基质拔出移入定植杯中（不必除去结在根上的基质），再在幼苗根团上覆盖一层小石砾稳住幼苗。稳苗材料必须用小石砾，因其没有毛管作用，可防营养液上升而结成盐霜之弊（盐霜可致茎基部坏死）。不能用毛管作用很强的材料（很细碎的泥炭、植物残体等）来稳定幼苗，因这类材料易结成盐霜。

（3）过渡槽内集中寄养。幼苗移入定植杯后，本可随即移入种植槽上的定植板孔中，成为正式定植，但定植板的孔距是按植株长大后需占的空间而定的，遇上幼苗太细，很久才长满空间。为了提高温室及水培设施的利用率，将已移入定植杯内的很细小的幼苗，密集置于一条过渡槽内，不用定植板直接置于槽底，作过渡性寄养。槽底放入营养液 $1\sim2cm$ 深，使营养液能浸住杯脚，幼苗即可吸到水分和养分，迅速长大并有一部分根伸出杯外，待长到有足够大的株形时，才正式移植到种植槽的定植板上。移入后很快就长满空间（封行）达到可以收获的程度，大大缩短了占用种植槽的时间。这种集中寄养的方法，对生长期较短的叶菜类是很有用的，对生长期很长的果菜类用处不大。

（4）正式定植后槽内液面的要求。将有幼苗的定植杯移入种植槽上的定植板上以后，即为正式定植。当定植初期根系未伸出杯外或只有几条伸出时，要求液面能浸住杯底 $1\sim2cm$，以使每一株幼苗有同等机会及时吸到水分和养分。这是保证植株生长均匀，不致出现大小苗现象的关键措施。但也不能将液面调得太高以致贴住定植板底，妨碍氧向液中扩散，同时也会浸住植株的根颈使其窒息死亡。当植株发出大量根群深入营养液后，液面随之调低，空间得以扩大，露于湿润空气中的根段就较长，这对解决根系呼吸需氧是相当有用的。由于悬挂栽培，植株和根系的绝大部分重量不是压在种植槽的底部，而是许多根系漂浮于液中，不会形成厚实的根垫阻塞根系底部的营养液的流通，同时避免了因形成厚实的根垫以致根垫内部严重缺氧而坏死，彻底克服了营养液膜技术（NFT）的这一突出缺点。

3. 营养液配制与管理

关于营养液的配制方法前面章节已作详细介绍。这里再强调一点：种植槽内液面的调节，是悬杯式深液流水培技术中十分重要的技术环节，处理不当将造成根系伤害，应十分注意。

在定植开始时，液面要浸住定植杯底 $1\sim2cm$，当根系大量深入营养液后，液面应随之调低，使有较多根段露于空气中，以利于根段呼吸而节省循环流动充氧的能耗。在这种情况下，露于潮湿空气中的根段会重新发出许多根毛，这些有许多根毛的根段不能再被营养液淹浸太久，否则就会坏死而伤及整个根系，所以液面不能无规则地任意升降。原则上液面降低以后，若上部的根段已产生大量根毛时，液面就稳定在这个水平。还要注意使存留于槽底的液量有足够植株 $2\sim3d$ 吸水的需要，不能降得很低维持不了植株 $1d$ 的吸水量。生产上还应注意水泵出了故障或电源中断不能供液的问题。

4. 建立科学高效的管理制度

每项技术措施都要有专人负责，明确岗位责任，建立管理档案，列出需要记录的项目，制成表格和工作日记，逐项进行登记。这样才能对生产中出现的问题作科学的分析，从而使其得到有效的解决。

三、DFT 的特点

（一）优点

（1）液层深。根系伸展到较深的液层中，单株占液量较多。由于液量多而深，营养液的浓度（包括总盐分、各养分）、溶存氧、酸碱度、温度以及水分等都不易发生急剧变动，为根系提供了一个较稳定的生长环境。这是深液流水培的突出优点。

（2）悬挂栽培。植株悬挂于定植板，有半水培半气培的性质，较易解决根系的水气矛盾。

（3）营养液循环流动。营养液循环流动能增加营养液中的溶存氧；消除根表有害代谢产物（最明显的是生理酸碱性）的局部累积；消除根表与根外营养液的养分浓度差，使养分能及时送到根表，更充分地满足植物的需要；促使因沉淀而失效的营养物重新溶解，以阻止缺素症的发生。所以即使是栽培沼泽性植物或能形成氧气输导组织的植物，也有必要使营养液循环流动。

（4）适宜栽培的作物种类多。除块根、块茎类作物之外，几乎所有的果菜类和叶菜类都可栽培。

（5）养分利用率高。养分利用率可高达 90%～95%，不会或很少污染周围环境。

（二）缺点

（1）投资较大，成本高，特别是永久式的深液流水培设施比拼装式的更高。

（2）技术要求较高。深液流水培的技术比基质栽培要求高，但比营养液膜技术要求低。

（3）病害易蔓延。由于深液流水培是在一个相对封闭的环境下进行的，营养液循环使用，一旦发生根系病害，易造成相互传染甚至导致栽培失败。

任务二　营养液膜栽培

营养液膜栽培也称营养液膜技术，简称为 NFT（Nutrient Film Technique），是一种将植物种植在浅层流动的营养液中的水培方法。它是由英国人库柏（A. J. Cooper）在 1973 年发明的。1979 年以后，该技术迅速在世界范围内推广应用。据 1980 年的资料记载，当时已有 68 个国家正在研究和应用该技术进行无土栽培生产，我国在 1984 年也开始开展这种无土栽培技术的研究和应用工作，效果良好。

一、NFT 设施

NFT 的设施主要由种植槽、贮液池、营养液循环流动装置三个部分组成（图 2-6）。此外，还可以根据生产实际和资金的可能性，选择配置一些其他辅助设施，如浓缩营养液贮备罐及自动投放装置、营养液加温装置、营养液冷却装置等。

（一）种植槽

NFT 的种植槽按种植作物种类的不同可分为两类：一是栽培大株型作物用的（图 2-6），二是栽培小株型作物用的（图 2-7）。

1. 栽培大株型作物用的种植槽

种植槽是用 0.1～0.2mm 厚的面白底黑的聚乙烯薄膜临时围合起来的等腰三角形槽，

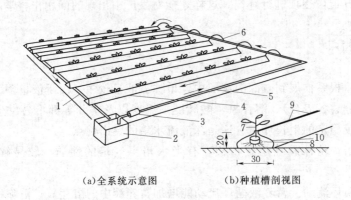

(a)全系统示意图   (b)种植槽剖视图

图2-6　NFT设施组成示意图

1—回流管；2—贮液池；3—泵；4—种植槽；5—供液主管；6—供液支管；
7—苗；8—育苗钵；9—夹子；10—聚乙烯薄膜

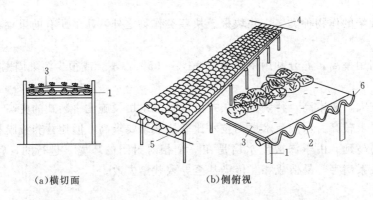

(a)横切面   (b)侧俯视

图2-7　小株型作物用NFT种植槽

1—支架；2—塑料波纹瓦；3—定植板盖；4—供液；5—回流

槽长20～25m，槽底宽25～30cm，槽高20cm。即取一幅宽75～80cm、长21～26m的上述薄膜，铺在预先平整压实的、且有一定坡降的（1：75左右）地面上，长边与坡降方向平行。定植时将带有苗钵的幼苗置于膜宽幅的中央排成一行，然后将膜的两边拉起，使膜幅中央有20～30cm的宽度紧贴地面，拉起的两边合拢起来用夹子夹住，成为一条高20cm的等腰三角形槽。植株的茎叶从槽顶的夹缝中伸出槽外，根部置于不透光的槽内底部。

营养液在槽内要以浅层流动，液层深度不宜超过1～2cm。在槽底宽20～30cm、槽长不超过25m的槽内，每分钟注入2～4L营养液是适宜的。

为改善作物的吸水和通气状况，可在槽内底部铺垫一层无纺布，它可以吸水并使水扩散，而根系又不能穿过它，然后将植株定植于无纺布上。一则无纺布可使营养液扩散到整个槽底部，保证植株吸到水分；二则根与塑料薄膜之间隔一层无纺布，营养液可在其间流动，解决了根垫底缺氧问题；三则无纺布可吸持大量水分，当停电断流时，可缓解作物缺水而迅速出现萎蔫的危险。

2. 栽培小株型作物用的种植槽

这种种植槽是用玻璃钢或水泥制成的波纹瓦作槽底。波纹瓦的谷深2.5～5.0cm，峰距视株型的大小而伸缩，宽度为 100～120cm，可种 6～8 行，按此即计算出峰距的大小。全槽长 20m 左右，坡降 1∶75。波纹瓦接连时，叠口要有足够深度而吻合，以防营养液漏掉。一般槽都架设在木架或金属架上，高度以方便操作为度。波纹瓦上面要加一块板盖将它遮住，使其不透光。板盖用硬泡沫塑料板制作，上面钻有定植孔，孔距按植株行距来定，板盖的长宽与波纹瓦槽底相匹配，厚度 2cm 左右。

（二）贮液池

贮液池可根据栽培面积和贮液量大小采用水泥混凝土和砖块砌造而成，也可采用成品的塑料贮液池。

（三）营养液循环流动装置

营养液循环流动装置主要由水泵、管道及流量调节阀等组成。水泵选用耐腐蚀的水泵，水泵的功率应与种植面积的大小、管道的布置以及选用的喷头及其所要求的工作压力来综合考虑而确定。管道均应采用塑料管道，以防止腐蚀。管道安装时要严格密封，最好采用牙接而不用套接。同时尽量将管道埋于地面以下，一方面方便工作，另一方面避免日光照射而加速老化。管道分两组：一组是供液管，从水泵接出主管，在主管上接出支管。向栽培槽供应营养液。另一组是回液管道，由该组支管将流经栽培槽的营养液引回贮液池内。

二、NFT 栽培

（一）种植槽处理

对于新槽主要检查各部件是否合乎要求，特别是槽底是否平顺、塑料薄膜有无破损渗漏。换茬后重新使用的槽，在使用前注意检查有无渗漏并要彻底清洗和消毒。

（二）育苗与定植

1. 大株型种植槽的育苗与定植

因 NFT 的营养液层很浅，定植时作物的根系都置于槽底，故定植的苗都需要带有固体基质或有多孔的塑料钵以锚定植株。育苗时就应用固体基质块（一般用岩棉块）或用多孔塑料钵育苗，定植时不要将固体基质块或塑料钵脱去，连苗带钵（块）一起置于槽底。

大株型种植槽的三角形槽体封闭较高，故所育成的苗应有足够的高度才能定植，以便置于槽内时苗的茎叶能伸出三角形槽顶的缝以上。

2. 小株型种植槽的育苗与定植

小株型种植槽可用岩棉块或海绵块育苗。岩棉块规格大小以可旋转入定植孔、不倒卧于槽底为准。也可用无纺布卷成或岩棉切成方条块育苗。在育苗条块的上端切一小缝，将催芽的种子置于其中，密集育成 2～3 叶的苗，然后移入板盖的定植孔中。定植后要使育苗条块触及槽底而幼叶伸出板面之上。

（三）营养液的配制与管理

1. 营养液配方的选择

由于 NFT 系统营养液的浓度和组成变化较快，因此要选择一些稳定性较好的营养液配方。

2. 供液方法

NFT 的供液方法是比较讲究的。因为它的特点是液层要很浅，不超过 1.0～2.0cm。这样浅的液层，其中含有的养分和氧很容易被消耗到很低的程度。当营养液从槽头一端输入，流经一段相当长的路程（以限 25m 计算）以后，许多植株吸收了其养分和氧，这样从槽头的一株起，依次吸到槽尾的一株时，营养液中的氧和养分已所剩不多，造成槽头与槽尾的植株生长差异很大。当供液量到一定限度时就会造成对产量的影响。说明 NFT 的供液量与多因素有关。

NFT 在槽长超过 30m 以上，而植株又较密的情况下，要采用间歇供液法以解决根系需氧的问题。这样，NFT 的供液方法就派生为两种，即连续供液法和间歇供液法。

（1）连续供液法。NFT 的根系吸收氧气的情况可分为两个阶段，即从定植后到根垫开始形成，根系浸渍于营养液中，主要从营养液中吸收溶存氧，这是第一阶段。随着根量的增加，根垫形成后有一部分根露在空气中，这样就从营养液和空气两方面吸收氧，这是第二阶段。第二阶段出现得快慢，与供液量多少有关。供液量多，根垫要达到较厚的程度才能露于空气中，从而进入第二阶段较迟；供液量少，则很快就进入第二阶段。第二阶段是根系获得较充分氧源的阶段，应促其及早出现。

连续供液的供液量，可在 2～4L/min 的范围内，随作物的长势而变化。原则上白天、黑夜均需供液。如夜间停止供液，则抑制了作物对养分和水分的吸收（减少吸收 15%～30%），可导致作物减产。

（2）间歇供液法。间歇供液法是解决 NFT 系统中因槽过长、株过多而导致根系缺氧的有效方法。此外，在正常的槽长与正常的株数情况下，与连续供液相比，间歇供液产量和果实重量也高。间歇供液在供液停止时，根垫中大孔隙里的营养液随之流出，通入空气，使根垫直至根底部都吸到空气中的氧，这样就增加了整个根系的吸氧量。

间歇供液开始的时期，以根垫形成初期为宜。根垫未形成（即根系较少，没有积压成一个厚层）时，间歇供液没有什么效果。

间歇供液的程度，如在槽底垫有无纺布的条件下种植番茄，夏季每 1h 供液 15min，停供 45min；冬季每 2h 供液 15min，停供 105min，如此反复日夜供液。这些参数要结合作物具体长势与气候情况而调整。停止供液的时间不能太短，如小于 35min，则达不到补充氧气的作用；但也不能停得太长，太长会使作物缺水而萎蔫。

3. 液温的管理

由于 NFT 的种植槽（特别是塑料薄膜构成的三角形沟槽）隔热性能差，再加上用液量少，因此液温的稳定性也差，容易出现同一条槽内头部和尾部的液温有明显差别的现象。尤其是冬春季节槽的进液口与出液口之间的温差可达 6℃，使本来已经调整到适合作物要求的液温，到了槽的末端就变成明显低于作物要求的水平。可见，NFT 要特别注意液温的管理。

各种作物对液温的要求有差异，以夏季不超过 28～30℃、冬季不低于 12～15℃为宜。

三、NFT 的特点

（一）优点

（1）设施投资少，施工容易、方便。NFT 的种植槽用轻质的塑料薄膜制成或用波纹瓦拼接而成，设施结构轻便、简单，安装容易，便于拆卸，投资成本低。

（2）液层浅且流动。营养液液层较浅，作物根系部分浸在浅层营养液中，部分暴露于种植槽内的湿气中，并且浅层的营养液循环流动，可以较好地满足根系呼吸对氧的需求。

（3）易于实现生产过程的自动化管理。

（二）缺点

（1）NFT 的设施投资虽然少，施工容易，但由于其耐用性差，后续的投资和维修工作频繁。

（2）NFT 液层浅和间歇供液，较好地解决了根系需氧问题，但根际环境稳定性差，对管理人员的技术水平和设备的性能要求较高。

（3）要使管理工作既精细又不繁重，势必要采用自动控制装置，从而需增加设备和投资，推广面受到限制。

（4）NFT 为封闭的循环系统，一旦发生根系病害，较容易在整个系统中传播、蔓延。因此，在使用前对设施的清洗和消毒的要求较高。

任务三　喷　雾　栽　培

喷雾栽培又称雾培、气雾培，它是所有无土栽培技术中根系水气矛盾解决得最好的一种形式，同时它也易于自动化控制和进行立体栽培，提高温室空间的利用率。喷雾栽培可根据植物根系是否有部分浸没在营养液层而分为喷雾培和半喷雾培两种类型。所谓的喷雾培是指根系完全生长在雾化的营养液环境中的无土栽培技术；而半喷雾培是指部分根系浸没在种植槽下部的营养液层中，而另外那部分根系则生长在雾化的营养液环境中的无土栽培技术。

一、设施结构

（一）种植槽

喷雾培的种植槽可用硬质塑料板、泡沫塑料板、木板或水泥混凝土制成，形状可多种多样。种植槽的形状和大小要考虑到植株的根系伸入到槽内之后，安装在槽内的喷头要有充分的空间将营养液均匀喷射到各株的根系上，因此，种植槽不能做得太狭小而使雾状的营养液喷洒不开，但也不能做得太宽大，否则喷头也不能将营养液喷射到所有的根系上。

（二）供液系统

供液系统主要由营养液池、水泵、管道、过滤器、喷头等部分组成，有些喷雾培不用喷头，而用超声气雾机来雾化营养液。

1. 营养液池（贮液池）

规模较大的喷雾培可用水泥砖砌成较大体积的营养液池，而规模较小的可用大的塑料桶或箱来代替。池的体积要保证水泵有一定的供液时间而不至于很快就将池中的营养液抽干，如果条件许可，营养液池的容积可做得大一些，最少要保证植物 1~2 天的耗水需要。

2. 水泵

水泵选用耐腐蚀的水泵，水泵的功率应与种植面积的大小、管道的布置以及选用的喷头及其所要求的工作压力综合考虑而确定。

3. 管道

管道应选用塑料管。

4. 过滤器

因水或配制营养液的原料中含有一些杂质，可能会堵塞喷头，因此，要选择过滤效果良好的过滤器。

5. 喷头

喷头可根据喷雾培形式以及喷头安装的位置的不同选用不同的喷头，喷头的选用以营养液能够喷洒到设施中所有的根系并且雾滴较为细小为原则。

6. 超声气雾机

超声气雾机是利用超声波发生装置产生的超声波把营养液雾化为细小雾滴的雾流而布满根系生长范围之内（种植槽内），取代了上述的供液系统。超声波雾化营养液可杀灭营养液中可能存在的病原菌，对作物生长有利。由于超声气雾机中内置鼓风设备的功率有限，因此，种植床不能过长，一般不超过8m。

二、喷雾栽培

1. 定植

喷雾培定植方法可与深液流水培的类似。但如果定植板是倾斜的，则不能够用小石砾来固定植株，应用少量的岩棉纤维或聚氨酯纤维或海绵块裹住幼苗的根茎部，然后放入定植杯中，再将定植杯放入定植板中的定植孔内。也可以不用定植杯，直接把用岩棉、聚氨酯纤维或海绵裹住的幼苗塞入定植孔中，此时，裹住幼苗的岩棉、聚氨酯或海绵的量以塞入定植孔后幼苗不会从定植孔中脱落为宜，但也不要塞得过紧，以防影响作物生长。

2. 营养液管理

喷雾培的营养液浓度可比其他水培的高一些，一般要高20%～30%。这主要是由于营养液以喷雾的形式来供应时，附着在根系表面的营养液只是一层薄薄的水膜，因此总量较少，而为了防止在停止供液的时候植株吸收不到足够的养分，就要把营养液的浓度稍为提高。而如果是半喷雾培，则不需提高营养液的浓度，可与深液流水培的一样。

喷雾培是间歇供液。供液及间歇时间应视植株的大小以及气候条件的不同而定。植株较大、阳光充沛、空气湿度较小时，供液时间应较长，间歇时间可较短一些。如果是半喷雾培，供液的间歇时间还可稍延长，而供液时间可较短，白天的供液时间应比夜晚来得长，间歇时间则应较短。也有人为了省却每天调节供液时间的麻烦，将供液时间和间歇时间都缩短，每供液5～10min，间歇5～10min，也即供液的频率增加了，这样解决了营养液供液不及时的问题，但水泵需频繁启动，其使用寿命将缩短。

三、雾培特点

（一）优点

（1）可很好地解决根系氧气供应问题，几乎不会出现由于根系缺氧而生长不良现象。

（2）养分及水分的利用率高，养分供应快速而有效。

（3）可充分利用温室内的空间，提高单位面积的种植数量和产量。温室空间的利用要比传统的平面式栽培提高2～3倍。

（4）易实现栽培管理的自动化。

（二）缺点

（1）生产设备投资较大，设备的可靠性要求高，否则易造成喷头堵塞、喷雾不均匀、雾滴过大等问题。

（2）在种植过程中营养液浓度和组成易产生较大幅度的变化，因此管理技术要求较高。

（3）在短时间停电的情况下，喷雾装置就不能运转，很容易造成对植物的伤害。

（4）作为一个封闭的系统，如控制不当，根系病害易于传播、蔓延。

实例 2-1 温室生菜管道水培

生菜是无土栽培的常栽叶菜之一，水培的生菜与一般土壤栽培的相比具有品质好、商品价值高、病虫害少、无连作障碍等优点。生菜的管道水培操作容易，干净美观，适宜观光种植和家庭绿化，且栽培效果明显优于当前室内园艺常用的静止箱式水培和复合基质箱培。

一、管道水培装置

管道水培装置主要包括种植管道及其支撑架、贮液池（罐）、营养液循环流动系统三部分，既适用于大型温室内水培蔬菜的种植，也适用于家庭阳台小菜园；既可以做平面的栽培系统，也可以做成立体的栽培模式。

1. 种植管道

在建造种植管道前，首先将地整平，打实基础，为便于以后操作，用厚壁镀锌管焊接高0.8m 的架子，架子上焊接固定种植管道的管卡。种植管道用直径 75mm 或 110mm 的 PVC排水管制作，一端设置进水口，另一端设置排水口，并控制营养液深度为栽培管道横截面的3/4。在栽培管道上开直径 25mm 的定植孔，孔距 20cm。

2. 贮液池

贮液池的作用是增大营养液的缓冲能力，为根系创造一个较稳定的生存环境。贮液池的大小和形式可根据管道水培的面积或种植者的资金而定，贮液池可选择带盖的塑料桶，或者在温室内建一地下水泥池，无论哪种形式都必须保证贮液池不能漏液，池面要高出地面10～20cm，加盖，防止杂物雨水等落入池内，保持池内环境黑暗以防藻类滋生。

3. 营养液循环系统

该系统包括供液系统和回流系统，供液支管和主管道采用 PPR 上水管，回流管采用PVC 排水管，均埋于地面以下避免日照加速老化，供液毛管采用 PE 管即可。水泵选用耐腐蚀的潜水泵，功率大小与种植面积和营养液的循环流量相匹配，设置定时器控制营养液的循环间隔和次数。

二、营养液的管理

（一）营养液配方及配制

1. 水培生菜营养液配方

大量元素为：四水硝酸钙 945mg/L，硝酸钾 607mg/L，七水硫酸镁 493mg/L，磷酸二氢铵 115mg/L。微量元素为通用配方：硼酸 2.86mg/L，四水硫酸锰 2.13mg/L，七水硫酸锌 0.22mg/L，五水硫酸铜 0.08mg/L，四水钼酸铵 0.02mg/L，EDTA-铁 40mg/L（各地可在此基础上根据各地水质及具体情况进行试验后调整元素用量）。

2. 营养液的配制方法

小面积种植可采用浓缩储备液稀释成工作营养液的方法；大面积种植可采用直接配制成工作营养液的方法。

（二）营养液 EC 值和 pH 值的管理

水培生菜适宜的 EC 值为：冬季 1.6～1.8mS/cm，夏季 1.4～1.6mS/cm。生菜苗期和生育初期，EC 值采用 1/4～1/2 个剂量；生育中期 EC 值为 1 个剂量；采收期 EC 值采用1/4～1/2 个剂量。每周监测 1 次营养液的浓度，如果发现其浓度下降到初始 EC 值的 1/3～1/2，立即补充养分，补回到原来的浓度。营养液的 pH 值对叶用莴苣的植株形态、生物积累量、光合能力、产品品质均有显著影响，pH 值在 4.0～9.0 范围内，叶用莴苣均能存活，但适宜 pH 值范围是 6.0～7.0，超过这一适宜范围，叶用莴苣的硝酸盐、亚硝酸盐含量升高，其余各观测指标显著降低。营养液 pH 值一般每周测定、调节 1 次。

（三）营养液的循环和更换

管道水培时，设置有定时器用于控制营养液的供应时间，以增加营养液溶存氧。一般白天 8：00—15：00 供液，夜晚不循环，每隔 2h 供液 30min。连续种植 3～4 茬生菜可更换 1 次营养液，前茬生菜收获后将管道内残根及其他杂物清理后，补充水分和营养液后即可定植下一茬生菜。如果营养液中积累了病菌而导致生菜发病，又难以用药物控制时，马上更换营养液，并对整个系统进行彻底清洗和消毒。

三、品种选择和茬次安排

生菜属喜冷凉的耐光性作物，耐寒、抗热性不强、喜潮湿、忌干燥，适宜春秋栽培，在冬春季节 15～25℃ 范围内生长最好，低于 15℃ 生长缓慢；高于 30℃ 生长不良，极易抽薹开花。水培生菜在气温 25℃ 以上时结球困难，所以日光温室内水培生菜适合选择散叶、早熟、耐高温、耐抽薹的生菜品种，如意大利耐抽薹生菜、奶油生菜、玻璃翠、凯撒、大湖 366。其中尤以意大利耐抽薹生菜最为理想，其早熟、耐热、抽薹晚，适应性广。浙江地区可全年在温室栽培，1 年可生产 7～8 茬。

四、育苗定植

1. 育苗

生菜种子发芽时需要光照，黑暗下发芽受抑制，切忌播种过深。采用育苗盘，蛭石作育苗基质的育苗方法。播种前，将蛭石装入育苗盘中并压平，把装有蛭石的育苗盘放入清水中通过毛细管吸水作用浸透蛭石，待蛭石沥干 2h 后，把种子均匀撒播在蛭石上面，然后覆盖一层相当于种子厚度一倍的蛭石，在 20℃ 下，5～7d 可出苗。出苗后，用 1/4～1/2 个剂量营养液浇灌。

2. 分苗

当生菜苗长至 2 片真叶时，分苗定植。用清水稍冲洗生菜幼苗根部，在不伤根的前提下尽可能除去蛭石。将处理好的幼苗轻轻放入定植杯中，在根周围放入水苔或小石砾，来固定幼苗，将固定好幼苗的定植杯放入育苗床的泡沫板孔中，育苗床的营养液水位调节至浸没定植杯底端 1～2cm。苗间距为 5cm×5cm，营养液浓度为 1/4 个剂量。

3. 定植

待幼苗长至 4 片真叶时即可定植，将苗移植入水培管道中，随着生菜根系生长，液面可降低，距定植杯底部 2cm，株行距 20cm×20cm，营养液浓度为 1/2 个剂量，1 周后调节营养液浓度为 1 个剂量。

五、管理和采收

温度管理，控制昼温 25～30℃，夜温 15℃ 左右，温度高于 30℃ 时采取措施降温，将营养液温度调至 15～18℃。营养液在收获前 1 周不必补充养分只需加清水，这样不会降低产量，并可显著降低生菜的硝酸盐含量。定植后 25～30d 即可收获。

六、病虫害防治

温室内管道水培生菜的病害相对较少。夏季有时会发生白粉虱、蚜虫、红蜘蛛等虫害，可用高效低毒生物农药阿维菌素制剂进行防治。温室水培生菜因高温会出现缺钙发生缘腐病和心叶出现烧焦状，应立即调整营养液，或喷施0.4％的氯化钙或1％的硝酸钙等叶面钙肥。

实训2-2 温室生菜管道水培的种植管理

一、实训目的

通过实践，掌握作物水培的种植管理技术要点。

二、方法步骤

参考"实例2-1 温室生菜管道水培"进行。

（1）营养液的管理。能够根据配方配制基准营养液，并能根据各地水质情况进行试验性地调整各种元素的用量；营养液 EC 值与 pH 值的管理；营养液的循环与更换。

（2）育苗定植管理。根据生菜种子发芽的环境需求，合理控制相应条件；在不同生长阶段合理控制营养液的浓度与深度。

（3）生长管理。根据生菜不同生长阶段对环境条件及养分的需求，适时调整环境温度、湿度，调整营养液的温度、浓度及其溶氧量，采收前一周不必补充养分只需加清水，以降低生菜中硝酸盐的含量，达到无害化销售标准。

三、实训指导

根据操作实践，对温室生菜管道水培的种植管理技术要点进行总结。

思考

1. 什么是水培技术？简述 DFT 与 NFT 技术的特点及其各自的设施构造。

2. 与水培技术相比，雾培技术有何特点？

3. 简述雾培技术的栽培管理要点。

项目三 基质栽培

任务一 基 质 栽 培

　　基质栽培又称为固体基质栽培或基质培，是应用各种基质固定植物根系、通过营养液循环系统供给作物养分的一种无土栽培方式。在基质培中，基质的选择和合理配制是无土栽培成功与否的关键。基质栽培缓冲能力强，不存在水分、养分与供氧之间的矛盾，且设备较水培和雾培简单，甚至可不需要动力，所以投资少、成本低，在生产中被普遍采用。从我国现状出发，基质栽培是最有现实意义的一种无土栽培方式。

一、基质选择

（一）基质的种类

　　根据基质的形态、成分、形状，目前国内外使用的基质可分为无机基质、有机基质和混合基质。

　　有机基质：是一类天然或合成的有机材料。如泥炭、树皮、锯木屑、秸秆、稻壳、蔗渣、苔藓、堆肥、沼渣等。

　　无机基质：一般很少含有营养。包括砂、砾、陶粒、炉渣、泡沫（聚苯乙烯泡沫，尿醛泡沫）、浮石、岩棉、蛭石、珍珠岩等。

　　混合基质：混合基质是将无机或有机基质按一定比例进行混合，主要有"无机-无机混合""有机-有机混合""有机-无机混合"几种混合形式。由于混合基质由结构性质不同的原料混合而成，可以扬长避短，在水、气、肥相互协调方面均优于单一基质。

（二）基质的性质

1. 基质的物理性质

　　基质的物理性质包括基质颗粒的大小、形状、容重、孔隙度以及基质的持水性能等。

基质颗粒大小会影响容重、孔隙度、空气和水的含量。按基质粒径大小可分为五级，即：1mm、1～5mm、5～10mm、10～20mm、20～50mm，可以根据栽培作物种类、根系生长特点、当地资源状况加以选择。

有学者研究认为，对蔬菜作物比较理想的基质，其粒径最好是 0.5～10mm，总孔隙度＞55％，容重为 0.1～0.8g·cm^{-3}，空气容积为 25％～30％，基质的水气比为 1∶4。

2. 基质的化学性质

基质的化学性质包括阳离子交换量（CEC）、pH 值、电导度（EC）、基质的组分元素种类与含量以及养分的供应潜力。

（1）基质的阳离子交换性能。不同基质材料的 CEC 值相差很大，一般将基质分为二类，一类为有阳离子交换性能，如泥炭、木屑、堆肥，另一类几乎无阳离子交换性能或交换能力很弱，如蛭石、岩棉、砂。

（2）基质的 pH 值。一方面不同作物对 pH 值的要求不同，即有喜酸作物，也有喜碱作物；另一方面，pH 值影响着养分的形态、有效含量，大量元素在 pH 值为 6.0 时有效量最大，Cu、Fe、Mn、Zn 在 5.0～6.0，Mo 在 6.5～7.0 的有效态最高，CEC 大的基质对 pH 值的缓冲性也就大，反之则小。

（3）基质的组分和营养元素的含量、形态。基质组分中的可溶盐含量影响着养分组成配比及有效态含量，如基质中 Ca^{2+}、Mg^{2+} 的有效量就由 CO_3^{2-}、HPO_4^{2-}、SO_4^{2-} 离子的浓度决定。营养液中微量元素的含量也会因基质中某一阳离子含量过高而发生络合或沉淀，而影响其有效性。

（4）养分的供应潜力。这一特性取决于根系周围的盐浓度，这个浓度可用 g/L 或电导度（EC）来表示，主要受基质自身的营养数量、状况、阳离子交换能力、栽培植物对养分需要量的大小、吸收养分的能力等影响。

基质的化学性质会因作物生长、灌溉、气候等因素发生变化，在基质的选择中应注意这些变化，随时根据作物生长的需要调整，比如番茄不同生育时期对盐分的要求就不同。

3. 基质的生物稳定性

基质的生物稳定性主要受 C/N 的控制，稳定性也可用 C/N 来估测。C/N 小的有机基质分解慢、稳定性高。但仅知道 C/N 是不够的，还必须考虑有机质的化学组成，如木质素、胡敏酸类含量高的则分解较慢，而纤维素和半纤维素含量高的则分解较快。

（三）基质的选择

生产中可根据栽培方式、作物种类、栽培目标选择不同的基质及其配制比例。

二、基质栽培方式

基质的栽培方式因所采用基质种类不同，可分为砂培、砾培、熏炭培、锯木屑培、蛭石培、岩棉培等。根据栽培床的形式不同，分为槽培、袋培、柱状栽培或筒状栽培等。

1. 槽培

槽培即在温室地面上，用砖、水泥或木板等材料做成相对固定的栽培槽进行基质栽培的方式。木制槽槽内铺一层塑料膜，砖或水泥槽槽内涂防火树脂，防止营养液外漏。然后装入混合基质，在基质上栽植单行或双行蔬菜，通过滴灌带输送并灌溉营养液，满足蔬菜对营养元素的要求。栽培槽的大小由栽培蔬菜的种类和滴灌设备条件而定。

2. 袋培

袋培是利用适当的塑料薄膜等包装材料，装入不同的基质，做成袋状的栽培床，并配置适当的供液装置来栽培作物，这种无土栽培方式称为袋状栽培（简称袋培）。营养液供应系统（通常供液与供水系统共用一套网管）主要有滴灌、上方灌水、下方灌水几种供液形式。基质栽培的营养液是不循环的，称为开路系统，这可以避免病害通过营养液的循环而传播。

三、无土基质栽培的实施

（一）基质配备

选择合适的基质并按一定比例配备成复配基质是无土基质栽培成功的关键。基质选择和配备过程中宜遵循就地取材、因地制宜的原则，要求基质具有较好的保水性及透气性，缓冲能力强，pH 值约 5.5～6.5，具体应根据作物生长特性及实际情况进行选择、配备，同时应综合考虑成本和效能。

（二）基质消毒

无土栽培基质长时间使用后会聚积病菌和虫卵，尤其在连作条件下，更容易发生病虫害。因此，每茬作物收获以后，下一次使用之前一定要对基质进行消毒处理。

基质消毒最常用的方法有蒸汽消毒和化学消毒。

1. 蒸汽消毒

此法简便易行、经济实惠、安全可靠。凡在温室栽培条件下以蒸汽进行加热的，均可进行蒸汽消毒。方法是将基质装入柜内或箱内（体积 1～2m³），用通气管通入蒸汽进行密闭消毒。一般在 70～90℃条件下持续 15～30min 即可。

2. 化学消毒

所用的化学药品有甲醛、甲基溴（溴甲烷）、威百亩、漂白剂等。

40% 甲醛又称福尔马林，是一种良好的杀菌剂，但对害虫效果较差。使用时一般用水稀释成 40～50 倍液，然后用喷壶每平方米 20～40L 水量喷洒基质，将基质均匀喷湿，喷洒完毕后用塑料薄膜覆盖 24h 以上。使用前揭去薄膜让基质风干 2 周左右，以消除残留药物危害。

氯化苦（三氯硝基甲烷）能有效地防治线虫、昆虫、一些杂草种子和具有抗性的真菌等。一般先将基质整齐堆放 30cm 厚度，然后每隔 20～30cm 向基质内 15cm 深度处注入氯化苦药液 3～5mL，并立即将注射孔堵塞。1 层基质放完药后，再在其上铺同样厚度的 1 层基质打孔放药，如此反复，共铺 2～3 层，最后覆盖塑料薄膜，使基质在 15～20℃条件下熏蒸 7～10d。基质使用前要有 7～8d 的风干时间，以防止直接使用时危害作物。氯化苦对活的植物组织和人体有毒害作用，使用时务必注意安全。

溴甲烷能有效地杀死大多数线虫、昆虫、杂草种子和一些真菌。使用时将基质堆起，然后用塑料管将药液喷注到基质上并混匀，用量一般为每立方米基质 100～200g。混匀后用薄膜覆盖密封 2～5d，使用前要晾晒 2～3d。溴甲烷有毒害作用，使用时要注意安全。

威百亩是一种水溶性熏蒸剂，对线虫、杂草和某些真菌有杀伤作用。使用时 1L 威百亩加入 70～80L 水稀释，然后喷洒在 10m² 基质表面，喷洒后用塑料膜密封，半月后可以使用。

漂白剂（次氯酸钠或次氯酸钙）尤其适于砾石、砂子消毒。一般在水池中配制 0.3%～1% 的药液（有效氯含量），浸泡基质半小时以上，最后用清水冲洗，消除残留氯。此法简便迅速，短时间就能完成。次氯酸也可代替漂白剂用于基质消毒。

（三）修建栽培床

根据所采用的栽培形式修建栽培床，可以是槽式栽培、袋式栽培或其他的栽培床形式。例如槽式栽培的栽培槽可采用多种方法修建，要求有一定的容量，能排除基质多余的水分。

（1）用 3～4 层砖平垒起而成，砖与砖之间不用泥浆，槽内净宽 60cm，槽距 48cm，槽底铺聚乙烯黑白双面膜，装填基质，要求厚度 25cm 以上，装好后压实。或选用现成的商品用泡沫栽培槽，美观而实用。

（2）也可采用更简便的方式，即在地面上直接挖一条与栽培槽同样大小凹陷的种植槽，铺上地膜、填充基质即可，只是采用这种栽培槽系统，要求基质的保水性要好，且灌水时千万不能过量，否则易产生涝害。

（3）或在地面上用铁丝加塑料膜制成简易的栽培槽。栽培槽之间地面铺黑色塑料膜，以防杂草、降低温室内空气湿度。

（四）滴灌施肥系统配备

滴灌施肥系统包括五部分：①首部：要求压力在 2kg 左右，以保证滴灌系统的正常使用，可用自来水或增压水泵；②过滤系统；③管道：管道材料要求能耐肥料的腐蚀；④配肥系统：可采用配肥池或肥料泵自动施肥两种形式，配肥池可用水泥池或聚氯乙烯桶；⑤滴灌系统：保证水分及肥料的及时供应，可采用滴灌带或箭头式滴灌方式。

任务二 有机生态型无土栽培

传统无土栽培都是用无机化肥配制的营养液来灌溉作物的，营养液的配制和管理需要具有一定文化水平并受过专门训练的技术人员来操作，难以被一般生产者所掌握。在我国，配制营养液的一些专用化肥，如硝酸钙、硝酸钾、硫酸镁以及微量元素肥料，不像普通化肥那样容易获得，而且成本较高。另外，营养液中硝态氮的含量占总氮量的 90％以上，导致蔬菜产品中硝酸盐含量过高，不符合绿色食品的生产标准。上述这些因素都限制了无土栽培这一高新农业技术在我国的进一步普及和推广应用，因此，研究简单易行有效的基质栽培施肥技术，是加速无土栽培在我国推广应用的关键。"八五"期间中国农科院蔬菜花卉研究所无土栽培组经过几年的探索，首先研究开发出了一种以高温消毒鸡粪为主，适量添加无机肥料的配方施肥来代替用化肥配制营养液的有机生态型无土栽培技术。这样，有机生态型无土栽培技术在我国得以开发并迅速应用于生产。

一、有机生态型无土栽培特点

有机生态型无土栽培是指用基质代替土壤，用有机固态肥取代营养液，并用清水直接灌溉作物的一种无土栽培技术。因而有机生态型无土栽培仍具有一般无土栽培的特点，例如提高作物的产量和品质，减少农药用量，产品洁净卫生，节水、节肥、省工，可利用非耕地生产蔬菜等等。此外，它还具有如下特点：

（1）用有机固态肥取代传统营养液。传统无土栽培是以各种无机化肥配制成一定浓度的营养液，以供作物吸收利用。有机生态型无土栽培则是以各种有机肥或无机肥的固体形态直接混施于基质中，作为供应栽培作物所需营养的基础，在作物的整个生长期中，可采取类似于土壤栽培追肥的方式分若干次将固态肥直接追施于基质中，以保持养分的供给强度。

（2）操作管理简单。有机生态型无土栽培操作管理简单，它采取在基质中加入固态有机肥，在栽培中用清水灌溉的方法，较一般营养液栽培省去了营养液配制和复杂管理，一般人员只要通过简单培训，即可掌握。

（3）大幅度降低设施一次性投资成本，大量节省生产费用。由于有机生态型无土栽培不使用营养液，从而可全部取消配制营养液所需的设备、测试系统，甚至定时器、水泵、储液池等设施，从而大幅度降低设施系统的一次性投资成本。而且有机生态型无土栽培主要施用消毒的有机肥，与使用营养液相比，其肥料成本降低 60%～80%。从而大大节省了无土栽培的生产开支。

（4）对环境无污染。在无土栽培的条件下，灌溉过程中有 20%左右的营养液排到系统外是正常现象，但排出液中盐浓度过高，易污染环境，如岩棉栽培系统排出液中硝酸盐的含量高达 212mg/L，对地下水有严重污染。而有机生态型无土栽培系统排出液中硝酸盐的含量只有 1～4mg/L，对环境无污染。

（5）产品质量可达"绿色食品"标准。有机生态型无土栽培从基质到肥料均以有机物质为主，其有机质和微量元素含量高，在养分分解过程中不会出现有害的无机盐类，特别是避免了硝酸盐的积累。植株生长健壮，病虫害发生少，减少了化学农药的污染，产品洁净卫生、品质好，可达 A 级或 AA 级"绿色食品"标准。

有机生态型无土栽培具有投资少、成本低、省工、易操作和产品高产优质的显著特点。它把有机农业导入无土栽培，是一种有机与无机农业相结合的高效益、低成本的简易无土栽培技术，非常适合我国目前的国情。目前已在北京、新疆、甘肃、广东、海南等地有了较大面积的应用，取得了较好的经济和社会效益。

二、有机生态型无土栽培实施

（一）配制适宜的栽培基质

有机生态基质的原料资源丰富易得，处理加工简便，如玉米、向日葵秸秆，农产品加工后的废弃物如椰壳、蔗渣、酒糟，木材加工的副产品如锯末、树皮、刨花等，都可按一定配比混合后使用。为了调整基质的物理性能，可加入一定量的无机物质，如蛭石、珍珠岩、炉渣、砂等，有机物与无机物之比按体积计可自 1：4 至 4：1。混配后的基质容重约在 0.3～0.65g/cm³ 左右，每立方米基质可供净栽培面积 69m² 用（假设栽培基质的厚度为 11～16cm）。常用的混合基质有：①4 份草炭：6 份炉渣；②5 份葵花秆：2 份炉渣：3 份锯末；③7 份草炭：3 份珍珠岩等等。

基质消毒可参照任务一蒸汽法或实训 2-3 的堆焖法。

（二）设施系统建造

1. 栽培槽

有机生态型无土栽培系统常可采用槽培的形式（图 2-8）。在无标准规格的成品槽供应时，可选用当地易得的材料建槽，如用木板、木条、竹竿甚至砖块。实际上只建没有底的槽框，所以不须特别牢固，只要能保持基质不散落到道路上就行。槽框建好后，在槽的底部铺一层 0.1mm 厚的聚乙烯塑料薄膜，以防止土壤病虫传染。槽边框高 15～20cm，槽宽依不同栽培作物而定。如黄瓜、甜瓜等蔓茎作物或植株高大需有支架的番茄等作物，其栽培槽标准宽度定为 48cm，可供栽培两行作物，栽培槽距 0.8～1.0m。如生菜、油菜、草莓等植株较为矮小的作物，栽培槽宽度可定为 72cm 或 96cm，栽培槽距 0.6～0.8m，槽长应依保护地棚室建筑状况而定，一般为 5～30m。

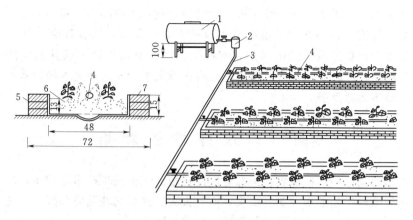

图 2-8　有机基质培设施系统（单位：cm）

1—储液罐；2—过滤器；3—供液管；4—滴灌带；5—砖；6—有机基质；7—塑料薄膜

2. 供水系统

在有自来水基础设施或水位差 1m 以上储水池的条件下，按单个棚室建成独立的供水系统。输水管道和其他器材均可用塑料制品以节省资金。栽培槽宽 48cm，可铺设滴灌带 1～2根；栽培槽宽 72～96cm，可铺设滴灌带 2～4 根。

（三）制定操作管理规程

1. 栽培管理规程

主要根据市场需要、价格状况，确定适合种植的蔬菜种类、品种搭配、上市日期，制定播种育苗、种植密度、株形控制等技术操作规程。

2. 营养管理规程

肥料供应量以氮磷钾三要素为主要指标，每立方米基质所施用的肥料内应含有：全氮（N）1.5～2.0kg，全磷（P_2O_5）0.5～0.8kg，全钾（K_2O）0.8～2.4kg。这一供肥水平，足够一茬番茄亩产 8000～10000kg 的养分需要量。为了使作物在整个生育期内均处于最佳供肥状态，通常依作物种类及所施肥料的不同，将肥料分期施用。应在向栽培槽内填入基质之前或前茬作物收获后、后茬作物定植前，先在基质中混入一定量的肥料（如每立方米基质混入 10kg 消毒鸡粪、1kg 磷酸二铵、1.5kg 硫铵和 1.5kg 硫酸钾）作基肥。这样番茄、黄瓜等果菜在定植后 20d 内不必追肥，只需浇清水，20d 后每隔 10～15d 追肥 1 次，均匀地撒在离根 5cm 以外的周围。基肥与追肥的比例为 25：75 至 60：40，每次每立方米基质追肥量：全氮（N）80～150g，全磷（P_2O_5）30～50g，全钾（K_2O）50～180g。追肥次数以所种作物生长期的长短而定。

3. 水分管理规程

根据栽培作物种类确定灌水定额，依据生长期中基质含水状况调整每次灌溉量。定植前一天，灌水量以达到基质饱和含水量为度，即应把基质浇透。定植以后，每天灌溉 1 次或2～3 次，保持基质含水量达 60%～85%（按占干基质计）。一般在成株期，黄瓜每天每株浇水 1～2L，番茄 0.8～1.2L，甜椒 0.7～0.9L。灌溉的水量必须根据气候变化和植株大小进行调整，阴雨天停止灌溉，冬季隔 1d 灌溉 1 次。

有机生态型无土栽培技术为我国首创，目前已在广州、深圳、北京、甘肃、山西等地有了较大面积的应用，取得了良好的经济效益和社会效益，为我国无土栽培的发展开辟了一条新的途径。随着我国设施园艺的发展和世界有机农业的发展，以及社会对优质、高档、安全、卫生的健康绿色食品的需求的增加，有机生态型无土栽培技术以其适用性广、成本低廉、操作管理简单、产品高产优质等特点，必将成为未来设施农业的主导技术，其发展前景广阔，社会与经济效益显著。

实例 2-2 玫 瑰 基 质 栽 培

玫瑰是四大切花之一，在世界各国都有广泛种植。无土栽培技术应用于玫瑰生产，不仅解决了土壤连作障碍引起的多种花卉病害，而且大大提高鲜切花品质和提早开花期，全世界以荷兰为中心，已广泛应用无土栽培技术进行切花生产。

一、栽培基质

玫瑰无土栽培基质由珍珠岩和花岗岩小石米按一定的比例组成，珍珠岩的粒径为 1.5mm，小石米的粒径为 0.5cm，基质厚为 30cm。填基质时，先在槽底填上 15cm 的小石米，上层 15cm 按一层小石米一层珍珠岩填。pH 值控制在 6。

二、栽培品种

品种选用荷兰引进的大红色品种萨蒙沙。利用温室无土栽培的萨蒙沙，原品种特性可得到很好的保留，其枝条够长够直、花朵较大、开花似"杯"形、产量高、品质好，很受消费者的欢迎。定植时间为每年 4 月，用温室无土种植可以在当年 10 月至翌年 5 月陆续产花上市，6—9 月停产。定植的密度株距×行距为 25cm×30cm，每槽种 4 行，每 0.5 亩的大棚约可定植 2500 株。

三、玫瑰无土栽培的营养液管理

1. 玫瑰的营养液配方

玫瑰的营养液配方很多，比较适于我国南方地区的配方为 N：253ppm，P：51ppm，K：278ppm，Ca：162ppm，Mg：34ppm。配方的 pH 值控制在 5.5～7.5，总浓度为 0.23%。该配方较稳定，一般不用调节 pH 值。

2. 营养液池的建造

为避免营养液间的相互反应引起沉淀，必须要建两个营养液池，一个装硝酸钙，另一个装其他大量元素和微量元素。营养液池建在棚外，高出地面 2m，按 0.5 亩大棚需盛水 2m³ 水池各两个计算。两个盛水池体积一样，装营养液的体积也要一样。施肥时，两个水池同时开放。

3. 营养液的施用

在定植初期，灌溉量可少些，配方可用 1/3 量，隔 1～2d 施液一次；进入生产期后，全量配方，供液量渐加大，有阳光天气可每天淋一次液，阴天或雨天可 2～3d 一次。

四、水分的管理

在夏季，晴天每隔 1h 喷水一次，喷水量不能过多，喷湿叶面即可，过多会冲淡苗床的营养液，冬天如果棚内气温在 30℃以上，中午亦要喷水一次。

五、玫瑰的修剪技术

1. 摘蕾

小苗定植后，不断抽芽，抽出芽的花蕾要及时除去，使枝干发育充实。在盛夏形成的蕾，亦要除去，集中养分培养树势。

2. 疏蕾

萨蒙沙在枝梢上会长出三个花蕾，在产花季节，每天早上就要摘除两侧副蕾。

3. 剪枝条

要不断剪去过长、交叉、重叠、枯死、病虫、细弱枝，及时除掉砧木上的萌蘖。

4. 控制开花期

每年的情人节（2月14日）是玫瑰销售的黄金季节，因此，要控制玫瑰在"情人节"期间开放。华南地区露地种植的玫瑰花约65～75d开花，在温室无土种植比露地提早10～15d，因此，温室内无土栽培玫瑰在12月5—15日就要进行剪枝留芽工作。

5. 采收

4月定植的苗到12月就可产花了，第二年亩产约5万支，第三年始亩产在10万支以上。切花的采收时间，在绿萼已翻开、外瓣松散时，就可以剪下。切花的剪口部位主要看枝条的粗壮程度，枝条壮的，可留3个芽；花枝较短或花枝上叶片较少的，可以在花枝中部或中上部剪切，使花芽长在其上部。

实例 2-3 番茄有机生态型无土栽培

一、栽培设施

1. 栽培槽

技术指标：栽培槽深20cm，宽48cm（内径），间距98cm，坡降为0.5%，隔离土壤的薄膜厚0.1mm，宽120cm，长度依栽培槽的长度而定，用砖等材料制作栽培槽。

槽内隔离膜可选用普通聚乙烯棚膜，槽间走道可用水泥砖、红砖、地布、塑料膜、砂子等与土壤隔离，保持栽培系统清洁。

2. 栽培基质

技术指标：栽培基质有机质占40%～50%，容重0.35～0.45g/cm³，最大持水量240%～320%，总孔隙度85%，C∶N为30∶1，pH值5.8～6.4，总养分含量3～5kg/m³，基质厚度15cm，底部粗基质粗径1～2cm，厚度5cm。

参考配比：草炭∶炉渣＝2∶3；炉渣∶菇渣∶玉米秸＝3∶5∶2；炉渣∶锯末＝3∶4等。

基质的选材广泛，可因地制宜、就地取材，选择价格低廉的原材料，原材料应注意消毒。粗基质主要作贮水排水，可选用粗炉渣、石砾等，应用透水编织布与栽培基质隔离。栽培基质用量30m³/667m²。

3. 供水系统

技术指标：水源水头压力为1～3m水柱，滴灌管每米流量12～22L/h，每孔10min供水量为400～600mL，出水方式为双上微喷，也可用其他滴灌形式。

参考产品：双翼薄壁软管微灌系统。

供水水源可采用合适压力的自来水或高1.5m的温室水箱，也可选用功率为1100W、出水口直径为50mm的水泵。

4. 养分供给

以固态缓效肥代替营养液，固态肥按 N：P_2O_5：K_2O＝1：0.25：1.14 配制；基肥均匀混入基质，占总用肥量的 37.5％，追肥分期施用。可用有机生态型无土栽培专用肥。

二、育苗

1. 品种

应选用无限生长类型，并具耐低温、弱光及抗病等特点。如卡鲁索、中杂 9 号、中杂 11 号、佳粉 15、粉皇后等品种可供选用。

2. 育苗

技术要求：育苗环境良好，经消毒、杀虫处理，并与外界隔离；育苗方法采用穴盘进行无土育苗，种子应经消毒处理。从 7 月上旬至 7 月下旬开始育苗，苗龄控制在 25d 左右。成苗株高小于 15cm，茎粗 0.3cm 左右，3 叶 1 心。

（1）育苗基质配制。用草炭和蛭石各 50％配制育苗基质，并按每立方米基质 5kg 消毒干鸡粪＋0.5kg 专用肥将肥料均匀混入，装入穴盘备用。

（2）浸种催芽。种子采用 55℃热水浸泡 10min 后，取出流水沥干，放入 1％的高锰酸钾溶液中浸泡 10～15min，用清水洗净，并浸泡 6h。然后置于放在 28～30℃的条件下催芽，催芽期间注意保湿及每天清洗种子。

（3）播种。将装有基质的穴盘浇透清水，播入经催芽的种子。播后昼温 25～28℃，夜温 15～18℃，基质相对湿度维持在 80％左右。

（4）苗期管理。出苗后昼温保持 22～25℃、夜温 12～15℃；光强大于 20klx；基质相对湿度维持 70％～80％。

三、田间管理

1. 定植前的准备

定植前栽培槽、主灌溉系统等提前安装备用，栽培基质按比例均匀混合，并填入栽培槽中。温室保持干净整洁，经消毒处理，无有害昆虫及绿色植物，与外界基本隔离。备好有机固体肥料。

（1）消毒处理。提前 1 个月准备好栽培系统，用水浇透栽培基质，使基质含水量超过 80％，盖上透明地膜。整理温室，并用 1％的高锰酸钾喷施架材，密封温室通过夏季强光照和高温消毒。

（2）施入基肥。定植期前 2d 打开温室，撤去地膜，按 10kg/m³ 的用量将有机肥均匀洒施在基质表面，并用铁锹等工具将基质和肥料混匀，将基质浇透水备用。

2. 定植

播种后 25d 左右定植，即 7 月底至 8 月上中旬。定植苗应尽量选择无病虫苗，大小苗分区定植，以便管理。采用双行错位定植法定植，株距 30cm 左右，每行植株距栽培槽内边 10cm 左右，定植后立即按每株 200mL 的量浇灌定植水。

3. 定植后管理

（1）灌溉软管的安装。小心将滴灌软管放入栽培槽中间，并使出水孔朝上，与主管出水口连接固定，堵住软管另一端。开启水源阀门，检查软管的破损及出水情况。用宽 40cm、厚 0.1mm 的薄膜覆盖在软管上。

（2）水分管理。根据植株生长发育的需要供给水分。定植后前期注意控水，以防高温、高湿造成植株徒长，开花坐果前维持基质湿度 60%～65%，开花坐果后以促为主，保持基质湿度在 70%～80%。冬季要求基质温度在 10℃以上。

定植后 3～5d 开始浇水，每 3～5d 一次，每次 10～15min。8 月底或 9 月上旬，开始开花坐果后，植株生长发育旺盛，以促秧为主，只要是晴天，温度等条件也合适，每天灌溉 1～2 次，每 3d 检查一次基质水分状况，如基质内积水超过基质厚度的 5%，则停浇 1～2d 后视情况给水。进入 10 月中下旬以后，温度下降，光照减弱，植株生长缓慢时，要注意水分供给，晴天 2～3d 一次，阴天一般不浇水，但连阴数天后，要视情况少量给水。2～3 月气温开始上升，温室环境随外界条件的改善而改善，植株再次进入旺盛生长期，水分消耗量开始逐渐上升，可按每天 1 次、2 次、3 次逐渐增加供水，以满足作物生长发育的需要。

四、温室环境管理

1. 温度

根据番茄生长发育的特点，通过加温系统、降温系统及放风来进行温度管理，白天室内维持 25～30℃，基质温度保持 15～22℃。

8—9 月以防高温为主，温室的所有放风口全天开启，并在中午视温度情况拉上遮阳网降温，必要时进行强制通风降温。10 月上旬白天根据温度情况开、闭放风口调节温度，夜间关闭放风口。10 月中下旬到 11 月上旬，应注意天气变化，特别是注意加温前的寒潮侵袭，正常晴天情况下，上午 9：00 左右开始启放风口，下午 16：00 关闭；寒潮来临时，应加盖 2 道幕保温，必要时应采取熏烟及临时加温措施。正式加温后，根据温度情况，抢时间通风。春夏季温度逐渐升高，通过放风、遮阳网、强制降温系统来达到所要求的温度条件。基质温度过高时，通过增加浇水次数降温；过低时，减少浇水或浇温水提高基质温度。

2. 光照

番茄正常生长发育要求 30～35klx 的光照条件。温室覆盖材料透光率要求维持在 60% 以上。苗期或生长后期高温、高光强时可启用遮阳网，采取双干整枝方式增加植株密度；秋冬季弱光条件下可通过淘汰老、弱、病株，及时整枝摘叶等植株调整手段改善整体光照状况；可通过定期清理薄膜或玻璃上的灰尘增加透光率；通过张挂、铺设反光幕等手段提高光照强度。

3. 湿度

应尽量减少秋季温室的空气湿度，维持空气相对湿度 60%～70%。秋冬季节通过采取延长放风时间来减少温室内空气湿度。

4. 二氧化碳（CO_2）

通过加强放风使温室内 CO_2 浓度接近外界空气 CO_2 含量，有条件时应采取 CO_2 肥来提高 CO_2 浓度，温室适宜 CO_2 浓度为 600～1000mg/L。生产上一般采用硫酸与碳酸氢铵反应产生 CO_2。每 667m² 温室每天约需要 2.2kg 浓硫酸（使用时加 3 倍水稀释）和 3.36kg 碳酸氢铵。每天在日出 0.5h 后施用，并持续 2h 左右，或施用液化 CO_2 2kg 左右，也可通过燃煤产生 CO_2。

应将 CO_2 气体通过管道均匀输送到温室上部空间，采用燃煤产生 CO_2 应防止有害气体如 SO_2、NO_2 等伤害植株。

实训 2-3　无土栽培基质的配制和消毒

一、目的要求

熟悉无土栽培基质的成分，掌握基质配制的程序及操作要领。

二、材料与用具

（1）用具。园艺铲、锄头、喷水壶等。

（2）材料。草炭、蛭石、福尔马林等。

三、方法与步骤

（1）材料准备。草炭、蛭石、福尔马林配制成 50 倍溶液。

（2）配制。草炭与蛭石按 1:1 的比例混拌均匀，堆高 10~15cm，用 50 倍福尔马林溶液喷透基质，再用干净的塑料膜盖在基质堆上。一般当环境气温为 20~35℃时，密闭 3d；当环境气温为 10~20℃时，密闭 4d；当环境气温低于 10℃时，密闭 7d。然后将覆盖的塑料布掀开晾晒，即可作为栽培基质使用。

四、实训报告

实训 2–4　有机无土栽培基质的配制

一、目的要求

熟悉有机无土栽培基质的成分，掌握有机基质配制的程序及操作要领。

二、材料与用具

（1）用具。园艺铲、锄头、喷水壶等。

（2）材料。芦苇末、玉米秸、菇渣、锯末等，有机无土栽培专用肥，鸡粪。

三、方法与步骤

（1）材料准备。菇渣、锯末的有机物料，砂、炉渣，鸡粪，有机无土栽培专用肥。

（2）发酵消毒。将菇渣、锯末等有机物料与生鸡粪按 3:1 的比例混合，喷湿，水分控制在 30% 左右，压实堆垛，外覆塑料膜，发酵消毒 10~15d。

（3）把发酵消毒好的有机基质取出，加入 5%~10% 的砂或炉渣，每立方米基质中加入有机无土栽培专用肥 2kg，混匀后填入栽培槽中即可。

四、实训报告

思考

1. 根据基质的形态、成分、形状，基质可分为哪些类别？各有何特点？

2. 基质的物理性质与化学性质主要包括哪些方面？

3. 简述无土栽培的实施步骤。

4. 无土栽培的基质为何要消毒？主要有哪些消毒方法？

5. 何谓有机生态型无土栽培技术？实施此项技术在农业生产上有何意义？

6. 有机生态型无土栽培技术与传统的无土栽培技术、土壤栽培有何区别？

7. 设计 1 种蔬菜有机生态型无土栽培的设施系统并制定相应的栽培管理技术规程。

8. 结合目前我国农业现状，谈谈有机生态型无土栽培的发展前景。

第三篇 花卉设施栽培技术

花卉设施栽培概述

一、花卉设施栽培的现状与作用

（一）花卉设施栽培现状

随着国际经济的发展，20世纪70年代以后，花卉业作为一种新型的产业得到了迅速发展。近年来，我国花卉生产也发生了巨大变化，种植规模逐年扩大，市场销售趋旺，生产布局优化，区域特色日益突出，形成了"西南有鲜切花、东南有苗木和盆花、西北冷凉地区有种球、东北有加工花卉"的格局。但与发达国家相比，人均消费水平还很低。2011年，全国花卉种植面积102.4万 hm²，比2010年增长11.6%；全国花卉市场销售额1068.5亿元，比2010年增长23.97%；全国出口花卉金额2.17亿美元，比2010年增长9.8%。在北京、上海、广州等城市，花卉产量每年以30%~40%的速度增长，仍远远满足不了需要。相关统计显示，我国现已成为世界七大鲜切花消费国之一，但人均鲜花年消费量仍不到2枝。我国花卉业还面临着许多问题：花卉种植面积大，单产低，效益参差不齐；设施落后，生产成本高，质量良莠不齐；品种引进的多，自己培育的少；科研与生产、市场脱节，经营不够规范。

当前，我国花卉产业在转型过程中面临着发展契机，尤其是受国内外市场拉动、国内花卉产业链日趋完善和政府政策环境改善三大因素影响，花卉产业正成为我国农村经济中最具发展前途的产业之一，成为广大投资者眼中的高成长性产业，国内外市场的快速成长也为我国花卉产业发展提供了广阔空间。

为了保证花卉产品的质量，做到四季供应，设施栽培是花卉产业的主要生产方式，也是最可靠的保障。花卉设施栽培是指在人为创造的环境条件下，在不适宜露地花卉生长发育的寒冷或炎热季节能进行正常栽培的生产方式。花卉设施栽培生产过程，是通过调控环境因素，使植物处于最佳的生长状态，使光、热、土地等资源得到最充分地利用，可以实现周年生产和产品的均衡供应，从而大大提高了土地利用率、劳动生产率、农产品质量和经济效益。

花卉生产常用的设施有温室、塑料大棚或小棚、荫棚、风障等。棚内配套设施常用的有温湿度调控装置、通风设备、光照增减设备等。

（二）花卉设施栽培作用

设施栽培在花卉生产中的作用主要表现在以下几个方面：

（1）加快种苗的繁殖速度，提早定植。在园艺设施内进行三色堇、矮牵牛等草本花卉的播种育苗，可以提高种子发芽率和成苗率，使花期提前。在设施栽培条件下，菊花、香石竹可以周年扦插，其繁殖速度是露地扦插的10～15倍，扦插成活率提高40%～50%。组培苗的炼苗和驯化也多在设施栽培条件下进行，可以根据不同种类、品种以及瓶苗的长势进行环境条件的人工控制，有利于提高成苗率，培育壮苗。

（2）进行花期调控。以前花卉的周年供应一直是一些花卉生产中的瓶颈，通过设施环境调控可以满足植株生长发育不同阶段对温度、光照、湿度等环境条件的需求，达到调控花期，实现全年供应的目的。如春节期间按期上市的"年宵花"。

（3）提高花卉的品质。花卉原产地不同，生态适应性也不同，只有满足其生长发育不同阶段的需要，才能生产出高品质的花卉产品，并延长其最佳观赏期。如采用先进的设施，结合高山越夏栽培，解决了杭州、上海等地高品质蝴蝶兰生产的难题。

（4）提高花卉对不良环境条件的抵抗能力，提高经济效益。花卉生产中的不良环境条件主要有夏季高温、暴雨、台风，冬季冻害、寒害等，不良环境条件往往给花卉生产带来严重的经济损失，甚至毁灭性灾害。如近年反常气候对云南地区花卉种植业造成的损失严重，突然的雪灾和霜冻对那些设施简陋、保温措施跟不上的花卉基地打击很大；而那些有较牢固钢架结构的温室由于有加温设备，各种花卉几乎没有损失，取得了良好的经济效益和社会效益。

（5）打破花卉生产和流通的地域限制。花卉和其他园艺作物的不同在于人们追求"新、奇、特"的观赏效果，通过各种花卉设施栽培方式的运用，丰富了北方的花卉品种；在设施栽培条件下进行温度和湿度控制，也使原产北方的牡丹花开南国。

（6）进行大规模集约化生产，提高劳动生产率。设施栽培的发展，尤其是现代温室环境工程的发展，使花卉生产的专业化、集约化程度大大提高。目前，在荷兰、美国、日本等发达国家从花卉的种苗生产到最后的产品分级、包装均实现机械化操作、自动化控制，提高了单位面积的产量和产值，人均劳动生产率大大提高。

二、设施栽培花卉的主要种类

设施栽培的花卉按照其生物学特性可以分为一二年生花卉、宿根花卉、球根花卉、木本花卉等。按照观赏用途以及对环境条件的要求不同，可以把设施栽培花卉分为切花花卉、盆栽花卉、花坛花卉、室内花卉等。设施栽培的花卉种类十分丰富，栽培数量最多的是切花和盆花两大类。

1. 切花花卉

切花花卉是指用于生产鲜切花的花卉，它是国际花卉生产中最重要的组成部分。切花花卉又可分为切花类、切叶类和切枝类。切花类有非洲菊、菊花、香石竹、月季、唐菖蒲、百合、花烛、鹤望兰等；切叶类有文竹、肾蕨、天门冬、散尾葵等；切枝类有松枝、银芽柳等。

2. 盆栽花卉

盆栽花卉是国际花卉生产的第二个重要组成部分，盆栽花卉多为半耐寒和不耐寒性花卉。半耐寒性花卉一般在北方冬季需要在冷床或温床中越冬，具有一定的耐寒性，如金盏菊、紫罗兰、桂竹香等。不耐寒性花卉多原产热带及亚热带，在生长期间要求高温，不能忍受0℃以下的低温，这类花卉也叫作温室花卉，如一品红、蝴蝶兰、花烛、球根秋海棠、仙客来、大岩桐、马蹄莲等。

3. 花坛花卉

花坛花卉多数为一二年生草本花卉，如三色堇、旱金莲、矮牵牛、五色苋、银边翠、万寿菊、金盏菊、雏菊、凤仙花、鸡冠花、羽衣甘蓝等。许多多年生宿根和球根花卉也进行一年生栽培用于布置花坛，如四季秋海棠、地被菊、芍药、美人蕉、大丽花、郁金香、风信子、喇叭水仙等。花坛花卉一般抗性和适应性强，进行设施栽培，可以人为控制花期。

项目一 大花蕙兰设施栽培技术

● 学习目标

知识：熟悉大花蕙兰的生长发育特点、对环境条件的要求；了解大花蕙兰的种苗繁育方法，设施栽培方式及其生产、销售季节；掌握大花蕙兰设施栽培环境调节、植株调整、花期调控、肥水管理、病虫害防治等关键技术。

技能：会进行大花蕙兰的种苗繁育，基质配制、移栽上盆等；会对大花蕙兰进行合理的灌溉施肥、防病治虫及温度、湿度、光照度和气体调节等；能根据销售季节安排大花蕙兰生产时间，调控花期；会对商品大花蕙兰进行合理的收获、包装和储运。

● 重点难点

重点：大花蕙兰设施栽培的环境调节、植株调整、花期调控、肥水管理、病虫害防治。

难点：大花蕙兰设施栽培的环境调节、花期调控、病虫害防治。

任务一 认识大花蕙兰的栽培特性

大花蕙兰，又名虎头兰、蝉兰，为兰科兰属植物。它是由兰属中的大花附生种、小花垂生种以及一些地生兰经过 100 多年的多代人工杂交育成的品种群。独占春 (*Cymbidurneum*)、碧玉兰 (*C. lowianum*)、美花兰 (*C. insigne*)、虎头兰 (*C. hookerianum*)、红柱兰 (*C. erythrostylum*)、西藏虎头兰 (*C. tracyanum*)，蕙兰 (*C. farberi*) 等十多种野生种参与杂交。大花蕙兰植株挺拔，花葶直立或下垂，叶长碧绿，花色丰富。可做盆花或切花，花期长达 3 个月以上，花姿粗犷，豪放壮丽，是世界著名的"兰花新星"（图 3-1）。它既有国兰的幽香典雅，又有洋兰的丰富多彩，在国际花卉市场十分畅销，深受花卉爱好者的倾爱。大花蕙兰的生产地主要是日本、韩国、中国、澳洲及美国等，是兰科中不可多得的重要观赏种类。

一、大花蕙兰的生物学特性

（一）根

大花蕙兰为附生性兰花，其根属于气生根，根系发达，根多为圆柱状，肉质，粗壮肥大。大都呈灰白色，无主根与侧根之分，前端有明显的根冠。内部结构为典型的单子叶植物构造，其皮层较为发达，有防止根系干燥的功能。

（二）茎

大花蕙兰属合轴性兰花，假鳞茎粗壮，通常有 12～14 节（不同品种有差异），每个节上均有隐芽。芽的大小因节位而异，1～4 节的芽较大，第 4 节以上的芽比较小，质量差。隐芽依据植株年龄和环境条件不同可以形成花芽或叶芽。

（三）叶

大花蕙兰叶片 2 列，长披针形，叶片长度、宽度不同品种差异很大。叶色受光照强弱影响很大，可由黄绿色至深绿色。

（四）花

大花蕙兰花序较长，小花数一般大于 10 朵，品种之间有较大差异。花被 6 片，外轮 3 枚为萼片，花瓣状。内轮为花瓣，下方的花瓣特化为唇瓣。其中绿色品种多带香味。花大型，直径 6～10cm，花色有白、黄、绿、紫红或带有紫褐色斑纹。

图 3-1 盆栽大花蕙兰

（五）果和种子

大花蕙兰果实为蒴果，其形状、大小等常因亲本或原生种不同而有较大的差异。其种子十分细小，种子内的胚通常发育不完全，且几乎无胚乳，在自然条件下很难萌发。

二、大花蕙兰对环境条件的要求

（一）温度

大花蕙兰原产我国西南地区。常野生于溪沟边和林下的半阴环境。喜冬季温暖和夏季凉爽。生长适温为 10～25℃。夜间温度 10℃左右比较好。叶片呈绿色，花芽生长发育正常，花茎正常伸长，在 2—3 月开花。若温度低于 5℃，叶片呈黄色，花芽不生长，花期推迟到 4—5 月，而且花茎不伸长，影响开花质量。若温度在 15℃左右，花芽会突然伸长，1—2 月开花，花茎柔软不能直立。如夜间温度高达 20℃，叶丛生长繁茂，影响开花，形成花蕾也会枯黄。总之，大花蕙兰花芽形成、花茎抽出和开花，都要求白天和夜间温差大。

（二）水质

大花蕙兰对水质要求比较高，喜微酸性水，对水中的钙、镁离子比较敏感。以雨水浇灌最为理想。生长期需较高的空气湿度。如湿度过低，植株生长发育不良，根系生长慢而细小，叶片变厚而窄，叶色偏黄。总体说，大花蕙兰怕干不怕湿。

（三）光照

光照是影响大花蕙兰生长和开花的重要因素。大花蕙兰在兰科植物中属喜光的一类，光照充足有利于叶片生长，形成花茎和开花。过多遮阴，叶片细长而薄，不能直立，假鳞茎变小，容易生病，影响开花。盛夏遮光 50%～60%，秋季多见阳光，有利于花芽形成与分化。冬季雨雪天，如增加辅助光，对开花极为有利。

三、大花蕙兰的开花机理

（一）生长与开花习性

大花蕙兰假鳞茎基部 1～2 节无腋芽，花茎一般在假鳞茎的 2～4 节抽出，芽的萌动主要受温度支配，通常新芽萌发到假鳞茎生长结束需 8～12 个月。长日照、高温、高光强、多肥可促进新芽生长。但在高温、多肥时，影响假鳞茎膨大，6 月以后，株高伸长慢慢停止，花芽开始形成，花序由腋芽顶端肥大开始，2 个月可完成花序分化，花序分化完成后若夜间最低温度控制在 15～18℃则发育顺利，直至花茎伸长开花，早生品种 9—11 月开花，中生品种 12 月至次年 1 月开花，晚生品种 1—4 月开花。

（二）花芽形成与光照条件的相关性

大花蕙兰在新茎生长不良的短日照条件下不形成花序；光照强，叶短，假鳞茎大而充实，花芽数多。但在花芽分化期及花的品质方面，不受光照强度影响。

（三）花芽分化和开花与温度条件的相关性

白天 20～25℃、夜间 10～15℃为大花蕙兰花芽分化与形成的最佳温度，如果温度过高则花粉形成受阻，整个花序枯死，一般花茎伸长和开花的温度在 15℃左右。如白天大于 30℃、夜间大于 20℃，则花序形成受到影响，接受 60d 的高温，花序发育全部终止，3cm 以上的花序比 3cm 以下的花序更易受高温影响，花芽分化早晚取决于新芽的叶停长早晚及假鳞茎成熟的早晚。

四、大花蕙兰的常见品种类型

我国是大花蕙兰的原产地，拥有相当丰富的种质资源，但仅是原生种，缺乏改良，野生性状较强，花色暗淡、不鲜艳，花朵稀疏、不丰满，花茎长而弯曲、不够挺拔或下垂，要开发利用必须加快改良。中国的大花蕙兰商品栽培品种主要来自日本和韩国，国内最近几年也开始有很多公司在进行品种选育。

栽培品种主要有以下种类。

（一）按栽培方式分

（1）切花品种。花大，花枝长 80～150cm。

（2）盆栽品种。花大型—小型，花枝直立或自然下垂（垂花蕙兰）。

（二）按颜色又分

（1）红色系列。如红霞、亚历山大、福神、酒红、新世纪等。

（2）粉色系列。如贵妃、梦幻、修女等。

（3）绿色系列。如碧玉、幻影、往日回忆、世界和平、钢琴家、翡翠、玉禅等。

（4）黄色系列。如黄金岁月、龙袍、明月、幽浮（UFO）等。

（5）白色系列。如冰川、黎明等。

（6）橙色系列。如釉彩、梦境、百万吻等。

（7）咖啡色系列。多见于垂花蕙兰系列，如忘忧果等。

（8）复色系列。如火烧等。

任务二 大花蕙兰的繁殖

大花蕙兰繁殖通常用分株、播种和组培繁殖。

一、分株繁殖

在植株开花后，新芽尚未长大之前，正处短暂的休眠期。分株前使基质适当干燥，让大花蕙兰根部略发白、略柔软，这样操作时不易折断根部。将母株分割成 2～3 丛盆栽，操作时抓住假鳞茎，不要碰伤新芽，剪除黄叶和腐烂老根。

二、播种繁殖

主要用于原生种大量繁殖和杂交育种。种子细小，在无菌条件下，极易发芽，发芽率在 90％以上。

三、组培繁殖

选取健壮母株基部发出的嫩芽为外植体。将芽段切成直径 0.5mm 的茎尖，接种在制备好的培养基上。用 MS 培养基添 6 – BA 0.5mg/L，50d 左右形成原球茎。将原球茎从培养基中取出，切割成小块，接种在添加 6 – BA 2mg/L 和 NAA 0.2mg/L 的 MS 培养基中，使原球茎增殖。将原球茎继续在增殖培养基中培养，20d 左右在原球茎顶端形成芽，在芽基部分化根。90d 左右，分化出的植株长出具 3～4 片叶的完整小苗。

组培生根苗带瓶在温室锻炼 1～3d，夏天须放在阴凉地方炼苗，包苗前从组培瓶中取出苗，去除培养基，清水洗净，随后在 800 倍 50% 多菌灵溶液中清洗，并将苗分成大中小三个等级包苗，采用 50 孔穴盘，上穴盘后半个月可叶面喷肥，电导率 γ 值 0.8～0.9mS/cm，上穴盘后 15d 内需要经常喷雾，并经常补水，叶面肥以 N∶P∶K 为 20∶20∶20 即可。

任务三　大花蕙兰的设施栽培

大花蕙兰通常从组培苗出瓶到开花需 3～4 年时间，其生长周期标准通常为：组培苗出瓶后放入 50 孔或 66 孔穴盘，基质采用水苔，培养 2 个月。8cm×8cm 黑营养钵，基质采用树皮，培养 5 个月。12cm×12cm 黑营养钵，基质采用树皮，底垫石子，培养 7 个月。15cm×18cm 黑营养钵，基质采用树皮，底垫石子，培养 5～7 个月。18cm×22cm 硬质塑料盆，基质采用树皮，底垫石子，培养 12～15 个月。

一、设施选择

大花蕙兰一般用塑料大棚或加温的温室栽培，在平原地区栽培要配备高山基地做越夏催花用。目前云南是我国大花蕙兰的主要生产地区，一般使用塑料大棚，冬季需要加温，夏季温度升高时要撤掉温室的塑料薄膜，换上遮阴网。高山越夏催花只要搭建荫棚就可以。大花蕙兰的灌溉和降温，生产上通常采用浇灌和喷雾。

二、基质选择

50 孔穴盘中采用水苔，需用 800～1000 倍 70% 甲基托布津、70% 甲福硫或 50% 多菌灵浸 2～4h，旧水苔暴晒 1～2 个中午后浸药也可用。穴盘苗培养 2～3 个月，即可上 8cm×8cm 营养钵，此时即可采用细树皮作为基质。树皮应用标准：幼苗时用 2～5mm 的树皮，中苗时用 5～10mm 的树皮，大苗时用 8～18mm 的树皮。

三、肥水管理

生长期氮∶磷∶钾比例为 1∶1∶1，催花期比例为 1∶2∶（2～3），肥液 pH 值为 5.8～6.2。

一般而言，小苗施肥浓度为 3500～4000 倍，中大苗为 2000～3500 倍，夏季 1～2 次/d（水肥交替施用），其他季节通常 3d 施一次肥。

有机肥：从组培苗出瓶到开花前都要每月施一次有机肥，生长期豆饼∶骨粉的比率为 2∶1，催花期施用纯骨粉。有机肥不能施于根上。骨粉如含盐量太大可先用水冲洗后再施用。冬季最好停止施用有机肥。不同时期施用量如下：

8cm×8cm 营养钵：1～2g/盆；12cm×12cm 营养钵：7～9g/盆；15cm×18cm 营养钵：12～15g/盆；18cm×22cm 花盆：15～20g/盆。

长效缓释肥：长效缓释肥在大花蕙兰上的应用非常广泛，通常采用 N∶P∶K=13∶11∶

13 的型号，有效期为 3～6 个月。缓释肥在施入 1 个月以后才开始释放养分，所以在这 1 个月内要保证有肥料供应，长效缓释肥的用量一般为小苗 2～3g、中苗 6g、大苗 18g 不等。

5 月和 9 月每隔 1～2d 浇一次水。冬季可 4～5d 浇一次。浇水次数视苗大小和天气状况随时调整。注意大花蕙兰对水质要求很高，电导率 γ 要小于 0.3mS/m。

四、植株管理

（1）幼苗。在 8cm×8cm 和 12cm×12cm 营养钵中的一年生苗，一般不留侧芽。

（2）一年苗。生长 1 年左右的幼苗换到大盆（内口直径 15cm 或 18cm）中，一般每苗留 2 个子球，对称留效果最佳，其他侧芽用手剥除。当芽长到 5cm 进行疏芽最为合适。因为侧芽在 15cm 长以前无根，15cm 以后开始发根，不同品种用不同的留芽方式，也有每苗留 1 个子球的。

（3）二年苗。指生长 24 月以上的苗子，不需要换盆。这个阶段的苗子每月施有机肥 15g/盆，随着苗子长大，每月使用 18～20g/盆，换盆 12 个月后只施骨粉，并在 10 月前不断疏芽，11 月至次年 1 月要决定留孙芽（开花球）数量，一般大型花：可留孙芽 2 个/盆，将来可开花 3～4 枝/盆；中型花：可留孙芽 2～3 个/盆，将来可望开花 4～6 枝。冬季温度保证夜温不低于 5℃即可。

（4）开花株培养。（三年）春天 3—6 月夜温为 15～20℃，日温为 23～25℃。6—10 月夜温为 15～20℃，日温为 20～25℃；11 月以后夜温为 10～15℃，日温为 20℃。2—4 月每月施有机肥 10g/盆（豆饼：骨粉 2：1），4 月以后每次施有机肥 14g/盆。6—10 月加大温差，平地栽培者一般要上山栽培，此间主要施骨粉，每盆 15g 左右，花芽出现后，立即停施有机肥，11 月后花穗形成，花箭确定后抹去所有新发生芽，大部品种 9—10 月底可见花芽，如果长出叶芽应剥除。花箭用直径 5mm 包皮铁丝做支柱，当花芽长到 15cm 时竖起。绑花箭的最低部位为 10cm，间隔 6～8cm，支柱长一般选择 80cm 和 100cm。

五、花期调控关键技术

（一）温度

6—10 月，白天 20～25℃，夜间 15～20℃，大于 30℃高温不利于花芽分化和发育，可忍受短暂高温，必须昼夜温差大。开花期高温或温差大于 10℃易造成落花落蕾，温度过低可使花色变黑或褐色。

（二）光照度（照度）

较强光照度可提高开花率，但太强会导致幼嫩花芽的枯死，一般控制在 60.0klx 以下。深色花喜较强光照度。

（三）肥水

花芽发育期间适当控水能促进花芽分化和花序的形成。C、N 比：全年抹芽并提高 P、K 比例，提高植株体内的 C、N 比。1—6 月，选择 N、P、K 平衡肥；6—10 月增加 P、K 比例。

（四）海拔

海拔 800～1000m 以上的高山催花：不怕雨水，只需搭建遮阳棚，上盖一层遮阳率 50% 左右的遮阳网，高温下，大花蕙兰需水量大，要备有充足的水源。

六、矮化剂应用技术

大花蕙兰的叶片在 50～60cm 长时用矮化剂最为适宜，若不用矮化剂则叶长为 70～

80cm。在日本，为了提高生产效率，降低单位面积，一般采用浇灌多效唑（PP₃₃₃）的方式来使叶片长度变短。具体浇灌方法：当叶片长到30～40cm时，开始应用矮化技术，效果最好。应在2—3月，用10～30mg/L的多效唑浇灌，特殊品种可能要处理2次，多数品种处理1次即可。应用该方法可抑制叶片生长10cm左右，花高于叶片10～20cm，花茎也会相应降低，会感觉花的比重大，平衡感强，观赏效果更佳。

七、病虫害防治

（一）病害防治

（1）真菌性炭疽病。真菌性炭疽病多发生于叶片顶端，病斑边缘黑褐色，中间灰白，多由高温、高湿、通风不良引起。病斑应及时剪除，并配合喷药。常用药剂有600～800倍80%代森锰锌、1500倍77%咪鲜胺。

其他真菌性病害常用以下药剂防治：1000倍百菌清、800倍58%甲霜灵·锰锌、3000～4000倍苯醚甲环唑。

（2）细菌性病害。防治细菌性病害常用药剂有4000倍72%农用硫酸链霉素、600倍20%噻菌铜。重茬、长期栽培时，软腐病会发病严重。

（二）虫害防治

（1）蛞蝓。在6—9月通风不良时，蛞蝓发生严重，多在叶片背部隐藏，同时危害根系，防治时可在地面缝隙撒石灰，然后喷水，可杀死大量成虫，同时可用长寿花叶及颗粒四聚乙醛诱杀。

（2）叶螨。在叶子背面发生，因此打药时要从叶的背面开始打起。常用药剂为73%炔螨特2000倍或15%哒螨灵1500～2000倍。

实例 3-1　大花蕙兰切花栽培技术

大花蕙兰切花逐渐显露商机，在荷兰拍卖市场上1支大花蕙兰切花平均拍卖价格2.35欧元，总拍卖额7100万欧元，排名已经跃居切花第6名（2006荷兰花卉拍卖协会VBN数据）。目前中国仅仅有少量大花蕙兰出口。大花蕙兰切花从种苗下种到采花需要三五年，每株年产切花4～5枝。在目前市场切花供不应求盆花竞争激烈的情况下，生产大花蕙兰切花比盆花效益好，市场前景也更为广阔。

一、品种选择

要选用切花品种进行栽培。

二、高山催花

第一次开花时切花栽培技术与盆栽相同，夏季6月上高山越夏催花，开放时剪切花。植株于花后留芽2个以便来年开花用，以后不再上山。这种植株花期比上山的花期要晚，结果就相当于延长了供花期。

三、切花采收

大花蕙兰切花适宜时期与花枝的成熟与否有极大的关系，通常情况下，专业生产常在近半数花朵开放时采切。若采切过早，花蕾不易开放，花朵也易凋萎；太迟则切花寿命缩短，不利于上市销售。但家庭栽培大花蕙兰宜在花序上有2/3花朵开放后剪取瓶插，通常还会有30～45d的观赏期。

四、分级包装

切花采收后要立即插入水中湿储，并按照有关规定进行分级包装。目前，国际上尚无统一的大花蕙兰切花分级标准，但许多国家或地区为了争夺市场，都对本国生产的大花蕙兰切花制定了相应的内外销分级标准。分级时首先要剔除病虫花，质量好的花才适于储存。包装一般在储运前进行，包装时花枝应置于盛水的瓶中，并固定在包装箱内。用包装纸保护花朵，周围填充碎纸，以防止机械损伤。运输至目的地后，应再剪截花（序）梗末端约 0.5～1cm，并插入水中保存。

五、低温储运

有研究表明，大花蕙兰的切花采后可在 3～5℃ 条件下储存半个月左右，因此其切花储运多在相对低温条件下进行，而非其他洋兰所要求的适温。有条件的地方，还可采取减压储运或气调储运，虽说这两种储运方法需要一定的设备和条件，但其储运效果良好，对大花蕙兰切花来讲其效益还是十分明显。

六、药剂保鲜

根据保鲜剂的使用目的、时间和方法，可将其大致分为 3 类，即预处理液、催花液和瓶插液。合理地使用预处理液可使切花储后保持良好的品质，而催花液可使花蕾期采收的切花能够根据市场需要按时开花，瓶插液则可在一定程度上延长了切花的瓶插寿命。不论是哪种类型的保鲜药剂，其成分主要都为糖类（如蔗糖、葡萄糖、果糖）、乙烯抑制剂和拮抗剂（如硝酸银、硫代硫酸银、氨氧乙酸、氨氧乙基乙烯基甘氨酸、乙醇等）、杀菌剂（如 8-羟基喹啉及其盐类、苯甲酸、山梨酸、二氯乙氰脲酸钠等）、酸化剂和化学试剂（如柠檬酸、苹果酸、水杨酸、硼酸等），以及植物生长调节剂（如 6-苄基嘌呤、异戊烯基腺苷、B_9 等）。由于大花蕙兰切花多在近半数花朵开放后才采切，因此十分重视储前预处理，预处理液的主要成分是硫代硫酸银（STS），常用浓度为 0.25mol，处理时间 1～2h。而保鲜剂则常用市售的 Chrysal 专用保鲜剂，但效果远不如其他切花。此外，在切花采收后，若把花茎基部放在热水中浸蘸 30s，能在一定程度上延长切花瓶插寿命。

实例 3-2 大花蕙兰高山催花

一、建立高山基地

由于大花蕙兰花芽发育所处的季节和对温度的要求，一般低海拔地区很难满足其需要，大多数栽培者都选择到海拔 800m 左右的山区进行催花培育。

浙江省杭州地区栽培大花蕙兰的企业，一般在海拔 700～1000m 的山区，选择水源充足、水质微酸性、交通方便、避风向阳的地方，建立越夏花卉基地。根据大花蕙兰的生长特点，只需搭建牢固的遮阴棚，并配上蓄水池、喷灌等设施（图 3-2）。

二、栽培管理

（一）水分管理

大花蕙兰植株上山前，要去除病叶，控水 1 周，根据植株大小准备好包装器具，减少运输成本和机械损伤。一般 5 月下旬至 7 月上旬上山。

对刚上山的植株，可根据其花芽分化的程度分类管理：对花芽分化基本完成，或至少大部分已经完成的植株，在山上进行花芽的生长，上山后要继续控水1周，每天叶面喷水即可，刺激花芽萌出，一般7～10d花芽即可萌出，这类品种以早花品种居多；另一类以中晚花品种居多，在山上要经过一段时间的营养生长后才开始花芽分化。这类苗上山后应尽快补足水分，促进其生长，然后再终止叶生长，促假鳞茎膨大，此时要适当控水，让植株处于缺水状态，刺激其从营养生长向生殖生长转化。

图3-2　大花蕙兰高山催花培育

花芽发育阶段，水分不足将严重制约花序梗的生长。盆内表层的树皮颜色开始转浅是判断是否应该浇水的依据。一般每2～3d要浇一次透水，每次沿着盆缘轻轻浇灌，注意不可把盆内的树皮冲出。另外，栽培床边缘的植株更易干盆，中间的植株干盆较慢，浇水时要注意区别。

（二）温度管理

在晴朗无云的天气，手触叶片感觉热时，就要开始喷水降温了。这是简单有效的判断方法。注意不要等到温度已达到最高允许值时才着手降温处理。因为降温往往需要一定的时间。如果兰株周围要控温在30℃以下，那么在气温26℃左右时就要开始喷水降温，这样在气温升到当天最高值的过程中，可以有效地将温度控制在一定范围内，顺利回避一天中高温的侵害。山中水源温度较低，即使在夏季晴朗的天气，气温达30℃时，流水的温度一般也仅有14～16℃，而兰株周围的温度较气温更高，往往超过30℃，此时降温最忌大水喷淋。实际生产中宜采取"两步降温法"：第一遍先向空中、地面喷水，降低兰株周围环境温度，不可将水直接喷到叶面上；第二遍，在气温接近30℃的中午和下午，空气相对湿度降到10％以下时进行，使水成雾状撒落到叶片上。

（三）光照管理

大花蕙兰开花苗最适光照度（照度）为50～70klx，充分的光照有助于花芽的发育和花朵着色。光照过强，叶片将被灼伤而引发病害。山区在晴朗无云的天气里最大光照度超过100klx，此时应用30％～50％遮光率的遮阳网，遮阳网做成活动式的较好，可在阴天拉开。

（四）清除叶芽

大花蕙兰上山后，仍不断有新的叶芽（侧芽）长出，要注意观察叶芽与花芽的区别，一般花芽生在叶鞘内，圆而鼓，用手轻捏中上部空而虚，下部有小硬块，即小花序，这是因为花芽尚处在发育的第一阶段，苞片发育的比幼小的花序快，包围在花序外面，起保护作用；叶芽多生在叶鞘外，稍扁或圆，手捏硬而实，之后变长，先端叶片分离成二叉状。在花芽未出现之前，宜先留住叶芽，直到花芽明显可辨，且出花芽的植株达到10％，并持续增加时，即可将盆内叶芽集中清除。

（五）肥水管理

上山越夏的大花蕙兰，在上山前应施足肥料，建议每盆施长效肥15～16g（可用缓释性肥料）。高山养护期间，特别是花蕾出现后，不宜施肥。

另外，因运输和多次浇水造成盆内栽培基质如树皮的不断减少，当树皮不足以遮护兰株的根茎部时，要及时添补树皮或用经消毒处理的湿苔藓包裹，否则将影响花芽的萌发和生长。

（六）病虫害防治

花芽发育期，大花蕙兰植株的病害主要为炭疽病、叶枯病等叶部病害和软腐病；虫害主要是螨类、蛞蝓、蜗牛等，危害植株的叶片和根部，蛞蝓和蜗牛还危害花蕾的发育。防治方法参照本篇项目一任务三的"病虫害防治"。

（七）撑花梗

花芽发育的初期大多为横躺或倾斜，因此直立或弯曲造型的大花蕙兰需要撑花梗。一般要在小花蕾露出苞片后进行，此时花序梗开始木质化，有一定韧性，不易脆折。早晨或空气湿度大时、浇水后不宜进行。最适宜的时间是在浇水后第2～3d的上午10时至下午16时之间。

花梗一定要树直、插稳，不能离花芽过近或过远，用软硬适度的绑绳先固定花序梗基部，再慢慢从下至上绑上去，使花序梗竖直地稳固在花扦上，但上部仍在生长的花梗不能绑紧，只能松松地套住，不使之倾斜即可，过早固定花梗会因生长受限而弯曲。支花扦时，要注意调整其在盆中的分布，使所有花芽（箭）分布整齐、均匀，可四面观赏或形成一个主观赏面。

（八）花期调控

国庆节出售的品种，7月下旬至8月上旬出花芽较适宜，若出得过早，可推迟上山时间或在上山后缩短光照时间，减少喷水降温次数或减少浇水量以减缓花芽的生长速度；若要刺激其早出花芽，可提早上山，控水、增加光照，减小密度。对春节销售的品种，以9月中下旬出花芽较好，下山后可通过调节生产最适温度来控制花期。

如果花芽出现过早，又欲在春节销售，一般多采用延长低温来控制花芽生长，但实践表明，低温时间达到1.5～2个月时，对低温敏感的品种，花朵正常着色将受严重影响，甚至发生改变，如绿色变为褐绿色甚至棕褐色，黄色花变为浅褐色等，观赏价值降低，一些品种还会出现明显的夹箭及花箭长度明显不齐的现象。因此，调节温度并非花期控制的最佳措施，掌握好头年留芽时间，了解品种生物学特性间的差异，辅以适当的栽培措施并因地制宜地予以调整，使之在最佳销售期开放，才是根本之策。

实训 3-1　大花蕙兰的上盆

一、目的要求

熟悉大花蕙兰的上盆时间和操作过程，掌握其基本技术。

二、材料与用具

大花蕙兰植株、培养土、碎瓦片、浇水壶、花盆等。

三、方法步骤

1. 垫盆

花盆的下半部用利于排水和透气的填充物加以铺垫，先用一块瓦片盖住盆底排水孔，再用瓦片、碎砖、炭渣或贝壳等物逐层铺垫，再铺泥粒或豆石以堵住大的缝隙，垫层高度约为盆内的 1/2～2/3（具体应根据兰株根的情况而定）。

2. 栽植

在垫层上撒一些经过处理的碎骨，再填一层培养土，厚约 2～3cm，用手稍压，根据花盆大小安排株丛多少，三丛以上可栽成品字形、四方形、五梅花形等，同时一盆只栽一丛的，则不应栽在正中，而应偏居一侧，让老株靠近盆边；一盆多丛，每丛的老植株朝向花盆内侧，新植株和新芽朝向花盆外侧，摆布合适后，一手择叶、一手添土捏住兰花植株的基部稍住上提，使根伸展，并摇动兰盆，让培养土深入根际，继续添土并从盆边挤压培养土，直至离盆口 2～3cm 的高度为止，注意盆土表面的中部应高于四周。

3. 铺面

在栽植完毕的盆面上铺上一层小石、碎瓦、青苔或翠云草，既清洁美观，又可调节水分。可在春季或秋季进行，先在盆面呈散状布点，稍压，再洒水。

4. 浇水

栽植完毕后第一次浇水必须让盆土湿透。

四、实训报告

1. 大花蕙兰适合在什么时间进行上盆？

2. 大花蕙兰上盆主要注意事项？

实训 3－2　大花蕙兰的组织培养

一、目的要求

了解大花蕙兰组织培养的基本设施设备和操作技术，能正确配制培养基和无菌接种。

二、材料与用具

超净工作台、电子恒温灭菌器、镊子、手术刀、无菌纸、大花蕙兰、70％酒精、化学药品、喷雾器、玻璃容器等。

三、方法步骤

1. 培养基的制备

培养基的制备路线如图 3－3 所示。

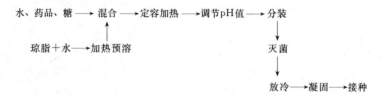

图 3－3　培养基制备路线图

选用 MS 为基本培养基，在此基础上添加 0.5mg/LNAA 和 2.0mg/L 6－BA。所有的培养基均用 8.0g/L 的琼脂固化，蔗糖浓度为 25g/L，pH 值为 5.6，添加 0.5g/L 的活性炭（Ac）以防止外植体褐化，然后分装，在 121℃ 条件下灭菌 30min。

2. 外植体处理

选择叶片未完全展开的肥壮营养芽（勿选花芽）为外植体，先剥去 2～3 片外层叶片，再手持蕙兰叶芽鞘，切去基部脏物及损伤、老化组织，最后逐层剥净外层叶片，直至有小顶芽和小侧芽露出。然后在超净工作台上先用 70％的酒精浸泡外植体 30s，用无菌水冲洗后，再放入 0.1％的氯化汞溶液中浸泡 8min 左右，再用无菌水冲洗 3～4 次。然后再在无菌接种盘上小心切下顶芽和侧芽。

3. 无菌接种

接种就是把消毒的大花蕙兰外植体接人经高压消毒的培养基上的过程。为了防止接种过程中遭受细菌或霉菌等微生物的污染，首先要将接种所用工具（包括剪刀、镊子、接种针、解剖刀、不锈钢碟、消毒培养皿、消毒剂等）进行高压灭菌消毒。同时，将已消毒的外植体和盛培养基的培养容器保存好，一起放入超净工作台，打开台面上和接种室紫外线灯，空气消毒 30min 后关紫外线灯，吹风、排气 10～15min 可入内工作。

具体操作需在超净工作台的无菌条件下进行，接种时工作人员应戴上口罩，避免唾液或气流移动将杂菌带入培养基，将切下的顶芽和侧芽插入诱导培养基中，基部向下，稍稍露出芽尖。然后将其置于培养室中进行培养，光照度为 1～1.5klx，光照时间每天 14h，培养温度 25℃左右。10d 后芽开始萌动，诱导率在 85％以上。

四、实训报告

（1）大花蕙兰组培一般选用哪个部位作为外植体？

（2）大花蕙兰接种具体操作步骤？

思考

1. 栽培大花蕙兰有哪些基质可选用？各生长时期怎样用较合理？

2. 大花蕙兰植株管理中怎样处理侧芽？

3. 大花蕙兰为什么要采用高山越夏栽培？有哪些关键技术？

项目二　蝴蝶兰设施栽培技术

- 学习目标

　　知识：熟悉蝴蝶兰的生长发育特点、对环境条件的要求；了解蝴蝶兰的种苗繁育方法，设施栽培方式及其生产、销售季节；掌握蝴蝶兰的环境调节、植株调整、花期调控、肥水管理、病虫害防治等设施栽培关键技术。

　　技能：会进行蝴蝶兰的种苗繁育，基质配制、移栽上盆等；会对蝴蝶兰进行合理的灌溉施肥、防病治虫及温度、湿度、光照度和气体调节等；能根据销售季节安排蝴蝶兰生产时间，调控花期；会对商品蝴蝶兰进行合理的收获、包装和储运。

- 重点难点

　　重点：蝴蝶兰的环境调节、植株调整、花期调控、肥水管理、病虫害防治等设施栽培关键技术。

　　难点：蝴蝶兰的环境调节、花期调控、肥水管理、病虫害防治。

任务一　认识蝴蝶兰的栽培特性

　　蝴蝶兰（*Phalaenopsisamabilis*），为兰科，蝴蝶兰属，别名：蝶兰、朵丽蝶兰，是世界上栽培最广泛、最普及的洋兰品种之一，素有"洋兰皇后"之称（图3-4）。最早于1750年发现，至今为止，已发现70多个原生种，大多数产于湿热的亚洲地区。蝴蝶兰商业上的栽培品种均为杂交种，经过将近50年的不断杂交选育，已培育出数不胜数的杂交种，杂交种花大，开花期长达2～3个月，花朵色彩和花纹的变化更层出不穷。商品蝴蝶兰分盆花与切花两大类。作为盆花通常用硬枝条（经防锈处理的铁枝）固定花梗，一枝开花数朵至几十朵，似满盆蝴蝶翩翩起舞，甚有生气，广受消费者喜爱。近几年，蝴蝶兰在国内的年宵花卉市场上无比畅销，种植面积不断扩大，种植蝴蝶兰不失为一条致富之路。

图3-4　盆栽蝴蝶兰

一、蝴蝶兰的生物学特性

（一）根

　　蝴蝶兰为附生性兰花，其根属于气生根，多为圆柱形或扁圆形，肉质。根的外表呈白色者为根被，有保护根内组织、吸附固定以及吸收空气中水分和养分的作用。根尖呈翠绿色者为根冠，它除有吸收功能外，还具有伸长生长和光合作用的能力。蝴蝶兰的根常露出盆外，呈悬挂状，以利于进行氧气和水分的吸收。

（二）茎

蝴蝶兰属于单茎类兰花，其茎很短，没有假球茎，也没有明显的休眠期，单茎类兰花生长较为缓慢，其主茎在适宜的生长环境下可年复一年地向上分化叶片，花梗往往侧生或由叶腋中抽出；叶片分成两行排列，相互错生，随着生长，下部的老叶逐渐枯落，偶有侧芽发生，但茎亦不甚长。蝴蝶兰由于不易长出侧芽，一般不通过分株方法进行繁殖，蝴蝶兰的茎，除支撑作用外，还有储存水分与养料的功能。

（三）叶

蝴蝶兰的叶片多为肉质，套叠互生于短茎上，多为宽卵形或长椭圆形，一般为绿色，也有灰绿色间以深绿色斑纹者。蝴蝶兰的叶片上表面没有气孔，所有气孔均在下表皮。与很多肉质植物一样，蝴蝶兰叶片的气孔白天关闭，直至晚上才打开，吸入二氧化碳，并放出氧气，进行景天酸代谢，以节省用水，保持至日间进行光合作用所需。因此，蝴蝶兰是一种喜欢高温多湿和耐干旱的气生兰花，只要栽培环境的空气相对湿度在 90% 以上，即使数天不浇水亦无大碍。

（四）花

蝴蝶兰的花序自叶腋抽出，一般由从上至下数的第 3～4 片叶的叶腋中抽出，总状花序，俗称为花梗，花梗有分枝或无分枝，大花种的花梗分枝少，小花种的分枝明显，有些品种甚至可开 200 多朵。大部分品种单株只分化出一枝花序，有些品种或在较好的花芽分化条件下能分化出 2 枝花序或 3 枝花序。蝴蝶兰的花外轮有 3 个萼瓣，中间的称为主萼瓣，两侧称为侧萼瓣，内轮有 3 个花瓣，左右的两片花瓣对称，下面的一片呈舌状，称为唇瓣，在花瓣中间有一蕊柱，是雌蕊和雄蕊合在一起而呈柱状的繁殖器官，俗称鼻头。一般而言，单株蝴蝶兰分化的花梗数越多或花梗上分株越多，由于受营养的局限，花朵会变小，生产上为了培育大朵花，需适当控制其花朵数，或者剪去一些分株。

（五）果和种子

一般来说，蝴蝶兰的花可开 30～40d，最长者可达 70d。在此期间若能正常授粉，再经 110d 左右，果就会成熟。蝴蝶兰的果在植物学上称为蒴果，一般为长条形，外貌似小香蕉，顶端多留有宿存的蕊柱，果的外表有棱，内含极多细小如尘埃的种子，成熟时自动开裂，将细小的种子弹出，随风传播。在人工栽培环境下，能自然萌发的种子十分稀少，故只能采用试管内无菌播种的方法才能获得一定数量的小苗。

二、蝴蝶兰对环境条件的要求

现代蝴蝶兰品系，均源自天然野生的原生种，经多代杂交产生，它们所需的生长环境条件与其亲本在野外的生态习性不无关系。要养好蝴蝶兰，了解其对环境的要求至关重要。

（一）喜高温和多湿

蝴蝶兰的原产地为热带和亚热带，天然分布于亚洲和大洋洲，从喜马拉雅山区至澳大利亚北部的昆士兰省都有。分布区的气候常年高温多湿，阳光照射猛烈，蝴蝶兰就附生于离地 3～5m 树冠下的树干或枝丫上。树冠下的环境湿度极高，相对湿度可达到 90% 以上，这是树冠受到太阳的照射，水汽上升的缘故。虽然蝴蝶兰具有高温性，但在人工栽培环境下最适宜的温度白天为 25～28℃，夜间为 18～25℃。绝对低温不低于 10℃，否则易受寒害而落叶，直至枯死。

（二）喜通风而忌闷热

蝴蝶兰虽是生长在热带湿润的森林中树干上，其所需的通风要求极高，这是由于热带地区的白天阳光照射猛烈，森林树冠部分以及河川的水面会蒸发出大量水汽，在水分蒸发之时的气化作用下产生空气流动而造成了通风良好的效果。因此，蝴蝶兰虽属热带兰花，但盛夏的环境一定要通风良好，经常补充新鲜空气，否则会导致生长停滞。

（三）喜阴而忌烈日

蝴蝶兰是生长于树冠下的树干或树桠，光照因树冠的遮挡而锐减，故蝴蝶兰是典型的耐阴植物。但是，要蝴蝶兰开花，适当的阳光照射是十分必要的。人工栽培蝴蝶兰，即使在冬季，也必须有 20% 的遮光。至于在阳光较为猛烈的夏季，50%～70% 的遮光率就足够了。否则，遮光过密而太阴，则不利于花芽分化而开花。

三、蝴蝶兰的常见品种类型

市场上蝴蝶兰的栽培品种非常丰富，按照花色大致可分为红色系、黄色系、白色系、斑点系、条纹系等。按其花朵大小可分为大花型、中花型、小花型、迷你花型。全世界各地由于消费习惯不同，喜爱的品系差异甚大。蝴蝶兰经杂交后，衍生出许多品种，一般主流品种在市场上流行周期 3～5 年，国内以红色系大花型最为多见，最初有红宝石、V31、再火鸟、红龙，目前有超九、大辣椒、内山姑娘、红领巾等；黄色系常见品种有皇后、新源美人、天皇、宇宙之辉、幻想曲等；白色系常见品种有 V3、白雪公主、春季天使、西部美人等；斑点系常见品种有黄金豹、台大黑珍珠等；条纹系常见品种有兄弟女孩、夕阳红、草莓女王等。

任务二　蝴蝶兰的繁殖

蝴蝶兰的繁殖主要有种子繁殖、组织培养繁殖和高位芽繁殖。目前得到广泛应用，并且适合大规模生产的是组织培养繁殖。

组织培养繁殖又称为分生繁殖，蝴蝶兰的茎尖、叶片、根尖、幼嫩花梗、花梗腋芽、花梗节间等外植体均可用于组织培养无性繁殖，但常用的外植体主要为花梗腋芽、花梗节间或试管小植株的叶片。取已开完花的蝴蝶兰花梗，其基部的几个节上都有潜伏的腋芽，经无菌消毒后，切取 2cm 带节的花梗切段，置于 MS＋6-BA 3～5mg/g 的培养基，28℃条件下，诱导出丛生营养芽的比率可达 90% 以上，丛生营养芽诱导出后，可将花梗除去，置于相同的培养基上诱导原球茎。将蝴蝶兰的幼嫩花梗（花芽抽出至 45d）消毒后，将花梗节间斜切成 1～1.5mm 厚的薄片，置于 VW＋6-BA1～3mg/L＋蔗糖 20g/L 的培养基中培养，原球茎的诱导率可达 63%～77%。切割原球茎，使其增殖，一般 3～4 周可以达到 3 倍左右。原球茎增殖到一定数量后，将成团的原球茎分开种植，使其长出叶根，变成一小植株。将小植株移入苗培养基中，长至 6cm 左右即可出瓶种于温室。

任务三　蝴蝶兰的设施栽培

一、基质选择

蝴蝶兰为附生兰，根为肉质气生根，所选基质应疏松透气，并有一定的保水保肥性能。

常用的基质有蕨根、苔藓、水草或松树皮，也可用木屑或泥炭与砖屑各一半的混合基质。目前南方设施栽培主要采用透气、舒松、保水、保肥性能较好的水草、苔藓，种植前需进行消毒处理和反复清洗，否则易腐烂变质，引起烂根和病虫害。

二、温度管理

蝴蝶兰的温度管理应随其生长阶段的不同而有所区别。幼苗期生长适温 22～30℃，中苗时期生长适宜温度为 19～28℃，大苗时期生长适宜温度为 18～26℃。当夏季温度高于35℃时，蝴蝶兰通常会进入半休眠状态，要避免夏季持续高温；冬季低于 15℃就会停止生长，低于 10℃容易发生寒害，甚至死亡。为适应年宵花市场，夏季通常将蝴蝶兰置于海拔800m 以上的高山上催花，保持夜间 16～18℃的温度约一个月时间，以促进花芽分化。一般国庆节至元旦上市的蝴蝶兰 6 月上旬至 7 月下旬上山催花，春节上市的蝴蝶兰 8 月中旬后上山催花。开花期适当降温可延长蝴蝶兰的观赏时间，开花时夜间温度最好控制在 13～16℃之间，但不能低于 13℃。另外养护过程应根据苗龄结合当日天气状况及生产计划等情况灵活掌握，避免出现温度过高或过低的状况。

三、湿度管理

蝴蝶兰栽培要求空气相对湿度在 60%～80%较佳。蝴蝶兰没有粗壮的假球茎储存水分，如果空气湿度低，则叶面容易发生失水状态；过高则容易造成病害，因此要避免在阴雨天或临下雨前浇水施肥，并及时通风或抽风排湿。刚出瓶的小苗湿度须保持在 85%以上，两周后逐渐调节到 60%～80%，具体要求如下：营养生长阶段空气相对湿度保持在 70%～80%，抽花梗时适当提高至 80%～85%，开花期降低至 60%～70%。

四、光照管理

一般而言，蝴蝶兰的光照量以其叶片不受灼伤的程度为界限，光线越强，生长越好，叶片数和叶面积迅速增加，缩短营养生长时间，提高开花率。刚出瓶小苗光照度保持 3～5klx的低光范围内，需进行遮光处理，以后光照度逐步提高，一个半月后可控制在 6～8klx，3个月后正常管理，控制在 8～25klx。低温催花适宜光照度 15～25klx。另外光照度与温度之间也存在着相互关系，当环境温度较低时，蝴蝶兰可忍受较高的光照度，反之相反。

五、肥水管理

蝴蝶兰的肉质根和叶片具有较强的储水能力，宜采取"少水薄肥、见干见湿、薄肥勤施"的原则。水质 pH 值在 5.5～6 为宜，春秋两季每 3d 浇水一次，夏季每 2d 一次，冬季可 4～5d 浇一次。为了防止叶片积水，浇水后应及时打开风机，使叶片快速晾干。出瓶小苗2 周内以浇清水为主，以后可逐渐浇肥水，开始施肥时使用的肥料浓度不能太高，γ 值控制在 0.5～0.6mS/cm 之间，以后逐渐提高肥料浓度，最后 γ 值在 0.6～0.8mS/cm 之间。可选用蝴蝶兰专用肥，施用方法为加水至 2000～6000 倍稀释液后用人工喷施或加入自动喷灌系统中喷洒，施肥间隔时间应以 7～10d 喷施一次为宜，施肥数次后，如根系发黄，根尖发黑可用大量清水浇透兰株，减少残留的无机盐类为害根部。

蝴蝶兰在移栽后、上山催花前及下山前等时期应控水控肥，方便装箱运输。开花期、休眠期应停止施肥，但在开花前期应注意适当补充肥料，花期过后直至萌发新根或新芽时再施少量肥料。

六、花期调控

蝴蝶兰正常的开花期在 3—5 月，因此，大多数品种不能在春节开花，需对其花期进行调控，才能使其在春节开花。在设施栽培条件下，通常蝴蝶兰的栽培设高温室（25～30℃）和低温室（18～25℃）。前者做蝴蝶兰的营养生长温室，后者做蝴蝶兰的生殖生长温室。蝴蝶兰开花株在低温室处理 20～40d 后形成花芽。浙江、上海等地常利用夏季高山低温进行高山越夏催化。花芽形成后夜间温度保持在 18～20℃，在经过 3～4 个月便可开花，当花梗长到 10～15cm 时，可结束低温处理，否则会延迟开花。低温处理通常在 8 月底至 9 月初进行。蝴蝶兰从低温处理至开花需经 110～130d。根据这一点，可通过调节催花处理的时间，实现蝴蝶兰的周年生产。

七、病虫害防治

（一）病虫源控制

每天检查病虫发生情况，发现病株应及时去除。清理温室内外杂草杂物以防病源的滋生及害虫的繁衍，每两周用 400～500 倍漂白粉水溶液喷洒大棚内外地面，保持栽培场所干净无菌。

（二）病害防治

蝴蝶兰病害主要有细菌性软腐病、黄叶病、茎腐病、白绢病、褐斑病、炭疽病、煤烟病及病毒病等。对病害的防治应坚持"预防为主，综合防治"的方针，除保持环境干净、去除病源及加强通风外，还应及时配合对蓟马等害虫的防治以减少传播途径。蝴蝶兰病害一般冬季发生较少，炎热夏季发生较多，因此夏季及高温天气可适当增加喷药次数。一般每 2～3 周用浓度 $150×10^{-6}$～$200×10^{-6}$ 的 72% 农用硫酸链霉素与 1000 倍 80% 代森锰锌或 600 倍 25% 甲霜灵或 800 倍 50% 的甲基硫菌灵等混合喷雾防止各类病害的发生。

（三）虫害防治

蝴蝶兰害虫主要有蓟马、蚜虫、红蜘蛛、蚧壳虫、白粉虱、斜纹夜蛾及蜗牛和蛞蝓等。对虫害的防治除清除温室内外杂草等害虫寄主外，还应注意日常调查，采用黄色捕虫板进行诱捕，并对虫害的发生进行预测预报，做到早发现早防治。一般在虫害发生初期每两周喷一次杀虫剂，连喷 2～3 次，可有效地防治虫害的发生。蝴蝶兰可用 3000 倍 15% 哒螨灵或 1500～2000 倍 1.8% 阿维菌素等防治螨害。可用 1000 倍 40% 杀扑磷或 4000～5000 倍 24% 螺虫乙酯等防治蚧壳虫，可用 7000 倍 70% 吡虫啉或 5000 倍 25% 噻虫嗪等防治蓟马、蚜虫、烟粉虱等。对蜗牛和蛞蝓的防治，少量可在晚上人工抓除，大量时可用菜叶诱捕并一一抓除。此外，在大棚四周及栽培架下撒上石灰粉可防止其爬上花盆啃食兰株。

实例 3-3　蝴蝶兰温室高效栽培技术

浙江传化生物技术有限公司是浙江省现代农业示范基地，拥有完备的设施农业生产和科研设施、完整的技术体系、健全的市场网络。主要从事蝴蝶兰、红掌、凤梨等高档花卉的生产及其种苗繁育。一般年产值可达 5 万～10 万元/667m²。本案例通过传化生物技术有限公司的多年栽培实践总结出了蝴蝶兰温室高效栽培关键技术。

一、栽培设施设备选择

（一）温室选址

温室选择在远离交通繁忙、尘土飞扬的道路及施工场所，运输便利，四周无高楼大厦、大树且附近不使用除草剂。温室朝向为南北方向。

（二）温室设备

1. 栽培床

栽培床高度 0.7m，宽度 1.8m，长度宜 20~40m。栽培床之间的通道为 60cm，床板由镀锌钢丝或塑胶组成，呈网状。

2. 灌溉设备

每 2500m² 温室配置活动车架 1 个、水泵 1 台、电动机 1 台、水管 1 圈、喷头 1 个、蓄水桶（池）1 个。

3. 施肥设备

人工施肥利用灌溉设备进行，自动化施肥设备是一整套包括系统在内的设备，施肥量的多少及浓度可由电脑操控，施用时连同喷水一并喷出，供给植株吸收。

4. 调温设备

升温设备：有公用暖气处利用公用暖气直接在温室内安装暖气管道，并附设一台蒸汽锅炉，以备无暖气或极端低温时暖气供应不足时应急。无公用暖气的地方使用机械加温机，并带有温度自动感应装置。降温设备采用外遮阳及水帘和风机通风系统。

二、栽培技术

（一）种苗选择

选择经过驯化并已适应当地气候条件且符合消费习惯的盆栽蝴蝶兰品种，然后根据不同的目标花期选用不同苗龄的健康、优质种苗。如瓶苗（栽培瓶中已经可以练苗、移栽的幼苗）、小苗（栽培 0~4 个月苗）、中苗（栽培 5~10 个月苗）、大苗（栽培 10~14 个月苗）。

（二）容器与基质要求

1. 栽培容器

蝴蝶兰栽培采用与种苗大小规格相应的白色透明塑料盆，如使用旧塑料盆使用前均应消毒，用漂白粉 1000 倍液浸泡 24h，然后用清水冲洗干净并晾干。

2. 基质

栽培中用来固定植株的材料，常采用的基质有干苔藓、树皮、岩棉等，作栽培基质用的干苔藓，宜用 80℃热水浸泡 1h 后，换清水浸泡 2~12h 换水一次，连续三次，脱干后备用。

（三）换盆

瓶苗上盆时将沾有的培养基用清水冲洗干净，稍晾干水分后按叶片和根系大小及长短，进行分级，然后用苔藓先塞住根底部中心，再以苔藓包覆根部外面，最后将苗按入塑料盆内。小苗换盆时，将植株小心从盆内拔出，在其周围包一层苔藓种到盆内即可。中苗、大苗换盆同小苗。苔藓的紧实度，以种好后向上提苗时，不致脱盆为宜，上部比下部紧一些。种好后植株基部稳固，视容器大小，苔藓表面低于盆沿约 1~3cm。

（四）栽培管理

新上盆的小苗应喷洒杀菌剂，2 周内不宜浇肥水；2 周后视根系生长情况，可用 3000~6000 倍的水肥；光照度从 3~5klx 逐渐提高到 6~8klx；随后的管理见表 3-1。整个生长期的相对湿度控制在 65%~75%。

三、病虫害防治

（一）常见病害防治

（1）软腐病防治。以预防为主，夏季加强通风，降低湿度和温度，注意叶上不积水或不留水过夜，得病后即立即清除病株，可选用农用链霉素 2000 倍，或 20％噻菌铜 500～600 倍预防。

表 3-1　　　　　　　　　　蝴蝶兰不同生长时期对光、温、肥料的要求

条件/阶段	小苗	中苗	大苗	盆　花			
				催花前 60d	开始催花	花梗 20cm 后	开始开花
光照度/klx	6～8	10～15	15～20	20～25	20～25	15～20	≤15
最适日温/℃	26～28	26～28	26～28	25～28	25～28	26～28	26～28
最适夜温/℃	25	25	25	25～28	18～20	18～20	16～18
肥料 N：P：K	20：20：20	20：20：20	20：20：20	10：30：20	10：30：20	20：20：20	20：20：20
γ /(mS·cm^{-1})	0.6～0.8	0.8～1.0	0.8～1.0	0.8～1.0	1.0～1.2	0.8～1.0	0.8～1.0

（2）褐斑病防治。加强通风，得病后将病叶剪除，并用 75％百菌清可湿性粉剂 700 倍液喷洒。

（3）炭疽病防治。加强通风，降温，得病后将病叶剪除，并用 25％咪鲜胺 1500～2000 倍液或 75％百菌清 1000 倍液或 10％苯醚甲环唑 3000～4000 倍液每周喷洒一次，三种农药宜交替使用。

（4）煤烟病防治。加强通风，降温，并每周喷洒 1 次 0.3°Be 石硫合剂。

（5）病毒病。目前仍无有效药剂防治，一经发现病毒株，应立即予以隔离和销毁。

（二）常见虫害防治

（1）介壳虫防治。加强通风，并用 24％螺虫乙酯 4000～5000 倍或用 40％杀扑磷 800～1000 倍液喷杀；少量时可用带有肥皂水的软毛刷擦除。

（2）红蜘蛛防治。加强通风，适当加湿，并用 15％达螨灵 2000～3000 倍液或 20％四螨嗪 2000～3000 倍液喷杀。

（3）蜗牛、蛞蝓防治。少量时可在晚上将其抓除；大量时可用菜叶诱捕；可以在盆四周上撒上石灰粉防止其爬上花盆啃兰株，施放杀虫药亦可。

实训 3-3　蝴蝶兰栽培基质配制和盆钵选择

一、目的要求

了解蝴蝶兰对于基质的要求，选择合适的基质进行栽培。

二、材料与用具

（1）基质。水苔、泥炭苔、椰子纤维、蛭石、珍珠岩、砾石、泥炭、锯末、树皮、炭化稻壳、砂子等。

（2）盆钵。各种规格营养钵、花盆等。

三、方法步骤

1. 认识栽培基质的种类

通过观察比较熟悉和识别常见的基质种类。

2. 基质的配制

（1）基质配制的原则。每种基质都有自身的特点，其 pH 值、微量元素含量、分解速度（有的则不分解）各不相同。使用单一的基质就不可避免地存在一些问题。复合基质由于组分的互补性，可使各个性能指标达到要求标准。理论上讲，混合的基质种类越多效果越好。

总的来说，混合后的基质需达到下列要求：

1）保水保肥能力强，透气性、排水性好，要有一定的固着力，容重在 $0.2 \sim 0.8 \mathrm{g/cm^3}$，气水比 $1:2 \sim 3$，有良好的缓冲性能。

2）性质稳定，pH 值在 $5.5 \sim 6.5$，γ 值不能过高，特别是播种、扦插育苗基质 γ 值要小于 $0.5 \sim 1 \mathrm{mS/cm}$，具有一定的阳离子交换能力。

3）再湿性好，可添加适当的湿润剂。

4）无污染，材料选择标准一致，不含有毒物质、无病菌、害虫及杂草种子等。

5）尽可能达到或接近理想基质的固、气、液相标准。

配比合理的复合基质具有优良的理化性质，有利于提高栽培效果。生产上一般以 $2 \sim 3$ 种基质相混合为宜。

（2）基质的选用标准。栽培蝴蝶兰的成败于填充基质有极大的关系，选择好取得、好用、通风排水佳、不易酸化腐败、易植且便宜的填充基质。较容易获得的有水苔、泥炭苔、碎石、木炭、椰子纤维、蛭石、炭化稻谷、保丽龙、龙眼树皮及珍珠石等。

成苗基质用 1/4 四分碎石、1/4 二号蛇木屑、1/2 椰子壳纤维；亦可用 1/4 三分碎石、1/2 二号蛇木屑、1/4 泥炭苔；也可各用 1/3 的碎石、木炭、蛇木屑为填料。钵底铺一层保丽龙，以免浇水后钵底积水的缺憾。

（3）盆钵的选择。选用塑料盆钵栽培，塑料有透明的、白色的、黑色的、有硬盘、有软盆，规格有 2 英寸、2.5 英寸、3 英寸、3.5 英寸、4 英寸、4.5 英寸、5 英寸、6 英寸等，视植株之大小来决定适用盆钵的规格，塑料盆钵最好用黑色的，若用透明质料做成的盆钵，因能透光，盆钵在栽培兰花后，会产生地衣或一些绿色的低等植物或蕨类等，不仅影响美观，且较易影响填料的使用期限。但因为蝴蝶兰为附生性兰花，根系具一定光合作用，并且根系数量少，因此在实际生产中为了能更好地进行光合作用和观察根系生长状况，采用透明塑料盆进行栽培的也比较普遍。

四、实训报告

（1）蝴蝶兰栽培基质如何选择和配制？

（2）蝴蝶兰栽培的盆钵选择应注意什么？

实训 3 - 4　蝴蝶兰组培苗炼苗和移栽

一、目的要求

掌握蝴蝶兰组培苗的炼苗技术和移栽方法。

二、材料与用具

（1）材料。蝴蝶兰组培苗。

（2）试剂与用具。水苔、喷壶、育苗盘、塑料钵、高锰酸钾、百菌清等灭菌剂、镊子、剪刀等。

三、方法步骤

1. 炼苗

（1）将蝴蝶兰组培苗连同培养瓶一起从培养室取出，不开口置于自然光照下进行光照适应性锻炼15d左右。温度20～25℃，相对湿度80%～90%。

（2）再将培养瓶瓶口轻轻打开1/3～1/2，使蝴蝶兰组培苗开口适应外界大气环境2～3d。注意保湿且光照强度不能过大。温度20～25℃，相对湿度80%～90%。

2. 移栽

（1）移栽前的准备：种植前水苔先用自来水（或者pH值为6～7的清水）充分浸洗4～6h，再用离心机甩干，以用力捏压水苔没有出水为度。

（2）从瓶中小心取出蝴蝶兰组培苗，在20℃左右的温水中浸泡约10min，根据需要进行换水。

（3）将黏附于组培苗根部的培养基清洗干净，但动作要轻，避免造成伤根。清洗一定要干净，否则残留的培养基会导致霉菌污染。如果根过长，可以用剪刀剪掉一段，蘸生长素（50mg/L的吲哚丁酸或萘乙酸）后移入栽培容器。

（4）将一级兰苗栽种于φ4.8cm透明软塑盆中，二级兰苗栽植于128孔穴盘中。种植兰苗时，先用少量水苔置于根系底部，将根系分开，然后用水苔包住根系牢固植于盆或者穴盘孔的正中央，种后水苔应低于盆沿约1cm或低于盘孔沿0.5cm。

将苗移入干净、排水良好的温室或塑料保温棚中，保证空气相对湿度达90%以上，温度白天以20～25℃为宜，夜间以18～23℃为宜。

四、实训报告

（1）统计蝴蝶兰组培苗的移栽成活率。

（2）蝴蝶兰组培苗炼苗与移栽过程中需要注意哪些问题？

思考

1. 为什么家里买来的蝴蝶兰到第二年不能开花？

2. 简述蝴蝶兰栽培过程中的环境要求。

3. 简述蝴蝶兰的花部构造。

4. 为什么蝴蝶兰种子繁殖不易发芽？目前常用的蝴蝶兰的繁殖方式有哪些？

项目三 红掌设施栽培技术

任务一 认识红掌的栽培特性

红掌（*Anthurium andraeanum*）又名花烛、安祖花、火鹤花、幸运花等，为天南星科红掌属多年生花卉（图3-5）。红掌原产中、南美洲的热带雨林，花朵鲜艳夺目、四季开花不断，其佛焰花苞直立开展，革质而富有蜡质光泽，初看好像人造假花，花姿奇特美妍，是著名的盆花、切花种类，深受广大消费者青睐。目前世界各地均有种植，在许多国家和地区被列为主要切花及盆花品种，尤以荷兰、美国、毛里求斯种植面积最大，已发展成为仅次于热带兰的第二大热带花卉商品。近年来，随着我国国民经济的不断发展，人们消费需求水平的不断提高，北京、云南、海南、广东等地相继出现了较大规模的红掌生产基地。红掌作为一种超凡脱俗的高档花卉，其生产与应用前景十分广阔。

图3-5 水培红掌

一、红掌的生物学特性

红掌是常绿植物，可周年开花，植株发育到一定时期，可以每个叶腋都抽生花蕾并开花。一般株高30～50cm，节间短，叶片长圆形，心形或卵形，深绿色，革质，花柄由叶腋伸出，佛焰苞直立展开，革质，正圆或卵圆形，有猩红色、大红色、橙红色、粉红色、紫白色、白色、绿色等多种颜色。肉穗花序无柄、圆柱形，有黄、白、绿等色相间排列。红掌花序的形状、颜色和大小因品种而异，且变化较大。小型两性花着生于肉穗，雌蕊先发育，约1个月后雄蕊发育。一个肉穗花序上可着生很多雄蕊，但1个雌蕊四周仅有4个雄蕊。常异花授粉，主要借助于昆虫，如蜜蜂、蝴蝶、飞蛾等完成。授粉数月后肉穗上即长出彩色的浆果，每个浆果一般含1～2粒种子。

红掌一般附生在树干或岩石上，或直接长在地上。气生根除具有盘绕固定功能外，还用以吸收树体营养，并能从空气中吸收水分。由于自然条件下红掌的根系常裸露在空气中，因此，栽培时生长介质必须要求有良好的透气性能。

二、红掌的生态学特性

红掌在原产地通常附生于树上、岩石或地表，喜欢阴暗、潮湿、温暖的生长环境。干旱会引起植株叶尖干燥、伤根，而水分过多又会导致烂根和叶片黄化，空气相对湿度要求在60%以上，以70%～80%为最佳。旺盛生长时尤其喜欢湿润基质，基质忌排灌不良。

红掌生长的最适温度为日温20～30℃、夜温21～24℃，生长适宜温度为18～32℃，13℃以下容易出现寒害，叶片甚至整个植株坏死，温度太高则植株生长不良，停止生长甚至死亡，花、叶畸形，影响观赏价值。

红掌是一种喜阴的植物，理想的光照度为20～25klx，超过27klx可促进分株，使株形丰满，但会导致花、叶褪色。

三、红掌的常见品种

商业栽培的红掌品种繁多，通常按生长习性和观赏部分分为切花品种和盆栽品种。红掌的花色品种有110多种。常见切花品种有丘比特（Tropical）、典雅（Acropolis）、翡翠（Midori）、碧玉（Fantasia）、吉祥（Casino）、红粉佳人（Sonate）、鸿运当头（Cancan）、罗莎（Rosa）等。其中，以红色品种销量最大。常见盆栽品种分观花和观叶两类。观花盆栽品种主要有：亚利桑那（Arizona）、亚特兰大（Atlanta）、瓦伦蒂娜（Valentino）、粉冠军（Pink champion）、加利（Carre）、甜心佳人（Sweetheart pink）、冠军（Champion）等。前几个品种的花色几乎均为红色，目前国内市场比较畅销。观叶盆栽品种以：水晶花烛（Clarinervium）、丛林王子（Jungle bush）、绿箭（Arrow）为多见。

任务二 红 掌 的 繁 殖

红掌的繁殖主要有分株繁殖、播种繁殖、扦插繁殖与组织培养繁殖等方式。

一、分株繁殖

红掌分株繁殖一般是4—5月从生长繁茂的株丛密集处分株，每株带3～4片叶。先倒盆，抖去松散土壤，剪断根丛间连接的根，分植另盆。分株简便易行，成长开花快，多被采用。

二、播种繁殖

播种繁殖是在浆果成熟后，随采随播，趁鲜播种，否则，种子会丧失生命力。多在室内盆播，点播间距1cm，上覆一薄层腐叶土，以不见种粒为宜。用浸盆法让基质吸透水，覆薄膜保湿，维持25～30℃的发芽适温和80%以上的相对湿度，15～25d发芽。

三、扦插繁殖

扦插繁殖主要用于直立茎的红掌品种，扦插时间在夏季。插穗带 2～3 节、具 1～2 枚叶；扦插基质用珍珠岩和蛭石对半掺匀，也可用稍粉碎的苔藓，直立或平卧插入基质 1/2～1/3，底温为 25～30℃，浇水后，用小拱棚保湿，相对湿度 80%～95%，经 30～35d 后，可长出新根和新芽。

四、组织培养繁殖

组织培养是以叶片、芽、叶柄为外植体，经消毒后，接种于 MS＋1 mg/L 6-BA 培养基上，形成愈伤组织，再转接到 MS＋3 mg/L 6-BA 培养基上，约有 65% 形成小苗。组培苗经过生根培养后，平均长有 3～4 条根时可以进行移栽。移栽前应先打开瓶盖炼苗 2～3d，然后取出小苗洗净黏附的琼脂，再用 0.2% 甲基托布津浸泡 20min 后种植在经过消毒的基质，基质成分为珍珠岩：椰糠：腐殖土＝1：1：1，棚内要求温度 20～30℃，空气相对湿度 70%～80%。

任务三　红掌的设施栽培

一、基质要求

红掌栽培应选择结构比较稳定的材料作为栽培基质。用于红掌栽培基质材料的基本要求：有较好的保水保肥能力；沥水排水性能优良、不易积水；不易破碎和腐烂，不含有毒物质；足以支撑植株的生长，结构疏松利于根系穿插生长；对水分和空气有良好的平衡能力，其吸收水分和空气的比例接近 1：1。其中最重要的特性是，必须为根系生长和储存氧气提供足够的空间。因此盆栽基质常用腐叶土、谷壳、木炭、树皮颗粒、松针混合配制，并加入沤制过的饼肥末和多元缓释复合肥颗粒。pH 值控制在 5.2～6.2。

二、温度管理

红掌最适生长温度为 20～30℃，最高不宜超过 35℃，最低为 15℃，低于 10℃时有寒害的危险。日温高于 30℃易发生热害，在高温条件下，如果湿度较低则对植株伤害更大。降低温度的方法有棚顶喷淋降温、水帘降温、喷雾降温和直接向植株喷水降温等，采用室外装置喷雾或遮阳网等，也可以降低温度。14℃以下的日温可导致红掌发生寒害，可采用温室内燃油或燃煤加温机来增加室内温度。

三、光照管理

光照度是影响产量最主要的因素，增加 1% 的光照度，最大可获得 1% 的增产效果。最适的光照度为 15～25klx，不应高于 30klx，温室内红掌的光照度可通过活动遮阳网来调整。可在晴天遮掉 75% 的光照，早晨、傍晚或阴雨天不用遮光。然而，红掌在不同生长阶段对光照度要求有差异，营养生长阶段对光照度要求较高，可适当增加光照度促使生长；花期对光照度要求低，可用活动遮阳网调至 10～15klx，以防止花苞变色，影响观赏。在弱光照度和高气温条件下，植株对能量的消耗增大，可以引起花芽早衰。因此，光照度管理成功与否直接影响红掌的产量。

四、水分管理

红掌适宜的基质含水量一般应保持在 50%～80%，灌溉水的 γ 值应控制在 1.0～1.2mS/cm，最大不超过 1.5mS/cm。盆栽红掌在不同生长发育阶段对水分要求不同：幼苗期由于植株根系较弱小，在基质中根系分布较浅，不耐干旱，栽后应每天喷水 2～3 次，要经常保持湿润，使其早发、多抽新根，并注意盆面的干湿度；中、大苗期，植株生长快，需水量多，水分供应必须充足；开花期应适当减少浇水，增加磷、钾肥，以促进开花。在浇水过程中要干湿交替进行。

红掌在阴天的最适空气相对湿度为 70%～80%，晴天时应保持在 80% 左右。相对湿度高于 50% 即可取得较好的栽培效果。在高温条件下，如果湿度较低则对植株伤害很大，因为低湿度时植株将通过气孔蒸腾而损耗更多水分，导致植株缺水而加重危害。红掌最适土壤相对湿度为 50%～80% 之间。

五、养分管理

由于红掌叶片表面有一层蜡质，影响叶片对养分的吸收，因此红掌通常在根部施肥。施用的液体肥料，必须含有氮、磷、钾、钙、镁、锌、铁、锰、铜等各种生长元素。生产中多用淋稀肥，每周或每 8～10d 淋 1 次肥水，定期加清水冲淋盆土或施两次肥、淋 1 次水，以免截留的肥液伤害叶片和花朵，形成残花。高温季节应适当增加施肥量或施肥次数，每 2～3d 施肥水 1 次，中午还可利用喷雾系统向叶面喷水，以增加室内相对湿度。一般而言，冬季气温较低，可适当减少施肥量或施肥次数，每 7～10d 浇肥水 1 次。浇水应该在 9：00—16：00 之间进行，以避免造成冻伤根系。

六、病虫害防治

红掌主要病害有炭疽病与根腐病，一般用组培苗繁殖，严格应用无污染栽培基质，可以防止传染，发病株可用杀菌剂防治。发现病株应及时摘除病叶或整株清除。主要虫害为根结线虫、红蜘蛛、蚜虫、烟粉虱，也会有蜗牛、松毛虫、青虫等，可通过基质消毒、使用无污染的人工栽培基质和充分腐熟农家肥及无机肥预防虫害发生，发现虫害用适量杀虫剂防治。

红掌有时会出现花早衰、畸形、粘连、裂隙及玻璃化和蓝斑等现象，这多为施肥、盆土和空气湿度管理不当或品种原因引起的生理性病害，防治方法是改善栽培管理，合理施肥，适当通风。

实例 3－4 红掌盆栽高效生产技术

浙江省近几年开始引进种植盆栽红掌，而且面积和规模不断扩大。根据浙江省农业科学研究院花卉研究开发中心四年的试验研究与示范推广，总结出了一套适合浙江地区的盆栽红掌高效生产关键技术。

一、栽培设施

针对浙江地区夏季高温、冬季较寒冷的气候条件，栽培设施要求具有内外双层顶膜的温室大棚。外有活动式遮光系统，遮光率为 50% 左右，在温室内配备水帘风扇降温、加温以及喷雾增湿设备，并建有栽培床架，实行离地栽培。

二、品种选择

根据品种特性和栽培环境条件，选择株型紧凑健壮、抗逆性强、适应性广、适宜本地区栽培种植的品种，在浙江地区要选择抗寒性较强的品种，目前较好的品种有：阿拉巴马（Alabama）、大哥大（Dakota）、兰妮（Latino）、北京火炬（Altimo）、捷克达（Texana）、森普瑞（Sempre）等。粉冠军（PinkChampion）株型、花色均较好，缺点是抗寒性相对较差。

三、栽培管理技术

(一) 花盆选择

不同阶段种苗对花盆规格要求不同,6～10cm 高的穴盘苗可用 10cm 左右的塑料小盆,待根系长到基质外面、植株高约 20cm 左右,大约在 5～6 个月后可用 15～17cm 的大盆,10～15cm 高的杯苗可直接上 15～17cm 的大盆。

(二) 基质选择

盆栽红掌进行规模化生产可选用加拿大进口 KLASMANN 粗泥炭,pH 值保持在 5.5～6.0 之间,上小盆可用纯泥炭,换大盆可添加珍珠岩以增加透气性。

(三) 上盆种植

一般为双株种植。上盆种植时要使植株心部的生长点露出基质的水平面,同时应尽量避免植株沾染基质。上盆时先加培养土 2～3cm,然后将植株正放于盆中央,使根系充分展开,最后填充培养土至盆面 2～3cm 即可,但应露出植株中心的生长点及基部的小叶。

(四) 温度、湿度和光照管理

红掌盆栽一般保持温度在 20～30℃,相对湿度高于 50%,光照度在 10～20klx,即可取得较好的栽培效果。浙江地区最好在 4—5 月进苗,此时大棚内白天温度在 25℃ 以上,夜间温度在 20℃ 左右。5 月中下旬中午前后需适当遮阴,同时加强湿度管理,利用喷雾设施增加湿度。浙江地区夏季时间较长,6 月气温持续在 30℃ 左右,此时需要开启水帘风扇,水帘风扇加外遮阴和喷雾一般温度可控制在 30℃ 左右,而且相对湿度也可以保持在 80% 以上。浙江地区秋季时间较短,这一时期光照较强、湿度较低,因此管理的重点还是增加湿度,可在中午前后适当遮阴,利用喷雾设施以及地面喷水增加湿度,尽量使湿度保持在 50% 以上。红掌 14℃ 以下的日温即可导致寒害,在浙江地区,冬季平均温度在 5℃ 左右,最低气温可达到 −5℃,但持续时间较短,冬季最重要的管理就是加温。通过暖风机或蒸汽管道加热即可达到较理想的效果。

(五) 水肥管理

根据红掌的生理特性,对其进行根部施肥比叶面追肥效果要好,因为红掌叶片表面有一层蜡质,影响对肥料的吸收。按照安祖公司提供的液肥配方进行配制,见表 3 - 2。按照 A、B 肥分别配制,可先浓缩 100 倍配制 A、B 肥母液,母液配制好后存放在阴凉处备用,使用

表 3 - 2　　　　　　　　　　安祖公司液肥配方

A 肥:100 倍的浓缩液		B 肥:100 倍的浓缩液	
硝酸钙	32.4g/L	磷酸 59%	0.01g/L
硝酸铵	10.9g/L	硝酸钾	11.0g/L
硝酸 38%	0.01g/L	磷酸氢钾	13.6g/L
硝酸钾	1.2g/L	硫酸钾	8.7g/L
螯合铁 3%	2.8g/L	硫酸镁	24.6g/L
		硼砂	0.192g/L
		硫酸锌	0.087g/L
		硫酸铜	0.012g/L
		钼酸钠	0.012g/L

时稀释 100 倍再混合。施用的营养液浓度要求为：γ 值在 0.8～1.2mS/cm，pH 值为 5.5～6.0。施肥原则为薄肥勤施。液肥施用要掌握定期定量的原则，一般 5～6d 为一个周期，夏季气温较高可加浇 1 次清水；冬季一般 6～8d 浇肥水一次。

（六）病虫害防治

常见病害及虫害防治见本项目任务三的"病虫害防治"。

实训 3-5　红　掌　水　培

一、目的要求

通过营养液配制、植株移栽、养护管理等几方面的操作，掌握红掌由土培或基质培诱导为水培花卉的过程，以期提高其观赏价值和经济价值。

二、材料与用具

各品种红掌、塑料盆、瓷盆或玻璃瓶、鹅卵石、砾石、霍格兰氏营养液。

三、方法步骤

（一）营养液的配制

采用霍格兰氏营养液配方，营养液的配制时可采用先配制浓缩营养液，然后用浓缩营养液配制工作液，在配制过程中以不产生难溶性物质沉淀为原则。

1. 浓缩营养液配制

红掌水培浓缩营养液中大量元素分为两类，A 液包括 Ca（NO_3）$_2$·$4H_2O$、KNO_3、NH_4NO_3、$CaSO_4$·$2H_2O$，B 液包括：KH_2PO_4、$MgSO_4$·$7H_2O$，分别溶解和储备。铁盐单独配成 C 液，其他微量元素配制成 D 液，分别储备。浓缩营养液要用蒸馏水或饮用纯净水进行配制，最好放入 2～4℃冰箱中避光储存。这里大量元素采用 10 倍液进行配制，微量元素采用 1000 倍液进行配制。

2. 稀释为工作营养液

利用浓缩营养液稀释为工作营养液时，应在盛装工作营养液的容器中放入大约需要配制体积的 60%～70% 的清水，量取 A 液的用量倒入，搅拌使其均匀，然后再量取 B 液所需用量，用较大量的清水将浓缩 B 液稀释后，缓慢的将其倒入容器，搅拌均匀，最后分别量取 C 和 D 液，按照浓缩 B 液的加入方法加入容器，搅拌均匀即完成工作液的配制。配制好工作液后再用 1.0mol/L HCl 或 1.0mol/L NaOH 调节 pH 值至 5.5～6.0，然后将其倒入水培容器即可使用。

（二）红掌的移栽

1. 植株上盆前的准备

选择株型美观、生长健壮、无病虫害的红掌苗进行水培。上水培盆前 1～2d 把土培或基质培红掌充分淋透水，以便脱盆去泥（基质）洗根时不伤根系，然后用手轻敲花盆的四周，待松动后可整株植物从盆中脱出，先用手轻轻把大部分泥土或基质去除，再将粘在根上的泥土或基质用水充分淋洗干净，操作过程中尽量不要损伤根系。检查根系，将烂根或受伤根剪除，将根浸入 0.1% $KMnO_4$ 溶液 10～15mL 进行消毒处理，再用清水反复冲洗干净后备用。

2. 植株上盆

用柔软的海绵挟裹红掌根茎后置入定植杯，再将定植杯插入定植孔内，使根系在水培容器中能充分舒展。水培容器中加液量以浸没植株根系 70% 左右为宜，如全部浸没会造成根系缺氧腐烂。为使红掌对水培环境逐步适应，先用清水进行水培 7d 左右，之后每 3d 换 1 次营养液，依次是 1/4、1/2 剂量的营养液，最后用全剂量的营养液进行水培。

（三）水培换液管理

植株刚上水培盆时，最好 1～2d 换 1 次水，以除去根表吸附的杂质，保持培养液清洁，同时补充培养液中氧的含量，使植株根系逐步适应水培的环境。有条件的情况下，可采用气泵给培养液通气，提高培养液中的含氧量，有利于植株长出新根。等植株长出新根时，可以适当减少换液次数。夏天换水要勤，5～7d 换水 1 次；春季间隔稍长，7～10d 换水 1 次；冬季间隔更长，10～15d 换水 1 次。健壮植株的换水间隔可长些，长势弱或烂根的换水要勤。

给红掌换液时要先用水轻轻冲洗植株枝叶，再冲洗定植杯内的石块、尘埃和沉积物，然后再清洗根部，把根系内个别烂根和由上落下的烂叶除去，植株全部冲洗完毕，倒掉水培盆里的营养液，将容器内外洗净，按量装上新营养液，放上定植杯和植株，即可完成日常换液工作。

四、实训报告

（1）按上述操作步骤记录红掌的水培过程。

（2）水培的营养液配制要注意什么？

实训 3-6 红掌切花瓶插保鲜液的配制

一、目的要求

掌握红掌切花瓶插保鲜液的配制方法，为延长红掌切花的保鲜时间提供参考。

二、材料与用具

常用红掌切花（每组 6 枝）、电子天平、烧杯、电炉、玻璃棒、量筒、温度计、矿泉水瓶（自备）。

三、方法步骤

（一）配制保鲜液

1. 配方 1

配方 1 见表 3-3。

表 3-3 　　　　　　　　　　　　　　保 鲜 液 配 方

试剂名称	化学式	用量
蔗糖	$C_{12}H_{22}O_{11}$	100mg
8-羟基喹啉	$(C_9H_7NO)_2$	200mg
柠檬酸	$C_9H_8O_7$	150mg
硫酸钾	K_2SO_4	50mg
硝酸银	$AgNO_3$	20mg
蒸馏水	H_2O	1000mL

2. 配方 2

洗洁精 2 滴，阿司匹林约 25mg/L。

（二）切花处理

取开放程度一致的鲜切花，每瓶 2 枝，剪切留取同样花枝长度，基部用热水烫 10s。用清水做对比（CK）试验。

四、实训报告

完成实训记录（每隔一天记录一次），观测记录表见表 3-4。

表 3-4 观测记录表

红掌	配方 1 （专用保鲜液）	配方 2 （家用）	CK
日观赏值（　）			
日观赏值（　）			
日观赏值（　）			
……			
总观赏期			

注 日观赏值评价见表 3-5。

表 3-5 鲜花日观赏值外观品质评价表

观赏值	外观品质
Ⅰ	花色鲜艳，无褪色，无斑点
Ⅱ	花色变淡，光泽度减退，花苞片部分褪色，5% 的花苞片面积坏死，柱头变黑小于长度 1/3
Ⅲ	花苞片 2/3 以上褪色，脱水无光泽度，花苞片干涩，5%～10% 的花苞片面积坏死，柱头变黑大于长度 1/3

思考

1. 红掌安全越冬需要注意哪些？

2. 红掌的主要观赏部分为哪部分？有何特别之处？

3. 红掌栽培的环境调控有哪些措施？各有何特点？

4. 红掌能否进行水培？如何进行？

项目四　观赏凤梨设施栽培技术

• **学习目标**

　　知识：熟悉观赏凤梨的生长发育特点、对环境条件的要求；了解观赏凤梨的种苗繁育方法，设施栽培方式及其生产、销售季节；掌握观赏凤梨的环境调节、植株调整、花期调控、肥水管理、病虫害防治等设施栽培关键技术。

　　技能：会进行观赏凤梨的种苗繁育，基质配制、移栽上盆等；会对观赏凤梨进行合理的灌溉施肥、防病治虫及温度、湿度、光照度和气体调节等；能根据销售季节安排观赏凤梨生产时间，调控花期；会对商品观赏凤梨进行合理的收获、包装和储运。

• **重点难点**

　　重点：观赏凤梨的环境调节、植株调整、花期调控、肥水管理、病虫害防治等设施栽培关键技术。

　　难点：观赏凤梨的环境调节、花期调控、肥水管理、病虫害防治。

任务一　认识观赏凤梨的栽培特性

　　观赏凤梨是指所有具有观赏价值的凤梨科植物。凤梨科植物是单子叶植物，其家族庞大，包含有 50 多个属、2500 多个种，主要分布于南美洲热带雨林至海岸附近岛屿、林区，

图 3-6　莺歌属观赏凤梨

以及西印度群岛、加勒比海各个岛屿的高温高湿或多雨地区。各种凤梨植株大小和形态差别相当大，有的高大如树有数米高，有的株高仅有数厘米；有的花大如盆，直径达 30cm。大部分种类具有短缩茎和由硬叶组成的莲座叶丛，为多年生草本植物（图 3-6）。观赏凤梨的株型独特，叶形优美，花型花色丰富漂亮，花期长，观花观叶俱佳，有的还有较长的观果期，而且绝大部分耐阴、适合室内长期摆设观赏，栽培管理也较为容易，所以深受人们的喜爱，是年宵花市中的主要花卉种类，也是国际花卉市场上十分畅销的花卉。

一、观赏凤梨的生物学特性

（一）根

　　观赏凤梨，不管是地生种类还是附生种类，均根纤细和多分枝，主要为浅根系，新根尖

端部分密生根毛。观赏凤梨的根系除地生种类较大外，其余的种类根系均较小，仅起固定植株和有限的吸收作用。根的类型主要是须根系，一般为褐色或黑色，少数气生种类的根可暴露在空气中而呈绿色。地生种类的须根由地下茎或匍匐茎中长出，根量较多，以固着植株并从土壤中吸收生长必需的水分和养分。

（二）茎

观赏凤梨的茎有地上茎和地下茎之分。地上茎一般极短，多被叶片所包裹而掩蔽，地下茎，一般完全掩埋于泥土中，只有附生种和气生种可外露于空气中。观赏凤梨的地上茎犹如一根支柱，起到支撑叶片和花序以及输送水分养分的作用。地下茎与地上茎所不同之处是长有多分枝的须根，有些种类更会长出长鞭状的地下匍匐茎，并萌生出许多小植株成丛生之状。观赏凤梨的地上茎一般多汁，十分娇嫩，而地下茎则十分粗糙和木质化。不管是地上茎或地下茎，茎内均储存淀粉，茎端并含有大量的植物生长素，以供吸芽和植株生长所需。

（三）叶

观赏凤梨的叶一般为宽带状，也有线形和针状的叶，叶通常为革质或肉质，边缘有锯齿或全缘，表面常粗糙。叶色多为绿色、银白色或红色，有时叶边缘金色或银色，叶中央金色，叶片表面有许多金黄色斑点，亦即所谓金边、银边、金心和撒金等叶色变异。此外，更有一些种类与品种的叶片色泽深绿和浅绿相间，形成所谓斑马纹或虎纹。观赏凤梨叶片的另一个特点是叶面覆盖有可从空气中吸收水分和养分鳞片，大多数呈银色，以致一些种类的叶片呈灰银白色。大多数观赏凤梨的叶片相互覆瓦状重叠，形成一个不漏水的中央水槽，以便于积存雨水，供植株生长不时之需。

（四）花

观赏凤梨的花是观赏的重点，它以艳丽的色彩、奇特的外形和持久的观花期获得了大众的青睐和喜爱，引入栽培的初期曾红极一时，成为首屈一指的室内植物。其实，观赏凤梨的花是指整个花序而言，而非单一的花朵。单朵的花并不美丽，多呈红色、粉红色、蓝色或白色，通常在艳丽的花苞片内开出，两性或少有单性，有 3 片萼片和 3 片花瓣，分离或基部合生成管状；雄蕊 6 枚，排成两列，花药离生，2 室；雌蕊 3 条合生，花柱细长，柱头 3 个，分离而生，子房下位或半下位，3 室，每室有多数胚珠。

观赏凤梨的花序通常由中央水槽中长出，直立，常高出叶片，也有偏斜和下垂者。花序一般为穗状、复穗状或圆锥状，还有隐于叶丛中央水槽中开花的头状花序。花序一般高大，有明显的花梗，整个花序由许多色彩艳丽的苞片包裹，这些苞片色泽经久不褪，即使花期结束，也可维持至结果或至母株开花后死亡。

（五）果与种子

观赏凤梨的果一般为多肉的浆果或蒴果，有时为聚花果。它们常附有宿存的花萼片，形状一般为椭圆形、圆形或长条形，成熟时红色、蓝色、黑色或白色，以吸引鸟类、蝙蝠和小型兽类等动物前来采吃，以达到传播的目的。

观赏凤梨的种子小如芝麻，形状有圆形、锥形、矩形、方形和长条形等，色泽一般为黑色，有坚硬的种皮，内有单子叶小胚 1 个，包裹于富含淀粉质的胚乳之中，这些胚乳可供种子发芽后小苗的养分自给。浆果类结出的种子通常为粒状，而蒴果类结出的种子往往具翅或有长长的种毛，以便果实散落时随风飘荡，达到种子远距离散播的目的。

二、观赏凤梨对环境条件的要求

观赏凤梨的生态习性，依其栖息环境的不同而有所区别，如附生的种类喜欢高温多湿的环境；地生的种类喜阳和耐旱；气生的种类喜欢雾水和高湿度的空气等。但不管它们是附生种、地生种或气生种，其生长的基本要素都是阳光、水分、养分和温度。不同类型的观赏凤梨，对光照的强弱、空气的干湿、水分和养分的多少、温度和湿度的高低，以及土壤或栽培基质的酸碱等方面的要求各有差异。

（一）附生种类以树为生

据统计，观赏凤梨中附生种类的比例约占全部的 80% 以上，成为首屈一指的主力军。它们全部原产于中、南美洲的热带和亚热带地区，多生于雨林、山顶矮林和海岸红树林的树上或石壁上，由于附生种类的凤梨多有一个莲座状叶丛构成的水槽，内中储有雨水和养分供应植株，不会由于旱季无雨时被活活渴死或造成生长停滞。附生种类凤梨并不是均匀地围绕着树干生长，而是由不同的种类分别生长在不同方位的树干或树桠上。如此证明，附生种类凤梨垂直分布的变化取决于光照的强弱和空气相对湿度的高低。适当和充足的阳光以及保持 80% 以上的空气相对湿度对栽培的观赏凤梨而言，是必不可少的。除此之外，由于附生种类凤梨是典型的热带植物，全年保持较高的温度，也是成功栽培的关键。

（二）地生种类喜光耐旱

在原生地，地生种类凤梨一般都生长于开阔、温暖和阳光充足的地方。它们的叶片硬革质或肉质，叶边缘往往长有刺状带钩的锯齿，以防动物的啃食和危害。此外，更有一些属于肉质植物的地生种类分布于拉丁美洲的沙漠地区。它们全年在烈日下暴晒，与长满荆棘的植物为伍，在极为恶劣的环境下顽强地生长，表现出强大的生命力。为了适应这种干旱恶劣的环境条件，这些肉质的凤梨科地生种类，往往长有多肉的叶片，叶缘与叶尖有尖刺状锯齿和尖端，成为名副其实的肉质植物，并被引入作为多肉植物类栽培。

（三）气生种类可悬空生长

观赏凤梨中的气生种类，在园艺上又称为空气草（Air plant），意指它们可在无需泥土和基质的环境下，暴露在空气中生长的习性。这类植物属于铁兰属中一群外形独特和与众不同的种类，因此又有空气铁兰之称。它们主要分布于拉丁美洲各国，生长于海拔 1000～3000m，少雨水、多云雾和阳光充足的地方，常倒挂于树上、悬崖、石头上、仙人掌植株上、屋顶和电线上生长。这些地方几乎全年无雨，但由于受高山的阻隔，终年浓雾缭绕，空气湿度极高。适应在这种环境下生存，气生种类凤梨的叶片产生了很厚的储水组织，位于叶片上层含叶绿素的海绵组织下面，呈透明之状。此外，叶片还满布具有从空气中吸收水分和养分的银色鳞片，作用是反射强烈的阳光，将雾气中的水分凝结并吸收，这就是为什么大多数气生凤梨外表呈灰白色的原因。它们外形各异，有玫瑰花状、章鱼状、海胆状和鞭状等。与普通的附生种类相比，气生种类的植株较小，根系退化，花朵数目减少，种子数目增加并带有长毛，以便能在空气中飘荡、远距离传播。

三、观赏凤梨的常见种类

观赏凤梨主要有凤梨科的珊瑚凤梨属、水塔花属、果子蔓属、彩叶凤梨属、铁兰属和莺歌属这 6 个类群。它们以观花为主，也有观叶的种类，其中还有不少种类花叶并茂，既可观花又可观叶。根据市场需求、栽培区气候条件和生态环境选择品质优良，性状稳定，抗病能力强及市场商品性好的品种。

任务二　观赏凤梨的繁殖

观赏凤梨的繁殖方式主要有播种繁殖、分离繁殖与组织培养繁殖等方法。

一、播种繁殖

播种繁殖是将新鲜种子播在以腐叶土或泥炭藓加粗河砂（体积比2:1配合）的介质中，种子播后不覆土，维持在温度27℃，相对湿度70%以上的条件下。可将播种盆置于可调温、调湿的"控制槽"中或加盖塑料薄膜，当幼苗长至3~4片小叶时，可逐渐延长打开覆盖物时间，以适应栽培大环境温度。

二、分离繁殖

分离繁殖是观赏凤梨最简单、最方便、最容易成功的繁殖方法。观赏凤梨多在植株基部侧芽生长产生吸芽，有些在上部嫩叶间的侧芽生长产生吸芽。一般当吸芽的叶数约有开花时叶数的1/3时，就可进行分离繁殖。分离吸芽最重要的是从吸芽的基部进行。有些用手就可以进行分离，有些需要用锋利的小刀。用手分离吸芽时，可以先把整株从盆中脱出，散去一些盆土，一手抓住母株，另一只手的拇指与食指紧夹吸芽基部，斜向下用力就可把吸芽分离；用利刀进行分离则安全可靠，在与母株相接处用刀把吸芽切下即可。

分离繁殖时间一般以3—9月为宜，分离下的吸芽，不论是有根的还是无根的，都可以一样按有根的方法即时种植在盆中即可。

三、组织培养繁殖

组织培养繁殖是在无菌条件下，采下已成熟而未开裂的果实后用净水冲洗15min，用75%酒精擦洗果皮，再用10%过氧化氢灭菌12min，之后用无菌水冲洗3~4次，切开果实，取出种子，将种子播于固体培养基中，培养基选用1/2MS+2%蔗糖+1%活性碳。采用此法，1个月左右即可发芽，发芽率可达80%以上。当植株的真叶长到5~6片左右时，可出瓶移植于穴盘中。

任务三　观赏凤梨的设施栽培

一、基质选择

栽培的观赏凤梨多为附生种，要求基质疏松、透气、排水良好，pH值呈酸性或微酸性，一般为5.5~6.5。生产上宜选用通透性较好的材料，如树皮、松针、陶粒、谷壳、珍珠岩等，如3份松针、1份泥炭，或3份泥炭加1份沙和1份珍珠岩，或以进口泥炭、椰糠、珍珠岩、河砂按体积比为8:8:1:1混合配制，或采用进口观赏凤梨栽培专用基质，如Klasmann泥炭土。在基质搅拌过程中，用1%甲醛（福尔马林）溶液对混合基质均匀喷洒。拌匀后，用塑料薄膜将混合基质覆盖并封紧，15d后将薄膜掀掉，摊开基质，使残留的甲醛挥发，7d后方可使用。

二、栽培容器选择

栽培观赏凤梨的花盆厚度以手持花盆对光看不见手指为度，以可以稳定植株并与株型相协调为度选择花盆的大小。小苗采用规格为110mm×90mm（高×内径）的塑料盆，大苗采用规格为140mm×120mm塑料盆。

三、上盆种植

种苗栽植前避光，且尽快栽植。基质高度宜低于盆口 1～2cm，以心叶不埋入基质中为好，不要把基质压得太紧。定植后浇透水。上盆初期温度控制在 22～28℃，相对湿度保持在 80%～90%，光照度控制在 3～5klx。

四、换盆

定植后 100d 左右换盆。换盆前一天浇透水，以换盆时种苗盆土团而不散为适。栽培盆底部垫上少量基质，将种苗脱去小盆后放入栽培用盆，四周添入基质并固定好，种植深度以 3～4cm 为宜。换盆后立即浇透清水，一个月后便可浇肥。换盆初期温度控制在 22～28℃，相对湿度保持在 80%～90%，光照度控制在 5～8klx。

五、调整间距

盆栽观赏凤梨经过一段时间的生长后，植株会显得密度过高，光照不足，最终将导致叶片狭长，生长停滞。因此，在换盆后 2～3 个月，需对植株间距进行适当调整，使植株能够接受充足的光照。

六、养护管理

盆栽观赏凤梨的养护管理包括对光照、温度、湿度、水分、养分的管理等，根据品种、气候、季节、生长状况等进行适宜的管理。

1. 光照度

凤梨营养生长期所需光照度为 15～18klx，每天要求光照达 12h。湿度高，通风条件良好，可适当提高光照度，但不宜超过 20klx。

2. 温度

观赏凤梨幼苗期植株较幼嫩，温度应控制在 20～25℃，忌早晚温差大。栽植 3 个月后，温度可调至 18～28℃，昼夜温差可适当增大，以利于生长。白天温度要求在 22～28℃，而夜间最好维持在 20～21℃。

3. 湿度

凤梨喜高湿环境，空气相对湿度应维持在 70%～80%。在此湿度范围内，植株饱满，叶色光亮。湿度过低（低于 50%），叶片会向内卷曲或无法伸展，甚至叶尖出现焦枯现象；湿度太大，植株叶片上会出现褐色斑点，严重时出现烂心现象。

4. 肥水管理

附生的观赏凤梨根系较弱，主要起固定植株的作用，吸收功能是次要的。其生长发育所需的水分和养分主要是储存在叶基抱合形的叶杯内，靠叶片基部的鳞片吸收。即使根系受损或无根，只要叶杯内有一定的水分和养分，植株就能正常生长。

夏秋生长旺季 1～3d 向槽内淋水 1 次，每天叶面喷雾 1～2 次。保持凹槽内有水，叶面湿润，土壤稍干；冬季应少喷水保持盆土潮润，叶面干燥。观赏凤梨对磷肥较敏感，施肥时应以氮肥和钾肥为主，氮、磷、钾比例以 10：5：20 为宜，浓度为 0.1%～0.2%，一般用 0.2% 尿素或硝酸钾等化学性完全肥料，生产上也可以用稀薄的矾肥水（出圃前需要清水冲洗叶丛中心），叶面喷施或施入凹槽内，生长旺季 1～2 周喷 1 次，冬季 3～4 周喷 1 次。

七、病虫害防治

一般情况下观赏凤梨很少发生病害，但高温、高湿、排水不良易引起心腐病和根腐病发生，可用 50% 多菌灵 500 倍液浸种苗 5～10min 消毒，生长期以 80% 代森锰锌 600 倍或

70%甲基硫菌灵 800~1000 倍液灌注心部，2~3 次有一定防效。虫害主要有介壳虫、螨类、蛞蝓等，一般介壳虫可用噻嗪酮加毒死蜱或杀扑磷防治，螨类可用哒螨灵防治，蛞蝓用 6%四聚乙醛撒施于根际防治。

八、花期调控

在自然状态下，凤梨在叶片数足够多、株龄合适或遇到低温时会自然开花。但在大规模生产中，为保证观赏凤梨能够按照预定时间，在市场热销时期同时开花，通常需要催花，而且要在植株具备足够的叶片数时进行。催花前两个月，改施高钾、低氮的肥料。催花前 3~4 周，停止施肥，只浇清水。正式催花时，需将凤梨"叶杯"中的积水倒掉。催花时间为开花上市日期减去该品种的光反应期所得的日期。催花处理最常用的方法是用乙炔饱和溶液进行处理。将乙炔水溶液灌入凤梨已排干水的叶杯内，用量以刚好填满叶杯为好。重复进行 3次，每次间隔 2~3d，温度宜控制在 20℃左右，光照也不能太强，因此最好在早上进行。一般处理后 3~4 个月即可开花。

实例 3-5　擎天凤梨标准化生产技术

擎天凤梨是指人工栽培用于观赏的凤梨科擎天凤梨属植物，擎天凤梨属也叫果子曼属，主要有星类和火炬类两大类盆花。叶片多线形或带状，边缘光滑无刺，花序高高伸出叶丛，多不分枝，苞片颜色有红、黄、紫、粉色或复色等。因花型奇特，花色艳丽，叶片光亮，花叶共赏，观赏期长，耐阴性好，适宜室内摆放，深受人们喜爱，成为浙江省生产规模较大的新潮盆花，每年生产量在数十万盆。

一、品种选择

尽量选择适宜于江浙一带种植的优良品种的健壮组培苗。

1. 星类

小型的有小红星、千禧星、小紫星等；中型的有丹尼斯、车厘星、骏马星、平头红等；大型的有朵拉红星、红丽星等。

2. 火炬类

中型的有小火炬、太阳神、三星火炬等；大型的有松果星、法拉火炬等。

二、温室结构

以圆拱顶单层或双层膜覆盖，具外遮阳、内保温系统及湿帘风扇降温系统。框架跨度 7~9m，开间 3m 或 4m，长度 30~40m。

三、小苗和中苗期管理

1. 光照度控制

小苗新上盆 1 个月内或换盆后半个月内光强应控制在 5klx 左右，小苗期光照度应小于 10klx，中苗期光照度不超过 15klx。通过内、外遮阳系统调节光照度。

2. 温度管理

最高温度控制在 30℃，最低温度控制在 15℃，最适温度为白天 25~28℃、夜晚 18~21℃。夏季通过开启通风系统、喷雾系统或水帘风机系统降温，冬季采用加温系统加温。

3. 湿度管理

苗期相对湿度保持在 80%~90%，栽植 1 个月后相对湿度保持在 70%~90%。可通过喷雾及向种植床下方及走道洒水的方法来提高空气湿度。刚上盆的小苗应该紧挨在一起摆放，有利于保证叶丛间的湿度。

4. 水分管理

用于擎天凤梨小苗浇灌水的 γ 应小于 0.2mS/cm，pH 值在 6.0～6.8 之间。植株"叶杯"内必须保持有水分，基质保持湿润但不过湿。选用软水浇灌，最好是收集雨水，如水质不达标的需经过渗透设备处理降低盐分或加酸调低 pH 值后方可使用。

5. 施肥管理

适宜的氮、磷、钾比例为 1:0.25～0.5:1，适当添加镁肥。硼、铜、锌元素对擎天凤梨有毒害，肥料和水中要尽量避免这 3 种元素。种植约 15d 后，施 1 次低浓度叶面肥，浓度为 2000 倍，肥料可选用花多多 9 号等凤梨专用肥。肥液只要浇湿叶面并灌满叶杯即可。

6. 调整间距

换盆后根据植株生长状况，一般到植株叶片开始遮盖旁边植株的心杯时就要调稀植株间距。调稀的标准是邻株间的叶片刚好碰到为适宜。一般生长 2～4 个月就要调整一次植株间距。

四、大苗期管理

1. 日常管理

日常管理与中苗期管理相同。

2. 特殊管理

(1) 光照度适当提高，一般控制在 20klx 以内。

(2) 催花前 1 个月停止施肥。

(3) 催花前 1～2 周停止浇水，到第一次催花前 1～2d 叶杯中无水为最好。

五、催花技术

1. 催花植株所需苗龄

从商品苗（2 次移栽苗）到首次催花的生长期，一般小型品种 8～12 个月、中型品种 15～20 个月、大型品种 24～28 个月。如果是分株苗，因为在母株上已有一定的生长量，所以比 2 次移栽苗的生长期要短 2～6 个月。

2. 催花前准备工作

保持叶杯干净无水，如叶杯中有水的应在前一天先把水倒掉。采用普通工业用瓶装乙炔气，出气口装上多孔分散器，分散器放于水桶底部，桶中放满水，桶口尽量密封，开启乙炔瓶上的阀门，放气于水中（0.5Pa 压力下），一般 500kg 水放气 1h（乙炔气要放得小，放气时以大量微小气泡上升为适宜），待水中有乙炔气味时即可用于催花。

3. 催花主要技术要求

用于催花的水温应为 18～22℃，水温过高的放气前要先加冰冷却。环境温度尽量小于 25℃。催花尽量在早晨太阳升起前进行，如水温、气温较低时可全天进行。用乙炔水灌满叶杯，一般小型品种约 50mL/株、中型品种约 150mL/株、大型品种需 200～300mL/株。催花需进行 3～5 次，根据品种和苗龄决定，小型品种一般催 3 次即可；中型品种苗龄较长的可催 3 次，苗龄较短的要催 4～5 次；大型品种一般催 5 次，两次催花间隔 1～3d。

4. 催花后管理

首次催花后 2 周内不施肥，以后观察到植株有明显催花反应时进入正常施肥程序，适当增加施用硝酸钾的次数。末次催花后 3d 内不浇水，以后等叶杯干后再浇水。适当增加光照。

六、病虫害防治

（一）生理病害

生理病害是由非生物因素引起的，如温度、湿度、光照、通风以及水肥不适宜而造成的植物体内生理失常，常见生理性病害有以下几种：

（1）烧尖。因使用含硼的肥料或灌溉水引起。使用不含硼的肥、水进行浇灌。

（2）缺镁症。主要是肥料中镁含量不足引起。增加肥料中镁含量，叶面喷施硫酸镁。

（3）卷叶卷心。主要由高温低湿导致，或环境温湿度变化太剧烈引起。通过风机、水帘等设施调节棚内温湿度，必要时地面洒水。

（4）烂心烂叶。叶杯中水温过高或叶杯中盐分积累所致。通过风机、水帘降温，冲洗叶杯。

（5）灼伤。多为光照太强造成的灼伤，适当遮阳。

（二）病理病害

由真菌或细菌引起损害茎部、叶片等部位的病害，主要病理病害有基腐病、心腐病、叶腐病、叶斑病、苞腐病。

（1）基腐病、心腐病防治。用 80％代森锰锌可湿性粉剂 600 倍液、70％百菌清可湿性粉剂 800 倍液交替使用。

（2）叶腐病防治。用 80％代森锰锌可湿性粉剂 1000 倍液、70％百菌清可湿性粉剂 800 倍液交替使用。

（3）叶斑病防治。加强通风，降低空气湿度；用 80％代森锰锌可湿性粉剂 1000 倍液、70％甲基硫菌灵 1000 倍液交替使用。

（4）苞腐病防治。用 20％农用链霉素 3000 倍液喷雾防治。

（三）虫害

观赏凤梨栽培中常见虫害有螨虫、蚜虫、蚱蜢、夜蛾。

（1）螨虫防治。清除周围杂草，加强通风；用 40％哒螨灵乳油 1500～2000 倍液喷雾。

（2）蚜虫防治。黄板诱杀。清除棚内杂草、10％吡虫啉 1500 倍液喷雾。

（3）蚱蜢、夜蛾防治。清除棚周围杂草。通风口安装防虫网，修补好大棚破洞。少量发现可立即人工捕捉；或用 20％杀灭菊脂乳油 3000 倍液喷雾。

实训 3-7　观赏凤梨的换盆

一、目的要求

随着花卉植株逐渐长大，需要将花卉由小盆移到较大的盆，通过由小盆移到较大的盆，掌握观赏凤梨换盆的技术要求。

二、材料与用具

观赏凤梨盆栽苗、营养土、空盆、铲子、枝剪、喷壶等。

三、方法步骤

（一）选择相应口径的花盆

应根据凤梨大小选用花盆，要求冠幅多大就选多大口径的花盆。

（二）使用新盆前的技术处理

凡用新盆换盆前，都应先放在清水中浸泡一昼夜，刷洗、晾干后再使用；如使用旧盆，一定要先消毒、杀菌，方法是先将旧盆放在阳光下暴晒 4～5h，喷洒 1% 的福尔马林溶液密闭 1～2h，敞晾 5～6h 再用清水洗净。

（三）花盆底部的处理

上盆前，要先将花盆底部的排水孔用 1～2 块碎盆片盖上，使呈人字形，使排水孔"盖而不堵，挡而不死"，遇到水分过多时能从碎盆片的缝隙中流出去，避免盆内积水造成根系窒息，生长不良或死亡。

（四）正确移植凤梨

换盆时倒出的根系土坨，必须用锋利的花铲削去外层老根，根系表土也要用铲子掘松，否则根系弯曲在盆壁周围不得伸展，容易受旱、涝、寒、热变化的影响，凤梨植株必须放入盆中央，踏实扶正后四周慢慢加入营养土，加到一半时轻轻压实，使植株与土紧密结合。换盆后第一次浇水最好用浸盆法，将盆花放入水盆中，待盆土表面湿润再取出放置。第一次浇水后，要待盆土干到表面发白时再浇，掌握"不干不浇"的原则。

（五）换盆后管理

换盆后的盆花应放在阴凉处，切不可暴晒，要经常向叶面喷水。在此期间，凤梨不能施肥，8d 以后再逐步移回阳光下。

四、实训报告

（1）记录换盆操作步骤。

（2）换盆移栽后管理要注意哪些？

实训 3 - 8　观赏凤梨病害的识别

一、目的要求

能识别观赏凤梨常见侵染性病害和生理病害的典型症状和致病原因。

二、材料与用具

观赏凤梨侵染性病害和生理性病害的病害材料，放大镜、挑针、刀片、滴瓶、载玻片、盖玻片、培养皿、显微镜等。

三、方法步骤

1. 炭疽病

观察炭疽病的症状特点、镜下观察病原菌形态。

2. 叶斑病

观察叶斑病的症状特点、镜下观察病原菌形态。

3. 锈病

观察锈病的症状特点、镜下观察病原菌形态。

4. 生理性病害

观察凤梨常见生理性病害的症状特点，了解其致病原因。

四、实训报告

1. 绘制观察到的凤梨主要侵染性病害的病原菌形态。

2. 简述观察到的凤梨生理性病害症状特点。

思考

1. 观赏凤梨原产在什么地方？
2. 怎样利用乙炔来对观赏凤梨进行催花？
3. 观赏凤梨生产上如何防控"烂心"？
4. 观赏凤梨的叶筒有什么作用？

项目五　仙客来设施栽培技术

任务一　认识仙客来的栽培特性

图 3-7　盆栽仙客来

仙客来（*Cyclamen persicum*），为报春花科仙客来属，别名：萝卜海棠、兔耳花、一品冠（图 3-7）。仙客来为多年生草本花卉，因其有肥大的球茎而被归于球根花卉。仙客来有着很长的栽培历史，经过育种家几百年的努力，现今的仙客来已成为拥有数千品种而深受人们喜爱的花卉，广泛栽培于世界各地。仙客来原产于欧洲南部、亚洲西部、非洲北部环绕地中海沿岸地区。仙客来花形独特，反转上翘的花瓣优雅美丽，丰富多彩的花形花色存托着亭亭玉立的身姿，在一片萧瑟的秋天、万物凋零的冬季、乍暖还寒的春天，仙客来都好不吝啬地绽放着美丽的花朵，为人们带去春天的希望，正是因为其盛花期正值圣诞节、元旦、春节三大节日，深受各国消费者青睐，也是我国重要的年宵礼品盆花，在我国年宵花中一般排位在 5～7 位，为经久不衰的年销盆花。因此，种植仙客来的经济价值很高。

一、仙客来的生物学特性

（一）球茎

　　仙客来最显著的特征的是具有圆形或扁圆形的球茎，仙客来的球茎是从胚轴发展而来变成的地下茎，即种子发芽的过程介于根和球茎在生殖初期为茎之圆球形，随年龄的增长可以呈扁球形或仍呈球形。在仙客来球茎顶部有生长点，生长点上着生叶和花。幼苗期生长点只有一个，随着生长发育，生长点也变多。在仙客来球茎的下部长有粗细两种根，粗根为功能根，起固定支撑作用，细根为营养根，起吸收水分、养分作用。根据种的不同，根系从球茎上生出的方式也不一样，根群可以在基部形成，也可以在侧面和顶部形成。

（二）叶

仙客来的叶是仙客来重要的观赏部分之一，叶片均直接从球茎顶部短缩茎上长出。叶片刚一出现时是向内对折的，随叶片的长大而逐渐张开，变平展，随叶柄的伸长使叶片伸向外层空间。成熟的叶通常多肉而厚，摸上去有肉质感。其叶形、叶色斑纹变化无穷，具有较高的观赏价值。叶色都为绿色，但有的阴暗，有的明亮，有灰绿和白蜡绿色等。

（三）花

仙客来花单生，花梗着生于叶腋间，花梗长一般为 10～20cm，一些用于切花的品种花梗可长达 25cm 以上；花萼上裂，环生于花外，多为绿色；花冠基部闭合生成短筒状，内有多枚雄蕊和一枚雌蕊，着生于花冠基部；花药多为黄色，柱头伸出花冠边缘 1.3mm。仙客来的花在蕾期是向下垂的，花瓣互相包着呈螺旋状，但当花开展时，花瓣紧贴花梗向后反转，上翻下翘，形成兔耳状，因此，俗称兔耳花。仙客来花瓣的颜色有单色和复色两种，开花数量因品种及栽培水平不同而有差异，若养得好，大花形品种开发也能多达百朵。

（四）果和种子

仙客来的果称为蒴果，一般呈球形，蒴果的大小依种而异。蒴果的发育需几周或几个月，首先花冠脱落，然后花梗卷曲，有时可呈螺旋状，卷曲从花梗头开始，一般认为蒴果弯向地面或花梗卷曲是植物保护和扩散种子的一种方法。花梗弯曲后使蒴果隐藏于叶面下，不易为鸟兽发现，而花梗变硬弯向地面，又可使种子被安置在距球茎一定距离的地方。发育着的种子是埋藏在白色果肉中的，种子也是白色的，果实成熟后变成暗褐色，经晒干，变成不规则形状，每个果实中种子数量差异很大，有的十几粒，有的上百粒。

二、仙客来对环境条件的要求

仙客来原产地中海一带，性喜凉爽、湿润及阳光充足的环境，不耐高温与严寒。植物生长和花芽分化的适温为 15～20℃，夏季温度若达到 28～30℃，则植株休眠，达到 35℃以上，则块茎易于腐烂、死亡；冬季温度不得低于 10℃，10℃以下花易凋谢，花色暗淡。仙客来为中日照植物，对日照长度的变化不敏感，生长期喜光但不耐强光，需要充足的光照条件方可开花持久，花色艳丽。生长期空气相对湿度以 70%～75% 为宜。基质要求疏松肥沃、排水良好、富含腐殖质，pH 值为 6.0～6.5。

三、仙客来的常见品种及分级

（一）常见品种

仙客来的品种较多，变异性强，目前栽培品种大部分是由原种仙客来经多年培育改良而来的。仙客来的品种分类至今还没有统一的标准，多以花型作为分类依据。

1. 大花型

大花型通用栽培品种的代表性花型。株型丰满，花大，花瓣全缘、平展、反卷，有单瓣、重瓣、芳香等品种，叶色以浓绿为代表，叶面具斑纹。

2. 平瓣型

平瓣型也称作裂刻瓣型。花瓣深裂，反卷，边缘具细缺刻和波皱，花蕾较尖，花瓣较窄，叶色较浅，叶缘齿状明显。

3. 洛可可型

洛可可型又称灯笼型、皱瓣型。花瓣较宽，不反卷，半开下垂，边缘有波皱和细缺刻，花蕾顶部圆形，具香气，叶色浓绿，叶缘锯齿显著。

4. 皱边型

皱边型为平瓣型和洛可可型的改良花型。花超大，花瓣宽大反卷、边缘波皱至深裂，花瓣反卷。

（二）仙客来分级

仙客来分级标准见表 3-6。

表 3-6　　　　仙客来盆花质量等级划分标准（GB/T 18247.1—2000）

评级项目	等级		
	一级	二级	三级
花盖度	≥70%；花朵分布均匀	50%～69%；花朵分布均匀	<50%；花朵分步较均匀
植株高度/cm	25～30	20～24	20～24
冠幅/cm	30～35	25～30	<25
花蕾数/朵	≥50	35～49	20～34
叶片数/片	≥40	30～39	20～29
花盆尺寸 $\phi\times h$/cm	15×12	12×10	12×10
上市时间	初花	初花	初花

任务二　仙客来的繁殖

仙客来的繁殖方法主要有种子繁殖、分割块茎繁殖、组织培养繁殖等。

一、种子繁殖

仙客来播种时期以 9—10 月为佳，为提早发芽期，播种前可进行浸种催芽，用冷水浸种一昼夜或 30℃温水浸泡 2～3h，然后清洗掉种子表面的黏着液，包在湿布中催芽，保持温度25℃，放置1～2d，待种子稍微萌动即可取出播种。播种用土以壤土、腐叶土及砂土等量混合。以 1.5～2.0cm 的距离点播于浅盆或浅箱中，覆土 0.5～1.0cm 厚，用盆浸法浸透水，上盖玻璃置于 18～20℃约 30～40d 发芽，发芽后及时除去玻璃，放于向阳及通风的地方。

播种苗长出 1 片真叶时，进行第一次分苗，以株距 3～5cm 移入浅盆中，盆土为腐叶土5份、壤土 3份、砂土 2份的比例混合栽植时，使小球顶部与土面相平，幼苗恢复生长时，勿使盆土干燥，保持15～18℃，适当追施氮肥，勿使肥水沾污叶面。当小苗长到3～5片真叶时，移入 10cm 盆中，此时盆土配比改为腐叶土 3份、壤土 2份、砂土 1份，并施入腐熟饼肥和骨粉作为茎肥。3—4 月后，气温逐渐升高，植株发叶增多，生长渐旺，此时应加强水肥管理，尽量保持较低的湿度，防盆土过湿，以免球根腐烂。9月定植20cm盆中，球根可露出土面 1/3 左右，盆土同前，但需增施追肥，多以磷钾肥为主。11 月花蕾出现后停止追肥，12 月初花，至次年 2 月可达盛花期。从播种到开花需 13～15 个月。

二、分割块茎繁殖

选生长健壮、充实肥大的块茎，于花后 1～2 个月进行分割，适期为 5—6 月，首先调节盆土内土壤湿度。因为在正常栽培条件下进行分割，切口要不断分泌汁液，妨碍不定芽的形成，而且容易导致腐败，所以必须降低土壤湿度，以抑制伤流。

先将块茎上部切除，厚度约为块茎的 1/3，然后作放射状（多用于块茎直径 4cm 以下）或棋盘状（直径 4cm 以上）纵切，深度以不伤根部为度。分割后立即用塑料膜将盆罩好，置于 30℃高温下进行熟化处理，至伤口形成周皮为止，大约需要 12d。然后降温至 20℃，促使形成不定芽，这期间（3～4 周）管理的要点是保持分割时的土壤湿度。可在分割时连盆称重，以后每隔 2～3d 补足失去的水分重量。分割后约 70～80d，各切块形成不定芽，再降低温度，使最低温度为 15℃，逐渐使之适应环境。土壤湿度自不定芽开始形成（约分割后 5 周），逐渐增加给水量，促进根系活动，并每周追施液肥 1 次。分割约 100d 后基本形成再生植株，便可移盆，也可继续培养 100d，待植株充分生长时再上盆。分割后 11～14 个月开花。

三、组织培养繁殖

仙客来组织培养繁殖可采用幼苗子叶、幼茎、花蕊、块茎、叶片等作为外植体，一般从一二年生幼株上采集，其中以块茎作为外植体最易诱导产生幼茎。以块茎为外植体可选用 MS 培养基，以 MS＋3.0 mg/L 6－BA＋0.1mg/L NAA 为诱导培养基，以 1/2MS＋0.3mg/L NAA 为生根培养基，培养温度控制在 24±1℃，光照度控制在 10～15klx，每日光照时间为 10～12h，相对湿度保持在 70％左右。将生根较好的瓶苗放入温室内，先打开瓶盖，等瓶内外空气互换之后盖上，但不需拧紧，散射光下 3～5d 后，去掉瓶盖逐天增加光照，一般 4～5d。炼苗结束后，取出小苗，移栽入泥炭∶蛭石∶珍珠岩＝5∶3∶2 的基质中，从仙客来的外植体接种到形成 1 株完整的小植株，约需要 3.5 个月。

任务三　仙客来的设施栽培

一、品种选择

只有选用优良品种，才能培育出优质花苗和高质量的盆花。仙客来的园艺品种分类，尚没有引起重视，至今没有统一标准，仅根据仙客来的花色、花形等外观特征加以区分。以花的大小可分为大花形、中花形和微形三种。以花的颜色可分为红色系、桃红系、白色系和镶边系四种。但无论哪种类型，优良的仙客来品种都应具备下列条件：种性纯正，形态优美；花色鲜艳，花茎粗壮；花多叶茂，株形优雅；抗病性强，长势健壮。国内市场以玫瑰红、鲜红和深鲜桃红销势较好。浅色的桃红、白色和镶边的只作搭配品种。

二、苗期管理

1. 换盘

当长出第 1 片真叶后，即可换盘，即把在 128 孔或 288 孔播种盘中长出第一真叶的幼苗移到 50 孔或 72 孔育苗盘中。换盘工作不能过迟，否则会影响仙客来的生长和发育，换盘后要立即浇透水，保持基质湿润。缓苗期置于弱光处，待恢复生长后，逐渐增加光照，加强通风，温度以 15～18℃ 为宜。幼苗在前期不需要施肥，当长出 2～3 片真叶后，追施适量氮肥，施肥后洒 1 次清水清洁叶片，保持盆土湿润。当成苗有 4～6 片真叶时，应采用微喷、根部施水等节水栽培技术，以利于植株根系的生长，为上盆做准备。为达到仙客来壮苗标准，苗期应注意将温度控制在 16～18℃，通过遮阳和通风加以调节；可用少喷水的方法将相对湿度从 95％ 降到 85％，注意施肥；及时施用药剂防治病害等。

2. 上盆

当幼苗长出 8～10 片真叶时，要及时上盆。迷你型系列在播种后 10 周，当植株有 3～5 片叶，可直接上盆。大花型的用 16～18cm、中花型的用 14～16cm、小花型的用 10～12cm 的塑料盆较适宜。

上盆前要对温室做杀菌消毒处理，彻底熏棚，保证温室周围环境无病虫害传染源。上盆基质要求严格，既透水性好、疏松，又要富含腐殖质、营养丰富，pH 值为 6.0 左右。良好的基质不但有利于扎根，对初期生长尤为有利，更有利于以后的生长发育乃至开花，还可以避免为病害所累。上盆时要求种球要露出土面 1/2～1/3，使生长点暴露在外，促使植株健康成长。仙客来的趋光性较大，应每隔 20d 转动一次盆的方向，使株型保持端正，当盆间的叶片出现拥挤时，应及时调整盆的间距。

3. 换盆

当根系已盘满盆边，盆底孔有白根出现时，就应当进行换盆。基质与移苗相同，换盆前盆底加一层煤渣或粗土，以利排水，上面加一层已配好的基质，然后将苗连同基质一起从小盆中脱出，尽量不使基质脱落，并将其放入大盆正中，再将基质往盆边填满，使土面离盆口 1cm，留出浇水空间，轻轻摇匀表土，并使球茎露出土面 1/3。换盆后浇透水，以 18～20cm 间距排放在台架上，棚顶盖上 70％ 遮阳率的遮阳网，一星期后转入正常管理。

三、越夏管理

仙客来性喜凉爽，南方地区夏季炎热高温，越夏成为栽培过程中最为关键的时期。越夏前进行炼苗，控制 N 肥用量，多施 P、K 肥，适当控水，增强植株抗逆性。采用遮阳网、风机、湿帘、通风、喷雾等降温措施，有效控制棚内温度。有条件的地区可以将仙客来置于高山冷凉处越夏，通过高山越夏的仙客来盆花质量较好，花期较早，销售价格较高，因此，能获得较好的经济效益。

四、花期管理

入秋后天气转凉仙客来开始恢复生长，迎来第二个生长高峰，并由营养生长逐渐向生殖生长转化。此阶段需逐步增加浇水量，施薄肥。浇水掌握"见干见湿，浇则浇透"的原则，时间以上午为佳。仙客来转入生殖生长后，需要比平时更加充足的光照，因此要及时调整花盆间距，并转动方向，使植株得到充分的光照。此时还应对株型进行调整，按照需要调整叶片方向、位置或摘除叶片。温度白天控制在 20～25℃，夜间控制在 15～25℃。空气相对湿度白天控制在 60％～70％，夜间控制在 75％～85％。

五、病虫害防治

栽培前期注意做好土壤消毒工作，避免感染种球。较易出现的病害有枯萎病、灰霉病、软腐病、炭疽病等，主要防治措施是：加强通风，相对湿度控制在 60％～70％，喷施多菌灵等广谱性杀菌剂，发现感染叶片、花朵，及时剪除并销毁。常见虫害有根结线虫、蚜虫、红蜘蛛和卷叶蛾，种植前对基质进行消毒处理可有效避免根结线虫病，其他虫害可用阿维菌素等药剂喷杀。

实例 3-6 仙客来优质栽培

仙客来原产于地中海沿岸，喜凉爽、湿润、阳光充足的环境，因此在潮湿、炎热的南方地区种植较困难。金华市农业科学研究所王轶于 2010 年月将德国马克仙客来引种至浙江金华，在装有湿帘的温室大棚内种植，并获得了成功。其主要栽培和管理技术如下。

一、培养土的配置

栽培基质的好坏直接关系到仙客来品质。仙客来根系生长缓慢，应选用疏松、透气性好的材料作为栽培基质。目前生产上常用的基质材料有加拿大进口泥炭苔、国产优质东北泥炭、珍珠岩、蛭石、椰糠、糠灰等。常用配比如下：①加拿大泥炭苔∶珍珠岩∶蛭石＝6∶3∶1 或 6∶3∶2；②东北泥炭∶珍珠岩∶蛭石＝6∶3∶1 或 6∶3∶2；③东北泥炭∶珍珠岩∶椰糠＝6∶2∶2；④东北泥炭∶珍珠岩∶糠灰＝6∶3∶1。进口泥炭添加了适量营养元素，pH 值和 γ 已调整，并经高温消毒，可直接使用，栽培效果好，但成本偏高；国产泥炭良莠不齐，最好选用纤维长、灰分少的泥炭，且需经过粉碎。金华农科所采用了加拿大泥炭苔∶珍珠岩∶蛭石＝6∶3∶1 和东北泥炭∶珍珠岩∶蛭石＝6∶3∶1 这两种基质配方进行对比试验。

二、上盆后的管理

1. 浇水

上盆初期，要用顶部上喷浇水方式进行灌溉，最佳方法是微喷。上盆 15d 内只需微喷保湿，球根必须保持湿润，以防基质表面板结，影响底部根系发育。在上盆后 15～20d 便可开始浇水，使根和基质完全浸透，水流出花盆。注意基质中不能含水过多，否则叶片会徒长。浇水要少量多次，球根要始终保持湿润，并随时采用定时定量施肥的方法对植株的生长发育进行精确的调控，浇水和施肥可同时进行。当小苗长出真叶以后，降低基质湿度，减少浇水量，以防止徒长。

2. 追肥

用轻质基质栽培仙客来，因栽培基质本身并无肥力，在施肥管理中通常结合浇水施肥或进行叶面追肥。仙客来不同生长发育阶段对肥料种类和浓度的要求差异较大，配制液肥的原则是无沉淀，夏前、夏季、秋季的复合液肥氮∶磷∶钾比例依次为 1∶0.5∶1、1∶0.7∶2 和 1∶1∶2，各时期氮磷钾总含量 40％～60％的复合肥施用倍数和施肥频率见表 3-7。

表 3-7 　　　　　　　　　仙客来不同时期的追肥情况

时间	氮∶磷∶钾	复合肥施用倍数	施肥频率/(d/次)
夏前	1∶0.5∶1	1000～20000	5～7
夏季	1∶0.7∶2	2000～3000	7～10
秋季	1∶1∶2	1000	7

注　表中复合肥指氮磷钾总含量 40％～60％的复合肥。

3. 病虫害防治

仙客来的主要病害有细菌性软腐病、枯萎病、灰霉病、病毒病等，虫害主要有螨虫、根结线虫、蚜虫等，具体病症及防治措施见表 3-8。

表 3-8 仙客来主要病虫害防治

种类	病虫名称	症状	防治措施
病害	细菌性软腐病	多发生在叶柄和球茎部。发病初期近地表处的叶柄和花梗呈水渍状，进而变褐色软腐，导致整株萎蔫枯死，球茎腐烂发臭，病部有白色发黏菌溢	进行种子及土壤消毒，加大花盆间距离，加强通气，降低环境温、湿度，同时喷施农用链霉素可溶性粉剂 3000 倍液，7d/次
	灰霉病	危害叶、茎和花。叶片发病，叶缘呈水渍状斑纹，后蔓延至全叶，造成全叶变褐干枯或腐烂；叶柄和花梗受害后，发生水渍状腐烂，并有灰霉；花瓣感染后，其上产生深色斑点	①加强通风，降低温度；②及时摘除底部烂叶及盆表面的腐败叶；③发病初期可用 50%腐霉利可湿性粉剂 1500 倍、50%异菌脲可湿性粉剂 1000 倍防治
	枯萎病	初期植株距地面近的部分叶片稍黄化，继而黄化叶片增多，逐渐向上蔓延，除顶端数叶完好外，其余均枯死。剥开块茎，维管束变褐	发病初期可用 50%多菌灵 800 倍、50%立枯灵 1000 倍、70%甲基硫菌灵 1000 倍喷雾。或用 50%根腐宁 1000 倍灌根
	病毒病	先在新叶上表现出病症，叶片皱缩、畸形，出现不规则的失绿斑纹，变小变脆；花梗生长缓慢，花畸形。主要通过种子带毒和蚜虫、蓟马传播	①选择优良不带毒种子，或对种子进行脱毒处理；②生育期内，及早防治蚜虫、蓟马的危害；③用病毒灵进行防治
虫害	螨虫	多寄生于球茎、叶、花蕾处吸食汁液，使叶组织变形，生长发育停止，形成畸形叶、花叶或不开花	用 40%哒螨灵 1500～1000 倍液、73%炔螨特乳油 2000 倍液喷杀，连喷 2～3 遍
	根结线虫	侵害球茎、根系。在球茎上形成直径 1～2cm 的瘤状物，根上的瘤较小，初为淡黄色，表皮光滑，后变褐色，表皮粗糙。切开根瘤，在切片上可见有发亮的白色点粒，为雌虫体。地上植株矮小，叶色发黄，严重时叶片枯死	①加强检疫；②用二溴氯丙烷或克线磷处理土壤；③将染病球茎在 46.6℃的水中浸泡 60min 或在 48.9℃水中浸泡 30min；④与禾本科植物轮作，间隔 2～3 年；可用阿维菌素灌根
	蚜虫	寄生于幼叶、花蕾处，吸取汁液。危害严重时，植株发育不良。可传播病毒病，其分泌物可引起煤污病的发生	用 10%吡虫啉 1500～2500 倍液、10%一遍净 2500 倍液喷杀

4. 越夏管理

越夏管理是仙客来栽培种最大的技术难关。金华地区夏季 6 月下旬到 9 月上旬为高温期，这段时间普通塑料大棚内温度可达 47℃。由于仙客来不耐高温，这一时期高温会使仙客来的各种生理机能严重受阻，本能地进入自我保护状态，如生长速度明显缓慢，叶片枯黄，甚至脱落、休眠。为使仙客来能在花卉销售旺季的元旦和春节开花，需在环境控制能力较强的温室中抑制夏季休眠，金华地区夏季仙客来生产，主要通过湿帘和风机来强制降温。中午光线较强时，还利用 2 层 50%～70%遮光率的遮阳网，达到降温和减少光照的目的。一般在晴天 8：00—8：30 先遮盖 1 层，9：30—10：00 再遮盖第 2 层，15：30—16：00 揭去 1 层，16：30—17：00 再揭去第 2 层。阴雨天不可覆盖遮阳网。仙客来喜光照充足的环境，切勿因降温过多遮阴。否则易导致植株徒长、抗性减弱、株型散乱。

三、花期养护

1. 日常管理

仙客来开花期白天温度控制在 20～25℃之间，夜间控制在 15℃左右，当夜间温度低于

15℃时启动加温设备升温。光照度保持在 25～35klx。冬季给予充足的光照，促进花蕾生长发育，避免阳光不足而徒长，同时还要使植株受光均匀，株型美观端正。相对湿度保持在50％～65％，基质 pH 值保持在 6.0～7.0，γ 控制在 1.5～1.8mS/cm 之间。

2. 整叶整形

仙客来是喜光植物，应对其进行整枝整形，以防叶群大量出现时，叶片相互重叠影响光照，从而导致花蕾无法正常开花，花朵显色不足，叶片增数慢。方法为：将叶柄长的叶片轻拉至植株最外侧，把叶片压平展，叶柄短的叶片在内侧，尽量使叶片向外拉压，使其从下而上形成层次，并使植株中心球根露出以接受光照。通常 9 月后开始整形拉叶，到植株开花共进行 3～4 次。开花至上市这一阶段也要适当整叶，以保持盆花株型优美。结合整叶，可摘除病叶、弱叶以及过早出现的花蕾。

四、总结

仙客来品种繁多、花型独特、花色艳丽、叶片美观大方、观赏期长，深受人们喜爱。由浙江仙客来的种植呈现上升趋势，特别以浙江森禾种业股份有限公司为代表的生产大户带动了当地不少种植小农户的发展。20 世纪末以来，由于商家不断竞争，价格虽不断下跌，但销售量却在不断上升，这说明仙客来越来越大众化，越来越被人们所接受。

实训 3-9　仙客来穴盘苗培育

一、目的要求

掌握仙客来穴盘苗的管理，尤其是壮苗的培育技术。

二、材料与用具

刚出土的仙客来幼苗，育苗基质、肥料、农药、穴盘等。

三、方法步骤

1. 检查

穴盘进入温室后及时检查幼苗，当发现有戴帽出土的幼苗后可进行人工脱帽，但要防止损伤子叶，发现霉烂幼苗应及时清除，清除后用 600～1000 倍液细菌清处理霉烂幼苗周围，防止病害蔓延。

2. 分苗

当幼苗第 3 片真叶开始伸展时即可进行分苗。分苗一般采用 72 穴或 50 穴的穴盘。分苗前要对分苗场地进行消毒处理，预防幼苗感染致病。

（1）基质选择。可选用专业的育苗基质，也可用泥炭：蛭石以 6∶4 比例混合后使用。

（2）装盘。基质装盘应松紧适宜，保证将基质平铺在穴盘中将穴盘孔填满不可用力压之。

（3）移植。将幼苗从穴盘中取出，操作时要尽量少伤根，不散土包，防止损伤叶片和种球。分苗时要对幼苗分级，同一级别的幼苗在同一穴盘内。同一穴盘的幼苗子叶方向一致，保持幼苗在穴盘孔正中，减少幼苗间的相互遮阴，分苗深度以基质盖住种球，浇水后种球似露非露为宜。过深影响苗的发育，过浅种球露出部分易老化。穴盘摆放时要品种、分级别统一摆放，穴盘摆放应平整紧密，便于管理，使幼苗生长一致。

3. 分苗后的管理

（1）肥水管理。分苗后应马上浇水，随水施入广谱性杀菌剂，浓度视农药种类而定。为促进根系发芽，可用 N、P、K 按 12：45：10 比例配制幼苗促根肥，浓度 2000～3000 倍，使用 1～2 次。浇水应均匀一致，避免幼苗因水分不足而生长不匀。

（2）湿度管理。分苗后空气湿度保持在 85％左右，缓苗后控制在 60％～80％。

（3）光照度。分苗 1 周内遮阳，促进缓苗，之后逐渐将光照度控制在 1.5～2klx。

（4）温度。缓苗期温度控制在 20℃左右，缓苗后温度可控制在 15～20℃，尽量增加昼夜温差，促进种苗球茎增大，培育壮苗。

（5）病虫害防治。温室通风处应安装防虫网，室内悬挂黄板，加强对蓟马、蚜虫等的防治。对病害防治要从环境控制入手，严格按标准调整室内的环境条件，定期对温室环境喷施广谱性杀菌剂，并且交替使用，防止产生抗药性。

四、作业

（1）简述仙客来穴盘育苗的优点？

（2）仙客来壮苗如何培养？

实训 3－10 仙客来的越夏管理

一、目的要求

仙客来在南方地区栽培，夏季高温高湿的气候条件很不利，因此掌握仙客来的越夏管理技术十分必要。

二、材料与用具

仙客来盆苗。

三、方法步骤

1. 筛选优良高抗仙客来品种

通过筛选抗高温高湿的仙客来品种，增强仙客来种苗的质量和抗性。

2. 温度调节

白天利用湿帘和风机来强制降温；中午采取二层遮阳网达到遮阳降温的措施；晚上打开天窗和边窗通风降温。通过上述措施，温度可控制在 25～30℃左右。

3. 湿度调节

浇水量不能过大，基质湿润即可；傍晚浇水，浇完后开窗通风，降低空气湿度；浇水量掌握见干见湿原则。

4. 合理施肥

从 6 月开始，"以控为主"，8 月下旬可以恢复施肥，适当增施磷钾肥，控制氮肥，肥料溶液的具体配方是：使用 N：P：K 比例为 7：11：27 和 15：15：30 的仙客来专用肥，浓度为 2000 倍，2 种配方的肥料轮换与清水交替施用，采取一次肥水和一次清水。

5. 病虫害防治

"以防为主，防治结合"。每半月用 70％ 3000 倍农用链霉素防治仙客来软腐病；1500 倍施保功两次防治仙客来炭疽病；1000 倍绿卡防治鳞翅目幼虫；1500 倍品杰防治蓟马危害；1500 倍高锡螨防治螨虫一次；及时去除老叶、病叶及残花。

四、实训报告

（1）为什么要对仙客来进行越夏管理？

（2）仙客来越夏的温湿度如何管理？

思考

1. 仙客来为何被称为"兔耳花"？

2. 试述仙客来夏季栽培的技术要点。

3. 仙客来为球根花卉，但为何用种子繁殖？

4. 仙客来常见的病害有哪些？如何防治？

项目六 一品红设施栽培技术

任务一 认识一品红的栽培特性

一品红（*Euphorbia pulcherrima*），为大戟科大戟属，别名：圣诞红、猩猩木、象牙红、老来娇、圣诞花（图 3-8）。一品红植株顶部一层大苞片叶鲜红而艳丽，美如花朵，故名。一品红原产墨西哥地区，是冬季和春季重要的盆花和切花材料，苞片变色期较长，一般能持续 4～5 个月，花色艳丽，是圣诞节、元旦、春节期间重要的室内外观赏盆花，盆栽布置室内环境可增加喜庆气氛，极受百姓喜爱。也适宜布置会议等公共场所。南方暖地可露地栽培，美化庭园，也可作切花，是著名的在圣诞节用来摆设的红色花卉。

图 3-8 盆栽一品红

一、一品红的生物学特性

一品红属常绿灌木，株高 1～3m，植株各部分具白色乳汁；茎光滑有分枝，嫩枝绿色，草质，老枝淡棕色，木质化；单叶互生，全缘或具提琴状浅裂，背有柔毛，呈卵形、椭圆形至披针形，先端渐尖，绿色，长 10～15cm；杯状聚伞花序在枝顶陆续形成，每一花序只具一枚雄蕊，总苞淡绿色，有黄色腺体，下方具一大形鲜红色的花瓣状总苞片，是观赏的主要部分；自然花期 11 月至翌年 3 月；有重瓣和单瓣之分，重瓣者除苞片变红外，其小花也变成花瓣状，直立向上，簇拥成团。由于嫩枝近花处生出十多枚朱红色叶，因此常被误认为花苞，红绿相衬，老而转红，大红冠顶，故有老来娇、圣诞红等名；染色体 $2n=28$；

果实为蒴果，种子常3粒，体大，椭圆形，褐色，9—10月成熟。在一品红的栽培品种中，苞叶的颜色有几种，主要有红、白、粉及复色的苞叶。

二、一品红对环境条件的要求

一品红原产于墨西哥和中美洲地区。我国的海南、广东、福建、云南、四川西昌等地可露地栽培。一品红喜温暖湿润的气候，不耐寒，更怕霜冻，不耐旱、涝。最低温度不能低于5℃，适宜生长温度为18～29℃。12℃以下即停止生长，35℃以上则生长缓慢甚至停止生长；喜光，要求光照充足；对土壤要求不严，但以微酸性（pH＝6.0）排水良好、通透性强的疏松、肥沃砂质壤土为好；如果气温低于10℃时要控制浇水量，保持土壤略为干燥，并给予充足光照，特别是在花期前后，一品红对土壤湿度的要求特别严格，土壤过干或过湿都会引起大量落叶，甚至成为仅留红色苞叶的光杆，这样会严重影响一品红的观赏价值。

一品红为短日照植物，在日照10h左右，温度高于18℃的条件下开花。一品红花芽分化适温为15～19℃，低于15℃不能进行花芽分化。花蕾发育适温15～19℃。在自然光照条件下，一品红一般于10月下旬起进行花芽分化，12月下旬开始陆续开花。

三、一品红的常见品种及分级

（一）常见品种

市场上流行的一品红品种，多达近百个，品种之间的特性各不相同，大致归纳为下列几个类别：

（1）一品红。顶端苞叶为红色。常见品种：天鹅绒、金奖、旗帜、千禧、红星等。

（2）一品白。特点是顶部苞叶为白色。常见品种：白星、持久系列白色、彼得系列白色等。

（3）一品粉。特点是顶部苞叶为粉红色。常见品种：玛伦、自由系列粉色等。

（4）重瓣一品红。本种的雄蕊雌蕊均退化，总苞上着生多层红色苞片，叶较单瓣种的阔而短，观赏价值较高。常见品种：亨里埃塔·埃克等。

（5）双色一品红。苞片两色，对比鲜明。常见品种：爱旺歌德等。

（6）垂枝一品红。枝条下垂弯曲。

（二）一品红分级

一品红分级标准见表3-9。

表3-9　　　一品红（2年生）盆花质量等级划分标准（GB/T 18247.1—2000）

评级项目	等级		
	一级	二级	三级
花盖度	≥90%；花朵分布均匀	75%～89%；花朵分布均匀	65%～74%；花朵分步较均匀
植株高度/cm	40～45	35～39	＜35
冠幅/cm	40～50	35～40	＜35
花盆尺寸 $\phi \times h/(cm \times cm)$	24×20	20×18	20×18
上市时间	苞片显色时	苞片显色时	苞片显色时

注　形态特征：灌木，茎直立光滑。单叶互生，全缘。花序多数，顶生，下具12～15枚披针形苞片，有红、粉红、黄、白等色；花小，无花被，着生于淡绿色、坛状总苞内，总苞边缘齿状分裂。花期11月至翌年3月。

任务二 一品红的繁殖

一品红繁殖以扦插为主。用老枝、嫩枝均可扦插，但枝条过嫩则难以成活。一般多选择健壮的一年生枝条，剪取长 6～8cm 作插穗。为了避免乳汁流出，剪后立即浸入水中或沾草木灰，待插穗稍晾干后即可插入排水良好的基质中，扦插基质要有良好的透气性，透气性越好，越有利于促进生根。基质要经过严格消毒，保证清洁无菌。插穗插入介质的深度不超过 2.5cm，确保插穗与介质接触良好，并使每一插穗的生长点不被遮盖。土面留 2～3 个芽，保持湿润并稍遮阴。在 21～25℃ 左右温度下 2～3 周可生根，再经约两周可上盆种植或移植。

任务三 一品红的设施栽培

一、制定计划

一品红是消费市场季节性很强的高档花卉，为了取得最好的经济效益，应根据国庆、圣诞、春节等喜庆节日安排生产，制定计划。

二、品种选择

一品红种植品种要求适合当地气候，抗病性好，易管理，株型紧凑苞片色彩鲜艳。同时符合当地市场需求及消费人群喜好。

三、基质准备

栽培基质是一品红生产的重要方面，基质选择得好，植株生长良好，病害少，易于管理；否则生长缓慢瘦弱，容易感染病虫害。一品红的栽培基质应具有结构稳定、疏松透气、排水性良好、不含有毒物质并能固定植株等特征，γ 低于 0.5 mS/cm，pH 值保持 5.5～6.5 之间。基质 pH 值是影响微量元素有效性的关键因素，pH 值太高会降低铁、锰、锌的有效性，太低则影响钙、镁、钼的有效性。当 pH 值不适宜时，人为调节 pH 值至适宜范围。较好的基质为以泥炭为主，加入珍珠岩、蛭石、陶粒、木屑、树皮或砂当中的一种或几种物质的混合基质。

四、上盆

扦插成活后，上 10cm 盆，随着植株生长换 17cm 盆，每年萌发新梢后换盆。一品红的根系对光敏感，要选择不透光的白色或红色盆。上盆时间根据销售季节和品种特性推算，上盆前对温室苗床清理消毒，上盆时将带有育苗基质的扦插苗轻轻栽入盆内，不宜太深，以盖上原种苗基质1cm为宜。上盆后稍遮阴，适时在室内喷雾或洒水以增加空气相对湿度，使相对湿度保持在80%以上，日温控制在 28～30℃，夜温 23℃，持续两周，以后逐渐降低温度，减小湿度。

五、生长期管理

（一）温湿度管理

上盆 8～14d 后，根系达盆底，相对湿度可以降低至 60%～70%。此时温度根据品种不同，日温降至 28℃ 以下，夜温可降低到 20℃。之后逐渐降低温度，并缩小昼夜温差。昼夜温差大，节间长度长；温差小，植株变矮，节间缩短。出售前，相对低温可以增加苞片的色彩。

（二）肥水管理

生长期需水量大，应经常浇水以保持土壤湿润，但水分过多易引起根腐。一品红既怕干旱又怕水涝，浇水要注意干湿适度，防止过干或过湿，否则会造成植株下部叶片发黄脱落，或枝条生长不匀称。一般浇水原则是表土的 1/3 干了就应浇水。一品红生长期需肥量较大，稍有施肥不当或肥料供应不足，就会影响花的品质。其中尤以氮肥需求最多，但不耐浓肥。要掌握"勤施薄施"的原则。出售前一个月减少肥料用量。

（三）整形控高

生长期视分枝及生长情况摘心 1～2 次，必要时可达到 3～4 次，以促进侧枝生长。当根系长至盆底时可以摘心，一般留 5～8 个叶片，第一级侧枝各保留下部 3～4 个芽，剪去上面部分，一般整株保留 6～10 个芽即可，其他新芽全部抹去。之后视植株整齐度、丰满度进行二次摘心。株高是决定一品红外观品质优良与否的重要条件，其最佳感官平衡高度为盆高的 1.2～2.0 倍范围之内。为达到上述要求通常采用矮化剂控制高度，常用矮化剂有 B_9、CCC，CCC 通常适合使用浓度在 $1000 \times 10^{-6} \sim 2000 \times 10^{-6}$，整株喷施。$B_9$ 通常与 CCC 混合使用，CCC 使用浓度为 $500 \times 10^{-6} \sim 1000 \times 10^{-6}$，$B_9$ 的使用浓度为 $1500 \times 10^{-6} \sim 3000 \times 10^{-6}$。小苗移栽到摘心前一般不用，营养生长阶段以摘心两周后使用，花芽分化阶段一般不使用。

六、病虫害防治

一品红在温室栽培过程中易感染灰霉病、根腐病、茎腐病、叶斑病等病害，虫害主要有粉虱、叶螨、蓟马等。可用 75％百菌清或 50％多菌灵 500 倍液喷洒，预防病害发生。害虫可用阿维菌素和吡虫啉防治。根本途径是采用经充分消毒的无土混合基质，合理控制植株密度，平时注意增加大棚通风透气性，降低空气湿度，一旦发现病株立即移至通风透气良好的环境中加以隔离。

七、花期调控

短日照处理是控制花期的必要措施。在预计供花前 3 个月控制日照，及时进行人工遮光或补光，使白天的日照时数达到 9～10h/d，以满足花芽分化对短日照的要求。遮光处理应注意几点：一是遮光必须严密，不能漏光；二是处理不得间断，否则前期处理无效；三是夜温超过 24℃，需通风降温。

实例 3-7 一品红设施栽培技术

浙江省绍兴市农业学校的刘柏炎根据浙江省的气候特点总结了适合一品红生产的设施栽培技术，主要如下。

一、栽培设施

一品红喜光照充足、温暖湿润的环境，不耐阴，也不耐寒，10℃以下便落叶休眠。因而，一品红必须在设施下栽培，不能在露天淋雨及全光照，否则品质不能得到保证，甚至无法成功生产。我国目前专业化的一品红生产多在玻璃温室内或塑料连栋温室内进行，以保证质量和按期上市，温室生产容易控制环境因子，适于生产高品质一品红。

二、品种选择

一品红主要根据苞片颜色进行分类。目前栽培的主要园艺变种有一品白、一品粉和重瓣一品红，观赏价值最高，在市场上最受欢迎的是重瓣一品红，受欢迎的品种如：自由

(Freedom)、彼得之星（Peterstar）、自由玫红（Freedom Rose Red）、红星（Red Eft）、千禧（MiUennium）、诺娃（Nova Red）等。

三、栽培管理

（一）定植

扦插成活后，应及时上盆。开始时可上 5～6cm 小盆，随着植株长大，可定植于 15～20cm 的盆中。为了增大盆径，可以 2～3 株苗定植在较大的盆中，当年就能形成大规模的盆花。盆土用酸性混合基质为好，上盆后浇足水放置于遮阴处，10d 后再给予充足的光照。

（二）肥水管理

一品红定植初期叶片较少，浇水要适量。随着叶片增多和气温增高，需水逐渐增多，不能使盆土干燥，否则叶片枯焦脱落。一品红的生长周期短，且生长量大，从购买种苗到成品出货只需 100～120d，对肥料的需求量大，稍有施肥不当或肥料供应不足，就会影响花的品质，生长季节每 10～15d 施 1 次稀薄的腐熟液肥。当叶色淡绿、叶片较薄时施肥尤为重要，但肥水也不宜过多，以免引起徒长，影响植株的形态。氮素化肥前期用铵态氮，花芽分化至开花以硝态氮为主。

（三）高度控制

一品红的高度控制一直是一品红栽培的一个难点。要生产出完美的、达到国际标准的一品红（冠：高大于 1：1.3），必须进行高度控制。一品红的高度除受品种、温度、相对湿度及光强等环境因素的影响外，灌溉方式、栽培预留空间及种植时间安排也会对一品红的高度产生重要的影响。在生产过程中，应首先尝试通过控制环境和利用不同的栽培方式来控制一品红的高度，如预留足够的空间、给予充足的光照、降低昼夜温差等。在使用生长抑制剂进行控制时，应依生长环境和不同的生长阶段而定，如小苗移栽到打顶前一般不需要生长调节剂，营养生长阶段施用时间以打顶后 2 周为宜，花芽分化阶段不提倡使用。常用的生长抑制剂有 CCC、B_9 和 PP_{333}。生长抑制剂的使用方法有 2 种：灌根或叶面喷洒。在植株的高度调整过程中，灌根的方法效果较好，但与叶面喷洒相比，材料成本高一些。灌根应在早期应用，进入花芽分化并发育后就不能再用，否则影响苞片的扩大和形状。用 CCC 和 B_9 混合喷施叶面比单独使用该 2 种调节剂更有效。在自然条件下，花芽分化大约在 10 月，应在花芽分化前使用，浓度约为 1000～2000mg/L。多效唑（PP_{333}）的效果也十分显著，叶面喷施的适宜浓度为 16～63mg/L。使用生长调节剂以后，植株应遮阴 1d。

（四）病虫害防治

一品红盆花设施栽培的主要病害有根腐病、茎腐病、灰霉病和细菌性叶斑病。根腐病和茎腐病的防治用甲霜灵·锰锌或恶霉灵，在定植时浇灌，灰霉病的防治可以用嘧霉胺、戊唑醇、腐霉利，细菌性叶斑病用含铜杀菌剂防治。主要虫害有粉虱、蓟马等，可用吡虫啉、噻虫嗪等防治。

实例 3-8 杭州一品红高山越夏栽培

一、生产条件

（一）立地条件

选择海拔 700～1200m 山区。要求交通方便、水电齐全、光照充足。水质 γ 应小于

0.2mS/cm，pH 值为 6.0～6.8。

（二）设施要求

采用以镀锌钢管构建的单体大棚，跨度 6～8m，长度 30～40m。降温系统：推荐采用雾化降温机或循环通风扇降温。遮光系统：用黑布或黑色塑料等安装成活动式。

二、栽培管理技术

（一）上山前的准备

1. 品种选择

选择植株健壮、株型紧凑、抗病性强、耐热性好、易于管理、适应性广、苞片大、色彩鲜艳，适宜高山气候栽培种植的品种。可选择进口种苗或国内种苗公司生产的：中国红、金奖、喜庆红、福星、彼得之星等。

2. 优质苗、盆具、基质准备

选择生长健壮，无病虫害，根系发育良好，根系多，苗高适中、健壮，叶片完整、平展、无畸形、无损伤、无黄化的优质苗。然后选用壁较厚、颜色较深、不透光的盆具。盆的规格按所栽培植株的高度和株型大小要求而定。基质应具有保水、透气、排水良好的特性（如泥炭：珍珠岩：蛭石为 7：2：1）。pH 值为 5.5～6.5。用必速灭与基质按照一定比例混合均匀（1m³ 基质加入 50g 左右必速灭），用塑料薄膜密封 7～15d。

3. 上盆

种苗由穴盘移入栽培容器时，基质湿度保持在 80％左右，孔穴中取出种苗，保持根团完整。容器中先装入栽培基质，将幼苗放于容器正中，四周填满基质，栽植深度与原根茎部位相同，使基质距盆沿 2～3cm，浇透水。通常 5 月中旬至 6 月中旬通过装运转入山区培育。

（二）上山后管理

1. 摆放密度

苗期由于株形较小，可采用盆靠盆并列摆放；进入中苗以后，一品红生长较快，应及时增大其株行距，摆放的密度应以植株间的叶片不相互交接为标准。

2. 光照度

一品红是全光照植物。在温度适合时，营养生长季节需要光照度为 40～60klx。

3. 温湿度

温度控制在 20～25℃之间。可通过打开遮光网、开启大棚边膜、启动循环通风扇或雾化降温机等措施降低棚内温度。相对湿度控制在 60％～70％之间。

4. 浇水

盆内 1/3 基质表面干了就应浇水，保持基质湿润。

5. 施肥

（1）摘心前。肥料中铵态氮的含量 30％左右（N：P：K＝20：10：20），施肥浓度 150～200mg/L。另外要补充钙肥。一品红摘心后是生长最旺盛的时候，氮肥中铵态氮的含量可达 40％，施肥浓度以 200～250mg/L 为宜。钙肥宜选用硝酸钙，每周 1 次；同时定期补充镁、铝及其他微量元素。

（2）短日照处理期。肥料管理最大的变化就是减少铵态氮，增加硝态氮，以减少生长，增加韧性。N：P：K＝15：5：25、15：5：15、15：20：25 或 14：0：14 等水溶性肥料。同时增大干湿循环。苞片转红时也要施肥，定期补充微量元素和钙肥。成品出售前降低肥料使用量，从原来每次 200～250mg/L 减为 150mg/L，甚至 100mg/L。高浓度的肥料会增加苞片烧边现象。

（3）一品红施肥案例。营养生长期：摘心前每周向叶面喷施 1000～1500 倍一品红专用肥花多多 8 号（20＋10＋20），促进根系生长。生殖生长期：摘心后每周一次施用花多多 8 号（20＋10＋20）600～800 倍进行灌根。短日照处理期每周一次施用花多多 3 号（15＋20＋15）600～800 倍进行灌根，促进茎干强健。在出货前 4 周可降低施肥浓度，在出货前 2 周停止施肥。

6. 株形控制

（1）摘心。种植后第 1 次摘心应在植株已长出 6 片叶时进行，每株可长出侧芽 3～6 个。以后摘心的时间和次数要根据所控制的株形和预期开花时间确定。每摘心 1 次需要 4～5 周恢复生长，生产上，控制每盆一品红的花序数对品质有较大的影响，如 40cm 的冠幅，控制在 3～5 花序最理想，花序数太多，花小质量不好。

（2）生长调节剂处理。摘心之后，当侧芽长到 3～4cm 时，用矮壮素（CCC1500～2000mg/L）或多效唑（PP_{333} 5～50mg/L）等矮化剂进行喷施，也可用 CCC 3000mg/L 浇灌，或每盆用多效唑 0.1～0.2mg 浇灌处理，其使用浓度因栽培品种、处理时间、处理时的温度而异。矮化剂最好选择阴天或傍晚太阳下山前使用。花芽分化前六周建议不使用矮化剂处理一品红，以免影响开花的质量。

7. 花期调控（短日照处理）

（1）短日照处理时期。当植株冠径达到 20cm 以上，高度 25cm 以上时进行人工短日照处理。遮光处理日期为 7 月中旬至 9 月上旬，根据上市日期和不同品种所需的遮光时间来定。一般遮光 40～50d，就可上市。

（2）短日照处理方法。在棚内搭建小拱棚，覆盖不透光黑色薄膜进行遮光，每天遮光 14h，即从当天的 18：00 至次日的 8：00。如夜温高于 21℃，遮光时间要更长。覆盖后采用排风扇通风（图 3－9）。

图 3－9 一品红短日照处理

图 3－10 出圃前的高山一品红

8. 病虫害防治

内容从略。

（三）下山前管理

一品红盆花下山前一个月适当控制施肥量，避免使用影响花苞和叶片观赏效果的药剂和肥料，以免降低其观赏价值（图 3 - 10）。

（四）运输

运输前应定做好适合各种规格的包装箱和包装袋，如用直径 20cm、高 16cm 的盆种植的一品红采用长 100cm、宽 60cm、高 75cm 的纸箱进行包装，每箱装 18 盆。当一品红有 2～3 朵苞片显露时可进行包装运输。装车时最好采用包装箱，以减少运输过程中受到的机械损伤。

实训 3 - 11 一品红的花期调控

一、目的要求

使学生掌握一品红等花卉生产中的花期调控技术。

二、材料与用具

一品红盆花、剪刀、黑布、白炽灯等。

三、方法步骤

成品花卉的生产必须做到花期适宜；花期控制的方法通过调整光照、温度、水分等环境因素和播种期、摘心修剪等栽培措施实现。

（一）促成栽培

（1）在最后一次摘心后 3 个星期，利用白天变短或者使用黑布，达到花卉花芽分化的临界日长。黑布遮光每日须 14h，即每日下午 6：00 至次日早晨 8：00 进行暗处理。

（2）在花芽分化前一周增加 P、K 肥，降低 N 肥，可用一品红专用花朵朵 15 - 20 - 25 给予充足养分。

（3）夜温 21℃，有利于花芽分化。

（4）黑布遮光后 8～10 周即可销售。

（二）抑制栽培

（1）通过加光中断长夜，在植株上方 1m，平均 2m² 区域挂一盏 60W 的白炽灯。于夜间 22：00 至凌晨 2：00 约 4h 开灯加光，即可阻止花芽分化。

（2）通过摘心、去蕾方式调控花期，摘心一次花期错后 3 周。

四、实训报告

1. 为什么要通过光照处理，来调控一品红的花期？
2. 为什么中断长夜可延迟花期？

实训 3 - 12 一品红的扦插育苗

一、目的要求

使学生掌握一品红的扦插育苗技术，包括基质的配制，插穗的剪取及后期管理。

二、材料与用具

（1）材料。一品红母株。

（2）试剂与用具。128 穴盘、50 穴盘、400L 水桶、10L 水桶、铁锹、泥炭、珍珠岩、手术刀、剪刀、细雾喷头、遮阳网、医用酒精、国光生根剂（萘乙酸 1000mg/kg）、一次性筷子、棚膜、标签等。

三、方法步骤

（一）母株

母株是扦插繁殖材料的来源。

（1）保留母株必须明确分清品种。

（2）保留母株的栽培应严格按照技术要求，保持旺盛的营养生长状态，以提供优质插穗；

（3）保留母株的栽培应严格控制病虫害的发生，以提供健康插穗。

（二）插穗

插穗采自当年生发育充实而尚未木质化的半成熟枝条。一般选取枝梢部分做插穗，其组织以成熟度适中为宜。插穗应随采随插，如大批采集时，必须用湿布或者麻袋包裹，置冷凉处，避免失水萎蔫，每个插穗一般保留 2～3 个成熟叶片，叶片过大时刻剪除部分。在空气湿度大的条件下，可保留较多叶片，在空气干燥的情况下，应减少叶片。插穗下端应在节下剪。

（三）基质

扦插基质需排水透气性良好，清洁无菌。珍珠岩：泥炭＝1：4，若喷水雾则珍珠岩：泥炭＝3：1。注意扦插中基质不可施用基肥。

（四）激素处理

为促使生根，扦插时应用激素对插穗基部进行速蘸处理。激素种类、浓度必须按照要求配制，不得擅自行事或随意更改。教学中一般采用"国光生根剂"。要根据插穗的木质化程度、生根部位和方式确定的生根剂浓度及浸泡时间。通常插穗木质化程度越低，浸泡时间越短，生根剂浓度越低。

（五）扦插

深度以插穗能稳定直立为度，注意疏密适当，不要让叶片遮蔽顶芽，扦插完成后根据品种贴好标签，注明扦插日期、扦插人、品种、颜色等。若枝条留有叶片，尽量使叶片朝向整齐一致。若为愈伤组织或皮部生根，则使伤口与介质紧密接触；若为节部生根，则应使插穗最下面的节部埋入介质中，与介质紧密接触。若插穗过于柔软，需要用工具事先打孔，避免插穗损伤。

（六）水分均衡

扦插成活的关键是尽可能给予饱和空气湿度，避免枝叶失水。当发现叶片萎蔫时，应立即以喷雾方式补充水分。尤其注意，过高的基质适度会使插穗基部缺氧，导致腐烂。扦插完成后需给穴盘浇透水。

（七）病虫害防治

由于扦插的高温高湿条件极易病害发生，需要高度重视扦插基质、容器、工具（剪刀、刀片）的消毒，并在操作过程中保持清洁，避免再度污染。扦插后要经常巡视，及时清除病叶和腐烂植株，防止蔓延。

（八）温度

基质温度 22～24℃，空气温度 21～23℃，如果温度过低，生根就会过于缓慢。

（九）覆盖

将扦插好的穴盘整齐摆放于砂床上，利用塑料膜制作小棚，保温保湿。

四、实训报告

归纳总结一品红扦插的技术要点。

思考

1. 简述一品红的设施栽培技术要点。
2. 如何进行一品红的花期调控？
3. 一品红主要的观赏部位为哪部分？
4. 怎样控制一品红的植株高度？

项目七 切花百合设施栽培技术

任务一 认识百合的栽培特性

百合（*Lilium brownil var. Viriduium Baker*）是百合科百合属植物。百合花素有"云裳仙子"之称。由于其外表高雅纯洁，天主教以百合花为玛利亚的象征；而梵蒂冈以百合花象征民族独立、经济繁荣，并把它作为国花。百合的鳞茎由鳞片抱合而成，有"百年好合"、"百事合意"之意，中国人自古视为礼必不可少的吉祥花卉。百合在插花造型中可做焦点花，骨架花。其中东方百合以其花朵大型、色彩丰富、气味芳香而为人们所青睐，成为国际花卉市场的主流产品，销售产量名列全球切花前列（图3-11）。

图 3-11 切花百合

一、百合的生物学特性

百合为多年生球根花卉，株高 40～100cm，少量在 100cm 以上。茎直立，不分枝，草绿色，茎秆基部带红色或紫褐色斑点。地下具鳞茎，鳞茎由阔卵形或披针形，白色或淡黄色，直径由 6～8cm 的肉质鳞片抱合成球形，外有膜质层。多数须根生于球基部。单叶，互生，狭线形，无叶柄，直接包生于茎秆上，叶脉平行。有的品种在叶腋间生出紫色或绿色颗粒状珠芽，其珠芽可繁殖成小植株。花着生于茎秆顶端，呈总状花序，簇生或单生，花冠较大，花筒较长，呈漏斗形喇叭状，六裂无萼片，因茎秆纤细，花朵大，开放时常下垂或平伸；花色，因品种不同而色彩多样，多为黄色、白色、粉红、橙红，有的具紫色或黑色斑点，也有一朵花具多种颜色的，极美丽。花瓣有平展的，有向外翻卷的，故有"卷丹"美名。有的花味浓香，故有"麝香百合"之称。花落结长椭圆形蒴果。

二、百合对环境条件的要求

百合要求肥沃、富含腐殖质、土层深厚、排水性极为良好的砂质土壤，最忌硬黏土；多数品种宜在微酸性至中性土壤中生长，土壤 pH 值为 5.5～6.5。百合喜凉爽潮湿环境，日光充足的地方、略荫蔽的环境对百合更为适合。忌干旱、忌酷暑，不耐寒。生长、开花温度为 16～24℃，低于 5℃或高于 30℃生长几乎停止，10℃以上植株才正常生长，超过 25℃时生长又停滞，如果冬季夜间温度低于 5℃持续 5～7d，花芽分化、花蕾发育会受到严重影响，推迟开花甚至盲花、花裂。

任务二　切花百合的设施栽培

一、建圃

选择阳光充足、地势高燥、排水良好的地块。圃地要求远离交通要道，四周应无高楼或大树。根据百合切花规模化生产需要，搭建连栋温室或单栋温室，覆盖塑料薄膜，夏季使用遮阳网或湿帘降温，冬季使用二层薄膜保温及供暖设备加热。温室宜南北朝向，使百合采光均匀，冬季能防止冷风直接吹入大棚内，提高温室保温性能，防止冷害，夏季能保持通风良好，有利于温室降温和抗台风。温室内应配有灌溉设施，以便于浇灌或喷灌（图 3-12）。

二、土壤准备

百合忌连作，怕积水，应选择深厚、肥沃、疏松且排水良好的壤土或砂壤土种植。土地要深翻 30cm，基肥要腐熟，一般施厩肥 2500～3000kg/667m²，沤制饼肥 100～150kg/667m²，过磷酸钙 20～30kg/667m²，翻耙入土，平整做畦，四

图 3-12　连栋温室栽培百合

周开好较深的排水沟，以利排水。亚洲和铁炮百合一部分品种可在中性或微碱性土壤上种植，东方百合则要求在微酸性或中性土壤上种植。如土壤 pH 值不适宜，要进行改良。百合对土壤盐分敏感，故头茬花收获后，有条件的要采用大水漫灌进行洗盐或换土，否则二茬花可能会出现缺铁黄化生理病害。老产区要实行 3～4 年的轮作。

采用基质栽培的需搭建种植苗床，栽培床一般宽 100～120cm，床高约 40～50cm，用砖和水泥砌槽，床底每 2m 设直径 5cm 的排水孔 6 个。床内铺设吸水、保水、透气性好的栽培基质，无土栽培基质的配比为 90%泥炭＋10%有机基质或 80%泥炭＋20%珍珠岩。

三、种球选择

亚洲百合种球最好采用周径 12～14cm 的种球，10～12cm 种球也可利用。铁炮百合种球宜选用周径 10～14cm 球。东方百合种球应选用周径在 16cm 以上，有些品种也可选用 12～16cm 的种球。种球应完好无损，没有病虫害。

百合种球到货后，宜放在 10～14℃ 环境条件下解冻 12h，然后将种球放在 74％百菌清 400 倍溶液中浸泡 30min 杀菌消毒，阴干备用。

四、栽植

为了提高切花的整齐度，在定植前可放在 12～15℃ 恒温条件下催芽发根，期间要注意保持种球箱内基质的湿度，一般在 10～15d 后，种球就会长出新芽和新根。为防止基生根受损，种植时芽长一般不宜超过 15cm。

种植时间主要依切花上市时间及百合品种的生育期而定，以正常产花计，11 月下旬到翌年 1 月上旬切花上市，可在 8 月下旬到 9 月上旬定植；如要在 11 月至翌年 4 月连续产花，可将种球冷藏，在 1 月前陆续取出定植。栽植密度因品种、种球大小、季节而异。亚洲杂种 45～55 个/m²，东方杂种和麝香杂种 40～50 个/m²；同一品种，大球稀些，小球密些；阳光弱的冬季比春秋季稀些。定植深度冬季可在 6cm 左右，夏季在 8cm 左右。

五、土肥水管理

百合生长期间喜湿润，但怕涝，定植后即灌一次透水，以后保持湿润即可，不可太潮湿，在花芽分化期、现蕾期和花后低温处理阶段不可缺水。

百合喜肥，定植 3～4 周后追肥，以氮钾为主，要少而勤。但忌碱性和含氟肥料，以免引起烧叶。通常情况下可使用尿素、硫酸铵、硝酸铵等酸性化肥，每次追施 10kg/667m²，每次间隔 15～20d，至采收前 3 周停止施肥。生长期还需要补充钙、镁、硫等肥料及铁、硼、锌、钼等微量元素。

六、光温管理

百合对温度较为敏感，管理上有三个时期较为关键。第一个时期为种植后 20～30d 内，要求温度不可超过 30℃，其中亚洲百合要求不高于 25℃。第二个时期为现蕾后至切花采收前，温度若持续低于 5℃ 或高于 30℃ 均会引起裂萼。第三个时期为花后低温处理阶段，白天最高温度应控制在 15～18℃ 以下，最低气温应控制在 5℃ 以上。室内温度达到各阶段百合花栽培上限温度时，就需开窗通风透气，有条件可采用排风扇换气。夏季生产江浙一带可在海拔 800～1000m 的山区进行，但也需要适度遮光，以降低温度。

七、病虫害防治

百合病虫害要采用预防为主、综合防治的方针。加强通风管理，根据病虫害的发生规律，综合运用生产技术措施，经济安全有效地控制病虫害。提倡生物防治和物理防治，生产无公害花卉。

（一）主要病害

（1）百合疫病（又称软腐病）。注意地面排水；发现病株立即将病株整株清除后并烧毁；发病初期可喷洒 40％的乙磷铝 300 倍液、72％霜脲、锰锌 600 倍液，或用 68.75％氟菌·霜霉威 600～800 倍液喷雾防治。

（2）软腐病。可用农用链霉素、噻菌铜防治。

（3）褐斑病（又称灰霉病）。发现病株后应立即将病叶剪除后并烧毁；再用 70％甲基硫菌灵 1000 倍液喷雾防治或在病后每 7～10d 叶面喷一次 50％腐霉利 1500 倍，或 40％嘧霉胺 1500～2000 液，连喷 2～3 次。

（4）百合白绢病。避免连作；发现病株后及时拔除并烧毁；药剂防治用 5％井冈霉素水剂 1000～1600 倍液，或 90％敌磺钠可湿性粉剂 500 倍液浇灌病穴，每株灌药液 0.4～0.5L。

（二）主要虫害

（1）蚜虫。清除杂草；剪除严重受害的叶片、茎秆，并集中焚毁；喷洒 10％吡虫啉 1000～2000 倍，或 10％烯啶虫胺水剂 1500～2000 倍防治。

（2）根螨。种植前仔细挑选鳞茎，剔除受根螨侵染的鳞茎，将鳞茎用 73％炔螨特 1500～2500 倍液喷洒；进行轮作，防止百合根螨传播。

八、采收

在花枝上第一朵花蕾充分膨胀、透色时采收，过早开放不好，影响花色，过晚既给包装造成困难，又会因花粉散出而污染花瓣。剪花在早上 10 时前进行，花枝应尽快离开温室，及时插入清水中。

实例 3-9　高山百合种球培育

一、立地条件选择

选择海拔 700～1200m 的山地区域。要求交通方便、光照充足、水源丰富，并且要求土层深度达 30～50cm（或更深），疏松透气，腐殖质含量高，pH 值为 5.5～6.5，γ 值＜1.0mS/cm，排水良好，前茬没有种植过球根花卉。灌溉水源要求：pH 值为 5.5～6.5，γ 值＜0.5 mS/cm。

二、品种选择

选用市场适销品种：东方系百合主要品种有西伯利亚（Siberia）、索蚌（Sorbonne）、马可波罗（Marco Polo）、元帅（Acapulco）、泰伯（Tiber）、皇族（Starfighter）等。目前这些品种主要依赖进口，通过进出口植物检疫等手续，从荷兰等国家进口种球。

三、培育措施

（一）种前准备

1. 种球选择

种球应选择鳞茎发育饱满、根系发达，无病斑、霉变。播种前用 800 倍 60％代森锰锌＋70％甲基托布津浸泡 30min，阴干后备用。

2. 整地作畦

土壤深翻 30cm，平整土地，然后整成畦高 25～30cm、宽 100～110cm，长度依地段而定，畦间沟宽 40～50cm。

3. 施入基肥

在整地作畦过程中，施入过磷酸钙 50kg/667m²，腐熟后的牛粪等农家肥 1000～1500kg/667m²，然后晾晒 15～20d，土壤通透性差的地块可加入泥炭、炭化稻壳或秸秆。

（二）播种

1. 播种期

可在 3 月下旬至 4 月中旬或上年秋季播种。

2. 播种方法

播前将畦面喷透水。采用分级播种、开沟后先摆正鳞茎（生长点朝上）。种植密度为：一级种球株距 6～8cm，行距 25～30cm，覆土 8～10cm，20～30 粒/m²；二级种球株距 4～5cm，行距 25～30cm，覆土 3～4cm，再盖平沟面。

（三）管理

1. 水分管理

种植前几天或种植后浇透水；注意干旱期及时供水。土壤湿度（60％左右）以手捏成团，落地即散为宜。最佳浇水时间在上午 10 时之前。

2. 肥料管理

籽球出芽后，每 15d 左右追施一次速效肥（N：P：K＝1：3：3），浓度控制在 2.5～3.0g/L。

3. 摘花蕾

出现花蕾约 3～5cm 时，应及时摘除花蕾，使种球增实、增大。若 1 个鳞茎抽出 2～3 个地上茎时，应保留主茎去侧茎。

4. 病虫害防治

参照任务二中的"病虫害防治"。

四、收获

10 月下旬至 11 月上旬起挖种球（2/3 左右的地上茎枯萎即可收获）。采挖应选择以晴天为宜。起球时不要损伤鳞茎及籽球，避免出现伤口，防止腐烂。起球后将地上部植株集中处理或烧毁，减少病源菌。

五、种球储前处理

（一）清洗分级

采用清水进行清洗，然后晾干分级。三级球以上的可作为商品球用于切花生产，四级球以下的需再进行培养。

（二）消毒

储前可用 600 倍 60％代森锰锌＋70％甲基托布津浸泡 30min，进行种球消毒处理，晾干后方可进行种球储藏。

（三）包装

包装材料采用塑料箱和塑料薄膜即可。塑料薄膜按 14～18 个/m² 打孔，以便通气。填充物以湿木屑或泥炭土为宜，并进行消毒处理，含水量以手捏不出水为准。包装时，先将塑料薄膜铺入箱内，然后箱底放一层填充物，厚度 3cm，再放一层种球，依次进行，放满后将塑料箱封闭，然后进行种球储藏。

实训 3-13 百合分球繁殖

一、目的要求

掌握百合分球操作技术。

二、材料与用具

百合鳞茎、铁锹、小铲、分生刀等。

三、方法步骤

（一）分球时期

分球繁殖一般在每年秋季或春季百合种植期进行。

（二）苗床准备

选择夏季凉爽，7 月平均气温不超过 22℃，土质疏松肥沃，灌排方便的地方作百合鳞茎繁殖基地。一般以选择高海拔冷凉山区、湖河水边或半岛地区为好，苗床清除残根、枯枝，精耕细作，并施入少量腐熟有机肥，苗床宽 100～200cm，长度根据具体情况而定。

（三）分球方法

1. 鳞茎的自然繁殖

百合经过 1 年生长后，在地下部形成了新的鳞茎，兰州百合的鳞茎是两两相连的，称之为根茎形，卷丹形成的鳞茎是 4 个相连的，称之为集聚形。对各种类型的鳞茎都可按其自然形态加以分割，进行繁殖。这种自然分割繁殖的鳞茎体积大，只要条件适宜即能长成开花良好的新个体，但数量有限，所以不能成为繁殖种球的主要方法。

2. 子球繁殖

许多百合（如麝香百合）地下部或接近地面的茎节上会长出许多小子球，待充分长大后，将其小心取下单独种植，可形成新的植株。一棵麝香百合具有几十个子球，可繁殖几十棵新株。子球长成的新植株虽然开花较自然分割的母球晚，但比较健壮。

四、实训报告

（1）分生繁殖有何优点？

（2）百合分球繁殖时应注意哪些事项？

实训 3－14　百合球根的栽培与挖掘

一、目的要求

掌握百合球根的栽植时间和栽培管理方法；了解并熟悉球根的挖掘时间，掌握其挖掘方法。

二、材料与用具

百合球根、锄头、箩筐等。

三、方法步骤

（一）球根的栽植

球根花卉有春植和秋植两类，春植者如百合、唐菖蒲、大理菊、晚香玉等，一般在 3—5 月栽植，秋植者如郁金香、香雪兰、马蹄莲、大岩桐等，一般在 9—10 月栽植。

（1）将栽植地深翻，同时施入基肥（厩肥、堆肥、油饼等）耙细整平、做畦。

（2）在与畦长的垂直方向开沟，深度为球高的 3 倍。

（3）将球根按新球、老球，仔球及其大小进行分级，同级集中在一起，然后把球根排列于所开沟中，株行距一般是 10～30cm。

（4）栽后覆土。

（5）平时注意管理，做好出苗记录，将数据填入表 3－7。

（二）球根的挖掘及贮藏

球根进入休眠期时，均需挖起储存，一般 11 月上旬进行。挖时勿损伤根部，万一有伤者，必须与完整的分开，挖起后，按品种分别晾晒 1～2d 待附着的土壤干燥后，可收集贮藏。

夏储球根宜于清凉、通风场所，冬储球根可与砂一起埋在木箱内，置于室内。

四、实训报告

填写百合球根栽植出苗情况记录表3－10。

表3－10 　　　　　　　　球根栽植出苗情况记录表

球根＿＿＿＿＿＿＿　　　　　　　　　　　　　　　　　　　栽植时间＿＿＿＿＿＿

检查时间	出苗情况	长势	整齐程度	病虫害	成活率

思考

1. 百合鲜切花栽培对土壤有什么要求？
2. 简述百合鲜切花栽培中的光温管理要点。
3. 高山培育百合种球为何要摘花蕾？何时摘除？
4. 百合种球储藏要注意什么？

项目八　切花月季设施栽培技术

· **学习目标**

知识：熟悉切花月季的生长发育特点、对环境条件的要求；了解切花月季的种苗繁育方法，设施栽培方式及其生产、销售季节；掌握切花月季的环境调节、植株调整、花期调控、肥水管理、病虫害防治等设施栽培关键技术。

技能：会进行切花月季的种苗繁育，基质配制、移栽上盆等；会对切花月季进行合理的灌溉施肥、防病治虫及温度、湿度、光照度和气体调节等；能根据销售季节安排切花月季生产时间，调控花期；会对商品切花月季进行合理的收获、包装和储运。

· **重点难点**

重点：切花月季的种球培育、环境调控、花期调控、整枝修剪、病虫害防治。

难点：切花月季的环境调控、花期调控、病虫害防治。

任务一　认识切花月季的栽培特性

月季（*Rosa Chinensis Jacq*）别名月月红、四季花等，通常市场上的玫瑰切花实际都为月季，切花月季是我国传统十大名花之一，是世界四大鲜切花之一，它花姿绰约，色彩艳丽，香味浓郁，花期长，适应性广，被人们喻为“爱情之花”，是经济价值极高的多年生木本花卉植物之一（图 3-13）。月季在国外称为“花中皇后”，列群芳之首，也是幸福、吉祥和圣洁的象征。切花月季主要生产国是荷兰、美国、哥伦比亚、日本和以色列，荷兰是世界最大的切花月季生产国和出口国。我国的切花月季生产起步较晚，始于 20 世纪 50 年代，80 年代后引进现代化温室，开始初具规模的设施生产。切花月季是一种高效益的农业作物，市场消费潜力大，需求旺盛。江苏、河南、云南、安徽、浙江、上海等省（直辖市），都有切花月季产地。红色切花月季成为情人间必送的礼物，并成为爱情诗歌的主题。

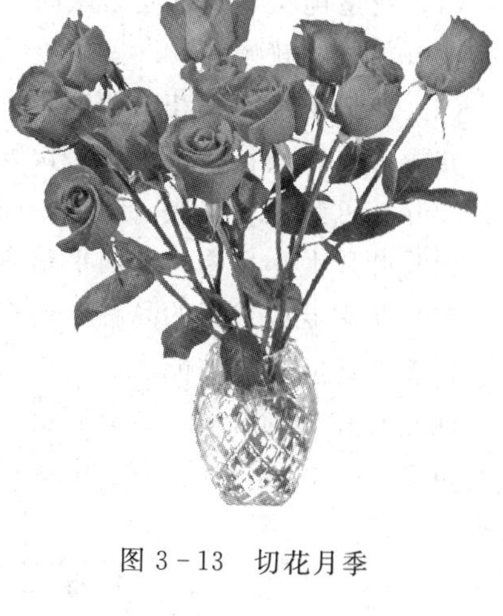

图 3-13　切花月季

一、月季的生物学特性

月季为落叶直立丛生灌木，高度可达 2m；茎直立或攀缘，灰褐色，密生刚毛和皮刺；叶互生，奇数羽状复叶，托叶大多附着在叶柄上，小叶 5～9 枚，椭圆形至卵形，长 2～5cm，边缘有钝齿，质厚；叶表面叶脉深陷，布满皱纹，亮绿色，无毛，背面有柔毛及刺毛；花单生，成伞房花序或数朵聚生于新梢顶端，多种颜色，芳香，花径 6～8cm。目前做切花的月季不但花色、花型丰富，香味浓，而且全年开花，已成为商品化生产的主要品种之一。

二、月季对环境条件的要求

用作切花栽培的月季一般生长健壮，适应性强，耐寒，耐旱。适宜在通风、排水良好、中性或微酸性、肥沃湿润的疏松土壤中生长。露地条件下，2月下旬至3月发出新芽，从萌芽到开花需 50～70d，5月上旬为开花高峰期。生长期要求每天至少 5h 以上的直射光，相对湿度 70%～80%。最适宜的生育温度白天为 20～25℃、夜间为 10～15℃。冬季 5℃ 左右也能生长，但影响开花。冬季休眠后能耐 −15℃ 低温，夏季温度持续 30℃ 以上进入半休眠状态。

三、切花月季的主要品种

切花月季主要为杂交茶香月季（Hybrid Tea Roses，缩写为 HT）花大，有长花茎的各色品种。现在我们所说到的月季品种，大花月季，很多用于鲜花生产的月季都属于这一类。大花香水月季，品种丰富且每年世界各地都有培育出新品，经典品种有雪山、蜜桃雪山、糖果雪山、多头香槟、诱惑、阿班斯、紫皇后等。其特征是：植株健壮，单朵或群花，花朵大，花型高雅优美，花色众多、鲜艳明快，具有芳香气味，观赏性强。

1. 常见的月季品种

切花月季生产上按色彩分，常见的如下：

（1）红色系。卡尔红、萨曼莎、红衣主教、飞红、卡罗拉等。

（2）粉色系。铁塔、初恋、索尼亚、婚礼粉等。

（3）黄色系。金凤凰、和平、赛维亚、黄金时代等。

（4）白色系。佳音、白天鹅、卡·布兰奇等。

（5）其他色系。橙色：杏花天；蓝色：蓝月；杂色：总统等。

2. 在生产中，选择品种时要考虑的因素

（1）花型优美，高心卷边或高心翘角，特别是花朵开放 1/3～1/2 时，优美大方，含而不露，开放过程较慢。

（2）花瓣质地硬，花朵耐水插，外层花瓣整齐，不易出现碎瓣；花枝、花梗硬挺、直顺，支撑力强。其花枝有足够的长度，株型直立。

（3）花色鲜艳、明快、纯正，而且最好带有绒光；在室内灯光下不发灰、不发暗。

（4）叶片大小适中，叶面平整有光泽。

（5）冬季促成栽培的品种，要有较低温度开花能力温室栽培对白粉病有较强的抗性。夏季切花要有适应炎热的能力。

（6）有较高的产量，具有旺盛的生长能力，发芽力强，耐修剪，上花率高。一般大花型年产量 80～100 支/m² 左右，中花型年产量 150 支/m² 左右。

任务二　切花月季的设施栽培

切花月季设施栽培，一般都在大棚和温室内进行，棚室类型主要有普通塑料大棚和日光温室两大类，后者主要在北方应用多。

一、定植

种植畦需深翻，并结合翻地施入牛粪、猪粪、鸡粪和复合肥等改良土壤。南方高温、多雨的天气应采用高畦种植，畦宽 70cm，沟宽 50cm，畦长视棚室长度而定，每畦栽两行，株距 25cm；温室月季一年四季均可定植，大棚月季最佳定植期在 4—6 月和 9—10 月。

二、肥水管理

月季栽培周期可达 5～6 年，开花多，需肥量大，应根据植株生长、天气状况及品种等确定好施肥次数和施肥量，以满足植株生长发育的需要。通常是把月季所需的大量元素或微量元素配成复合肥料施用。灌溉与施肥同时进行，一般每 2～4 周施用 1 次。大棚栽培每年冬天施 1 次基肥（饼肥、腐熟的畜禽粪等），在两行月季之间开沟施肥，盖上土，浇透水。生长季需追肥，追肥可用腐熟的稀人粪尿、饼肥水及各种无机肥配制成的营养液，一般每 2 周追施 1 次，以薄肥勤施为原则。

三、修剪疏蕾

生长期要注意修剪、疏蕾，并及时除去开花枝上的侧芽、砧木上发出的芽及接穗上的根，以促使株型合理、开花集中、花大色艳。

弓型整形修剪法：小苗定植后最初长出的 3～4 个枝条从枝基部向两边弯曲，以折伤木质部为宜。被折伤的枝条上的叶片正常生长，因此作为营养枝培养，被弯枝条上萌发的小枝留 3～4 片叶后摘心，开的花应尽早摘去，被弯的枝条形成了近似弓形，该技术因此而得名。枝条被弯曲后，由于植株生长的顶端优势被抑制，从植株基部萌发的枝条生长势强、均匀、长而直立，将其作为开花枝培养。

四、温湿度管理

南方地区切花月季栽培夏天气温高，尤其要注意遮阴和通风。切花月季生长适温白天 20～27℃、夜间 15～22℃。超过 30℃ 或低于 5℃ 生长不良，处于半休眠状态。冬季需要保温栽培。

五、切花月季花期调节

月季温室栽培，产花期从 10 月至翌年 5 月，其中以 12 月至翌年 3 月价值最高。尤其在圣诞节、情人节和春节等节日期间不仅价格高，而且销量也大。因此，需有意识地调节花期，争取较高的经济效益。

（一）对温度的调控

在保护地栽培条件下，提供月季生长的适宜温度，就能使月季连续不断地开花。

（二）修剪、摘心和控制水肥

在节日大量需要切花，提前 6～8 周修剪 1 次，然后减少浇水量，迫使其休眠 1 周。如为了国庆供花，必须在 8 月初开始恢复生长，一般品种新梢抽出 60d 后即可开花，正好赶上节，但仍要摘心 1～2 次，直到全株的主枝、侧枝的数量足以产生大量的花朵为止。

（三）调节花期的参数

由于光照度的不同，春夏两季两茬采收的时间相隔 6 周左右，秋季至冬季要 7～8 周采切 1 次。这可以作为通过摘心以及控制温度、光照度、湿度来调节花期的一个参数。

六、采收与贮运

（一）适期采收

通常为开花前 1～2d，南方地区花蕾尚未开口就可采收。采切的时间还与品种有关，红色和粉红色品种一般在头两片花瓣开始展开、萼片处于反转位置时采收，黄色品种稍早于红色和粉红色品种，白色品种则稍晚于红色和粉红色品种。在晚春和夏季，又比秋季和早春早一些采切。用于储藏的月季 比正常采收早 1～2d 采切。

（二）适度合理剪切花枝

花枝剪切时一般要有 5 个节间距或更长一些，剪下后让花枝吸透水，然后按花枝长度分级，每 30 枝扎成 1 束，上市出售。

（三）入库储藏

采切后的月季如果不立即上市出售，可入库储藏，储藏的温度为 1～3℃，相对湿度为90%～95%，最好插入水中或保鲜液中进行湿藏。若需要储藏 2 周以上时，最好干藏在保湿容器中，温度保持在 −0.5～0℃，相对湿度要求 85%～95%。

（四）采切后的运输

近距离运输可以采用湿运，即将切花的茎基用湿棉球包扎或直接浸入盛有水或保鲜液的桶内；远距离运输可以采用薄膜保湿包装。干贮的月季切花在运输前，宜再切除花枝基部1cm，并插入含糖的杀菌液中处理 4～6h。

（五）蕾期采切的花枝要催花

可于采切后置于 500mg/L 柠檬酸溶液中，在 0～1℃冷藏条件下过夜。然后把花枝基部置于上述催花液中，在温度 23～25℃、相对湿度 80% 和 1～3klx 连续光照度下处理 6～7d，可达到出售要求。

实例 3-10 切花月季大棚栽培技术

李彬彬等对南京地区大棚切花月季栽培的品种选择、栽培措施、主要病虫害防治等进行了较为全面的论述，并对各个关键技术环节都作了量化说明，有较强的可操作性。

一、品种选择

南京及周边地区夏季高温多雨，冬季寒冷，近 30 年来年平均极端高温 40℃、极端低温−14℃不符合切花月季露地栽培的要求。通过采取相关技术调控，虽可于早春提早开花，初冬推延断花时间，但大棚栽培尚难周年产花。因此适宜品种的选择对大棚切花月季栽培非常重要，适于保护地栽培的切花月季品种有以下基本特点：株形直立，开张度小；出枝硬长，花茎挺秀；花蕾长尖形，高脚卷心；花色纯正，瓣质厚硬；产量稳定，耐湿抗病；耐修剪，萌发力强。在品种选择时，还要结合生产者所处地区的消费习惯，尤其要注意花型和花色的选择。常见的南京地区栽培的切花月季品种有萨曼莎、红成功、红衣主教、卡尔红、达拉斯、大丰收、外交家、玛丽娜、天使、唐娜小姐、索尼亚、金奖章、黄金时代、阿斯梅尔金、坦尼克、卡布兰奇等。

二、育苗与繁殖

一般采用扦插和嫁接繁殖。扦插繁殖多用于砧木培育，南京地区多选用粉团蔷薇（Rose multiflora var. cathayensis）为砧木。扦插常于冬季硬枝扦插和梅雨季嫩枝扦插，如有全光照间歇喷雾扦插仪，则春夏秋三季均可繁殖。砧木也可行播种繁殖，常于秋后收下种子于 10 月底前装入砂袋，藏于湿砂越冬，翌春播种。

嫁接繁殖以芽接为主。南京地区多选 5—6 月和 9—10 月间气温较低、空气湿度高的早晨或傍晚进行芽接，接芽多选残花摘除 7～10d 后，枝条中部生长充实的休眠腋芽。采用 T 形低位嫁接法，嫁接部位距茎基 5cm 之内，接后用塑料带扎紧芽眼，按 6cm×6cm 的株行距假植。一般 10d 后伤口愈合，接芽开始生长，当新芽长至 10～15cm 时，再以 15cm×18cm 的株行距第 2 次假植，养护 4 个月后定植。嫁接苗 3 个月可开花，为保证株型良好，花蕾要及时除去以形成具 3 分枝的定型苗到秋季即可产花。

三、栽培

（一）栽培设施

1. 塑料大棚、棚膜及遮阳网

切花月季植株高大，产花频繁，需较高的空间通风透气，大棚肩高需 1.5m 以上。生产中常见大棚以竹木结构及钢管结构为主。竹木结构大棚需 3 元/m² 的投入，适于初次涉足切花产业的农民小规模种植。镀锌钢架大棚，以上海产联合 6 型管棚为主，需 20 元/m² 的投入，一般使用寿命为 10～15 年。棚膜多选用聚乙烯（PE）薄膜及其衍生品，如聚乙烯长寿膜、无滴膜、聚乙烯复合多功能膜。夏季，简易设施内温度常超过 40℃，遮阳降温不失为一个经济简便之法。但月季喜阳，因此一般选用遮光率为 30%～50% 的遮阳网，于夏季 10：00—16：00 遮光为好。

2. 苗床与步道

考虑到大棚两侧的肩高限制、雨水侵蚀以及日常作业方便，大棚两侧步道宽度以 70cm 为宜，4 条种植床宽 70cm，中间 3 条步道各宽 60cm，种植床应高于步道平面 20cm。如地下水位较高，可于棚周围挖深沟 60～70 cm，步道低于床面 25～35 cm。

（二）土壤准备

一般在定植前 1 个月将堆放发酵后基肥施入，标准大棚（180m²）施入猪粪或牛粪 2～4m³、过磷酸钙 0.1m³、粗砂 1.5～2m³、砻糠灰 1m³。土壤 pH 值应控制在 5.5～8.0 之间，pH 值为 6.0 最佳，南京大部分地区为低山丘陵，土质偏酸，可加石灰粉改良；平原圩区碱性土可加石膏改良。在定植月季之前，应结合施肥耕翻土壤，深度为 50～60cm。

（三）定植

在定植前 1 个月深翻施肥，用水泥板或木板围护做成高 20cm、宽 70cm 的种植床，步道铺上红砖，以利渗水，便于操作。种植前 14d 对种植床面喷施多菌灵或福尔马林并覆膜密闭消毒，7d 后揭膜散气，杀灭土壤病原菌。每畦栽 2 行，株距因品种而异，开展型品种株距较大，直立型品种株距稍小。一般型品种株距 20cm，每个标准大棚用种苗 1136 株。为防止定植后缺苗，订购种苗时应增加 5%～10%（1200 株/棚）。

大棚月季最宜定植期在 4—6 月和 9—10 月。定植时需松开嫁接绑带，疏剪小苗枝叶和老根、烂根，留 2～3 个完全叶打头，修理后的嫁接苗定植前需经消毒处理，方法为栽前浸入清水后再浸入稀释 300～500 倍的百菌清溶液中。定植深浅以嫁接口与土面平齐或略低于土面为宜，嫁接苗接口朝北，砧木稍向背倾。定植后立即浇足定根水，植后 1 个月内不宜追肥，以免烧根。

（四）植后日常管理

1. 立支架

在种植床 2 侧立柱张网。一般在畦头的两端植入高 2m 的钢管或竹竿，尼龙网宽 74cm，网格 18.5cm×18.5cm，畦两侧用粗尼龙绳或铁丝将尼龙网隔目相穿，两端拉紧，受力后即自行张开呈平面，尼龙网格可随植株长高逐渐上移；有条件地区亦可架设 3 层网格，第 1 层网离地 50cm，以后每隔 50cm 拉 1 层网，网应在月季植株生长高度达到网高前拉好，使枝条在生长过程中自然穿过网孔。

2. 施肥

每年冬季于种植床两侧开沟施入饼肥或腐熟的畜禽粪作为基肥，每棚用量 3t，月季整个生长季节每隔 15d 需追肥 1 次，追肥种类为腐熟的人粪尿或饼肥水。追肥时间：现蕾时、盛花后、修剪后、孕蕾或入秋后（增施磷钾肥）。注意结合病虫防治进行叶面追肥，早春以尿素为主，晚秋以磷酸二氢钾为主。

3. 浇水

修剪前为控制植株生长需控水，修剪后为促花芽形成需多浇水；开花高峰期供水要充足；夏季光照强、温度高，空气干燥，需水量大，冬季需少浇水。

4. 整枝、抹芽、疏蕾

种苗定植后首先要做的工作是通过整枝来建立株型。一般在种苗基部留 2～3 个完全叶后打头定植，25～35d 后重复整枝，然后以粗枝壮芽留双、细枝弱芽留单为原则，培养 3～4 根主枝。待植株群体高度达 80cm 时，一次性整枝封顶，转入正常产花期。春、秋季是月季生长和开花的旺盛时期，这时会有大量腋芽萌动，为保证切花质量，当腋芽长到 5cm 左右时，及时抹去腋芽，每枝仅留 2～3 个壮芽。有些品种在枝条顶端会同时产生几个花蕾，应仅保留 1 个。对地面附近发生的粗壮枝（$\phi > 0.8$cm），可以作为更新枝条，在其尚未形成花蕾前剪去上部 1/3 枝条，促其形成 2～3 个开花枝，增加产花基数。

（五）花期调控

修剪是控制花期最为直接有效的方法之一。在正常的肥、水、温、光条件下，一般月季品种从修剪到开花需 50～56d 左右。南京地区，春天阴雨多，枝条剪后至开花约需 54d；夏天光照强，气温高，枝短蕾小，剪后约 35d 开花；秋季气温稳定，剪后约 46d 开花。大棚月季越冬后第 1 批花可赶上五一国际劳动节上市；如 8 月上中旬修剪，国庆节可上市；10 月上中旬中度修剪，可保证圣诞节上市。根据这一特性，可据市场消费高峰确定修剪时间，以达调节花期、提高经济效益之目的。剪花部位对开花时间也有影响，留 2 枚完全叶，在切口距腋芽上方 0.5cm 处剪切花枝最为恰当，这样既可获得满意的花枝长度又不影响下一轮枝条开花时间。

（六）修剪

（1）苗期修剪（幼苗定植至收获前的修剪）一般需 3～4 次。

（2）收获期修剪，以保留 2 片完全叶为准。

（3）休眠期修剪。夏季收获型（春、夏、秋季收获，冬季休眠）一般可在露地或简易竹弓大棚内生产；冬季收获型（秋、冬、春收获，夏季强迫休眠），在大棚条件下，冬季保护地促成栽培。夏季收获型的修剪在 2 月上旬芽萌动前进行，修剪高度：1 年生枝为 40～50cm，2 年以上生枝为 80cm，修剪时应去除枯枝弱枝、病虫枝。冬季收获型的修剪方法以"部分曲折修剪法"应用较多，方法是在修剪前适当控水，减缓植株生长势，修剪时将粗壮的 2～3 个主枝剪断至高度 50～60cm（因品种、树龄、设施高度适当调节），折屈其余较细的枝条，待新芽长至 10cm 左右，再剪去折屈枝条。

四、主要病虫害防治

月季切花常见病虫害及其防治方法详见表3-11、表3-12。

表3-11 　　　　　　　　　　　　切花月季主要病害及防治方法

病害名称	被害症状	流行条件	防治方法
黑斑病	主要危害叶片,以老叶为主。叶面上出现直径2~12mm的不规则黑色斑点,不久病叶变黄脱落	多雨、有雾的天气或人为造成的高湿最有利于该病发生	①初冬结合修枝清除枯枝落叶,喷多菌灵含硫悬剂,控制侵染源;②注意棚内通气、降湿;③在月季生长迅速期或梅雨季节,每7d轮换使用代森锰锌、多菌灵、百菌清等不同杀菌剂
白粉病	叶片、叶梗、嫩梢、花蕾均会染病,花枝嫩叶更易感染。初期感病部位出现灰白色真菌斑块,叶片逐步萎蔫,严重时叶片卷曲干枯,花蕾不能开放	雨量稀少、长期干旱或连续阴雨的情况下易发生;氮肥过多,光照不足,植株徒长时也易发生	①防治药剂可选三唑酮、苯醚甲环唑等;②硫黄加热熏,效果较好
霜霉病	新枝下部叶片先呈黄色不规则水渍状斑点,尔后成紫褐色病斑,高湿时可见白色菌索状物,严重时轻摇枝条即落叶	高湿环境最有利于该病流行,在不加温的大棚内发生较多,该病前兆为叶缘水珠滞留	①预防为主,选择抗病种种植;②通风除湿,早期清除并烧毁病叶,用霜霉威、甲霜灵.锰锌等杀菌剂防治
灰霉病	主要侵染花等幼嫩部位。花芽受害变褐色腐烂;花朵受侵染时,花瓣先变浅褐色,逐渐腐烂皱缩	温暖潮湿条件下,未摘除的老花会长满灰霉层,修剪部位也易发生	①预防为主,选择抗病品种种植;②通风除湿,早期清除并烧毁病叶,用百菌清、腐霉利、嘧霉胺等杀菌剂防治

表3-12 　　　　　　　　　　　　切花月季主要虫害及防治方法

虫害名称	受害状况	发生条件	防治方法
红蜘蛛(螨)	初期危害植株下部叶片,后逐渐上移,多聚生于叶背,吐丝结网,吮吸汁液。受害叶初期可见灰白色斑点,严重时叶子短期内干枯脱落	夏季高温、高湿或高温干旱天气适于螨类生长和繁殖	①冬季休眠期清园并喷石硫合剂,杀死越冬成螨;②危害期交替使用哒螨灵、炔螨特等杀虫剂
蚜虫	大量聚集于嫩叶、嫩枝上,吸吮汁液。发生时,易导致煤污病发生	多发生于早春和初夏	以70%吡虫啉水分散粒剂8000倍液、25%噻虫嗪5000倍液交替使用

实训3-15 切花月季嫁接

一、目的要求

名贵的切花月季主要采用嫁接法。使学生掌握切花月季的嫁接技术,包括砧木的培育、接穗的剪取及嫁接方法。

二、材料与用具

(1)材料。切花月季母株枝条、砧木。

(2)用具。塑料绷带、嫁接刀、剪刀等。

三、方法步骤

（一）砧木培育

野蔷薇是中国及日本最常用的砧木，其适应性极强，亲和力好，嫁接苗生长强壮。适生地为轻壤土，pH 值为 5.5～6.5，抗白粉病弱。华西蔷薇，亦称血蔷薇，多见于南京、常州、上海等地。其特点是生长势极强，易生根，抗线虫病和白粉病，对不同土壤及气候条件适应性强。但有时会长得过粗，与接上去的品种茎粗不成比例，在操作上则要求尽可能靠近基部。日本无刺蔷薇，在 20 世纪 80 年代后期传入我国，皮层较薄，易剥开，在生长季末也可进行芽接。抗白粉病强，适生于黏质土，pH 值为 5.6～7.8，寿命中等，生长势表现不及华西蔷薇。香水月季，多为我国南部采用，原产我国，是温室月季促成栽培最优良的砧木。扦插易生根，产生大而匀称的根系，能适应过干或过湿的土壤。由于它不耐寒，只能应用于冬季温暖地区，不适于冷藏处理，抗黄萎病较弱。

砧木可通过扦插繁殖，培育成健壮的植株。秋冬剪取 5～6cm 长的野蔷薇枝条，扦插发根后，在第二年 3—4 月定植。做宽 100～120cm、操作方便的苗床，要求深 30cm，采用腐熟有机肥做基肥，每亩施入 3000kg。

砧木露地栽植 7～8 个月后，便可进行芽接。最佳芽接时间为 10—11 月，嫁接时的温度最好为 18～25℃之间，要选择晴天无雨时嫁接。若栽培在防雨设施内，全年都可嫁接。

（二）嫁接

依照生产实际以及月季嫁接的主流方法，可将月季嫁接方法分为带木质部嵌芽接、T 字形芽接、大开门芽接三种方法。

1. 带木质部嵌芽接

不同的嫁接方法成活率差异很大。以嵌芽接为成活率最高，此种嫁接方法要选择老熟饱满的枝条作为芽条。在砧木距地面 4～6cm 的向阳面用单面保险刀片，按 30°～40°斜角切下长 1～2cm 的盾形切口，在穗条上选取充实饱满的接芽。嵌入已切好的砧木切口上，用弹性及宽度适中的白色塑料带自下而上环环压边绑缚牢固，松紧要适度，既可防止芽片在内部移动，又能避免过紧而影响水分的上升，从而影响成活。注意嫁接时开的芽位要比芽片稍大，插入芽片后应注意芽片上端必须露出一线宽窄的砧木皮层，防治新长出的愈伤组织把芽片顶出。嫁接 1 个月后，如芽片青绿，叶柄一触即落，愈伤组织长满芽位，则为成活，要进行解绑、剪砧。解绑最好在阴天无雨时进行，以下午为好。解绑后一周芽片还青绿便可以剪砧。剪砧部位应在芽位以上 15cm 处，待芽片抽出芽后再进行第二次剪砧，这次剪砧部位在芽片以上 1cm 处。剪砧后砧木上叶芽陆续抽出，应及时除去，以免消耗养分和影响接芽的生长。

接芽抽出后要注意肥水的管理及注意防治病虫害，特别要注意霜霉病及蚜虫的防治，并且要根据需要进行合理的整形修剪。

2. T 字形芽接

T 字形芽接同样是目前月季嫁接生产的流行方法。用短刃竖刀在砧木距地面 4～6cm 的无分枝向阳面处横切一刀，约 5～8mm 宽，其深度刚及木质部，再于横切口中部下竖直切一刀，约 1.5～2cm 长，使皮层形成 T 字形开口。

将穗条从母株上剪下，去叶片留叶柄，选择充实饱满的接芽，用利刀在其上方约 0.5cm 处横切一刀深入木质约 3mm 左右，再用刀从接芽下方约 0.5cm 刚及木质部向上推削至接芽上方的切口为止。用刀挑开砧木 T 字形切口的皮层，将接芽植入切口内，植入后要进行微调，将接芽的横切口与砧木的横切口对齐而不能暴露砧木形成层，一次性就位最为理想。

接芽放妥后即用塑料带绑缚，绑缚时必须露出接芽这种方法虽显烦琐费时，但操作熟练后可在 1min 内完成一株的嫁接，且嫁接成活率极高，成活质量极佳。

3. 大开门芽接

在砧木距地面 4～6cm 的光滑无分枝的向阳面用短刃竖刀横向切一刀，深度刚及木质部，然后对准横切口的一端向下 1.5～2cm 纵切一刀，再于横切口的另一端依照原样再切一刀。两刀深度均刚及木质部，而后再于横切口下方约 0.5cm 处横切一刀，并用刀将切断的一小块方形皮层剔除露出木质部，然后用刀掀开。

将穗条去叶片留叶柄，选择充实饱满的接芽，用刀在其接芽上方约 0.3cm 处横切一刀，后对准横切口的一端向下 1.5～2cm 纵切一刀，再于横切口的另一端依照原样纵切一刀，然后再对准两纵切口横切一刀形成一块带有接芽的长方形芽片，四刀深度均及木质部。

用刀或用手掀开砧木皮层将接芽迅速植入并作微调。将砧穗两横切口对齐用塑料带绑缚，松紧要适度采用该方法嫁接，砧穗形成层接触面积大，供养迅速，可大大提高成活率及成活质量。无论是夏季进行还是冬季进行无根砧木嫁接，嫁接后插条的扦插密度均较普通月季扦插密度稀疏。扦插时插条一律向北倾斜 70°，同时接芽面朝向阳处。株行距 5cm×5cm，扦插深度约 3cm。

四、实训报告

（1）切花月季生产上主要有几种嫁接方法？

（2）影响月季嫁接成活的关键因素有哪些？

实训 3-16　切花月季的支柱和牵引

一、目的要求

为防止切花月季在生长过程中出现植株倒伏或切花枝弯曲的情况，必须通过架设支柱和防倒伏网等进行辅助管理。使学生掌握防倒伏网的设置和切花枝的牵引。

二、材料与用具

（1）材料。切花月季植株。

（2）用具。铁管或角铁、尼龙网、铁丝、橡皮筋等。

三、方法步骤

（一）设置防倒伏网

月季虽然是木本植物，直立性较强，但是在设施栽培的情况下，由于其生长发育速度非常快，经过 1 年左右的生长后，植株的高度可以达到 2m 以上。由于大部分切花枝分布在植株的上部，所以有一种头重脚轻的感觉。为了防止植株倒伏或者切花枝弯曲，必须通过架设支柱和防倒伏网等进行辅助管理，而且月季的枝条会出现横向生长的现象，只有通过防倒伏网的限制，才能使枝条在控制的栽培床内生长，使栽培床之间的通路畅通，不但保持通风和透光性，而且有利于田间管理和喷洒农药。

一般在定植后就要马上埋设支柱，当植株达到 50cm 左右高时，架设第一层防倒伏网。防倒伏网一般用尼龙线做成，网的孔径为 20cm×20cm，宽幅为 60cm。通常用铁管或者角铁作为支柱，沿栽培床纵向的两端和每隔 3m 处，于床的两边相对埋设，然后将尼龙网水平固定在支柱上。也可以利用温室的骨架用铁丝拉住，中间每隔3m再埋设支柱。支柱的高度一般在2m以上，通常需要架设三层防倒伏网。第二层设置高度为90~100cm，第三层设置高度为140~150cm。防倒伏网的设置层数要根据植株的高度而定，如果三层不够还可以设置四层。

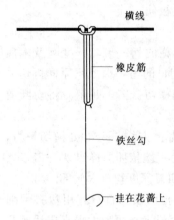

图3-14 花枝的牵引模式图

（二）切花枝的牵引

在架设防倒伏网的同时，为了防止切花枝弯曲、提高切花品质，通常采用铁丝做成一个吊钩将花蕾钓住（图3-14）。在植株的上部沿栽培床纵向拉设几条铁丝，用橡皮筋挂上细铁丝钩，将切花枝的花蕾吊住，靠橡皮筋的拉力将切花枝拉直。当切花枝长高时，随着橡皮筋的缩短，铁丝钩也会自动上升钩住花蕾。这样可以防治因花茎弯曲所造成的品质下降。吊挂适期在花蕾着色期，橡皮筋不能拉得过紧，由于切花枝的高低不同，可以通过橡皮筋的长短或者数量调节吊挂高度。如果牵引前花茎已经发生弯曲，通过牵引可以得到适当的矫正。

四、实训报告

（1）切花月季为何要设立支架？

（2）切花月季如何才能防止花枝弯曲？

思考

1. 切花月季如何修剪、疏蕾？

2. 切花月季有哪几种嫁接方法？

3. 月季扦插育苗有什么要求？

4. 月季的采收和储运要注意什么？

项目九　其他花卉设施栽培技术

任务一　非洲菊设施栽培技术

一、非洲菊的生物学特性

非洲菊（*Gerbera jamesonii*），为菊科扶郎花属，别名：扶郎花、太阳花、灯盏花、秋英、波斯花。非洲菊为世界五大切花之一。多年生草本花卉，花朵硕大，清秀挺拔，花色丰富，切花率高，设施环境下可周年供应鲜切花（图3-15）。株高60cm左右，全株具细毛；基生叶多数，长椭圆状披针形，长12～25cm，宽5～8cm，羽状浅裂或深裂，下面具长毛，顶端短尖，基部渐窄狭；叶柄长12～20cm；头状花序单生，直径8～10cm；总苞盘状钟形，长1.5cm，宽2.5cm；总苞片条状披针形，顶端尖锐，具细毛；舌状花橘红色，条状披针形，长3～4cm，宽3～4mm。

图3-15　切花非洲菊

二、非洲菊对环境条件的要求

非洲菊喜冬季温暖、夏季凉爽、空气流通、阳光充足的气候环境。最适生长温度为20～25℃、夜温为16℃左右。开花适温不低于15℃，白天不超过26℃的生长环境可全年开花。冬季休眠期适温为12～15℃，低于7℃时停止生长。对光周期的反应不敏感，自然日照的长短对花数和花朵质量无影响。非洲菊要求疏松肥沃、排水良好、富含腐殖、土层深厚、微酸性的砂质壤土。

三、非洲菊的常见品种类型

常见栽培品种有桑巴（Samba），花半重瓣，金黄色，本系列还有 4 个颜色。节日（Festival），花色有黄、粉、玫瑰红、鲜红、橙红、白、橙黄等 16 个花色；"化装舞会"（Masquerade），花色有白、黄、红等 6 种，花心具黑眼。健壮巨人（RobustGiant）系列，花有红、黄、粉、橙、白獭双色等，花径 12～15cm。

另外新贵系列、北极星、黄金海岸、多利、阳光露、瑞扣等也较多见。

四、非洲菊的设施栽培

（一）播种育苗

将种子直接播在孔径约 3.5cm 的穴盘中，播种介质可选略施肥的泥炭，pH 值在 5.0～5.5 之间，γ 值在 1.2～1.5mS/cm 之间。每个穴盘孔中播一粒种子，浇水并加杀真菌剂。非洲菊种子萌发需要光照，因此播种后不要遮盖种子。将穴盘放于温室育苗床上，并加盖塑料罩，萌芽期应保持较高的湿度，可轻度灌溉或使用空中喷雾。

萌芽期最适温度为 22～25℃，萌芽期的最适日照长度为 16h。建议在低光照时期人工增光（3.5～4klx）。播种后 3～4d 开始萌发，当子叶展开时逐步去掉塑料罩，当第一片真叶展开的时候完全去除塑料罩。播种后约 5 周半至 6 周半幼苗长成，长出 4～5 片真叶的时候可以移栽或上盆。

（二）定植

栽培土壤要求疏松透气、富含腐殖质，pH 值在 5.0～5.5 之间，γ 值在 1.2～1.5mS/cm 之间。

1. 定植时期

非洲菊为周年开花植物，定植季节不限，但从生产和销售角度来考虑最适宜的定植时期为春季 3 月下旬至 4 月中旬，秋季即可采花，冬季进入盛花期。

2. 定植密度

交错定植，株行距 40cm×50cm，定植 6～8 株/m²。密度过高易感染病虫害，花蕾数量减少；密度过低影响经济产量。

3. 定植深度

因非洲菊的根系有收缩老根的特点，并且叶从茎上基生，定植应以浅栽为原则，要求根颈部稍露出土面，如定植过深，植株随老根收缩向下沉，生长点埋入土中，花蕾不易长出地面，影响开花。

（三）栽培管理

1. 温度管理

非洲菊最适宜的生长温度为 20～25℃，低于 5℃，高于 30℃，生长缓慢。非洲菊对温差相当敏感，昼夜温差应保持在 2～3℃较好，如果温差过大，会造成畸形花。建议在强烈光照时遮阴以避免过高的温度，并在中午高温时期喷水。

2. 光照管理

非洲菊喜阳光充足的环境，光照充足，植株生长健壮，花色鲜艳。每天日照时数不低于 12h，在低光照时期人工补光 3.5～4klx。光照时间和强度直接影响非洲菊的产量，光照时间越长，产花量越高。

3. 肥水管理

非洲菊在设施栽培中全年开花，营养消耗大，因而在整个生育期要不断进行追肥。宜采用滴灌设备，配制营养液进行滴灌。施肥以氮肥为主，适当增施磷、钾肥及钙、铁、镁肥，花期前应特别注意补充钾肥，促使茎粗花壮，增加产花量。空气相对湿度最好不要超过 70％，为使植株根系良好生长，浇完定植水后应等根系略干时再进行灌溉，同时辅以追肥。浇水以"干透浇透"为原则。花期灌水要注意不要使叶丛中心沾水，防止花芽腐烂。

4. 疏叶疏蕾

非洲菊为周年生产，因此要及时疏叶疏蕾。叶片过多或过少都会使花数减少，故需要适当剥叶，及时清除基生叶丛下部枯黄叶片，再各枝均匀剥叶，每枝留 3～4 片功能叶。幼苗生长初期应摘除早期形成的花蕾，以促营养生长；开花期，过多花蕾也应疏去，以保证切花的品质。同时应考虑市场与季节因素，确定花枝数量。

（四）采收保鲜

当外轮花的花粉开始散出时采收。采收时要求植株生长旺盛，花梗挺直，花朵开展。采收通常在清晨与傍晚进行，此时植株挺拔，花茎直立，含水量高，保鲜时间长，切忌在植株萎蔫或夜间花朵半闭合状态时剪取花枝。采收时用手轻轻在花茎基部折断即可，分级包装前再切去下部切口 1～2cm，浸足水分或保鲜液，并用具有杀菌作用的药液处理，防止切口感染。在相对湿度 90％、温度 2～4℃条件下，保鲜期可维持 4～6d。

（五）病虫害防治

病害是影响非洲菊产花数量和质量的主要因素，虫害的影响比病害要小。非洲菊主要病害有黑斑病、白粉病、立枯病、霜霉病等。栽培中应注意棚内温度，降低空气湿度，加强通风透光，增强植株的抗病能力，遇连续高温阴雨天后及时喷洒消毒药剂。黑斑病可用 70％的甲基硫菌灵可湿性粉剂 800～1000 倍液或 50％的多菌灵可湿性粉剂 500～1000 倍液喷施。白粉病可用 10％的苯醚甲环唑 1500～2500 倍液或 15％的粉锈宁可湿性粉剂 1000～1200 倍液进行防治，每 7～10d 一次，连续喷 2～3 次。主要虫害有蚜虫、潜叶蝇、飞虱、叶螨等，可用吡虫啉、炔螨特、噻嗪酮菊酯类农药喷洒。

任务二　菊花周年开花栽培技术

菊花作为世界四大切花之一，占世界切花总量的 30％左右。菊花原产我国，至今已有3000 多年的栽培历史。在简单设施栽培条件下，利用品种搭配和提前、延迟开花技术，已经能够实现菊花的周年生产（图 3-16）。菊花为典型的温带类型的短日照植物，自然花期为秋末冬初。菊花对短日照和低温有双重的要求。当 8 月下旬自然光照缩短到 13h，夜间温度降到 15℃，昼夜温差 10℃左右时，花芽开始分化。9 月中旬，当日照缩短到 12.5h，夜间温度下降到 10℃左右时，花蕾开始形成。10 月中旬，绽蕾透色，10 月底 11 月初盛开，进入观赏期。针对菊花以上的特性，人为的创造条件，可以让它一年四季开花。

一、提早开花

（一）品种选择

选早花、中花品种。如绿云、墨菊。选择的标准是对处理敏感、遮光后花色变为鲜艳、

图 3-16　菊花

枝条粗壮、生长充实，处理后不变软的品种。

（二）遮光处理

当植株生长到所需的大小时，对菊花植株遮光处理 12d，花芽即开始分化，再经 40d 左右即可开花。根据预定开花日期向前推算 50d 开始遮光，处理日期一直到花蕾显色为止。但实际上到花蕾充分发育后，则在长日照条件下也能正常开花。在短日照处理后，再进行一段短日照与长日照交替处理，虽然开花略迟，但对于舌状花的生长有利，可使花朵丰满。遮光时间：国内各地通常多采用 10h 光照，其余时间黑暗。

一般下午 5 时开始遮光到次晨 7 时见光。因月光也有影响，因此夜间不要撤掉遮光设备，可将遮光物四周下部掀开通风。菊花感受短日照的部位是顶端成熟的叶片，一定要完全黑暗，基部不必要求过严。遮光材料可用黑布或黑塑料，搭建拱棚遮在其上。

（三）降温通风

夏天一定要采取降温措施和加强通风。可采用安装排风扇等办法进行通风。

二、延后开花

让菊花晚开花，例如，要求 12 月至翌年 2 月底及清明开花，要采用抑制栽培法，除长日照处理外，还可利用晚期扦插、多次摘心、激素处理、夜间高温处理等方法。但最有效的是长日照处理。

（一）品种选择

选择晚花品种。如十丈垂帘、红衣绿裳、踏雪寻梅。

（二）长日照处理

一般菊花在 9 月下旬花芽开始分化。所以应当在这以前就开始用灯光加光照射，以延迟花芽分化。一般加光处理可延长到 10 月中下旬，这时自然日照已经缩短，花芽即开始分化。但气温已经降低，夜温如在 12℃以下，将影响花芽分化，如到 12 月至翌年 2 月期间开花，需在温室内进行培养。

长日照处理加光大体 5m² 用 60W 灯光一个或 16m² 用 100W 灯光一个即可。

（三）加光时间

自日落起继续加光 4～5h，也可在夜间不加光，等到夜里 12 点左右给予半小时的照光，即所谓"光间断"处理，也可获得长日照处理的效果。如用高强度荧光灯，只需几分钟即可。

三、几种特定时间开花的处理

1. 元旦开花

选晚花品种从 8 月上旬开始，从日落到夜里 12 点增加光照至 10 月中旬为止，花芽开始分化时，室温以 20℃左右为宜，最低不能低于 15℃，到元旦即可开花。

2. 春节开花

8 月份剪取嫩枝扦插，9 月中旬上盆，11 月下旬移入 阳畦或向阳的低温温室中，12 月中旬移入中温温室，保持 18～20℃，第二年 2 月初即开花。此时自然日照较短，不需要作遮光处理。

3. 五一国际劳动节开花

在 11 月底，将开过花的残株剪除地上部分，换盆后放入温室培养，使新芽苗壮生长。至 1 月份应提高温度至 21℃左右。在 2 月里即可形成花蕾，4 月中下旬即可开花。

4. 七一开花

将放在温室过冬的脚芽于 4 月中旬栽入小盆，放在温室内培养，在 5 月初开始进行遮光处理，光照每天 10h，到 6 月下旬即可开花。

5. 国庆节开花

在 7 月底对菊花进行短日照处理，1 个月后可出现花蕾，到 9 月底即可开花。如用夏菊品种，只要生长温度达 10℃以上，不必施行短日照处理，亦可在国庆节开花。

任务三　矮牵牛设施栽培技术

一、矮牵牛的生物学特性

矮牵牛（*Petunia hybrida*），为茄科碧冬茄属，别名：碧冬茄、灵芝牡丹、矮喇叭、番薯花（图 3-17）。矮牵牛是花坛花卉中色彩最为丰富的品种之一，有花坛"皇后"之美称，颜色包括红色、粉色、玫瑰红、白色、紫色、蓝色、双色等多达 20 余种。一年生或多年生草本。高 50～60cm，全体有腺毛，茎圆柱形，直立或倾立，也有丛生和匍匐类型。叶卵形，顶端渐尖、短尖或较钝，基部渐狭，近无柄，全缘，在茎下部者互生，在上部者成假对生。花单生；花萼深 5 裂，裂片披针形；花冠漏斗状，长 5～7cm，顶端 5 钝裂，花瓣变化大，因品种而异，有单瓣或重瓣，边缘皱纹状或有不规则锯齿；雄蕊插生在花冠筒中部，4 枚两两成对，第 5 枚小而退化。蒴果，2 瓣裂。

图 3-17　盆栽矮牵牛

二、矮牵牛对环境条件的要求

矮牵牛性喜温暖和阳光充足的环境，稍耐寒，在干热的夏季开花繁茂。忌雨涝，雨水过多，叶子容易出现病害，而且少花，直接影响观赏效果。晴天的观赏效果特佳。生长适温为 13～18℃，冬季温度在 4～10℃，如低于 4℃，植株生长停止。夏季能耐 35℃以上的高温。夏季生长旺期，需充足水分，特别在夏季高温季节，应在早、晚浇水，保持盆土湿润。但梅雨季节，雨水多，对矮牵牛生长十分不利，盆土过湿，茎叶容易徒长，花期雨水多，花朵易褪色或腐烂。盆土若长期积水，则烂根死亡，所以盆栽矮牵牛宜用疏松肥沃和排水良好的砂壤土。

三、矮牵牛的常见品种类型

生产中常用品种大花型有虹彩、梦幻、依格、凝霜白边、夸张等系列；中花型有名誉、庆典、梅林、海市蜃楼、交响乐等系列；小花型有幻想等系列；盆栽吊篮型有美声、冲浪、波浪等系列；另外尚有重瓣型系列。

四、矮牵牛的繁殖

(一) 播种繁殖

矮牵牛常作一年生栽培。播种时间视上市时间而定，如5月需花，应在1月温室播种。10月用花，需在7月播种。播种时间还应根据品种不同进行调整。矮牵牛种子细小，每克种子在9000~10000粒，发芽适温为20~22℃，基质可选泥炭、珍珠岩、蛭石等介质，播后不需覆土，轻压一下即行。

(二) 扦插繁殖

室内栽培全年均可进行扦插繁殖，花后剪取萌发的顶端嫩枝，长10cm，插入砂床，插壤温度20~25℃，插后15~20d生根，30d可移栽上盆。

(三) 组培繁殖

组培繁殖外植体用种子、叶片和受精子房等。若用种子，在洗衣粉溶液中浸泡5min，取出后用水冲洗干净。在无菌条件下，先在75%酒精中浸8min，再在0.1%氯化汞溶液中浸泡7min，取出用无菌水冲洗后，接种在MS（添加6-苄氨基腺嘌呤0.5~1.0mg/L和萘乙酸0.1mg/L）的培养基上，接种15d出现小芽，将小芽切割转入原来的培养基上进行继代培养，20d后1个小芽可得到10多个芽。将1cm的壮芽接入含萘乙酸0.05~0.2mg/L的1/2 MS培养基上，10d后，100%生根，成为完整小植株。

五、矮牵牛设施栽培

(一) 播种

矮牵牛种子非常易于发芽，目前生产上广泛采用播种繁殖。播种宜采用疏松的人工介质，因种子过于细小，一般采用床播、箱播育苗，穴盘育苗须是丸粒化种子，可用288穴或128穴盘。播种前装好介质，浇透水，再播种，播后用细喷雾湿润种子。矮牵牛种子细小，播种不能覆盖任何介质，否则会影响种子发芽。介质要求pH值为5.8~6.2，γ值为0.5~0.75mS/cm，经消毒处理，播种后保持介质温度22~24℃，4~7d出苗。由于矮牵牛的苗期较长，温度偏低、水分偏干或偏湿、施肥过量等容易引起僵苗。

1. 第一阶段

播种后3~5d胚根展出，初期必须保持育苗介质的湿润，不需要施肥，温度保持在22~24℃。此阶段光照有利于矮牵牛种子的萌发，因此，若采用发芽室播种的，最好用1klx的光照度进行补光。若在普通设施下进行育苗，则需加盖二层90%遮阳网，确保种子发芽时的湿度。

2. 第二阶段

继续保持介质适当的湿度，不能过干，过干易产生"回苗"；也不能过湿，过湿影响根的发育，易产生病害。第一对真叶出现后，可以开始施肥，施肥一般采用氮肥或20∶10∶20水溶性肥料，浓度控制在50mg/L左右，不可过高，以免产生肥害。此阶段应注意通风，种苗也可逐渐见光。

3. 第三阶段

种苗已出现2~3对真叶，此后生长迅速。介质温度可降低到18~20℃左右，每隔7~10d，可间施0.1%的尿素或2∶1∶2的水溶性肥料和N∶P∶K为1∶1∶1的0.1%的复合肥（复合肥要求含N、K可高一些，P的要求相对较低）或14∶0∶14的水溶性肥料。此阶段仍应注意通风，防止病害产生，每隔一周左右喷施1次75%的百菌清或70%的甲基托布津 800～1000 倍液。

4. 第四阶段

本阶段根系已完好形成，出现 3 对真叶，温度、湿度、施肥要求同第三阶段，仍要注意通风、防病工作。

（二）上盆

用 288 穴的育苗盘育苗，直接移入 10～12cm 口径的营养钵。也可先定植于苗床上，再移入营养钵内，矮牵牛移植后恢复较慢，所以在上盆时应注意尽量多带土。

（三）光照管理

矮牵牛为阳性植物，生长、开花均需要阳光充足，夏季生产比较耐高温，一般只在移植后几天加以遮阴，缓苗，在整个生长期均不需要遮阴。

（四）温度管理

矮牵牛移植后温度控制在 20℃ 左右，但不要低于 15℃，温度过低会推迟开花，甚至不开花。在实际生产中，要求国庆节开花的要在大棚内进行生产，避免在国庆前因温度低而影响开花。要求在五一国际劳动节开花的，也可在露地进行生产，但必须保证冬季霜不直接落在叶片上，否则叶片会出现白色斑点，影响观赏效果。在长江中下游地区，一般均采用保护地设施进行栽培。

（五）肥水管理

浇水始终遵循"不干不浇，浇则浇透"的原则，夏季生产盆花，小苗生长前期应勤施薄肥，肥料选择以 N、K 含量高，P 适当偏低。N 肥可选择尿素，复合肥则选择 N：P：K 比例为 1：1：1 或含 N、K 高的，浓度控制在 0.1%～0.2% 左右，水溶性肥料一般选择 2：1：2 和 14：0：14 两种，浓度在 50～100mg/L，浓度过高，特别在高温季节易造成肥害。冬季生产盆花，在 3—4 月勤施复合肥，视生长情况，适当追施 N 肥。

（六）病虫害防治

矮牵牛的病害主要有苗期猝倒病、生长期茎腐病，药剂防治可采用 70% 百菌清 800 倍液或 70% 甲基硫菌灵 1000 倍液等喷施。虫害主要有菜蛾、蚜虫、青虫、卷叶蛾等，尤其在国庆花卉生产中较为常见，药剂防治可采用 10% 一遍净、毒斯本等。矮牵牛如出现蚜虫为害，不能用杀灭菊酯喷施，容易引起药害，影响生长。

（七）其他管理

矮牵牛生产中一般不经摘心处理，但在夏季生产中因气温关系，一般主枝生长较快，需要摘心一次。矮牵牛较耐修剪，如果在第一次销售失败，可以再修剪一次，之后通过换盆，勤施薄肥，养护得当，一般不影响质量，仍可出售。

六、矮牵牛盆花质量等级划分

矮牵牛盆花质量等级划分标准见表 3－13。

表 3－13　　　　　矮牵牛盆花质量等级划分标准（GB/T 18247.1—2000）

评级项目	等　级		
	一　级	二　级	三　级
花盖度	≥90%；花朵分布均匀	75%～89%；花朵分布均匀	60%～74%；花朵分步较均匀
植株高度/cm	20～30	20～24	<20

评级项目	等　级		
	一　级	二　级	三　级
冠幅/cm	30～35	24～29	＜24
花盆尺寸 $\phi \times h$/cm	15×12	12×10	10×8
上市时间	初花	初花	初花

注 形态特征：多年生草本，常做一年生栽培。茎倾卧或稍直立；叶全缘，茎无柄；花单生叶腋或枝端，花冠漏斗形，先端具有波状浅裂。花期4—10月，盛花期6—9月。

任务四 绿萝设施栽培技术

一、绿萝的生物学特性

绿萝（*Scindapsus aureus*），为天南星科绿萝属，别名：魔鬼藤、石柑子、竹叶禾子

图3-18 水培绿萝

（图3-18）。多年生常绿藤本。茎攀援长可达数米，茎节具气生根。叶互生，卵心形至长卵形，翠绿色，通常有白色不规则斑块。因肥水条件的差异，其叶片的大小有别。绿萝枝繁叶茂，耐阴性好，终年常绿，有光泽，是优良的室内观叶花卉，常做柱藤式或悬垂式栽培。

二、绿萝的生态学特性

绿萝性喜温暖、潮湿环境，不耐寒冷。要求疏松、肥沃、排水良好的偏酸性土壤。适生温度为15～25℃，15℃以下生长缓慢，越冬温度不低于10℃，它对温度反应敏感。夏天忌阳光直射，在强光下容易叶片枯黄而脱落，故夏天在室外要注意遮阳。冬季在室内明亮的散射光下能生长良好，茎节坚壮，叶色绚丽。生长期间对水分要求较高，除正常向盆土补充水分外，还要经常向叶面喷水，做柱藤式栽培的还应多喷一些水于棕毛柱子上，使棕毛充分吸水，以供绕茎的气生根吸收。

三、绿萝的常见品种及分级

（一）常见品种

（1）银葛。叶上具乳白色斑纹，较原变种粗壮。

（2）金葛。叶上具不规则黄色条斑。

（3）三色葛。叶面具绿色、黄乳白色斑纹。

（4）褐斑绿萝。叶长约15cm，表面具淡褐色斑纹，叶柄较短。

（5）银星绿萝。叶面具银白色斑点。

（二）绿萝分级

绿萝分级标准见表3-14。

表 3 - 14　　　　　盆栽绿萝质量等级划分标准（GB/T 18247.3—2000）

项目等级	一 级			二 级			三 级		
株高/cm	150	120	90	150	120	90	150	120	90
花盆尺寸 $\phi \times h$/cm	33×31	30×31	25×25	33×31	30×31	25×25	33×31	30×31	25×25
茎、叶状况	茎叶生长旺盛，主蔓3～5根，顶尖高度距棕柱顶端20～30cm，叶片从上到下分布均匀，叶色浓绿、有光泽，基部叶片完整			茎叶生长正常，主蔓3～5根，顶尖高度距棕柱顶端平齐，叶片从上到下分布均匀，叶色浓绿、有光泽，基部叶片有少量脱落现象			茎叶生长正常，主蔓3～5根，顶尖高度超过棕柱顶端15～20cm，叶片从上到下分布均匀，基部叶片有脱落现象		

注　形态特征：常绿蔓生种，茎粗壮，叶卵状心形，绿色有光泽，还有鲜艳的黄白条斑，成年叶片边缘有轻微的裂口。喜高温、高湿和明亮的环境、忌强光直射。
　　同属还有：①白斑藤芋；②星点藤；③彩叶绿萝；④银叶彩绿萝；⑤褐斑绿萝。

四、绿萝的繁殖

（一）扦插繁殖

绿萝不易开花，一般采用扦插繁殖。因其茎节上有气根，扦插极易成活。扦插时剪取长15～25cm，有2～3个茎节的枝条，去掉下部2～3个叶片，插入素砂或蛭石中，深度为插穗的1/3，淋足水，置蔽阴处，每天向叶面喷水或盖塑料薄膜保湿，空气湿度控制在85%以上，环境温度不低于20℃，约20d可发根，成活率可达90%以上。

（二）水插繁殖

绿萝也可用顶芽水插，方法是：剪取嫩壮的顶梢20～30cm，保留3个节，直接插于清水中，每2～3d换水一次，10多天可生根成活。

（三）压条繁殖

压条繁殖时，可把绿萝的茎蔓平置在土面上，以2～3节为一段，把铁丝弯曲后插于土中固定茎蔓使其生根与土面接触，等根伸长扎于土中后，再把它与母体截断。

五、绿萝的栽培管理

（一）温度管理

绿萝是热带观叶植物，喜温暖的环境，不耐寒。做好冬季保温是绿萝栽培的关键，绿萝安全过冬需10℃以上的温度，华南地区可露地越冬，但长三角一带则需要相应的保温措施。

（二）光照管理

绿萝的原始生长条件是参天大树遮蔽的树林中，耐阴性强，忌阳光直射。温室内栽培一般要加遮阳网或与其他植物配合栽培，防止阳光直射灼伤叶片。通常每天接受4h的散射光，绿萝生长发育最好。

（三）水分管理

绿萝喜欢空气湿度较大的湿润环境，其根系喜中等湿润环境。生长期盆栽土壤以保持湿润为宜，叶片要求相对湿度在60%以上。浇水时要掌握"不干不浇，浇则浇透"的原则。苗期少浇水，以免根茎处发生腐烂。夏季气温高于28℃时，应早、晚各淋水且向叶面、叶背喷水1次，降温保湿。夏秋干旱时应每天早、中、晚向叶面喷水，以增加湿度。冬季室温较低，应少浇水，保持盆土不干即可。

（四）养分管理

绿萝生长速度快，施肥应以氮肥为主，钾肥为辅。定植生根之后科适用氮肥、磷肥比例相同的复合肥，促进根茎叶的均衡生长，后期减少磷肥的施用量，促进叶片生长，防止根系提前老化。追肥的原则是"黄瘦多施、肥壮少施、发芽时少施、雨季少施、新栽不施、徒长不施、病弱不施、盛夏少施"。

（五）病虫害防治

绿萝主要病害有炭疽病、叶斑病、叶枯病、黑斑病、灰霉病等，主要虫害有介壳虫、蜗牛、蛞蝓等。防治上应增施磷钾肥、提高植株抗病力，及时清除病残体、减少侵染源，注意温室通风，提高棚内夜间温度，适当降低棚内湿度。

实例 3-11　浙江海宁《非洲菊栽培技术规程》

一、范围

该技术规程规定了非洲菊定植、温度、湿度、剥叶与疏蕾、肥水管理、病虫害防治等栽培技术要求。

该技术规程适用于海宁地区非洲菊大棚栽培。

二、定植

（一）定植前准备

1. 园地选择

能灌易排，pH 值为 6.5～7，γ 值 1.0mS/cm 以下。

2. 土壤改良

对黏重土壤必须进行改良，掺入用泥炭、珍珠岩、树皮、锯末、稻壳、河砂或其他有机物，并使其与耕作层的土壤混匀。

3. 基肥

非洲菊忌土壤高盐，通常不宜大量施用基肥。可在定植前用腐熟、干燥的家畜肥 500kg/667m² 混入栽培土中。因非洲菊四季开花不断，所以必须在整个生育期不断追肥，追肥的最佳模式为营养液滴灌。非洲菊的营养类型属于氮钾型，肥料可以复合肥为主。一般每隔 10～15d 左右施 1 次，标准大棚每次用量为 10～15kg。追肥应根据不同的生长阶段进行配比，在开花前氮：磷：钾为 20：20：20，在开花期间则应使氮、磷、钾、钙、镁的比例保持在 15：10：30：10：2。除了大量元素之外，微量元素也应定期供给。常用的灌溉方法是滴灌和浇灌。

4. 深翻

机耕深度为 20cm 左右，人工两次翻土，第一次深度为 10～15cm，第二次为 20～25cm。

5. 土壤消毒

药物消毒：用敌克松 800 倍、溴化甲烷采用注入、灌入，用地膜覆盖一星期，并在定植前一星期揭膜通气等方法进行操作，操作时一定要遵照规程。

（二）作畦及密度

畦宽 100cm（沟宽 30cm、面宽 70cm），畦为南北向，每畦栽植 2 行，行距 30～40cm，株距随品种不同有 25～30cm 等几种。一个标准塑料大棚可做 5 畦，种植 750～1200 株左右。

1. 时间

定植在 4—5 月或 9—10 月。

2. 方法

种植宜在清晨或傍晚，应浅植。苗的根颈部应露出土面 1～1.5cm 左右。定植后立刻浇水，保持一定湿度。返苗前避免温度过高和光照过强。

三、温度及湿度管理

棚内应保持 16～30℃ 以上的温度，棚内温度过高可用遮阳网或通气降温，夜温宜比白天低 2～3℃，水温最好与气温相一致，一般最低水温为 15℃。利用通风和加热设备来调节保护地内的空气湿度及温度。

四、剥叶与疏蕾

（一）剥叶

（1）根据植株分株上的叶数来决定是否再需剥叶。一般 1 年以上的植株约有 3～4 个分株，每分株应留 3～4 张功能叶，整株就是 12～14 张功能叶。多余的叶片要在逐个分株上剥叶，不能在同一分株上剥。

（2）剥去植株的病叶与发黄的老叶。剥去已被剪去花的那张老叶。将重叠于同一方向的多余叶片剥去，使叶片均匀分布，以利更好地进行光合作用。

如植株中间长有密集丛生的许多新生小叶，功能叶相对较少时，应适当摘去中间部分小叶，保留功能叶，以控制过旺的营养生长，同时让中间的幼蕾能充分采光，这对花蕾的发育相当重要。近连花蕾叶片不能剥。

（二）疏蕾

（1）幼苗刚进入初花期时，未达到 5 张以上的功能叶或叶片很小，应将花蕾摘除。

（2）当同一时期植株上应保留 3 个左右发育程度相当的花蕾，超过 3 个，应将多余的花蕾摘除。

（3）当夏季高温花质量差或切花廉价时，应多疏蕾尽量少出花，以蓄积养分，利于冬季出好花。

五、病虫害防治

以防为主，综合防治。

限制性使用农药应严格执行 GB 4825 或 GB 8321.1～GB 8321.5 的规定。

（一）主要病害防治见

非洲菊常见病害防治见表 3-15。

表 3-5 非洲菊常见病害防治

病害名称	防 治 方 法
立枯病	①做好土壤消毒；②定植时尽量浅栽，使根茎高于土表 1.0～1.5 cm 或局部使用珍珠岩等无菌基质，效果理想；③对幼小植株，每隔 4d，于根部土中泼施 0.1% 硫珠灵或 600 倍敌磺钠药液；④注意控制土壤湿度，特别是气温低于 15℃ 时，土壤不可过湿；热天用冷水直接喷淋根茎；⑤发现病株及时拔除销毁
白粉病	结合修剪除去病部，以减少病源；栽植不要过密，通风透光，多施磷钾肥；发病时喷施 25% 三唑酮可湿性粉剂 1500～2000 倍液、50% 的苯来特可湿性粉剂 1500～2000 倍液防治，也可用多抗霉素防治
霜霉病	尽可能选用抗霜霉病的非洲菊品种；冬季日光温室要注意通风，防止湿度过大，如叶缘部分出现滞留水珠，易发生霜霉病，应及时采取去湿和喷药等措施；防治霜霉病的药物有甲霜灵、霜脲·锰锌、甲霜·锰锌、霜霉威等；10～11 月是霜霉病多发季节，每月预防 2 次，可轮流使用甲霜灵与百菌清；以后每月预防 1 次
黑斑病	秋季彻底清除枯枝、落叶，并销毁，以减少侵染源；发病期喷施 80% 代森锰锌可湿性粉剂 500～600 倍液、70% 的甲基硫菌灵可湿性粉剂 1000 倍液、50% 的多菌灵可湿性粉剂 100～500 倍液、1% 的等量式波尔多液防治，7～10d 喷施一次

（二）主要虫害和防治

非洲菊常见虫害防治见表 3 - 16。

表 3 - 16 非洲菊常见虫害防治

虫害名称	防 治 方 法
潜叶蝇	发生初期用 75％灭蝇胺 1500 倍、20％杀灭菊酯 2000 倍、10％吡虫啉 1500 倍液
蚜虫	可用 10％吡虫啉可湿性粉剂 1500～2000 倍液，或 25％噻虫嗪 5000～6000 倍等杀虫剂防治，但喷施必须均匀；温室或大棚，采用烟熏剂效果更好
叶螨	生长期每隔 10～15d 喷施 1 次 5％噻螨酮乳油 2000 倍液、73％炔螨特乳油 1200 倍液、20％速螨酮 2000 倍液，并进行交替使用；喷药时，务必要喷遍整个植株，特别要喷到叶背
金龟子	温室或大棚可用防虫网或遮阴网来防范金龟子，而露地栽培只能依靠人工捕捉；药物防治可用 50％辛硫磷乳油 1000～1500 倍液、40％的毒死蜱 1000 倍液浇根
茎蜂	发现被害茎梢，应立即将被害部位剪下销毁；在成虫发生期，发现茎蜂，应捕捉杀死。 切叶蜂 人工扑杀成虫或幼虫
棉铃虫	建立虫情预报，设置黑光灯诱捕盆，每天检查捕到蛾数，然后检查虫口密度，决定喷药时机，棉铃虫必须在 3 龄前进行防治，抓住 2 龄幼虫末进入蕾前喷洒 5％氯虫苯甲酰胺 1500 倍液、5％抑太保乳油 1500 倍液、2.5％氟氯氰菊酯乳油 5000 倍液、24％甲氧虫酰肼 1500～3000 倍液

六、采收、消毒、保鲜

（一）采收

1. 采收标准

最外轮花的花药花粉开始散出，花朵平展时采收。切忌在植株萎蔫或夜间花朵半闭合状态时剪取花枝。

2. 采收方法

由于非洲菊的茎基部离层易折断，所以采收时只需握住花茎，向外拉掰，使花茎从根茎处断离。

3. 按花色、品种进行插放，进行分级。

4. 绑扎成束

每束要做到 5 个一致：花色一致、品种一致、茎长短一致、粗细一致、花朵开放程度一致。20 支为一束，花朵用白色纸套包住。或不同花色按一定比例混装 20 支成一束。

5. 质检和计数

枝、花应无害虫、无病斑，并检查其他各项是否合格。

6. 存放

各项指标合格后，插入水中或保鲜液内，放到温度为 2～4℃的冷库内储藏。

（二）消毒、保鲜

1. 水分的吸收和保持

非洲菊剪下以后应尽快插入水中或保鲜液中，使之吸足水分，可采用湿储方法。在相对湿度 90％，温度 2～4℃条件下，湿储方法可保持 4～6d，干储法则只有 2～3d 的保鲜期。用具有杀菌作用的药液处理，防止切口感染。

2. 控制温度

非洲菊低温储藏的温度，冬春季以 2～4℃为好，夏季为 3～5℃。

3. 保鲜药物处理

非洲菊的保鲜药物处理见表 3-17。

表 3-17　　　　　　　　　　　　　　非洲菊的保鲜药物处理

序号	配　　　方
1	2％蔗糖＋300mg/L 8-羟基喹啉柠檬酸盐
2	4％蔗糖＋50mg/L 8-羟基喹啉硫酸盐＋100mg/L 异抗坏血酸
3	5％蔗糖＋2000mg/L 8-羟基喹啉硫酸盐＋50mg/L 醋酸银
4	2％～4％蔗糖＋1.5mM 硝酸钴
5	30g/L 蔗糖＋130mg/L 8-羟基喹啉硫酸盐＋200mg/L 柠檬酸＋25mg/L 硝酸银

实训 3-17　非洲菊的采收保鲜

一、目的要求

掌握非洲菊鲜切花的采收与保鲜储藏技术。

二、材料与用具

非洲菊、水桶、包装箱、漂白粉、保鲜剂等。

三、方法步骤

1. 采收标准

切取花枝最适宜时间为管状花开花 2～3 圈为宜，采收时，旋转花草基部即可，不需用刀切，所收获的切花套上塑料花托，在整理分级后 5 支一束进行捆绑。

2. 预处理

切花采收后，要立即将花梗浸入水桶中，并运送到凉爽的地方。所用的水和水桶要很干净，每次使用之前都要清洗消毒，以防细菌滋生，因为细菌会堵塞导管而使花朵不能吸水。浸泡用的水加漂白粉以 50～100mg/L 为宜。

3. 预冷

非洲菊采后及时预冷，是保障采后品质、延长寿命的关键环节。真空预冷，以其预冷速度快、内外温度均匀等特点，已经为广大花农和花商所采用。非洲菊的真空预冷一般应在采后的 1h 内进行，并时间处理 30min，将花体的温度由 25℃降至 1℃以下。

4. 包装与运输

通常用纸箱包装。每 50 枝装一层，共两层。每层用薄纸包扎花朵，防止花朵在运输中受伤。通常采用干运，有时在纸箱内贴一层薄的耐水性树脂，以提高纸箱内湿度、减轻花材萎蔫。在运输途中极易发热，带来叶片黄化。理想的运输应当在低温下进行。

5. 保鲜剂处理

使用 3％蔗糖＋250 mg/L 8-HQ（8-羟基喹啉）＋200 mg/L 硫酸铝的保鲜剂，能增大切花开放度，增加鲜重，花色鲜亮，花梗坚韧，可显著延长非洲菊切花瓶插寿命，提高其观赏价值。

6. 储藏基本要点

（1）温度。0.5～0℃。

（2）相对湿度。85%～90%。

（3）储藏时间。上述条件下，可以储藏3～4周或更长的时间。

冬季在2℃下，可以保鲜10～15d；5℃下可以存放5d。

四、实训报告

（1）非洲菊采收适期是什么时间？

（2）采后保鲜主要要注意哪几个方面？

实训 3－18 成品花的包装与运输

一、目的要求

使学生掌握花卉成品花的包装和运输技术。

二、材料与用具

各类盆花、包装袋、各种规格包装箱、胶带、尺子、裁纸刀。

三、方法步骤

花卉的包装运输是花卉生产过程的最后一道程序，对花卉生产企业来说非常重要，如果不加注意，就会出现很多无法挽回的损失。

1. 包装箱及快递包装

成品花的包装一般采用纸箱包装，纸箱依据花卉高度和盆径设计包装。花卉装箱前需要用设计精美的包装袋进行套盆包装，目的是为了美观且枝叶无损伤，需从下至上套盆，使盆花枝叶向上聚拢。纸箱外标注"种苗专用箱"及向上箭头。这样在运输过程中只要纸箱不被完全倒置，就不会对成品花产生很大的影响。应该注意的是内层隔纸板应经过防潮处理，以免因潮湿软化而造成成品的损失。

2. 装箱

装箱前，盆花介质应保持合理的水分，不应过湿或过干，过湿会造成纸箱软化，过干则在运输过程中种苗会因失水而干枯。装箱前应看准纸箱的朝向，使盆花朝上，盆花需套袋后再装入，后用打包带或胶带扎紧。

3. 运输

成品花数量大时，可用专用车运送，而量较少时可用空运。空运不方便的地方，也可采用火车和汽车运输。

4. 到达后的处理

成品花到达目的地后，应马上打开包装箱，把种成品花分开平置于阴凉通风处，喷水护花，以使花能够尽快恢复。

四、实训报告

学生学习自我包装、运输，比较哪种运输、包装方法实用，并改进现有运输包装，以更适合不同规格花卉。

思考

1. 简述菊花提早及延后开花光温处理技术要点。

2. 鲜切花采收与保鲜应注意哪些问题。

3. 矮牵牛等草花类花卉设施栽培过程中关键技术是什么？

4. 简述非洲菊在市场上的主要应用形式。

5. 简述盆栽绿萝质量等级划分标准。

6. 试述绿萝在栽培过程中对光照的要求。

参 考 文 献

[1] 张彦萍. 设施园艺 [M]. 北京：中国农业出版社，2009.

[2] 张宇. 蝴蝶兰的栽培管理 [J]. 山西农业科学，2010，38（9）：100-101.

[3] 张永柏，刘智成. 蝴蝶兰高效栽培设施与技术 [J]. 福建热作科技，2009，34（2）：17-19.

[4] 袁亚东，梁长安，霍红，等. 蝴蝶兰促成栽培技术 [J]. 现代园艺，2010（3）：29.

[5] 董国兴. 蝴蝶兰 [M]. 北京：中国林业出版社，2004.

[6] 李凤娥. 大花蕙兰的栽培技术 [J]. 农业科技通讯，2011（11）.

[7] 余利隽，曹群阳，毛军铭. 大花蕙兰高山越夏栽培技术 [J]. 南方农业（园林花卉版），2008（4）.

[8] 雷江丽，徐义炎. 红掌生产技术 [M]. 北京：中国农业出版社，2003.

[9] 文方德，金剑平. 红掌 [M]. 广州：广东科技出版社，2004.

[10] 张建勇. 红掌温室栽培管理技术 [J]. 科研与技术，2004（4）：82-84.

[11] 白二杯. 红掌栽培技术 [J]. 河北林业，2010（6）：31.

[12] 韩继龙. 红掌温室栽培中常见的病虫害及防治方法 [J]. 中国林副特产，2010（3）：58-59.

[13] 岳建芳. 红掌盆栽技术 [J]. 山西林业，2011（5）：32-33.

[14] 胡松华. 观赏凤梨 [M]. 北京：中国林业出版社，2005.

[15] 刘海涛，吴焕忠. 观赏凤梨 [M]. 广州：广东科技出版社，2004.

[16] 蔡虹，赵世伟. 凤梨 [M]. 北京：中国林业出版社，2004.

[17] 郁永明，王炜勇. 浙江省擎天凤梨标准化生产技术 [J]. 农业科技通讯，2011（2）：157-160.

[18] 柯立东. 凤梨大规模生产（下）[J]. 中国花卉园艺，2011（18）：22-24.

[19] 焦雪辉，吴沙沙，吴锦娣. 观赏凤梨盆花设施标准化生产 [J]. 温室园艺，2010（8）：66-69.

[20] 赵福康. 观赏凤梨的规模化栽培技术 [J]. 杭州农业科技，2005（6）：37.

[21] 柯立东，林伯达，吴家全. 观赏凤梨的繁殖与育种 [J]. 中国花卉园艺，2008（10）：17-19.

[22] 王轶，吴梅. 金华地区优质仙客来栽培和管理 [J]. 园艺与种苗，2011（4）：54-57.

[23] 熊法亭，李冠军，曹秀敏. 温室花卉仙客来栽培技术 [J]. 现代农业科技，2011（6）：217-218.

[24] 赵玉根，王立清，刘兴国. 仙客来标准化栽培技术 [J]. 陕西林业科技，2011（1）：94-95.

[25] 潘远智. 一品红 [M]. 北京：中国林业出版社，2004.

[26] 刘柏炎. 一品红设施栽培技术 [J]. 现代园艺，2010（4）：25.

[27] 华金渭，刘南祥，诸葛华，等. 一品红千禧品种国庆促成栽培研究 [J]. 浙江农业科学，2006（3）：285-287.

[28] 张正伟，曹玲玲，李云飞，等. 东方百合鲜切花种植技术 [J]. 农业工程技术（温室园艺），2008（05）.

[29] 陆佐沣. 高山百合花种球复壮栽培技术 [J]. 安徽农学通报（上半月刊），2010（9）.

[30] 桂育谦. 菊花提前开花配套栽培技术 [J]. 中国花卉园艺，2004（14）.

[31] 田如英，姚益. 观叶植物绿萝的标准化生产技术 [J]. 贵州农业科学，2010，38（7）：97-98.

[32] 周正标. 非洲菊大棚栽培技术 [J]. 现代农业科技，2009（6）：42.

[33] 陈春云. 非洲菊切花优质高产栽培技术 [J]. 湖南林业科技，2007，34（2）：50-51.

[34] 李彬彬，李红. 大棚切花月季栽培技术 [J]. 江苏林业科技，2005，32（5）：42-45.

第四篇 蔬菜设施栽培技术

一、蔬菜设施栽培的概念及特点

（一）蔬菜设施栽培的概念

蔬菜设施栽培是在外界环境不适于蔬菜生长的季节和条件下，利用特制的保温防寒或降温防热等设备，人为创造适宜蔬菜生长发育的小气候条件，进行蔬菜生产的栽培方式。蔬菜设施栽培是调节蔬菜淡旺季，全年供应新鲜蔬菜并达到蔬菜种类多样化的重要途径之一。

（二）蔬菜设施栽培的特点

蔬菜设施栽培是利用特制的设备对蔬菜进行保护和生产，与露地栽培相比具有以下特点：

（1）因地制宜，建造必需的保护设施。目前，我国应用的蔬菜栽培设施主要有风障、阳畦、温床、小拱棚、中拱棚、塑料大棚、日光温室、温室等。这些设施多数结构简单，容易建造，在生产中发挥着较大的作用。在选用设施类型时，必须根据当地的自然条件、栽培季节和栽培茬口而确定。如进行春季早熟栽培时，可利用小拱棚、大棚等设施。但在寒冷地区，冬季进行喜温性蔬菜栽培，必须在加温温室或节能型日光温室中进行。

（2）栽培技术要求严格与露地栽培相比较，蔬菜设施栽培在技术上要严格得多，复杂得多。应根据不同蔬菜作物在不同生育阶段对环境条件的不同要求选择相应性能的保护设施，同时对温度、光照、水分、营养、气体等条件进行控制或调节。保护设施的小气候条件有一定的特殊性，如在冬春季节的栽培设施，其内部小气候一般具有高湿的特点，由于环境湿度较大，就为病害的发生和侵染创造了较适宜的条件，大多数蔬菜病害在湿度较大时危害较重。因此，与露地栽培比较，设施栽培一般要适当控制水分，及时通风降湿，并结合浇水及时喷药防病。又如为了充分利用保护设施的空间，对栽培的果菜类、豆类蔬菜等一般要进行严格整枝，才能增加栽培密度，提高群体的产量。

（3）可以实现早熟丰产在保护设施内可进行多茬栽培、间作套种或进行上下层立体种植。如利用塑料大棚栽培番茄，不但可以提早收获 30～40d，还可以较露地增产 200％以上，并利用高秧番茄与矮秧番茄进行立体种植、多茬种植，使大棚总产量和总产值大大增加。

二、国外蔬菜设施栽培现状及发展趋势

国外的蔬菜设施栽培起步较早，20 世纪 70 年代以来，西方发达国家对设施农业的投入和补贴较多，设施农业发展迅速。目前，设施农业比较发达的国家主要有荷兰、以色列、美国和日本等。另外，法国、西班牙、澳大利亚、英国和韩国等国家的设施农业也都达到了比较高的水平。荷兰是世界上拥有最多和最先进的现代化玻璃温室的国家，全国温室面积 1.2 万 hm^2，占全国耕地面积的 1.26％，其中玻璃温室面积约 1 万 hm^2，占全世界玻璃温室面积的 25％。在荷兰温室主要用于种植鲜花和蔬菜，其中约 4700hm^2 为蔬菜生产，主要生产

番茄、青椒、黄瓜，其次是茄子、甘蓝、大白菜、青花菜和菜豆等，荷兰蔬菜的主要出口国家为德国、英国、法国等欧洲国家。

国外设施蔬菜生产技术水平发达，温室数字化、智能化控制技术迅速发展，温室节能技术与设备研究备受关注，温室环境友好、资源高效利用技术被广泛重视，设施蔬菜质量安全、植物工厂等技术研究方兴未艾。

三、国内设施蔬菜发展现状与趋势

随着国家对"菜篮子"工程建设扶持力度的加大，国内设施蔬菜栽培面积迅速增加。截至 2010 年底，我国设施蔬菜年种植面积约达 466.7 万 hm^2，分别占我国设施栽培面积的 95％和世界设施园艺面积的 80％，成为世界上设施栽培面积最大的国家，比 2004 年末的 253.3 万 hm^2 翻了近一番，且仍以每年 10％左右的速度在增长。目前，我国设施蔬菜产值已达 7000 亿元，分别占蔬菜和全国种植业总产值的 65 ％和 20％以上，人均设施蔬菜的占有量已达 200kg 以上，全国农民人均增收接近 800 元，占农民人均纯收入的 16％。

由于气候和经济等因素，形成了不同区域特色的设施类型、生产模式和技术体系。从设施类型上看，小拱棚约占 40％、大中棚约占 40％、日光温室约占 20％、连栋温室不足 0.5％。从产地分布看，环渤海湾及黄淮地区仍是我国设施蔬菜的最大产地，约占全国设施栽培面积的 55％～60％，山东、河北和沈阳发展尤为迅速。该区域主要充分利用其充足的光能资源发展节能日光温室，实现了冬春果菜的无加温生产。其中，山东省的设施蔬菜产值已经达到全省种植业总产值的一半左右。在长江中下游地区，主要通过发展塑料大棚等设施，实现果菜、根菜、叶菜、水生蔬菜等多样化蔬菜的全年生产，面积约占全国设施栽培面积的 18％～21％；而在西北地区，近年来积极发展以平地和山地日光温室以及非耕地无土栽培为代表的设施蔬菜生产，面积发展迅速，约占全国设施栽培面积的 8％，其他地区则由于气候等原因（如华南地区），发展相对较为缓慢，占 15％左右。

但是我国设施蔬菜生产上也存在一些问题，如：盲目重复引进现代化设施装备，设施运营状况不佳，设施调控环境能力差，土壤连作障碍严重，病害发生多，缺乏适宜的专用品种，栽培水平参差不齐，整体栽培水平还较差。

要科学合理地发展设施蔬菜栽培产业，必须充分利用不同地区的天然资源和气候条件，采用不同栽培类型，有目标有重点地发展。今后我国设施蔬菜必须优化设施结构、增强环境调控能力、加快设施蔬菜的专用品种培育、提升整体栽培水平、加强产后服务、提高经济效益。

项目一　茄果类蔬菜设施栽培技术

● 学习目标

知识：了解适宜设施栽培的番茄、茄子、辣椒类型与品种；熟悉番茄、茄子、辣椒栽培特性、栽培季节与茬口安排；掌握茄果类蔬菜的育苗、定植、环境调控、整枝打叉、保花保果、肥水管理、病虫害防治等管理技术。

> 技能：会对番茄、茄子、辣椒进行不同季节的茬口安排；会对茄果类蔬菜进行科学合理的设施选择、育苗、定植、整枝打叉、保花保果、施肥灌溉、环境调节、防病治虫。
>
> · **重点难点**
>
> 　重点：番茄、茄子、辣椒设施栽培的嫁接育苗、温度管理、光照管理、灌溉施肥、植株调整、保花保果、病虫害防治等田间管理技术。
>
> 　难点：番茄、茄子、辣椒设施栽培的嫁接育苗、温、水、光、肥、气等环境调控、植株调整、保花保果、病虫害防治技术。

茄科植物是以浆果作为食用部位的蔬菜，包括番茄、茄子、辣椒等，在我国南北各地均有大面积栽培，占有重要地位。茄果类蔬菜适应性强、生长健壮、供应季节长、产量高，适合露地和保护地栽培，在生产上通常作一年生栽培，在没有霜冻的南方或在棚室中也可进行多年生栽培。

茄果类蔬菜均起源于热带，在生物学特性及栽培技术方面有许多共同点：一是性喜温暖，不耐寒冷也不耐炎热，温度低于10℃生长停滞，超过35℃植株容易早衰；二是要求较强的光照、温暖的气候及良好的通风条件，属于喜光植物；三是根系比较发达，属半耐干旱性植物，不耐湿涝；四是幼苗生长缓慢，苗龄较长，要求进行育苗移栽，生产上为提早收获、延长结果期、增加产量，常在冬季利用保护设施育苗，从而培育壮苗，达到早熟、丰产；五是分枝力强，栽培时要及时进行植株调整，需要整枝打杈；六是栽培期长，产量高，对肥水需求量大，要充分保证肥水的供给，特别是磷钾肥需求量较大；七是具有一些相同的病害，栽培时不能连作，需要与其他科的蔬菜实行3～5年的轮作。

任务一　番茄设施栽培技术

番茄（*Solanum lycopersicum*）别名西红柿、洋柿子、番柿等。番茄属一年生草本植物，原产于中美洲和南美洲，是世界上最重要的蔬菜作物之一。番茄以多汁的浆果作为食用部位，风味鲜美，酸甜可口，营养丰富，富含蛋白质、糖、多种矿质元素和维生素，可以生食、煮食、加工制成番茄酱与番茄汁或整果罐藏，深受消费者喜爱。番茄适应性广，通过保护设施可进行全年多茬栽培，达到四季供应。我国南北方普遍种植番茄，现已发展成为我国城乡各地主要食用的蔬菜种类之一。

一、番茄的生物学特性

1. 根

番茄的根系比较发达，主要分布在耕作层，如耕作层深厚且地下水位较低时，主根深入土中可达1m以上；根群横向分布直径可达1.5m以上。番茄根系再生能力很强，不仅易生侧根，在茎上也很容易发生不定根，所以番茄移植和扦插繁殖比较容易成活。

2. 茎

番茄茎半直立或半蔓生，少数类型为直立型。茎基部木质化。分枝性强，茎的分枝形式为合轴分枝（假轴分枝），茎端形成花芽。按生长习性可分为：①无限生长型：番茄在茎端分化第一个花穗后，其下的一个侧芽生长成强盛的侧枝，与主茎连续而成为合轴（假轴），第二穗以及以后各穗下的一个侧芽也都如此，故假轴无限生长；此类型植株高大、生育期长、偏晚熟丰产；②有限生长型：植株在长出 3～5 个花穗后，花穗下的侧芽变为花芽，不再长成侧枝，故假轴不再生长；此类型植株较矮小，开花结果集中，表现早熟。

3. 叶

番茄的叶为单叶，羽状深裂或全裂。叶互生，每片叶有小裂片 5～9 对，小叶卵形或椭圆形，叶缘齿形，浅绿或深绿。小裂片的大小、形状和对数，因叶的着生部位不同而有很大差别，第一、第二片叶小裂片小，数量也少，随着叶位上升裂片数增多。茎、叶上密被短腺毛，分泌汁液，散发特殊气味。

4. 花

番茄为完全花，总状花序或复总状花序。顶芽为花芽，第一花序位于第 6～7 节间，其后花序都着生各节侧枝附近，每隔 1～3 叶生一花序。每花序着生的花数品种间差异很大，一般 5～10 朵，少数类型（如樱桃番茄）可达 30 朵以上。花冠黄色，基部相连，先端 5 裂，花药连成筒状，雌蕊位于花的中央，子房上位。自花授粉，天然杂交率在 4% 以下。有限生长型品种，主茎生长 6～8 片真叶后形成第一花序，此后每隔 1～2 片真叶着生一花序，主茎着生 2～4 个花序后，茎不再延伸，出现封顶现象。无限生长类型品种在主茎生长至 8～10 片真叶后着生第一花序，以后每隔 2～3 片叶着生一花序，条件适宜可不断着生花序开花结果。

5. 果实及种子

番茄果实为多汁浆果。有圆球、扁圆、椭圆及洋梨形等。成熟果实呈红、粉红或黄色。由果皮、腔隔、胎座及种子组成。受精后胎座增生的胶状物充满果室。小果型品种 2～4 室，大果型品种 4～6 室或更多。种子扁平、肾形，表面着生银灰色茸毛，有胚乳，千粒重 3g 左右。种子使用年限为 2～3 年。

二、番茄对环境条件的要求

1. 温度

番茄是喜温性的茄果类蔬菜，光合作用最适宜的温度为 20～25℃，温度上升至 30℃ 时，光合作用显著降低，升高到 35℃ 以上时，光合作用基本停止，生殖生长受到干扰和破坏，导致落花落果。温度长时间低于 15℃，出现不能开花或授粉受精不良等生殖生长障碍。温度降到 10℃ 时，植株生长量显著下降，低至 5℃ 时，停止生长发育，长时间 5℃ 以下能引起低温危害。番茄冻害致死的温度为 -1～-2℃。

番茄在不同生育阶段对温度的要求及反应有异，种子发芽的适温为 28～30℃，最低发芽温度为 12℃ 左右，最高为 35℃。幼苗期植株生长最适宜的昼温为 20～25℃，夜温为 15℃ 左右。开花期对温度反应比较敏感，尤其是从开花前 5～9d 至开花后 2～3d 的期间内要求更为严格，适宜昼温为 20～30℃，夜温为 15～20℃，低于 15℃ 或高于 35℃ 都不利于正常开花、授粉。果实发育期适宜的昼温为 25～30℃，夜温 13～17℃。温度低，果实发育速度减缓，正在生长中的绿色果实在 8℃ 以下的低温时，茄红素的合成受到干扰和破坏，以后再给予适宜温度也不再转红。日温高至 30～35℃ 时，果实生长速度虽较快，但着果数减少，即落果率增加。夜温过高不利于营养物质积累，果实发育不良。28℃ 以上的高温能抑制茄红素及其他色素的形成，影响果实正常转色，果实色泽不艳。根系生长的适宜土温（5～10cm 土层）为 20～22℃，低于 12℃ 根系生长受阻，低于 10℃ 时根毛停止生长，在 5℃ 条件下根系吸收水分和养分受阻。露地栽培时，一般以土温稳定达到 12℃ 作为当地番茄的定植适宜时期。

2. 光照

番茄是喜光作物，光饱和点为 70klx。在栽培中需 30klx 以上的光照强度，才能维持其正常生长发育。在不同的生育期对光照要求不同。幼苗期光照不足则延长花芽分化，着花节位上升，花数减少，花芽质量下降。开花期光照不足，可导致落花落果。结果期弱光下坐果率低，单果重下降，还容易出现空洞果、筋腐病果；光照充足不仅坐果多，而且果实大、品质好。在保护地番茄秋延后和越冬茬栽培中，及时掀揭不透明覆盖物，尽可能争取光照时间，是关键性管理措施。

番茄是近中光性植物，对日照长短要求不严。在 16h 的日照条件下生长最好。

3. 水分

番茄枝叶繁茂，蒸腾作用强烈，每 5000kg 番茄果实，需从土壤中吸收水分 300t 以上。但番茄根系比较发达，吸水能力较强，既需要较多的水分，但不必经常大量的灌溉，且不要求很大的空气湿度，一般以 60%～70% 的空气相对湿度为宜。空气湿度大，不仅阻碍正常授粉，而且在高温多湿条件下病害严重。

4. 土壤

番茄根系发达，吸收能力强，对土壤条件要求不太严格，但为获得高产，创造良好的根系发育基础，应尽可能选择土层深厚、排水良好、富含有机质的肥沃壤土。番茄对土壤通气条件要求高，当土壤空气中含氧量降至 2% 时，植株会枯死。因此，不宜在低洼易涝和结构不良的土壤种植。砂质壤土透气性好，土温上升快，在保护地低温季节栽培，可促进早发秧、早结果。

三、番茄设施栽培品种选择

番茄设施栽培宜选择抗病、优质、高产、耐储运、商品性好、适合市场需求的品种。冬春栽培、早春栽培、春提早栽培选择耐低温弱光、对病害多抗的品种；秋冬栽培、秋延后栽培选择高抗病毒病、耐热的品种。目前浙江等地番茄生产上主要推广应用的品种如下：

（1）FA-189。无限生长型早熟品种，植株生长旺盛，叶片稀少，连续坐果能力强，坐果率高，果实扁圆球形，果色鲜红，单果重 130～220g，着色均匀，亮度好，无青皮果，萼片大且不易萎蔫。冬季低温下果实转色快，可提早上市。生理小种果实属硬果型，果肉空心少、口感好、耐储藏、耐运输，对黄萎病，枯萎病 1 号和 2 号，烟草花叶病毒有抗性。

（2）FA-870。无限生长类型，植株生长旺盛，中熟，在低温下开花坐果能力极强，既适合全年种植，又适合提前打顶集中采收。单果重 140～200g。果型大，呈扁球形，果实大小均匀，果面平整，光滑不起棱，果色鲜红富有光泽，无绿果肩，萼片大，色泽好，口感极佳，果皮坚硬，耐贮运，保鲜期长。抗黄萎病、枯萎病 1 号和 2 号生理小种、烟草花叶病病毒。适合早春或秋季设施栽培。

（3）托马雷斯。法国引进无限型杂交一代品种，早熟、抗病，长势旺盛，整个生育期生长良好，低温情况下坐果良好，连续坐果性佳，中后期仍能保持大果型和旺盛生命力，增产增值潜力大。大红果，单果重 180～220g，果实扁圆型，无绿果肩，果实硬，耐储运，果实着色均匀，果面亮度好，商品性好。适用于秋延后、越冬保护地栽培，每亩栽 2000 株左右。

（4）汉克。法国引进的无限生长型品种，生长势强，适宜保护地栽培。低温条件下坐果能力强、产量高、生长快、抗病性强。果实大、扁圆形，大红色，单果重200～240g。果肉非常结实，货架期长。

（5）上海合作903。早中熟品种，有限生长类型，植株长势旺盛，第1花序着生于第6～7节，3序花左右自封顶，大果型，平均单果重350g以上。成熟果大红艳丽，高圆球形，大而整齐，果肉厚，果皮坚韧、光滑，不易裂果，耐储运，口感品味好，商品性极佳。适应性强、耐高温、耐干旱，抗病毒病，适应春保护地、秋延后保护地及春、夏、秋露地栽培，全国各地均可种植。

（6）杭杂1号。无限生长类型，植株开展度中等。第1花序发生于第7叶位，花序间隔3叶。果实光滑圆整，无果肩、略有棱沟。果形指数0.9左右，单果重200g左右，单株可结果20个左右。成熟果大红色，色泽鲜亮，着色一致，果肉、胎座及种子外围胶状物均为红色，商品果率高，果实口感好、品质佳。果肉厚约0.8cm，不易裂果，较耐储运。抗花叶病毒、叶霉病，耐晚疫病。

（7）浙杂203。无限生长类型，长势中等，叶子稀疏，适合密植。早熟性好，7～8叶着生第一花序。植株连续坐果能力强，丰产性好。果实高圆形，大小均匀，单果重300g左右，幼果无果肩，成熟果大红色，着色均匀，色泽鲜亮，果表光滑，无棱沟。脐小，果皮果肉厚，耐储运。综合抗性强，高抗叶霉病、抗番茄TMV（番茄花叶病毒）、中抗番茄青枯病和枯萎病、筋腐病发生率低。

（8）FA-1306。黄果，无限生长类型，早熟。株型高大，单重10～15g，极耐储藏，保鲜期长，对枯萎病、烟草花叶病毒有抗性。适用于春秋季栽培。每亩定植2000株左右。植株生长旺盛，低温下坐果好，极具高产品质。

四、番茄的育苗技术

（一）播种前的准备

（1）育苗设施。根据季节不同选用温室、大棚、小拱棚、温床等育苗设施，夏秋季育苗应配有防虫遮阳设施，有条件的可采用穴盘育苗，并对育苗设施进行消毒处理，创造适合秧苗生长发育的环境条件。

（2）营养土。因地制宜地选用无病虫源的田土、腐熟农家肥、草炭、砻糠灰、复合肥等，按一定比例配制营养土，要求孔隙度约60%，pH值为6～7，速效磷100mg/kg以上，速效钾100mg/kg以上，速效氮150mg/kg，疏松、保肥、保水、营养完全。将配制好的营养土均匀铺于播种床上，厚度约10cm。

（3）播种床。按照种植计划准备足够的播种床。播种床用福尔马林30～50mL/m²，加水3L，喷洒床土，用塑料薄膜闷盖7d后揭膜，待气体散尽后播种。

（二）种子处理

（1）温汤浸种。把种子放入55℃温水中，立即搅动使种子快速吸水下沉，维持水温均匀浸泡15min。主要防治叶霉病、溃疡病、早疫病。

（2）磷酸三钠浸种。先用清水浸种3～4h，再放入10%磷酸三钠溶液中浸泡20min，捞出过清水洗净。主要防治病毒病。

（三）浸种催芽

消毒后的种子浸泡6～8h后捞出洗净，置于25～30℃环境下催芽。

（四）播种

（1）播种期。根据栽培季节、气候条件、栽培方式、育苗设施等因素综合考虑，以确定适宜的播种期。

（2）播种量。一般大田用种量 20～30g/667m²。播种床播种 10～15g/m²。

（3）播种方法。当催芽种子 70％以上露白即可播种，夏秋育苗直接用消毒后的种子播种。播种前浇足底水，湿润至床土深 10cm。水下渗后用营养土薄撒一层，整平床面，均匀撒播种子。播后覆营养土 0.8～1.0cm。苗床再用 8g/m²、50％多菌灵可湿性粉剂拌上细土均匀播撒于床面上，防治猝倒病。冬春床面上覆盖地膜，夏秋育苗床面搭设遮阴棚，70％幼苗顶土时撤除。

（五）苗期管理

（1）温度。夏秋育苗要遮阳降温。冬春育苗温度管理见表 4-1。

表 4-1　　　　　　　　　　苗 期 温 度 管 理 指 标　　　　　　　　　　单位：℃

时　　期	日　温	夜　温	短时间最低夜温不低于
播种至齐苗	25～30	18～15	13
齐苗至分苗前	20～25	15～10	8
分苗至缓苗	25～30	20～15	10
缓苗后至定植	20～25	16～12	8
定植前 5～7 天	15～20	10～8	5

（2）光照。冬春育苗采用反光幕等增光措施；夏秋育苗适当遮光降温。

（3）水分。分苗水要浇足。以后视育苗季节和墒情适当浇水。

（4）分苗。幼苗 2 叶 1 心时，分苗于育苗容器中，摆入苗床。结合防病喷 75％百菌清 1000 倍或 80％代森锰锌 500 倍。

（5）肥水管理。苗期以控水控肥为主。在秧苗 3～4 叶时，可结合苗情追提苗肥。

（6）炼苗。定植前 1 周进行炼苗。早春育苗白天 15～20℃，夜间 5～10℃。夏秋育苗逐渐撤去遮阳网，适当控制水分。

五、番茄设施栽培的主要模式

（一）大棚番茄越冬长季栽培

大棚番茄越冬长季栽培是目前南方番茄生产上常用栽培模式，特别是东南沿海地区和西南地区较常见。果实成熟采收期，主要在冬季和春季，也是我国市场上番茄最短缺时期，需求量大、售价高，因而经济效益好、发展空间和前景很大。

1. 品种选择

选择生长势强、抗逆性强，能经历越冬或越夏，能持续长时期以致 1 年生长不衰，能连续坐果 20～30 穗以上的无限生长类型的品种；并且果实性状要求果形圆正，大小均匀整齐，果实坚硬，耐储运，货架期长。浙江省温州地区采用瓯秀 806F1、808F1，栽培效果较好。

2. 培育适龄壮苗

8 月中旬至 9 月中旬为适时播种时期，最佳播种期为 8 月 20—25 日，苗龄为 50d 左右，秧苗质量要求无病虫害，具有 8～9 片真叶，健壮显花蕾的大苗。

关键技术：主要采用培养土和育苗盘精播，培育小苗，播种后放在屋内，出苗后移到屋前空地或大棚内培育，当秧苗开始拥挤时移植。可采用 10cm×10cm 塑料钵移苗，以后要多次移稀塑料钵，严防秧苗徒长，一般要移3～4次，稍见拥挤就移稀。秧苗病虫害防治，要做好B型烟粉虱的防治，预防传染黄化曲叶病毒病。

3. 定植前的准备

前作最好是水稻。蔬菜区最好选2～3年没有种过茄果类作物及临近没有B型烟粉虱田块搭大棚；与水稻轮作不能彻底防治青枯病，故防治青枯病可用漂白粉消毒。如果是水稻田，可在水稻种植前或后进行消毒；蔬菜田在番茄定植前进行消毒。

漂白粉消毒的方法：均匀撒上6kg/667m² 漂白粉后土壤耕翻灌水（灌水量120t/亩以上）淹没，最好土表盖上薄膜闷几天，浙江省嘉善地区采用此方法防治青枯病，效果很好。

水稻田经深耕精细打碎土块，连沟作2m左右畦，开两条沟施足基肥，用腐熟的畜禽肥2000～3000kg/667m² 及N∶P∶K＝1∶1∶1复合肥50kg/667m²。

4. 定植

番茄长季节栽培品种生长势强、枝叶繁茂、个体占据空间大，种植密度为1800～2000株/667m²。定植方法为在畦中心开浅沟定植，随后覆土再整平畦面和畦沟。

生产上，常铺黑色或银（白）黑双色地膜。铺膜目的是提高土温，保护根系，保持土壤水分，防止杂草生长，降低棚内空气温度。双色膜（银白向上）又有避蚜虫及反光作用，改善植株下部叶片光合作用。铺前一定要整平畦面和畦沟。地膜用2m宽幅，可把畦沟、畦面全覆盖，两张地膜接缝处在畦中间的番茄定植行，这种覆盖方式在没有设微灌设备的情况下，便于后期揭开地膜浇施肥水。

5. 定植后的管理

（1）插竹竿。采用一畦二行、直插竹竿搭建支架，畦中番茄向两边反向和斜向引蔓绑枝。

（2）整枝抹芽。长季节栽培的品种生长势强，必须严格单杆整枝，在秧苗期就要开始，见侧芽就要及时抹去，特别是第1花序下面第1个侧芽生长很快，必须及时抹去，否则会影响第一穗开花结果，以后凡是见小芽就抹，这样效率高和省力。切不可让芽长成侧枝再用剪刀剪去，这样会有伤口传染病害。第一档果开始转色时，把下部老叶、黄叶、病叶剪去，可通风透光，减少病害，番茄果实转色好。以后随着植株生长，成熟果的下部老叶要及时剪去，以保持通风透光。

（3）生长激素使用。番茄大棚越冬长季节栽培，在整个番茄开花结果期的前半期处于比较低的温度条件下，同时大棚内湿度较大，番茄的花粉不易散出，自然授粉结果差，故必须采用生长激素——防落素处理，促进和保证坐果，但是必须严格正确使用。防落素使用浓度为14～16mg/L，即2.2%防落素原液加水1400～1500倍。温度低时浓度高些；温度高时，浓度要低些。喷花时间以天气及棚内的温度为主要依据，选温度在20～25℃的适宜时间内喷花效果最好。为此，在秋季9—10月或者夏初5—6月气温很高的时期，一般为下午5时以后喷最适。晚秋和春季3—4月，则为上午9—10时或下午3—4时为最好。在冬季低温时期选在多云天气，晴天在中午10时至下午2时为最适，当大棚温度在15℃左右时也可以喷花。但是在冬季和早春阴雨天不要喷，因为喷防落素后，阴雨天防落素液不容易干燥，残留液会传导到生长点而发生药害。喷防落素间隔天数：在春秋季节温度高的时期，一般间隔3～4d，早春季节温度低的时期，每隔5～6d，一般在上一次喷花可以看得到花萎蔫，果实开始膨大坐果时，再喷下一次，这样可以做到不重复喷花。如果遇到连续阴雨天，待天气转晴后再喷，已开放的番茄花再喷也有效果。

（4）合理留果。先把没有价值或价值低的次品果（病果、畸形果、裂果、小果），在幼果期及时摘去。一般第 1 穗果留 2～3 个，以后每穗留 3～4 个，最多留 5 个，单穗不要结果过多，要求穗穗能结果，尤其是每穗果，要求大小一致，当 1 穗果已结 3～4 个小果时，后面开的花或小果必须及时摘去，总之要求采收的果实都是大小均匀的优质商品果。

（5）重施追肥。番茄长季节栽培，生长期和连续采果期很长，必须施足迟效长效性畜禽有机肥，在整个番茄生长过程中逐步分解有效养分，供番茄根系吸收。但在穗坐果后，果实膨大需要吸收大量的速效养分，故必须及时追肥。研究表明，番茄长果实钾肥需要量最多，其次是氮肥，故追肥以钾肥和氮肥为主，要分多次施用，第一次在进入低温期前（即 12 月中旬）已结果 4～5 穗果时进行，这是番茄最需要大量肥料的时期；第二次在 2 月温度回升，番茄开始转红采收时施入；以后每隔半月，多次重复施，追肥可用钾氮为主的复合肥或硝酸钾，或尿素加硫酸钾，一般配水 300 倍浇灌施用，追肥一定要结合灌水。

（6）选择无纺布覆盖保温。单栋大棚外面加盖一层无纺布，早上揭去傍晚盖上，操作方便保温效果好，一般可增加棚内温度 3～4℃。2008 年冬季在温州采用二层薄膜覆盖的大棚内的番茄植株仍有部分受冻，而棚外覆盖无纺布的番茄植株没有受冻害。采用 80～120g/m² 无纺布。无纺布也可用于棚内覆盖。无纺布可以吸收水气，降低棚内湿度，预防或减少叶部病害的发生。另外无纺布经久耐用，一般可用 8 年，如果用后及时收藏，防止暴晒，可连续使用 10 年以上，覆盖成本低于薄膜。

6. 病虫害防治

主要病虫害防治及药剂应用见表 4－2。选择药剂时尽可能考虑药剂的兼防兼治。

表 4－2　　　　设施番茄主要病虫害防治一览表

防治对象	农药名称	使用方法	安全间隔期/d
猝倒病 立枯病	64% 杀毒矾可湿性粉剂 72.2% 普力克水剂 15% 恶霉灵水剂	20g/亩喷雾 800 倍喷雾 450 倍喷雾	≥3 ≥5 ≥3
灰霉病	50% 农利灵可湿性粉剂 10% 速克灵烟剂 50% 扑海因可湿性粉剂	1000 倍喷雾 250g/亩熏蒸 1000～1500 倍喷雾	≥7 ≥1 ≥7
叶霉病	2% 武夷菌素水剂 47% 春雷霉素＋氢氧化铜可湿性粉剂	150 倍喷雾 800 倍喷雾	≥2 ≥21
早疫病	72% 杜邦克露可湿性粉剂 64% 杀毒矾可湿性粉剂 50% 安克可湿性粉剂	500～800 倍喷雾 20g/亩喷雾 500～600 倍喷雾	≥5 ≥3 ≥7
青枯病	3% 克菌康可湿性粉剂 72% 农用链霉素可溶性粉剂 12% 绿乳铜乳油	1000 倍喷雾或灌根 4000 倍灌根 500 倍灌根	— ≥3 ≥3
病毒病	20% 病毒 A 可湿性粉剂 1.5% 植病灵乳剂	500 倍喷雾 1000 倍喷雾	≥10 ≥10
蚜虫	10% 吡虫啉可湿性粉剂 0.36% 苦参碱水剂 2.5% 溴氰菊酯乳油	2000～3000 倍喷雾 500～800 倍喷雾 2000～3000 倍喷雾	≥7 ≥2 ≥2

续表

防治对象	农药名称	使用方法	安全间隔期/d
潜叶蝇	75%灭蝇胺（潜克）可湿性粉剂	6～10g 喷雾	—
	52%农地乐乳油	50～100mL 喷雾	≥10
	40.7%毒死蜱乳油	50～75mL 喷雾	≥7

7. 果实采收

由于选择了不易裂果、耐储运的品种，从而可在红果时采收。既可提高番茄果实品质，又可提高商品价值和经济效益，并做到采收、分级精包装后投售市场。

（二）大棚番茄秋冬茬栽培

1. 品种选择

秋冬茬番茄是秋天播种，秋末冬初收获，生育期限于秋冬季，采收期短，应选择抗病毒、大果型、丰产、果皮较厚、耐储运的优良品种。

2. 苗床准备

秋冬茬番茄育苗期处在雨季，必须选择地势较高、排水良好又通风的地方，还需要有遮雨遮阴设备，有利于降温防暴晒，避免发生病毒病。最好用大棚或中棚作为苗床，覆盖透光率低的旧薄膜，四周卷起，形成防雨遮阴棚，或应用遮阳网遮阴。在棚内做成 1～1.5m 宽的育苗畦，施腐熟农家肥 20kg/m²，翻深 10cm，耙平畦面。

3. 种子消毒和浸种催芽

种子用 1‰磷酸三钠浸种 20min 后捞出，用清水洗净后，浸泡 4～5h，再进行催芽，能有效防治番茄病毒病。

4. 播种方法

在畦面按 10cm 行距开浅沟，沟内浇少量水，把催出小芽的种子条插于沟中，耙平畦面，覆土 1.5cm 后，立即在畦面喷透水。

5. 苗期管理

秋冬茬番茄一般不移植，出苗前要保持床面湿润，出苗后适当控制水分。幼苗出土后 7d 喷一次防治蚜虫的药剂，防止蚜虫传播病毒病。当苗 3～4 片叶后按所需密度间隔进行 2 次疏苗留苗，使密度达到 3000～3500 株/667m² 为止。

6. 定苗后的管理

（1）温度和湿度调控。当白天外界的最高气温低于 25℃，夜间温度达到 15℃ 左右时，开始覆盖薄膜。秋冬茬番茄温室栽培恰好在外界气温由高逐渐降低的秋季和冬季，因此，温室内温度的调节也要随着外界气温的变化和番茄不同生育阶段对温度的需求而灵活把握。主要是通过提前或推迟揭盖多重覆盖物的时间、变换通风方式及增减通风量来实现。温室栽培番茄的温度控制，一般白天掌握在 25～28℃，最高不宜超过 30℃，夜间控制在 15～17℃，清晨最低温度不宜低于 8℃。番茄不同生育阶段所需求的温度略有差异，一般开花期比掌握的标准略低 1～2℃，果实发育期略高 1～2℃。番茄生长、开花结果时也易滋生和蔓延各种番茄病害。因此，应保证番茄正常生长发育所需的比较干燥的空气，如果温室内空气湿度过大，会影响植株的正常生长发育，可通过膜下滴管、改善通风、烟熏施药等措施降低湿度，使温室内空气相对湿度保持在 50%～60%。

（2）肥水管理。番茄也和其他果菜类蔬菜一样，在坐果以前，植株以营养生长为主；当植株进入果实发育期以后，营养生长和生殖生长同时进行。根据这个生长发育特点，前期应适当控制灌水和追肥，中、后期可适当增加肥和水，并经常保持土壤湿润，防止忽干忽湿，一般每间隔 8～10d 灌水 1 次，每次灌水要适当控制，不宜大水漫灌。实施灌水、追肥操作，应选择在晴朗天气里进行，灌水后还要适当加大通风量，降低温室内空气湿度，防止病害发生。

（三）春季塑料大棚早熟栽培

1. 品种选择

春季塑料大棚早熟栽培应选择耐低温、耐弱光、抗病性强的早熟高产品种。

2. 培育适龄壮苗

品种的熟性和育苗方式不同，适宜的苗龄也不一样。早熟品种，温床育苗 60～65d；冷床育苗 65～70d。中晚熟品种的适宜苗龄比早熟品种增加 5～10d。播种后，温室内气温白天控制在 28～30℃，夜间不低于 20℃，5cm 深的土层温度维持在 25℃左右。第一片真叶长出时，为防止幼苗徒长，要适当降低床温。

3. 适时定植

大棚栽培番茄生长期较长、产量高，基肥必须施足。定植时间应力求做到适时偏早，一般在大棚内夜间最低气温稳定在 4℃以上、土温稳定在 10℃左右即可定植。密度根据品种而定，早熟品种 4000 株/667m²，中熟品种 3500 株/667m²，晚熟品种 2500 株/667m²。

4. 定植后的管理

初期以防寒保温为主。缓苗后白天大棚内气温保持 25～28℃，最高不超过 30℃，夜间保持 13℃以上。随着外温升高，加大放风量。5月中旬以后，尽量控制白天不超过 26℃，夜间不超过 17℃。

定植初期必须控制浇水，防止番茄徒长。第 1 花序坐果后，应追施复合肥 30kg/667m²，灌 1 次水。第 2、第 3 花序坐果后再各灌 1 次水。灌水要在晴天上午进行，采用软管滴灌，能有效减少大棚内病害发生。能结合滴灌实行肥水同灌，效果更好。

（四）秋季大棚延后栽培

1. 品种选择

秋季大棚延后栽培应选择抗病能力强，具有早熟性、丰产性、耐贮藏性、抗寒性的优良品种。

2. 培育适龄壮苗

秋季大棚延后育苗正值夏季炎热多雨时节，苗期管理主要是保持土壤湿度，降温防雨，防治苗期病害。苗龄以 25d 左右为宜。

3. 定植及管理

定植密度：有限生长型品种以 3500 株/667m² 左右为宜。无限生长型品种，单株留 3 穗果栽培，宜栽 3000 株/667m² 左右。最好选阴天或傍晚定植，并及时灌水，以利缓苗。缓苗后要加强通风、降温。一般采用单干整枝，留 2～3 穗果后摘心。9月中旬以后，外界气温开始下降，要注意夜间保温。当第一穗果坐住以后，加强水肥管理。大棚秋番茄前期病毒病较重，后期叶霉病、早疫病、晚疫病等病害较重，要加强防治。

4. 采收与贮藏

大棚秋番茄果实转色以后要陆续采收上市，当棚内温度下降到 2℃时，要全部采收，进行储藏。一般用简易储藏法，可储藏在经过消毒的室内或温室内。储藏温度要保持在 10～12℃，空气相对湿度为 70％～80％，每周倒动 1 次，并挑选红熟果陆续上市。秋番茄一般不进行乙烯利人工催熟，以延长储藏时间，延长供应期。

任务二　茄子设施栽培技术

茄子（*Solanum melongena*）古名落苏，为茄科茄属，一年生草本植物，热带多年生。食用幼嫩浆果，可炒、煮、煎食、干制和盐渍。每 100g 嫩果含蛋白质 1.1g，碳水化合物 3.6g，还含有少量特殊苦味物质茄碱甙 M（$C_{31}H_{51}NO_{12}$），纯品白色结晶状，有降低胆固醇、增强肝脏生理功能的效应。茄子起源于亚洲南亚热带地区，古印度为最早驯化地，一般认为中国是茄子第二起源地，中国各地均有栽培，为夏季主要蔬菜之一。

一、茄子的生物学特性

1. 根

茄子根系发达，直根系，根深 50cm 左右，横向伸展范围 120cm，大部分根系分布在 30cm 耕作层。茄子根木质化较早，再生能力差，不定根发生能力也弱，在育苗移栽时，应尽量避免伤根。

2. 茎

茎直立，呈紫、深紫或绿色。基部木质化呈丫形分枝。株高 80～110cm，在幼苗时，茎为草质，但生长到成苗后便逐步木质化，长成粗壮能直立的茎秆。主茎分枝能力很强，在分化 5～12 个叶原基后，顶端分化花芽，花芽下两个侧芽伸长生长，形成一级侧枝，侧枝分化 1～2 个叶原基后，顶端又分化花芽，其下两个侧芽再伸长形成二级侧枝，因此，茄子的分枝习性被称为"双杈假轴分枝"。

3. 叶

为单叶互生，叶形有圆形、长椭圆形和倒卵圆形。一般叶缘都有波浪式钝缺刻，叶面较粗糙而有茸毛，叶色一般为深色或紫绿色。茄子的叶片肥大，叶面积大小因品种和着生的节位不同而异，一般低节位和高节位的叶片都比较小，而自第 1 分枝至第 3 次分枝之间的中部叶位的叶片比较大。

4. 花

为两性花，紫色、淡紫色或白色。花单生或簇生，着生于节间，花序间隔 4～5 叶，花瓣和花萼各 5～6 枚。萼片基部合生筒状。雌雄同花，雄蕊，着生于花冠筒内侧，花药顶端孔裂撒粉。雌蕊，花柱高于花药为长柱花（正常花），单生花多为长柱花，簇生花中第 1 个花多为长柱花，其余为短柱花，以长柱花坐果，短柱花一般不能坐果。自花授粉，自然杂交率 6％～7％。

5. 果实及种子

果实为浆果，果实的形状有长筒形、圆球形、倒卵圆形、扁圆形等。果皮的颜色有紫、黑紫、紫红、绿、白、青等，果肉的颜色有白、绿和黄白之分，果皮颜色与茎叶颜色相关。茎、叶、花紫色，果皮紫色或黑紫色，茎、叶绿色，花白色，果皮绿色或白色。茄子果实与萼筒交接处呈白色或绿色称茄眼。茄眼为果实夜间伸长部分，茄眼宽表明生长快，果肉嫩。种子呈肾形、扁平、黄褐色、有光泽。千粒重 4～6g，一般寿命 3～5 年。

二、茄子对环境条件的要求

1. 温度

茄子喜温，不耐寒。出苗前要求 25～30℃；出苗至真叶显露要求白天 20℃左右，夜间 15℃。温度过低，发芽和生长受抑制，温度过高，胚轴徒长，秧苗较弱。幼苗期白天适温 22～25℃，夜间 15～18℃。门茄显蕾后进入结果期，茎叶和果实生长适温，白天 25～30℃，夜间 16～20℃。温度低于 15℃时果实生长缓慢，低于 10℃时生长停顿，遇霜时植株冻死。高于 35℃时，茎叶虽能正常生长，但花器官发育受阻，果实畸形或落花落果。

2. 光照

茄子要求中等强度光照，光饱和点为 40klx。茄子光照充足，则光合作用旺盛，有利于干物质的累积，花芽分化快，提早开花，果皮有光泽，皮色鲜艳。相反，如光照不足，光合产物少，生长不良，授粉受精能力弱，容易引起落花。

3. 水分

茄子生长期长，耐旱力弱，对水分的需求量大，但又怕涝。茄子对水分的要求，因生育阶段的不同而有所差异，门茄坐果前不宜多灌水，避免茎叶徒长，根系发育不良和落花率高。门茄坐果后植株进入果实旺盛生长时期，应保持土地壤水分含量达田间持水量的 80% 为宜。

4. 土壤

茄子耐肥不耐旱，以保水保肥能力强的壤土最为合适。茄子适宜种植在微酸性至微碱性的土壤（pH 值为 5.8～8.0）。茄子的耐盐性也较强，只要土壤水溶性盐分含量不超过 1.5g/kg 的土壤，茄子能都正常生长，产量不受影响。

三、茄子设施栽培品种选择

茄子应选择优质、抗病、高产的品种，同时根据不同区域的消费习惯和市场需求，确定适销对路的品种。越冬大棚茄子宜选择早熟、耐寒、耐弱光、品质好、抗病、坐果率高、着色好、植株开展度较小的中、早熟品种。春提早栽培宜选择早熟或中早熟、抗病性抗逆性强、品质优、产量高的优良品种。秋延后栽培应选择耐热、耐湿、抗病、耐寒、着色好、品质优、耐储存的中晚熟品种。目前生产上推广应用的品种主要有以下几种。

1. 杭州红茄

株高 60～70cm，开展度 50cm×55cm，分枝性强，早熟，茎秆深紫色；叶长椭圆形，绿色；花单生，第 1 花着生 9～11 节，每花间隔 2～3 节；果实长圆柱形，前端略尖，长 25～30cm，横径 2.5～3cm，略带弯曲，单果重 75g 左右，果皮紫色。

2. 杭茄一号

植株生长强壮，耐低温能力较强，苗期生长快，低温时期坐果性好。株高 70cm 左右，直立性较弱；分枝能力强，开展度 84cm×70cm；叶色淡绿，最大叶约为 15cm×9cm；平均第 10.1 叶出现第一朵花，花单生，紫色；花苞较粗大，花柄、花萼绿色；结果性良好，每株约结果 30 个；果实长且粗细均匀，平均果长 35～38cm，果径 2.2cm，单果重 48g 左右；果实皮色紫红透亮，皮薄，肉色白，品质糯嫩，不易老化，商品性状好。

3. 杭茄三号

耐低温能力较杭茄一号略强，早期生长迅速，平均第 8.9 叶出现第一朵花，花以单生为主，兼有 2～3 朵簇生，果形细长均匀，长度达 35cm 左右，果径 2.2cm，果色紫红鲜艳，果肉白，籽少，肉质糯嫩，株高 70cm 左右，叶片较杭茄一号略大，与杭州红茄相比，早期产量增加 25%～30%，一般产量可达 4000kg/667m²。可作秋冬茬栽培。

4. 紫妃 1 号

早中熟，生长势旺，株型直立紧凑，株高 80cm 左右，结果力强。果实细长而直，果形漂亮，果长约 35～40cm，果径约 2.3cm，果皮鲜红光亮，果肉白而致密，品质佳。抗病性强，耐热性好，耐运输。

5. 农友长茄

植株生长强健旺盛，花穗为多花型，结果性强，中晚熟。果实艳丽，紫红色有光泽，肉白色，肉质细糯，果皮薄嫩，果实中含籽少，且不易老化。一般果实长 30cm，直径 3cm，单果重 100g 左右。抗青枯病、耐热、耐温。

6. 引茄 1 号

长势强，果长 30～38cm，果粗 2.2～2.5cm，单果重 60～70g，果形长直，尖头，果皮紫红色，光泽好，外观光滑漂亮，肉质洁白细嫩而糯，品质佳，口感好，抗病性强，一般产量可达 3500kg/667m² 以上。

四、茄子育苗技术

（一）播种前的准备

1. 营养土配制

选用近 3 年没有种过茄科蔬菜的肥沃无菌园田土和充分腐熟过筛有机肥按 3∶2 比例混匀，施入 N∶P$_2$O$_5$∶K$_2$O 为 1∶1∶1 三元复合肥 2kg/m³。将营养床土铺入苗床，厚度 10～15cm，或直接装入 10cm×10cm 营养体内，紧密码放在苗床内。

2. 床土消毒

用 50% 多菌灵可湿性粉剂与 50% 福美双可湿粉剂按 1∶1 比例混合，或用 25% 甲霜灵与 70% 代森锰锌可湿性粉剂按 9∶1 混合，并按用药 8～10g/m² 与 4～55kg/m² 过筛细土混合，播种时按需部分铺在床面，部分覆在种子上面。

（二）种子处理

1. 种子消毒

（1）先用冷水浸种 3～4h，后用 50℃温水浸种 0.5h，浸后立即用冷水降温晾干后备用或用 300 倍福尔马林浸种 15min，清水洗净后晾干备用，此法可有效防治茄子褐纹病。

（2）用 50% 多菌灵可湿性粉剂 500 倍液浸种 2h，捞出洗净后晾干备用。

2. 催芽

将浸好的种子用湿布包好，放在 25～30℃处催芽。每天冲洗 1 次，每隔 4～6h 翻动 1 次。4～6d 后有 60% 种子萌芽，即可播种。

（三）播种

（1）用种量。一般用种量为 25～30g/667m²。

（2）方法。浇足底水，水渗后覆一层细土（或药土），将种子均匀撒播在床面，覆细土（或药土）1～1.2cm。

（四）苗期管理

1. 分苗

幼苗 2 叶 1 心时进行分苗。按 10cm 行株距在分苗床开沟，或分苗于 10cm×10cm 营养钵内。分苗宜在晴天进行，以利缓苗。

2. 分苗后管理

分苗后要保温防冻或保湿促缓苗。分苗后 5～7d，待秧苗幼叶开始生长时，表明秧苗已活棵。此时要注意通风降温，白天保持 25～30℃，夜间 15～20℃。

（五）茄子嫁接育苗

随着茄子保护地栽培面积不断地扩大，连作是难以避免的，黄萎病、枯萎病、茎基腐的发生日趋严重，药剂防治效果不明显，嫁接换根是防止这些土传病害的最佳途径。而且嫁接以后植株抗逆性增强、生长旺盛、品质增进、产量提高。因此嫁接育苗应用越来越广。

1. 砧木的选择

茄子嫁接的砧木有日本赤茄、CRP、托鲁巴姆，从生产实践发现日本赤茄只抗黄萎病，不抗枯萎病，以托鲁巴姆表现最好，其次是 CRP。

2. 砧木培育

托鲁巴姆用清水浸泡 7～8h，使种子吸足水分，再用 100mg/L 赤霉素浸泡 24～48h，投洗后装入纱布袋中，进行变温催芽，白天 25～30℃，夜间 15～20℃，每天用清水投洗 1 次，7～8d 可出芽。

CRP 种子用清水浸泡 24～48h，每天换 1～2 次水，10d 可全部出芽。也可浸泡后直播。

砧木的播种方法和茄子育苗相同。因出苗较慢，要经常保持床土湿润，温度调节与茄子育苗相同。

3. 接穗育苗

需要在砧木 2 片子叶出土时播种，用托鲁巴姆作砧木时，接穗播种要晚 25d 左右；RP 作砧木可晚播 7～8d。

4. 嫁接方法

当砧木长到 6～7 片叶，茎粗 4～5mm，已达到半木质化时即可嫁接。嫁接方法有靠接和劈接。

（1）靠接把砧本和接穗同时起出后，用刀片在第 3 叶片至第 4 叶片间斜切，砧木向下切，接穗向上切，切口深 1～1.5cm、长度为茎的 1/2，角度 30°～40°，砧木切口上留 2 片叶切除上部叶片，以减少水分蒸腾，然后把砧木和接穗切口嵌合，用嫁接夹固定。

（2）劈接砧木苗留 2～3 片叶平切，然后在中间向下垂直切 1cm 深的口，把接穗苗留 2～3 片叶，切掉下部，削成楔形，楔形大小与砧木切口相当（1cm 长），削完立即插入砧木切口中对齐后，用嫁接夹固定。

5. 嫁接后的管理

嫁接后栽到容器里，摆入苗床，床面扣小拱棚，白天保持 25～28℃，夜间 20～22℃，空气相对湿度要保持 95％以上。前 3d 遮光，第 4d 早晚见光，以后逐渐延长光照时间。6～7d 内不通风，密封期过后，选择温度、空气湿度较高的清晨或傍晚通风。随着伤口的愈合，逐渐撤掉覆盖物，增加通风，每天中午喷雾 1～2 次，嫁接后 10～12d，伤口愈合后进入正常管理，靠接穗苗断掉接穗根，撤掉嫁接夹。

嫁接苗一般在嫁接后 30～40d，即可达到定植标准。

五、茄子设施栽培的主要模式

（一）大棚茄子越冬栽培

1. 品种选择

茄子越冬栽培应选择耐低温和弱光的品种，如杭茄一号。

2. 壮苗定植

播种期以 9 月上中旬比较适宜。播种后 30d 假植到营养钵，再过 20～30d 定植于大棚，苗龄 50～60d。

种植地应选 2～3 年没有种过茄果类作物的地块，定植前整地，根据品种特性确定种植密度，按行距开沟，施入腐熟基肥 2000～3000kg/667m²，N∶P∶K=1∶1∶1 复合肥 50kg/667m²，草木灰 100kg/667m²。施入的肥料 2/3 撒施，1/3 沟施，起垄栽培。定植时植株根系不能与肥料直接接触。一般行距 50～70cm，株距 3～40cm。密度 3000～3500 株/667m²。要求定植时浇灌定植水，覆盖地膜。

3. 定植后管理

（1）水肥管理。缓苗后开始蹲苗，坐果前不宜浇水，以促根控秧为主。到门茄坐住并开始膨大时开始浇水，但浇水量宜少，随着温度的提高，结果量的增加，可加大灌水量，但要注意放风排湿。结合灌溉，追施尿素 10～15kg/667m² 或磷酸二铵 10kg/667m²，每隔 20d 追 1 次。

（2）大棚温、湿度调控。做好保温防冻工作是保证大棚茄子越冬栽培最为关键的 1 个技术要点。管理过程中仔细检查"三棚四膜"是否完全密闭，严防漏风冻苗。当白天棚内气温达到 30℃ 以上时，适当进行通风，促进棚内空气流通，降低湿度；但要及时封棚，以保晚间棚内最低气温不低于 5℃。

（3）整枝打叶。在门茄坐果后，将门茄以下的侧枝全部摘除。并视生长情况摘除黄叶、病叶和老叶等，以提高植株间通风透光率，促进植株生长，提高坐果率，防止果实着地弯曲。但应防止打叶过多而影响植株光合产物的积累而降低产量。原则上打叶部位要略滞后于果实采收部位，即平时在采收的果实以下适当保留 1～2 张叶片。

（4）保花保果。用 30～40mg/L 防落素毛笔点花柄或微型喷雾器喷花柄。喷花时注意，如将药水喷洒在生长点或叶面上会影响枝叶正常生长。以晴天上午 9 时或傍晚进行最佳。

（5）病虫害防治。大棚茄子主要病害有灰霉病、枯萎病等，除加强通风透光、降低大棚内湿度等措施外，应及时进行药剂防治。以防为主，每隔 7～10d 进行 1 次，可选用以下药剂。

灰霉病可用 50% 腐霉利可湿性粉剂 1500 倍液、50% 异菌脲悬浮剂 1000 倍液、40% 嘧霉胺悬浮剂 800 倍液喷雾防治。

枯萎病可用 75% 乙霉威·硫菌灵可湿性粉剂 800 倍液、77% 氢氧化铜可湿性粉剂 800 倍液灌根防治。

冬季防病，特别是在连续阴雨天，提倡使用烟熏剂防病，以减少大棚内湿度。

主要虫害有蚜虫、红蜘蛛、蓟马等。

蚜虫可用 10% 吡虫啉 2000～2500 倍液喷雾，或 20% 好年冬 2000～3000 倍液喷雾防治；红蜘蛛可用 73% 炔螨特 2000～3000 倍液，或 20% 好年冬 2000～3000 倍液喷雾防治；蓟马可用 20% 好年冬 2000～3000 倍液喷雾防治。

生产实际中，病害和虫害防治上应尽可能考虑药剂的兼防兼治。

（6）采收。在果实萼片下端有一段果皮着色特别浅的部分，这段果皮越长，说明果实越幼嫩，未达采收标准，以后逐渐缩短至不显著时为采收时期。

（二）大棚茄子春提早栽培

1. 品种选择

应选择抗寒性强，耐弱光，株型矮，商品性佳，适宜密植的早熟品种。

2. 培育壮苗

10月上中旬播种，采用大棚内冷床育苗，11月下旬或12月上中旬分苗于大棚苗床或营养钵中，于低温来临之前分苗成活。分苗一般在2叶1心时进行，选晴天用10cm×10cm的营养钵分苗。为有利于提高冬季地温，有条件地方营养钵下应平铺电加温线。

分苗后4～6d，加强覆盖，一般不通风，白天温度保持在25～30℃，夜间20℃。缓苗后，白天保持在24～28℃，夜间15～17℃。由于从分苗到定植的时间较长，天气也逐渐变冷，因此要加强温度及光照的管理。夜间要进行多层覆盖，灵活应用电加温线，保持温度在15～17℃。苗期以控水为主，尤其是在寒冷气候下，水分不宜太多。

3. 及时定植

定植前1个月左右覆膜并闭棚，以加快土壤温度的提高。茄子春提早栽培可提早在2月中下旬抢晴天定植，每畦栽植两行，种植密度以品种而定。定植后，浇足定植水，同时搭好小拱棚，并密闭，夜间加盖无纺布等覆盖物保温，以促秧苗及早缓苗。

4. 定植后管理

（1）温度的管理。茄子喜高温，苗期抗寒能力弱。定植至缓苗前一般不通风，定植后5～6d密闭棚膜，增加光照，提高棚温，白天30℃左右，夜间加强覆盖防冻。缓苗后白天保持25～30℃，适当通风换气，夜间保持15～18℃。天气转暖后，加大通风量和通风时间。夜间温度稳定在15℃以上时，可昼夜通风，以后随着温度逐渐升高，可撤去大棚内的小拱棚。

（2）肥水管理。缓苗后到门茄膨大前，基本不浇水，适当控水蹲苗，以利坐果。门茄膨大期应及时浇水追肥，促使果实迅速膨大。茄子喜肥，门茄采收后，植株逐渐进入盛果期，茎叶也开始旺盛生长，要求有充足的水肥供给。每次施尿素和钾肥各10～15kg/667m²。

（3）防止落花。春季栽培，早期由于气温低，易落花落果。可用40～50mg/kg浓度的番茄灵溶液浸沾初开放的花朵，以提高坐果率。

5. 病虫害防治

同大棚茄子越冬栽培。

6. 采收

茄子春提早栽培在4月下旬就可陆续采收上市，门茄要早摘，对茄、四母茄要勤摘，间隔2～3d采收1次，既抢市场又促后续果实的发育，保证连续高产。

（三）大棚茄子秋延后栽培

1. 品种选择

用于秋延后栽培的品种要求生长势较强，耐热、耐寒、抗病，商品性好的品种。

2. 培育适龄壮苗

由于育苗正处于夏季炎热天气，应采取遮阴、防虫、避雨设备进行育苗；苗床应选择有利于及时排除田间积水的地块；对可能发生的基腐病、疫霉病、根腐病等要及早用药预防。

3. 定植

选阴天或晴天的傍晚定植。栽后要随即浇水，不仅能满足小苗对水分的需求，还可降低地温，为根系的发育提供较适宜的温度环境。

4. 定植后的管理

（1）及时滴灌。由于定植时气温和地温均较高，不利于发根，故要坚持及时滴灌浇水，即在定植后 2～3d 用滴灌浇 1 次水，待缓苗后再滴水 1 次，滴水时间每次 2h 左右，以后再依据情况适度蹲苗。

（2）适时扣膜。一般说来，当日平均气温降到 16℃时就要及时覆盖棚膜。

（3）保温。秋季气温下降速度快，大棚本身保温能力有限，因此天气冷凉后，要特别注意加强保温，尽量延长结果期。

5. 病虫害防治

同大棚茄子越冬栽培。

任务三　辣椒设施栽培技术

辣椒（*Capsicum annuum*）别名番椒、海椒、秦椒、辣茄。为茄科辣椒属 1 年生或多年生草本植物。以嫩果或成熟果供食，营养价值很高，维生素 C 的含量尤为丰富，每 100g 青辣椒含量达 100mg 以上，红熟辣椒高达 342mg。辣椒原产中南美洲热带地区的墨西哥、秘鲁等地。16 世纪传入中国，在中国各地普遍栽培，类型和品种较多，为夏秋的重要蔬菜之一。

一、辣椒的生物学特性

1. 根

辣椒的根系不发达，根量少，入土浅，根群多分布在 25～30cm 的耕作层内。在育苗移栽条件下，由于主根被切断，主要根群仅分布在 10～15cm 厚的耕层内。根系的再生能力比番茄、茄子弱，茎基部不易发生不定根，不耐旱也不耐涝。为此，在育苗移栽时应尽量采取营养钵育苗等护根育苗。

2. 茎

辣椒的茎木质化，较坚韧，可直立生长，在栽培中不需支架。根据辣椒的分枝结果习性可分为：①无限生长型，主茎长到一定叶片数后顶芽分化为花芽，由其下腋芽抽生出两三个侧枝，花（果实）着生在分杈处，各个侧枝又不断依次分枝着花，分枝不断延伸，呈无限性，绝大多数栽培品种均属此类型；②有限分枝型，植株矮小，主茎生长到一定叶数后，顶芽分化出簇生的多个花芽，由花簇下面的腋芽抽生出分枝，分枝还可抽生副侧枝，在侧枝和副侧枝的顶部形成花簇，然后封顶，以后植株不再分枝。各种簇生椒都属于此类型。

3. 叶

叶片为单叶，互生，卵圆形、披针形或椭圆形，全缘无缺刻，叶面光滑，微具光泽，也有少数品种叶面密生茸毛。氮素充足时叶片较长，钾肥充足时叶幅较宽；氮素过多，夜温过高时叶柄长，且先端嫩叶凹凸不平，夜温低时叶柄短；土壤干燥时，叶柄稍弯曲，叶身下垂；土壤含水量过高时，则会使整个叶片萎蔫下垂。

4. 花

辣椒花较小，单生、丛生（1～3 朵）或簇生。花色为白色或绿色，无限分枝型品种多为单生花，有限分枝型品种多为簇生花。辣椒第 1 朵花一般出现在主茎 7～15 节上，早熟品种出现节位低，晚熟品种出现节位高。辣椒花为雌雄同花的两性花，自花授粉，其天然杂交率在 10% 左右，为常异交授粉作物。

5. 果实

果实为浆果，果实下垂，或向上，或介于两者之间。果实形状依品种不同其果形和大小有很大差异，有四方形、羊角形、线形、圆锥形、牛角形、长形、圆柱形、指形、扁形、灯笼形、樱桃形等多种形状。嫩果（商品果）浅绿色至深绿色，少数为黄色、绛紫色和白色；生理成熟果转为红色，橙黄色或紫红色。一般大果型牛角椒辣味较淡，中果型羊角椒辣味较浓，而小果型及线形辣椒辣味极浓。

6. 种子

成熟的辣椒种子扁圆形，淡黄色，有光泽，种子千粒重 6～7g，发芽能力平均年限为 4 年，使用年限一般为 2～3 年。

二、辣椒对环境条件的要求

1. 温度

辣椒喜温，不耐霜冻。发芽适温为 25～30℃，低于 15℃ 不易发芽。幼苗期生长适宜昼温为 25～30℃，夜温 20～25℃。从第一花现蕾到每第一果坐果为始花期，昼温 20～25℃，夜温 16～20℃，低于 15℃ 易落花。结果期适温为 25～28℃，35℃ 以上高温或 15℃ 以下低温都不利于结果。总之，辣椒整个生长期间，适宜温度范围 12～35℃，适宜温差为 10℃，即白天 26～27℃，夜间 15～16℃，低于 12℃ 就要覆膜保温，超过 35℃ 就要浇水降温。

2. 光照

辣椒喜光，但又怕曝晒。光照过强，容易引起日烧病；光照偏弱，行间过于郁闭，易引起落花落果。种子发芽需要黑暗条件，但植株的生长需要良好的光照。秋延后大棚辣椒育苗期必须进行遮阴，以免诱发病毒病和日烧病。辣椒属于短日照作物，但对光照时间具有较强的适应性，无论日照长短，只要有适宜的温度及良好的营养条件，都能顺利进行花芽分化。

3. 水分

辣椒既不耐旱，又不耐涝。其植株本身需水量虽然不大，但由于根系不很发达，故需经常浇水，才能生长良好。一般大果型品种需水量较多，小果型品种需水量较少。辣椒在各生育阶段的需水量也不同：种子发芽需要吸足水分。幼苗期植株需水不多，应保持地面见干见湿，如果土壤湿度过大，根系就会发育不良，植株徒长纤弱。初花期，植株生长量大，需水量随之增加，但湿度过太还会造成落花；果实膨大期，需要充足的水分，水分供应不足影响果实膨大，如果空气过于干燥还会造成落花落果，因此，供给足够水分，经常保持地面湿润是获得优质高产的重要措施。

4. 土壤

辣椒在不同质地的土壤上均可种植，但以地势高燥，排水良好，土层肥厚，富含有机质的壤土或砂壤土为宜。土壤酸碱度要求中性或微酸性。

三、辣椒设施栽培品种选择

选择抗病、优质、高产、商品性好、适合市场需求的品种。早春和越冬栽培选择耐低温弱光、对病害多抗的品种；秋延后栽培选择高抗病毒病、耐热的品种。目前生产上主要品种如下。

1. 鸡爪×吉林

早熟、果实生长快、商品性好、品质优良。株高 70cm 左右，开展度 80cm×75cm，第 1 花着生于约第 8 节上。果羊角形，果长 12～14cm 左右，横径 1.5cm，青熟果淡绿色，果实微辣，老熟果红色，果实较辣。结果能力强。适宜设施栽培，一般产量可达 3000～3500kg/667m²。

2. 千丽 1 号

中早熟，株高 75cm，长羊角形，果纵径约 17cm，横径约 1.5cm，果形美观，表皮光滑，皮色深绿，抗病毒病，高温期坐果性好，且果型仍保持正常。单果重 20g 左右，单株挂果 60 个以上。嫩果辣味较轻，老熟后辣味浓烈。

3. 采风一号

长羊角椒。中早熟，果长 20cm，单果重 50～80g，果色黄绿色，肉质厚，果实成熟时辣味较浓。较耐高温，抗病毒病、炭疽病、疫病。一般产量可达 4500～5000kg/667m²。

4. 采风二号

早熟，大果微辣，粗牛角形，果长 15cm 左右，单果重 60～80g，果色深绿。一般产量可达 5000kg/667m²。抗逆性强，高抗病毒病，适合设施栽培。

5. 中椒 2 号

植株生长势强，连续结果性能好，抗烟草花叶病毒病和耐黄瓜花叶病毒病。果形灯笼形，果面光滑，果色绿。味甜质脆，品质好，果肉厚约 0.4cm，平均单果重 50g，一般产量可达 3000～4000kg/667m²。

6. 中椒五号

中早熟。植株生长势强，平均株高 62cm，连续结果性强，果实方灯笼形，果色绿，单果重 80g，肉厚 0.55cm，味甜，品质好。耐储运，抗病性强。一般定植后 40d 左右即开始采收，一般产量可达 3000～4200kg/667m²。

7. 汴椒一号

株高 52cm、开展度 55cm、节间短、株型紧凑、中早熟，始花节位 9～11 节，叶厚浓绿。果实为粗牛角形，长 14～16cm，粗 5.5cm，单果重 80～100g，果实深绿、光亮、辣味适中，果实商品性好。坐果集中，前中期产量高。该品种抗病性强，尤其对病毒病抗性更为突出。

8. 湘研十三号

株高 52.5cm，开展度 64cm，中熟，产、坐果率高，果大果直，果面光滑，商品性好、辣。在生产中较抗疫病、炭疽病和病毒病。

9. 苏椒五号

株型紧凑，节间短，分枝多，挂果能力强，果实膨大快。早熟，始花节位 10～11 叶节，果实长灯笼形，果面较皱，商品成熟果浅绿色，生物学成熟果鲜红色，果长 12.5cm，横径 55cm，单果重 60g 左右，皮较薄，微辣，品质佳，耐低温弱光，抗病性强。

四、培育壮苗

（一）育苗床准备

1. 床土配制

选用 3 年未种过茄科蔬菜的肥沃无菌园土与充分腐熟过筛有机肥按 3：2 比例混合均匀，

施入 $N:P_2O_5:K_2O$ 比例为 1:1:1 三元复合肥 $2kg/m^3$。将床土铺入苗床，厚度 $10\sim15cm$，或直接装入 $8cm\times8cm$ 营养钵内，紧密码放在苗床内。

2. 床土消毒

方法一：每平方米用福尔马林 $30\sim50mL$，加水 3L，喷洒床土，用塑料膜密闭苗床 5d，揭膜药味散尽后再播种。

方法二：用 50%多菌灵可湿性粉剂与 50%福美双可湿性粉剂 1:1 比例混合，或 25%甲霜灵可湿性粉剂与 70%代森锰锌可湿性粉剂按 9:1 混合，按用药 $8\sim10g/m^2$ 与 $15\sim30kg/m^2$ 过筛细土混合，播种时 2/3 铺面，1/3 覆在种子上。也可在播前床土浇透水后，用 72.2%普力克水剂 $400\sim600$ 倍液喷洒苗床，用量 $2\sim4L/m^2$。

（二）种子处理

1. 种子消毒

（1）将干种子放在烘箱内保持 70℃处理 72h，或用 10%磷酸三钠溶液浸种 20min，或用福尔马林 300 倍液浸种 30min，或用 1%高锰酸钾溶液浸种 20min，然后用 30℃温水冲洗两次即可催芽，能防治辣椒病毒病。

（2）用 55℃温水浸种 10min，然后水温逐渐降至室温浸种 $6\sim8h$，或将种子在冷水中预浸 $6\sim15h$ 后，用 1%硫酸铜溶液浸种 5min，捞出后拌少量草木灰或消石灰，中和酸性，或用 50%多菌灵可湿性粉剂 500 倍液浸种 1h，或用 72.2%普力克水剂 800 倍液浸种 0.5h，能防治辣椒疫病和炭疽病。

（3）用种子量 0.3%的 50%琥胶肥酸铜（DT 杀菌剂）可湿粉性剂拌种，或用 55℃温水浸种 10min，或用 1%硫酸铜溶液浸种 5 min，能有效防治辣椒细菌性病害，如软腐病、疮痂病等。

2. 催芽

经消毒浸好的种子用湿布包好，放在 $25\sim30$℃的条件下催芽。每天用温水冲洗 1 次，每隔 $4\sim6h$ 翻动 1 次。当 60%以上种子萌芽时即可播种。

（三）播种

1. 用种量

一般用种 $30\sim40g/667m^2$。

2. 播种方法

第一步：浇足底水，底水一定要浇足且一般不补充浇水，因为浇水会使土壤板结，影响出苗质量，并且浇水过多也会使土壤过湿而出现猝倒病。浇水量应达到 10cm 深的床土饱和。

第二步：待水落下后在床面撒 1 层营养土，防止种子直接接触湿土，即可将浸好的辣椒种适量拌点干细土后，均匀撒播在苗床上。

第三步：盖籽，将营养土覆盖在种子上面 $0.5\sim1cm$ 厚。

第四步：喷水，用喷壶喷 1 层薄水，使苗床呈湿润状态。

第五步：覆膜，一是在苗床上面先用地膜覆盖保湿；二是上面再盖草苫等覆盖物覆盖苗床；三是用喷水壶把覆盖物稍稍淋湿，有利于保湿和一次出苗。

（四）苗期管理

1. 温度管理

苗期温度管理见表 4-3。

表 4-3　　　　　　　　　　　　苗 期 温 度 管 理 表　　　　　　　　　　单位:℃

时　　　期	适宜日温	适宜夜温
播种至齐苗	25～32	20～23
齐苗至分苗	23～28	18～20
分苗至缓苗	25～30	18～20
缓苗至定植前 7d	23～28	15～17
定植前 7d 至定植	18～20	10～12

2. 分苗

幼苗 2 叶 1 心时分苗。选晴天分苗，分苗时可按 8cm×8cm 直接挖坑分苗，也可采用条沟分苗法，即先按行距 10～12cm 用锄头开好沟，浇小水，按穴距 7～9cm 摆放椒苗，水未渗完，苗已栽齐，然后用锄头覆土封沟。或直接将苗栽在 10cm×10cm 营养钵内。

3. 分苗后管理

分苗最好在大棚中进行，以提高大棚温度，白天 25～30℃，夜间 17℃左右，5d 以后，缓苗结束，温度降低，白天 20～25℃，夜间 14℃左右。夏季在正常的晴朗天气，要见湿见干浇水，严防辣椒苗徒长，每次浇水量不宜过多，以防床土湿度过大而导致病害发生，阴雨天要控制浇水，如出现缺肥症状，可喷 2～3 次营养肥。在定植前 10～15d 结合浇水施一次速效氮肥。

五、辣椒设施栽培的主要模式

（一）大棚辣椒早春栽培

1. 品种选择

应选用较耐寒、耐湿、耐弱光、株型紧凑而较矮小的早熟、抗病品种。

2. 整地施肥

定植前深翻土地，施入基肥。基肥应以有机肥为主，一般施优质有机肥 3000～5000kg/667m²、复合肥 N：P：K（1：1：1）50kg、钙镁磷肥 40kg/667m²、硫酸钾 15kg/667m²。为防止植株徒长，预防各种病害发生，要注重增施磷、钾肥。定植前 7～10d 扣上棚膜。

3. 定植

一般单株定植为好，密度为 3000～3500 株/667m²。

4. 定植后管理

（1）温度管理。定植后 4～5d 内要密闭大棚，以提高棚内的温度，加速缓苗。秧苗成活后至坐果之前，白天棚温上升至 28℃以上时要通风，下午棚温降至 28℃时则闭棚。结果期以 32℃作为通风及闭棚的临界温度，夜间最低温应控制在 16℃以上。早春应及时预防低温危害及冻害，一是加盖地膜，可显著提高地温，降低棚内湿度，对提高棚温也有较好效果。二是在大棚内套盖小棚，可提高温度 2～3℃。夜间在小棚上加盖草帘等覆盖物，保温效果会更好。

（2）水分管理。管理的原则是前期要控制浇水，避免棚内出现低温高湿的现象。结果期要充分供水，但忌大水漫灌，采用滴灌，以降低棚内湿度，提高地温。

（3）施肥管理。辣椒在坐果之前只能酌情轻施一次提苗肥，一般用 10% 稀粪水。开始采果后结合滴灌施肥或在畦中央开沟施复合肥 N：P：K（1：1：1）15～20kg/667m²，以后每隔 10～15d 追 1 次肥。追肥时可用复合肥和尿素交替使用，每次施 10kg/667m² 左右。此外，还可结合喷施农药，叶面喷施 1% 的磷酸二氢钾或钾宝 2～3 次，以促进果实膨大。

（4）病虫防治。主要病害有疫病、根腐病、灰霉病等，生育中期易发生顶枯型病毒病，菌核病则在整个生育期都可发生。防治措施是：进行种子及苗床土壤消毒，连作大棚定植前也要进行土壤消毒，可用 25% 的多菌灵可湿性粉剂 20g/m² 加干细土 1kg 拌匀撒于大棚畦面，也可以用 0.5kg/m² 硫酸铜对水 100～150kg 浇灌土壤。发现病株，及时拔除，穴内及临近土壤用 20% 的石灰水消毒，防止蔓延。另外，灭蚜可显著减少病毒病危害。

（二）大棚辣椒延秋栽培技术

1. 品种选择

延秋辣椒应选择耐高温、抗病、丰产、后期耐寒的品种。

2. 培育壮苗

（1）播种。秋椒对播种期的要求比较严格。播种过早易发生病毒病，播种过迟则产量低。各地可根据当地的气候特点确定播种期，一般偏南地区气温高，播种稍迟，可在 8 月上旬，偏北地区可在 7 月中旬左右播种。苗床选择 3 年以上未种过茄果类的蔬菜地，要求地势高、通风好、排水方便。播前 3d，将苗床精细耕翻整平，撒施米乐尔颗粒剂 10g/m²，以防线虫及地下害虫。播种前先将种子暴晒 1～2d，用清水浸泡 3～4h，再用 10% 的磷酸三钠溶液浸种 25～30min，清水洗净后播种。浇透底水，均匀播籽，覆细土 0.8～1cm，然后盖稻草保湿，再设小拱棚盖遮阳网降温。

（2）苗期管理。播种后 4～5d，幼苗出土，及时去掉稻草。白天盖遮阳网降低气温和地温，保持苗床湿润，雨前要及时加盖农膜，雨后立即揭除，以防暴雨引起倒苗与徒长。2～3 片真叶时，假植于营养钵中，并用网纱隔离，以防蚜虫为害，保持营养土湿润。定植前 5～7d，施 1 次送嫁肥，喷 1 次吡虫啉农药防蚜虫，做到带肥、带药定植。

3. 定植

选择 3 年以上未种过茄果类蔬菜的连栋大棚作定植地。开沟施饼肥 100～150kg/667m²，复合肥 30kg/667m²。延秋栽培宜小苗移栽，伤根轻，易成活。当秧苗长到 5～6 叶时，选阴天或晴天下午定植，剔除病苗、弱苗，起苗时尽量不要弄碎营养钵土，以免伤根，边移栽边浇定根水，一般栽 2800～3000 株/667m²。

4. 加强管理

（1）温度管理。定植后，外界气温尚高，缓苗快，主要以通风降温为主，防止午间可能出现高温，可采用短时间遮阴。缓苗后，按适温管理，当夜温低于 15℃ 时，要封闭通风口，当棚内夜温低于 15℃ 放草帘保温。随气温下降，通风量减少，以利于辣椒的开花和果实膨大。利用大棚进行延秋栽培，当夜间棚温低于 10℃ 时，棚内可搭建小拱棚加盖无纺布，白天敞开，夜间盖，大棚周围可围盖无纺布保温。当最低温在 5℃ 以下时，要及时采摘上市。

（2）肥水管理。延秋辣椒施肥以基肥为主，前期可适当多施复合肥，促进辣椒枝叶茂盛。以后每采 1 次追 1 次肥水。利用滴灌施液肥，可有效地抵制土壤返盐。盛花期喷"爱多收"及 0.2% 磷酸二氢钾促进结果。

5. 防治病虫

采用隔离栽培，四周网纱及天窗网纱应完好无缺，可切除蚜虫等昆虫的传播途径，因此，虫害很少，病毒病也可得到有效的控制。病毒病轻度危害约 5%，用病毒 A 连续喷 2～

3 次，可减轻危害。

（三）大棚辣椒越冬茬栽培

1. 播种育苗

大棚辣椒越冬茬栽培的品种选择及育苗技术参照延秋栽培。播种期根据各地气候，比秋延后栽培迟。江浙地区一般在 9 月上中旬。

2. 定植

越冬茬栽培时，栽培密度可适当减少。定植方法及缓苗期管理参考延秋茬。

3. 田间管理

（1）温度管理。

1）深冬前（即 12 月下旬前），以调温壮苗为主，无纺布等覆盖物揭盖以温度为依据，白天保持 25～30℃，夜间 15～17℃。

2）深冬期间，年内温度最低的季节，以保温为主，白天 25～28℃，夜间尽量保温，使最低温度在 8～10℃以上。加厚覆盖物；雨天在草苫上盖旧膜防雨淋。

3）深冬后，气温回升，按适温（白天 25～30℃，夜间 15～18℃）管理，逐渐加大通风量。

（2）光照管理。深冬前在维持温度下限范围内，草苫等覆盖物早揭晚盖；保持棚膜清洁。

（3）肥水管理。底肥充足时，在门椒坐住后进行第一次追肥，用量为尿素 15kg/667m²、磷酸二氢钾 10kg/667m²。对椒坐住后，再追肥 1 次。辣椒采收盛期，可每采收 1 层果实追1 次肥并浇水，追肥量为每亩磷酸二氢钾 15kg/667m²。在水分管理上，深冬季节要控制浇水，干旱时可浇小水，浇水后注意通风排湿和提温。2 月中旬以后，气温升高以后，植株蒸腾量大，可增加浇水次数。

实例 4-1 茄子大棚越冬栽培

浙江省嘉兴嘉善、湖州长兴等地的大棚越冬茄子 2 月就陆续上市（图 4-1），价格持续

图 4-1 越冬茄子结果状

上升，2月中旬后田头批发价稳定在7元/kg左右。据嘉善县姚庄北鹤茄子基地调查，该村种菜能手沈师傅的2334.5m² 大棚茄子，到2月底销售收入已超过7万元，预计到采收结束时亩产值可望超4万元，总产值可达14万元。

沈师傅的大棚越冬茄子高产高效栽培关键技术主要有以下几点：

（1）适时播种与定植。9月上旬播种，培育壮苗；10月中旬，在水稻收割后整地施基肥进行定植。

（2）科学轮作。采用了水稻—大棚茄子水旱轮作的模式，年后开始采收茄子，若后期茄子价格尚高，可一直采收到6月底。这种轮作模式既可大大减轻茄子连作病害的发生，又可利用茄子栽培后充足的土壤肥力为种植水稻打下基础，实现"千斤粮万元钱"稳粮增效目标。

（3）冬季多层覆盖保温。采取无滴高保温长寿膜搭建3层膜，并做好防雨雪、防兜水等措施，确保茄子顺利越冬。

（4）采取水肥一体化平衡施肥措施。这是一种灌溉与施肥融为一体的农业新技术。也就是借助大棚灌溉系统，将可溶性固体肥料或液体肥料配兑而成的肥液与灌溉水一起，均匀、准确地输送到作物根部土壤。采用灌溉施肥技术，可按照作物生长需求，进行全生育期需求设计，把水分和养分定量、定时，按比例直接提供给茄子。这种灌溉和施肥科学结合的方法即提供了作物所需的养分和水分，又使棚内湿度较合适，做到了在冬季保温的同时又控制了棚内湿度，减轻了病害的发生。

图4-2　越冬茄子边膜撩起通风

（5）通风换气。茄子越冬栽培，当白天棚内气温达到30℃以上时，适当进行通风，促进棚内空气流通，降低湿度；但要及时封棚，以保晚间棚内最低气温不低于5℃。白天温度高时需做好通风透气工作。如图4-2所示，2月中旬越冬茄子挂果时，边膜被撩起通风。

（6）及时整枝打叶。及时打去老叶、病果、畸形果，减少营养损失和病虫为害，提高坐果率及茄子的商品性。

实训4-1　蔬菜种子播前处理

一、目的要求

播种前对蔬菜种子进行一定处理，是防止种传病害发生，促进种子迅速发芽，培育壮苗的技术措施。通过实践，掌握蔬菜种子常用的浸种催芽技术。

二、材料与用具

茄果类等蔬菜种子、培养皿、烧杯、玻璃棒等。

三、方法步骤

1. 温汤浸种

采用50～55℃的水（水量为种子量的5～6倍）对蔬菜种子进行10～15min 的处理，期间不断搅动，当水温降至 20～30℃时，继续浸泡一定时间，使种子吸足水分。温汤浸种具有吸胀和消毒双重作用。常用于处理种皮较厚、难吸水的种子。

2. 一般浸种

采用 20～30℃的水浸泡种子，期间每隔 5～8h 换一次水。此法能使种子吸胀，但不能杀菌。

3. 催芽

将浸泡后的种子捞出，沥去多余水分，用湿纱布或毛巾将种子包好，放在恒温箱中（茄果类等喜温、耐热性蔬菜 25～30℃，耐寒、半耐寒蔬菜 20～25℃）催芽，催芽过程中每天用清水冲洗一次种子，当胚根长到 1～2mm 时播种。

四、作业

（1）如何进行茄果类蔬菜种子的播种前处理？

（2）温汤浸种的主要目的是什么？

实训 4-2 蔬菜播种技术

一、目的要求

蔬菜播种是蔬菜栽培的首要环节。通过实践，掌握蔬菜作物的播种方式及其播种方法。

二、材料与用具

各种蔬菜种子、穴盘、做好的畦、农具等。

三、方法步骤

1. 湿播法

播种前先浇足底水，待水完全下渗后播种，然后覆土。

（1）撒播。在整好的畦面上，先浇足底水，待水完全下渗后，用细筛筛上一层细土，填平畦面凹处，之后均匀撒播种子，覆土。然后覆盖塑料薄膜进行保温保湿（冬春季）或遮阴降温（夏秋季）。此法适合于绿叶菜类播种和茄果类、瓜类蔬菜育苗。

（2）条播。在整好的畦面上，按一定的行距、穴距及深度开穴。然后按穴浇透水，待水渗下后播种、覆土。

2. 干播法

其播种方式也分为散播、条播、穴播，与湿播法不同之处在于：播种之前不浇水，播种稍深一些；播种轻度镇压，使种子与土壤紧密接触，以利种子吸水；出苗之前若土壤太干，可浇小水。

四、作业

（1）比较湿播法和干播法的优缺点？

（2）穴盘播种如何进行？

实训 4-3 番茄植株调整与保花保果

一、实训目的

了解番茄的开花结果习性与落花落果的原因，掌握番茄的植株调整与保花保果的方法与技术。

二、实训材料与场地

大棚或温室内定植缓苗后的番茄植株、已开花结果的番茄植株；细绳、竹竿、钳子、铁丝、铁锹、小型喷雾器、番茄灵等生长调节剂。

三、方法与步骤

1. 整枝与打杈

每株只留 1 个主干，把所有侧枝都陆续摘除掰掉，采用单干整枝方式。正确的做法是，在侧枝长到 6～7cm，个别也有长到 10cm 以上才打掉的。打杈宜选晴天，在空气相对湿度较小时进行，以利伤口愈合。

2. 去叶

出于透光的需要，若某些叶片影响到需要强光照花序，或基本枝透光性下降，需要将其摘除。摘叶要控制到最小限度，不能过多。例如，连续摘心整枝时，当第一基本枝位置确定后，第一和第二基本枝之间的叶片影响第一花序和第一基本枝的透光性时，可摘除其中 1 片或半片，以后也是如此。总之，在整个生长过程中，要保持基本枝和花序的通透性。

3. 保花保果

（1）蘸花法。番茄灵 25～50mg/kg，配好后，加染料标记，将开有 3～4 朵花的花序在药液中浸一下，然后用小碗边缘轻轻触动花序，让花序上过多的药液流回碗里。

（2）喷雾法。番茄每穗花有 3～4 朵花开放时，用装有药液的小喷雾器对准花穗进行喷洒，喷时最好用纸片挡一下生长点和叶片，以免沾上药液。药液中加入腐霉利可防治番茄灰霉病。

4. 疏花疏果

为了获取高产和使果实生长整齐一致，需要采用疏花疏果措施。疏花疏果时应首先了解自己所用的品种。一般大果型品种每穗留 3～4 个果，中果型品种每穗留 4～5 个果，小果型品种每穗可留 5 个果以上。

四、作业

（1）番茄整枝如何进行？

（2）保花保果的措施有哪些？

（3）疏花疏果时要注意什么？

思考

1. 番茄植株调整有什么作用？有哪些主要内容？

2. 番茄落花落果的原因是什么？如何防治？

3. 简要说明怎样通过茬口安排来做到番茄的周年供应。

4. 比较番茄、茄子、辣椒对环境条件要求上的异同点？

5. 茄子和辣椒的分枝结果有何规律性，在栽培中如何运用才能夺取早熟高产？

项目二　瓜类设施栽培技术

- **学习目标**

　　知识：了解适宜设施栽培的黄瓜、西瓜、甜瓜的类型与品种；熟悉黄瓜、西瓜、甜瓜栽培特性、栽培季节与茬口安排；掌握黄瓜、西瓜、甜瓜的育苗、定植、环境调控、整蔓打叉、疏花疏果、肥水管理、病虫害防治等管理技术。

　　技能：会对黄瓜、西瓜、甜瓜进行不同季节的茬口安排；会对黄瓜、西瓜、甜瓜进行科学合理的育苗、定植、整蔓疏果、施肥灌溉、设施调节、防病治虫。

- **重点难点**

　　重点：黄瓜、西瓜、甜瓜设施栽培的嫁接育苗、温度管理、光照管理、浇水施肥、植株调整、保花保果与疏花疏果等田间管理。

　　难点：黄瓜、西瓜、甜瓜设施栽培的浇水施肥、植株调整、保花保果与疏花疏果。

　　瓜类蔬菜属于葫芦科一年生或多年生攀缘性植物，是一种重要的蔬菜作物，在全世界广泛种植，深受广大群众喜爱。我国以黄瓜、西瓜、甜瓜、西葫芦、南瓜、冬瓜、丝瓜的栽培面积较大。瓜类蔬菜具有果实供食、味道鲜美、营养丰富的优点。

　　瓜类蔬菜有许多共同点：一是喜温，不耐寒，喜欢较大的昼夜温差；生长量大，叶面积大，蒸腾量大，水分需求多；喜欢光照，光照条件差时常造成植株徒长、落花落果、产量和品质下降等。二是根系分布范围广，要求耕作层深厚、疏松肥沃的土壤条件；根系易木质化，伤根后再生能力差，宜直播或采用护根育苗措施。三是茎蔓性，攀援匍匐生长，但为提高土地利用率，常实行支架栽培；茎部可发生不定根，匍匐生长时可实行定向压蔓和盘蔓等，以提高植株水分和养分的吸收能力；侧枝生长能力强，常配合整枝。四是雌雄同株异花，田间自然杂交率高；植株具有连续开花结果能力，但应注意协调营养生长与生殖生长之间的关系。五是有着相同或相似的病虫害，如霜霉病、枯萎病、病毒病、疫病、炭疽病、白粉病和蚜虫等。

任务一　黄瓜设施栽培技术

　　黄瓜（*Cucumis sativus*）别称胡瓜、王瓜，属葫芦科甜瓜属植物，起源于喜马拉雅山南麓的热带雨林地区，由于其老熟瓜为黄色而得名。黄瓜是重要的世界性蔬菜之一，以幼嫩果实供食用，脆嫩可口，营养丰富，食用方便，且具有清热、利尿及解毒之医药功效，是我国人民喜食的一种传统蔬菜，多以凉拌作菜和水果生食为主，也可炒食、做汤、泡菜、腌渍、制罐，吃法多样，消费量巨大，在我国的播种面积仅次于大白菜、萝卜、西瓜，列第 4 位。黄瓜品种类型丰富，适应性强，随着设施栽培技术的不断发展，实现了黄瓜的周年生产和供应，是南方地区进行保护地栽培及露地栽培的主要蔬菜，也是春夏早熟及秋冬延后的主栽瓜类之一。

一、黄瓜的生物学特性

1. 根

根系不发达，主要根群分布在 25cm 土层以内。吸收能力弱，要求土壤疏松肥沃，水分充足。根系再生能力差，育苗时需采取护根措施且应严格控制苗龄。

2. 茎

蔓生，四棱或五棱、中空，上具有刚毛、无限生长型，易折断，苗期节间短、直立，5～6 片真叶后开始伸长，呈蔓性。叶腋着生卷须、侧枝及雌雄花。茎的长度和分枝能力取决于品种和栽培条件。早熟品种茎较短而侧枝少，中、晚熟品种茎较长而侧枝多。

3. 叶

子叶长椭圆形，对生。真叶掌状浅裂、单叶互生，两面均有刺毛，叶片大而薄，蒸腾量大，需水多。

4. 花

多为单性花，雌雄同株，腋生。雄花早于雌花出现，常数个簇生，雌花多单生，子房下位，具有单性结实特性。虫媒花，异花授粉。阴雨季节或设施栽培时，人工授粉可以提高产量。

5. 果实

瓠果，筒形至长棒状，通常开花后 8～18d 达到商品成熟。嫩果绿色或深绿色，少数为淡黄色或白色，果面平滑或具棱、瘤、刺。开花至生理成熟需 35～45d，果实黄白色或棕褐色，有的果面出现裂纹。

6. 种子

扁平，长椭圆形，黄白色。每瓜结籽 100～300 粒，千粒重 20～40g。种子寿命 4～5 年，生产上宜采用 1～2 年的种子。

二、黄瓜对环境条件的要求

1. 温度

黄瓜喜温但不耐高温，生育适温为 10～30℃，白天 25～30℃，夜间 10～18℃，光合作用适温为 25～30℃。黄瓜不同生育时期对温度的要求不同。发芽期适温为 25～30℃，低于 20℃发芽缓慢，发芽所需最低温度为 12.7℃，高于 35℃发芽率降低；幼苗期适温白天 25～29℃，夜间 15～18℃，地温 18～20℃。苗期花芽分化与温度、光照关系不大，但光照不足及低温会延缓生育，延迟花芽分化，低温（特别是夜温 13～17℃）、短日照（8～10h）有利于花芽的雌性化。定植期适温白天 25～28℃，地温 18～20℃（最低限 15℃），夜间前半夜 15℃，后半夜 12～13℃，长期夜温高于 18～20℃，地温高于 23℃，则根生长受抑，生长不良。结果期适温白天 23～28℃，夜间 10～15℃，温度高果实生长快，但植株易老化。

2. 湿度

黄瓜喜湿不耐旱，要求较高的土壤湿度和空气湿度。适宜的空气相对湿度为 80％～90％。在土壤湿度大时，空气相对湿度在 50％左右也不影响生长。黄瓜不同生育时期对土壤湿度要求不同，种子发芽期要求充足水分，幼苗期和根瓜坐瓜前土壤湿度应控制在 60％～70％，结瓜期适宜的土壤湿度为 80％～90％。园艺设施的高湿条件对黄瓜生长非常有利，但不宜过湿，黄瓜根系是好气性的，怕涝，土壤低温多湿易沤根。因此，在设施栽培管理中要经常通风换气，降低空气湿度，近年来设施栽培黄瓜，多采用膜下暗灌或滴灌方式，除节水、省工、增加地温和保持较高的土壤湿度外，也相应地降低了空气湿度。

3. 光照

黄瓜喜光，又耐弱光，光饱和点为 55klx，光补偿点为 1.5～2.0klx，适宜的光照强度为 40～50klx，20klx 以下不利于高产。在我国北方冬季设施栽培黄瓜比南方有利，但由于冬季日照时间短，照度弱，所以争取充足的光照，是提高冬季黄瓜产量的重要条件。

4. 土壤及矿质营养

黄瓜对土壤适应范围比较广，在 pH 值为 5.5～7.2 均能适应。但最适宜的是富含有机质的肥沃壤土，pH 值为 6.5 为宜。黄瓜喜肥，但不耐高浓度肥料，根系适宜的土壤溶液浓度为 0.03%～0.05%，土壤溶液浓度过高或肥料不腐熟易发生烧根现象。而黄瓜生长迅速，进入结果期早，产量高，故耗肥量较大，因此黄瓜的施肥原则是"少量多餐"。黄瓜整个生育期间要求钾最多，其后依次为氮、钙、磷，其中氮、磷、钾以（2～3）：1：4 较为合适。黄瓜在幼苗期和甩条发棵期吸收的氮、磷、钾量占全生育期的 20%，而在结果期占 80% 以上，因此，结果期是施肥的关键时期。

三、黄瓜设施栽培品种选择

1. 华南型黄瓜

主要分布于中国长江以南及日本各地。植株繁茂，耐湿热，为短日照植物，果实短粗，瘤稀刺少，瓜皮厚，味淡。嫩瓜有绿色、绿白色和黄白色，老熟瓜黄褐色，具网纹。代表品种有湘黄瓜 2 号、昆明早黄瓜等。

2. 华北型黄瓜

主要分布于中国北方地区及朝鲜等地，是南方地区黄瓜夏秋露地栽培和秋冬大棚延后栽培的主要品种来源。植株长势中等，对日照长短反应不敏感，较耐低温，嫩瓜棒状，绿色，瘤密刺多，老熟瓜黄白色，无网纹。适合设施春提早栽培黄瓜品种：中农 4 号、中农 5 号、中农 7 号、中农 9 号、中农 12 号、中农 201、中农 202、中农 203、津杂 1 号、津杂 2 号、津杂 4 号、农大 12 号、碧春、津春 1 号、津春 2 号、津美 1 号、津优 1 号、津优 2 号、津优 5 号、津优 10 号、大棚黄瓜新组合 39、保护地黄瓜新组合 50。适合设施秋延后栽培黄瓜品种：中农 8 号、京旭 2 号、农大秋棚 1 号、津杂 3 号、津春 2 号、津春 4 号、津优 1 号、津优 5 号、大棚黄瓜新组合 39、津优 0 号。适合夏秋露地栽培黄瓜品种：津研 4 号。

3. 小型黄瓜

小型黄瓜又叫水果型小黄瓜，分布于亚洲及欧美各地。植株较矮小，分枝性强，多花多果，果实短小，主要品种：京研迷你 1 号、京研迷你 2 号、水果黄瓜 2013、京乐 1 号、京乐 2 号、荷兰小黄瓜、以色列小黄瓜等。

四、黄瓜设施栽培的主要模式

（一）黄瓜春早熟栽培

黄瓜春季早熟栽培是利用保护设施的保温增温性能，提早播种，提早栽植，提早供应，以解决春夏淡季市场的供应问题。一般是在严寒的冬季播种，炎夏季节到来后拉秧。该茬次投资相对少，效益高，是一种重要栽培方式。

1. 品种选择

黄瓜春季早熟栽培，前期温度低，光照弱，后期温度高，而且湿度大，易发病。因此，要选择前期耐低温能力强、适宜密植、具有较强的抗病能力、单性结实率高、果实发育速度快、早熟的黄瓜品种，常用的品种有：湘春 2 号、津杂 1 号、津杂 2 号、津春 2 号、津春 3 号、津优 1 号、津优 5 号等。

2. 播种

把种子放入 55℃ 的热水中，用小木棍搅动，水温降至 30℃ 时停止搅动，再浸泡 4～6h，切开种子不见干心即可出水。用清水漂洗几遍，然后用纱布或毛巾包好，放在 25～28℃ 处催芽。

为了增强幼苗的抗逆性，最好在种子刚刚萌动、胚尚未露出种皮时放在 -2℃ 处冷冻 2～3h，再用清水缓冻。重新催芽，即先给予 20℃ 的温度，1～2h 后提高至 25～28℃，胚根露出种皮时降到 20～23℃。黄瓜多采用营养钵、营养纸袋育苗，以防止定植时伤根。

3. 苗期管理

播种后出苗前，以提高苗床的温度，促使黄瓜幼芽迅速出土为中心。黄瓜两片子叶展开后，生长最快的部分是根系，最容易徒长的部分是下胚轴。此时白天气温控制在 25～30℃，夜间 13～15℃。从子叶展开到"破心"，即第一片真叶显露，白天气温控制在 20～22℃，夜间 12～15℃，以促进下胚轴的加粗生长及根系的迅速发展，在保证苗床适宜温度的基础上，可适量通风。从"破心"到定植前 7～10d，白天气温控制在 22～25℃，夜间 13～17℃，以促进真叶展开及各器官的分化形成。

黄瓜苗期一般不再进行浇水追肥，但应保证苗不缺水，在育苗阶段既要满足秧苗对水分的需求，又要降低空气湿度，才能保证黄瓜苗正常生长，防止病害发生。如出现缺肥症状，可用 0.2％ 的磷酸二氢钾与 0.2％ 的尿素进行叶面喷施。黄瓜定植前 6～8d 要进行低温炼苗，以提高幼苗抗寒能力，适应定植初期棚内夜间温度低、昼夜温差大的环境特点。

4. 定植

深翻 30cm 以上，结合整地施农家肥 5000～6000kg/667m²。先将 2/3 的基肥撒施后再深翻，耙平后做成宽 1～1.2m 的畦，畦面开深沟，把 1/3 的基肥施入沟中，准备栽苗。

确定定植期的主要依据是大棚的地温和气温，当棚内 10cm 处地温稳定在 12℃ 以上，棚内夜间最低气温在 10℃ 以上时即可定植。在棚内温度条件允许的情况下，其定植期应尽量提前。根据经验，可按本地终霜期向前推 20d 左右，即为适宜定植期。定植前 20～30d，应扣棚提高地温。为使黄瓜提早上市，缩短定植至始收的时间，要求的苗龄宜大，定植时苗一般应具有 4～5 片真叶。定苗应选择在"冷尾暖头"的晴天进行，决不能为赶时间在寒流天气定植，更不能在阴雨雪天定植。

宽 1m 的畦栽单行或隔畦栽双行，空畦套作耐寒的叶菜类，黄瓜株距 17cm，栽植密度约 4000 株/667m²。宽 1.2m 的畦，单行、双行重复排列，株距 20cm，栽植密度约 4000 株/667m²。据研究，3000 株/667m² 时产量最高，而经济效益则是 4000 株/667m² 的最好。为提高地温，可在定植前 7～10d 覆盖地膜，定植时按株距破膜打孔，随打孔随定植。定植后浇水，水渗后用细土将穴与地膜开孔压严。

5. 田间管理

春季早熟黄瓜栽培总的管理原则是：生长前期促秧控瓜，为了早熟，在促秧的同时，也要适当促瓜。结瓜盛期为了丰产，主要是控秧促瓜。到结瓜后期，为了延长生长，又需要控瓜促秧。通过通风、中耕、植株调整、肥水管理等措施，创造一个适宜黄瓜生长发育的环境条件，达到早熟丰产的目的。

（1）温度控制。

黄瓜定植后到缓苗阶段以升温保温为主，一般不通风，以提高气温、地温和湿度，促进尽快缓苗。多层覆盖的，定植当天要扎小拱棚，扣膜，夜间加盖草帘防寒。定植后5～7d，白天气温超过35℃时可不扣室内小拱棚。当棚室内温度达到35～38℃以上时，可行短时通风，以促进缓苗。缓苗后加强中耕，促根壮苗。棚室内温度实行变温管理，白天气温上午控制在25～30℃，午后20～25℃，20℃时关闭通风口，15℃时覆盖草帘，前半夜保持15℃以上，后半夜10～13℃。从根瓜坐住到采瓜盛期，为促进植株生长发育，提高早期产量，可适当提高温度，白天气温控制在28～32℃，超过32℃通风。拱棚内小于20℃时停止通风，前半夜保持16～20℃，后半夜保持13～15℃，不能低于12℃。由于外界温度已升高，要尽量早揭晚盖草帘，争取多见光。当外界最低温度达到13℃以上时，要加大昼夜通风。阴雨天，光照不足时控制指标要相应降低2～5℃。早春温度低，而塑料大棚的保温能力又有限，因此有条件的地方可于大棚内设置小拱棚（短期）、四周围盖草帘，增强保温，尤其是遭遇寒流时，要保护黄瓜植株免受低温危害。

（2）肥水管理。

定植后7d左右，选晴天的上午浇缓苗水。浇过缓苗水后，要每隔10d左右浇1次水，前两次水量宜小不宜大。要注意在晴天的上午浇水，中午通风排湿，而不可在阴雨天浇水。根瓜采收前后，要浇催瓜水，随水追施尿素15kg/667m²。浇水的时间必须赶在"冷尾暖头"，浇水后能有几个晴天，并且灌水量也不能大，否则会降低地温，影响植株的生长发育。随着外界温度的升高，应加强肥水管理，5～6d灌水一次，清水和肥水交替进行，每次追肥量15～20kg/667m²，尿素、磷酸二氢、硝酸铵交替使用。进入结瓜后期，外界温度已稳定在15℃左右，拉大昼夜温差，宜进行晚间浇水，2～4d浇水一次，随水追施硫酸钾10～15kg/667m²，以减少化瓜。采用双高垄栽培的浇水办法，在越冬茬黄瓜前期大小行交替进行，后期全面进行。高畦栽培的浇水要浇畦沟，使水肥能渗进畦面下。下雨天要关通风口，避免雨水漏入棚室内。后期雨季来临时，要注意防涝，避免积水。

（3）植株调整。

当植株倒蔓时，开始插架或吊蔓。植株缓苗后生长很快，要注意及时绑头道蔓，以后随着植株的生长进行绑蔓时，可采用"S"形绑蔓方法，使各植株"龙头"整齐，即对高植株的蔓打弯再绑，但不能横绑，更不能倒绑，否则会导致化瓜。黄瓜一般为主蔓结瓜类型，植株10叶以下的侧枝均要打掉，10叶以上的侧枝可留1雌花后在前1～2叶处打顶。当植株爬至架顶后，要进行摘心，促发回头瓜。及时摘除卷须、雄花及底部的黄叶、病残叶，特别是密度过大时，由于植株茎叶繁茂而郁闭时，及时摘除下部枯黄老叶，以利减少无效养分的消耗，改善底部通风透光条件。

（4）采收。

由于黄瓜果实膨大快，采瓜一定要及时，以防坠秧。及时采收对其他幼瓜膨大有利，也利于高产。进入盛采收期后要勤收，根瓜应尽量早采，采收多在每天早晨进行，瓜条水分大，品质鲜嫩，产量高。初果期2～3d采收一次，盛果期每天早晨采收一次。采收时要细致，以防落瓜坠秧，影响其他瓜条的发育，影响品质，降低产量。

（二）秋冬茬栽培

秋冬茬黄瓜栽培是利用保护设施的增温保温性能，多在秋季播种或育苗，以深秋和初冬供应市场为主要目的的一种重要栽培方式。该茬栽培的环境特点是：前期高温多雨，后期弱光照；生长期间温度由高变低，光照由强变弱、由长变短，与春季早熟栽培经历的环境条件正好相反。

1. 品种选择

秋冬茬栽培的气候特点是前期高温多雨，后期低温寒冷。必须选用耐热、抗病、瓜码密、生长势强、采收期较为集中的品种。适合大棚秋季栽培的品种有：津研 2 号、津研 7 号、湘春 7 号等，水果型小黄瓜宜采用秋多星等。

2. 培育壮苗

黄瓜适龄壮苗的形态标准是：苗高 10～13cm，2～3 片真叶展开，最大不超过 3 叶一心，茎粗壮，节间短，茎上刺毛较硬；子叶完好，叶浓绿色，叶片肥厚，叶柄与茎呈垂直角，叶片平展；根系发达，呈白色；无病虫害。

由于育苗期正值高温，苗龄不宜太长，适宜苗龄为 20～25d。具体播种期大约定在霜前 80～85 d。浙江省一般在 8 月下旬至 9 月上旬播种，10 月中旬至 12 月下旬收获，生育期 100～120d，采收期 60～70d，产量约 4000～5000kg/667m²。

秋冬茬黄瓜育苗正处在高温多雨季节，幼苗期既要克服温度过高，造成的幼苗生长细弱，又要在定植后适应设施内的环境条件。因此，育苗不宜在露地进行，而以温室内搭凉棚或用遮阳网育苗为好，既降低了温度，又避免了强光，还可防雨水。

3. 定植

前茬作物收获后，及时整地施肥，清除残株杂草。施农家肥 5000kg/667m²，深翻细耙，同时喷洒 50％的甲基硫菌灵粉剂进行土壤消毒。将土壤耙细整平后起垄或做畦栽培。起垄栽培可做成大垄宽 80cm，两个大垄间距 40cm，在大垄中间开 20cm 的浅沟，形成两个宽 30cm、高 15cm 的小垄，在小垄上开沟播种或定植。平畦栽培可做成 1.2～1.3m 宽的平畦，在畦面上按 50cm 的间距开沟播种或定植。

栽培时期为霜前 55d 至霜后 25d，整个延后栽培天数为 80d 左右（不包括育苗期）。霜前 55～60d 即为延后栽培的定植期。该茬适宜育小苗，一般具有 2～3 片叶即可定植。秋季延后栽培，由于后期急骤降温，往往提早在中期采完后罢园，故定植密度要适当加大，以 6000 株/亩左右为宜。

该茬定植时要注意以下几个问题：一是宜在阴天或傍晚进行定植，以利缓苗；二是当苗子大小不均匀时，要对幼苗进行分级，稍大的苗子尽量栽到大棚的后部和两端，稍小的苗子栽到大棚的顶部和中间；三是不可深栽，尤其是对于嫁接苗，覆土后苗子土坨与垄面持平即可；四是随栽苗随穴浇水，而后顺沟再浇大水，以减轻萎蔫，也使苗坨与土壤密切接触。

4. 田间管理

秋冬茬黄瓜管理应遵循"前期养好秧，后期拿产量"的原则，努力做到养秧与提高产量相结合，提高产量与增加产值相结合，争取较高的经济效益。

（1）温湿度管理。

定植后至根瓜采收为 25d 左右，此时温度高、光照强，管理上以降温为主。有遮阴条件的，每天中午前后要进行遮阴，坚持大通风，同时放底风、肩风、开天窗。根瓜采收至霜降，棚内由高温逐渐转入温湿度较为适宜，这段时间大约 30d 左右，此期管理要点是白天通风降温，夜间开始闭棚保温，白天棚温保持 25～30℃，夜间 15～18℃。渐进霜期，外界气温明显下降，夜间温度低于 15℃，此时要注意夜间防寒保温。为了维持夜间较高的温度，白天通风起止的温度要提高到 25～28℃，使棚内夜间气温保持 15～18℃。霜降以后，此期管理要点是保温防寒，棚膜要严密封闭，防止外界冷空气侵入。

（2）水肥管理。

定植后及时浇缓苗水，从定植到根瓜伸腰前要控制肥水，一般不干不浇水。从结瓜到盛瓜期，既是植株生长旺盛期，也是气候条件最适宜期，为防止高温高湿造成植株徒长，在水分管理方面以控为主，要少浇水或浇小水。此期可结合施肥浇水，每 5d 浇 1 次水，浇 1 次水追 1 次肥，以腐熟的人粪尿为好，也可以追施化肥，每次追施三元复合肥 10～15kg/667m²，连续追施 3 次。浇水要在早晨或傍晚进行。霜降过后，生长逐渐转弱，对肥水需要也逐渐减少，随着外界温度的降低，此期大棚已严密封闭，一般不再追肥，不干不浇水，可每隔 5d 进行 1 次叶面追肥。为解决和弥补后期温度低、光照差、叶片衰老和染病等问题，强调搞好根外追肥。一般可喷用叶肥 2 号、磷酸二氢钾、农乐、叶面宝等。

（3）植株调整。

秋冬茬黄瓜容易徒长，坐瓜节位较高，多采取吊蔓方式，要及时上架和绑蔓，应结合抑强扶弱，协调株间长势。早期应以促秧为主，培育壮苗，多分化花芽。结瓜初期，一般 10 节以下的侧枝全部摘除，10 节以上的侧枝发生后，在第 1 雌花前留 1～2 片叶摘心。侧枝的多少要根据植株的疏密程度而定，不能过密。植株生长到 25 片叶后要及时打顶摘心，以促进侧蔓结果和回头瓜的发育。

除了正常的搭架、绑蔓、去卷须外，大棚延后栽培还有三项新措施。

1）引蔓。为了减少遮阴，节省架材及充分利用空间，可用白色塑料绳"吊蔓法"代替竹架"绑蔓法"。即在大棚骨架上顺栽植行各拉一根铁丝，按穴距由上至下系一根吊绳连接在黄瓜根茎部，或用铁丝固定。引蔓时，按逆时针方向转动藤蔓，用塑料绳缠绕拉伸即可。

2）摘心。一是当主蔓长到快要接触棚膜时进行摘心，既可以防止茎尖触膜受冻，又可以打破顶端优势，控藤促瓜，多结"回头瓜"。二是侧蔓留一瓜与一叶后进行摘心，可以显著地增加产量。

3）打叶。及时摘除植株下部的老黄叶和病残叶，可以减少营养消耗，改善通风透光条件。

（4）采收。

根瓜要适时早采收，延迟会影响瓜秧的生长和第二条瓜的伸长。第一条瓜采收后可短期储藏再上市。第二、第三条瓜对秋季延后栽培来讲已进入盛果期，在不影响商品质量的前提下，可适当推迟采收。一般延后栽培每株可采 3～5 条瓜，高度密植的通常每株只采 3 条瓜。密植适当、定植期较早、生育期达到 90～100d 的，每株可采收 5 条瓜。11 月进入盛果期，12 月上旬要抢在初霜前"定瓜"，将多余的雌花、幼果要及时疏掉，并进行摘心。最后 1～2 条瓜要尽量延迟采收，采收之后还可保鲜储藏 1 个多月，以尽量延长供应期，提高经济效益和社会效益。黄瓜贮藏的适宜温度为 10～13℃，相对湿度为 85% 以上。供储藏用的黄瓜要在采收前 2～3d 灌水，早晨采收，并留有果柄。

（三）越冬茬栽培

黄瓜越冬茬栽培是利用保护设施的增温、保温性能，秋末冬初播种，其产品主要供应元旦、春节等重要节日市场以及早春蔬菜市场，达到调节季节供应市场的目的，并具有植株生长期长，投资相对大，技术难度高，产量高，经济效益和社会效益显著等特点。栽培利用的主要设施为温室。但由于从播种到采收的大部分时间处于低温和弱光季节，环境条件不利于黄瓜生长，植株生长缓慢，长势弱，易化瓜，栽培难度较大，对设施条件和栽培技术要求较高。

1. 品种选择

黄瓜越冬茬栽培中，经历较长时间的低温弱光，要求在一年中温度最低、光照最差的季节开花结果。因此，必须选择耐低温、耐弱光、前期产量和总产量高的黄瓜品种，而且要求具有根瓜节位低，植株长势旺，风味品质好，产量高，抗病性强，瓜条在温度较低的条件下生长速度快等特点。常用的品种有：津优 2 号、津优 3 号、冬棚优 3 号、顶峰 1 号、津优 30 号、津绿 3 号、京研迷你 2 号、京研迷你 3 号等。

2. 培育嫁接壮苗

越冬茬黄瓜生长期长，生长季节温度低、光照弱。另外，黄瓜根系弱，土传病（如叶类枯萎病）较重，在重茬种植的情况下，由于枯萎病发生加重，造成减产，甚至绝产。因此，生产中多采用嫁接换根育苗，使用的砧木品种为黑籽南瓜或南砧 1 号。通过嫁接来减少或避免发生土传病害的危害，增强植株抗寒、抗病等能力，增强植株吸收水肥能力，改善营养状况等，以达到丰产、增产的目的。育苗应在温室外播种，嫁接苗在温室内培育。接穗种子一般播种在装有培养土（草炭、蛭石等）或河底细沙的苗盆内或平畦中。砧木播种床多用平畦，还可用装有营养土的塑料钵、营养纸袋播种。嫁接苗以营养钵、营养纸袋栽植培育，也可采用营养土做畦。黄瓜常用的嫁接方法是靠接和插接。

3. 定植

在定植前 4～5d，密闭棚室，使用硫磺粉 600g/667m²、敌敌畏 1500g/667m²、锯末 3000g/667m²，混拌后熏烟 24h，尤其是对于往年使用过的老棚室更要进行认真消毒。播后密闭提高温度，在地温回升后加强散湿。地面见干时，结合深耕整地施足基肥。施腐熟的优质家肥 9000kg/667m²、过磷酸钙 50～75kg/667m²、硫酸钾 15kg/667m²、尿素 10kg/667m²。越冬茬黄瓜栽培以提高地温为主，多采用南北向起高垄双行种植，一般垄高 15～20cm，垄宽 30cm，小垄间距 20cm，大垄间距 40cm，株距 25～57cm。栽植密度因品种而异，一般为 4000～4500 株/667m²。

定植宜选晴天的上午进行，阴天或有寒流天气不宜定植。营养土块育苗应在定植前 1～2d 灌足水，边起苗，边定植。定植时先顺垄开沟，浇足水，在水中放苗，水渗下后封沟。摆苗时，子叶方向要一致，培土深度以保持苗高与垄面相平为准。靠接的不要使靠接切口接触地面，避免黄瓜接口产生不定根而感染枯萎病。栽后覆地膜，覆膜时要从一端开始，一次覆盖两行瓜苗，将膜边置于大行中间（即大沟中间），正对瓜苗处割开 5～10cm 的口子，将瓜苗轻轻掏出，膜两边要拉紧压实，然后在温室内每一行瓜苗的正上方拉一道铁丝，每棵苗上系一根吊绳。

4. 田间管理

越冬茬黄瓜生长期长，会经历外界自然气候条件复杂的变化过程。管理前期外界温度低、光照弱时，应以增温保温为主，后期随外界温度逐渐升高，管理应以通风降温排湿为主，调节好黄瓜生长适宜温度、湿度条件，加强肥水管理和植株调整，达到丰产、高产的目的。

（1）温度控制。

定植后缓苗期间，一般不进行通风，使温室内形成高温高湿环境以促进缓苗。白天气温控制在28~32℃，夜间13~16℃。若白天气温超过35℃，应及时开天窗适当通风，以促进根系发生，早缓苗。为保持较高的夜温，下午要适当早盖草帘。

定植3~5d缓苗后到根瓜坐住前，实行变温管理。白天日出时提至18℃以上，至10时达24℃，10—14时达28~30℃，14时至日落由24℃降至18℃，上半夜为18~20℃，下半夜至日出前为12~14℃。前半夜温度高时，应敞开通风口。为提高地温，应揭开地膜，进行浅锄3~4次。

结果前期，外界温度低，光照弱，温度管理以保温为主，白天温室内温度不是越高越好，而是依据温室内光照度不同而保持适宜的温度，强光条件下控制在26~28℃，中光条件下控制在23~24℃，弱光条件下控制在18~20℃。保温主要是保夜温，晴天夜间不低于10℃，阴冷天气不低于8℃，在连续阴雪寒冷天气的白天温度为12~16℃时，夜间温度最低不能低于6℃，采取加厚覆盖双层草帘，并加盖一层旧薄膜，以防雨雪，提高保温能力。

进入结果中、后期，外界气温逐渐升高，日照时间增长，强度增强，温室内的温度管理也要逐渐适当提高。日出后至9时由18℃提高到24℃，9—14时逐渐提高到28~30℃，最高不要超过33℃，14—18时逐渐降至20~22℃，至零时降至16~18℃，零时至日出前控制在12~14℃。此时应充分利用揭盖草帘和通风等措施，使温度达到最适合黄瓜正常生长发育的要求。

（2）肥水管理。

越冬茬黄瓜肥水管理的原则是：前期以控为主，尽量少浇水，少追肥，不发生干旱现象不浇水，以促根壮秧。进入中后期，植株生长旺盛，产瓜多，需水需肥量大，应加强肥水管理，以满足植株旺盛生长的需要。一般结瓜初期浇第1次水，不追肥。进入采收瓜盛期和结瓜前期（2月上中旬）浇第2次水并进行追肥，一般随水冲施尿素15kg/667m²、磷酸二钾15kg/667m²、硫酸钾15kg/667m²。以后10~15d浇水1次，隔一次随水冲施一次氮、磷、钾速效化肥，一般随水冲施尿素12kg/667m²、磷酸二钾12kg/667m²。进入结瓜中期，一般7~10d浇一次水，每次浇水都要随水冲施速效氮磷钾，每次冲施尿素10kg/667m²、硫酸钾10kg/667m²。结瓜后期，掌握"少量多次"的原则，一般5~10d浇1次水，并随水冲施人粪尿或尿素，施用量尿素7kg/667m²。前期多将肥料溶于水中，随水冲入小行垄沟中；盛果期开始明沟追肥，可先松土，然后浇水追肥，并与暗沟交替使用。

黄瓜进入结瓜期，由于外界气候寒冷，温室通风时间短，在温室基本处于密闭的条件下，温室内易出现二氧化碳不足的现象，而影响光合作用的正常进行。尤其在上午9—12时，CO_2浓度往往降至0.025%以下，严重影响黄瓜产量的提高。所以，应在结果期晴天上午9—11时进行CO_2施肥。施肥后1.5~2h方可通风换气。

（3）植株调整。

嫁接的黄瓜砧木有时萌发枝叶，发现后要及时摘除。进入结果前期，要及时摘除卷须，减少无效养分消耗，防止缠绕。若出现雌花过多或花打顶现象，要疏去一部分雌花；已分化的雌花和幼瓜也要及早去掉，增强植株长势。进入结果中后期，植株生长速度加快，必须进行落蔓。落蔓后每株保留 15～16 片绿色功能叶，并使叶片均匀分布在离地面 10～20cm 至 1m 左右的空间里。落下的蔓要均匀盘绕在地面。未种植过瓜类作物的温室可以用土将盘在地面上的秧蔓埋住，促发不定根；但种植过瓜类作物的老温室则不能用土埋，防止蔓上发生不定根，否则易感染枯萎病。落蔓时应摘除雄花和卷须，雌花过多也应适当疏掉一部分，以保持营养生长和生殖生长平衡。黄瓜生长期长，不摘心，为改善底部通风透光条件，减少养分的消耗和各种病害的发生，要及时清除老叶、黄叶、病枯叶，并将下部颜色暗淡、已失去光合功能的叶片一并摘除。但摘叶时不宜于靠近叶枝处的叶柄基部折断，以防流出蔓汁，感染病害。

（4）采收。

黄瓜生长前期，要及时采收商品瓜，以促进植株的生长发育和坐瓜，加快幼瓜的发育。结瓜后期应留稍大些的瓜。采收时间应根据植株上的已有瓜和坐瓜情况而定，如有 2～3 条瓜，上部雌花已开或将开，对较大的瓜应早采摘，使其他 1～2 条瓜更好地生长，并促使已开雌花坐住瓜，植株长势强的要多留瓜，瓜条放长一些，对控制徒长有一定效果，植株长势弱的要少留瓜，早采收。

任务二　西瓜设施栽培技术

西瓜（*Citrullus lanatus*）别名水瓜，为葫芦科西瓜属一年生蔓性草本植物，是世界十大水果之一。西瓜在我国已有千余年的栽培历史，栽培极其广泛，我国的西瓜播种面积与产量均居世界第一位。河南、山东、安徽的西瓜栽培面积位居全国前三位，其次是江苏、浙江、湖南。知名的西瓜产地有河南的开封、中牟和山东的德州等地。西瓜以生理成熟性果实供食，汁多味甜、质细性凉、清热解暑、食之爽口，是深受广大人民群众喜爱的盛夏消暑解渴之佳品。瓜瓤可做罐头，果汁可酿酒，果皮可作蜜饯、果酱可提取果胶，种子可炒食、榨油等。西瓜对高血压、心脏病、肝炎、肾炎及膀胱炎均有不同程度的辅助疗效。

一、西瓜的生物学特性

1. 根

西瓜根系发达，主根入土深 1m 以上，横向分布范围 3m 左右。根系易老化，伤根后再生能力较弱。

2. 茎

西瓜茎蔓性，中空。分枝力强，可进行 3～4 级分枝。茎基部易生不定根。

3. 叶

西瓜子叶两片，椭圆形。真叶深裂或浅裂，叶片小，叶面密生茸毛并带有蜡粉。

4. 花

西瓜单性花，雌雄同株。雌花单生，子房下位，子房表面密生银白色茸毛，形状圆形或椭圆形，无单性结实能力。雌、雄花均清晨开花，午后闭合，属半日性花。

5. 果实

西瓜果实圆形或椭圆形。皮色浅绿、绿色、墨绿或黄色等，果面有条带、网纹或无。果肉颜色大红、粉红，橘红、黄色以及白色等多种，质地硬脆或沙瓤。味甜，中心可溶性固形物含量 10%～14%。

6. 种子

西瓜种子扁平，卵圆或长卵圆形。种皮褐色、黑色、棕色等多种；种子大小差异较大，小粒种子千粒重 20～25g，大粒种子千粒重 150～200g。种子使用寿命 3 年。

二、西瓜对环境条件的要求

1. 温度

西瓜属耐热性作物，生长发育要求较高温度，不耐低温，更怕霜冻。西瓜生长所需温度范围 10～40℃，最适温度为 25～30℃，但不同生育阶段对温度要求不同，种子发芽期适温为 28～30℃，夜温 18～25℃，变温能促进整齐发芽，15℃以下或 40℃以上，发芽困难；幼苗期适温为 22～25℃，雌花分化期昼温 25～30℃，夜温 12～18℃最适；定植后抽蔓期最适温为 25～28℃；结果期为 25～32℃较宜，其中开花期为 25℃，果实膨大期和成熟期为 30℃左右。一定的昼夜温差有利于植株养分积累，使茎叶生长健壮，提高果实含糖量。西瓜生长最适地温为 18～20℃，低于 15℃根系发育不正常，最高温度不能超过 25℃。

2. 光照

西瓜属喜光作物，光饱和点为 80klx，光补偿点为 4klx，生长期间需充足的日照时数和光照度，西瓜栽培期间应确保棚室内的高光照度。西瓜为短日照作物，苗期在日照长度 8h 以内和 27℃适温条件下，则第 1 雌花节位低，雌花数增多；若日照时长 16h 以上，高温32℃以上，则抑制雌花的发生。

3. 水分

西瓜具有一定的耐旱性。但由于西瓜生长旺盛，果实含水量高，产量高，因此土壤中必须有一定的含水量，才能满足植株生长和果实生长的需要，否则影响植株生长和果实膨大。适宜的土壤持水量为 60%～80%，适宜空气相对湿度为 50%～60%。西瓜不同生育期对水分要求不同。发芽期要求土壤湿润；幼苗期水分不宜过多，适当干旱可促进根系扩展，增强抗旱能力；抽蔓前期适当增加土壤水分，促进发棵；开花前后应适当控制水分，防止徒长和化瓜；结果期需水最多，特别是结果前、中期果实迅速膨大，应保证充足水分，成熟期不宜浇水。西瓜忌湿怕涝，结果期湿度太大，坐瓜困难且易导致病害蔓延。

4. 土壤

西瓜对土壤的适应性较广，沙土、壤土、黏土均可栽培，但最好是冲积土和沙壤土，适宜的土壤 pH 值为 5～7，耐酸性土，但对盐碱较为敏感，土壤含盐量高于 0.2% 时不能正常生长。以土层深厚、排水良好、疏松肥沃的壤土或沙壤土栽培为好，增施有机肥能获得较高产量。西瓜忌连作，设施栽培可采用嫁接方法。西瓜需肥量大，有机肥和化肥配合使用进行施肥。

三、西瓜设施栽培品种选择

(一) 常见类型

栽培西瓜可分为果用和籽用两大类。果用西瓜是普遍栽培的类型，占栽培品种的绝大部分。果用西瓜的分类方法很多，依大小和重量分为小型（2.5kg 以下）、中型（2.5～5.0kg）、大型（5.0～10.0kg）和特大型（10kg 以上）四类；依果型分为圆形、椭圆形和枕形；依瓤色分为红色、白色、黄色等；依据熟性分为早熟（京欣 1 号、郑杂 5 号）、中熟

（新红宝、新澄、中育 6 号）、晚熟（澄选 1 号、豫艺 58）。按生态型进行分类在栽培上最为普遍，根据我国现有西瓜品种资源可分为四种生态型。

1. 华北生态型

主要分布在华北温暖半干旱栽培区（山东、山西、河南、河北、陕西及苏北、皖北地区），是我国特有生态型。果实以大型、特大型为主。果实成熟较早，瓤肉松软、沙质、易倒瓤，如花里虎、黑油皮、核桃纹、大花领、兴城红、郑州 3 号等。

2. 华东生态型

主要分布在中部温暖湿润栽培区（长江中下游及四川、贵州等地）和东北温寒半湿栽培地区（东北三省及冀北地区），也是我国特有的生态型。果实以中小型为主。

3. 西北生态型

主要分布在西北干旱栽培区（甘肃、宁夏、内蒙古、青海和新疆等地）。果实以大果型为主。生长旺盛，坐果节位高，生育期长，极不耐湿。

4. 华南生态型

主要分布于南方高温多湿栽培区（广西、广东、台湾、福建等地）。果实以大、中型为主，生长旺盛，耐湿性强，生育期也较长。

（二）主要品种

1. 早佳（8424）

为杂交一代早熟西瓜。经多年试验、试种，表现为植株生长稳健，坐果性好。开花至成熟 28d 左右，果实圆形，单果重 5～8kg。瓜果绿色底覆盖有青黑色条斑，皮厚 0.8～1cm，不耐贮运。果肉粉红色，肉质松脆多汁，中心可溶性固形物含量 12%，边缘 9% 左右，品质佳，耐低温弱光照，一般产量可达 3000kg/667m²。适宜作保护地早熟栽培。

2. 抗病京欣

中熟种，果实发育期 32d 左右，长势强健，易坐果，果实圆球形，浅绿皮覆墨绿窄齿条，果皮硬度较强，较耐贮运，果肉深粉红色，中心折光糖 12% 左右，肉质脆，纤维少，口感好，平均单果重 6kg 左右。此品种综合抗性好，适合全国主要瓜区保护地早熟栽培及露地栽培。避免重茬种植，或采用嫁接栽培；重施基肥及农家肥，适施氮肥；适时播种，栽植密度 400～600 株/667m²，3 蔓整枝；加强整枝压蔓，坐果前期注意肥水控制；避免低节位坐果，每株留果 1～2 个；膨果期注意肥水均匀供应，忌大水漫灌，忌忽干忽湿；成熟期严格控制田间湿度；加强对病虫害的防治；该品种为杂交一代种，不可再留种使用。

3. 秀芳

早熟，开花至果实成熟 30d 左右。果实圆球形，果面光滑圆整，果皮亮绿色，覆墨绿色显条纹。果皮坚韧，不易裂瓜，耐储运。果肉红色，肉质脆而多汁，鲜甜爽口，中心糖度 12 度左右，边缘糖度 9.5 度左右，糖度梯度小，品质佳，平均单果重 5～6kg，大的可达 7～8kg，一般产量可达 3200kg/667m²。该品种生长稳健，较抗枯萎病，低温和弱光下坐果性好。适时播种：早春大棚栽培可提前至 1—2 月播种，小拱棚避雨栽培宜在 3 月播种。本品种也适宜作秋西瓜栽培。采取三蔓整枝，早春大棚栽培栽 250～300 株/667m²，多批采收，小拱棚栽培栽 500～600 株/667m²。大棚栽培前期应注意人工辅助授粉，以提高坐果率。有机肥和钾肥重点施用，加强膨瓜期的肥水管理，促进果实。

4. 浙密3号

中熟偏早。果实发育期32~35d。植株长势稳健，易坐果。果实高圆形，果面光充分发育，提高品质。底色深绿，间有墨绿色隐条纹。瓤红色，肉质细脆，鲜甜爽口，中心含糖量11%~12%，抗病，耐湿，单瓜重5~6kg，产量可达2500~3000kg/667m²。长江中下游均可种植。

5. 早春红玉

早春红玉是由日本引进的杂交一代极早熟小型红瓤西瓜，春季种植5月份收获，坐果后35d成熟，夏秋种植，9月收获，坐果后25d成熟。该品种外观为长椭圆形，绿底条纹清晰，植株长势稳健，果皮厚0.4~0.5cm，瓤色鲜红肉质脆嫩爽口，中心糖度12.5%以上，单瓜重2.0kg，保鲜时间长，商品性好。早春低温弱光的，雌花的形成，及着生性好，但开花后遇长时间低温多雨花粉发育不良，也存在坐果难，或瓜型变化等问题。适宜范围：我国长江流域等地。

6. 拿比特

浙江省推广品种。果实椭圆形，果形稳定，果皮薄，花皮、红瓤，单果重约2kg。早熟小型杂交种，连续结果性好，肉质脆嫩，中心可溶性固形物含量12%以上。栽培上忌连作，对有蔓割病发生为害的土壤，易感病。生长特别旺盛，施纯氮不宜超过4kg/667m²，避免坐果难、实果成熟后皮厚、果肉空洞等现象发生。早春栽培，低节位坐果或使用植物生长调节剂坐果时，会导致果形变圆。适宜浙江省作春季早熟和秋季小型西瓜保护地栽培。

7. 8714

早熟种，果实发育期29d左右，生长势强，易坐果，椭圆型果，浅绿皮覆墨绿宽条带，瓤大红，质沙脆，中心折光糖11%左右，平均单瓜重5kg左右，适合南北方早熟栽培，避免重茬种植，或采用嫁接栽培。重施基肥及农家肥，适施氮肥。适时早播，栽植密度600株/667m²左右，2~3蔓整枝。加强整枝压蔓，坐果前期注意肥水控制。避免低节位坐果，每株留果1~2个。膨果期注意肥水均匀供应，忌大水漫灌，忌忽干忽湿。成熟期严格控制田间湿度。

8. 郑州3号

中熟偏早，植株长势旺。果实近圆形，瓤色鲜红，肉质脆沙，汁多。但皮脆，不耐长途运输。

四、西瓜设施栽培主要模式

（一）小拱棚春季早熟栽培

小拱棚春季早熟栽培又称小拱棚双膜覆盖西瓜栽培，是指在栽培畦上覆盖地膜、再加小拱棚的栽培方式。该方式目前在西瓜生产上应用较广，因为具有地膜和"天膜"双重覆盖保护，增温效果好，当外界温度高时撤除小拱棚，进行一段露地栽培的方式。这种栽培方式结构简单，取材方便，投资少，早熟效果好，经济效益高，是我国目前各地普遍推广应用的重要栽培方式。

1. 拱棚类型与结构

（1）中棚。跨度4.5~6m，高约1.7~1.8m，长30m，南北向排列。在棚内栽培畦上设置两层小拱棚。据试验每增一层薄膜覆盖，气温可以提高1~3℃。

（2）小拱棚。跨度1.8~2m，采取全期覆盖栽培，前期保温，后期防雨，这对于防止裂果、减轻病害有重要的作用。小拱棚覆盖的气温变化很大，在覆盖前期仍需在栽植带设置宽约 60cm 的简易小棚，以防寒增温。

2. 品种选择

小拱棚双膜覆盖栽培具有温度低，寒流多，后期温度高的特点，应选择耐低温弱光、熟性早、抗病、耐湿、易结果、耐贮运的品种。常用品种有京欣 1 号、郑杂 5 号、苏蜜 5 号，早花、合成 1 号、红小玉、黄小玉等品种；2013 年浙江省推广品种：早佳、浙蜜 3 号、早春红玉、拿比特。

3. 播种

西瓜早熟栽培应遵循"提前播种，培育 3～4 叶大苗，提前定植"的原则，适宜的播种期应根据当地气候特点、设施的保温和采光性能以及栽培技术的熟练程度而定。浙南地区最适宜的播种期是在 1 月下旬至 2 月下旬，2 月下旬至 3 月下旬中棚定植。栽培时在畦面加搭一个宽约 50cm、高约 30cm 的简易棚，盖农膜保温，可提早到 6 月上中旬采收。

4. 培育壮苗

培育壮苗是西瓜早熟栽培的关键技术措施。早春西瓜栽培适宜在大棚或日光温室内采用电热温床育苗。育苗可以分为常规培育自根苗、嫁接法培育嫁接苗两种。自根苗多采用容器育苗，嫁接苗多采用营养土苗床育苗。无论是自根苗还是嫁接苗，要求幼苗具有 3～4 片真叶，苗龄 30～35d，并采用营养钵育苗保护根系。

西瓜壮苗的标准是：胚轴粗短，子叶肥大完整，真叶大生长正常，叶色浓绿，根系发达，不散坨，不伤根，幼苗生长一致，无病虫害。为达到以上标准，要通过苗期分段变温管理，保证出苗前较高的温度。

5. 定植

前茬作物收获后深翻，改良土壤，开春后全面深施有机肥，一般施 3000kg/667m^2，过磷酸钙 25kg/667m^2。做畦时施 N：P：K（1：1：1）复合肥 30～40kg/667m^2，筑宽 1.8～2m 的高畦 2～3 个（4m 棚 2 个，6m 棚 3 个）。畦面平整后拱棚覆盖农膜。小拱棚双膜覆盖早熟栽培有单行栽植和双行栽植两种栽培方式，以单行栽植居多。单行栽植，行距 2～2.5m，株距 33～50cm。双膜覆盖早熟栽培应合理密植，以获得高产，特别是要重视早期产量，提高经济效益。采用早熟品种双蔓整枝的条件下，栽植密度一般为 600～800 株/667m^2。嫁接栽培的种植密度可以适当减小。

6. 田间管理

（1）温光管理。

中棚栽培早期采用多层覆盖，以提高保温性能，避免遭受寒潮侵袭。定植后 5d 内密闭小拱棚不通风，以提高气温和地温，促进缓苗。缓苗期需要较高的棚温，白天维持在 30℃左右，夜间 15℃左右，最低不低于 10℃。夜间多层覆盖，日出后揭去草帘，透明覆盖物由内而外逐层揭除，以下一层膜内温度不降低为原则，将农膜依次适时揭开，午后由内而外依次推迟覆盖，争取多见光。

发棵期必须揭开二层内膜，增加光照，白天保持 22～25℃，超过 30℃时应通风，午后的覆盖以第一层小拱棚内的最低温度保持在 10℃以上为准，温度高时适当晚盖，低时则适当提前，阴雨天也应提前覆盖。夜间全部盖严，保持夜温 12℃以上，10cm 土温 15℃。还应加强通风，从发棵期开始逐渐加强。随着外界温度的提高和蔓的伸长，应逐步减少覆膜层次，当棚温稳定在15℃（定植后20～30d内）时可全部拆除大棚内各层覆盖物。伸蔓期主要进行营养生长，温度可适当降低，白天25～28℃，夜间15℃以上。开花坐果期需要较高的温度，白天30～32℃，以有利于授粉，促进果实的生长。

（2）合理整枝。

西瓜定植后，随着植株发棵抽蔓，应及时进行整枝。密植留蔓少，稀植留蔓数较多。目前生产上采用的整枝方式主要有以下两种。

1）叶期摘心。子蔓抽生后保留3～5条生长相近的子蔓平行生长，摘除其余的子蔓及坐果前子蔓上形成的孙蔓。这种整枝方式解除了顶端优势，保留的几个子蔓生长比较均衡，雌花着生部位相近，可望同时开花，同时结果，果型整齐，一株结果2～3个。

2）保留主蔓。在基部保留2～3个子蔓，构成3蔓或4蔓式整枝，摘除其余子蔓及坐果发生的孙蔓。这种整枝方式，主蔓始终保持着顶端优势，子蔓雌花出现较早，可望提早结果，如长势正常可以结成正常的商品果，但影响子蔓的生长和结果，造成结果参差不齐，影响商品率，同时增加了栽培管理上的困难，如肥水管理不当，可能引起部分果实的裂果。留果部位以主、侧蔓第二雌花为主。

（3）压蔓。小拱棚撤除后，将瓜蔓轻轻引入坐瓜畦，这时有些瓜蔓上已经坐住果，引蔓时要轻拿轻放，以防碰伤幼果和雌花。单行栽植时，将瓜果向同一方向引，双行栽植时，向两个方向引蔓。当蔓长至60cm时，压蔓一次，以后每隔5节左右压一道，以固定瓜秧。压蔓宜用明压法，以防发生不定根，降低甚至失去嫁接防病作用。

（4）促进坐果。

进行人工辅助授粉可提高坐果率。特别在前期低温弱光条件下，部分品种雌花发育不良，花粉发育不完全，更需采用人工授粉。只有在连续阴雨或无其他花朵授粉时，才用50倍高效坐瓜灵于下午16—17时涂抹果柄一圈，以促进坐果。当幼果长到鸡蛋大小即坐住瓜时，要及时选留瓜，去掉发育不良的幼瓜。生产上宜选留第二雌花坐的果，瓜大且果形端正。

（5）肥水管理。

西瓜植株定植后，在施足基肥、浇足底水、重施长效有机肥的基础上，在抽蔓期前原则上不施肥、不浇水。在抽蔓期结合追肥浇一次压蔓水。一般施腐熟豆饼50kg/667m²、尿素15kg/667m²、硫酸钾10kg/667m²。开花坐果期间，在天气不特别干旱的情况下，不宜浇水，以防植株营养生长过旺，造成落花落果。当幼果坐住开始迅速膨大前，浇旦瓜水，追旦瓜肥。一般追施三元复合肥30kg/667m²。约10d后，结合浇水追第二次旦瓜肥，一般追施N：P：K（1：1：1）复合肥15kg/667m²。以后一般5～6d灌一次水，宜到收获前10d停止灌水，以促进养分的转化，提高品质。灌水次数的多少、浇水量的大小应视植株长势、土壤墒情和天气情况灵活掌握。

（6）垫瓜、转瓜。

为防止病害和使瓜形端正、着色均匀一致，提高西瓜商品性，当西瓜直径长到15～20cm时用草垫瓜。果实定个后，应进行转瓜，分次把原来的贴地面转至向阳面见光，能够使西瓜着色均匀，提高商品价值。转瓜宜在晴天下午14—15时进行，切不可在清晨、雨后或浇水后进行，以免果柄折断造成损失。

（7）采收。

西瓜自雌花开放至果实成熟需35～40d左右。采收前的气候条件及成熟度直接与品质有关，温度、光照充足则品质优良，反之则品质下降。故采收前白天温度应控制在 35℃ 以下，夜间通风且温度在 20～25℃。果实的成熟度根据开花后的天数推算，并可剖瓜试样确定，可减轻植株负担，增加产量。

（二）大棚春季早熟栽培

大棚西瓜春季早熟栽培是利用棚室的空间大，增温、保温性能好的特点，在温室内创造适宜西瓜生长的小气候，而且可以实行上架立体栽培，从而达到早熟效果的一种栽培方式，但投资相对较大。

1. 品种选择

大棚春季早熟栽培育苗期正值温度低、光照差的季节，因此，应选择耐低温、耐弱光、耐湿、产量高、品质好、抗病能力强的早熟或中熟品种。可利用的品种有鲁西瓜 2 号、苏蜜 1 号、京欣 5 号、郑杂 5 号、无籽 3 号等。

2. 播种

大棚栽培一般采用温室育苗，也可在定植西瓜的大棚内育苗。育苗期要根据大棚西瓜的栽培模式和品种而定。早熟品种可适当晚播，中、晚熟品种或嫁接栽培时要适当提早。当瓜苗的苗龄达到 30～40d，具有 4～5 片叶时定植最好。

3. 定植

大棚西瓜栽培可用地爬栽培和支架吊瓜栽培两种方式，有条件的最好用支架栽培。地爬栽培的做畦方式与小拱棚双膜覆盖相似。支架栽培，可按 1～1.2m 行距做小高垄，垄基部宽 60cm，垄面宽 40cm，垄高 10～15cm，实行单行单株栽植。在栽植行下施足基肥。大棚西瓜生长快，瓜秧较大，瓜田封垄早，西瓜的种植密度不宜太大。栽植密度因栽培品种和栽培方式而异，可比小拱棚双膜覆盖大些，一般 900～1000 株/667m²。定植前 5～7d 先盖好地膜，宜选晴天上午进行，先在垄面上破膜开穴，浇水栽苗后覆土，然后扣严薄膜提温。

4. 田间管理

（1）温度控制

定植后 5～7d 内不通风，提高温度，使地温保持在 18℃ 以上，促进缓苗。缓苗期要保持较高的棚温，一般白天 30℃ 左右，夜间 15℃ 左右，最低不低于 8℃；抽蔓期棚温要相对低些，一般白天 22～25℃，夜间 10℃ 以上；开花坐果期棚温要再提高些，白天 30℃ 左右，夜间不低于 15℃，否则将引起坐瓜不良；果实膨大期外界气温已高，而棚内温度有时会更高，要注意适时通风降温，把棚内气温控制在 35℃ 以下，但夜间要在 18℃ 以上，否则不利于西瓜膨大，还易引起果实畸形。

（2）肥水管理

大棚内温度高、湿度大，有利于土壤微生物的活动，土壤中养分转化快，前期养分充足，后期易出现脱肥现象，所以追肥重点应放在西瓜生长的中后期。开花坐果期可根据瓜秧的生长情况，叶面喷 2 次 0.2％磷酸二氢钾溶液，有利于提高坐瓜率。坐瓜后及时追肥，结合灌溉，施复合肥 30kg/667m² 左右，或尿素 20kg/667m² 和硫酸钾 15kg/667m²。果实膨大盛期施肥关系品质和长势，最好以氮肥为主，氮磷钾结合。如复合肥 15～20kg 加尿素 8～10kg，保秧防衰。

一般缓苗后浇 1 次缓苗水，其后如果土壤墒情较好、土壤保水能力较强时，到坐瓜期一般不用浇水，以促进瓜秧根系深扎，及早坐瓜。如果土壤墒情不好，土壤保水能力又差时，应在主蔓长至 30～40cm 时，轻浇 1 次水，以防坐瓜期缺水。幼瓜坐稳进入膨大期后，要及时浇膨瓜水，膨瓜水一般浇 2～3 次，每次的浇水量要大。西瓜"定个"后，停止浇水，促进果实成熟，收瓜前 1 周停止浇水。

（3）植株调整

由于大棚内栽培密度大，应严格进行整枝和打杈。早熟品种一般采用双蔓整枝，中晚熟品种一般采用双蔓整枝或三蔓整枝。坐果后的瓜杈视瓜秧长势决定是否去除。若瓜秧长势较旺，叶蔓拥挤，则应少留瓜杈；若不影响棚内通风透光，坐果部位以上的瓜杈则可适当多留。可在坐果部位以上留 15 片叶打顶。大棚西瓜一般不会发生风害，西瓜压蔓主要是为了使瓜蔓均匀分布，防止互相缠绕。压蔓时可用"A"形树枝或铁丝进行压蔓。支架栽培的当蔓长 40～50cm 时，将瓜蔓缠到吊绳上，注意保持高度一致，以后及时理蔓，瓜蔓到顶时摘心。

（4）人工授粉、吊瓜。棚室内传粉昆虫很少，必须进行人工授粉，以提高坐果率。授粉时应以主蔓上第 2 雌花为主。幼瓜坐住后，在每株上选留 1 个瓜形端正、生长健壮的幼果。其余幼果全部去掉。当幼瓜长至 0.5kg 重时，应进行吊瓜，以免坠坏秧蔓。

（三）秋延迟栽培

西瓜秋延迟栽培是利用保护设施的增温保温性能，多于夏末秋初播种，秋末冬初收获，而且通过贮藏可延迟到春节上市，供应市场，经济效益十分可观。

1. 品种选择

西瓜秋延迟栽培前期高温多雨，病害重，后期温度逐渐降低，光照较弱，对果实膨大十分不利。因此，栽培时，宜选用耐高温高湿、雌花着生密、耐贮存、抗病性强、优质、高产的品种。常用品种有早花、苏蜜 1 号、郑杂 5 号、中育 6 号、浙蜜 3 号、丰收 2 号、拿比特等。

2. 培育壮苗

西瓜秋延迟栽培可催芽后直播，亦可育苗移栽。育苗移栽的适宜苗龄 20d 左右，幼苗具有 3 叶 1 心。育苗移栽一般要比直播的早播种 5～7d。由于高温、强光、多雨，育苗时以采用小高畦密闭育苗，覆盖尼龙纱网效果较好。出苗后应适当控制浇水，中午前后在苗畦上搭遮阳网，以防畦内高温强光造成危害。

3. 定植

西瓜秋延迟栽培应选择地势高燥，土质肥沃，排灌方便的地块。结合整地施腐熟的有机肥 1200～1500kg/667m²、过磷酸钙 30～40kg/667m²，或三元复合肥 40～50kg/667m²，以速效肥料为主。为便于苗期浇水，宜采用高畦（垄）栽培。单行小高垄栽培，一般垄高 15～20cm，垄底宽 50cm，垄面宽 15cm；双行小高畦栽培，垄高 15～20cm，上畦面宽 50cm，底宽 60～70cm。栽植密度一般为 1000 株/667m² 左右。

4. 田间管理

（1）肥水管理。植株抽蔓后，需肥量增加，结合中耕追施抽蔓肥，一般施三元复合肥 15～20kg/667m²。当幼果坐住时，要及时追施膨瓜肥，一般追施三元复合肥 20～25kg/667m²，尿素 5kg/667m²。还可结合虫害防治喷洒 0.2%～0.3% 的磷酸二氢钾，以促进早熟，提高品质。田间要及时浇水，特别是开花前后和果实膨大期，对水分的丰缺十分敏感，前期温度较高，浇水宜在早晨和傍晚进行，切忌大水漫灌。进入果实膨大期，气温低，浇水宜在中午前后进行，宜小水勤浇。雨后要及时排水，以免遭雨涝。

（2）整枝打杈。

西瓜秋延迟栽培宜采用双蔓整枝。坐果前及时去掉主蔓和保留侧蔓上萌发的侧枝，改善通风透光条件，促进坐瓜。幼瓜坐住后，不再打杈，而要把果实从茎叶下取出，充分见光，以促进果实着色。坐瓜后，若植株生长仍很旺盛，应在幼瓜前留 10 片叶后打顶，以促进果实膨大，若仍有徒长现象，则需把另一条侧蔓打顶。

（3）保花保果。

进入结果期后，气温逐渐下降，不利于果实的膨大和内部养分的积累，必须进行温度保护。生产中多采用小拱棚覆盖。覆盖前期，晴天上午外界温度升至 25℃ 以上时，将薄膜背风一侧揭开通风，下午 15 时左右关闭通风口。覆盖后期，只在晴天的上午小通风，直至夜间不通风，以保持较高的温度，促进果实成熟。

（4）采收。

西瓜的商品性与果实成熟度关系极大，只有成熟适度的瓜品质风味才表现最佳。具体采收时间根据品种、播种期、栽植方式以及当地的气候条件不同而异。采摘宜在每天的清晨进行，长途调运的西瓜宜于午后进行。采摘下来的瓜应该带有 1～2cm 长的果柄。在采摘和调运过程中应轻拿轻放，尤其不耐储运的品种更应注意。就地供应上市的西瓜在十成熟时采收，而长途外运的应在八九成熟时采收。

任务三　甜瓜设施栽培技术

甜瓜（*Cucumis melo*），又叫香瓜，为葫芦科甜瓜属 1 年生攀缘草本植物。甜瓜果实甘甜芳香，富含糖类、维生素和纤维素等，以其果大肉厚、风味佳美、香甜可口而成为瓜果中的高档品，其甜度居瓜类首位。甜瓜以生理成熟果实供食，其果肉性寒，具有止渴解暑、除烦热、利尿之功效，对肾病、胃病、贫血病具有一定的辅助疗效。甜瓜也可制作果干、果脯、果汁、果酱及腌渍等。甜瓜在我国栽培历史悠久，但保护地栽培甜瓜起步晚。近几年，随着我国保护地栽培的发展和市场的需求，设施栽培厚皮甜瓜呈现出迅速发展的趋势。

一、甜瓜的生物学特性

1. 根

甜瓜根系发达，入土深，主要根群分布在 30cm 以内的土层内。易老化，再生能力差，不耐移植。

2. 茎

甜瓜茎蔓生，中空，分枝能力强，质地硬脆，易折断和皮裂。

3. 叶

甜瓜子叶 2 片，长椭圆形。真叶近圆形或肾形，全缘或五裂，绿色或深绿色，单叶互生。

4. 花

甜瓜单性花，雌雄同株。雄花较小，簇生。雌花子房下位，单生，无单性结实能力。主蔓上雌花出现较晚，侧蔓上一般 1～2 节处就有雌花。虫媒花，异花授粉。上午 5—6 时开花，午后谢花，花期短。

5. 果实

甜瓜果实为瓠果，形状圆形、椭圆形、纺锤形或长筒形等。果皮白色、绿色、黄色或褐色，厚薄不等。有些品种的瓜表面上分布有各种条纹或花斑。果皮表面光滑或有裂纹、棱沟等。果肉白色、橘红色、绿色、黄色等，质地软或脆，具有香味。

6. 种子

甜瓜种子披针形或长扁圆形，黄色、灰色或褐色，种子大小差异较大。普通甜瓜种子的千粒重 19.5g，小粒种子千粒重 14g，使用寿命 3 年。

二、甜瓜对环境条件的要求

1. 温度

甜瓜喜温暖、干燥的环境条件。生长发育的适宜温度为 25～30℃，夜温 16～18℃，长时间 13℃ 以下或 40℃ 以上导致生长发育不良，10℃ 时生长完全停止，结果期要求一定的昼夜温差，以昼温 27～30℃、夜温 15～18℃、昼夜温差 13℃ 以上为宜。

2. 光照

甜瓜喜光照，要求强光照及 12h 以上的日照，光饱和点 55～60klx，光补偿点 4klx。设施栽培在光照不足的情况下，生长发育受影响。

3. 水分

甜瓜需水量大，要求充足的水分供应，以 0～30cm 土层的土壤含水量为田间持水量 70% 左右为宜，甜瓜不同生育期对水分的要求不同。幼苗期和伸蔓期适宜土壤含水量为 70%，果实生长期为 80%～85%，果实成熟期为 55%～60%。甜瓜生长要求较低的空气湿度，适宜的空气相对湿度为 50%～60%，空气湿度过大，影响甜瓜生长且病虫害发生严重。

4. 土壤与营养

甜瓜对土壤的适应性较广，不同土质均可栽培，但以土层深厚、排水良好、肥沃疏松的壤土或沙壤土为好。适宜的土壤 pH 值为 6.0～6.8，pH 值为 7～8 也能正常生长。每生产 1000kg 甜瓜约需吸收氮 3.75kg、磷 1.7kg、钾 6.8kg、钙 4.95kg、镁 1.05kg。

三、甜瓜的常见类型

甜瓜的栽培品种依据生态特性可分为薄皮甜瓜和厚皮甜瓜两大生态类型。近年来育种者将两大类型进行杂交，又培育出一批接近于厚皮甜瓜的中间类型品种，但栽培较少。

1. 薄皮甜瓜

薄皮甜瓜属东亚生态型，原产我国，又称普通甜瓜、东方甜瓜、中国甜瓜、梨瓜、脆瓜等。其栽培上表现较为耐湿，适于温暖湿润气候，抗病性较强、适应范围广，主要分布在我国东部夏季潮湿多雨的地域，如东北、华北、江淮流域、东南、华南等地，适于露地栽培，设施栽培时易徒长。此类型植株较小，叶色深绿，果型小，果皮较薄易裂，不耐储运，果肉较薄，平均 2cm 以下，香味淡，含糖量低。其瓜瓤和附近汁液极甜，果皮可食。代表品种有白沙蜜、黄金 9 号、龙甜 1 号、齐甜 1 号、众天脆玉香、众天清甜等。

2. 厚皮甜瓜

厚皮甜瓜属中非生态型，主要是指我国西北地区露地栽培的新疆哈密瓜、甘肃白兰瓜等。该类型甜瓜对环境条件要求较高，喜高温干燥气候，栽培上表现为不耐湿、不抗病，要求有较大的昼夜温差和充足光照，抗病性较弱，适应范围窄，一般不能适应我国东部夏季潮湿多雨地区的露地栽培环境，仅有少数早熟品种可以进行设施栽培。

厚皮甜瓜植株长势较旺，茎蔓较粗，叶片较大，叶色浅绿，果型较大。果实有圆形、高圆形、椭圆形等，果皮较厚，去皮食用，瓜瓤无味不可食，有些品种果皮具有网纹。肉厚2.5cm 以上，可溶性固形物含量为 12%～17%。种子较大，品质好，耐贮运，晚熟品种可贮藏 3～4 个月以上。代表品种有伊丽莎白（极早熟）、天子（早熟）、玉金香、玛丽娜、若人、夏龙、蜜世界、蜜露、白兰瓜、哈密瓜、兰甜 5 号等。

3. 中间类型甜瓜

中间类型甜瓜一般早熟性好，抗病耐湿性较强，适应性广，易于栽培，可进行大棚、温室、小拱棚等设施栽培，甚至于露地栽培。其商品性状好，外观艳丽，含糖量高，风味好，果型中等以上，产量较高，去皮食用，比薄皮甜瓜耐储运。

四、甜瓜主要模式栽培技术

（一）厚皮甜瓜大棚春早熟栽培

厚皮甜瓜春早熟栽培是利用保护设施的增温保温性能，根据保护设施内温度状况能够基本满足厚皮甜瓜要求的前提下，提早播种，提早定植，提早收获。播种期的早晚取决于保护设施的保温性能。栽培技术的关键是重视保护设施的保温性能和选择的栽培品种的特点，让果实处在温度、光照条件好，昼夜温差大的条件下膨大成熟，以保证产量和甜瓜品质，从而获得较高的经济效益。

1. 品种选择

厚皮甜瓜春早熟栽培，从幼苗期至抽蔓期、结果期，光照时数逐渐增多，光照度逐渐加强，大气温度逐渐提高。因此，应选择优质、耐湿、抗蔓枯病、耐储存、低温生长性好、易坐果的优良品种。适合南方种植的优良厚皮甜瓜品种有天子、若人、玛丽娜、玉金香等。

2. 播种

厚皮甜瓜适宜播种期为 2 月中旬。为培育适龄壮苗，以在大棚内建电热温床育苗为好，使苗床温度保持在 28℃左右。播种前最好进行浸种催芽，以保证苗全苗壮。播种宜在晴天的上午进行，播种后至出苗前，苗床以保温为主，加强覆盖，不通风。苗床白天气温控制在28～33℃，夜间 17～20℃。出苗后，夜间要在小拱棚上加盖草帘保温，白天揭开草帘，使幼苗见光绿化。待子叶展开后，分苗于排放电热线上的营养钵中，保持床温白天 25～30℃，夜间 15～18℃，发根后适当降温 2～3℃。2～3 片真叶时，育苗钵再移稀一次。苗龄 30～35d，具 3～4 片真叶时即可定植。

3. 定植

一般在 3 月中下旬的晴天定植。定植前 10～15d 浇水造墒，宜选寒流过后的晴天上午进行，棚室内 10cm 地温至少要稳定在 15℃以上，气温不能低于 13℃。每畦定植 2 行，株距60cm，每 667m² 定植 1600 株左右。定植后用甲基硫菌灵 500～600 倍液或代森锌 800 倍液灌兜，随后用土封严定植孔。

4. 田间管理

（1）温度管理。在 4 月中旬以前，以闭棚保温为主，控制棚温白天 22～32℃，夜间 15～20℃，以促进幼苗快速生长。晴天中午前后适当揭膜通风，防止高温烧苗。4 月中旬以后，露地气温已适合厚皮甜瓜的生长，只要天气晴朗，就要揭开棚膜保留顶膜避雨。天晴时，要将棚膜上卷通风，如不进行防雨栽培，厚皮甜瓜很容易发生蔓枯病而造成绝收。

在开花坐果前，白天气温控制在 25～30℃，夜间 16～18℃，气温超过 30℃时要进行通风降温。坐住瓜后，白天气温控制在28～32℃，不超过35℃，夜间为15～18℃、昼夜温差保持在13℃以上。随着天气转暖要注意加大通风量，尤其在瓜瓤成熟期，为增加昼夜温差，可适当推迟关通风口的时间，甚至夜间不关通风口。

（2）肥水管理。定植缓苗后至抽蔓前，一般不需要浇水，否则不利于甜瓜的正常生长发育。一般应注意浇好促蔓水和膨瓜水。在抽蔓期，为促进茎叶的生长，结合浇促蔓水进行一次追肥。以氮肥为主，适当配施磷钾肥，一般尿素和磷酸二氢钾（或复合肥）按1∶1的比例，施用量为20～25kg/667m²。开花前，为促进坐果，抑制植株的旺盛生长，一般要控制浇水。当幼瓜长至鸡蛋大小即坐住瓜后，进入膨瓜期，此期是厚皮甜瓜一生需水最多的时期、也是追肥的关键时期，可追施氮磷钾复合肥15kg/亩，并浇膨瓜水。果实近成熟时，要控制浇水，保持适当干燥，以提高果实品质。网纹甜瓜品种开花后14～20d进入果实硬化期，果面开始形成网纹。在网纹形成前7d左右应浇小水，待网纹形成后，再增加水分供应，否则水分过多；易形成较粗的网纹。相反，土壤干燥，则果面网纹很细且不完全，外观不美。

（3）搭架整枝。大棚厚皮甜瓜春早熟栽培以立式栽培或吊蔓栽培为好。当幼苗长至20cm、发生卷须时，要插立架或用尼龙绳将蔓悬吊引蔓，使植株向上直立生长。同时每隔3～4节要进行缚蔓，缚蔓以晴天下午进行为宜。立架栽培或吊蔓栽培的整枝方式以单蔓整枝为多，即保留主蔓，主蔓上12节以下发生的侧蔓全部剪除，留12～15节所发生子蔓，雌花后留2叶摘心作结果蔓，坐果后15节以上发生的子蔓同样摘除，主蔓长至25～30叶时打顶。摘除子蔓的工作必须在晴天进行。摘除侧蔓时，不能用手掰，必须用剪刀剪除，并留一定长度侧枝作防护，整枝造成的伤口最好蘸上较浓的甲基硫菌灵溶液，预防病菌感染。

（4）药液涂抹。当厚皮甜瓜植株长至60～70cm高时，应用较黏稠50倍的70%甲基硫菌灵溶液涂抹茎基，进行防护。当茎节上出现少量水渍状斑点（蔓枯病侵入引起），也可用同样方法进行防护。实践证明，此项措施对蔓枯病防护作用显著。

（5）人工授粉。厚皮甜瓜属异花授份作物，而且不能单性结实，在大棚栽培中，一般没有媒介昆虫进行传粉，必须进行人工授粉。人工授粉的最佳时间是上午7—9时，在预留节位的雌花开放时，去掉花瓣，取出雄蕊，往雌花柱头上轻轻涂抹；也可用铅笔的橡皮头或毛笔在雄花上蘸取花粉，于雌花柱头上轻轻涂抹。授粉期如遇低温、阴雨天气，花朵发育不好，授粉坐果不良，且易形成畸形果。在这种情况下，也可在下午16—18时使用50倍的高效坐瓜灵均匀涂抹雌花果柄，要连续进行几天，以保证每株坐住3～4个果实。涂药工具可用毛笔，注意不要将药液蘸到子房上。不要重复涂药，以防产生裂果和畸形果。

（6）留瓜与吊瓜。当12～15节侧蔓的幼果似鸡蛋大小时进行疏果定瓜，选果形端正、生长健壮、膨大迅速的幼果留下，一般大果型品种留1个，小果型品种留2个为宜，其余的瓜全部去掉。去瓜一般选晴天的上午进行，操作时要特别小心，以防叶片擦伤瓜果果面，造成瘢痕。

当选留的瓜长至250g左右时，要及时进行吊瓜，以免瓜蔓折断和果实脱落。吊瓜可用软绳或塑料绳缚住瓜柄基部将侧枝吊起，尽量使结果枝呈水平状态，然后将绳固定在大棚杆或支架上。

（7）采收。适宜采收期应在糖分达到最高点，果实未变软时进行。一般早熟品种开花后40～45d，晚熟品种开花后50～60d，果实即可成熟。授粉时，可在吊牌上记载授粉日期，适收期的确定最好是根据授粉日期来推算果实的成熟度，同时应根据果皮网纹的有无、皮色变化等来判断，有无香味也是成熟果实的一个重要标志。收获时应带果柄和一段茎枝剪下，轻拿轻放，放入事先准备好的容器中。采收宜在早晨进行，采后存放在阴凉场所。厚皮甜瓜为高档果品，应重视采收后的包装工作。

（二）厚皮甜瓜大棚秋延后栽培

厚皮甜瓜大棚秋延后栽培期间的气候特点与甜瓜要求前期温度较低、后期温度较高的条件正好相反，炎热季节育苗，外界温度较低、光照较弱时进入果实膨大成熟期，因此设施栽培时要注意前期的降温、防雨和防虫，而后期要注意升温和保温。

1. 品种选择

利用棚室进行秋冬茬厚皮甜瓜栽培，需采取遮阴、降温、防蚜措施育苗。育苗期间天气炎热，幼苗易感病毒病；果实膨大期，气温较低，光照较弱，晴天时温度尚能满足果实膨大的需要，但在阴天，尤其是夜间的温度较低，影响瓜的膨大。鉴于上述情况，栽培品种应选择抗病毒病，后期对较低的温度和较弱的光照有一定的适应性，有良好耐储性的早熟品种。秋延后栽培较适宜的品种有状元、伊丽莎白、蜜世界、宝纳斯2号等。

2. 培育壮苗

厚皮甜瓜大棚秋延后栽培适宜播种期应根据棚室的保温性能和栽培品种的特性来确定，一般在7月中下旬。由于育苗期间温度高、光照强、光照时间长，幼苗生长速度快，播种后25～30d秧苗三叶一心时即可定植。

3. 定植

前茬作物收获后要及时清洁大棚。结合整地施足基肥，耙平后起垄栽培。由于结果期光照较弱，应适当稀植，以利于通风透光，栽培密度宜1500株/667m² 左右。定植宜选晴天的下午进行。采用明水定植法，需先栽苗，然后浇透水，盖地膜保湿。

4. 田间管理

（1）温度管理。秋延后栽培温度管理的基本原则是：前期降温、控温，后期增温、保温，并尽可能降低空气湿度。定植后为促进缓苗，白天气温控制在27～30℃。缓苗后白天温度控制在25℃左右。天气转凉时，夜间应将所有薄膜盖好。当大棚内夜间气温低于15℃时，应及时盖草帘。但应根据棚室内温度状况进行覆盖，避免大棚内夜温超过20℃。夜间温度不能低于10℃，否则易受冻害。进入结瓜期，白天气温控制在27～30℃。以利于果实的膨大。

（2）改善光照条件。厚皮甜瓜果实膨大期需要较高的温度和较强的光照，对光照要求严格，因此栽培过程中应采取措施，改善光照条件，尽量使植株多见光。晴天要及时揭开草帘，清扫薄膜表面上的灰尘和碎草屑，保持薄膜清洁。连阴天时，只要温室内温度不很低，仍要揭开草帘，增加散射光。

（3）肥水管理。定植缓苗摘心后，植株进入抽蔓期。此时大棚内温度高，植株茎叶生长快，为促使植株尽快形成较大的营养面积，为坐果和果实膨大奠定基础，在施足基肥的基础上，应重视促秧肥，即早追肥、早发棵。此时可追1次速效氮肥，一般追施尿素7.5～10kg/667m²，开花坐果后可再施一次氮肥和磷钾肥，可追施三元复合肥14kg/667m²。果实坐住后还可叶面喷施0.3%的磷酸二氢钾以促进果实膨大。

植株生育初期至开花前，土壤要保持适当的水分，开花坐果期应减少浇水，以免生长过旺，造成化瓜。坐果后 7～20d，为果实生长最旺盛时期，可结合追肥浇水。果实接近成熟时要少浇水，保持土壤干燥，以提高果实品质。

（4）整枝、授粉、留果。根据栽培品种的开花结果习性，可用单蔓整枝或双蔓整枝，每蔓留瓜 1～2 个。整枝打杈宜在晴天进行，要及时摘除植株下部发黄的老叶、病叶，以利通风透光和减轻病害。由于开花期间昆虫活动少，故需进行人工授粉，以促进坐果，授粉的适宜时间为上午 8—10 时。

（5）采收。在不使果实受寒冻的前提下，尽可能延迟采收，推迟上市，以获得最高的经济效益。此时棚温较低，瓜的成熟、后熟速度减缓，成熟瓜在瓜秧上延迟数天收获一般不影响品质。采用拱圆大棚栽培，可于棚内温度低时，将瓜蔓带瓜从吊绳上放下，加扣小拱棚，也能有效保温推迟采收期。因秋季厚皮甜瓜是高档果品，价值高，所以一定要包装好，增加效益。如需储存，贮存温度应控制在 5～10℃。

实例 4-2　西瓜多膜覆盖全程避雨长季节栽培技术

温岭市是浙江省乃至我国设施西瓜主产区，享有"中国大棚西瓜之乡"的称誉，也是闻名全国的"玉麟"牌西瓜产地，但由于受土地资源及近年频繁的台风等自然灾害影响，大批温岭人带着他们的种瓜技术外出种植西瓜，经济效益仍然令人振奋。2007 年就有报道称"浙江人江西种西瓜，1 亩田收入上万元"。他们种植的西瓜，1 年可采摘 4～6 茬，生产西瓜 6000kg/667m²。淮北平原的临泉县 2012 年也有报道：当地范兴集乡半截楼村从浙江温岭引进大棚西瓜种植以后，临泉西瓜的种植技术就发生了一场革命，所生产的西瓜与传统露天种植的西瓜相比，品质有天壤之别，效益是传统种植的 5～6 倍。

我国南方地区湿润多雨，西瓜生产怎样才能实现品质优、产量高、上市季节早、采收期长的目标呢？采用西瓜三膜覆盖全程避雨长季节栽培技术，就是一个好方法。大棚西瓜长季节栽培可连续多批收瓜，4 月中下旬至 5 月上中旬头批瓜上市，单瓜重达 5～6kg，产量 750～1000kg/667m²；第二批瓜 5 月下旬至 6 月上旬上市，单瓜重 5kg 左右，产量 1100～1500kg/667m²，出梅后高温季节第三批瓜上市，产量 1000kg/667m²，管理水平高的以后还可以连续收获多批瓜，一直采收到 10 月中下旬至 11 月，总共收 4～6 批瓜，总产量高达 5000kg/667m² 以上，产值高的达 1.5 万元/667m²，除第 3 批瓜售价较低外，其他几批瓜的售价均较高，可获得较好的经济效益。与普通大棚西瓜早熟栽培相比，其关键技术有以下几点。

一、品种选择

大棚西瓜长季栽培生长期长，环境干扰因素多，必须选用抗病、适合设施栽培的品种如"早佳 84-24"。如采用嫁接育苗，砧木应选用适宜长季栽培越夏品种如神通力。

二、种植密度

经试验比较表明：西瓜多膜覆盖全程避雨长季节栽培应适当稀植，一般密度为 250 株/667m² 左右，有利于整枝理蔓。

三、肥水管理

西瓜长季节栽培连续多次采收需肥量较大，尤其是生长后期植株中下部叶片趋于衰老，必须通过肥水管理促发新蔓，扩大营养面积。除施足基肥外，要根据植株长势适时追肥，每一次采瓜后须追施一次肥，然后再坐瓜。一般长季节栽培施肥方法为：施足基肥，肥料用腐熟有机肥 1000kg/667m²、N：P：K（1：1：1）复合肥 30kg/667m²、过磷酸钙 25kg/667m²、硫酸钾 15kg/667m²，撒施与沟施相结合。移栽后每 667m² 用 N：P：K（1：1：1）复合肥 0.15kg、磷酸二氢钾 0.1kg、敌克松 0.1kg，掺水 50kg 浇根定苗，每株浇 200ml 左右。膨瓜肥要早施，幼瓜鸡蛋大时施第一次膨瓜肥，施 N：P：K（1：1：1）复合肥 10kg/667m²、硫酸钾 5kg/667m²，以后每隔 7～10d 施一次，用量同上。每一批瓜采收后，视西瓜长势用 N：P：K（1：1：1）复合肥 10kg/667m²、硫酸钾 5～10kg/667m²，并喷施叶面肥 0.2％～0.3％磷酸二氢钾液 1～2 次，以叶片正反面喷匀即可；每一批膨瓜肥用量用法基本相同。西瓜长季栽培对肥水要求很高，一般要求采用滴灌供水供肥，这样既可减少田间湿度，防止病害发生，又能满足西瓜生长对肥水需要。

四、整枝技术

多膜覆盖后，西瓜前期生长速度明显加快，枝蔓细长、显弱，要适期调整。过早整枝会减少营养面积，又影响根系发育，不利于早结瓜、结大瓜；过迟整枝会产生大量无效小侧蔓，既浪费营养物质又造成坐瓜困难。因此，采取坐瓜前 3 蔓整枝，坐瓜后不整枝，放任藤蔓生长，以促进根系发育。但要注意经常剪除病枝、弱枝、病叶、老叶，改善通风透光条件，促进坐瓜。

嫁接西瓜比自根西瓜发蔓性强，侧蔓多且呈丛生状，所以要摘除的枝蔓数多。生产试验表明，嫁接西瓜整枝不能一步到位，要分次整枝，隔 3～4d 整枝 1 次，每次摘除 1～2 条侧蔓，以免影响根系发育。

五、坐瓜节位与数量

植株长势好、子房发育正常，主、侧蔓第 1 朵雌花即可坐瓜，反之第 2 朵雌花坐瓜。单株坐瓜数要看苗势定，一般头批瓜每株只坐瓜 1 个，确保结大瓜；第 2 批每株坐瓜 2 个左右。坐瓜数量因苗势、天气而定。植株长势仍旺盛的可多坐瓜，反之少坐瓜。气温高，要少坐瓜或不坐瓜，以养藤蔓为主。

六、温、湿度管理

选择透光性能较好的无滴棚膜，棚内全面覆盖地膜改浇灌为膜下滴灌。在育苗期，棚内白天保持 25～30℃，夜间用空气加热器或热风炉加温至 16℃ 以上，并保持较高湿度出苗后要降低苗床温度，白天 20～25℃，夜间不低于 16℃；移栽前 5～7d，白天 23～24℃，夜间 13～15℃；定植后 10d 内严密覆盖大棚，保持拱棚内温度 30～35℃；10d 后，晴天注意通风降温，保持拱棚内温度 30℃ 左右，棚内夜温稳定在 15℃ 以上可揭去小拱棚。坐果期白天温度保持 25～30℃，夜间不低于 15℃。当果实膨大期和成熟期外界温度逐渐升高，尤其是夏季高温时要特别注意棚内通风降温，在棚两头开膜通风及在棚中间开边窗越夏时，地面覆盖藤蔓或稻草，棚膜上加盖遮阳网等方法，控制棚温在 40℃ 以下，使植株保持其旺盛的长势而不早衰，以延长采收期。生长前期，阴雨天多，不浇水，开深沟，天气晴好时及时通风换气，降低棚内湿度，减轻病害发生。开花授粉期、果实膨大期如遇高温干热，每隔 1～2d 用滴灌供水 5min，以保证开花、果实膨大所需。

七、病害防治

栽培过程中应重点防治西瓜炭疽病、蔓枯病、叶枯病、白粉病等危害。尤其在连续结果，植株抗性下降的情况下要注意病虫害防治，防止植株早衰。并尽可能结合防病治虫多采取叶面喷施追肥的方法，喷施 0.2％～0.3％磷酸二氢钾等叶面肥。

实例 4 - 3   大棚瓠瓜早熟高产栽培技术

近年来，杭州地区菜农采用大棚加小拱棚加地膜加无纺布等多层覆盖栽培，将长瓜供应期提早到 4 月下旬，比露地栽培提前 40d 左右，产量达 3000kg/667m²，高产可达 4000kg/667m²，其高产栽培主要技术如下。

一、选用良种

栽培品种选用"杭州长瓜"，其特点是早熟，耐低温、弱光，长势中等，叶绿色，瓜条长棒形，上下端粗细均匀，商品瓜一般长 30cm 左右，横径 5cm 左右，皮色绿，皮面密生白色短茸毛，单瓜重约 0.3kg，品质好。该品种前期产量较高，商品性佳，适宜于保护地早熟栽培。

二、培育壮苗

（1）营养土配制。育苗床选地势干燥，通风排水良好，前茬未种过瓜类的地块，所用营养土的配方是：无菌肥沃菜园土 7 份，腐熟干猪粪 2 份，草木灰 1 份，另每立方米营养土加过磷酸钙 1.0kg 或 N：P：K（1：1：1）复合肥 0.5kg。

（2）种子处理。由于长瓜种子的种皮厚，不易透水，播前宜先浸种催芽。方法是：将种子放入 50℃ 热水中不断搅拌烫种 15min，水温降至 30℃ 左右时，停止搅拌，继续浸种 4～6h，捞出晾干，用湿沙布包好放在 25～30℃ 下催芽，每天用温水淘洗 1 次，2～3d 后，80% 种子露白时即可播种。

（3）提早播种。采用多层覆盖，播种期提前到 1 月上中旬，设苗床高 20cm，宽 1.5m，长度不限，浇足底水（苗床设在大棚内），播种后盖上一层细土，平铺地膜，搭好小拱棚并覆盖薄膜和无纺布，保持大棚内温度在 20～25℃，以此促进出苗快、出苗齐。

（4）营养钵分苗。幼苗具 2～3 片真叶时，应及时移植到口径为 10cm 的塑料营养钵中，一钵一苗，并将营养钵移至小拱棚内盖严，保持棚内一定的温度、湿度，培育壮苗。

三、施足基肥

施足基肥是长瓜高产的关键，一般施腐熟有机肥 5000kg/667m²，结合深翻 40cm 施加 N：P：K（1：1：1）复合肥 40kg/667m²，过磷酸钙 20kg/667m²，然后整地作畦。畦宽 1.5m，沟宽 50cm，沟深 20cm。

四、适时定植

2 月底至 3 月初，幼苗具 4～6 片真叶时及时定植。每畦栽 2 行，行距 75cm，株距 50cm，栽植密度 1500 株/667m² 左右，定植后平铺地膜，搭上小拱棚加盖无纺布，实行 4 层覆盖，保温，控湿。

五、加强田间管理

（1）温、湿度管理。定植后 5～7d，一般密闭大棚不通风，但白天应揭开无纺布，增加光照，保持棚内白天温度 25～30℃，夜温 18～20℃，缓苗后日温保持 25℃，夜温 13～15℃，晴天上午棚温升到 28℃ 时通风，下午降到 28℃ 时闭棚，湿度调节应结合温度管理进行。

（2）水、肥管理。幼苗定植后浇足稳苗水，缓苗后再浇 1 次水，以后苗期控制浇水，进入结瓜期后，每 7 天浇 1 次催瓜水，水要浇足浇透。另外长瓜进入开花结果期，一般每隔 10～15d 施一次粪水或追施 10～15kg/667m² 复合肥，每隔 10d 用 0.5% 尿素加 0.3% 磷酸二氢钾液进行一次叶面喷施，采瓜后要及时追1次肥。

（3）整枝、绑蔓。瓠瓜长到5～6节时，开始爬蔓，应搭"人"字架，让主、侧蔓攀缘，并要及时绑蔓整枝，当主蔓爬满架时，应摘心，促进侧蔓生长，使其多开花，多结瓜，提高单株产量。

（4）施用激素。长瓜幼苗具4～6叶时，用150mg/L乙烯利液叶面喷洒一次，可增加雌花发生率，几乎每节都发生雌花。

（5）病虫害防治。参照表4-4。

六、及时采收

一般雌花谢后15d左右，长瓜皮色变淡而略带白色，肉质坚实而富有弹性时，品质最佳，采收最适期。

表4-4　　　　　　　　　　　　无公害瓠瓜主要病虫害防治一览表

防治对象	农药名称	使用方法/(g/667m² 或 mL/667m² 或倍数)	安全间隔期/d
猝倒病	64%杀毒矾可湿性粉剂	20g 喷雾	≥3
	72.2%普力克水剂	800 倍喷雾	≥5
	15%恶霉灵水剂	450 倍喷雾	≥3
灰霉病	50%农利灵可湿性粉剂	1000 倍喷雾	≥7
	10%腐霉利烟剂	250g 熏蒸	≥1
	50%扑海因可湿性粉剂	1000～1500 倍喷雾	≥7
	50%多霉灵可湿性粉剂	1000～1500 倍喷雾	≥7
枯萎病	77%可杀得可湿性粉剂	1000 倍灌根	≥3
	50%多菌灵可湿性粉剂	800 倍灌根	≥7
白粉病	25%三唑酮可湿性粉剂	2000 倍喷雾	≥7
	40%氟硅唑乳油	5000 倍喷雾	≥10
蚜虫	10%吡虫啉可湿性粉剂	2000～3000 倍喷雾	≥7
	0.36%苦参碱水剂	500～800 倍喷雾	≥2
	2.5%溴氰菊酯乳油	2000～3000 倍喷雾	≥2
红蜘蛛	73%炔螨特乳油	2000 倍喷雾	≥14
	5%尼索朗乳油	1500～2000 倍喷雾	≥14
潜叶蝇	75%灭蝇胺（潜克）可湿性粉剂	6～10g 喷雾	≥5
	52%农地乐乳油	50～100mL 喷雾	≥10
	40.7%毒死蜱乳油	50～75mL 喷雾	≥7
瓜螟	48%乐斯本乳油	1000 倍喷雾	≥7
	52%农地乐乳油	50～100mL 喷雾	≥10

实训4-4　黄瓜嫁接育苗技术

一、目的要求

利用南瓜根系发达，吸收力强，高抗土传病害，抗寒力强等特点进行黄瓜嫁接栽培是保护地黄瓜高产、稳产的技术措施之一。通过实践，熟练掌握黄瓜不同嫁接方法及嫁接苗的管理技术。

二、材料与用具

黑籽南瓜（砧木）、黄瓜（长春密刺、津春 3 号）种子；刀片、竹签、操作台、嫁接夹等。

三、方法步骤

1. 播种时期

插接法黄瓜比砧木晚播种 4～5d，靠接法黄瓜比砧木早播种 5～7d。

2. 嫁接时期

插接法黄瓜子叶展平，砧木幼苗第 1 片真叶长至 5 分硬币大小时为嫁接适期；靠接法黄瓜第一片真叶开始展开，砧木子叶完全展开为嫁接时期。

3. 嫁接方法

（1）插接法。先将南瓜的生长点及真叶去掉。用与接穗茎粗细相同的竹签，从右侧子叶的主脉基部开始，向另一侧叶子方斜插 0.5cm 左右，竹签不能穿破砧木表皮。之后选适当的黄瓜幼苗，在子叶节下方 0.5cm 处向下斜切一刀，切口长 0.5cm 左右，刀口要平滑。然后拔出竹签，插入接穗，使接穗子叶与砧木叶垂直，呈"十"字形，插入的深度以切口与砧木插孔相平为宜。

（2）靠接法。先去掉南瓜的生长点和真叶，再用刀片在子叶节上方 0.5～1cm 处与子叶着生方向垂直的一面上，呈为 35°～40°向下斜切一刀，深度为茎粗的 2/3，切口长约 1cm。在然后选择适当的黄瓜幼苗，在其子叶节下 1.2～1.5cm 处和子叶垂直的一面向上斜切一刀，角度 30°左右，深度为茎粗的 1/2～2/3，切口长约 1cm。把两株幼苗的切口准确、迅速接合、使黄瓜子叶平行地压在黑籽南瓜的子叶上，用嫁接夹固定。再将黄瓜幼苗根部覆上细土，放到嫁接苗床内。

（3）嫁接后管理。嫁接苗摆放于苗床（小拱棚）中，并用遮阳网遮阴。嫁接后苗床内 3d 不通风，苗床气温白天保持在 25～28℃；空气湿度保持 90％～95％。3d 后视苗情，以不萎蔫为度进行短时间少量通风，以后逐渐加大通风。一周后接口愈合，即可逐渐去掉草苫，并开始大通风，白天 20～25℃，夜间 12～15℃。

嫁接苗成活后，要及时去掉砧木生长点处的再生萌蘖。靠接法还要及时剪断接穗的根，一般在嫁接后 10～15d 进行。定植后及时去掉嫁接夹。

四、作业

（1）黄瓜为什么要采用嫁接育苗？

（2）影响黄瓜嫁接成活率的主要因素有哪些？

（3）黄瓜苗嫁接后要如何管理？

实训 4-5　蔬菜植株调整

一、目的要求

蔬菜植株调整是蔬菜生产过程中田间管理的重要内容。通过实训，掌握蔬菜植物调整的一般技术。

二、材料与用具

瓜类蔬菜、尼龙绳、塑料绳、竹竿等。

三、方法步骤

1. 支架

蔬菜支架有人字架、花架（篱架）、圆锥架（三角架、四角架）棚架等。支架一般在植株伸蔓或初花时进行。插杆应距离植株基部8～10cm。

2. 整枝、打杈、摘心

蔬菜的基本整枝方法有单干（蔓）整枝（只留主干、去掉所有侧枝）、双干（蔓）整枝（主枝及其第1花序下侧枝）。当侧枝长到6～7cm时打杈为宜。摘心时应注意果实上部留下几片叶子。整枝、打杈、摘心一般在晴天露水干后进行。

3. 吊蔓、落蔓、压蔓、绑蔓

吊蔓指棚室蔓生、半蔓生蔬菜栽培中引蔓的一项作业。吊蔓一般采用尼绳、塑料绳，一端系在棚顶骨架上，另一端固定于植株茎基部或地面，当生长点将达到棚顶时，选择晴天下午将蔓落下。压蔓指瓜类等蔓生爬地蔬菜在茎蔓的适当部位压土定向固定茎蔓的措施，一般每2节压1次蔓，压入土中5～10cm。绑蔓时对支架栽培的蔬菜进行人工引蔓和绑扎固定的一项作业，一般采用"S"形绑蔓法。

四、作业

（1）瓜类采用支架栽培有什么好处？

（2）瓜类整枝（蔓）的作用是什么？

（3）简述瓜类绑蔓技术。

思考

1. 采用哪些措施可以使黄瓜多开雌花，从而提高产量？

2. 冬季温室栽培黄瓜为什么要求进行嫁接栽培？

3. 西瓜为什么要进行嫁接栽培？对嫁接方法有哪些要求？

4. 大棚西瓜是如何整枝和选留瓜的？

5. 比较厚皮甜瓜和薄皮甜瓜的主要区别？

6. 怎样判断西瓜是否成熟？

7. 西瓜和甜瓜为什么要求翻瓜？怎样进行翻瓜？

项目三 豆类蔬菜设施栽培技术

- **学习目标**

知识：了解适宜设施栽培的菜豆、豇豆等豆类类型与品种；熟悉菜豆、豇豆栽培特性、栽培季节与茬口安排；掌握菜豆、豇豆的育苗、定植、搭架、环境调控、肥水管理、病虫害防治等管理技术。

技能：会对菜豆、豇豆进行不同季节的茬口安排；会对菜豆、豇豆进行科学合理的育苗、定植、搭架、施肥灌溉、设施调节、防病治虫。

- **重点难点**

重点：菜豆、豇豆设施栽培温度管理、光照管理、灌溉施肥、病虫防治等田间管理。

难点：菜豆、豇豆设施栽培的灌溉施肥、环境调控、病虫害防治。

豆类蔬菜为豆科 1 年生或 2 年生草本植物，主要包括菜豆、豇豆、豌豆、毛豆、蚕豆、扁豆、藜豆、四棱豆和刀豆等。豆类蔬菜在我国栽培历史悠久，种类繁多，分布广泛，南北各地均普遍栽培。豆类蔬菜以嫩豆荚或嫩豆粒作为食用器官，营养丰富，富含蛋白质、碳水化合物、多种维生素和矿质元素，经济价值高，可用来腌渍、制罐等。

豆类蔬菜依其生物学特性不同，可分为耐寒性蔬菜（如豌豆和蚕豆）和喜温性蔬菜（如菜豆、豇豆、毛豆、扁豆、刀豆）两大类。冷凉性的豌豆、蚕豆原产温带，耐寒力较强，忌高温干燥，宜在气候温和凉爽的季节栽植。喜温性的豆类蔬菜起源于热带，性喜温暖，不耐低温和霜冻，宜在气候温暖的季节栽培，其中豇豆比较耐热，适于夏季栽植。

豆类蔬菜要求土层深厚、肥沃、排水良好，以 pH 值为 5.5～6.7 的微酸至中性壤土或沙壤土最为适宜，不耐盐碱。豆类蔬菜根系发达，入土较深，耐旱力强。但根系再生力弱，容易木栓化，不耐移植，栽培以直播为主。早熟栽培时可以育苗移栽，但苗期宜短，并采取措施保护根系。豆类蔬菜有着相同的病虫害，忌连作，宜与非豆科植物实行2～3 年轮作。

任务一 菜豆设施栽培技术

菜豆（*Phaseolus vulgaris*）又叫芸豆、四季豆、刀豆等，为豆科豆属 1 年生草本植物，原产于中南美洲热带地区。菜豆在我国大部分地区均有栽培，生产中利用露地和保护地栽培可以实现周年均衡供应。菜豆以嫩荚和老熟的种子供食，营养丰富，富含糖类、脂肪、蛋白质、维生素和多种矿质元素，可供炒食、煮食，也可干制和速冻，在蔬菜全年生产供应中占有重要地位。

一、菜豆的生物学特性

1. 根

菜豆根系强大，分布深而广，吸收力强。根上有根瘤，借助于与其共生的根瘤菌能利用空气中的氮。成龄植株的主侧根粗度相似，主根不明显。根系易木栓化，侧根再生力弱。主要根群分布在15～40cm范围内。

2. 茎

菜豆的茎因品种不同分为无限生长（蔓生）和有限生长（矮生）两种类型，此外还可见到中间类型的品种。蔓生种的茎节间长，通常有50～60节，株高可达2～3m，侧枝发生少，顶芽为叶芽，故能无限生长。一般到第3、4节后产生旋蔓，不能直立，而沿支柱左旋缠绕向上生长。栽培中需支架和适当引蔓，但不需绑蔓。矮生种的茎节间短，一般株高50cm左右，主茎5～7节。自4～7节后主蔓顶芽即成为花芽，不能继续向上生长，可从各节的叶腋发生侧枝。因此，矮生菜豆长成低矮的株丛，不需支架。

3. 叶

菜豆的叶分子叶，初生叶和真叶3种。子叶肥大，是种子贮存养分的器官，供给发芽生长所需营养。发芽后子叶露出地面。初生叶为两枚对生单叶，心脏形，能正常进行光合作用，对幼苗生长及整个生育期都有一定影响。以后长出的叶片为真叶，由3枚小叶组成，称三出复叶，栽培中应保护好第一对初生叶和真叶。

4. 花

菜豆的花着生在叶腋或茎顶的花梗上，每花梗上2～8朵花，总状花序。花为蝶形花，由5瓣组成。最上部为旗瓣，左右两边各1个翼瓣，中央下部2个龙骨瓣。龙骨瓣先端呈螺旋状弯曲，包裹着雌雄蕊，是重要特点。花瓣颜色有白、黄、淡红，紫红和紫色等，因品种而异。

5. 荚

菜豆的果实为荚果，植物学上称为蒴果，呈圆柱形或扁条形，长10～23cm，宽1～1.5cm。荚全直或呈稍弯曲的半月形，也有的荚基部较直而近顶部弯曲，因品种而异。荚表皮上密生短软毛。嫩荚一般绿色，或有紫色斑纹。成熟时荚黄白色，完熟时黄褐色，不久即开裂。

二、菜豆对环境条件的要求

1. 温度

菜豆喜温暖，不耐霜冻，抗寒能力极弱。种子发芽适温为20～25℃，35℃以上或8℃以下均不能发芽。幼苗期适温18～20℃，短期2～3℃失绿，0℃受冻害，幼苗生长临界温度13℃。花粉发芽的适宜温度为20～25℃，当温度提高到25～30℃时，发芽率显著下降，30℃以上丧失生活力而落花，低于15℃或高于27℃容易出现不完全开花现象。所以，根据日光温室和塑料大、中、小棚性能，安排播种期非常重要。

2. 光照

喜强光，光照减弱时常引起落花落荚。菜豆多数品种为中性作物，对日照长短要求不严格，但少数品种有一定日照长度要求，短日型品种在长日照下或长日型品种在短日照下，均可引起营养生长加强而延迟开花，降低结荚率。

3. 水分

菜豆根系入土较深，耐旱力稍强。植株生长适宜的土壤湿度为田间最大持水量的60%～70%。菜豆不耐空气干燥。开花时最适宜的空气湿度为75%左右。空气干燥，开花数减少，花粉易发生畸形或失去生活力，大量落花落荚。

4. 土壤营养

菜豆对土壤要求不严格，在排水良好的沙壤土、黏壤土上都能很好生长，忌连作，一般间隔2～3年才能在同一地块上再种植菜豆。据试验，菜豆生育期为100d，产量1200kg/亩时，吸收氮10.8kg、磷2.7kg、钾8.2kg。

三、菜豆的品种类型选择

菜豆依豆荚纤维化程度可分为硬荚种和软荚种。粮用菜豆为硬荚种，以种子为食；菜用菜豆为软荚种，粗纤维少，嫩荚可食。依主茎的分枝习性可分为蔓性和矮生两种类型。

1. 蔓性种

无限生长类型，节间长，主蔓长度可达3m以上，顶芽为叶芽，主茎的基部叶腋处可发生侧枝，但数量较少。主茎最初3～5节节间短，仍可直立生长，以后产生旋蔓，左旋性向上缠绕，生长速度加快，不能直立。生产中，需要支架并适当的引蔓。主蔓和旋蔓各茎节的腋芽可以分化花芽。蔓性菜豆生长期较长，开花结荚期也较长，豆荚产量高。主要品种有：浙江白子梅豆、黑子梅豆、上海白籽长萁菜豆、黑籽菜豆、江苏扬白313，江西九江梅豆、南昌金豆、丰收1号、芸丰等。

2. 矮生种

植株矮小直立，节间短，一般株高30～50cm，无需支架。当长到5～7节后主茎顶芽即分化成花芽，不再继续向上生长，各节的叶腋处可发生侧枝，各侧枝的顶部可形成花芽。开花结荚期较短，表现为开花和成熟早，产量较低，开花结荚和采收期较集中。主要品种有：美国供给者、优胜者、推广者、新西兰3号、日本无筋四季豆、上海矮萁黑籽、浙江矮早18、秋紫豆等。

四、菜豆设施栽培模式

菜豆可利用各种保护设施的增温保温性能，配合适宜的品种和集约栽培技术，进行提早、延后和冬季栽培，达到多茬生产、周年供应的目的。其栽培方式主要有：一是利用阳畦、塑料小拱棚、塑料大棚和日光温室进行春季早熟栽培；二是利用阳畦（或小拱棚）、塑料大棚和日光温室等进行秋季延迟栽培；三是利用节能日光温室进行越冬栽培（表4-5）。

表4-5　　　　　长江流域不同覆盖春早熟栽培的播种、定植和采收时期

覆盖方式	播种期（月/旬）	定植期（月/旬）	收获期（月/旬）
大棚＋小拱棚＋地膜＋草帘	1/中－1/下	2/上－2/中	3/中－4/中
大棚＋小拱棚＋地膜	1/下－2/上	2/上－2/下	3/下－4/下
大棚＋地膜	2/上－2/下	2/中－3/中	4/中－5/中

注　引自黄裕，何礼，豆类蔬菜栽培技术，2005年。

（一）菜豆早春大棚栽培

1. 品种选择

早春大棚栽培多选择耐低温、弱光、早熟、抗病、产量高、品质好的蔓性菜豆品种，如

芸丰、春丰 4 号、丰收 1 号、老来少、碧丰等。矮生菜豆可选择供给者、优胜者、新西兰 3 号等。

2. 整地施肥

前茬作物收获后，及时清园并进行棚室消毒。深翻耙细，结合整地，施入腐熟的有机肥 3000～4000kg/667m²，磷酸二铵 20～25kg/667m² 或过磷酸钙 30kg/667m²，硫酸钾 20～25kg/667m² 或草木灰 100～150kg/667m²。做成高 15～20cm、宽 1～1.2m 的小高畦，并覆盖地膜以提高地温。

3. 播种育苗

选用粒大、饱满、无病虫的新种子。播种前先将种子晾晒 1～2d。为防止种子带菌，可用 50%多菌灵拌种，也可用 40%的福尔马林 200 倍液浸种 20min 后用清水冲洗干净。为了促进根瘤形成，可用根瘤菌拌种，或用 0.08%～0.1%的钼酸铵、0.1%～1%的硫酸铜浸种 lh，再用清水洗净药液后播种。

播种一般在棚内温度稳定在 10℃以上时，选择晴天上午进行。在畦面开沟或开深 3～5cm 的穴，浇水后播种。一般蔓性种每畦播两行，行距 50～60cm，穴距 30～40cm，每穴播种 3～4 粒；矮生种行距 40cm，穴距 20～25cm，每穴播种 3～4 粒。播种后覆细土 2～3cm 并稍镇压。

为了保证苗全苗壮，提早上市，也可在保护地内采用营养钵、纸袋或营养土块等护根法育苗。播前浇足底水，每钵（土块）播种 3～4 粒，覆土 2～3cm，最后盖膜增温保湿。播后出苗前应保持较高温度，以免低温烂种，白天 25℃左右，夜间 20℃左右。出苗后，日温降至 15～20℃，夜温降至 10～15℃，以防止幼苗徒长。第 1 片真叶展开后应提高温度，日温 20～25℃，夜温 15～18℃，以促进根、叶生长和花芽分化。定植前 5d 开始降温炼苗，夜温保持 8～12℃。苗期尽可能改善光照条件。菜豆幼苗较耐旱，在底水充足的情况下，定植前一般不再浇水。适宜苗龄为 25～30d，幼苗 3～4 片叶时即可定植。

4. 定植

当棚内气温稳定在 5℃以上，10cm 地温稳定在 10℃时即可定植。定植时采用暗水定植法，株行距与直播的相同。

5. 田间管理

（1）温度管理。缓苗前不通风，棚内白天 25～30℃，夜间 15℃左右，并保持较高的空气湿度。如遇低温，夜间可加盖小拱棚覆盖。缓苗后应适当通风，降温降湿，白天 20～25℃，夜间 12～15℃，防止徒长。开花结荚期白天 20～25℃，夜间 15～18℃。温度高于 28℃、低于 13℃都会引起落花落荚。进入 4 月以后，随外界气温增高，应逐渐加大通风量，夜间温度 15℃以上时，应昼夜通风。

（2）中耕补苗。直播幼苗出土或定植幼苗成活后，要及时查苗补缺。缓苗后要控水蹲苗并及时中耕，以提高地温。开花之前中耕 3 次。根系周围浅中耕，行间中耕可适当深些。结合中耕进行培土，以促进根基部侧根的萌发生长。

（3）肥水管理。菜豆肥水管理应掌握"苗期少、抽蔓期控、结荚期促"的原则。我国菜农从菜豆栽培过程中总结出了"干花湿荚，浇荚不浇花"的宝贵经验。定植后一般不浇水；缓苗后可少量浇 1 次缓苗水；开始抽蔓时，结合搭架灌 1 次水；第 1 花序开花期一般不浇水，防止枝叶徒长而造成落花落荚。如果土壤墒情良好，可一直到坐荚后浇水、施肥。如果土壤过于干旱或植株长势较弱，可在开花前浇 1 次小水并追施提苗肥，一般追施尿素 5～8kg/667m²。当第 1 花序豆荚 4～5cm 长时及时浇水，一般每隔 7～10d 浇 1 次水，使土壤保持田间最大持水量的 60%～70%，浇水后注意通风排湿。

菜豆结荚期为重点追肥时期，要重施氮肥并配合磷、钾肥。一般在结荚初期和盛期结合浇水各追肥 1 次，追施三元复合肥 15～20kg/667m²，也可施入 20kg/667m² 尿素或硫酸铵并配合适当磷、钾肥。结荚后期，植株长势逐渐衰弱时，可适当追肥，以促进侧枝再生和潜伏芽开花结荚。整个结荚期间叶面喷施 0.3%～0.4% 的磷酸二氢钾或 0.1% 的硼砂和钼酸铵 3～4 次，可延长采收期，提高产量。矮生种生长发育早，能早期形成豆荚，一般不易徒长，应在结荚前早灌水、施肥。

(4) 植株调整。当植株开始抽蔓（主蔓长约 30～50cm）时，及时搭人字架或吊绳引蔓。当主蔓接近棚顶时打顶，以防止长势过旺使枝蔓和叶片封住棚顶，影响光照，同时可避免高温危害。结荚后期，植株逐渐衰败，要及时剪除老蔓，以及植株下部的病、老、黄叶，以改善通风透光条件。

6. 采收

蔓性菜豆播种后 60～80d 开始采收，可连续采收 30～45d 或更长；矮生菜豆播种后 50～60d 开始采收，采收时间 15～20d。一般嫩荚采收在花后 10～15d 进行，加工用嫩荚可适当提前采收。采收标准是豆荚由扁变圆，颜色由绿转淡，外表有光泽，种子略显露。一般结荚初期和结荚后期 2～3d 采收 1 次，结荚盛期每 1～2d 采收 1 次。采收过早，产量低；采收过迟，纤维多，品质差，易造成落花落荚。采收时要注意保护花序和嫩荚。

(二) 秋延迟和越冬栽培

1. 品种选择

选用优良品种是夺取菜豆高产高效的前提条件。利用阳畦、塑料小拱棚进行秋季延迟栽培时，宜选用耐低温、弱光、生长期短、结荚集中、早熟的矮生菜豆品种，如供给者、新西兰 3 号、优胜者、嫩荚菜豆等。利用塑料大棚、日光温室进行越冬、秋季延迟时，适宜选择蔓性结荚期长、产量高、优质的菜豆品种，如丰收一号、绿龙菜豆（绿丰）等品种。

2. 播种

菜豆在生产上多进行直播，在前茬作物倒茬晚，而下茬菜豆又需要提早上市的情况下，也可采用护根育苗法。一般苗龄 20～25d，掌握在第 1 片真叶展开后定植。幼苗过大，移植时易伤根，影响以后的生长发育，还易感染病毒病，尤其是会影响苗期的花芽分化，而使前期的产量降低。菜豆壮苗表现为生长苗壮，初生叶和真叶大，深绿色，节间和叶柄短。

菜豆越冬栽培时，以在改良阳畦或日光温室内建电热温床育苗为好，具有制造简单、温度控制灵活等优点，利于培育健壮的幼苗。为保护幼苗在移栽时少受损伤，多采用营养土方、营养钵、营养纸袋等育苗方法。

播前精选种子是保证发芽整齐、苗全、苗壮的关键。过筛保留子粒饱满、有光泽的种子，剔除已发芽、有病斑、虫害、霉烂和有机械损伤、混杂的种子。播前选择晴天晒种 2～3d，以提高种子的发芽率和发芽势。由于两年以上的陈种发芽率低、发芽势弱，一般不采用。

秋季延迟栽培直播时，可开浅沟，盖厚土，待幼芽顶土前扫平，除去上层多余的盖土，避免高温干旱或雨水带来的不利影响。越冬栽培直播时，温度低，应先行提温。播种深度 2

～3cm，不宜过深，以防烂种。采用干籽直播宜每穴播种 2～4 粒。

3. 苗期管理

越冬栽培育苗时，苗床播种后的管理主要是通过揭盖草帘和通风来调节苗床内的温度。出苗前不通风，在 20～25℃的条件下，2～3d 内就可出齐苗。苗出齐后应适当通风，调节温湿度，以防下胚轴细弱徒长，白天 15～20℃，夜间 10～15℃。第 1 片真叶展开到定植前 10d，又要提高温度，白天 20～25℃，夜间 15～18℃，以促进花芽的分化和叶的生长。在定植前 5～10d，逐渐降温开始炼苗，白天 15～20℃，夜间 10～15℃，定植前 5d，夜温可降到 5～12℃，甚至可短时间进行 0～5℃的低温锻炼。这样培育的苗定植后适应性强，缓苗快。秋延迟栽培育苗时应注意防高温和雨水。

菜豆苗期短，又比较耐旱，所以从播种到定植前一般不进行浇水施肥。但利用电热温床育苗时，营养土易干，苗期应根据情况适当浇水。浇水一般选晴天进行，浇小水，浇后提温。一般在初生叶展开前后，适当控制浇水，以防徒长。定植前 7～10d，一般不浇水。营养土方育苗的，定植前一般不浇水；而营养钵育苗的，定植前一天要浇水，水量不宜过大，以湿透土方为标准。

4. 定植

在保护设施内的前茬作物收获后，及时清洁田园，然后追施基肥。将肥料均匀撒施后，深耕 20～50cm。整平做畦，一般用平畦，畦宽 1～1.2m。为提高地温，进行越冬栽培时可用高畦，覆盖地膜可促进生长发育。秋季延迟栽培时，亦可起垄直播，垄宽 70cm。在畦或垄做好后，用 50％的多菌灵可湿性粉剂 1000 倍液与 70％的代森锌可湿性剂 1000 倍的混合液喷洒地表、墙面、立柱等灭菌。越冬栽培进行 3～5d 的闷棚消毒，再通风降温至适宜菜豆生长的温度。

栽植密度，蔓性菜豆比矮生菜豆稀，设施栽培与春秋露地栽培相比均稀，秋延迟栽培的要比春季早熟栽培的密。一般多用大小行定植或直播。大行宽 50～70cm，小行宽 30～50cm，平均行宽 40～60cm，小行设在畦中间。越冬栽培蔓性菜豆，穴距 28～35cm，矮生菜豆穴距 25cm 左右。每穴均放苗 2 株。蔓性菜豆栽植密度 7500～8000 株/667m²；矮生菜豆 10000 株/667m² 左右。定植选晴天进行。土壤的温度要稳定在 10℃以上。先开沟浇水，等水渗下后栽苗，浇水量不要过大。

5. 田间管理

（1）温度控制。

越冬栽培情况下，定植后 1～2d 不通风，以提高棚室内的温度，促进缓苗。但白天棚内气温达到 27℃以上时要适当通小风降温，以防伤苗。定植后若遇寒流出现大幅降温时，要采取临时性增温、保温防寒措施。缓苗后菜豆生长速度加快，在开花前，白天 20～25℃，高于 28℃时，就应通风降温，夜间 15～18℃，凌晨短时间可控制在 12～14℃，但不能低于 10℃。较高的温度（如 28～30℃）可促进秧苗的生长，但高于 28℃的气温持续时间较长，会导致花芽分化不完全。进入开花结荚期应注意保温和通风换气，白天 20～25℃，夜间 13～15℃，如遇寒潮，要采取保温措施，否则不易坐荚。相反，高温高湿也会导致落花。结荚后期，天气温暖，应加大通风，防止出现白天 27～28℃以上的长期高温，夜温控制在 15～20℃为宜。

秋季延迟栽培时，9月中、下旬或秋分前，天气渐冷，应及时扣棚保温，10月中旬以前，根据天气情况，逐渐少通风至不通风，每节棚室内的温度，最高不超过 28～30℃，最低不低于 15℃。10 月下旬后，应加盖草帘防寒保温。

（2）肥水管理。

追肥浇水掌握"苗期少，抽蔓期控，结荚期促"的原则。越冬栽培时，定植后 7～10d 开始中耕、松土，使土壤疏松，有利于提高地温，促进根系生长。一般从定植到开花前不浇或少浇水，而应加强中耕，每隔 6～7d 进行一次，先深后浅，并结合中耕向根际培土，以利于根茎部侧根的萌发。土壤过干时，可在晴天上午开沟浇暗水，水渗下后覆土，同时要结合中耕，松土保墒。

从开花到荚坐住，不浇水，以防徒长和早期落花而影响早期产量。俗话说"干花湿荚"就是这个道理。进入结荚期后，要加强肥水管理，使其营养充足，生长旺盛，又能促进叶腋抽生花枝，不断开花结荚，促进荚的伸长，若肥水不足易引起落花、落荚、植株早衰等现象，从而影响到产量和品质。可适当冲施速效化肥，亦可用腐熟的人粪尿与化肥交替施用。荚坐住后结合浇水进行施肥，追施尿素 10～15kg/667m²。以后每采收 1 茬嫩荚，浇水 1 次，两次浇水中有 1 次要追施氮、磷、钾速效复合肥。一般 10d 左右 1 次，用三元复合肥 15～25kg/667m²。每次的灌水量不要太大，以保持土壤湿润，相对湿度为 60%～70%。

秋季延迟栽培中，出苗后和定植前，应加强中耕，控制浇水，促进发荚和茎叶的生长，一般 7～10d 中耕 1 次。坐住荚前控制浇水，坐住荚后，7～10d 浇水 1 次，10～15d 追肥 1 次，使植株生长旺盛，增加结荚数，促进荚的伸长。10 月中旬后，温度降低，要适当减少追肥、浇水的次数。在肥效差的情况下或在植株生长后期，通常采用 0.3% 的尿素加 0.2% 磷酸二氢钾叶面喷洒，进行根外追施。

（3）植株调整。

蔓性菜豆品种当蔓长达 30cm 左右时，应及时吊蔓，以防蔓枝相互缠绕，结合浇抽蔓水捆人字架，架多用竹竿，也可采用吊绳（如麻绳、塑料绳等）。当秧头距棚面约 20cm 时打顶。还可采取落秧方法，控制顶端生长优势，强迫营养重新分配，控制营养生长，促进生殖生长。把蔓连同吊绳落下，使之继续向上生长，可落秧多次。矮生菜豆最好用竹竿搭 40～60cm 高的篱笆式立架，以防茎蔓倒伏。

进入结荚后期植株衰老时，要及时打去下部病老残叶，改善下部通风透光条件，减少病害，促使侧枝萌发和花芽开花结荚，并防止下层新生嫩荚皮色发黄，降低质量。

（4）落花落荚的原因与防止措施。

生产中豆类蔬菜的花芽分化数和开花数较多，但结荚数较少，特别是菜豆的结荚率仅占开花数的 20%～35%，豇豆只有 20%～30%。菜豆落花落荚的原因是多方面的，主要有如下几个方面。

1）温度过高或过低。在适温 20～25℃ 条件下，花芽形成多，发育完整，花粉发芽快，完成授粉时间短。气温高于 30℃ 时，花粉增多，受精不良，这是落花的一个重要原因。温度低于 15℃ 时，花芽形成少，花粉萌芽率低，易造成受精不良。

2）湿度过大或过小。花粉发芽的适宜空气和相对湿度为 65% 左右，湿度过大，花粉不能正常破裂，雌蕊柱头黏液浓度降低，不利于受精。湿度过小，花粉不能萌发；雌蕊柱头黏着力差，不利授粉。

3）光照不足。光照时数少于 8h，光照度不足外界的 30%～50% 时，栽植过密或支架不当造成通风透光不良时，光合强度低，植株生育受到一定影响，造成落花、落荚。

4）营养状况不良。菜豆进入开花结荚期，因营养生长与生殖生长争夺养分，造成花芽营养不足，从而引起落花落荚。

5）管理不当。选地不当、排水不良、密度过大、施肥不合理、采收不及时、病虫为害等也会造成落花落荚。

生产中为防止落花落荚，需要采取综合的技术措施：①采用光照条件好的设施，并调节好温度湿度等环境条件，避免过高或过低温度与湿度的出现；②加强肥水管理，提高植株的营养水平。开花期适当控制水分；③合理密植，并及时搭架理蔓，及时摘除病老黄叶，改善通风透光条件；④适时采收，减轻与花对养分的争夺；⑤及时防治病虫害，加强植株后期的水肥管理，延长植株开花结荚时间。

6. 适时采收

果荚采收的标准：果荚颜色固定，表现出该品种固有颜色，荚已停止生长，种子还不突出，粗纤维少。在豆荚充分伸长后，应及时采收。采收过早影响产量，过晚则降低品质。增加采收次数，可延缓植株衰老，提高产量。

秋季延迟栽培时，应根据植株长相和市场需求灵活掌握。一般后期荚生长慢，应尽量延后采收，也可结合采收后储藏保鲜，以延长菜豆供应期，增加产值。

任务二　豇豆设施栽培技术

豇豆（*Vigna unguiculata*）又名豆角、带豆、裙带豆等，为豆科豇豆属1年生草本植物，原产于亚洲东部的热带地区。豇豆在我国栽培历史悠久，品种繁多，南北各地均有栽培，以南方栽培较为普遍。豇豆以嫩荚为食用器官，营养丰富，富含胡萝卜素、蛋白质、糖类等营养物，是营养价值较高的一种蔬菜，可炒食、煮食、凉拌，也可加工泡菜、干豇豆，还可煮熟后晒干储藏，是一种颇受欢迎的大众蔬菜。豇豆耐热性强而不耐低温，长江流域可在5月下旬至11月收获，为夏秋主要蔬菜之一，亦是解决7—9月蔬菜淡季供应的重要蔬菜。近年来，随着保护地蔬菜生产的发展，栽培面积有逐步增多的趋势。

一、豇豆的生物学特性

1. 根

豇豆根系发达，具深根性，因而耐土壤干旱能力强。其主根明显，入土深达80cm以上，侧根稀疏，横展长达60～100cm；吸收根主要分布在15～18cm以上土层中。豇豆根群比菜豆的弱些，根瘤与菜豆的相似，也不甚发达。

2. 茎

豇豆的茎表面光滑，具直的细槽，绿色或带红紫色。茎的生长习性有蔓性、半蔓性和矮生三种类型，也有人把后两者统称为半蔓性（或矮生）类型。生产中的主栽品种多为蔓性种，蔓性种主蔓能不断生长延伸，长达2～3m，靠逆时针方向旋转缠绕支柱向上生长，栽培中必须支架。豇豆蔓性种的分枝能力比菜豆强，除主蔓第1花序以下节位可抽生较强的侧蔓外，第1花序以上各节多为混合节位，叶腋中间为花芽，其两侧为叶芽，因而在1个叶腋中有可能伸出1个有效花序和1～2个侧蔓，取决于品种和栽培条件。

3. 叶

豇豆的叶与菜豆的相似，真叶为三初复叶，互生。小叶长卵形成菱形，全缘，长 10cm 左右，表面光滑而质厚，色浓绿，光合能力强，不易萎蔫。复叶柄较长，基部有长约 1cm 的一对小托叶。

4. 花

豇豆的花为总状花序，有长柄（20～26cm），自叶柄基部伸出。豇豆每花序上有 2～5 对花芽，由下至上成对（互生）出现和发育。通常在第一对花芽开花结荚，幼荚长 10cm 左右时。第二对花芽才开始开花，这对花同时开，或只先开 1 朵。豇豆的花为蝶形花，花冠多淡紫色或紫色，也有白色或黄白色的。花冠直径约 2cm。

5. 荚

豇豆的果实为长荚果，果皮分生肥厚的组织为主要食用部分，嫩荚柔软而细长，近圆筒形，直而下垂生长，结荚常成对。嫩荚粗 0.7～1cm，蔓生种荚长达 30～100cm，故有长豇豆之称。矮生或半蔓性种的荚短，10～15cm。荚的颜色有淡绿、深绿、紫红和赤斑等，因品种而异。生产中多为淡绿色的。

二、豇豆对环境条件的要求

1. 温度

豇豆喜温暖，耐热性强，不耐低温。种子发芽最低温度为 8～12℃，最适温度为 25～30℃。根毛生长最低温度为 14℃。植株生长发育适温为 20～25℃，开花结荚适温为 25～28℃。植株能适应的气温为 30～40℃，35℃以上也能正常结荚。豇豆对低温敏感，10℃以下生长受抑制，5℃以下植株受害，0℃时死亡，因此豇豆适于夏季栽培。

2. 光照

豇豆喜光，又有一定耐阴能力，叶片光合能力强。开花结荚期要求良好的光照，因而与矮生蔬菜间作有利于增加豇豆产量。由于豇豆也能在半阴处生长，因而可与粮食作物间、套作。豇豆是短日性植物，但多数品种对日长反应不敏感，属中性，故可在全国各地相互引种。

3. 水分

豇豆根系深而吸水能力强，故能耐土壤干旱，可在旱地播种。生长期适宜的空气相对湿度为 55%～60%。豇豆生长期要求适量的土壤水分，开花期前后要求有足够的水分，否则不利于开花结荚，但土壤水分过多时，会影响根系发育而抑制生长，易引起根发病和落花落荚。

4. 土壤营养

豇豆对土壤选择不严格，在较薄的旱地上也能生长，但为获丰产，宜选土层深厚、肥沃、排水良好、又不极端干燥的壤土或沙质壤土地。土壤反应以近中性（pH 值为 6～7）为宜。过于黏重和较低湿的土地不利于根系和根瘤的发育。豇豆同菜豆一样不宜连作，应实行 2～3 年轮作。豇豆对磷、钾肥要求较多，增施磷、钾肥能促进开花结荚。由于根瘤不发达，仍要求一定的氮肥供应，特别是在幼苗期和孕蕾期，需氮肥较多，但氮肥过多会使叶片徒长，造成田间阳光不足，结荚率下降。

三、豇豆的品种类型选择

豇豆分菜用和粮用两类，菜用豇豆嫩荚肉质肥厚脆嫩；粮用豇豆果荚皮薄，纤维多而硬，以种子作粮用。依茎的生长习性可分为蔓性、半蔓性和矮生型。栽培上多数为蔓性品种，半蔓性型在我国栽培极少。

1. 蔓性型

茎蔓性，花序腋生，茎蔓能无限生长，长达 2～3m 多，呈右旋转状，随着蔓伸长，各叶腋陆续抽出花序或侧蔓，栽培时需要立架引蔓，生长期较长，荚细长、纤维少、品质好，以嫩荚供食。主要品种有浙江的之豇 28－2、之豇特早 30、之豇 90、之豇特长 80、之豇翠绿、宁豇 1 号、宁豇 2 号、宁豇 3 号、秋豇 512，江苏的扬豇 40、扬早豇 12、白豇 2 号等，上海的洋白豇、紫豇豆。

2. 矮生型

即无支架豇豆，茎直立，株高 33cm 左右，长到 4～8 节后顶端即形成花芽，并发生侧枝而成丛状，生长期短，结荚早而集中。主要品种有一丈青、之豇矮蔓 1 号、五月鲜、V902、方选矮豇、美国无支架豇豆等。

四、豇豆设施栽培主要模式

豇豆可利用各种保护设施进行反季节栽培，实现全年生产与供应。播种日期主要依据品种的特性、前茬作物倒茬的日期、播种方法及栽培方式等具体情况而确定。

（一）早春大棚栽培

1. 品种选择

早春大棚栽培应选早熟丰产、耐低温、抗病、株型紧凑、豆荚长、商品性好的蔓性品种。如之豇 28－2、之豇特早 30、之豇翠绿、宁豇 1 号、宁豇 3 号、宁豇 4 号、丰产 3 号、早豇 1 号、早豇 3 号、成豇 3 号、成豇 5 号、红嘴燕、铁线青等。

2. 播种育苗

豇豆在棚内离地面 10cm 处土温稳定在 10℃以上时即可播种。直播一般按株距 25～30cm、行距 65cm 穴播，播种密度 3000～4000 穴/667m²，每穴播 3～4 粒，播种深度约 3cm。出苗后及时间苗，每穴留苗 2～3 株。为了达到早播种、早上市的目的，早春大棚豇豆可在设施内利用营养钵、纸钵或营养土块进行护根育苗。精选种子晒 1～2d 后，将种子投入 90℃的热水中烫种 30s 后，立即加入冷水降温，在 25～30℃的温水中浸泡 4～6h，捞出稍晾干后播种。播种前浇足底水，每钵点播种子 3～4 粒，覆土 2～3cm 厚，覆盖地膜保温。出苗前白天 30℃左右，夜间 25℃左右。子叶展开期降温 10℃左右。子叶展开后通风降湿，保持苗床 20～25℃。整个苗期一般不浇水。定植前 7d 加大通风量，降温炼苗。苗龄 20～25d，幼苗具 3 片真叶时即可定植。

3. 整地定植

定植前提早 20～25d 扣棚以提高地温。早春大棚豇豆产量高、结荚期长、需肥量较大，应施足基肥。豇豆对磷、钾肥反应敏感，磷、钾肥不足，植株生长不良，开花结荚少，易早衰。整地时结合深翻，施入充分腐熟有机肥 5000kg/667m²、过磷酸钙 50kg/667m²、草木灰 100～150kg/667m² 或硫酸钾 15～20kg/667m²。栽培宜采用宽窄行，宽行 70cm，窄行 50cm，株距 30cm。定植时先浇水后栽苗，幼苗尽量带土。栽植密度 5000 穴/667m² 左右，每穴 2～3 株。

4. 田间管理

（1）温度管理。定植后闭棚升温，促进缓苗。缓苗后，棚内白天 25～30℃，夜间 10～

15℃。开花坐荚后随气温升高而加大通风量，夜温保持在15～20℃。当外界温度稳定通过20℃时，撤除棚膜，转入露地生产。

（2）肥水管理。豇豆易出现营养生长过盛的问题，因此管理上应采取促控结合的措施，前期防止茎蔓徒长，后期避免早衰。施肥的原则是在施足基肥的基础上，适当追肥。前期一般不追肥，如苗情不好，可于苗期和抽蔓期略施尿素或稀粪水；植株下部花序开花结荚期，每亩随水追施磷酸二氢铵或尿素8kg；中部花序开花结荚期，追施三元复合肥15kg/667m²；上部的花序开花结荚时，追施磷酸二氢钾和硫酸钾各5kg/667m²。盛花期叶面喷洒0.1%硼砂、0.1%钼酸铵或0.3%磷酸二氢钾2～3次，具有明显增产效果。

浇水的原则是前期宜少，后期要多。坐荚前以控水中耕保墒为主，并适当蹲苗。浇定植水和缓苗水后加强中耕。现蕾期若遇干旱，浇1次小水；初花期不浇水，以控制营养生长；当第1花序坐荚后浇第1次水；植株中、下部的豆荚伸长时浇第2次水；以后视墒情10d左右浇1次水。整个开花结荚期保持土壤湿润，浇水掌握"浇荚不浇花，干花湿荚"的原则。

（3）植株调整。蔓性豇豆在主蔓长30cm左右时及时插人字架，及时抹掉主蔓第1花序以下萌生的侧芽，以保证主蔓粗壮。主蔓第1花序以上每个叶腋中花芽旁混生的叶芽应及时打掉，如果没有花芽而只有叶芽时，留2～3片叶摘心，以促进侧枝上的第1花序形成。主蔓至棚顶时及时摘心，以控制生长，促进侧枝开花结荚。

（二）秋季延迟及越冬栽培

1. 品种选择

在进行秋季延迟栽培时，宜选用耐热、抗病、丰产和优质的品种，如红嘴燕等；越冬栽培时选用耐低温弱光、抗病、结荚力强的品种。

2. 播种

豇豆根系较弱，主根和侧根木栓化早，移植伤根后，再生能力弱，不利于缓苗，影响植株生长和花芽分化。因此，生产中栽培豇豆多行直播。在进行越冬栽培时，为提早生产，延长结荚期，保证苗全苗旺，促进早熟增产，宜采用育苗。秋季延迟栽培时，如前茬作物拉秧早，多采用干籽直播。在前茬作物生长的后期，也可采取干籽直播套种。若前茬作物拉秧迟，又不能套播时，可采用育苗移栽法。

豇豆根系粗大，不耐移植，必须采用营养土块或纸袋、营养钵育苗法以保护根系。越冬栽培育苗以在改良阳畦或日光温室内建电热温床为好。豇豆同菜豆一样，宜干籽直播，也可浸种催芽。播种前必须精选种子，在吸足水分后（一般浸种12～16h），仍要30℃左右的较高温度和充足的氧气。其浸种催芽方法与菜豆基本相同，只是催芽的温度比菜豆催芽的温度要高5℃左右。当豇豆催芽长1.5cm左右时，即可播种。

播种选晴天上午进行。进行直播时，在畦内开深1.5～2cm的沟或穴，顺沟浇足水或穴内点足水，以水渗后接底墒为佳。播种后覆土，一般不浇水，苗出齐后即可炼苗。用营养土育苗时，除去掉不健壮的苗外，一般不用炼苗，也不需进行中耕和浇水施肥。

3. 苗期管理

越冬栽培育苗时，主要管理措施是调控苗床内温度。播种后出土前，应尽量保持苗床内温度为25～30℃。3～5d后即可出齐苗，苗出齐后应适当通风，降低温度，白天20～25℃，夜间15～20℃，以防徒长。豇豆幼苗对低温较敏感，受伤后生长发育缓慢。因此，应注意防冷风侵袭和霜冻，改善光照条件，使幼苗生长健壮。另外，苗床土温过低，易出现烂种、死秧或秧苗黄化的现象。豇豆苗期宜短不宜长，一般为 25～30d。第 2 片真叶展开时为适宜苗龄，壮苗的特征是：叶厚色深，叶柄短，茎粗，高 20～25cm，营养土块外露出密布的根系。

秋季延迟栽培育苗时，可在大棚或温室内进行，若在露地育苗，则必须有防雨设备。为防止高温多湿引起幼苗徒长，应将大棚四周的塑料薄膜全部拆除，打开所有的通气门、窗，只留顶窗防雨。当温度超过 35℃ 时，中午可盖遮阳网遮阴。由于是在高温和遮雨条件下育苗，床土易干燥，应注意适时浇水，以防床土过干，影响幼苗长发育。

4. 定植

在温室内前茬作物拉秧倒茬后清园，然后至少暴晒 3～5d，在定植前必须深耕土壤，深约 25cm，施足基肥。底肥用量为每 667m² 施充分发酵腐熟的优质家肥 2500kg，三元复合肥 50kg，或过磷酸钙 50kg、尿素 10kg、硫酸钾 15kg。全面施肥后再浅耕，使土壤疏松，土、肥混匀。整平做畦。选择连续晴天，严格闭棚，高温持续 3～4d，以消毒、灭菌和杀虫。同时用 50％ 的多菌灵可湿性粉剂均匀喷施地面。

定植选晴天上午进行。先按行、株距开沟或刨穴，深 12～15cm，可顺沟浇水，水渗下后起苗，栽完覆土，整平畦面。覆土深度以覆土后营养土方不致露出为宜。

5. 田间管理

（1）温度控制。

越冬栽培情况下，豇豆幼苗定植后 1～2d 内不通风，以提高棚室内的温度，促进缓苗。缓苗后秧苗生长速度加快，白天 25～30℃，当中午前后高于 30℃ 时，即开始通风降温，当温度低于 25℃，即关闭通风口升温，夜间 17～20℃。从植株萌发至真叶展开到抽蔓，棚室内的温度要逐渐降低，白天 20～25℃，夜间由原来的 17～20℃ 降为 15～18℃。生长前期的温度管理以提温促苗为主，防止低温对幼苗生长和花芽分化带来的不利影响，同时还要防止温度过高，导致植株徒长或引发猝倒病，进而影响到开花结荚。进入开花结荚期，白天 25～30℃，当中午前后棚内气温升至 35℃ 时，开始通风降温，降至 29℃ 时即关闭通风窗口，使白天棚室内保持较高的温度，夜间 16～18℃，最低气温不低于 15℃。在温度的管理上与菜豆存在显著的差异。豇豆在 30～35℃ 的高温条件下，仍能正常开花结荚和营养生长，而菜豆在开花结荚期，遇到 28～30℃ 的较高温度，开花结荚则受抑制，当遇到 30～35℃ 的高温条件，则不能进行正常的开花，致使大量落花落荚。

秋季延迟栽培时，幼苗期和抽蔓期应注意通风和遮阳降温，防止高温引起徒长或发生猝倒病。后期还应注意保温防寒。通风时间和通风量视天气情况逐渐减少，白天 30℃ 左右，夜间 15℃ 以上，随外界气温降低，逐渐不通风。为防寒流，保持温度，后期应加盖无纺布等。

（2）水肥管理。

定植时，在底水充足的条件下，一般在 3 片复叶展开之前不浇水，不施肥。若底墒不足，可于定植后 5～7d 在畦中间开沟浇缓苗水，水量要小。缓苗水后要加强中耕保墒。抽蔓后停止中耕。在施用底肥中氮肥不足的情况下，宜于 3～5 片复叶期结合浇水，施磷酸二铵 10kg/亩左右。浇水量不能过大，若浇水过多，浇后遇高温，易导致植株徒长；若遇低温，易导致病害发生。幼苗期和抽蔓期的肥水管理以控为主。

从开花到坐荚，不浇水，不追肥，促进结荚。当第 1～2 花序坐住荚后，应加强肥水管理，增加施肥浇水的次数和灌水施肥的量，以促进植株茎叶的生长和荚的发育。植株下部花序开花结荚期间，15天左右浇1次水，每次随水施硫酸钾约15kg/667m²。中部花序开花结荚期间，约10d左右浇1次水，每次随水施三元复合肥约10kg/667m²。在上部花序开花结荚及中部侧蔓开花结荚期间，视土壤墒情，10～15d浇水1次，每次随水追施尿素10kg/667m²和硫酸钾约8kg/667m²。整个结荚期间，应保持土壤湿润。但浇水量也不宜过大，以土壤见干见湿为度，有利于维持植株长势，以防早衰，延长结荚期。

秋季延迟栽培时，前期高温多雨，应加强中耕，使土壤疏松、不过湿、不板结，促进发根。田间积水时，要及时排除。只要天气不干旱，一般到抽蔓前不浇水。底部第1花序坐住荚时，结合浇水追施尿素10kg/667m²。第1次浇水后，仍需适当控水，否则仍会徒长。进入采收期后不再控水，一般8d左右浇水1次，并结合浇水追施化肥或腐熟的人粪尿。

（3）植株调整。

当蔓性豇豆主蔓长到3节左右时，要及时插架或吊绳，引蔓上吊，使茎蔓均匀分布，以防相互缠绕，茎叶重叠，透光不良。支架应在藤蔓尚未互相缠绕前进行。豇豆藤蔓为左旋性伸长，引蔓上架要从左边反时针方向将豆藤向架上缠绕。

为减少无效养分消耗，改善通风透光，促进开花结荚，必须进行整枝，主要包括摘心、打杈、抹芽、去老叶等。蔓性豇豆长至架顶时，摘心封顶，控制株高，促其侧蔓发生。对所有的侧蔓都要摘心，但不同部位发生的侧蔓，摘心留节数不一样，主蔓下部发生的侧蔓，宜留10节以上时摘心；中部发生的侧蔓，宜留5～6节摘心；上部发生的侧蔓，宜留1～3节摘心。摘心留节数的多少，即摘心轻重程度与水肥管理条件和植株生长的旺盛程度有关。植株生长健壮情况下，适当多留侧蔓和多留摘心后的节数，可增加开花结荚数，增加产量。对于矮生豇豆，也可在主枝高30cm时摘心，促进侧枝的发生。通过摘心，可控制营养生长，促进下部节位花芽的形成和发育。

主蔓第1花序以下的侧芽长至3cm左右时要及早彻底除掉。对第1花序以上各节位上的侧枝，根据栽培品种的特性和管理水平作适当的选留。弱小叶芽抹掉。一般在植株顶部60～100cm处茎部侧枝的萌发力最强，主蔓的下部和中部潜伏的花芽易萌发形成花，整枝时要特别注意。对于下部老叶可分次剪除，以改善底部通风透光。进行植株调整，宜在晴天中午或下午进行，阴雨天或早晨露水未干时茎蔓脆，容易造成植株伤害。

（4）保花保荚。

豇豆侧蔓及其花序的多少与强弱，与幼苗期、开花结荚前期环境条件和水肥管理的状况密切相关。幼苗期，施足基肥，加强管理，满足适宜的温度、水分和良好的光照等条件，使植株生长健壮，叶芽和花芽分化良好，为开花结荚期促发侧枝和抽生花序奠定良好的基础。在开花结荚前期，还应加强水肥管理，使植株保持健壮生长之势，增加侧蔓的发生，增加花序数。

豇豆同菜豆一样，落花落荚相当严重，结荚数仅占开花总数的40%左右。这种现象的出现与温度、水分、光照、植株的营养条件、田间管理措施等有关。过高或过低的温度、水分，不利于花芽的正常分化，花朵发育不完全，授粉受精不良；光照不足，植株生长弱或生长过旺，开花期浇水施肥，结荚期缺少肥水，田间栽培过密，植株整枝引蔓不良，造成通风透光差等均会引起落花落荚。生产上防止落花落荚的措施可参照菜豆部分。

6. 采收

豇豆豆荚从开花到生理成熟约需 15～23d，鲜豆荚在落花后 9～13d 采摘为宜。采摘过迟，易造成植株早衰，出现落花落荚，同时豇豆种子发育会消耗大量养分，不但影响植株生长和开花结荚，还会造成豆荚松软，最终影响豆荚的品质，影响食用。采收过早，豆荚细小，影响产量。豇豆开花后 12～14d，豆荚长至该品种的标准长度，荚果饱满柔软，荚果未显老时为采收适期。一般 3d 左右采收一次，盛荚期要每天采收。

此外，豇豆每个花序都有两对以上的花芽，一般只结 1 对荚，但在水肥条件充足、生长良好时，其中大部分还可开花结荚。因此，在采摘豆荚时，应压住豆荚颈部，轻轻向左右扭动，然后摘下，以免损伤花序上其他花蕾，更不可连果柄一起摘下。

实例 4-4　豇豆设施高效栽培技术

豇豆是重要蔬菜之一，科学管理，可以获得优质高产，经济效益十分可观。余姚市泗门镇菜农 2008 年种植的 2200 多亩长豇豆平均产量达 2500kg/667m² 左右，短短两个多月的种植期平均收入在 3500 元/667m² 左右。现将关键技术总结如下。

一、品种选择

选用抗病、丰产、抗逆性强、适应性广、商品性好的优质品种，如之豇系列、瓯豇一点红、瓯豇二尺玉、高产 4 号、特早 30、宁豇 3 号等。自留种：选用上年饱满无病的秋季籽粒种子，精选晒种，不含虫粒、残粒。

二、播种育苗

春播 3—4 月，育苗或覆盖地膜直播。秋播 7—8 月，一般直播为主。栽培面积用种量 2.5～3kg/667m²。

苗床宜选择避风向阳、排水良好、前茬非豆科作物的田块，施足基肥，覆上焦泥灰或细砂。提倡用营养钵（袋）和营养土（2 份细泥＋1 份焦泥灰＋5％钙美磷肥）培育壮苗，每钵内放种子 3～4 粒，播后盖薄土浇水，保持湿润。春播搭塑料小拱棚覆盖，秋播盖遮阳网。

春播于播后约 5～6d 出苗后，在温暖的晴天揭膜受光，预防幼苗徒长。定植前 2～3d 夜间一般不盖塑料膜以锻炼幼苗。苗期尽量少浇水，发现床土"发白"，则以晴天中午浇水为宜。

三、定植

在定植前 5～7d，进行翻耕晒白。翻耕时施入基肥，施腐熟有机肥 1000kg/667m²，尿素 10kg/667m²，钙镁磷肥 50kg/667m²，抢晴天作畦覆盖地膜，畦宽连沟 1.5m，畦高约 30cm。

清明前后定植，破膜开穴，带土移栽，用焦泥灰 500kg/667m² 封穴，用 10％人粪尿或 0.3％～1％尿素浇扎根肥。1 畦栽种两行，3000～3500 穴/667m²，每穴栽 3 株。秋直播栽培 3500～4000 穴/667m² 左右，1 畦栽种两行，每穴播种 4～5 粒，出苗后每穴定苗 2 株。

四、定植后管理

1. 引蔓上架

幼苗开始抽蔓时，即可搭架，架材可选直径 2cm、2.3m 以上长的竹子，架竿应插在苗子的外侧，距离苗 5～10cm，搭成人字架。当蔓抽长 50cm 左右，顶端弯曲扭转时引蔓上架。蔓有左旋性，要从左边将顶芽向竹竿上缠绕。豇豆开花前将主蔓第1花序以下叶芽抹去。

2. 肥水管理

定植后，每隔1星期追肥1次，每次用1.5%～2%尿素加过磷酸钙浸出液300kg浇施。结荚初期重施追肥1次，穴施尿素10kg/667m²，浇透水。开花初期，用0.5%尿素＋0.2%磷酸二氢钾根外追肥1～2次；在采收接近尾声时，施1次重肥，用人粪尿500kg/667m²掺水穴施，促使豇豆翻花；干旱季节要灌跑马水。有条件的地方可采用滴灌或暗灌送水。

3. 及时打顶

蔓顶伸出架顶时，要打顶。

4. 温、湿度管理

豇豆幼苗定植后1～2d内不通风，以提高棚室内的温度，促进缓苗。以后当白天温度升至30℃以上，需要通风，晚上温度保持在15℃以上。生长前期的温度管理以提温促苗为主，防止低温对幼苗生长和花芽分化带来的不利影响。秋播豇豆要防止温度过高，导致植株徒长或引发猝倒病，进而影响到开花结荚。

五、病虫害防治

病虫害防治坚持"以农业防治为基础、物理防治、生物防治相协调、化学防治为辅"的原则。实行与非豆科作物3年以上的轮作，最好水旱轮作；夏季采用22目防虫网覆盖栽培，防止害虫危害，覆盖方式：宜采用"顶膜裙网式"，既可防虫又可遮阳避雨。应用银灰地膜驱避蚜虫。另外，利用黄色"粘虫色胶板"监测或诱杀蚜虫、潜叶蝇、烟粉虱等小型害虫。诱杀用色胶板规格：可选用宽22cm×长27cm的色胶板（双面，温州市农科院研制），棚室栽培的豇豆一般悬挂35～70块/667m²；监测用规格：宽11cm×长13.5cm（双面），每个标准大棚一般悬挂1～2块。农药防治见表4-6。

表4-6 无公害豇豆生产中适用的主要农药品种及施用方法

防治对象	常 用 农 药	常用药量/（mL/667m² 或 g/667m²）	施用方法	安全间隔期/d
病毒病	20%病毒A可湿性粉剂	500倍	喷雾	10
	1.5%植物灵乳剂	1000倍	喷雾	10
	8%宁南霉素（菌克毒克）可溶性液剂	600倍	喷雾	4
豆野螟	5%氟虫腈（锐劲特）悬浮剂	4000倍	喷雾	10
	10%虫螨腈（除尽）胶悬剂	1500倍	喷雾	10
	52.25%农地乐乳油	50～100mL	喷雾	10
蚜虫	10%吡虫啉可湿性粉剂	2000～3000倍	喷雾	7
	0.36%苦参碱水剂	500～800倍	喷雾	2
	2.5%溴氰菊酯乳油	2000～3000倍	喷雾	2
红蜘蛛	73%炔螨特（克螨特）乳油	2000倍	喷雾	14
	15%哒螨灵（速螨酮）乳油	2000～3000倍	喷雾	14
	99.1%溴氰菊脂（敌杀死）乳油	150～200倍	喷雾	1

续表

防治对象	常 用 农 药	常用药量 /(mL/667m² 或 g/667m²)	施 用 方 法	安全间隔期 /d
锈病	10%苯醚甲环唑（世高）水溶性颗粒剂	1500 倍	喷雾	—
	62.25%晴菌、锰锌（仙生）可湿性粉剂	600 倍	喷雾	5
	43%戊唑醇（好力克）悬浮剂	3000～5000 倍	喷雾	—
	25%三唑酮可湿性粉剂	2500 倍	喷雾	7
枯萎病	50%多菌灵可湿性粉剂	700 倍	灌 根	5
	47%春雷．王铜（加瑞农）可湿性粉剂	700 倍	灌 根	—
	70%敌磺钠（敌克松）可湿性粉剂	700 倍	灌 根	14
煤霉病	78%波．锰锌（科搏）可湿性粉剂	600 倍	喷雾	—
	70%甲基硫菌灵可湿性粉剂	1000 倍	喷雾	5
	80%代森锰锌（大生）可湿性粉剂	800 倍	喷雾	—
	77%氢氧化铜（可杀得）可湿性粉剂	1000 倍	喷雾	3
潜叶蝇	75%灭蝇胺可湿性粉剂	6～10g	喷雾	5
	52.25%农地乐乳油	50～100mL	喷雾	10
	40.7%毒死蜱乳油	50～75mL	喷雾	7
烟粉虱	99.1%矿物油（敌死虫）乳油	150～200 倍	喷雾	—
	10%吡虫啉可湿性粉剂	2000～3000 倍	喷雾	1
	25%噻嗪酮可湿性粉剂	1000～1500 倍	喷雾	7
疫病	64%噁霜．锰锌（杀毒矾）可湿性粉剂	400～500 倍	喷雾	3
	75%霜脲氰锰锌（克露）可湿性粉剂	500～800 倍	喷雾	5

六、适时采收

荚果饱满柔软，荚果未显老时及时采收。

实训 4-6   整地、作畦、地膜覆盖

一、目的要求

通过实践，掌握整地、作畦、地膜覆盖一整套技术。

二、材料与用具

有机肥、耙子、地膜等。

三、方法步骤

(1) 整地。在耕翻好的菜地上，结合施基肥，进行耕耙，使地面平整，土粒细碎。

(2) 施基肥。基肥以有机肥为主，化肥为辅。结合整地，将有机肥均匀地撒在地表，化肥则在作畦时施在播沟或穴沟内。

(3) 作畦。先对菜地进行规划，划出水渠、畦埂或畦面，然后修水渠并作畦。

1) 平畦。

一般宽 1m 左右，要求畦面平坦，适于绿叶菜类或小型根菜类栽培、蔬菜育苗。

2) 高畦。

一般畦宽 1.2～1.3m，其中宽 60～70cm，畦高 10～15cm，要求畦面做成"龟背畦"。

适于瓜类、茄果类、豆类蔬菜栽培。

3）垄。

一般垄底宽 60～70cm，高 15cm，要求垄直，适于大白菜、结球甘蓝、萝卜等蔬菜栽培。

（4）覆盖地膜。可用覆膜机，也可手工覆膜。手工覆膜可 3 人 1 组，其中 1 人在前，畦展膜，并纵向拉紧地膜，2 人分别站在畦的两侧，倒退着脚踩地膜两侧不断覆土压膜，使地膜达到"平、紧、严"。为防止地膜被风掀起，在畦上每隔 2～3m 压一小堆土。

四、作业

（1）为什么不同作物要选择不同的畦型？

（2）地膜覆盖有什么优缺点？

实训 4-7 蔬 菜 灌 溉

一、目的要求

灌溉是人工引水补充菜田水分，以满足蔬菜生长发育对水分需求的技术措施。通过实践，掌握蔬菜灌溉的基本方法与基本原则，并能根据气候、土壤、秧苗等具体情况进行蔬菜的合理灌溉。

二、方法步骤

（一）灌溉方法

灌溉可分为地面灌溉、地上灌溉、地下灌溉 3 种方式。

1. 地面灌溉

分为畦灌、沟灌。

2. 地上灌溉

主要滴灌、喷灌。滴管是利用低压管道系统把水或溶有化肥的溶液均匀而缓慢地滴入蔬菜根部附近的土壤。喷灌是利用专用设备把有压水流喷射到空中并散成水滴落下的灌溉方法。

3. 地下灌溉

利用埋设在地下的管道，将水引入蔬菜根系分布的土层，借毛细管作用自上而下或四周湿润土壤的灌溉方式。

（二）灌溉的基本原则

1. 根据季节特点灌溉

3—4 月少浇水；5—6 月大水勤浇；7—8 月排灌结合；9—10 月浇水饮水、量足；11 月越冬蔬菜浇封冻水；12 月至翌年 2 月棚室蔬菜宜控制浇水。

2. 依天气情况灌溉

冬季，早春选择晴天浇水，避免阴天浇水；夏秋季宜早晚浇水，避免中午浇水。

3. 依土壤质地灌溉

沙质土壤浇水次数宜多，黏重土壤浇水次数宜少。

4. 依蔬菜生物学特性灌溉

水生蔬菜不能缺水；喜湿性蔬菜保持地面湿润；半喜湿性蔬菜要求见干见湿；半耐旱性蔬菜浇水量不易过大，宜不旱为原则；耐旱性蔬菜前期湿后期干的原则。

5. 依生育时期灌溉

播种前浇足底水；出苗前一般少浇水，幼苗期应控制浇水；产品器官形成前一般不浇水，进行蹲苗；产品器官旺盛生长期要勤浇多浇，不可缺水。

6. 根据植株长势灌溉

根据蔬菜作物缺水症状表现进行灌水。如叶色深浅、蜡粉多少、生长点部位是否舒展、早晨叶子边缘吐水情况，中午叶子萎蔫程度及傍晚恢复情况。

三、作业

（1）分析出不同灌溉方式的优缺点，并说明每种灌溉方式的适宜应用时段和作物。

（2）设计出某种豆类蔬菜大棚栽培的灌溉方式及灌溉计划。

思考

1. 豆类蔬菜的肥水管理要点有哪些？

2. 豆类蔬菜的花部构造是怎样的？

3. 蔓生型和矮生型菜豆在开花结荚习性上有何不同？

4. 为什么蔓生型菜豆要进行植株调整？

5. 豇豆为什么主张摘心？怎样摘心？

项目四　其他蔬菜设施栽培

任务一　小白菜设施栽培技术

小白菜（*Brassica rapa chinensis*）俗称油菜、普通白菜、青菜等，为十字花科芸薹属，原产中国。小白菜是中国南北方普遍栽培的蔬菜之一，尤以南方栽培最为普遍，在长江中下游地区年产量占当地蔬菜总产量的 30%～40%，在当地的蔬菜供应中占有非常重要的地位。小白菜品种繁多，适应性广，生长期短，较易栽培，优质高产，可在一年四季排开播种，全年供应。小白菜以绿叶为产品，产品鲜嫩，营养丰富，鲜食、盐渍皆宜，为广大群众所喜食。

一、小白菜的生物学特性

1. 根

小白菜为浅根性植物，须根发达，再生能力强，宜于育苗移栽。一般情况下，直播时根系更浅，而育苗移栽根系较发达。

2. 茎

营养生长期是短缩茎，但在高温或过度密植条件下，会出现茎节伸长。花芽分化后，遇到温暖气候条件，茎节伸长而抽薹。小白菜的茎苗期开始就是直立的，按其株型可分为直立和开展两大类。

（1）直立类型。直立类型又可分为高桩（长梗）和矮桩（短梗）两种：凡叶柄长的株高，叶柄短者则株矮。矮白菜多为束腰形，即叶片与叶柄相接处向内紧缩。

（2）开展类型。开展类型又可分为圆梗长梗型和半圆梗型两种，这类植株叶柄长，呈圆柱形，但前者形成分蘖而后者不形成分蘖。这类株型都较矮。

3. 叶

叶片着生于短缩茎的莲座壮叶，柔嫩多汁，为主要供食部分。叶的形态特征依品种类型和环境条件而异。一般叶片大而肥厚，叶色浅绿、绿、深绿至墨绿。叶片多数光滑，也有皱缩，少数长有茸毛。叶形有匙形、圆形、卵圆、倒卵圆或椭圆形等。叶缘全缘或有锯齿，波状皱褶，少数基部有缺刻或叶耳。叶柄均明显肥厚，一般没有叶翼，叶柄白色、绿白色、浅绿或绿色。

二、小白菜对环境条件的要求

1. 温度

小白菜是性喜冷凉的蔬菜，在平均气温 15～20℃生长最适，但比大白菜适应性广，耐热、耐寒能力强。如在长江流域和南方地区，既有可在露地安全越冬的品种，也有在夏季栽培的火白菜。虽然如此，不论任何品种，均以秋播条件下的环境最适生长。小白菜根系生长适温较宽，最高 36℃，最低 4℃。叶片分化生长以 15～20℃为适宜，在适宜的温度下，单株叶数都在 25～30 片，气温降到 15℃以下，茎端就能开始花芽分化，早熟品种叶数也因此停止生长，所以秋季白菜播种过迟，会影响到产量和品质。另外作为秋冬播小白菜的一般也不用早熟品种，而多采用中晚熟的产量高的品种。

2. 光照

光照条件相同，增加温度，可以显著促进开花；而在同样温度条件下，虽然长光照比短光照早抽薹开花，但没有温度的影响大。光质对小白菜生长发育也有影响，红光有促进作用，干物重增加，而绿色光波下生长受到抑制。小白菜对光强的要求也较高，阴雨弱光下，易引起徒长，茎节伸长，品质下降。

3. 土壤与肥水条件

小白菜对土壤的适应性较强，但以富含有机质、保肥保水力强的黏土或冲积土最合适。土壤含水量对产品的品质影响较大，水分不足，生长缓慢，质地粗糙；但水分过多，易造成积水，根系窒息，影响呼吸和对养分的吸收，严重时会沤根而萎蔫死亡。小白菜对水肥要求较高，而且生长期中没有明显的阶段性，从幼苗到采收，生长呈直线上升，所以出苗后应水肥不断。生长在适温条件下，生长速度与水肥成正相关。

三、小白菜设施栽培的主要品种及类型

依据植株形态特征、生物学特性及各品种的成熟期、抽薹期的早晚等特点，南方小白菜按栽培季节可分为秋冬小白菜、春季小白菜和夏季小白菜。

1. 秋冬小白菜

秋冬小白菜是我国南方地区栽培小白菜的最主要类型，品种丰富。株型直立或束腰，以秋冬栽培为主，按叶柄颜色分为白梗类型和青梗类型。白梗类型的代表品种有南京矮脚黄、广东矮脚乌叶、寒笑、合肥小叶菜等；青梗类型的代表品种有杭州早油冬、矮抗 6 号、矮抗 3 号、京绿 7 号等。

2. 春季小白菜

春季小白菜在我国南方地区普遍栽培，一般作露地栽培，也可采用大棚栽培。植株多开展，少数直立或束腰。冬性强、耐寒、丰产、晚抽薹，一般在冬季或早春种植。按抽薹期的早晚和供应期的不同，又可分为早春菜和晚春菜。早春菜因其主要供应期在 3 月，故称"三月白菜"，代表品种有杭州半油冬儿、杭州半早儿、南京亮白叶、上海二月慢、无锡三月白等；晚春菜因主要供应期在 4 月（少数品种可延长至 5 月初），故称"四月白菜"，代表品种有南京四月白、杭州小白菜、上海四月慢、上海五月慢、安徽四月青等。

3. 夏季小白菜

夏季高温季节栽培与供应的小白菜，又称"火白菜""伏白菜"。适合直播，常用避雨遮阳方式栽培。以幼嫩秧苗或成株供食用，具有生长迅速、抗逆性强的特点。代表品种有杭州火白菜、上海火白菜、南京矮朵 5 号、早熟 5 号、矮杂 1 号、热抗白等。

四、小白菜保护地冬春季栽培

在我国南方主要进行秋冬季栽培，在华北地区主要进行小拱棚春季早熟栽培、小拱棚冬春季栽培和春季、夏季、秋季露地栽培。但因为小白菜栽培技术相对较简单，各茬口的栽培技术基本相似，管理环节也大致相同。以保护地冬春季栽培为主介绍其栽培技术。

1. 品种选择

冬春季保护地栽培尤其是早熟栽培，育苗期间难免受低温的影响，当定植后遇到较低的温度和长日照时有些品种易先期抽薹，降低产量和品质，甚至失去栽培价值，所以春季栽培一定要选用耐低温、耐抽薹、冬性强、高产优质的品种，如早生华京青梗菜、春水白菜等。

2. 育苗

小白菜可干籽直播或进行浸种催芽后播种。浸种时，先用 20～30℃温水浸种 1.5～2h，捞出后在 20～25℃下催芽，1d 后可 99％出芽。小白菜移苗时，适龄秧苗是具有 5～6 片真叶。冬春季利用阳畦育苗需 50～60d 苗龄，根据小白菜的供应期确定适宜的定植期和播种期。

播种前 5～7d，整好苗床。整苗床时结合耕地，苗床施用腐熟的家肥，并掺施腐熟的鸡粪 1000kg。施肥后深翻 15～20cm，耙平，盖好塑料薄膜，夜间盖草帘进行"烤畦"。选择晴暖天气播种，播前掀开塑料薄膜，浇灌底水。水渗下后将种子均匀撒播。撒种 18～20g/m²，苗床可移栽 45～50 株/m²。

播种后盖好塑料薄膜，以提高温度，促进出苗，夜间还可加盖草苫。幼苗出土前，草苫可以适当晚揭早盖，一般不通风，保持苗床气温在 20～25℃。幼苗出土后，须适当通风，避免徒长，白天 20℃左右，夜间 10℃左右，草苫适当早揭晚盖，以延长小白菜幼苗见光时间。小白菜虽较耐寒，但苗床温度不可过低，以防止秧苗通过春化阶段而发生早期抽薹。小白菜移苗时一般不进行分苗，但为保持秧苗的适宜营养面积，应及时间苗。一般间苗两次，第 1 次在秧苗第 1 片真叶出现时，苗高达 2～3cm 时，第 2 次在 2～3 片真叶期进行。移栽前 5～6d，白天应适当加强通风，适当降低温度，进行移栽前的锻炼。

3. 定植与间套作

小白菜以绿叶为产品，生长期短，但需水肥较多，欲获丰收，须在移栽前及时整地施肥做畦。结合耕地，施用腐熟的优质家肥 5000kg/667m²、磷酸二氢钾 20～30kg/667m²。有机肥不足时，可施速效三元复合肥 20kg/667m²。深耕耙平，做成 1～1.2m 宽的平畦，准备定植。

按不同栽培方式确定适宜定植期，在育苗畦内选择有 5～6 片叶的健壮大苗及时移栽，有利于充分利用育苗设备，并获得早熟丰产。起苗时，先在育苗畦浇水，再选大苗轻轻拔出。定植时，在畦内按行距 20～25cm、穴距 10cm 开穴，然后放苗埋土，栽植深度以埋到第 1 片真叶叶柄基都为宜。栽植过浅，浇水时易被水冲出；栽植过深，浇水后易使泥土淹没菜叶不利缓苗。定植后立即浇水，定植于塑料薄膜小拱棚的，要盖严塑料薄膜，用泥土压好，防止被风吹跑。傍晚，小拱棚上还要盖草帘。定植后缓苗期间，一般不通风。小白菜栽植不宜过稀，具体密度必须根据市场对小白菜植株大小的要求来确定。

小白菜适于进行间作套种，忌重茬。长年连作会造成植株生长缓慢，长势差，病虫害严重，宜与非十字花科蔬菜作物轮作。秋冬小白菜的前茬以葱蒜类、茄果类、瓜类、豆类和马铃薯等为宜，因这些蔬菜腾地早，有比较充足的时间晒垡整地。通过间作套种，可提高保护设施的利用率。如与黄瓜、番茄、菜豆等间套作或在日光温室内间套作，在主栽作物（黄瓜、番茄、菜豆等）的中间，定植 3～4 行小白菜，在管理上以黄瓜、番茄等作物为主。小白菜的定植适当提前，以减少与主栽作物的共生期。在早春小拱棚栽培时，小白菜常作为果菜类的前茬来安排，或排入间作方式中，如在大小畦间作方式中，大畦宽 1.2m，栽植结球甘蓝，小畦宽 0.8m，栽植小白菜，收小白菜后栽冬瓜，即小白菜为冬瓜的前茬。

在日光温室、大棚等保护设施中栽培蔬菜时，常在不宜种植黄瓜、番茄、菜豆等蔬菜的地方定植小白菜，如在日光温室的前部低矮处，以及大棚两侧的低矮处定植小白菜，可充分利用温室，增加单位面积的收入。

4. 田间管理

定植后通过盖塑料薄膜等，来提高温室内的气温，白天 25～28℃，夜间 10℃ 左右，以促进缓苗。当心叶开始生长时，表明植株已缓苗，这时要降温，白天 20～25℃，夜间 5～10℃，白天超过 25℃ 时要及时放风，降至 20℃ 时关闭通风口。

小白菜栽植时群体密集，生长迅速，故需肥量较大，应不断地补充养分和水分。由于植株生长矮小，茎叶容易接触土面，故在追肥时，忌用有机肥料，防止污染产品，以提高品质。一般从定植后 3～4d 开始追施缓苗肥，使植株迅速生长。定植后 20d 左右，植株进入旺盛生长期，为促进植株的尽快生长，在旺盛生长期可进行 1 次追肥并浇水。一般追施硫酸钾 15～20kg/667m^2。此后，每隔 5～7d 追肥 1 次，至采收前 15～20d 停止施肥。追肥的用量因季节而异，一般施尿素 10～20kg/667m^2。冬春季栽培施肥要重，可以促进生长，延缓植株抽薹，提高产量；冬季施肥要与防寒相结合，防止和减少植株遭受霜冻。

小白菜的浇水要与施肥相结合，并视土壤湿度而定。一般定植后，立即浇水，以利成活；夏季高温季节，浇水要夜间冷灌，降低地温，改善菜田小气候，有利于植株生长；越冬前，土壤干旱时，应灌水防冻。

5. 收获

小白菜以绿叶为产品，收获期不严格，在植株长到一定大小时，可根据栽培方式和市场需要，适时收获。收获的方法，一种是一次性收获，另一种是多次间拔较大的植株出售，即分次收获。采收标准为外叶叶片色淡，叶簇由旺盛生长趋向闭合生长，心叶长到与外叶齐平，俗称"平口"。收获时用铲或刀将根部铲断，数株捆成一捆，随收获随上市，贮后叶片易发黄，影响品质和商品性状。

任务二 芹菜设施栽培技术

芹菜（*Apium graveolens*）为伞形花科两年生植物，原产于地中海沿岸。芹菜适应性强，易栽培，产量高，在我国栽培历史悠久，分布广泛，南北方普遍栽培。芹菜以脆嫩的叶柄供食，鲜美可口，营养丰富，含有丰富的蛋白质、脂肪、碳水化合物和维生素 C，特别是富含纤维，可炒食、做馅、凉拌等。此外，芹菜还含有挥发性芳香油，能够促进食欲，为广大群众所喜食。利用简单的栽培设施，在南方地区基本能做到芹菜的全年生产，全年供应，是秋、冬春三季的主要供应蔬菜之一。

一、芹菜的生物学特性

1. 根

芹菜根系分布浅，范围也较小。根属于直根系，一般根深 50~60cm，最深可达 1m，但大部分分布在离地表 30~36cm 范围内。主根肥大，可储藏养分，有利于移植，主根在移植过程中易被折断，便从发达的肉质主根上发生许多侧根，侧根向外生长，其上又可密生更多的二极侧根，但这些侧根只有少数能伸长到土壤深处，大量的侧根在近地面 15~30cm 的表层横向生长，其横向伸展范围一般可达 25~45cm。

2. 茎

在营养生长阶段，芹菜茎短缩，叶片着生在短缩茎上。当通过春化阶段后，茎端顶芽生长点分化为花芽，短缩茎伸长，成为花茎，又称花薹，花茎上发生多次分枝，每一分枝上着生小叶及花苞，顶端发育成复伞形花序。由于芹菜花茎主要是花薹，不是食用部分，不具备商品价值，在栽培实践上花薹抽生越早，抽得越多，商品价值越低，因此要控制花薹的抽生，才能获得品质优良的芹菜。

3. 叶

芹菜叶为二回奇数羽状复叶，叶轮生在短缩茎上，叶由叶柄和小叶组成，每片叶有 2~3 对小叶及一个顶端小叶，小叶三裂互生，到顶端小叶变成锯齿状，叶片深绿色或黄绿色，叶面积虽较小，但仍是芹菜主要的同化器官（制造光合产物的部分）。芹菜叶柄发达，挺立，多有棱线，其横切面多为肾形，柄基部变鞘状。叶柄较长，多为 60~80cm，是主要食用部位。全株叶柄重占总商品重的 70%~80%，其余部分为叶片重。颜色有黄绿色、绿色、深绿色等。

4. 花

芹菜的花为复伞形花序，单花为白色小花，由 5 枚花瓣、5 枚萼片、5 枚雄蕊和两个结合在一起的雌蕊组成。由于雄、雌蕊的退化，两者数目的多少也不完全一致。芹菜花为虫媒花，靠蜜蜂等昆虫传粉，自花授粉率低，所以芹菜属于异花授粉植物。

5. 果与种子

芹菜是双悬果，成熟时沿中缝裂开两半，半果各悬于心皮柄上，不再开裂，每个半果近似扁圆形，各含 1 粒种子。芹菜种子在蔬菜种子中属于最小的种子类型之一，呈黄褐色或暗褐色。一般的芹菜种子长 1.5mm、宽 0.8mm、厚 0.6~1.0mm，千粒重约 0.45g。每克粒数约 2500 粒。

二、芹菜对环境条件的要求

1. 温度

芹菜是耐寒性蔬菜。幼苗可耐 -4~-5℃ 的低温，成株可耐 -7~-10℃ 的低温。种子发芽始温为 4℃，适宜温度为 15~20℃。营养生长的适宜温度为 15~20℃。26℃ 以上生长受抑制。0℃ 以下发生冻害，但短时间的冻害影响不大，而且苗龄越小越是耐冻，恢复力越强，所以芹菜很适于北方早春和晚秋的保护地栽培。保护地栽培芹菜时，理想的管理是白天 20～22℃，夜间 15～18℃，昼夜温差为 4～5℃。

2. 光照

芹菜属长日照作物。低温和长日照可促进苗端分化为花芽。营养生长期光照充足，植株生长快，产量较高。光照太弱，叶色发黄，生长不良。但是光照太强时，叶柄后角组织发达，降低食用品质。保护地栽培时，一般无强光，并且空气湿度较大，产品不易纤维化，因此较露地栽培易获优质产品。

3. 水分

芹菜属于消耗水分较多的蔬菜，由于种植密度大，总的蒸腾面积大，加之根系浅，吸收力弱，所以要求较高的土壤湿度和空气湿度。

4. 土壤和营养

芹菜根系较浅，吸肥力较弱，应选择富含有机质，保水、保肥力强的土壤栽培。沙土栽培芹菜易出现空心现象。芹菜对氮肥的需水量较大。氮肥缺乏不仅影响产量，而且会引起叶柄空心，降低品质。芹菜缺少硼和钙时易使叶柄劈裂。芹菜对土壤 pH 值的适应范围为 6～7.6，对微酸或微碱性土壤均适宜。

三、设施栽培的主要品种及类型

依据栽培范围和植株特征，芹菜分为本芹和西芹两种类型，我国栽培的多为本芹，西芹的栽培也逐步增多。

1. 本芹

又名中国芹菜，为我国栽培类型，叶柄细长，高 100cm 左右。机械组织发达，纤维较多，香味浓。依叶柄颜色可分为绿、白两种。主要品种有上海黄心芹、杭州青芹、四川的雪白芹菜和金黄芹菜、天津白庙芹菜、津南实芹 1 号、津南冬芹、开封玻璃脆、北京细皮白、铁杆芹菜、实杆芹菜、天津黄苗芹菜等。

2. 西芹

西芹又名西洋芹菜，从国外引进，一般株高 60～80cm，叶柄宽厚，纤维少，品质佳，香味较淡。依叶柄颜色分为青柄、黄柄两大类型。主要品种有美国芹菜、特选美国西芹、美国百利芹菜、佛罗里达 683、文图拉、四季西芹、康乃尔 619、自由女神、意大利冬芹、意大利夏芹、荷兰西芹、日本西芹、韩国全能西芹等，雪白西芹以及国内培育的中芹 1 号、夏芹、冬芹等。

四、芹菜设施栽培主要模式

芹菜的适应性较强，幼苗对温度的适应范围较广。要使芹菜获得高产优质，应把它的旺盛生长期安排在冷凉的季节里，故在自然条件下多以秋播为主，也可安排在春季栽培。秋季栽培时播期可适当提早，以适应 9 月份淡季的需要，也可适当晚播于冬季及初春收获。但播期不宜过早，防止春化提前抽薹。在我国南方地区只要品种选择得当，掌握好播种时期，可实现芹菜的全年生产。长江流域冬芹一般在 8 月下旬至 9 月上旬播种，12 月至翌年 2 月收获上市。

（一）塑料大棚越冬茬栽培

越冬茬栽培一般是利用保温性能好的塑料大棚等保护设施，秋季播种育苗，秋末定植，新年至春节期间上市的一种栽培方式。

1. 品种选择

冬季大棚内的温度条件较好，芹菜能正常生长，要根据当地的生产和消费习惯选择芹菜品种。由于冬季绿色蔬菜偏少，要尽量选择青梗品种种植。常用的品种有杭州青芹、潍坊青苗芹菜、玻璃脆芹菜等品种。

2. 播种

（1）育苗时期。育苗时期的确定，首先要保证芹菜的供应期在春节前后，其次是考虑下茬作物的定植期。在茬口安排上，一般在越冬芹菜倒茬后，紧接着定植茄果类、瓜类、豆类蔬菜，而这些果菜类的定植期一般为3月中、下旬。越冬芹菜一般在8月中旬至9月上旬播种，10月上、中旬定植。播种过早，则收获期提前，效益不高；播种过晚，会影响下一茬蔬菜的定植。越冬芹菜育苗的适宜苗龄为50～60d，幼苗3～5片真叶，高度15～20cm，根系发达。

（2）育苗畦准备。育苗畦要选择在地势高燥，土质肥沃的地块。前茬作物收获后，立即深耕，结合耕地，施用腐熟的家肥5000kg/667m²以上。整平后做成育苗畦，畦宽1.2～1.5m，长20m左右。育苗畦过长或过宽都会造成管理不便。因芹菜种子小，幼芽顶土力弱，所以要将土耙细，待苗畦耙细整平后方可播种。在做育苗畦时，可取出部分畦土并过筛，作为播种后的覆土。

（3）浸种催芽。浸种催芽可使芹菜出苗快而齐。播种前7d左右，先用清水浸种24h。浸种时经常清洗，以除掉种子表皮上的黏液等，使种子能充分吸水。浸种后将种子放在麻袋或草垫上，在阴凉处稍晾一下，控去种皮上的多余水分，然后将种子用湿布包好或将种子盖上湿布，放到15～20℃的温度下进行催芽。在初秋播种前后，外界的温度较高，为此可将种子放到地窖、山洞、地下室、井口等处，以达到适宜的温度。在发芽期间，每天要淘洗一遍种子，使其保持适宜的湿度，经常翻动种子，使其有充足的氧气，还可适当见光。适温下7d左右，80%以上的种子可露白。当年的新种子因休眠期未过，发芽率往往不高。因此，用新籽播种前，最好先用0.1%的硫酸液浸种10～12h，以打破种子休眠。

（4）播种。选择晴天下午播种。畦内先浇足底水，将催好芽的种子掺入少许细沙或细土拌匀，待水渗下后，于畦面上均匀撒播种子。播种后，在畦面上盖0.8cm厚的细土。覆土不可过深或过浅，过深则会因种子顶土力弱而难以出苗；过浅则土壤易落干，同样会影响幼芽出土。在土壤含水量充足时播种可不必浇水，而直接在苗畦上划浅沟播种，再轻轻耙平，稍加镇压。播种时宁稀勿密，如过密，不仅会导致间苗困难，而且易出现徒长苗和弱苗。

3. 苗期管理

（1）遮阴。越冬芹菜从播种到出苗需要较长的时间，太阳曝晒会使苗床土壤干燥，且温度很高，种芽会因此而死亡；雨水的淋刷，亦会使种芽外露。因此，播种后应采取遮阴措施，可用遮阴棚或防雨遮阴棚育苗。在幼苗出齐后，可陆续撤掉遮阴物，使芹菜苗接受自然光照。

（2）肥水管理。芹菜在幼苗期，根系不发达，吸收水肥能力及地上部的同化能力较弱，所以生长较缓慢，一般需50～60d才能长至3～5片真叶。在水分管理上，播后出苗前要保持土壤湿润，土壤稍干燥就会影响出苗。无雨时，1～2d浇1次水，水量宜小不宜大，以防止大水将种芽冲出地面。出苗至第1片真叶展开，仍要保持畦面湿润。2～3片真叶时，仍要使土壤见湿不见干。幼苗3～5片真叶后，根系已较发达，吸水能力增强，此时可减少浇水次数，使地面见干见湿，这有利于幼苗根系的发育和加速幼叶分化。若此时浇水过多，易使幼苗徒长。苗期还要注意排水防涝，低洼地育苗时要做成高畦，雨后及时排水。

芹菜苗期较长，须结合浇水适量补充速效肥。在苗高 4～5cm 时。随水施尿素或氮、磷、钾复合肥 5～10kg/667m²，还可在苗期喷施 2～3 次 0.3%～0.5% 的尿素溶液，进行叶面追肥。此期幼苗根系浅，吸收能力差，施肥量不宜过大。

（3）间苗、除草 芹菜幼苗期可分两次间苗。第 1 次在第 1 片真叶展开时；苗距保持 1～2cm。第 2 次在幼苗 2～3 片真叶时进行，苗距 3cm 为宜。可间去那些丛苗、弱苗和小苗。芹菜苗期生长缓慢，苗期长，天气较热，浇水多，苗床易生杂草，与芹菜苗争夺水分和肥料。除草越早越好，因为芹菜根系浅，生长密集，若等草长大时拔除，则很有可能将芹菜苗一并带出。但芹菜地人工除草比较困难，常用除草剂除草。除草剂的施用时期可分为播前施用和播后施用。播前施用 48% 氟乐灵乳油，在整平畦面后喷洒，并立即进行浅锄，使除草剂与土壤混合均匀，以防止除草剂受光分解，降低药效，然后浇水播种；播后施用是在播种后喷施 50% 的可湿性除草剂 1 号。

4. 定植

越冬芹菜定植期的确定原则是：要保证在定植后有 1 个月的适宜生长时间，使芹菜基本达到商品要求。这样，芹菜进入寒冷季节后，能继续进行生长，以达到最佳商品质量。可在 10 月上、中旬定植。由于大棚保温性能好，芹菜移栽后生长很快，新年就可收获上市，春节前后为最佳采收期。

芹菜生长量大，产量高，需肥量也大。应结合整地施用腐熟的有机家肥 5000kg/667m²、磷酸二氢钾 5kg/667m²。肥料深施，使肥土混匀，整平耙细，然后做成 1.2～1.3m 的平畦。芹菜定植前一天可用 50% 的百菌清可湿性粉剂 600～800 倍液进行处理。为起苗时少伤根或不伤根，起苗前一天可浇 1 次水，起苗时注意多带床土。晴天下午或阴天定植。栽植的株行距为 12～13cm，栽植 3500～3700 株/667m²。畦内开沟或挖穴栽植。栽植深度以露出心叶为准，栽植过深，缓苗慢，不发棵；栽植过浅，则浇水易冲出，且幼苗不耐寒。栽后立即在畦内浇水。

5. 定植后管理

定植后掌握有促有控，促控结合的管理原则。通过浇水、中耕、划锄、除草等管理，使芹菜健壮生长。定植后缓苗期间，可再浇 1～2 次水，一般 3～5d 就可缓苗。缓苗后应以控为主，加强中耕划锄，适当蹲苗 10d 左右，促进根系下扎和新叶分化。当幼苗高 20cm 左右时，芹菜生长速度加快，为促进幼苗生长，可结合浇水每亩追施尿素 8～10kg。当芹菜株高达 25～30cm 时，生长速度进一步加快，即进入旺盛生长阶段，此时可撒施腐熟的饼肥 150kg/667m²，并进行划锄，以使土肥混合，然后浇水。在旺盛生长期追施速效化肥的原则是：少量多次，切不可一次施肥量过大，否则易烧根毁苗。定植后直到扣棚前的一段时间内，前期要防止温度过高造成徒长；后期因温度低，植株生长变慢，要以促为主，使芹菜在扣棚前基本长成。

6. 扣棚后的管理

（1）温度管理。11 月上旬，气温已不适合芹菜生长，此时须扣棚增温，才能使芹菜正常生长。扣棚初期，晴天仍要大通风，以保持白天温度为 20～25℃，夜间 10～15℃。此段时间内，晴天午间温度可能较高，要采取措施降低棚内温度，否则易造成芹菜徒长，致使其后期不耐冻。以后随着气温下降，要逐渐减少通风量，以保温为主。11月下旬以后，夜间要加盖草帘，白天不能通底风。寒冷天气，要把通气孔封死，必要时加盖双层草帘。1月下旬至2月上旬，天气情况变暖时揭盖草帘，使白天温度保持在7～10℃，夜间保持在2℃以上，最低不低于−3℃。如芹菜叶片经受了轻微的冻害，应适当晚盖草帘，使其缓慢解冻，切不可突然升温，否则会使叶片组织因失水而死亡。

（2）肥水管理。扣棚后，为促进芹菜生长，可追施尿素肥7kg/667m²。肥水充足，芹菜根系正常发育，充分生长，茎变粗，叶柄生长积累较多养分。在内层叶开始旺盛生长时，应追施速效氮肥硫酸铵20kg/667m²左右。施用的方法是：先在畦内浇水，然后向畦面撒化肥，使化肥在水中溶解；要把撒到叶片上的化肥及时抖掉，以免叶片受肥害。

扣棚后大棚内的水分不易散失，湿度变大，而此时植株的蒸腾量很小。所以应尽量减少浇水次数和浇水量，以防病害的发生。同时注意浇水后要加大通风量以散发湿气。由于芹菜生长量大，产量高，需要从土壤中吸收大量的水分来维持正常的生长，也只有充足的水分供应才能保持芹菜的旺盛生长，并能防止芹菜叶柄老化，纤维增加和品质下降。在芹菜营养生长的盛期要做到不缺水，保持土壤湿润；若土壤缺水或严重干旱，会使植株生长缓慢，叶色变深，甚至发生萎蔫。生长盛期浇水量大小及浇水次数应看植株生长的快慢及天气的变化。温度低时，植株生长慢要少浇水；温度高时，植株生长快要多浇水。

7. 收获

芹菜的采收期不严格，可根据市场的需要，在植株长至70～85cm高时采收。越冬芹菜的采收最好选择在晴暖天气进行。采收的方法有两种：一种是连根刨起，一次性收获；一种是分次采收。1月份以后，气温较高，芹菜叶分化能力强，生长速度快，多次采收植株长足而未老化的外围叶柄，可大幅度提高芹菜的总产量。每次单株采收叶柄不应过多，以1～2个为宜，仍保留多数心叶。一般每3d左右采收一次，亦可根据植株生长情况而定。每次采收后都要及时追肥浇水，追施尿素5～10kg/667m²，或硫酸铵10～20kg/667m²，以促进植株尽快生长。

（二）塑料大棚春季栽培

芹菜春季栽培是利用塑料大棚等保护设施，初春定植，初夏收获供应的一种栽培方式。由于幼苗期经历了低温、长日照环境，花芽易提早分化，影响叶片的分化和生长，使植株在叶片长成前就发生抽薹现象。抽薹后，芹菜的食用价值降低。春芹菜的栽培要采取各种措施防止先期抽薹。

1. 品种选择

春芹菜栽培要选用抗寒、抽薹晚的品种。由于春芹菜的采收时期正值初夏，是蔬菜的供应旺季，市场上各种绿色蔬菜很多，要获得较高的经济效益，就必须种植抽薹晚、品质好的品种。生产上常用的品种有玻璃脆芹菜、天津黄苗芹菜、潍坊青苗芹菜、北京铁杆青、柔嫩芹菜等。

2. 播种育苗

可利用风障阳畦或塑料大棚育苗。播种时间一般为12月中、下旬，2月中、下旬定植。此期播种，外界气温低，故应先在15～20℃的条件下浸种催芽。为达到催芽的适宜温度，最好在恒温箱或温室的房间内进行。浸种催芽7～8d即可露白。播种前先进行烤畦。无论风障阳畦或大棚内的育苗畦，在播种内10～15d，白天要在育苗床上覆盖塑料薄膜，利用自然光照提高地温，夜间在薄膜上加盖草帘保温，当 10cm 处地温能稳定到 10℃时即可播种。

播种宜在晴天上午，或在寒流刚过时进行，因为寒流过后一般都有一段晴暖天气，这样有利于种子尽快发芽出苗。播种前先浇透底水，待水渗下后，将催芽的种子掺少量细沙在苗床上均匀撒播，然后覆土 0.8cm 厚。播种后立即覆盖塑料薄膜，以提高畦温；夜间须盖好草帘。播种后出苗前这段时间，通过揭盖塑料薄膜和草帘，尽量使畦内温度保持在 15～20℃。出苗后苗床要适当降低温度，使白天温度不超过 20℃，以防止芹菜徒长。

3. 苗期管理

在芹菜的整个苗期，外界气温较低，故在管理上应以保温为主，采取一切措施，使苗床白天温度不低于 15℃，夜间不低于 8℃，这样有利于幼苗的生长，并能防止先期抽薹现象的发生。寒流来临时要增加覆盖物，防止低温冻伤幼苗。当遇到连续阴冷天气时，不能只考虑保温而连续数日不揭草帘，否则会导致植株叶片黄化。出现生长缓慢的黄化苗，当天气骤晴见强光时，植株极易萎蔫死亡。因此，在连续的阴冷天也要在中午时揭开草帘，使秧苗有见光时间，这样做非但不会使幼苗受冻，相反还会减轻低温的危害。

冬季温度低，幼苗需水少，苗床一般不需浇水，使苗床保持湿润状态即可。苗床干旱时，可用喷壶洒少量温水，切忌大水漫灌。在苗床上，由于不同位置的幼苗所受的光、温、水、肥等条件各不相同，会出现幼苗生长高矮不齐的现象，这时可有针对性地采用施偏肥偏水的方法进行调整。2月上旬天气回暖后，可追施一次化肥，用尿素随水冲施。定植前 1～2d，给苗床浇一次透水，以利定植时起苗，减少伤根。

4. 定植

春季栽培芹菜一般在 2 月中、下旬定植。定植前结合整地，施用腐熟的粪肥 5000kg/667m²，精细整地做畦。选择较温暖的晴天上午定植。定植时带根挖苗，大小苗分开定植，去掉病苗和弱苗。在栽培畦内先挖穴或开浅沟，将幼苗放入穴中埋土。栽植的深度要适宜，以不埋住心叶为宜。若栽植过浅，根系在浇水时易外露，造成死苗；栽植过深，则地温低，根系不易生长，缓苗慢。

芹菜适当定植可以提高芹菜的总体产量，也可以改善品质，但不可过密，否则易发生徒长，叶柄会发黄。定植密度应根据芹菜的类型和品种而定。中国芹菜一般植株高大，开展度较小，叶柄细长，适于进行密植和矮化栽培。一般栽培密度为株行距 12～13cm，即栽植 3000～3500 株/667m²。西芹品种，一般叶柄较宽厚，生长健壮，植株开展度大，适于稀植。西芹栽植密度还需根据品种的长势而定，栽培密度最大的一般株行距为 16cm 左右，栽植 2600 株/667m² 左右。密度最小的株行距为 26cm 左右，即栽植 1200 株/667m² 左右。

5. 田间管理

（1）温度控制。定植缓苗后，要根据不同生长阶段外界环境及芹菜正常生长的要求，合理调节温度。原则上前期以保湿保温为主，晚春及初夏则以延迟通风为主。

定植初期，温室内温度较低，要设法提高地温和气温。白天充分利用日光增温，并尽量延长光照时间，夜间则要加强保温，还可在棚室内插小拱架覆盖塑料薄膜。春芹菜生长的中期，天气转暖，应及时撤掉拱棚。此时中午前后也易出现高温，要通过通风使棚室内温度保持在 18℃以下。通风的原则是低温时少通风，高温时大通风。此阶段的适温为白天 15～18℃，夜间 10℃左右，以促进芹菜叶片增加和叶柄肥大。在植株生长后期，可适当提高温度，白天控制在 20～25℃，以加速芹菜生长。

（2）肥水管理。棚室春芹菜生长速度快，需肥量大，故除施足基肥外，还要进行田间追肥。定植时浇透水，缓苗前则不需再浇水。当幼苗缓苗后心叶开始生长时，应划锄1～2次，以疏松土壤，促进幼苗生根；畦面不干时不浇水。如秧苗长势有强弱不均现象时，可喷施肥水，使弱苗尽快强壮起来。必须浇水时，应浇小水，并安排在上午进行。浇水后要加强管理，特别注意及时通风，以免大棚内湿度过大，造成植株徒长，或使病害蔓延。当植株有5～6片真叶时，会进入旺盛生长阶段，要加大肥水供应，做到肥水齐攻，以促进芹菜快速生长。可追施磷酸铵20kg/667m² 左右，随即浇水。过10～15d 后再随水冲施腐熟的人畜粪尿1500kg/667m²，收获前7d 再浇一次水。

6. 收获

大棚春季栽培的芹菜，可于3月下旬至4月下旬陆续收获上市，此时多数植株已有花蔓，生产上应适当早收，因为早收时花蔓较短，对产品品质影响较小；迟收则花蔓较长，对品质影响较大。

（三）秋延迟栽培

芹菜秋延迟栽培一般是指在初秋播种，在拱棚或日光温室内生长，于初冬上市的一种栽培方式。

1. 品种选择

秋延迟栽培芹菜宜选择耐寒性强、优质、丰产、抗病、耐储藏的品种。适于秋延迟栽培的常用品种有天津黄苗芹菜、玻璃脆芹菜、意大利冬芹等。

2. 育苗

长江流域秋延迟栽培芹菜的播种期为8月下旬至9月上旬。若播种过早，则收获期提前，效益不高；播种过晚，则严寒天气到来之前，植株尚未长足，产量不高。育苗畦应选择在地势高，能排能灌，土质疏松肥沃的沙壤土地块上。施足基肥，可每亩施腐熟的优质圈肥撒匀后深耕两遍并整平，然后做成1.2～1.5m 宽前半高畦。做畦时先取出部分畦土，过筛备作覆土。为防杂草，播种前可用48%的氟乐灵乳油，或48%的拉索乳油喷洒于畦面，并立即进行浅锄，使药土混合均匀。浸种催芽、播种、遮阴、肥水管理等与越冬栽培苗期管理基本相同。

3. 定植

定植时间一般在10月中下旬。定植前施用腐熟圈肥5000kg/667m²，深翻整平后做成1.2m 宽、20m 长的平畦。定植宜于下午或阴天进行。先浇水，后起苗。定植株行距为12～13cm，栽植3500～4000 株/667m²，栽后浇透水。

4. 田间管理

芹菜缓苗后生长最快的是新叶和新根，原有叶生长速度较慢。9月中、下旬夜温降低，应以促为主。当新叶大部分展开后，生长加快，需肥水量大，要肥水齐攻。这时可施用硫酸铵15～20kg/667m²，10d 后再追一次肥。以后天气渐冷，应尽量减少浇水次数，以免降温和增加大棚内的空气湿度。

在温度管理上，秋延迟芹菜生长后期应以保温防寒为管理重点。长江流域可在11月上旬开始扣棚，如扣棚太晚，则对芹菜生长不利，还易受冻。在扣棚初期，白天要大通风，夜间底边薄膜不要放下，以使芹菜逐渐适应大棚、日光温室的环境。当外界气温降到6℃以下时，大棚底边薄膜在夜间要放下并压紧，白天棚内温度超过25℃时，还要进行通风，以后随着温度的下降，要逐渐减少通风量。11 月下旬以后，可只在中午进行短时通风，夜间低于 0℃时，可加盖无纺布、薄膜及保温被等保温。

5. 采收

当芹菜株高达到 70～80cm 时，就可开始收获。以后要注意棚内温度的变化，防止受冻。芹菜成株虽能耐－7～－10℃的低温，但长时间低温也会使芹菜叶柄受冻变黑，并出现空心和纤维增多、品质下降的现象。保温设备不足或天气严寒易受冻时，可适当早收获，并作短期储藏，在新年前后上市。

芹菜采收后，可进行储藏，以获得最大的收益。芹菜简易储藏的方法是：摘去老叶、枯黄叶和烂叶，7～8 棵捆成一把。在棚内挖深 25～30cm、1m 宽的沟，根据需要确定挖沟长度。将芹菜根朝下放齐，排入沟中，上边盖上无纺布等。用这种方法既可防冻，又能减少水分蒸发，可储存 20d 左右。

任务三　菠菜设施栽培技术

菠菜（*Spinacia oleracea*）又名赤根菜、波斯草等，为藜科菠菜属一二年生草本植物，原产于亚洲西部的伊朗。我国已有 1000 多年的栽培历史，分布很广，是全国各地普遍栽培的蔬菜。菠菜以叶片供食，品质柔嫩可口，营养丰富，含有丰富的维生素和无机盐，深受广大人民喜爱。其全株均可食用，可熟食、凉拌、煮汤以及加工，还以速冻、脱水或菠菜汁等形式出口日本、韩国及欧美国家。菠菜性凉味甘，能润燥滑肠，养肝明目，宽肠通便，但体质虚寒者宜少食。

菠菜耐寒性和适应性强，生长期短，供应期长，产量高，栽培技术简单，设施栽培中主要利用风障阳畦、小拱棚等多种栽培方式进行多茬栽培，全年供应，可以在早春或秋冬缺菜时供应上市，是秋、冬、春三季度主要绿叶蔬菜之一。

一、菠菜的生物学特性

1. 根

菠菜主根发达，肉质化，较粗大，上部呈紫红色，可食用，所以菠菜一般带根采收，尤其是冬季菠菜，肉质主根质地嫩，有甜味，食味很好。直根入土较深，主根上着生侧根，侧根也较发达，其根系分布于土中的直径可达 20～40cm。

2. 叶型与叶质

叶型的分类方法很多，我国将有刺种分为小叶与大叶两类；圆粒种分为平叶和皱叶两类；此外，还有不少中间状态叶型的品种，在两类菠菜中部有出现，这是类型间、品种间自然杂交的结果。①有刺种，这类菠菜的叶型为箭簇形，缺裂有深裂和浅裂，叶片有大有小，但叶前端尖，叶片边沿波纹状，颜色有浓有淡，大多为浓绿色，叶柄长短均有，浅绿带红晕，正面有浅沟，背面圆，基部较宽，着生在短缩茎上，叶质柔嫩，叶片薄，含水分较少，味道浓；②圆粒菠菜（西洋菠菜），圆粒菠菜的叶片均比有刺种大，叶片为圆形或椭圆形，无缺裂，叶面平，或者微皱，也有少量的较皱。其主要的优点是长势旺，产量一般高出尖叶品种 1～2 倍。

3. 花

菠菜叶腋着生单性花，一般雌雄异株，少数雌雄同株，有时也有两性花。菠菜的性别分化绝对雄株，营养雄株，雌性植株，雌雄同株。开花与着果花黄绿色，雌花簇生叶腋，有 6～20 朵，花被杯状，花柱 4～5 个；雄花是穗状花序，雄花花被 4 个，雄蕊 4 个，药纵裂，花粉黄色，轻而干燥，是风媒花。

4. 果与种子

菠菜的脆果亦称"种子"，有的为单果，有的为数果聚合。一般干果重，无刺种 11g，有刺种 10～13g，圆粒种发芽率较高，为 50％～80％过熟的大粒果，没有中等大小及未完全成熟的果发芽率高，如果将胞果的果皮除去，发芽率可提高到 98％。

二、菠菜对环境条件的要求

1. 温度

种子在 4℃ 开始发芽，15～20℃ 发芽率最高，出芽也迅速，仅需 4d 左右。温度超过 20℃ 后，随气温的升高，发芽率反而下降，发芽速度也逐渐减慢。菠菜是耐寒性作物，能长期在 0℃ 以下的温度条件下生长，幼苗具有 4～6 片真叶时，甚至可耐 −6℃ 或短期 −3℃ 的低温。最适于叶簇生长的温度为 20℃ 左右，在 25℃ 以上以及干旱条件下，叶片小而薄，品质也降低。

2. 光照

菠菜是长日照作物，从播到开花所需的天数，因日照时数的不同而异，每天日照 6h 需 75d，每天日照 12h 需 45d，每天日照 16h 则需要 35d。温度和光照对菠菜的花芽分化、抽薹、开花有互相影响的作用，假如日照时数相等，在一定范围内，温度愈高，花芽分化、抽薹、开花愈快；假如温度相等，则日照时数越长，花芽分化、抽薹、开花越快；在低温、短日照条件下，菠菜花芽分化、抽薹、开花延迟。

3. 水分

菠菜对水分的要求高，在土壤湿度 70％～80％、空气相对湿度 80％～90％ 的环境条件下，营养生长旺盛，叶片厚，品质好，产量高。叶片生长时期如果缺少水分会影响营养生长的速度，叶片老化，品质变差。

4. 土壤营养

菠菜对土壤的适应性较为广泛，但在肥沃保水、保肥力强的土壤上生长更为优良。菠菜根系的生长速度快，所以应当深耕，多施基肥，以促进根系的生长。菠菜需氮、磷、钾完全肥，在三要素均有的情况下应注意增施氮肥，较多的氮肥可促进叶丛生长旺盛，叶片色深肥厚，产量高，品质好。最适于菠菜栽培的土壤 pH 值为 6.0～7.0，能耐微碱性的土壤，pH 值为 5.5 以下时，种子发芽不整齐，发芽后生长缓慢，甚至叶色变黄、硬化，不伸展，可施草木灰、石灰等调节土壤酸碱性。

三、菠菜设施栽培的品种及类型

依据菠菜果实上刺的有无，可分为有刺及无刺两个变种。

1. 有刺种

有刺菠菜又称为尖叶菠菜，在我国栽培历史悠久，分布广，叶片狭而薄，似箭形，基部戟形多裂刻，叶柄细长，果实有棱刺 2～4 个，果皮较厚。耐寒力强，不耐热，对日照反应敏感，在长日照条件下很快抽薹，生长较快，品质稍差，适于秋季和越冬栽培，春播易抽薹、产量低。主要品种有浙江的火冬菠、福建的福清白、杭州塌地菠菜、四川的尖叶菠菜、湖北沙洋菠菜、北京尖叶菠菜、青岛菠菜等。

2. 无刺种

无刺菠菜又称为圆叶菠菜，多从西欧引进，叶片椭圆形，大而厚，多有皱褶。叶先端钝圆，基部戟形，叶柄短。果实呈不规则圆形，无刺，果皮较厚。耐寒力弱，耐热性强，成熟稍晚，对日照反应不敏感，抽薹较晚，产量高，品质好，适于春夏播和夏秋播。主要品种有华菠2号、上海尖圆叶菠菜、南京大叶菠菜、美国大圆叶菠菜等。

四、菠菜设施栽培模式

（一）越冬茬栽培

菠菜耐寒性很强，在我国南方地区露地栽培能安全越冬，但为促进生长，早春提早收获，可进行设施保护栽培。基本栽培方式有两种，一种是利用风障、小拱棚覆盖，春季提早收获；另一种方式是在大棚、温室果菜类行间进行套作栽培，或在棚室的低矮处种植。现以前一种栽培方式进行介绍。

1. 品种选择

越冬茬栽培，生长期间易受到低温影响，到春暖日长时，一般品种都容易抽薹，从而降低了产量和品质。所以，越冬栽培要选用冬性强、耐寒性强、丰产的尖叶品种。

2. 整地施肥

前茬作物收获后，及时耕耙灭菌，结合耕耙土地，施 $3000\sim4000kg/667m^2$ 优质栏肥做基肥。基肥不足，植株生长细弱，易发生先期抽薹。整地后做成宽 $1.2\sim1.5m$ 的平畦。利用风障前栽培苗，在整地时留出空间，以备扎风障。

3. 播种

根据收获供应期及设施的保温性能确定适宜的播种时间，南方地区可在11月上、中旬播种。菠菜种子发芽慢，为缩短出苗期，可在播种前一天用35℃左右的温水浸种12h，然后将种子捞出稍晾后播种。倒茬整地，播种较晚的，可以浸种催芽。播种前 $3\sim5d$，将种子放入冷水中浸泡 $12\sim24h$，取出堆放室内，厚约15cm，上盖麻袋保湿，每天翻动数次，使堆内温、湿度均匀，保持在20℃左右，经 $3\sim4d$，种子萌动时播种。催芽前期，堆温比较低，在回堆时可喷30℃的温水提温。

菠菜播种方法有干播和湿播两种。干播时先播种，镇压，然后浇水。湿播是在播种前浇水，水渗下后再播种并覆土。催芽的种子，一般均用湿播。菠菜播种时可条播，也可撒播。条播的土壤底墒要足或用干播法，开沟、撒种、盖土。晚播的，撒种要均匀，播后覆土0.8cm左右，回土要细要盖严，防止种子落干。这样播后出苗快、苗壮、苗齐，为丰产打好基础。

4. 田间管理

播种后如果土壤干旱可浇一次小水，待墒情适宜时浅划畦面，疏松表土，以利出苗。出苗后，幼苗 $1\sim3$ 片真叶时，保持土壤湿润；$3\sim5$ 片真叶时，可适当浇水，促进根系发育。在 $2\sim3$ 片真叶时可间苗一次，苗距 $3\sim5cm$。

风障保护栽培的，在11月下旬扎好风障。越冬期预防冷、旱伤苗，在封冻前浇一次冻水。若施肥不足，可结合浇水，冲施适量腐熟的尿水。为防止浇水后土面遇冷结冻干裂和保墒，浇水后次日早晨结冰时覆盖一层干土或干粪，利于幼苗越冬。

采用小拱棚覆盖栽培的，播种后盖好小拱棚，使棚内温度保持在 $15\sim20$℃，晴暖天气如温度高，超过20℃时要放风降温，温度下降至15℃时关闭通风口。低温寒冷季节将塑料薄膜盖好，冬前可浇水 $1\sim2$ 次。

春季气温回升后，菠菜开始旺盛生长，需肥、水量大，必须供给充足的肥、水，才能丰产。此期要保持土壤湿润，不可干旱，应抓紧追肥浇水，促进营养生长，延迟抽薹期，一般追施尿素 $10\sim15kg/667m^2$。施肥后浇水，以发挥肥效。

（二）夏季栽培

菠菜为耐寒性喜冷凉的蔬菜作物，夏季的自然气候条件不利于菠菜的生长。在播种出苗后，温度较高且日照长，也容易发生先期抽薹。因此，菠菜夏季栽培面积较小。一般是利用山区或丘陵栽培，或利用棚室遮阳避雨进行遮阴网栽培。

1. 保护设施

遮阴棚可用遮阳网（遮阳率60％）等材料遮阴降温，形成较凉爽的小气候条件，易获得较高的收成。晴天的上午9时至下午4时的高温时段，要将温室、大棚用遮阳网遮盖防止强光直射，其他时间可卷起遮阳网，这样既可防止强光高温，又可让菠菜见到充足的阳光。保护设施的通风处最好安装40目的防虫网进行防虫。

2. 品种选择

选用耐热、生长迅速、对日照感应迟钝、不易抽薹的圆叶品种。如山东寿光地区多选用荷兰必久公司生产的 K4、K5、K6、K7 等品种。

3. 整地播种

棚室内的土壤为沙壤土时，可用畦播，行距 12cm，株距 2.5cm，播种 $1.75kg/667m^2$ 左右。土壤为黏质土时，因土壤水分不易下渗或蒸发，最好起垄栽培，一般每 50cm 起 1 垄，每垄播 2 行，穴距 5cm，每穴 2 粒，一般用种 $1kg/667m^2$ 左右。

播种时正处于高温季节，播前宜用冷水进行浸种，放在 $15\sim20℃$ 的低温处催芽。播种前先浇足底水，然后进行播种，覆土厚 2cm，盖土不易太薄，否则种子易落干。一般多行撒播，播后应立即遮阴。

4. 肥水管理

夏季设施栽培，在菠菜出苗后，宜用井水小水勤浇，以降低地温；高温天气，应在早晨或傍晚浇水。浇后及时进行中耕，既保湿又可防止苔藓生长，特别是刚出苗时，如果地面长满苔藓，菠菜就会出现严重的死苗和烂叶现象。$2\sim3$ 片真叶以后，追施 2 次速效尿素化肥，每次施肥后立即浇水。生长期内注意保持土壤湿润，防止地面干旱，造成植株缺水，这样可促进菠菜营养生长，延缓抽薹。当菠菜长到 $30\sim40cm$ 高时（播种后约 40d 左右）要及时收获。夏季菠菜容易腐烂，收获期宁早勿晚。

任务四　茼蒿设施栽培技术

茼蒿（*Chrysanthemum coronarium*）别名蒿子秆、蓬蒿、菊花菜，是菊科茼蒿属一二年生草本植物。在我国南北方均有栽培，以嫩叶和茎梢采食，富含维生素，可供生炒、凉拌、做汤等食用，烹调后鲜香嫩脆。茼蒿具有特殊香味，有蒿之清气、菊之甘香。

一、茼蒿的生物学特性

一年生草本，高 $30\sim70cm$。茎直立，光滑无毛或几乎光滑无毛，通常自中上部分枝。基生叶花期枯萎，中下部茎叶倒卵形至长椭圆形，长 $8\sim10cm$，二回羽状深裂，一回深裂几全裂，侧裂片 $3\sim8$ 对，二回为深裂或浅裂，裂片披针形、斜三角形或线形，宽 $1\sim4mm$。

头状花序通常 2～8 个生茎枝顶端，有长花梗，但不形成明显的伞房花序，或头状花序单生茎顶；总苞直径 1.5～2.5cm；总苞片 4 层，内层长约 1mm；舌片长 15～25mm。舌状花的瘦果有 3 条宽翅肋，特别是腹面的 1 条翅肋延于瘦果先端并超出花冠基部，伸长成喙状或芒尖状，间肋不明显，或背面的尖肋稍明显；管状花的瘦果两侧压扁，有 2 条突起的肋，余肋稍明显。花果期 6—8 月。栽培上所用的种子，在植物学称瘦果，有棱角，平均千粒重 1.85g。

二、茼蒿对环境条件的要求

1. 温度

茼蒿为半耐寒蔬菜，喜冷凉温和气候，不耐热，在 10～30℃的范围内均能生长，生长适温为 18～20℃，在 12℃以下和 29℃以上生长缓慢，能耐短期 0℃的低温，种子在 10℃即可正常发芽，发芽适温为 15～30℃。

2. 光照

茼蒿对光照条件要求不严格，较耐弱光，属于长日照作物，高温长日照引起抽薹开花。

3. 水分

茼蒿属浅根性蔬菜，生长速度快，单株营养面积小，要求充足的水分供应，土壤需经常保持湿润，在土壤相对湿度 70%～80%、空气相对湿度 85%～95%条件下，适宜茼蒿生长。

4. 土肥

茼蒿对土壤要求不严，但以肥沃的沙壤土为宜，土壤 pH 值适宜范围为 5.5～6.8，由于生长期短，且以茎叶为商品，故需适时追施速效氮肥。

三、茼蒿设施栽培的品种及类型

茼蒿依据叶片大小，分为大叶茼蒿和小叶茼蒿两类。

1. 大叶茼蒿

大叶茼蒿又称板叶茼蒿或圆叶茼蒿，叶片宽大肥厚，缺刻少而浅，嫩枝短而粗，纤维少，品质好，产量高，但生长慢，成熟略迟，栽培比较普遍。

2. 小叶茼蒿

小叶茼蒿又称花叶茼蒿或细叶茼蒿，叶狭小，缺刻多而深，叶薄，但香味浓，嫩枝细，生长快。品质较差，产量低，较耐寒，成熟稍早，栽培较少。

四、大棚茼蒿秋冬茬栽培

1. 品种选择

宜选择香味浓、叶厚枝肥、纤维少、品质佳、产量高、适合秋季种植的品种。多选用上海圆叶茼蒿、蒿子秆、花叶茼蒿、板叶茼蒿等优良品种。

2. 整地施肥

选择土层深厚、疏松湿润、有机质丰富、排灌方便、保水保肥力良好的中性或微酸性壤土为宜。播前深翻土壤，施腐熟粪肥 1000kg/667m²。施肥后将地面耙平作畦，畦宽 1.5m，高 20～25cm。

3. 播种

除少数进行育苗移栽外，多数情况下均是进行直播，撒播、条播均可。撒播用种 4～5kg/667m²。条播用种 2～2.5kg/667m²，行距 10cm。为了出苗整齐，播种前可对种子进行浸种催芽处理。先用 30～35℃的温水浸种 24h，洗后捞出放在 15～20℃条件下催芽，每天用清水冲洗，经 3～4d 种子露白时播种。保持适宜的温度，促使幼苗健壮生长。

播种后覆 1cm 厚细土，镇压，保持畦面平整。春季选晴天播种，播后用薄膜覆盖，出苗后适当控水，夏秋气温高，播种后应用遮阳网膜等覆盖物覆盖，保持土壤湿润。若育苗移栽，苗龄需要 30～35d。

4. 田间管理

（1）水分管理。播后 7d 左右即可出苗。当苗长到 2～3 片真叶时应进行间苗，保持株行距 4cm，并拔除田间杂草，以保证幼苗有一定的营养面积。苗期水分管理采取小水勤浇的方法，每天早晚各淋 1 次水，要保持地面湿润，以利于出苗。育苗移栽的，在定植 2～3d 内每天淋 1～3 次小水，以后每天早晚各浇 1 次水。生长中期，应保持土壤湿润，并防止湿度过高，但不能积水。秋冬茬茼蒿播种后，出土前需每天浇水，保持土壤湿润。

（2）追肥管理。植株长到 12cm 时开始分期追肥，以速效氮肥为主。结合浇水，施尿素 15kg/667m^2。每次采收后均要进行追肥，施用尿素 10～20kg/667m^2 或硫酸氨 15～20kg/667m^2，以勤施薄肥为好。但下次采收距上次施肥应该有 7～10d 以上的间隔期，以确保产品品质。

（3）温度管理。长江中下游地区，冬季棚膜覆盖保温。白天棚内温度超过 29℃ 以上时进行通风。

（4）采收。分一次性采收和分期采收两种。一次性采收是在播后 40～50d，苗高 20cm 左右，贴地面割收；分期采收是当茼蒿苗高 14～16cm 时开始采收，一般选大株分期、分批采收，以嫩梢为主的，采摘时留基部 1～2 节摘茎收获，并促进侧枝再生，直到开花为止，以延长供应期。

实例 4-5 大棚芹菜周年多茬高效种植技术

据浙江省慈溪市市农业技术推广中心介绍：大棚 1 年种植 3 茬芹菜，经济效益好，芹菜 1 年产值可达 37.5 万～49.5 万元/ hm^2，去除土地租赁费、人工、化肥 、农药、种子等直接生产成本、大棚折旧费等，年净收入 28.5 万～36 万元/ hm^2。关键技术如下。

一、种植茬口与季节安排

（1）大棚早春栽培。芹菜于 1 月上旬至 3 月直播，4 月上旬至 6 月采收。

（2）大棚避雨遮阴栽培。芹菜于 5 月初至 7 月播种，6—8 月定植，8—9 月采收。

（3）大棚秋冬栽培。芹菜于 9—10 月播种，10—11 月定植。12 月至翌年 1 月采收。

二、栽培技术要点

1. 大棚早春芹菜

（1）整地施基肥。整地施入菜饼 1500kg/hm^2，过磷酸钙 1500kg/hm^2 作基肥。

（2）品种选择与播种。选择台湾 2 号西芹等品种，于 1 月上旬至 3 月分期分次直播。种子播种前先浸种 12～20h，1—2 月播种的，播种后覆盖地膜，待出苗后揭除，用种量 3.75kg/hm^2。

（3）田间管理。

1）肥水管理。出苗后 45d 左右第 1 次追肥，施芬兰复合肥 N∶P∶K（13∶10∶21）750kg/hm^2，间隔 15～20d 后再追肥 1 次，施芬兰复合肥（13∶10∶21）1500kg/hm^2。

2）大棚环境调控。1—2 月采用单层覆盖技术，加强夜间保温。出苗后，随着气温上升，逐渐揭起两侧裙膜，日揭夜盖。

3）除草及定苗：出苗后 15d 喷 1 次 15％精稳杀得 750mL/hm²，或 5％精禾草克乳油 450～750mL/hm² 除杂草，出苗后 45d 左右定苗，株、行距为 5cm 和 5cm，同时再喷施 1 次除草剂。

（4）病虫害防治。早春芹菜生长期基本无病害，主要虫害有蝼蛄、蚜虫等。选用 10％一遍净 1000 倍液喷雾防治；播种覆土后撒施 3％辛硫磷颗粒剂 30～45kg/hm²，出苗后浇施 50％辛硫磷 1000 倍液防治蝼蛄。

2. 大棚夏芹菜

（1）整地施基肥。整地施入芬兰复合肥（13∶10∶21）375kg/hm²、过磷酸钙 1500kg/hm² 作基肥。

（2）品种选择与育苗。选用宝大黄心芹等品种。种子浸种 6～8h，放在冰箱冷藏层 10℃左右低温下催芽 7～10d，其中需拿出清洗 1～2 次，用种量为 1.5kg/hm²。大棚覆盖遮阳网进行育苗，出苗前不揭遮阳网，出苗 15d 后开始揭开遮阳网，白天 9∶00—16∶00 覆盖，其余时间揭开，阴天不盖。出苗前清晨和傍晚各喷灌喷水 1 次，生长期每隔 1d 傍晚喷灌 1 次。

（3）定植。苗龄 45～50d 时移栽，行距为 12cm，株距为 12cm，每穴栽种 2 株。

（4）田间管理。

1）肥水管理。移栽后 15d 第 1 次追肥，施芬兰复合肥（13∶10∶21）750～1125kg/hm²，间隔 10～15d 后再追肥 1 次，施芬兰复合肥（13∶10∶21）750kg/hm²。

2）大棚环境调控。生长期全程覆盖遮阳网，白天 9∶00～16∶00 覆盖，其余时间揭开，阴天不盖。天晴每天喷 1 次水。

（5）病虫害防治。夏芹菜主要病害有软腐病、叶斑病、蚜虫、红蜘蛛、斜纹夜蛾、潜叶蝇等。选用 20％龙克菌 500 倍液、77％可杀得 500 倍液浇灌防治软腐病；用 75％百菌清 800 倍液防治叶斑虫、红蜘蛛；用 75％灭绳胺 5000 倍液防治潜叶蝇；用 5％抑太保 1500 倍液防治斜纹夜蛾。

3. 大棚秋冬芹菜

（1）整地施基肥。同大棚早春芹菜。

（2）品种选择与播种育苗。选用青芹自留种等品种。多为育苗移栽。2 月上旬时收获的于 10 月初播种。播前浸种 8～10h。

（3）种植密度。育苗移栽的行距为 12cm，株距为 10cm，每穴栽种 2 株。

（4）田间管理。肥水管理、除草等同早春芹菜。气温较低时覆盖棚膜，气温较高时适时通风。

（5）病虫害防治。苗期病虫害主要有蝼蛄、斜纹夜蛾和叶斑病。防治方法同上。

三、产量及效益

经测产：早春芹菜产量 7.5 万～9 万 kg/hm²，产值 15 万元/hm²，净收入 12 万元/hm²，夏芹菜产量 4.5 万 kg/hm²，产值 13.5 万～22.5 万元/hm²，净收入 10.5 万～15 万元/hm²；秋冬芹菜产量 4.5 万～6 万 kg/hm²，产值 9 万～12 万元/hm²，净收入 6 万～9 万元/hm²。合计产量 16.5 万～19.5 万 kg/hm²，产值 37.5 万～49.5 万元/hm²，净收入 28.5 万～36 万元/hm²。

实例 4-6　两菜一瓜与甜玉米高效搭配大棚栽培周年茬口安排

近年来，江苏省滨海县东坎镇农民对两菜一瓜（即菠菜、大白菜、瓠瓜）与甜玉米采用早熟高效搭配设施栽培技术，每 667m² 产菠菜 4000kg、瓠瓜 4500kg、甜玉米青穗 900kg、大白菜 4000kg，产值 15000 元/667m² 左右，获得了较高的经济效益。其主要技术如下。

1. 茬口安排

菠菜 10 月下旬播种，春节前后上市。瓠瓜 2 月上旬播种，冷床育苗，2 月下旬有 2 片真叶时移栽，6 月下旬让茬。甜玉米 3 月上旬播种，7 月下旬上市。大白菜 8 月上旬播种，11 月上旬上市。

2. 品种选择

（1）菠菜。选用尖叶品种。稻收后耕翻晒垡 2～3d，结合整地每亩施氮磷钾复合肥 20kg，做畦后撒播菠菜。每 667m² 用种量 1.5kg，播后浇透水。上市前 10d 施 5～7kg/667m² 尿素，使菠菜上市时更显嫩绿。

（2）瓠瓜。选用南京条瓠瓜或合肥线条瓠瓜品种。菠菜收获后，结合整地施优质农家肥 3500kg/667m²、氮磷钾复合肥 25kg/667m²。做畦搭中棚栽植瓠瓜，每畦中间栽 1 行瓜苗，穴距 40～50cm，每穴 2 株。瓜苗有 4～6 张叶时，用 150mg/L 的乙烯利溶液喷洒，过 5～7d 再喷洒一次，促进瓠瓜多开雌花。同时施 10～15kg/667m² 尿素作发棵肥。瓠瓜开花时进行人工授粉、并用 15～20mg/L 的 2，4-D 溶液点涂瓠瓜柄，减少脱落。瓠瓜坐瓜后一般不施肥，以防瓜味变苦。瓠瓜体色青绿时即可采摘上市。

（3）甜玉米。选用苏玉糯 2 号等品种。3 月上旬套播在瓜畦边，每畦 2 行，株距 15～20cm。幼苗 3 叶期间苗补缺。6 月中旬气温升高后，及时松土，除草施肥。施尿素 15～20kg/667m²、粪水 2000kg/667m²。甜玉米生长中后期注意防治玉米螟等害虫。在甜玉米果穗中部子粒手掐有少量流浆时采收，分期分批上市。

（4）大白菜。选用鲁白 1 号等中熟品种。7 月下旬瓠瓜和甜玉米让茬后，施氮磷钾复合肥 25kg/667m² 作基肥，整地做畦。8 月上旬穴播大白菜。在菜苗子叶平展时第一次间苗，4～5 叶期第二次间苗。每穴留苗 2～3 株，2200～2400 株/667m²。菜苗 8～9 叶期施 10～15kg/667m² 尿素作发棵肥。开始包心时，施 7～10kg/667m² 尿素。大白菜在栽培过程中，要注意抗旱降渍和防病治虫。

3. 栽培方式

采用大棚冬天保温、夏天遮阴降温、全程避雨、地面覆盖（主要是种植瓠瓜采用）等。

实训 4-8　蔬　菜　定　植

一、目的与要求

蔬菜定植是育苗移栽蔬菜栽培过程中的重要环节。通过实训，掌握蔬菜定植方法及技术。

二、材料与用具

适合定植蔬菜适龄秧苗，已做好的畦，水桶、水勺、小铲等。

三、方法步骤

1. 定植时期

喜温、耐热性蔬菜春季定植时期是当地晚霜结束后或 10cm 地温达到 10～15℃，秋季定植期以早霜之前收获完毕为准根据生育期向前推算；耐寒、半耐寒性蔬菜春季定植时期是当地土壤化冻或 10cm 地温达到 5～10℃，秋季定植期以早霜开始后 15～20d 收获完毕为准根据生育期向前推算。

2. 定植密度

一般黄瓜定植密度为 3000～4500 株/667m²，行距 60～80cm，株距 20～30cm，番茄定植密度为 2500～4000 株/667m²，行距 50～60cm，株距 30～40cm；甜椒（每穴双株）定植密度为 4000～4500 株/667m²，行距 50～60cm，穴距 30～40cm；结球甘蓝定植密度为 3000～3500 株/667m²，行距 50cm，株距 40cm。

3. 定植深度

一般以不埋住子叶和生长点为宜，徒长苗适当深栽。

4. 定植方法

（1）明水定植。在做好的畦内，按株行距开穴或开沟栽苗，覆土封穴（沟）后逐畦浇足水。其优点是：定植速度快，省工，根际水量充足。缺点是易降低地温，表土易板结。一般用于夏秋季高温季节蔬菜定植，且选择阴天、无风的下午或傍晚定植为宜。

（2）暗水定植。在做好的畦内，先按株距，行距开穴，逐穴浇足水，待水渗下一半时，摆苗坨，水完全渗下时覆土封穴。此法因地温不易下降，常用于低温季节蔬菜定植。宜选择晴朗、无风的中午定植为宜。

无论哪种定植方法，起苗、运苗、栽苗过程中要轻拿轻放，不伤根，不散坨。

四、作业

（1）待定植成活后，检查统计成活率，依定植成活率评定成绩。

（2）根据自己定植的蔬菜成活率，分析影响蔬菜定植成活率的因素。

实训 4-9 蔬菜的采收及采后处理

一、目的和要求

蔬菜及时采收及采后处理是保证蔬菜产品产量和质量、提高商品价值的重要环节。通过实践，掌握蔬菜适宜的产品成熟度，做到不同蔬菜适期采收，净菜上市。

二、材料与用具

各类型蔬菜

三、方法步骤

1. 蔬菜产品成熟度

（1）商品成熟。指产品质量符合商品要求的程度。

（2）技术成熟。指根据运输、储藏、加工等目的而确定的成熟度。

（3）生理成熟。指蔬菜产品达到生物学成熟度。

2. 采收时期

按生理成熟度采收蔬菜，如西瓜、甜瓜、番茄、干用辣椒、实用种子的豆类等，应在产品达到生理成熟时采收；按技术成熟度采收的蔬菜，如鲜食番茄远途运输时应在绿熟期或转色期采收，罐藏番茄必须在完熟期采收；按商品成熟度采收的蔬菜，如产品为储藏器官的鳞茎、球茎、块茎、根茎，应在养分基本完成转移、叶部衰败时采收。绿叶菜类以植株有一定大小时采收为宜。结球的叶菜在叶球基本充实时采收。黄瓜、苦瓜、丝瓜、瓠瓜、西葫芦、茄子等以嫩果作为产品的蔬菜，应在果实已膨大但种子未硬化前采收。实用嫩荚的豆类蔬菜，应在豆荚已肥大而荚壁尚柔软、种子乳熟时采收。

3. 采收方式

采收方式包括一次性采收、多次性采收。

4. 采收方法

采收方法包括拔收、掘收、砍收、摘收、割收、掰收等。

5. 蔬菜的采后处理

对采收的蔬菜产品进一步进行简单整理（去泥沙、去外叶、去老病叶、去根去顶等）、分级（按大小、好坏）、简易包装（捆绑、包装）。

四、作业

（1）根据蔬菜种类和生产目标不同，有哪些采收标准？

（2）常见的蔬菜采收方法有哪些？

（3）蔬菜采后处理包括哪些环节？

思考

1. 越冬菠菜如何保证幼苗安全越冬？

2. 根据芹菜产量的构成因素，说明丰产栽培的主要技术环节。

3. 茼蒿的生态学特点是什么？

4. 小白菜的肥水管理有哪些特点？

5. 叶菜类蔬菜全年均衡生产的措施主要有哪些？

参 考 文 献

［1］ 张海利，张德威．大棚番茄越冬栽培技术［J］．温州农业科技，2011（2）．

［2］ 陈建林，龚静，查丁石．茄子设施栽培技术［J］．现代农业科技，2010（05）．

［3］ 陈彬．南方设施大棚辣椒冬春大茬高效栽培技术［J］．现代农业科技，2011（23）．

［4］ 王初田．辣椒设施高产高效栽培技术［J］．现代园艺，2012（15）．

［5］ 林燚，杨瑜斌，朱伟君，等．设施西瓜长季节栽培关键技术探讨［J］．中国瓜菜，2009（6）．

［6］ 丁兰，吴田铲，秦建伟，等．瓠瓜设施栽培品比试验［J］．上海蔬菜，2010（5）．

［7］ 徐志红，徐永阳．安全甜瓜高效生产技术［M］．郑州：中原农民出版社，2010．

［8］ 周克强．蔬菜栽培［M］．北京：中国农业大学出版社，2007．

［9］ 张振贤．蔬菜栽培学［M］．北京：中国农业出版社，2006.8（第一版）．

［10］ 梁称福．蔬菜栽培技术（南方版）［M］．北京：化学工业出版社，2009．

［11］ 谭素英．无籽西瓜新品种及关键技术图说［M］．北京：化学工业出版社，2009．

［12］ 孔娟娟，张立平，郭书著．棚室茄子万元关键技术回答［M］．北京：中国农业出版社，2008．

［13］ 王久兴．无公害辣椒安全生产手册［M］．北京：中国农业出版社，2008．

［14］ 陆国一．绿叶菜周年生产技术［M］．北京：金盾出版社，2002．

［15］ 张云海，周庆龙．怎样种好大棚秋菠菜［J］．农民致富之友，2008（1）：13．

［16］ 徐跃进，向长萍，晏儒来，等．早熟耐热菠菜"华菠3号"［J］．园艺学报，2001，28（4）：381．

［17］ 祝洪海，孙共鸣．越夏菠菜病虫害无公害防治技术［J］．蔬菜，2008（7）：22－23．

［18］ 孙树海，刘忠锋．越冬菠菜无公害生产技术［J］．现代园艺，2009（12）：53．

［19］ 刘迎新，张磊，邹辉，等．AA级绿色食品菠菜栽培技术规程［J］．农业环境与发展，2003，20（6）：5，20．

［20］ 王建国，伊玉红．圆叶菠菜良种生产及制种技术［J］．黑龙江科技信息，2007（24）：141．

［21］ 应芳卿．晚秋菠菜越冬栽培技术［J］．安徽农学通报，200612（9）：73．

［22］ 曹雪会．越夏芹菜栽培关键技术［J］．上海蔬菜，2006，（6）：37．

［23］ 金新华．芹菜空心与防治［J］．蔬菜，2008（11）：23．

［24］ 曾剑超，夏天兰，吴希茜，等．鲜切芹菜加工关键技术的研究［J］．江西食品工业，2008，（1）：31－32．

［25］ 张春生．早春软化芹菜栽培［J］．河北农业科技，2004，（11）：8．

［26］ 许西梅，郭智勇．夏芹菜高产高效栽培技术［J］．西北园艺，2010（3）：23－24．

［27］ 邓娟．秋冬茬芹菜栽培技术［J］．农村科技，2009，（7）：81．

［28］ 杨海鹰，李华，曹海燕．芹菜周年栽培技术［J］．上海蔬菜，2009（6）：25－26．

［29］ 杜昌学，郑敏军．露地反季节芹菜高效栽培技术［J］．陕西农业科学，2007（4）：172－173．

［30］ 魏超．温室茼蒿栽培技术［J］．特种经济动植物，2006，9（8）：30．

［31］ 祁玉萍，李晓娟，岳兴星．茼蒿无公害栽培技术［J］．河北农业科技，2008，（2）：14．

［32］ 马兴华．茼蒿冬季大棚双膜覆盖高效栽培技术［J］．中国瓜菜，2009，22（4）：52－53．

第五篇　果树设施栽培技术

　　果树设施栽培，是指利用温室、塑料大棚或其他设施，通过改变或控制果树生长发育的环境条件，包括光照度、温度、水分、气体和土壤条件等，对果树的生长、结果进行人工调节的一种高产、高效的栽培技术措施。其目的主要是提早和延长新鲜果实的供应期，调节淡旺季市场；改善不良环境的影响，提高品质和产量，取得远高于露地栽培的经济效益。果树设施栽培对于推动农业科技进步、产业转型升级、实现农业现代化具有极其积极的意义。

　　设施栽培是高科技高投入高产出的项目，他随科技和经济的发展而发展。世界果树设施栽培已有 100 余年的历史，但较大规模的发展是在 20 世纪 70 年代后，随着果树栽培集约化的发展，世界各国果树设施栽培的面积逐步增加。以日本、意大利、荷兰、加拿大、比利时、罗马尼亚、澳大利亚、新西兰、美国等国发展较多，其中日本是世界上果树设施栽培面积最大、技术最先进的国家。

　　我国果树设施栽培，始于 20 世纪 70 年代，1978 年黑龙江省齐齐哈尔园艺研究所开始了塑料薄膜日光温室栽培葡萄的试验，获得成功后又在塑料大棚内试验成功。20 世纪 80 年代末、90 年代初，随着社会经济、科技的发展，人们生活水平提高和对市场需求的增加，果树设施栽培有了较快发展，并逐步成了果树生产发展的一种新趋势。其后，辽宁、山东等地果树工作者对果树设施栽培进行了大量研究和推广。据不完全统计，至 2008 年，全国设施果树栽培面积达 10 万余 hm^2。主要分布在山东、辽宁、北京、河北等省市。设施栽培树种以草莓、葡萄、桃、油桃为主，杏、李、樱桃为辅。设施类型以日光温室为主，塑料大棚为辅。而南方果树设施栽培起步较晚于北方，但由于南方等沿海省份经济较为发达，优质水果市场需求较大，对农业设施投入力度也大，从而大大促进了设施栽培快速发展。设施类型以塑料大棚为主，避雨棚为辅。设施栽培方式以促成栽培、避雨栽培为主，延后栽培为辅。设施栽培种类以草莓、葡萄为主，樱桃、桃、杨梅、枇杷、柑橘等为辅。"十五"期末，浙江设施栽培面积已达 6.5 万余 hm^2，其中果树设施栽培面积达 $7645hm^2$；至 2013 年，浙江省果树设施栽培面积已达 3.73 万 hm^2，为 2008 年的 2.76 倍，占全省果树栽培总面积 32.67 万 hm^2 的 11.42%。其中葡萄设施栽培达 2 万 hm^2，草莓设施栽培达 0.53 万 hm^2，多数产值达 45 万元/hm^2，成为高效农业的重要内容。

项目一　葡萄设施栽培技术

> **· 学习目标**
>
> 　　知识：了解葡萄的生长发育特点、对环境条件要求及其适宜的栽培设施、主要品种等；掌握葡萄促成栽培花期调控、温湿度调控、植株调整、花果管理、肥水管理、病虫害防治技术等。
>
> 　　技能：会选择葡萄设施栽培的适宜设施和栽培品种；会对葡萄不同栽培方式进行温、光、水、气、肥等环境调控；会对葡萄进行合理的整形修剪、疏花疏果、灌溉施肥、保温防冻、防病治虫等管理。
>
> **· 重点难点**
>
> 　　重点：葡萄设施栽培的催芽、温度管理、光照管理、灌溉施肥、整形修剪、保花保果、疏花疏果、病虫害防治等管理技术。
>
> 　　难点：葡萄设施栽培的整形修剪，温、水、光、肥、气等环境调控、疏花疏果、病虫害防治技术。

　　葡萄为葡萄属葡萄科植物，其果实为浆果，果实颜色有黑色、紫色、红色、白色等。葡萄以其色美、气香、味可口，被人们视为珍果，也被列为世界四大水果之首。葡萄不但营养丰富、食用方便、用途广泛，既可鲜食又可加工成各种产品，如葡萄酒、葡萄汁、葡萄干等，鲜果及其加工品都有很好的营养保健作用；且果实、根、叶皆可入药，全身都是宝。随着人们生活水平的不断提高，市场前景越来越广阔。

　　葡萄生长快，结果早，见效快。葡萄一般第一年种植，第二年就可以结果，第三年就可以丰产，第三年后管理得当可实现产量 15t/hm²，产值超 15 万元。

　　葡萄适应性强，易栽易控易更新。葡萄为木质藤本植物，对土壤适应性很强；根系生长能力及产生不定根能力都很强，枝梢生长和更新能力也很强。因此，葡萄很适于设施栽培，可以根据地形地理及设施条件采用不同的栽培方式，还可以根据不同栽培方式选择树形和修剪方式；并很易更新枝梢、更新树形，甚至更新根系；可以根据需要，合理的控制长势和产量；特别是南方多数地区多雨高湿，露地栽培葡萄病害多、品质差、产量不稳，而采用设施栽培可以避免这些不利因素，取得良好的栽培效果。

　　南方葡萄设施栽培的主要意义有：

　　(1) 具有避雨作用。使植株免受雨淋，减轻病害的流行与传播，利于病害的控制及减少用药次数和成本，减轻农药对果实的污染，利于生产绿色食品。

　　(2) 拓宽葡萄品种的适栽范围。使一些高档、优质但抗病性弱，不宜多雨高湿区露地栽培的欧亚品种，可在浙江、上海等南方地区种植，扩大了品种的适栽区域，丰富了南方宜栽品种。

（3）改变生态条件，提高品质。设施栽培改变了葡萄生长的温度、水分等环境条件，延长了生育期，提高了坐果率，减轻了病虫侵害，提高了果实含糖量，从而提高了果品外观及内在质量。

（4）延长果品供应期。采用不同的设施类型调节生育期，达到延长上市供应期。如促成栽培可提早葡萄的成熟期；避雨栽培可延迟葡萄的采收期。

（5）高投入、高产出。设施栽培需搭建大棚等设施，一次性投入较大，栽培要求也较高；但因品质优，售价高，效益也高。

任务一　认识葡萄的栽培特性

一、葡萄的生物学特性性

（一）根系

葡萄根系的生长周期受温度、光照、水分、地域、土壤及品种等因素的影响。一般一年中有两次发育高峰，一次在春夏季，新梢第一次生长高峰过后；一次在秋季，新梢第二次生长基本停止时，其中，以春夏季发根量较多。

当土壤温度达到5℃以上时，根系开始活动，地上部分有伤流出现，土壤温度达到12℃以上时根系开始生长，土壤温度超过28℃，根系停止生长；当土壤温度在15～22℃、田间持水量在60%～78%时，根系处于旺盛生长状态。若土温适宜，根系可周年生长而无休眠期。

葡萄根系生长喜氧，当土壤中氧浓度小于5%，果粒较酸，果实着色差。根系浸水时，可导致缺氧，造成根部腐烂，故灌水不可太过，在雨季生产园或苗圃都应及时排水。

（二）枝梢

1. 枝的分类

葡萄为木质藤本植物，其枝梢蔓生，故又称枝蔓或茎。枝梢细长、坚韧、组织疏松、生长迅速、具有卷须。枝梢根据生长前后及所起作用不同可分为主干、主枝、侧枝、结果母枝、新梢。主干是指由地面到第一个分支处的那部分枝干，主枝是着生在主干上的分枝，侧枝是着生在主枝上的分枝，上一年生长成熟的枝梢经冬季修剪形成来年的结果母枝。结果母枝和主干、主枝、及侧枝构成葡萄的骨架。

葡萄的结果母枝和预备枝共同构成结果枝组，结果枝组生长健壮，分布合理是葡萄优质丰产的基础。结果枝组上的芽当年抽生的新梢中带花穗的称为结果枝，不带花穗的为营养枝或预备枝。新梢叶腋中的夏芽萌发的副梢称为夏芽副梢，当年形成的冬芽一般不萌发，受摘心等刺激才萌发。副梢依抽生的先后可分为一次副梢、二次副梢和三次副梢等，除结果枝组外，还有徒长枝和萌蘖枝（从基部隐芽萌发出的枝），一般情况下此类枝应及时疏除，但有时为了平衡或更新树势，可对其进行修剪控制，以培养成新的骨干枝或结果枝组，更新复壮。

2. 枝的形态结构

葡萄的枝有节和节间组成。其节间两端的横膈膜起储藏养分的作用，同时对枝组织的结构起加固作用。枝的颜色和节间长度因品种和发育状况不同而不同。一般情况，充分老熟、发育良好的枝，入冬前节间较短、颜色较深、髓部较小；发育不够老熟或充实的枝表现为节间长、颜色浅、髓部中空大，储存养分少，一般修剪时应剪去。

3. 新梢的生长

葡萄新梢生长迅速，一年中能多次抽生，抽生的次数因品种、气候、土壤及栽培技术（如夏季修剪次数等）而异。当气温昼夜稳定在10℃以上时，葡萄芽开始抽生新梢，一般平均2～3d长出一节，节间长短与气温有关，新梢基部因气温低生长缓慢，节间短，花穗上部的节间，因气温高生长速度较快，节间较长。

葡萄新梢年生长量可达1～2m，甚至更长，生长期内有两次生长高峰，萌芽后随温度的升高，生长速度逐渐加快，到20℃左右时达到高峰，一昼夜生长量可达10cm以上。即出现第一个生长高峰，此段时间内新梢生长量可达全年总生长量的60%。此时生长的枝梢营养良好，生长健壮，对当年葡萄产量、质量及来年的花芽分化具有决定性意义。新梢的第二次生长高峰往往以副梢为主，主要在果实采收后才表现出来，此次生长量小于第一次。一般9月下旬后，随气温下降，生长缓慢，到10月中旬停止生长，至12月随着落叶进入休眠期。

（三）芽

1. 芽的类型

葡萄的芽为混合芽，位于叶腋内，能发育成枝、花、叶等器官。可分为冬芽、夏芽和隐芽三种。

（1）冬芽。冬芽是几个芽的复合体，由1个位于中间的主芽和其周围的3～8个副芽组成，芽的外部有一层起保护作用的鳞片。春季随温度升高，主芽先萌发，而副芽很少萌发，当主芽受损时，副芽则可萌发成新梢，但着生的花芽较主芽少。一般枝的基部芽眼质量较差，而中部的芽眼多为饱满的花芽，上部的芽次之。此外，不同品种优质芽的着生部位有所不同，修剪时应根据饱满芽的着生部位进行合理留芽。

（2）夏芽。因无鳞片保护又称裸芽。夏芽也位于叶腋中，一般当年分化当年萌发为副梢，副梢抽生的多少和强弱与品种特性和栽培管理有关，生产中要注意结合夏季修剪，及时疏除多余的副梢，而幼树阶段也可利用副梢加速成形，以利提前丰产。

（3）隐芽。是生长在多年生枝上发育不完全的芽，寿命较长，一般不萌发，只有在受到刺激时才能萌发成新梢，生产中可利用隐芽对老树进行更新，复壮树势。

2. 花芽分化

葡萄的花芽分化必须在营养生长达到一定阶段，具备了形成花芽的物质基础时才能进行，冬芽花序的分化，从开始分化到开花约需要一年时间。大部分品种从主梢开花后由下至上进行花芽分化，随抽枝随长叶随分化，到当年秋季分化成花序和花原基后越冬，次年春天随芽眼的萌发，边抽枝长叶边继续进行花器官的分化。

自然状态下，一般夏芽萌发的副梢不形成花穗结果，若对主梢进行摘心，则能促进夏芽的花芽分化，抽生出的副梢上若有花芽分化，则可利用其二次结果。

（四）叶

葡萄的叶为单叶互生，由叶片和叶柄组成。叶片由幼叶长到功能叶一般需30～40d，其功能随叶片的增大而增强，当叶片长到正常大时，功能最强，以后逐渐降低，直到衰老。所以在始花期以摘心来保花保果，摘心时一般摘去结果枝顶端叶小于1/3～1/2正常叶大的幼嫩部分。生长后期，副梢上的叶片制造营养的功能是主梢老叶的5～7倍，因而生长后期适当留副梢叶对于树体非常重要。同时，也要注意防治病虫害，不使功能叶片受到损伤。

（五）花、花序和卷须

1. 花

葡萄的花有两性花（完全花）、雌能花和雄能花三种类型，后两种称不完全花。

（1）两性花。由花冠、雌蕊、雄蕊、花梗、花托、花萼6部分组成。两性花的雄蕊和雌蕊都发育完全，能自花结实。当前生产上大多数品种都是两性花。

（2）雌能花。具有发育正常的雌蕊，但雄蕊退化或发育不正常，表现为雄性不育。如黑鸡心、白玉、安吉文等品种，种植时需配备授粉品种才能获得好的产量。

（3）雄能花。在花朵中仅有发育正常的雄蕊，无雌蕊或雌蕊发育不完全，不能结果实。如山葡萄、刺葡萄等野生山葡萄属于此类。

2. 花序和卷须

葡萄的花序和卷须均着生在叶的对面，为植物学上的同源器官，都是茎的变态。

花序也称花穗，为复总状花序。花序通常着生在结果枝的第3～7节上。花序的形成与营养状况密切相关。肥水充足、营养状况良好时，花序发育完全，花蕾多。反之，发育不完全，花蕾稀少。多数葡萄的花序上有3～5级分枝，基部的分枝多，顶部的分枝少，分枝级数多数因品种而异。发育完的花序一般有200～500个花蕾，最多可达1500个，花序中部的花质量最好，所以对于穗大粒大的四倍体品种，应特别注意疏花序，每穗留中部100～150朵花，以提高坐果率。

卷须在新梢上着生部位与花序相同，其作用是攀缘他物，固定枝蔓。在实际生产中为减少养分消耗、防止其扰乱树形，常将卷须摘除，而采用人工引绑固定在架面上。

（六）果穗

葡萄受精后，花朵的子房发育成浆果，花序发育成果穗。果穗由穗梗、穗节、穗轴和果粒组成。果穗的形状依品种而异，一般可分为圆锥形、圆柱形和分枝形。

果穗的大小多以重量分级，一般平均穗重800g以上为特大穗，穗重451～800g为大穗，穗重251～450g为中穗，穗重101～250g为小穗，穗重100g以下为极小穗。

二、葡萄对环境条件的要求

（一）温度

葡萄原产于温带，是喜温暖而不抗寒的果树，葡萄各个种群及品种在各生长时期对温度的要求是不一样的。

欧洲种葡萄萌芽要求平均温度在10～12℃，开花、新梢生长和花芽分化的最适温度为25～30℃，低于12℃时新梢不能正常生长，低于14℃时葡萄就不能正常开花。葡萄成熟的最适温度是28～32℃，低于16℃时成熟缓慢，果实糖少酸多，温度高则果实糖多酸少，气温高于40℃时，果实会出现枯缩，以至干瘪。

美洲种和欧美杂种葡萄较抗寒，有时在−4～−3℃的温度下也不发生冻害。欧洲种休眠期芽眼可耐−17℃，在−18～−19℃则发生冻害。故冬季−17℃的绝对最低温度等温线是我国葡萄冬季埋土防寒和不埋土防寒露地越冬的分界线。南方一般冬季都在−17℃以上，所以栽培葡萄无需埋土，比北方节省了很多环节和工本。

葡萄物候期和年生长期所需热量常以有效积温来表示，葡萄对有效活动积温的要求比较敏感，不同成熟期的品种从发芽到果实成熟所需有效积温量不同，一般极早熟品种到晚熟品种大于 10℃ 的有效活动积温在 2100～3500℃ 不等。

（二）光照

葡萄是典型的喜光植物，光照时间多少、强弱直接影响葡萄器官、组织的分化、生长和发育。光照充足时，葡萄叶片厚而色浓，植株生长健壮，花芽分化良好，产量高、品质好。光照不足时，叶片薄而色淡，植株细弱，花芽分化不良，落花落果严重，产量低、品质差，且抗寒能力弱，次年植株生长和结果不良。所以，葡萄进行优质高效栽培时，一定要注意夏季枝叶管理，使叶幕层厚薄、稀疏合理，树冠上下及两侧叶片均能接受到充足的阳光。欧亚种品种比美洲种品种对光照条件要求更高。

（三）水分

水分是葡萄生长、发育过程中有机物合成和分解不可缺少的物质，是葡萄植株各组织、器官的主要组成成分，一般葡萄果实含水达 80％，叶片含水 70％，根和枝蔓含水约 50％。葡萄不同生育期对水分要求不同。如在萌芽期、新梢迅速生长期和膨大期需水量大，要求土壤水分充足。但土壤中水分过多时，会使植株徒长，组织疏松脆弱，抗性较差。同时还会引起土壤中缺氧，根系吸收功能下降，甚至窒息死亡。如土壤缺水，加上空气干燥，则会引起枝叶生长量减少，易导致落花落果，影响果实膨大，产量、品质下降。

在露地自然栽培下，降水季节及雨量分布对葡萄生长和果实品质及产量影响很大。春季芽眼萌发时，若雨量充沛，则利于花芽原始体继续分化和枝梢生长。葡萄开花时，需要晴朗温暖和相对较为干燥的气候，如花期遇连续阴雨或天气潮湿，则会阻碍正常开花和授粉、受精，引起子房或幼果脱落。葡萄成熟期雨水过多或阴雨连绵，会引起葡萄糖分降低、病害滋生，烂果裂果，对葡萄品质影响尤为严重。葡萄生长后期多雨，新梢成熟不良，越冬时容易受冻或第二年生长不良。在过于干旱的情况下，葡萄枝叶生长缓慢，叶片光合效能减弱，呼吸作用加强，也常导致植株生长量不足，果实含糖量降低，酸度增高。因此，进行优质高效栽培时，一定要依据葡萄园的干湿情况进行适时的灌溉和排水，使土壤水分保持相对稳定。

（四）土壤

葡萄对土壤的要求不是太严，除了重盐碱地、沼泽地及黏重的土壤外，其余各种土壤上都可栽种葡萄。但不同的土壤，葡萄的生长势、产量、品质和风味等均有明显的差异。进行葡萄优质高效栽培时，最好选择土质疏松肥沃、灌排畅通、地下水位在 1m 以下，土壤 pH 值为 6.5～7.5 的沙壤土或壤土。

不同葡萄品种对土壤酸碱度的适应能力有明显差异，一般欧洲品种碱性土壤上生长较好，根系发达，果实含糖量高、风味好，在酸性土壤上长势较差；美洲种和欧美杂交种则较适应酸性土壤，在碱性土壤上长势略差。

任务二　了解葡萄设施栽培的主要类型和适宜品种

一、南方葡萄设施栽培主要类型

（一）避雨栽培

早春萌芽前或开花前对葡萄架面顶部实行塑料薄膜覆盖，避免雨水直接接触葡萄叶面和花果，采收后撤膜转为露地栽培或一直覆盖的栽培方式（图 5-1）。这种栽培方式一般可比露地栽培提早成熟 3～5d。

图 5 - 1　葡萄避雨栽培

　　该栽培方式一般采用避雨棚或单栋大棚（GP - C832 或 GP - C835 等）覆盖栽培。避雨棚常为单行小棚覆盖，即行距 2.6～2.8m，每一行葡萄搭建一小拱棚。单栋大棚常每棚栽植 2～3 行，株距 1.5m 左右。该类型常采用双十字、三十字"Y"形或"V"形篱架。它具有投资低、管理方便、效益高等优点，浙江嘉兴、杭州地区主要为此类型。

　　(二) 促成栽培

　　利用大棚或连栋大棚在冬末春初覆膜封闭保温、催芽促花，随气温上升，撤去内膜和裙膜，至采收后撤去顶膜转为露地栽培，或采收后也不除去顶膜，一直覆盖避雨的栽培方式（图 5 - 2）。这种栽培方式一般可比露地栽培提早成熟 10～25d。

图 5 - 2　葡萄促成栽培

　　该栽培方式一般采用连栋大棚（GLP - 832 或 GLP - 835 等）和单栋大棚（GP - C832 或 GP - C825 等）进行保温栽培，也有在单行避雨棚基础上在小棚间加用塑膜，互联成连体的小棚行保温促成栽培。连栋大棚栽培的棚内主要设置水平棚架，以龙干整形，也有采用篱架行"Y"形或"V"形整形修剪，需要时还可以采用双膜或三膜覆盖，增加保温促成效果；有的还采用加温措施，大大提早了成熟期。单栋大棚或连体小棚栽培的采用"Y"形或"V"形整形为主，也有进行棚架并采用龙干整形的。由于连栋大棚环境更稳定，保温效果好，加上篱架"Y"形或"V"形整形修剪操作管理方便，新发展的以大型连栋大棚及篱架"Y"形或"V"形整形为主。浙江的杭州、宁波等地新发展以此类型为主。

二、适于南方葡萄设施栽培的主要品种

南方葡萄早期栽培的主要有欧美杂种藤稔和巨峰等。而近年来随着设施栽培的发展，越来越多的欧亚种与欧美杂种被广泛用于设施栽培。欧美杂种主要有巨玫瑰、醉金香（无核4号）、甬优1号、金手指、超藤、高妻等；欧亚种主要有无核白鸡心、红地球、美人指、维多利亚、里查马特、白罗莎里奥（比昂扣）等；并且随着栽培技术的不断提高和完善，将有更多优新品种被发掘和栽培。主要品种特性如下。

1. 巨玫瑰

巨玫瑰葡萄为四倍体大粒欧美杂交品种，果穗圆锥形，果粒整齐，呈鸡心型，果皮紫红色，果实比较松软，皮肉容易分离，少核，果实脆甜，具有纯正浓郁的玫瑰香味，品质极佳。可溶性固形物含量19%～25%，总酸量0.43%。果穗大，平均穗重675g，最大穗重1250g。果粒大，平均粒重9.5～12g，最大粒重17g。着色好，里外一起红，产量高时照样着色。耐储运，且储后品质更佳。该品种树势强，结果早，耐高温多湿，抗病性强，易栽培，好管理，适合南方高温多湿地区栽培。

2. 醉金香

醉金香是以沈阳玫瑰（7601）为母本、巨峰为父本杂交选育而成的欧美杂交四倍体鲜食品种，果穗特大，平均穗重800g，最大可达1800g，呈圆锥形，果穗紧凑。果粒特大，平均粒重13g，最大粒重19g，果粒呈倒卵形，充分成熟时果皮呈金黄色，成熟一致，大小整齐，果脐明显，果粉中多，果皮中厚，果皮与果肉易分离，果肉与种子易分离，果汁多，无肉囊，香味浓，品质上等，含糖量16.8%，含酸量0.61%。

3. 甬优1号

欧美杂种。1993年由鄞州区下应街道王岳鸣发现，2000年正式通过品种鉴定，定名为"甬优1号"。该品种从藤稔葡萄芽变而来，成熟期中，坐果率高，上色整齐均匀，树上挂果时间较长，相对较抗炭疽病，花期要注意灰霉病，经激素处理平均粒重可达14～16g，果粒圆形或椭圆形，成熟时呈紫黑色，可溶性固形物含量16%左右，酸度低，口味较好。

4. 金手指

欧美杂种。果穗长圆锥形，平均穗重450g左右，果粒长椭圆形至长形，略弯曲，呈菱角状，黄白色，平均粒重7.5g左右，含可溶性固形物20%，品质极上。

5. 无核白鸡心

欧亚种，原产美国，1983年引入我国。果穗圆锥形，平均穗重1300g，最重2500g。果粒着生紧密，长卵圆形，平均粒重5.2g，最大10g。果皮黄绿色，皮簿果肉厚而硬脆，韧性好，浓甜，果皮不易分离，食用不需要吐皮。含可溶性形物含量16.0%，含酸0.83%，可溶性固形物含量13%～18%，微有玫瑰香味，品质极佳。

该品种树势强，枝条粗壮，产量高而稳定。果实成熟一致，抗霜霉病强，易染黑痘病。适宜于中国南方高温、多湿地区大棚促成栽培，在浙江上海等地促成栽培7月中下旬成熟。

6. 红地球

欧亚种，原产美国，果穗长圆锥形，平均穗重 1000g 左右，最大穗重可达 3000g 以上，果粒近圆形，粒重 10～12g，最大粒重 15g。果皮中厚，暗紫红色，果肉硬、脆、甜。耐储运，是美国、智利、澳大利亚、南非等新型葡萄出口国最主要的出口品种之一，也已成为我国葡萄栽培业中取代巨峰的主要品种。

7. 美人指

欧亚种，原产地日本。亲本为优尼坤×巴拉蒂，1984 年杂交育成，1991 年引入我国，果穗圆锥形，平均穗重可达 1000g，果粒长圆形或尖卵形，鲜红色或紫红色，平均粒重 12g，果皮薄而韧，果肉硬脆，味甜，可溶性固形物含量 17％左右，在浙江 8 月中下旬至 9 月上旬成熟。

8. 维多利亚

欧亚种，原产地罗马尼亚。亲本为绯红×保尔加尔，1978 年品种登记，1996 年引入我国。果穗圆锥形，平均重 600g 左右，果粒着生紧密，椭圆形、绿黄色，粒重 10g 左右，果皮中等厚，肉硬脆，味甜、爽口。可溶性固形物含量 16％左右。浙江 7 月下旬至 8 月上中旬成熟，丰产性好。

9. 白罗莎里奥

欧亚种，原产地日本，1976 年育成，1986 年引入我国。果穗圆锥形，平均重约 600g，果粒短椭圆形，黄绿色，着生紧密，均重约 7～8g，果皮薄而韧，果肉脆，味极甜，可溶性固形物含量 19％左右，8 月底开始成熟，挂果期长，果实成熟后可一直挂在树上至 10 月份采收。

10. 藤稔

欧美杂种，原产日本，1986 年引入我国。引入我国后，在各地栽培表现比巨峰生长势弱，坐果率高，在和巨峰葡萄相同管理条件下，平均粒重 12g 左右（明显比巨峰大），疏花疏果结合激素处理，可达到 20g 以上。平均穗重 700～800g，产量明显高于巨峰，加之成熟期比巨峰稍早，故往往效益比巨峰高。

任务三　优质高效栽培葡萄

一、建园

（一）园地选择和整理

选择土壤疏松肥沃、地势较平坦、地下水位较低、排灌方便、盐碱性不太重的壤土或砂壤土进行建园。

根据栽植方式和密度进行整理园地。平原地区宜采用深沟高畦，每畦一行，畦宽因行宽而定，沟宽 30～40cm，沟深 30～50cm，畦面微拱。坡地宜按棚宽整成等高平面，棚外围宜留适当的操作道；沟深可比平原地区略浅。

整地时可结合施入定植基肥。即按定植密度开宽 80cm、深 60cm 的定植沟或长宽各 80cm、深 60cm 的定植穴，分层或搅拌施入腐熟优质有机肥 4000～6000kg/667m²；定植穴或定植沟土面略高出畦面，成馒头形。

（二）栽培方式选择

根据不同的栽培目的和设施投入选择栽培方式。以促成栽培为主要目的的，宜选择单栋大棚或连栋大棚保温栽培。以避雨栽培为主要目的的，宜选择单行小棚或单栋大棚避雨覆盖栽培。

（三）品种选择

栽培品种主要根据栽培目的、栽培方式和栽培土壤而选择确定。一般促成栽培的，主要选择早熟、需冷量低的优质品种；而避雨栽培宜选择相对喜干燥气候、高湿条件下易发病、易裂果、生长结果不良的优质品种。总体选择原则为：

（1）促成栽培宜选择早熟或中熟品种为主。避雨栽培可选择中熟或晚熟品种。

（2）选择适应设施生态条件，对光照不太敏感，在散射光下能正常生长、结果的品种。

（3）选择生长势中庸，成花容易的品种。

（4）选择粒大、穗大、质优、型美、经济效益高的品种。

（四）定植

1. 定植时间

葡萄在浙江等南方地区可在 11 月底至翌年 1 月定植，以早为好，以便于早发新根，增强长势。

2. 定植密度

（1）根据栽培架式定。一般篱架形密度较大，株距为 1.0～2.0m，行距为 2.0～3.0m；棚架形的密度较小，株距为 2.0～3.0m，行距为 3.0～4.0m。

（2）根据栽培方式定。采用大棚或连栋大棚进行促成栽培的可以适当密些；采用避雨栽培的可以适当稀些。

（3）根据品种特性定。生长势强的品种可适当稀些，生长势弱，花芽易形成的品种可以适当密些。

3. 定植方法

在整理好的畦面上按设定的株行距定点种植苗木，使根系舒展，适当深栽，踏实土壤后，立即浇一次透水或稀薄粪水，随后覆盖地膜。定干高度视树形及架型而定，一般留 3～5 个饱满芽即可。

二、整形修剪

（一）架式和整形

1. 架式

目前南方设施栽培主要的有篱架和棚架，篱架主要采用"Y"形或"V"形整形；而棚架主要采用龙干型整形。其中双十字"V"形架式，操作简单、规范，应用效果好，具有较好的推广应用前景。

双十字"V"形架是由浙江省海盐县农业科学研究所杨治元研究而成。该架式由架柱、2 根横梁和 6 根铁丝组成。葡萄行距 2.5～3.0m；柱距 4～6m；柱长 2.5m；埋入土中0.6m。纵横距要一致，柱顶要成一平面。两头边柱须向外倾斜 30°左右，并牵引锚石。种植当年每根柱架 2 根横梁。下横梁 60cm 长，扎在离地面 105 cm（欧美杂种）或 125cm（欧亚种）处；上横梁 80～100cm 长，扎在离地面 140cm（欧美杂种）或 160 ～165cm（欧亚种）处。两道横梁两头及高低必须一致。在离地面 80cm（欧美杂种）或 100cm（欧亚种）

处，在柱两边拉两条铁丝。两道横梁距顶端5cm处打孔各拉一条铁丝，形成双十字6条铁丝的架式（图5-3）。该架式的特点是：夏季将枝蔓引缚呈"V"形，葡萄生长期形成3层：下部为通风带，中部为结果带，中、上部为光合带。蔓果生长规范。增加了光合面积，提高了叶幕层光照度和光合效率；提高萌芽率、萌芽整齐度和新梢生长均衡度；顶端优势不明显；提高通风透光度，避免日灼，减轻病害和大风危害；能计划定梢、定穗、控产，实行规范化栽培，提高果品质量；省工、省力、省农药、省材料。

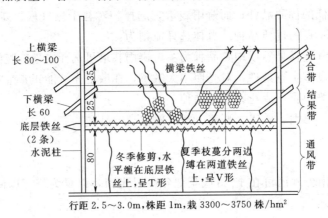

行距2.5~3.0m，株距1m，栽3300~3750株/hm²

图5-3　葡萄双十字架模式图

2. 整形

以双十字"V"形为例，定植当年萌芽后选择一个长势强旺的新梢培养成主干，待主干

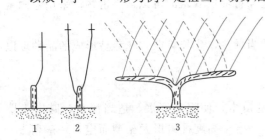

图5-4　双十字"V"形整形修剪示意图

1—定植当年选1个梢培养主干，当达于高后摘心；

2—选2个副梢作主蔓，冬剪长剪，横绑于第一层铁丝；

3—第2年主蔓上长出新梢分别斜向上引缚于

"V"形架的左右两侧铁丝上（实线为向右侧，

虚线为向左侧）。

长至1m左右重摘心，促发新梢，新梢长至10cm以上选留2根生长健壮的让其向上生长培养为主蔓，其余的直接于基部抹除。第一年冬季对当年培养的2个主蔓进行长剪，并将2主蔓对称拉平，水平绑在第一道铁丝上。第二年长出的新梢分别斜上引绑于"V"形架的左右两侧上（图5-4）。

（二）生长期修剪

葡萄生长期修剪称夏季修剪，也叫夏季护理。夏季是葡萄果实生长成熟的重要时期，是全年管理的核心时段。管理的重点是协调营养生长与果实生长的平衡，达到通风透光，抑制病虫害发生，节省肥水，提高果实品质的目的。

葡萄夏季修剪的时间可以包括从萌芽到采果整个生长季，但重点是在5—6月。修剪的方法主要有抹芽、定梢、摘心、短截等。以"V"形修剪为例：

1. 抹芽和定梢

葡萄抹芽在植株萌芽后进行，一般分2次，第1次抹去根部及老蔓上的不定芽，如需要更新应留少量方位适当的萌蘖。10d后进行第2次抹芽定梢，去掉花穗小、过多过密的结果枝和营养枝芽，一般在结果母枝基部留1~2个营养枝，其余两侧每隔20cm左右选留一根结果枝。定植当年可选 1 个新梢培养主干，其余芽全部抹去。

2. 新梢摘心和副梢处理

新梢摘心即是摘去新梢尖端的幼嫩部分，暂时停止新梢与花穗争夺养分，使养分向花穗供应，以防止落花落果。新梢的花前摘心一般在花前一周至始花期进行。一般为最上面花序前强枝留 6～9 片叶摘心为宜，中壮枝留 4～5 片叶，弱枝留 2～3 片叶，结果枝上的副梢只保留顶端 1～2 个，其余的全部从基部抹除；容易日灼的品种，可在果穗附近留副梢 1～2 叶摘心，可减轻果实日灼病。顶部保留的副梢也只留 3～4 片叶摘心，以后再萌发的均照此处理。营养枝按 5－4－3－2－1 摘心有利花芽分化，即主梢留 5 叶摘心，第一次副梢留 4 叶摘心，以后依次减少留叶数。幼树及营养枝或延长枝上的副梢，一般都留 1～2 片叶摘心。

3. 绑蔓除须

当新梢长至 50cm 以上时，对枝蔓要及时绑缚，进行固定，防止因风折断枝条或摩擦果面。对新梢上的卷须要及时摘除。

（三）冬季修剪

1. 修剪的时间

冬季修剪最理想的时间是在葡萄正常落叶后 2～3 周进行，最迟不能迟到春季伤流期。

2. 修剪的依据

确定修剪方式、单株的留芽量、留枝数以及枝梢的种类和长度。应该根据树龄、品种、枝条质量与架式、树形及更新方式而定。

3. 修剪方法

以 "V" 形架式双枝更新为例：第一年冬季对当年培养的 2 个主蔓进行长剪，并将 2 主蔓对称拉平，水平绑在第一道铁丝上。第二年长出的新梢分别斜上引绑于 V 形架的左右两侧上（图 5-4）。第二年冬季，实行双枝更新的，对春季留下的营养梢进行长剪，并再进行拉平水平绑于第一层铁丝上，对当年已经结过果的结果枝实行疏剪或回缩。实行单枝更新的，则对当年已经结过果的结果枝选择部位好、枝梢充实的实行短截结果母枝，其余的实行疏剪或回缩，并将短截留下枝梢拉平横绑在第一层铁丝上，并基本达到株与株之间相接。次年长出的新梢再每隔 20cm 左右留 1 个好的结果枝和营养枝分别斜上引绑于 V 形架的左右两侧上。以后每年这样循环操作，等到结果部位太外移时可以重回缩，使之结果部位内移。

三、覆膜和除膜

1. 覆膜

葡萄通过自然休眠需 7.2℃ 以下的低温 1000～1500h。在浙江、上海等南方地区大部分品种 1 月中旬至 2 月中旬可通过自然休眠。因此，在上海、浙江等南方地区采用大棚保温促成栽培时，覆膜时间一般宜在 1 月下旬至 2 月中旬，生产中视品种而异。覆盖的薄膜宜选择 0.06mm 无滴长寿多功能新膜，裙膜可以用旧膜。遇低温或有条件的可以加 1 层或 2 层内膜加强保温。避雨栽培的可以在萌芽后至开花前进行覆膜，仅覆盖顶膜即可。

在南方冬季温暖地区，有些品种常因低温不足，完成不了春化过程，尤其在促成栽培中葡萄难以顺利地解除休眠，结果母枝常常萌芽少而不整齐。为促进萌芽和使新梢生长整齐、健壮，在葡萄促成栽培中常用 1∶5 的石灰氮澄清液喷涂枝和芽，打破休眠。具体方法是：1

份石灰氮加 5 份温水，不断搅拌后静置 2～3h，取上层澄清液喷布或涂抹葡萄枝和芽（剪口芽不涂）。此外，50％的苯六（甲）酸和 10％的硝酸铵，对打破葡萄芽的休眠也有促进效果。

2. 揭膜

促成栽培的保温至坐果后，随着气温的上升可逐步揭去内膜及裙膜，约至 5 月中下旬可以完全揭去裙膜和内膜；并随后逐步将边膜上卷，加大通风，直至卷到棚肩处。等到采果后，可以全部揭去棚膜，转为露地栽培；也可以不揭去顶膜，而转为避雨覆盖。避雨栽培的，可以至采收后撤去棚膜转为露地栽培，或采收后也不除膜，一直覆盖至落叶。

四、棚室内温湿度管理

（一）温度管理

覆膜后一般 20～30d 左右萌芽，萌芽前白天控制在 18～28℃，夜温控制在 7～8℃。萌芽至开花前日温控制 25～28℃，白天超过 28℃要打开棚门或拉起边膜通风，夜温控制在10～15℃。此段时期内白天开棚，夜间关棚，应严格操作。根据气候决定开棚的程度，开花期夜温以 15～20℃为好。促成栽培应注意防止高温伤害，浙江、上海应在 5 月 1 日前后完全揭去边膜，保留天膜转成避雨栽培。

（二）湿度管理

萌芽期保持土壤水分和提高室内湿度，发芽后则要控制湿度，萌芽至花序伸出期，棚内相对空气湿度应控制在 85％左右；花序伸出后，棚内相对空气湿度应控制在 70％左右；开花至坐果，棚内相对空气湿度应控制在 65％～70％；坐果后，棚内相对空气湿度应控制在 75％～80％。在春天覆棚后，为降低棚内湿度，宜地面覆盖地膜，膜下滴灌有利保温、增温，促进萌芽。切勿大水漫灌。棚内高温、低湿的环境条件，是避免病害发生的关键。

五、花果管理

（一）疏花疏果

为了调整植株负载量，适当控制产量，提高果实品质，克服大小年，确保优质、丰产、稳产必须疏花疏果。疏花疏果的时间要求严，操作要求高，花工量大，是葡萄栽培管理中的一项重要工作，应引起栽培者的高度重视。

1. 整修花序

在开花前一周进行，2～3d 内完成。若时间太早，穗形难以辨认；时间太晚，则影响效果。对大花穗，先除去副穗，然后在花穗主轴基部除去 1～8 个支轴；对小花穗，少去或不去。

2. 掐穗尖

在开花前 2～3d 内完成。进行时间过早，易造成果穗横向生长，穗形不美观。把穗尖掐去全穗的 1/4 左右，欧美杂种葡萄宜留小穗 12～14 个。欧亚种葡萄穗大，宜多留。

3. 疏果粒

在开花坐果 2 周后幼果黄豆大小，能分清时立即进行，一般在 5 月 20 日前后。留下果粒发育正常，果柄粗长，大小均匀一致，色泽鲜绿的果粒；疏去受精不良，向外突出，在果穗中间，果顶向里长，果柄特别短或细长的果粒，以及瘦小果粒、畸形果粒和病虫果粒。例如藤稔葡萄每穗留果粒以 40～50 粒为宜，每一小穗留果粒数不超过 4 粒。留 14

枝小穗的果穗，自基部起留粒数为：4—4—3—3—2—2—2—2—2—2—1—1—1—1，全穗共留 30 粒。为了防止意外风险，如病虫果、裂果、缩果等损失，还需增加 20%～30% 的果粒作后备。

疏果粒时要细心，用尖剪刀疏剪，以防损伤留下的果粒或果穗。

（二）保花保果

1. 控梢摘心

控梢摘心是通过对结果蔓的摘心控制新梢顶端生长，促进养分较多的进入花序，从而促进花序发育，提高坐果率。其最适宜的时间是开花前 3～5d 或初花期，最好在初见有花朵开放时立即进行，1～2d 内完成。摘心时摘去新梢顶端小于正常叶片 1/3 大的幼叶嫩梢（图 5-5）。

2. 补充营养

在葡萄开花前至花谢后叶面喷洒 0.2%～0.3% 的硼砂加 0.2%～0.3% 的磷酸二氢钾液 2～3 次；欧亚品种叶片易出现肥药害，浓度宜低些，一般用 0.1% 硼砂和 0.2% 磷酸二氢钾。如花穗多、长势较弱，宜花后补充施入三元复合肥 10～15kg/667m²，以提高坐果率。

图 5-5 葡萄结果蔓摘心

摘心

花序

结果蔓

（三）果实套袋

葡萄套袋，能明显提高葡萄的商品性，尤其在南方多雨地区，易发病，对鲜食葡萄进行套袋，可以减轻病害及药剂污染，同时还可以避免鸟害、虫害和日灼等。

1. 套袋的优缺点

果实套袋能有效地防止黑痘病、白腐病、炭疽病的感染及日灼病。能有效地防止各种害虫危害果穗，如防止鸟、兽、蜂、蚁、蝇、粉蚧、蓟马、金龟子、吸果夜蛾等危害。避免果实受药物污染和积累残毒。避免和减少裂果的发生，果皮光洁细嫩，果粉浓厚，美观，肉厚汁美味甘，商品性好。

但套袋是一项费工的作业，对于大面积栽培，在短期内要集中一批劳力进行套袋，有一定的困难。此外，袋内光照差，其着色度比不套袋的要低 20%～30%，尤其对需直射光着色的红色品种有严重影响；成熟期比不套袋的要迟 1 周左右。大棚全覆盖栽培的也可以不套袋。

2. 套袋时间

套袋通常在谢花后 2 周坐果、稳果、疏果结束后（幼果黄豆大小），应及时进行。

3. 套袋方法

套袋应选择质量好的专用果袋，依据种类品种、果穗的大小定制，如欧美杂种葡萄中的大果穗可用 30cm×20cm；欧亚种的大果穗多，如红地球等品种可用 40cm×30cm，果穗小的品种可用 25cm×20cm，对于果穗更小的品种可用更小的规格。

套袋前必须对果穗喷洒杀菌和杀虫剂，防止病虫在袋内危害，最好是喷洒一片，待药液晾干后，就套袋一片，以避免病菌再次感染或雨水冲刷药液。套袋时应将袋底两端的出气孔用口吹开，以防积水和不透气。袋口扎在新梢上，要扎紧，以防被风吹走。在果实进入着色成熟期，即采收前7～10d，应将纸袋撕裂撇开，改善光照，促进果实上色成熟。

六、肥水管理

（一）基肥

基肥以有机肥为主，主要有厩肥、人畜粪、土杂肥、饼肥、草木灰、绿肥等，适当加入一定的矿质元素；以秋季果实采收后施入最为适宜，在浙江等南方地区以10—12月为佳。

施肥量宜施入优质腐熟有机肥3000～5000kg/667m²，加过磷酸钙50～100kg/667m²，或钙镁磷肥75～100kg/667m²。

施用方法为：距主干两侧30～40cm处开深40～50cm、宽30cm、长同架长的沟施入。应逐年扩大范围，直至超出定植沟（或穴）1m宽的沟为宜。遇有小须根时可以切断，将肥料分层或混合填入沟中，然后覆土，并即进行灌溉。这种施肥方法可以将根引向深处和远处，提高生长和抗逆能力；同时，达到改良土壤的作用。

（二）追肥

1. 催芽肥

在萌芽前芽膨大期，葡萄花芽尚在继续分化，及时补充养分，可以促进葡萄的花芽进一步分化，并为萌芽、展叶、抽枝等生长活动提供营养，此期追肥以氮肥为主，结合施用磷钾肥。

用量为全年追肥量的10%～15%。一般视土壤肥力情况，在萌芽前10d左右，施入畜粪2500～3000kg/667m²；或磷酸二胺20kg/667m²，加尿素5～10kg/667m²，加硼肥或硫酸钾复合肥30kg/667m²。最好结合滴灌施入；或在距葡萄根部40～50cm处，开浅沟施入。

适量补充肥料，有利于枝蔓的健壮生长。施肥过多，则会因花序枝蔓生长过旺，易导致花前落蕾，受精不良，加重落花落果或增加不受精的小粒果，严重影响产量和品质。如发现长势过旺，可及时采取断根等措施，以缓和树势，减轻落花落果。

2. 果实膨大肥

花后幼果和新梢生长迅速，需要大量的氮素营养，施肥可以促进新梢正常生长，扩大叶面积，提高光合效能，有利于碳水化合物和蛋白质的形成，减少生理落果。一般当果粒黄豆大小时进行，用量为施腐熟饼肥75～100kg/667m²，尿素15kg/667m²，钾肥10kg/667m²，硫酸钾复合肥25kg/667m²；（或氮、磷、钾复合肥20kg/667m²或施磷酸二胺20kg/667m²加尿素10kg/667m²、硫酸钾5kg/667m²）。最好结合滴灌施入或施后灌水。

3. 果实成熟肥

在有色葡萄开始着色初期，无色葡萄开始变软时进行施肥，有利于改善果实品质，提高果实含糖量，促进枝梢成熟。此期追肥以高钾复合肥为主，一般施高钾复合肥25～30kg/667m²，硫酸钾25～30kg/667m²。施用方法，可以浅沟施，施后灌水，或结合滴灌施入。

4. 采后肥

设施葡萄采收早，采后生长期长，应加强管理，可每667m²施用氮、磷、钾复合肥25kg/667m²，结合滴灌施入；或在葡萄行两侧开小沟施入或撒在土壤表面后浅翻入土。

5. 叶面追肥

在生产实践中，还应根据品种特性、生长势、结果量、坐果期长短等实际需要，分别在花前、花后、幼果期、果实膨大中、后期进行多次叶面追肥。进行多次叶面追肥。叶面肥可在葡萄开花前喷洒0.2%多元硼肥加0.2%磷酸二氢钾；在果实生长发育期根据葡萄生长情况喷洒0.2%～0.3%尿素加0.2%磷酸二氢钾混合液3～5次。

（三）灌溉

葡萄虽然喜空气相对干燥，但葡萄生长发育过程中需要大量的水分供应，而在南方设施栽培条件下，特别是大棚促成栽培条件下，基本避免了雨水的直接淋洗和供应，葡萄生长发育所需水分主要靠灌溉获得。所以，在葡萄新梢旺盛生长及果实膨大期间，需要适量灌溉来满足葡萄对水分的要求。在萌芽前、开花前和果实膨大期要及时灌水，并在每次土壤施肥后要注意灌水，或肥水同灌。葡萄各生长阶段对土壤水分的需求详见表5-1。

表5-1 葡萄设施栽培各生育期土壤湿度和空气湿度管理要求

葡萄生育期	土壤相对含水量/%	空气相对湿度/%
萌芽至花序伸出期	75～85	65～85
花序伸出后	70～80	60～70
开花至坐果期	70～75	55～65
坐果后	70～80	75～80
果实成熟期	65～75	60～70

（四）排水

南方雨水多，遇到雨季必须及时认真疏通排水渠道，防止积水。特别是葡萄花期和幼果期正值南方多雨季和梅雨期，如排水不良，严重积水，会引起落花落果，大大降低坐果率；同时，引起叶片黄化，导致真菌病害和缺素症（如缺硼）等发生。果实成熟期遇雨水多，会引起裂果，着色不良，味偏酸等。所以葡萄园要保持常年排水畅通，畦沟逐年加深，特别是平原地区或是水稻田建园，要使地下水位保持较低的水平，要求做到雨停田干不积水。

七、病虫害防治

葡萄病虫害防治要掌握"防重于治，预防为主，综合防治"的原则，并做到：预防要用保护剂，治疗要用杀菌剂；保护剂要坚持用，杀菌剂要及时用；能单用时勿复配，复配用药要合理；施药讲技巧，节约用药量；用药安全最重要，切勿乱混乱喷药。

避雨栽培与露地种植葡萄相比，能减少风雨传播的危害和减少喷药次数，使叶果完整、叶片寿命延长。一般情况下，可由露地的全年喷药18～20次降到6～8次，即可控制病害的产生和蔓延。一般在芽萌动前绒球期喷一次3°～5°Be石硫合剂，用于清园；开花前后各喷一次药防治灰霉病等，药剂可用40%嘧霉胺嘧菌环胺800～1000倍液；或50%腐霉利（速克灵）1000倍液；或50%异菌脲1000～1500倍液；或70%甲基硫菌灵900倍液等；疏果后喷施一次10%苯醚甲环唑（世高）600～1000倍液；或25%嘧菌酯（阿米西达）1500倍液加氯氰菊酯2000倍液防治白腐病、白粉病、透翅蛾等。套袋前全面喷施一次杀菌剂和杀虫剂以防治黑痘病、霜霉病、白腐病、炭疽病等病害及红蜘蛛、透翅蛾等虫害。杀菌剂可用43%戊唑醇5000倍液；或40%氟硅唑8000～10000倍液等。杀虫剂可用1.8%阿维菌素5000倍液；或氯氰菊脂2000倍液等。杀菌剂和杀虫剂配合使用。

实例5-1 海盐县葡萄大棚栽培技术模式

海盐县葡萄大棚栽培技术模式见表5-2。

表 5 - 2　　　　　　　　葡萄大棚栽培技术模式——以海盐县大紫王葡萄为例　　　　单位面积：667m²

生 长 期	管理项目	管理要点	具体管理要求
萌芽前	物候期指标		休眠时期，萌芽期 3 月 11 日
	施肥	催芽肥	2 月 22 日施复合肥 15kg，硫酸镁 25kg，硼砂 4kg，浅削入土
	水土管理	滴灌铺膜	覆膜后畦面安装 4cm 宽的喷水软管，萌芽后畦面铺膜保土壤水。施肥时将膜移中间，施好肥重新铺好膜，直至果实采摘完揭膜
		萌芽前	畦土一直保持湿润，不能干燥，棚内保持高湿，清晨棚内浓雾
	农药使用	绒球末期	3 月 13 日枝蔓、畦面、架体喷自己熬制波美 5 度石硫合剂
萌芽至初花期	物候期指标		萌芽期 3 月 11 日，初花期 4 月 24 日
	棚膜管理	封膜期	2 月 10 日用 0.06mm（6 丝）无滴长寿多功能新膜，围膜用旧膜
	棚温调控	封膜至萌芽	最高棚温控制 30℃；如超过 30℃天数较多，时间较长，会导致花芽退化。温度调内不调四周
		萌芽至开花	最高棚温控制 30℃，勤调，延长 26～30℃时段，增加积温，使开花期提前。温度调内不调四周
	枝蔓管理	石灰氮涂枝	封膜后 2 月 11 日 14% 石灰氮液（包括黑色沉淀物）涂结果母枝，顶端 2 芽不涂
		抹梢	3 月 27—28 日新梢 12cm 长第一次抹梢，4 月 3 日第二次抹梢
		缚梢	4 月 6—9 日新梢 55cm 长开始缚梢在第一道拉丝上，5 月 5—7 日第二次缚梢在第二道拉丝上
		定梢	4 月 6—9 日缚梢时定梢，梢距 18cm，定梢 2700 条/667m²
		剪梢（摘心）	4 月 12—13 日 8 叶第一次剪梢，5 月 2 日 12 叶第二次剪梢，6 月 4—10 日 16 叶摘心，以后控梢
		副梢处理	花序及以上 5 叶发出副梢 3～4 叶绝后摘心，叶幕遮果，避免果实日灼；其余副梢分批抹除。剪梢后 7d 内不能处理副梢，否则会逼上部冬芽萌发
	花穗整形		4 月 20 日开花前剪除中部小穗轴过长部分
	水土管理	开花前	萌芽后至开花前适当控水，减缓蔓叶徒长
		花期前后	视天气，如晴天、多云天为主，畦土较干燥供一次水
	农药使用	花期前后	4 月 20 日花序喷 800 倍多菌灵，5 月 2 日花穗喷 800 倍施佳乐防灰霉病、穗轴褐枯病
开花至坐果期	物候期指标		开花期 4 月 24 日—5 月 2 日，始成熟期 8 月 5 日
	棚膜管理		坐果后 5 月 20 日揭围膜
	棚温调控	开花坐果期	最高棚温控制 30℃，勤调，延长 26～30℃时段，使开花整齐。温度调内不调四周
	枝蔓管理	副梢处理	花序及以上 5 叶发出副梢 3～4 叶绝后摘心，叶幕遮果，避免果实日灼；其余副梢分批抹除。剪梢后 7d 内不能处理副梢，否则会逼上部冬芽萌发
		摘基叶	6 月 20 日即萌芽后 100d 摘除基部 3 叶，增加通风透光度

续表

生 长 期	管理项目	管理要点	具体管理要求
开花至坐果期	果穗管理	剪过长穗轴	4月20日开花前剪除中部小穗轴过长部分，5月15日坐果后补剪中部小穗轴过长部分，使果穗成完整的分枝型
		定穗	5月20日坐果后定穗，每株10穗，1200穗/667m² （120株/667m²）
		疏果	5月底果粒纵径超过2cm，疏去较小果粒，6月中旬硬核期前复疏一次，疏去较小果粒
		剪烂果粒	7月15日开始剪掉裂果粒、烂果粒，3～5d剪一次，直至葡萄果实售完，烂果占4%
	施肥与叶面肥	第一膨果肥	5月11日施尿素10kg，复合肥15kg，硫酸钾15kg，开条沟施肥覆土 5月19日施复合肥15kg，硫酸钾15kg，开条沟施肥覆土
		第二膨果肥	6月13日施复合肥15kg，硫酸钾15kg 6月30日施复合肥10kg，硫酸钾15kg 7月15日施复合肥10kg，硫酸钾10kg（因园地淹水补施复合肥）肥料溶于水浇施
	水、土管理肥	坐果至硬核期	适当供水，畦土一直保持湿润，促果粒膨大
		第二膨大期	前期适当供水，畦土保持湿润，促果粒膨大，减轻裂果；果实已着淡紫红色要控水，减轻烂果
	农药使用	坐果后	5月24日叶幕、果穗喷1500倍必绿2号保护；6月12日、6月30日、7月20日、8月5日果穗喷必绿2号保护
	围网防鸟不套袋		6月20日鸟开始食害果实，围网防鸟害，果实采完后收好网
成熟采摘期	物候期指标		始成熟期8月5日
	果穗管理	剪烂果粒	7月15日开始剪掉裂果粒、烂果粒，3～5d剪一次，直至葡萄果实售完，烂果占4%
	施肥与叶面肥	采果肥	9月10日施复合肥15kg，浅削入土
	水、土管理	肥水结合	每次施肥均要供较多的水
	农药使用	揭膜后	9月30日叶幕喷必绿2号防叶片霜霉病
采摘后至冬剪期	水、土管理	基肥	10月下旬施鸭厩肥1000kg，过磷酸钙50kg，深翻入土
	冬季修剪		主蔓径粗1cm冬剪，反向交叉弯缚；副梢0.8cm修剪

实训5-1 葡萄夏季护理

一、目的要求

通过实训掌握葡萄设施栽培生长季修剪的方法和技术。

二、材料和用具

（1）材料。塑料大棚内处于生长旺盛期的葡萄结果树，以"V"形或"Y"形整枝为例。

（2）用具。修枝剪、绑扎带（绳）。

三、实训内容

（1）抹芽除梢。葡萄萌芽后到新梢生长期，在植株结果范围内（第一道铁丝）的结果母枝上选择生长健壮的芽每隔20cm左右留一个新梢。除去多余的芽和新梢。特别要注意除去生长过密、瘦弱、不健康的芽和新梢，并使留下的新梢能使整个结果区域分布均匀。

（2）摘心。在开花初期（果穗上可见1～2朵花开放时）在花穗后留8～10叶左右进行摘心。一般摘除直径8cm以下的所有叶片。对其后主梢上萌发出的副梢也要及时进行摘心或抹除，一般最顶部副梢留3～4叶摘心，其余视品种特性留1～2叶摘心或直接从基本除去。这一工作可以一直持续到采果期或停梢期。

（3）绑梢。待新梢长到50cm左右时及时将梢引缚在第二道铁丝上；当第一次摘心后再用绑扎带将新梢引缚到第三道铁丝。但新梢生长方向始终沿"V"保持斜生向上。

四、时间和方法

1. 时间

实训时间根据设施葡萄生长物候期确定，尽量选择多数内容可实施时期进行，有条件时尽可能可每项内容都实施训练，也可结合疏花疏果等项目分次完成。

2. 方法

实训时老师先讲解示范，然后学生分组逐株进行，最后老师点评、总结、考核。

五、实训报告

1. 葡萄夏季护理的目的是什么？
2. 写出本次实训的操作过程和技术要点。

实训 5 - 2　葡 萄 疏 花 疏 果

一、目的要求

通过实习掌握葡萄设施栽培疏花疏果的方法和技术。

二、材料和用具

（1）材料。塑料大棚内处于生长旺盛期的葡萄结果树，以"V"形或"Y"形整枝为例。

（2）用具。疏果剪。

三、实训内容

（一）修整穗型

开花前一周内进行。通常可通过疏除基部小穗、穗尖和疏花蕾来完成。根据不同品种穗型，疏除基部1～8个小穗，或掐去全穗的1/4左右的穗尖，欧美杂种葡萄宜留小穗12～15个左右。欧亚种葡萄穗大，宜多留。同时，还可根据品种和穗型对留下的每个小穗进行疏剪花蕾。

（二）疏花

疏花是根据穗型和花朵的紧密度疏除过密过多的花。一般在开花前1～2d完成。

（三）疏果

疏果是坐果后疏除果穗上发育差的果粒和过多的果粒，可使果穗、果粒整齐均匀和保持果穗的一定紧密度和良好的穗型。一般在结果后2周进行，至套袋前完成。

四、时间和方法

（一）时间

实训时间根据设施葡萄生长物候期确定，尽量选择多数内容可实施时期进行，有条件时尽可能可每项内容都实施训练，也可结合夏季修剪等项目分次完成。

（二）方法

实训时老师先讲解示范，然后学生分组逐株进行。

五、实训报告

（1）葡萄为什么要进行疏花疏果？

（2）简述葡萄疏花疏果的关键时间点和技术要点。

实训 5-3 葡萄冬季修剪

一、目的要求

通过实习掌握葡萄设施栽培生长季修剪的方法和技术。

二、材料和用具

（1）材料。塑料大棚内处于生长旺盛期的葡萄结果树，以"V"形或"Y"形整枝为例。

（2）用具。修枝剪、绑扎带（绳）。

三、实训内容

（一）修剪的依据

确定每一个单株的留芽量，确定结果母枝的剪留长度，选用哪一种一年生枝条作为预备枝或结果母枝，还有结果枝组的培养、复壮与更新，都应该根据树龄、品种、枝条质量与架式、树形而定。

（二）修剪方法

葡萄冬季修剪中最基本的方法有 3 种。

1. 短截

短截就是一年生枝剪去一段、留下一段的剪枝方法。按短截后所留芽眼的多少，修剪中称为短梢修剪（2~3 个芽）、中梢修剪（4~6 个芽）、长梢修剪（7~11 个芽）、超长梢修剪（12 个芽以上）。

2. 缩剪

缩剪又叫回缩修剪。是把二年生以上的枝蔓剪去一段、保留一段的修剪方法。缩剪的主要作用在于防止结果部位扩大和外移，同时也具有改善架面通风透光条件的功能。

缩剪一般多用于成龄树和老龄树，特别是当骨干枝受到损伤，结果过多，株间过密时应用较多。

3. 疏剪

疏剪是把整个枝蔓（包括一年生枝和多年生蔓）从基部剪除的修剪方法。对于生枝，成熟度不好，生长过密，方向不适合等都在疏剪之列。多年生枝疏剪较少，只有在更换骨干枝，或确实骨干枝太多时才会应用。葡萄在所有的落叶果树中，属于冬季修剪量大的树种，而疏剪和短截，又是应用最多的两种修剪方法。

（三）冬季修剪的步骤及注意事项

1. 冬季修剪的步骤可分为一看、二想、三动手、四检查

一看：看树形、看树势、看品种。这些直观因素是修剪方案形成的基础。除以上三看外，还要看树体间各部分的势力平衡情况与邻株间树冠大小的关系。即所谓："内部摆平，邻里照顾"。

二想：通过想，形成具体的修剪方案，为动手修剪制定准确方案。

三动手：修剪要有顺序，一般是先去掉杂乱枝，形成一个大致的框架，再由上而下或由下而上地对骨干枝和结果母枝进行修剪。修剪时要注意掌握好"先长后短，先多后少"的原则。这主要是针对结果母枝而言。

动手修剪后还要进行对结果母枝与骨干枝的绑扎。绑扎方法要根据长枝平绑、中枝倾斜绑、短枝不绑的原则去做。

四检查：先检查骨干枝的修剪，如角度、架面的占有率等。再检查每一个结果部位的母枝修剪情况，包括剪留长度，枝组的位置、方向等。

2. 冬季修剪中的注意事项

一是残桩不要留得太长。如骨干枝的疏剪、回缩，这都是大的伤口，剪口要尽量平滑，否则不易愈合。一年生母枝剪口宜高出芽眼 1～3cm，在节间短的品种上，可实行破节剪。

二是注意骨干枝的角度，如篱架扇形整枝时，通过株间间伐、株距加大以后，如果不使主蔓角度（基角）随之加大，就不可能保证稳产优质。主蔓倾斜度越大，枝条生长越缓和。基部的三角地带加大以后，可以使整个架面的通风光照条件得到改善。

三是强调随剪随绑，要会剪会绑。葡萄是蔓性果树，其骨干枝与结果母枝在架面上的摆布可塑性很大。只会剪不会绑说明对修剪要领还没有完全掌握。可谓"三分修剪，七分绑扎"。其实绑扎就是修剪的一项内容。

四是冬剪和清园相结合。通过修剪，去除枯死的残桩、病枝、穗梗、卷须等无用的组织，还要去掉当年绑扎新梢留在铁丝上的布条、绳子等。这些修剪下来的病、残物要带出葡萄园地（不仅带出葡萄大棚），集中烧毁。

四、时间和方法

（1）时间。葡萄落叶后至扣棚前进行。一般在 12 月进行。

（2）方法。实训时老师先讲解示范，然后学生分组逐株进行。

五、实训报告

（1）葡萄冬季修剪有什么作用？

（2）通过修剪，简述双十字、"V"形葡萄修剪的技术要点。

思考

1. 葡萄对温度和湿度分别有什么要求？

2. 南方葡萄避雨栽培有什么意义？

3. 葡萄促成栽培以什么时候盖棚为好？为什么？

4. 葡萄为什么要疏花疏果？

5. 葡萄的夏季护理有何作用？

项目二 草莓设施栽培技术

　　草莓属蔷薇科草莓属，是多年生常绿草本植物，其果实为浆果、色泽艳丽、香气宜人、汁多肉软、酸甜可口、营养丰富、食用方便，除含有糖、酸、蛋白质外，还含有丰富的维生素和磷、钙、铁等矿物质，尤其含有大量的维生素C，深受广大消费者的喜爱。除鲜销外，草莓还可进行速冻，或加工成果酱、果汁销售，市场需求很大。特别是随着社会经济的发展和人们生活水平的提高，以及设施栽培的快速发展，草莓发展前景越来越好。

　　草莓因其适应性强、植株矮小、结果早、生长周期短、生长发育易于控制、繁殖迅速、管理方便、成本较低、见效快、效益高等特点，非常适合设施栽培。草莓露地栽培，上市期主要集中在4—5月。而采用大棚促成栽培，9月种植，11月即可上市，一直可采收至翌年6月，大大延长了果品的应市期。不但增加了冬春淡季的鲜果供应，特别是可满足圣诞节、元旦、春节等三大节日对时鲜水果的需求，经济效益很高。

任务一　认识草莓的栽培特性

一、生物学特性

　　草莓株高一般为20～30cm，直立或半匍匐状生长。植株由根、茎、叶、花、果和种子等器官组成（图5-6）。植株开花结果后，会从叶腋处抽出多条匍匐茎，匍匐茎顶端可以繁殖子苗。草莓虽为多年生草本植物，但可以当年育苗栽种、当年开花、当年结果。同一植株寿命为 5～10 年，但盛果年龄只有 2～3 年，且以第 1 年最易获得优质高产，故通常一年一种。

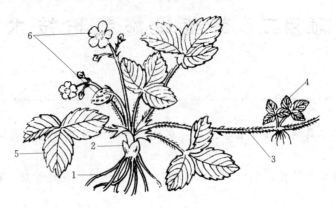

图 5-6　草莓植株形态

1—根；2—根状茎；3—匍匐茎；4—匍匐茎苗；5—叶；6—花和果

（一）根

草莓是须根系浅根性植物，根系分布主要集中在离地表 30cm 以内的表层土壤内，只有个别根系可以深入 40cm 以下的土层。因此植株对环境较为敏感，草莓根系喜水怕涝，干旱、水涝及温度高低都会对植株生长和结果产生很大影响。根系适宜在土质疏松通透性良好的土壤中生长，如果土壤黏重，通气不良，会引起根系生长不良。根系一般年生长周期中有 2～3 次生长高峰，在环境条件适宜时，根系可持续生长，不发生自然休眠。

（二）茎

草莓的茎根据形成时间以及功能、形态不同可分为新茎、根状茎和匍匐茎三类（图 5-6）。

1. 新茎

草莓当年萌发的短缩茎称为新茎，呈弓背形，弓起侧为花序生长侧。新茎短而粗，年加长生长量仅 0.5～2cm，节间短缩、密集，节上密集轮生具有长柄的叶片，叶腋处着生腋芽。

2. 根状茎

新茎逐渐老化而转变成的多年生短缩茎称为根状茎。是一种具有节和年轮的地下茎，是储藏营养物质的器官。

3. 匍匐茎

匍匐茎是由新茎腋芽当年萌发形成，水平方向延伸的一种特殊的地上茎。它是草莓的主要营养繁殖器官。匍匐茎细长柔软，节间长。匍匐茎的偶数节可分化出叶原基，形成芽和密集叶片，并向下发生不定根，形成匍匐茎幼苗。而第一叶原基的腋芽间侧芽又可萌发继续抽生二次匍匐茎进而形成子苗。以此类推，可抽生多代匍匐茎形成多代子苗。

不同品种及不同管理条件匍匐茎的发生能力差异很大，一般每母株每年可发生 5～200 株匍匐茎苗。匍匐茎寿命较短，一般在子株产生不定根独立成苗后，即逐渐脱离母株。子株经 2～3 周后可独立成活。

（三）叶

草莓的叶为基生三出复叶，叶片密集轮生在新茎上。每株草莓一年可发生 20～30 片叶。在 20℃ 的适宜条件下，大约每隔 8d 即可展开一片新叶，新叶展开后 30～50d 生命力最强，光合作用最旺盛，50d 后叶片逐渐衰老，光合能力下降。

合理的叶片数量和叶面积是草莓优质、丰产的重要条件。衰老黄化叶片及病叶的光合同化作用降低，增加呼吸消耗，并且会抑制花芽分化，传播病害，应及时除去。

（四）芽

草莓的芽可分为顶芽和腋芽。顶芽着生在新茎顶端，向上长出叶片和延生新茎。腋芽着生在叶腋处，腋芽有的萌发成匍匐茎，有的可萌发成新茎分枝。在低温和短日照条件下，草莓开始由营养生长转向生殖生长。但随着温度下降会进入休眠。大多数品种在温度 13～17℃，8～12h 日照下分化花芽。在 5～12℃ 的温度下不论日照长短，皆能分化花芽。当温度在 30℃ 以上，不论日照长短，都不能分化花芽。花芽分化的过程需时较短，一般从花芽生长点发生到雌蕊形成约需时 30d。在顶花芽分化的同时，各级腋花芽也进行不同程度的分化，并分别形成顶花序和腋花序。

（五）花与花序

草莓的花多数为完全花，能自花结实。草莓的花序为有限聚伞花序，通常为二歧聚伞花序。花序和花朵数因品种、环境因素、栽培条件及植株营养状况不同而不同，单株着生花序 2～8 个，每花序着生 3～30 朵花不等，通常为 10～20 朵。一般一年 1 次形成花序，3～4 次开花，分批坐果。

草莓开花一般在日平均温度 10℃ 以上开始。开花前花药中的花粉粒初步成熟，已有较低发芽力，开花后 2d 发芽力最高，花粉发芽适温 25～27℃。开药适温 14～21℃，临界最高相对湿度 94%。温度过高过低，湿度过大均不开药，或开药后花粉干枯、破裂，不能授粉。雌蕊受精力从开花当天至花后 4d 最高。花粉由昆虫、风和振动力传播。

（六）果实

草莓的果实是由花托膨大形成，植物学上叫聚合果，由于果实柔软多汁，栽培学上称为浆果。果实发育最适日温 18～20℃，夜温 12℃。果实成熟适温 17～30℃，积温约 600℃。从开花到果实成熟约 30～50d，温度低则成熟慢。适温时果柄粗，高温时则细。

（七）休眠现象

当气温降到 5℃ 以下及短日照条件时，草莓便进入休眠期，外部形态主要表现为叶柄逐渐变短，叶色深绿，叶片平卧，整株矮化。植株进入休眠后，需经过一定时期的低温才能恢复生长。草莓解除休眠需要一定的有效低温，休眠时间在 100h 以下的品种为浅休眠品种，100～400h 的品种为中等休眠品种，400h 以上的品种为深休眠品种。休眠深浅因品种而异。生理休眠解除后如温度过低，乃处在强制休眠状态，待春暖日照加长，才能进入正常生长。

在促成栽培中，通常采用人为因素来阻止植株进入休眠、提前休眠或提早解除休眠来满足提前开花、提前结果的生产需要。在半促成栽培时，如采用深休眠品种，有时也需要人为措施打破休眠。

二、对环境条件的要求

（一）温度

草莓对温度的适应性较强，喜欢温暖冷凉、耐寒不耐热。草莓根系在 2℃ 时便开始活动，根系生长最适温度为 15～23℃，30℃以上根系加速老化。地上部分在气温达到 5℃时就开始生长，生长最适温度是 15～25℃，大于 30℃和小于 10℃都对生长不利。花芽分化的适温为 8～13℃；开花期适温为 25～28℃；夜温需在 5℃以上；结果期白天适温为 20～25℃，夜温为 10℃，在此温度下，昼夜温差大有利果实发育和糖分积累。在适宜温度范围内，较低温度可形成大果，但果实发育慢，较高温度可促使果实提前成熟，但果实偏小。匍匐茎发生适温为 20～30℃；叶生长温度为 13～30℃，30℃以上高温和 15℃以下低温，光合效率降低。—1℃以下 35℃以上植株发生严重生理失调。但越冬根茎能耐—10℃的低温。6—8 月天气干旱，炎热，日照强烈，对草莓生长产生严重的抑制作用，不长新叶，老叶有时会出现灼伤或焦边。草莓在平均温度 10℃以上开始开花，如果花期遇 0℃以下低温或霜害，会使柱头变黑，丧失受精能力。

（二）光照

草莓喜光，但也比较耐阴，光饱和点为 20～30klx，故适于设施栽培。但不同生长时期对日照长度的要求也不同。花芽分化期需要 8～12h 以下的短日照；诱导草莓休眠需要 10h 以下的短日照，而打破休眠需要长日照。草莓在苗期和结果期对日照长度没有严格的要求，从光合作用角度讲，日照时间越长越好，但光照过强并伴随高温时应采取遮光降温措施。

但对于诱发休眠来说，短日照相比低温更有效。如在 21℃较高温度下，给予短日照也能引起休眠；而在 15℃相对较低温度下，给予长日照只能引起轻度休眠，甚至不能休眠。而对于花芽分化来说，短日照的作用没有低温处理来得更明显。

（三）水分

草莓的根系入土浅，吸收能力差，不耐旱；而叶片较多、更新快，加上大棚内气温高，水分蒸发大，要及时灌溉。定植时必须连续浇水，一般定植后隔 1～2d 要浇 1 次水，直到成活；开花期要控制灌水，坐果期到成熟期要及时灌水，保持湿润，因而需水量较多。为了解决需水量大，根系浅而少的矛盾，就必须多灌溉水，始终保持土壤湿润。一般要求，正常生长期间土壤相对含水量为 70%左右；果实生长和成熟期需水量最多，要求达到 80%；花芽分化期要求水分较少，60%为宜。

设施栽培的棚内空气湿度不同的生长季节要求也不一样，一般定植期要求较高，棚内适宜湿度 80%左右为宜，以保证成活率；而到了开花期不宜太高，否则容易诱发灰霉病等病害，一般控制在 50%左右，不宜超过 60%，也不宜低于 30%；到了果实膨大期，棚内空气湿度可以相对较高，一般以 60%～70%为宜；而在果实成熟期又要相对低些，一般为 50%～60%。

草莓既不抗旱，也不耐涝。要求土壤既能有充足的水分，又有良好透气性。长时间田间积水，将会严重影响根系和植株的生长，降低抗病性。严重时会引起叶片变黄、脱落。草莓果实在生长期间田间积水后，会使果实发软、变质，甚至腐烂。果实生长前期缺水会使草莓形成"铁果"，降低果实的商品性。在草莓花芽分化期，应适当控水，灌溉量太大促进营养生长，不利于花芽分化，会降低产量，推迟上市。干旱时会使草莓植株矮小叶面积不够大，严重影响草莓产量。因此，要合理控制灌溉时间和灌溉水量；雨季时还要特别注意田间排水，避免棚内及根部积水。

（四）土壤

草莓喜水喜肥，根系为须根，分布浅，所以，种植草莓要求选择保肥保水能力强、通气良好、质地疏松、中性或微酸性的砂壤土。地下水位应在 60cm 以下，土壤 pH 值以 6～7 为好，pH 值在 8 以上生长不良，碱性地和黏土不适合草莓生长。

任务二 了解草莓设施栽培的主要类型和主要品种

一、草莓设施栽培的主要类型

（一）促成栽培

促成栽培是指提前促进花芽形成，并在草莓进入休眠前或休眠初期进行保温，阻止草莓休眠，使其连续生长、开花结果，以期实现提早收获的一种栽培类型（图 5-7）。

图 5-7 草莓大棚促成栽培

促成栽培是以早熟、优质、高效为主要栽培目的，成熟特早，收获期长。一般 9 月上中旬定植，早的 11 月下旬即可上市，第一茬果采摘期主要在 12 月至翌年 2 月，第二、三茬果采摘期主要在 3—5 月。

促成栽培的主要特点是：

（1）成熟早。一般可提早到当年 11 月下旬上市。

（2）上市时间长，产量高。一般可以从 11 月采摘到第二年的 5 月底 6 月初，产量可达 1500～2000kg/667m²。

（3）上市时间巧，市场售价高。上市时间正逢圣诞节、元旦、春节三大节日。

（4）要选择休眠浅、成熟早、品质优的品种。

促成栽培设施主要采用单栋塑料钢架大棚 GP-C622、GP-C825，近年也逐步有采用连栋塑料钢架大棚 GLP-832、GLP-622 的。为了更好地利用大型棚的空间，还有采用立体栽培、基质盆栽（图 5-8）及其加温促成栽培的，并都取得了较为理想的效果。特别是立体栽培、基质盆栽等解决了连作障碍，提高了草莓的观赏价值，拓宽了销售形式和消费群体，为自助采摘、观光旅游提供了很大的发展空间，进一步提高了草莓栽培的经济效益、生态效益及社会效益。

图 5-8 草莓联栋大棚立体栽培

（二）半促成栽培

半促成栽培是在草莓花芽分化后，使其在秋、冬季自然条件下满足低温要求，基本通过休眠期，再进行加温保温；或采取其他措施，如高温、电照、赤霉素处理等打破生理休眠，使其正常开花结果，提前收获的栽培方式。

半促成栽培的主要特点是：

（1）成熟期比露地早，但比促成栽培迟。主要采果期在 2—4 月。

（2）扣棚时间较迟。一般要等植株基本通过休眠期进行扣棚。

（3）品种选择上可选择休眠较深或深、品质优、果形大、耐贮运的品种。

（4）深休眠品种需要人为打破休眠。如采用高温、电照、赤霉素处理等措施打破休眠。

半促成栽培多数采用钢管大棚或竹木结构塑料大棚栽培，跨度 5.8～6.0m，长 30m 左右，顶高 2.0～2.2m。

二、草莓适于设施栽培的主要品种

草莓的品种很多，在我国南方，目前设施栽培推广种植的优良品种主要有红颊、章姬、丰香、佐贺清香等。

（一）红颊

长势旺，植株高大，结果性好，抗逆性强，丰产，产量可达 1500kg/667m² 以上。果实大而美观，最大果重可达 100g。果实长圆锥形，香味浓、口感好、品质佳，耐贮运（图 5-9）。但抗高温能力弱，夏季育苗较困难，易发生炭疽病和叶斑病；最好采用遮阳避雨降温保护措施育苗，栽植时特别要注意水分供应和防高温，以提高成活率；红颊草莓连续结果性强，需肥量大，必须重施基肥，勤施追肥，防早衰。

（二）章姬

章姬为日本引进特早熟品种，休眠浅，生长势强，花序抽生量大，果实整齐呈长圆锥形，口味香甜，果质细腻，品质特好，是草莓中的极品，又称奶油草莓。但缺点是不耐贮运，适宜于城郊种植，可适当早采（图 5-10）。

图 5-9 红颊草莓

图 5-10 章姬草莓

（三）丰香

丰香为日本引进的早中熟品种，休眠浅；植株长势强，较开展。果实较大，圆锥形，味浓，肉质细软致密，可溶性固形物含量 9%～11%，品质优良；硬度和耐贮运中等。一级序果平均 32g，最大 65g；产量较高，可达 1500～2000kg/667m²，抗病力中等（图 5-11）。打破休眠需 5℃以下 50～70h。

（四）佐贺清香

该品种果大，质优、耐贮运，植株生长健壮，叶大柄粗，叶片伸展较丰香小，匍匐茎抽生能力比丰香强，开花结果期比丰香早 5～7d，果实圆锥形，鲜红，一级序果平均 35g，最大 52.5g；可溶性固形物含量 10%～11%，品质极优（图 5-12）。

图 5-11 丰香草莓　　　　　　　　　　　图 5-12 佐贺清香草莓

任务三　优质高效栽培草莓

一、品种选择

品种是草莓设施栽培成功的关键，应根据栽培目的和所处位置选择品种，近郊区可选择品质优但耐贮运性一般的品种，如章姬等。远距离销售应选择品质优耐贮运的品种，如红颊等。

草莓大棚促成栽培宜选择休眠浅、成熟早、品质优的品种，主要表现为：

（1）花芽容易分化，对低温的要求不是很严格。

（2）植株休眠浅。植株不需经低温处理，便可正常生长发育，保温后不矮化，在较低温度下花序能连续抽生和结果。

（3）花、果实耐低温性能好，果实大小整齐，开花至结果期短，风味好，品质优，早期产量和总产量均高的品种。

草莓半促成栽培时可选择休眠深或较深，品质好、果型大的品种。

二、培育壮苗，促进花芽分化

早熟大棚栽培既要早开花结果，又要达到高产要求，就必须培育好壮苗，培育壮苗在抓好前期苗圃工作的前提下，还需要促进花芽提早分化，这样才能达到早开花早结果的目的。

草莓是短日照植物，在低温和短日照条件下才能进行花芽分化。而在种植前的7—8月，我国南方大部分地区都为高温长日照条件下，难以花芽分化。为了提早开花结果，大棚栽培的浅休眠品种必须在育苗期采取人工调控措施，促进草莓提前花芽分化。促进花芽分化的措施主要有高山育苗、冷藏、遮阴降温、控水控氮、断根、假植及使用植物生长调节剂等。在生产实践中，往往多种方法结合，可以取得更好的效果，如遮阴降温结合控水控氮，断根结合假植等。通过综合措施的培育和调控，可以达到苗矮壮、根系发达、老健抗性好，植株从营养生长向生殖生长转化，促进花芽提前分化。

（一）假植、断根

假植是在定植前选择生活力强和无病虫的子株苗，移栽在事先准备好的苗床上培育种苗的方法。

1. 苗床地选择

宜选择土壤疏松、排灌方便、前作未种过草莓、茄果类作物、无病毒、杂草少的肥沃土壤。床面宽 1.2m，肥沃的蔬菜地可不施基肥，如前作水稻田或肥力差的地需适当施肥，在假植前 3d 施三元复合肥 15kg/667m² 兑水 750kg 喷洒在畦面上，结合进行化学除草，可用丁草胺乳油 50～75mL/667m² 兑水 50kg 均匀喷雾。

2. 假植时间和方法

假植从 7 月 10 日开始到 8 月下旬都可以，以 8 月上旬为最适期，选择中期发生的适龄壮苗，摘去基部黄叶、老叶，留中心 2～3 叶进行栽植，株距为 15cm，行距为 15cm 左右。

3. 假植后管理

假植后一星期内，为促使发根快、成活早，在高温干旱情况下需用遮阳网遮阴，早晚浇水，保持土壤湿润。一周后适当追一次肥料，一般以 0.5% 浓度的尿素加过磷酸钙液浇施。成活后当苗新长出 2～3 张展开叶时，要及时摘去原来的老叶，促进植株生长。中后期（即 8 月中下旬后）要适当进行控制。

假植期一般以 30～35d 为宜，最长不超过 50d，如超过 60d 的务必进行第二次假植，第二次假植要求在定植 15d 前完成。第二次假植株距应放宽到 20cm，行距应放宽到 20cm，促使秧苗再一次新发，否则草莓苗易老化。

4. 断根

如苗生长过于旺盛，在氮、水无法控制情况下，可用断根办法控苗，即用小竹片或刀片插入苗行土中，松动土壤断根，但不可大挑大翻，以免伤苗严重或死苗。

通过各种促控措施，促使顶花芽于 9 月 20 日前完成分化。

（二）降温、遮光

采用降温、遮光能有效促进花芽分化，在晴天中午遮强光，并控制氮素营养，减少土壤水分，抑制营养生长，促进花芽分化。定植前 10d 揭去遮阴物，使苗矮壮老健。或在 8 月中旬后，早晚遮光，控制日照时数在 10h 以内。遮光棚要架得略高一些，以免植株所处环境郁闭而造成高温伤害。

（三）控氮控水

8 月中旬至 9 月上旬应注意减少灌水量，减少施用氮肥，早晚适当遮光，以促其花芽分化。但要注意控水不能过头，以免小苗萎蔫。施肥应先促后控，早期促进幼苗生长，8 月中旬以后尽量不施用氮肥。

（四）高山育苗

夏季南方大部分平原或丘陵地区气温都较高，7—8 月白天气温大都在 30℃ 以上，而这时位于海拔 800m 以上的山区气温相对较低，一般比平原低 3～5℃，且温差大。白天持续高温时间短（晴天气温 30～32℃ 持续时间一般 4h 以内），适宜于草莓植株生长和花芽分化。所以利用夏季高山冷凉的气候条件将草莓于 5—6 月移植到海拔 800m 及其以上的山区进行越夏培育，9 月初下山定植，不但可以促使草莓苗避免高温危害，生长健壮，更有利于草莓提早进行花芽分化，且分化良好，利于提高早期产量和品质。

（五）应用植物生长调节剂

在育苗早、假植早、生长旺的情况下，在苗床地使用矮壮素或多效唑、烯效唑等生长延缓剂对草莓控制营养生长过旺、促进花芽分化也具有一定的作用。但必须要掌握适宜的浓度和使用量，一般用矮壮素 1000 倍液；或 15% 多效唑 150mg/L 液；或 5% 烯效唑 20mg/L 液均匀喷布叶面，使用时间应在定植前 15d 左右进行。

三、定植

（一）秧苗选择

应选用在专用育苗圃中培育的无病毒优质壮苗。所选秧苗应根系发达，花芽分化早、发育好；无病虫危害。

（二）整地施肥

草莓设施栽培对土壤要求比较严格，需营养充足，且病虫害残留少，定植前要严格进行土壤消毒、整地施基肥。

1. 施足基肥

草莓设施栽培，结果期长，产量高，对营养需求量较大，施足基肥对优质丰产很重要。一般施腐熟有机肥 5000kg/667m² 左右，并施三元复合肥 50kg/667m²。具体使用数量可根据土壤肥力和肥料质量适当增减。肥料撒匀后翻耕，深度 30cm 左右，然后做畦。

2. 土壤消毒

设施栽培草莓，为降低投入，一般需连续栽种几年。由于重茬会遗留大量的有害微生物、病虫以及阻碍生长的根系分泌物，导致重茬后植株易感染根腐病等多种土传病害，草莓非常忌重茬，应在种植前进行严格的土壤消毒。可采用太阳能土壤消毒，一般在 7 月，于设施内施作物秸秆或其他堆肥 1500～2000kg/667m² 左右，均匀与土壤混合，并撒施石灰 40～60kg/667m²，然后深翻。根据种植要求起畦，沟内灌水，用透明塑料薄膜覆盖畦面，同时将温室密闭，进行高温闷棚，一般密闭 30d 左右即可起到消毒效果。

（三）定植时期

定植时期与当地的气候条件有很大关系，在浙江以 9 月中旬至 10 月上旬日平均温度 15～20℃ 为最佳定植期。定植过早，气温太高，草莓苗不易成活，而且此时正处于花芽分化不稳定期，断根易引起畸形果，影响产量和品质。定植过迟，当土温降到 10℃ 以下时，根的发生和伸长量显著下降，植株难以恢复生长。

（四）定植方法

1. 定植密度

采用双行三角形栽植，按株距为 18～20cm、行距为 25～30cm 栽种。一般栽植 6000～8000 株/667m²。

2. 定植要点

定植宜在雨前或阴天进行，最好带土移栽。栽植时，要注意秧苗栽植方向，即将秧苗根茎的弓背朝向畦边。因为秧苗的弓背方向即为花序伸出的方向，定向栽植利于通风、疏花疏果和采收，减轻病虫害，提高果实品质。栽苗不能太深或太浅，以"深不埋心，浅不露根"为度（图 5-13）。定植后到覆膜前，必须做好定植苗的浇水保湿、中耕除草以及勤施薄肥工作，并及时摘除老叶、瘦弱芽和葡匐茎，防止徒长。

四、覆膜保温

1. 棚膜覆盖

适时覆膜保温是设施草莓栽培成功的关键之一。促成栽培的盖棚时期：在浙江杭州地区一般是 10 月下旬至 11 月上旬，具体要看温度变化，但一定要在植株尚未进入休眠前进行，

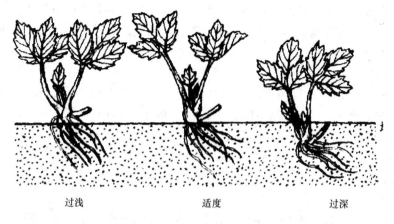

过浅　　　　　　　　适度　　　　　　　　过深

图 5-13　草莓栽植深度

不能过早，以免侧花芽分化受到抑制。棚膜可选用无色透明的聚乙烯无滴新膜。半促成栽培的盖棚时期要根据品种特性和气候状况而定。一般要在该品种完成一定的低温需求时进行，在浙江等地约为 12 月中旬至翌年 1 月上旬。

2. 地膜覆盖

地膜覆盖一般在保温 7～15d 内进行，可选用聚乙烯黑色地膜，既可增温又能除草，若用一面银灰一面黑的双色地膜则更佳。覆膜后要立即破膜提苗。

3. 加盖内膜

由于促成栽培对室温的要求相对较高，而其开花坐果期正遇南方气温最低的 12 月和 1月，这时棚内温度过低会引起冻害，致使坐果不良，果实畸形等，故低温时可以在棚内加盖一层内膜，还可以在棚内加扣小拱棚，实行三膜或四膜覆盖，以保证设施内草莓能正常生长发育。

五、盖棚后管理

（一）温度管理

促成栽培与半促成栽培略有不同。

1. 促成栽培温度管理要点

盖棚初的 7～10d 内，白天温度保持在 25～30℃，最高温度不超 35℃，夜间温度保持8℃以上；日平均温度为 15～20℃，当夜间温度降至 5℃时，棚内加盖小拱棚或内膜保温。盖棚 10d 后到开花前，白天温度保持 25℃，最高不超过 30℃。开花期，白天温度 23～27℃，夜间温度 6～8℃。果实增大期，白天温度 20～25℃，夜间温度保持 5℃以上。果实采收期，白天温度 20～25℃，当温度超过 25℃时需进行通风。夜间温度保持 5℃以上。

2. 半促成栽培温度管理要点

开花前，白天温度保持 25～30℃，夜间温度 12～5℃。开花至果实膨大期，白天温度保持 20～25℃，夜间温度 8～12℃。果实采收期，夜间温度 5～8℃。夜间温度若达不到要求时，可以在棚外加盖草帘或棚内加盖小拱棚保温。

（二）湿度管理

草莓花粉以空气相对湿度在 40% 左右发芽率最高。若空气相对湿度 20% 以下或 80% 以上，都会影响授粉受精。所以，棚内的空气相对湿度应控制在 40%～60% 为适宜。在果实采收期，若棚内湿度太大，易使果实感染灰霉病。为了控制棚内湿度不致太大，就要经常通风换气降湿；并用地膜在畦面与沟道进行全面覆盖，阻止水分蒸发。或在走道上铺稻草，既能吸湿，又方便行走。

（三）光照管理

草莓是适宜低温、低光照条件下栽培的作物。在光照度为 10～30klx，温度 15℃时，同化作用为最高，到 25℃时开始下降。所以，草莓冬季以棚内光照 10klx 以上，温度在 15～25℃为宜。在燠冬的阴天，如棚膜上染有尘埃，严重影响光照时，需冲刷棚膜，利于光照。

（四）肥水管理

1. 灌溉

扣棚后，棚内温度高，水分蒸发快，故土壤易缺水。从生产实践看，植株是否缺水，不完全取决于土壤是否湿润，重要标志是看棚内早晨植株叶缘是否吐水，通常情况下，即使土壤湿润，如植株不吐水，应视为缺水，这种现象早晨明显，10 时以后逐渐消失。覆膜保温后每隔一段时间就要浇 1 次水，采用膜下滴管时，一般每周滴灌一次，保证土壤有充足的水分。除花芽分化期间少灌水外，其他时间都应保持田间持水量的 60%～80%，一般土壤相对含水量在 60% 以下时需灌水。

2. 施肥

草莓促成栽培在精心管理情况下，一般 12 月初便可成熟开始采收。从定植到保温开始期需施肥 1～2 次，特别是铺地膜前要施肥一次。大棚草莓结果时间长，整个生育期有 3～4 批花序和结果，需消耗大量营养，因此要进行多次追肥，分别在各花序顶果开始采摘和采摘盛期各追肥一次，每次施三元复合肥 15kg/667m²，利用膜下滴管进行肥水同灌；另外，结合病虫防治多次叶面喷施 0.2% 多元微肥加 0.2%～0.3% 磷酸二氢钾。

（五）赤霉素处理

草莓促成栽培中通过适时保温虽然能抑制草莓进入休眠，但随着日照时间越来越短，植株还是会出现一定程度的矮化，从而抑制植株生长发育，影响开花结果，为了减轻和防止矮化，要在适当的时间喷赤霉素（GA₃）。赤霉素处理一般在保温后第一片新叶展开时喷第一次。对于休眠浅、长势旺的品种喷一次即可，浓度 5～10mg/L，每株用量 3～5mL。而休眠较深的品种，需在现蕾期时行第二次赤霉素处理，浓度也应高一些，用 10mg/L，每株用量 5mL，要喷在苗心处，在晴天露水干后喷施。

赤霉素对花芽分化有抑制作用，而对草莓的花芽生长有促进作用。因此，一定要正确使用。一般不能在花芽分化前的假植期使用，否则会起反作用。

（六）植株管理

1. 摘叶和除匍匐茎

设施栽培草莓在温室保温后，植株逐步开始生长，会发生较多的侧芽和部分匍匐茎，特别是某些容易发生侧芽的品种，这时，应该及时摘除侧芽、匍匐茎，同时摘除下部老叶、黄叶和病叶。并将其及时清除出大棚集中销毁。

2. 除芽

由于草莓设施栽培需要较高水平的营养保证，为了保证花芽质量，提高果实品质，一般除主芽外，再保留 2～3 个侧芽，其余植株外侧的小芽全部除去。

3. 疏花疏果，合理留果

根据负载量的大小进行适当的疏花疏果。一般一株草莓能抽生 1～3 个花序，每个花序有 8～30 朵花。多数品种每花序留 3～5 个果，每株留 7～9 个果即可，多余的花和果要及时疏除。疏花要早，在第一朵花开放前，及时疏除部分花蕾。根据品种不同留的次序花数不同，大果品种留 1、2 级次序花，小果品种可留 1、2、3 级次序花。坐果后应及时摘除病虫果、畸形果、小果及过多果，以利果个增大，提高质量。

4. 去除老叶和无果花序

为集中养分供应果实发育，改善通风透光条件，要及时去除老叶和已采完果的花序。

5. 人工授粉和放养蜜蜂

设施栽培草莓在开花时会遇到温度低、湿度大、日照短的环境，对授粉受精极为不利。为提高坐果率和果实质量，必须在花期进行人工授粉。方法有两种：一是进行放蜂，利用昆虫辅助授粉，在没有喷药的情况下，每个大棚可放一箱蜜蜂；二是进行人工点授，用细软的毛笔在花中心轻轻点拂，时间以设施内无露水的情况下进行。

六、病虫害防治

草莓病虫害防治要坚持"预防为主，综合防治"的原则，在做好农业防治、生态防治、物理防治的基础上结合进行化学防治。化学防治应有一定的针对性，不少病虫害可以兼防兼治，综合用药。在使用新农药时可依照使用说明进行。

（一）主要病害及其防治

草莓病害常见的有 20 多种，传播的途径主要是土壤传播或植株传播。土壤传播的病害应通过土壤消毒以减少发病；植株传播的应选用无病母株，并在无病的土地育苗，培育无病母苗十分重要。

1. 灰霉病

此病为真菌性病害，主要危害花和果。开花后即发生，造成花序干枯。在适温高湿条件下易大量发生，病菌通过伤口侵入，造成发病。防治方法：控制氮肥和浇水过多，防止徒长，控制种植密度，以免形成高湿环境；及时摘除病果和枯叶，集中带出设施外烧毁或深埋。从花序显露至开花前是药剂防治的关键时期，果实开始采收前即应停止用药，以降低农药对果实的污染。药剂防治可用 70％甲基硫菌灵可湿性粉剂 600～1000 倍液；或 50％啶酰菌胺水分散粒剂 1200 倍液；或 50％腐霉利可湿性粉剂 1500 倍液；或 25％异军脲可湿性粉剂 1000 倍液等喷雾，每隔 7～10d 喷一次，连喷 2～3 次。也可在发病初期用腐霉利烟熏剂防治，方法是一个单栋大棚用 20％ 腐霉利烟剂 80～100g/667m²，分放 5～6 处，傍晚点燃，闭棚过夜，7d 熏一次，连熏 2～3 次。

2. 白粉病

此病为真菌性病害，主要危害叶片，也可侵染浆果、果柄和叶柄。发病初期，叶背面局部出现薄霜似的白色粉状，此后很快扩散到全株，随着病情加重，叶向上卷曲，呈现汤匙状。该病属于低温型病害，适宜发病条件是温度为 15～20℃ 的高湿环境。病菌靠空气传播。整个生长季节均能发生。防治方法：合理密植，控制氮肥施用；及时清除老病叶、病果，带出集中深埋。药剂防治可用 25％粉锈宁可湿性粉剂 3000～5000 倍液；50％醚菌酯干悬乳剂 3000 倍液；或 4％四氟醚唑水乳剂 1000 倍液喷雾。每隔 7d 喷药一次，药剂交替使用。

3. 病毒病

草莓生产上的重要病害之一。已发现的草莓病毒病有 20 种，我国主要的有斑驳、轻型黄边、镶脉和皱缩病毒。因草莓是以营养体匍匐茎繁殖为主的，病毒侵染会随营养体繁殖而逐年积累。除植株传播外，还因蚜虫、线虫等传播。当一种病毒单独侵染时，具有潜伏侵染的特性，且大多症状不明显或不能很快表现的隐症，只是表现为：植株长势衰弱，轻微矮化，或是减产 2~3 成等。当几种病毒复合侵染时，多表现为扭曲、畸形、黄化、斑驳、极度矮化，停止生长，叶形变小，叶面无光泽，品质变劣，畸形果增多，甚至减产 4~5 成。防治方法：采用脱毒组织培养技术，培育并栽植无病毒种苗；推行轮作制，并注意不与茄科作物连作或间作；及时防除蚜虫、线虫，以减少传播；及时铲除病株并销毁，利用化学法或太阳能高温法进行土壤消毒。

4. 轮斑病

此病为真菌性病害，主要危害叶片，也可侵染叶柄和匍匐茎。感病初期，叶面上形成多个紫红色小斑。随着病斑扩大，变成椭圆形，沿叶脉构成"V"形病斑，病斑进一步扩展，中心部分变黑褐色，周围黄褐色，边缘呈现红色或紫红色，病斑上有明显的轮纹。该病属于高温型病害，适宜发病条件是温度为 28~30℃ 的高湿环境。病菌靠空气传播。防治方法：及时清除老病叶、病果，带出集中深埋，清除病源；注意通风换气，降温降湿。药剂防治可在发病初期用 70% 甲基硫菌灵湿性粉剂 1000 倍液；或 50% 多菌灵可湿性粉剂 800 倍液；或 80% 代森锰锌可湿性粉剂 600~700 倍液喷雾。每隔 7d 喷药一次，药剂交替使用。

5. 炭疽病

此病为草莓苗期与定植初期的主要病害。主要为害叶、花、果及根茎。病斑纺锤形或椭圆形，初为水渍状，后变黑色。湿度高时，病斑上出现浅红色的胶状物，直至全株枯死。防治方法：选用抗病品种，如丰香等；避免连作；及时清除病株、病叶；可在匍匐茎生长期喷施 75% 百菌清 600 倍液或 25% 咪鲜胺 1000~1500 倍液防治。

(二) 主要虫害及其防治

1. 蚜虫

蚜虫为害草莓的蚜虫有多种，主要是桃蚜和棉蚜。蚜虫主要群集在草莓的嫩叶中刺吸汁液，吸食后叶面出现褪绿的斑点。造成叶片卷缩变形，严重影响光合作用的进行。另外，蚜虫还是多种病害的传播者。防治方法：及时摘除老叶，铲除杂草，清洁田园；在设施内放养七星瓢虫、食蚜蝇、草蛉等蚜虫的天敌，防治效果较好。花前喷药 1~3 次，花后尽量不喷药，采果前 15d 停药。药剂防治可用 10% 吡虫啉 2000~3000 倍液；或 0.3% 苦参碱 1500 倍液；或 25% 噻虫嗪水分散粒剂 5000~6000 倍液喷雾。

2. 红蜘蛛

红蜘蛛为害草莓的红蜘蛛有二点红蜘蛛、仙客来红蜘蛛等多种。红蜘蛛主要刺吸草莓未展开嫩叶中的汁液，使组织和叶绿素受到破坏，叶片发育迟缓，长出后皱缩，严重时叶片呈现铁锈色，叶片发红。防治方法：及时摘除老叶，铲除杂草，带出设施外集中烧毁，减少红蜘蛛的越冬虫源和场所；加强水分管理，避免出现干旱的环境；在设施内放养瓢虫、草蛉等红蜘蛛的天敌，抑制红蜘蛛的大量发生。药剂防治可用 75% 炔螨特 2000 倍液；或 20% 三唑锡 1000 倍液；或 50% 哒螨灵 1500 倍液；或 5% 噻螨酮乳油 1200 倍液喷雾。

3. 叶甲

叶甲的成虫和幼虫均能为害叶片，被害叶形成许多不规则的洞孔。防治方法：冬季翻耕土地，清除园间杂草、枯叶，消灭越冬成虫；药剂防治可用40％或50％硫磷1000倍液；或90％敌百虫晶体800倍液；或80％敌敌畏1000倍液喷雾。

4. 盲蝽

为害草莓的主要有草盲蝽、绿盲蝽、苜蓿盲蝽等多种。成虫或若虫刺吸幼果汁液，使成畸形果。防治方法：清除园内外的杂草，减少虫源；药剂防治可用40％毒死蜱1000倍液；或5％啶虫脒2000～3000倍液喷雾。

5. 蛞蝓

蛞蝓为陆生软体动物。咬食果实，并因分泌黏液，干后在果面留有银白色的痕迹，使人厌恶，影响果实品质。防治方法：施用的有机肥要充分腐熟；并采用窄幅高畦种植与地膜覆盖，减少为害；药剂防治可用6％四聚乙醛颗粒剂465～665g/667m²，或4.5％百螺敌颗粒剂40～80g/667m²。

6. 白粉虱

白粉虱是棚内的主要害虫之一。若虫聚集在叶背吮吸汁液，使叶片变黄萎蔫，并能诱发霉菌，致植株枯死。防治方法：清除园间残株残叶，减少虫源；用黄色板涂黏液诱杀成虫；药剂防治可用25％噻嗪酮1000～1500倍液，或40％菊杀乳油2500倍液喷雾，或将药液拌入切碎的鲜草撒施园间诱杀。

七、采摘和产后处理

草莓成熟后，必须及时采收。确定草莓适宜采收的成熟度要根据品种、用途和距销售市场的远近等条件综合考虑。一般在果实表面着色达到70％以上时进行采收。鲜销果在八九成熟时采收，制作果汁、果酱用的可完熟采收；远距离销售时，以七八成熟时采收为宜，就近销售的可在完熟时采收，但不宜过熟。采收过晚，果实很易腐烂，造成不应有的损失。为保证采收质量，采收前必须统一分级标准，统一掌握果实的成熟度、大小、颜色等。

由于草莓同一个果穗中各级序果成熟期不同，必须分期采收，刚采收时，每隔1～2d采1次，采果盛期，每天采收1次。采收时间最好在早晨露水干后，上午11时之前或傍晚天气转凉时进行，中午前后气温较高，果实的硬度较小，果梗变软，不但采摘费工，而且易碰破果皮，果实不易保存。采收时必须轻摘轻放，用大拇指指甲和食指指甲把果柄切断，连同花萼自果柄处摘下，不损伤萼片。

对采下的草莓要进行分级，为便于采后分级和避免过多倒箱，采收时可按不同级别分批或分人采收，即先采大果，再采中等果，然后采小型果；或前面的人采收大果，中间的人采中型果，后面的人采小果或等外果；也可每人带3～4个容器，将不同级别果实边采边分装。分级标准除外观、果形、色泽等基本要求外，主要依果实大小而定。大果型品种不小于25g为一级果、不小于20g为二级果、不小于15g为三级果。中果型、小果型品种依以上标准每级分别单果重降低5g。

实例5-2 浙江省建德市大棚草莓促成栽培技术

浙江省建德市是草莓主产区，2009年在当地种植草莓1350hm²、产量达2.93万t，产值 2.04 亿元。其主要优质高产技术如下。

一、选择适宜品种和壮苗

主要选用高界限温度花芽分化好、休眠性浅、低温季节耐寒性好的早熟品种。重点选用了红颊、章姬、丰香、佐贺清香等品种。2010 年全市红颊栽培面积达 80%。

选择壮苗栽培。一般选有 4~5 片叶，根径粗 1.0~1.3cm，苗重 10~20g，叶柄短而粗壮，根系发达，叶色浓绿的优质苗进行定植。

普通塑料大棚一般采用南北向大拱棚，棚膜采用无滴膜，南北起畦，畦上覆盖黑地膜，低温时大棚内加盖小拱棚和内膜。

二、整地和施肥

选择地势平坦，土质疏松，土壤肥沃，排灌方便，通风透光的地块。施足基肥，一般施入腐熟鸡粪 3000~4000kg/667m²，并配合施用饼肥、磷酸二铵或氮磷钾复合肥等 20~30kg/667m²，撒施均匀，翻耕、整地、起畦，沟深 20~30cm，畦宽 70cm。

三、适时定植

（1）定植时间。9 月中旬。

（2）定植密度。每畦栽两行，株距 20~25cm，定植密度为 0.6 万~0.8 万株/667m²，定植时草莓茎的弓背朝向畦外侧。栽植深度掌握"深不埋心，浅不露根"。一般下午 3 时以后栽，栽时摘除老叶、枯死叶，一般留 3~4 片叶子。定植后，及时浇透水，每天浇一次，共浇 3~4 次，以后保持土壤湿润。

四、覆盖及棚内管理

（一）覆盖

正常年份 10 月上旬扣棚，温度较高年份 10 月中旬扣棚，棚膜选用聚氯乙烯膜（PVC）。上棚后 7~15d 内完成地膜覆盖，一般选用黑色地膜，清除杂草后，在垄上覆盖地膜，边盖边将苗掏出，不损伤叶片，苗周围用土压严。

有条件的，于铺设地膜前，安装好滴灌设施，以方便管理，减轻病虫害发生。

（二）棚内管理

1. 植株管理

定植缓苗后，及时摘除老叶、匍匐茎及多余的腋芽。

2. 温度管理

扣棚后，认真管理好温度。通过调节放风口大小、放风时间长短、加盖小拱棚和内膜等方法来实现。具体管理方法见表 5-3。

表 5-3　　　　　　　　　大棚内草莓各生育期适宜的温度　　　　　　　　单位：℃

生育期	白　天	夜　间
现蕾前	28~30	12~15
现蕾期	25~28	10
开花期	22~25	10
果实肥大期	20~24	8~10
果实采收期	20~24	8~10

3. 肥水管理

装有滴灌设施的大棚，每周滴水一次，经常保持土壤充分湿润。除花芽分化期间少浇水外，其余时间保持 60%～80% 的田间持水量，以利于植株生长发育。

施肥应遵循少施勤施的原则，每次施肥可结合浇水一起施入。追肥用量视基肥情况而定，主要以复合肥为主，每次施复合肥 10～15kg/667m²。一般自定植到保温开始期需施肥 1～2 次，特别是铺地膜前要施肥一次；花芽分化期，为促进花芽早分化，应控制少用氮肥，可用磷钾肥；花芽分化后 10d 左右，应追施氮肥，促进花芽发育；开花及果实膨大期，追肥浇水。棚内整个生育期需追肥 5～8 次。

五、病虫害防治

扣棚前一定要预防好各种病害的发生，扣棚后，由于温度升高，湿度增大，常有灰霉病、白粉病、叶斑病及黄萎病等发生。防治病害应以预防为主，如注意通风换气，降低湿度，及时摘除病叶、病果等。药剂防治最好选用 10% 苯醚甲环唑分散粒剂、50% 腐霉利或 70% 甲基硫菌灵喷雾防治，也可用腐霉利烟熏剂防治。防病应把握在发病前期、初期，尽量避免在开花期喷药，以免造成过多的畸形果发生。

主要虫害有蚜虫、红蜘蛛等。蚜虫可选用 10% 的吡虫啉，红蜘蛛可用 2% 的阿维菌素喷雾防治。棚内喷施杀虫剂应在果实膨大期之前，果实采收期严禁喷施农药。

实训 5-4　草　莓　移　栽

一、实训目的

了解草莓的生长发育特点，熟悉草莓移栽的技术要点，掌握移栽的方法和技术。

二、材料和器具

适于栽植草莓的塑料大棚，适于栽植的草莓壮苗，锄头、耙、锹等工具。

三、内容和方法

（一）内容

根据草莓移栽技术要求，进行草莓种植实际操作训练。

（二）移栽要点

（1）整地。根据草莓种植要求和肥料种类施入基肥，将栽植大棚土地按畦底宽 70cm，沟底宽 30cm 整好地。

（2）种植密度。行距 40cm，株距 20～25cm。

（3）栽植深度。深浅适宜，深不埋心，浅不露根。

（4）栽后灌溉。移栽后即进行滴灌或微喷灌溉或浇水灌溉灌透。

四、作业

（1）草莓栽植的技术要点有哪些？

（2）草莓定植时为什么要将弓背朝沟侧？

（3）写出草莓定植的流程。

实训 5-5 草莓疏花疏果

一、实训目的

了解草莓的开花结果习性，熟悉疏花疏果要点，掌握疏花疏果技术和方法。

二、材料和器具

正处开花初期和初果期的大棚草莓一至数棚。

三、内容和方法

（一）内容

根据草莓开花结果特性和对品质、产量的要求，进行草莓疏花疏果实际操作训练。

（二）技术要点

（1）疏花疏果。根据草莓品种特性，疏除多余的花和果，一般每株留 2～3 个花序，每个花序留 3～8 朵花或 3～5 个果；疏除弱小花、畸形花或畸形果、受冻果、病虫果、小果等。

（2）疏除老叶。疏除基部老叶、病叶；每株留下健康叶片 7～9 叶。

（3）集中处理疏下的花果和叶。将疏除的花果和老叶带出大棚，集中深埋等处理。

四、实训报告

（1）为什么要进行疏花疏果？

（2）简述疏花疏果技术要点。

（3）请按照你疏花疏果的留果方案及栽植密度，测算一下单位面积产量。

思考

1. 草莓促成栽培适宜在什么时候定植？又应该在什么时候盖棚？

2. 草莓对光周期有何要求？促成栽培时如何促进草莓苗的花芽提早形成？

3. 为什么要及时除去匍匐茎和老叶？

4. 草莓大棚栽培为什么要放蜂或人工授粉？

5. 大棚草莓温湿度的管理有何要求？

项目三　桃设施栽培技术

- **学习目标**

　　知识：了解桃的生长发育特点、对环境条件要求及其适宜的栽培设施、主要品种等；掌握桃设施栽培花期调控、温湿度调控、整形修剪、花果管理、肥水管理、病虫害防治技术等。

　　技能：会选桃设施栽培的适宜设施和栽培品种；会对樱桃不同栽培方式进行温、光、水、气、肥等环境调控；会对樱桃进行合理的整形修剪、疏花疏果、灌溉施肥、保温防冻、防病治虫等管理。

- **重点难点**

　　重点：桃设施栽培的温度管理、光照管理、灌溉施肥、整形修剪、保花保果、疏花疏果、病虫害防治等管理技术。

　　难点：桃设施栽培的覆盖保温、整形修剪，温、水、光、肥、气等环境调控、疏花疏果、病虫害防治技术。

　　桃为蔷薇科桃属落叶小乔木，由于其生长快、投产早、栽培相对较易、市场消费量大等特点，在我国栽培极为广泛。栽培的主要有水蜜桃、油桃、蟠桃、黄桃等多种类型，其中水蜜桃、油桃、蟠桃果实多为营养丰富、外观艳美、汁多味甜、富有香气，以鲜销为主，深受广大消费者喜爱，素有"仙桃""寿桃"之美称。尤其是油桃由于表皮无毛，色泽光亮艳丽、皮薄肉脆、风味好、食用方便，一上市便受到多数消费者的青睐，成为市场的新宠，市场售价远高于同期成熟的水蜜桃。黄桃以其独特的香气和加工性能，以加工糖水罐头销售为主，为罐头中的佳品。桃还可以加工成桃脯、桃干、桃汁、蜜饯等制品。

　　由于桃原产于我国海拔较高、生长季日照长、光照足的西北地区，形成了喜光、耐旱、耐寒的特性，冬季需要一定的需冷量才能良好的开花结果。在北方，多数品种设施栽培能提早1个月以上成熟，获得较好的栽培效益。而在我国南方，因冬季7.2℃以下的低温时间不充裕，不宜较早地盖棚，提早上市的效果远不如北方地区那么显著。所以，南方的桃树设施栽培起步也较北方晚，而随着油桃等优质品种的引种栽培和面市，促进了南方桃设施栽培的发展，同时，南方设施栽培的发展也加快了油桃在南方的成功栽培和推广。因为多数油桃优质品种皮薄肉脆，在南方多雨地区露地栽培容易发生裂果，难以获得理想的栽培效果，而采用设施栽培可以避免裂果，同时，也有助于提前成熟。加上油桃色泽艳丽、花色艳美，还为赏花采果、观光旅游增添了新的项目。进入21世纪后桃设施栽培发展很快，效益很好。

任务一 认识桃的栽培特性

桃为落叶小乔木，中心干性弱，树姿开张，一般树高可达 4～5m，设施栽培宜控制在 2.5m 以内。芽具早熟性，可一年多次抽枝，且萌芽率和成枝率都强，故幼树生长快，成形早，利于早结果、早丰产，具备设施栽培的良好基础。

一、生物学特性

（一）根系

桃根多属浅根性，根系分布多数集中在 20～40cm 土层处。其活动和生长发育受土壤温度和湿度影响较大，自然休眠结束后，土壤温度达 5℃时开始活动，生长的最适温度为 15～20℃，超过 25℃则生长缓慢；落叶后土温降至 10℃以下进入冬季休眠。

（二）枝梢

桃枝梢通常根据生长状况和花芽的有无，分为营养枝和结果枝。只有叶芽没有花芽的当年生枝称营养枝；既有叶芽也有花芽的称结果枝。结果枝根据其枝势和花量，又可分为徒长性结果枝、长果枝、中果枝、短果枝和花束状果枝五类。桃同一品种不同的结果枝，其结实能力也不一样，一般以长果枝结实能力最强，中果枝次之，花束状果枝结实能力差、寿命短、易枯死。

（三）叶

桃叶多呈披针形，叶缘有锯齿，叶柄基部常生蜜腺。

（四）芽

桃的芽依性质分叶芽和花芽两种，一般叶芽瘦小，花芽肥大；依着生方式可分单芽和复芽两种。单芽可以是叶芽或花芽，复芽是既有叶芽也有花芽，复芽排列方式有多种，如二复芽（1叶芽和1花芽），三复芽（2花芽和1叶芽）等（图 5-14）。各类芽的形成状况常与树势有关：树体管理水平好、生长势强壮时多着生复芽；管理水平差，生长势弱时，多着生单芽。

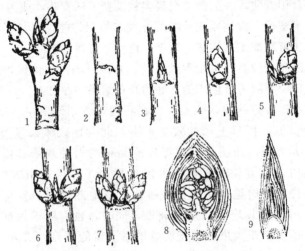

图 5-14 桃各种芽及排列示意图

1—短果枝（顶芽为叶芽）；2—隐芽；3—单叶芽；4—单花芽；5—复芽（1叶芽和1花芽）；
6—复芽（1叶芽和2花芽）；7—复芽（1叶芽和3花芽）；8—花芽纵剖面；9—叶芽纵剖面

桃的芽具有早熟性，形成当年即可萌发；当年萌发的通常是叶芽，因花芽当年未发育完全；第二年萌发时，通常花芽比叶芽萌动早。

（五）花

桃的花有单瓣花和重瓣花，栽培品种多为单瓣花；花型有蔷薇型和铃型两种；花色有粉红色和深红色等。不同品种自花结实能力不同，有的品种自花结实能力强，有的品种自花结实能力弱，需要配置授粉品种，如"砂子早生"等；即使自花结实能力强的品种，如进行异花授粉也有利于提高结实率和果实品质。所以，设施栽培中，提倡配置适量授粉品种。

桃的花期及其长短因地域、气候、品种不同而不同。一般在满足品种需冷量的情况下，温度高湿度适宜开花早，温度高湿度低花期短。开花期过早，易遭受晚霜或倒春寒危害，故采用设施栽培利于保温预防。

（六）果实

桃为真果，由子房壁发育而成。果实由3层果皮构成，中果皮的细胞发育成可食部分，内果皮细胞木质化成为果核，外果皮细胞发育成果皮。

果实生育期的长短因品种而异，在浙江等南方地区，极早熟品种60d左右，极晚熟品种可达200d左右。

桃花芽属夏秋分化类型，其开始分化的时间依地区、品种、气候、结果枝种类、树势等而有所差别，一般在7—8月开始进入花芽分化。短果枝开始分化时间要比长果枝早。

二、桃对环境条件的要求

（一）光照

桃树是喜光树种，对光照要求较高。光照充足时，花芽多而饱满，果实着色良好，风味浓；光照不足时，枝叶徒长，花芽分化少、质量差，落花落果多，坐果率低，果实品质差。所以，在设施栽培时，必须注意合理密植和采用合适的树形；树形一般宜采用Y形、自然开心形，并加强生长期修剪。有条件的温室可以进行辅助补光，如挂反光膜、地面覆膜等，创造良好的光照条件。

（二）温度

桃是喜冷凉温和气候的温带果树，桃树枝叶生长适温为18~23℃，开花适宜温度为12~14℃，根系适宜生长土壤温度是18℃，桃树虽比较耐寒，但当冬季气温在−25~−23℃时也会发生冻害，故桃树设施栽培在南方温暖地区比较适宜，一般不会发生冻害。但冬季7.2℃以下的低温时间不如北方充足，大部分品种的需冷时间为500~1000h。

（三）水分

桃属较耐旱怕涝树种，其根系不耐涝，枝叶生长要求较低的空气湿度，短期积水就会引起植株生长不良甚至死亡；南方品种群由于长期驯化而较耐湿。桃在整个生育期中，又需要充足的水分，只有满足水分供应，才能正常生长发育，土壤水分不足，又会造成根系生长缓慢或停止。果实对水分不足最为敏感，如果缺水，会引起落果、果实缩水；但水分过大，就会出现枝条徒长和流胶，花芽分化少，果实着色差，病虫害增加。特别是在开花期，如遇空气湿度过大，花药不易开裂，会影响授粉受精。为防止土壤积水，栽植宜深沟高畦为好；设施栽培时，为避免棚内湿度过大，以实行膜下滴灌较好。

（四）土壤

桃对土壤要求不严，在一般土壤上均可栽培，但以排水良好、土层深厚的壤土或砂壤土为最好。桃树喜微酸性土壤，以 pH 值为 5.5～6.5 最为适宜；当 pH 值为 7.5～8.0 时，易缺铁而产生黄叶病。另外，桃树不耐连作，不能重茬。

任务二　了解桃设施栽培的主要类型和适宜品种

一、设施栽培类型

南方桃设施栽培主要有塑料大棚促成栽培、避雨栽培等。

（一）促成栽培

桃促成栽培是在桃完成休眠后进行覆膜保温，促使其提前萌芽、开花结果，以期实现提早收获的一种栽培类型。桃促成栽培具有促进早成熟、早结果、早丰产的优点；同时，还有利于减轻病害、减少裂果，提高品质。桃促成栽培在浙江等地区一般可使成熟期提前半个月左右。

（二）避雨栽培

桃避雨栽培是在桃果实膨大期前后实施覆盖避雨的栽培类型。桃避雨栽培可以减轻因雨水太多而引起的病害及其裂果，扩大了桃的适栽品种和适栽区域，使得一些在露地栽培易裂果的高品位油桃可以在南方多雨地区良好栽培。

桃促成栽培和避雨栽培的主要设施类型，可参照项目三任务二樱桃设施栽培的主要类型。

二、适于设施栽培的桃品种

桃为蔷薇科桃属木本植物，原产中国。主要种类有桃（又名毛桃、普通桃）、山桃、光核桃、新疆桃、甘肃桃、陕甘山桃等。其中普通桃是最主要的经济栽培种，变种有蟠桃、油桃、寿星桃。其中油桃和蟠桃都作果树栽培，寿星桃主要用于观赏和矮化砧木。在南方设施栽培中，虽冬季低温不如北方充足，促成栽培的效果不如北方显著；但由于南方冬季自然温度不是太低，保温要求不是太高，温室建造成本相对较轻；加上生长季节，特别是果实成熟季节雨水偏多，设施栽培有利于避免雨水太多带来的裂果、涝灾、湿度过大引起病害等。特别是对于一些肉质松脆、细嫩味甜的高品位油桃，在南方露地栽培难以获得成功的情况下，采用设施栽培，可以避免裂果、病害等，效果很好，栽培效益很高。

（一）品种选择原则

品种的选择和选配是桃高效设施栽培成功的关键。选择设施栽培桃品种应掌握以下原则：

（1）选择早熟或极早熟品种，以果实生育期为 60～70d 为宜。

（2）选择需冷量低，自然休眠时间短的品种。

（3）选择复花芽多、花粉量大、自花结实率高，丰产性好的品种。

（4）选择树体矮小、树冠紧凑、成花易，开花结果早的品种或利用矮化砧木繁育的品种。

（5）选择果个大、产量高、色泽艳丽、外观美、品质优的品种。

同一设施内宜选配 2～3 个花期相对一致，成熟期相近的品种，以便相互授粉，提高坐果率，增加产量。

（二）主要品种

1. 油桃

（1）早红珠。果实近圆形，平均单果重 90～100g，大果重 130g；外观艳丽，着明亮鲜红色；果肉白色，软溶质，肉质细，风味浓甜，香味浓郁；可溶性固形物含量 11%。黏核。在浙江桐庐果实 6 月初成熟。铃型花，花粉量多，丰产。

（2）曙光。果实近圆形，平均单果重 100g，大果重 180g；外观艳丽，全面着浓红色；果肉黄色，硬溶质，风味甜，有香气；可溶性固形物含量 10% 左右。黏核。在浙江桐庐果实 6 月上旬成熟，果实发育期 65d。大花型，花粉量多，树势中强，较丰产。

（3）千年红。果实近圆或椭圆形，两半部基本对称，外观亮丽；果肉黄色，硬溶质；风味甜，可溶性固形物含量 10%，黏核；丰产性能好，成熟期比曙光早 7～10d 左右。

（4）金山早红。果实近圆形，平均单果重 130g，大果重 250g。果色鲜宝石红，果肉黄色有透明感，肉质细脆，风味甜。可溶性固形物含量 11% 左右。果实 6 月上旬成熟。

（5）红珊瑚。果实近圆形，果顶部圆，呈浅唇状；平均单果重 140g，大果重 250g；着鲜红至玫瑰红色；果肉乳白，有少量淡红色，硬溶质，质细，风味浓甜，香味中等，可溶性固形物含量 12% 左右，黏核。在浙江桐庐果实 6 月底、7 月初成熟。铃型花，花粉量多，丰产。

（6）东方红。果实近圆形，平均单果重 98g，大果重 180g，果肉白色，软溶质，黏核，果面 80% 着浓红色。成熟特早，在浙江临安促成栽培 5 月中旬成熟。

（7）艳光。果实椭圆形，平均单果重 105g 左右，大果重 180g，80% 果面着玫瑰红色，果肉乳白色，软溶质，黏核。在浙江桐庐 6 月中旬成熟。

2. 普通桃

（1）早霞露。果实椭圆形，果顶圆平，两半部对称；平均单果重 85g，大果重 116g；果皮底色绿白，顶部着红晕，皮易剥离；果肉乳白色，近核处与肉色同，肉质柔软多汁，风味较甜，略有香气、可溶性固形物含量为 8%～10%。黏核，不碎裂。在浙江桐庐 5 月中旬成熟。

（2）玫瑰露。早熟白肉水蜜桃，果实圆形，整齐一致，果皮底色淡绿色，全果着玫瑰色红晕，外观美丽，平均单果重达 140g，最大果重 205g。果肉白色，风味甜，有香气，可溶性固形物含量为 13% 左右，黏核，一般不裂核。在浙江桐庐 6 月初成熟。

（3）雪雨露。果实长圆形，平均单果重 120g，大果重 390g，果皮淡绿色，分布红晕中量，肉质柔软，味甜浓，汁多，丰产稳产，在浙江杭州 6 月中旬成熟。

（4）砂子早生。日本品种。果实圆形，平均果重 150g，大果重 350g，果顶分布少量红晕，肉质柔软，略有纤维，味甜，汁多，无花粉，可用玫瑰露、大观一号花粉授粉，充分成熟味变淡，雨水多的年份有顶腐现象。在浙江杭州 6 月中旬成熟。

（5）冈山早生。日本品种，又称布目早生。果实长圆形，平均果重 125g，大果重 230g。果皮黄绿色，果顶有红晕，外观美。果肉乳白色，近核处微红。肉质柔软，汁多。可溶性固形物含量为 9%～11%，味淡甜。在浙江杭州 6 月上旬成熟。

（6）红艳露。果实圆形，平均果重 150g，大果重 450g，肉质柔软，味甜汁多，在浙江杭州果实 6 月上旬成熟。无花粉，可用大观一号、玫瑰露作授粉品种。

（7）大观一号。果实长圆形，平均果重 110g，大果重 350g，果面有红晕，外观美，肉质柔软，味较甜，汁多，丰产。在浙江杭州 6 月中旬成熟。

任务三 优质高效栽培桃

一、建园

（一）园地选择

根据桃树喜光、根系需氧量大、怕涝、喜中性和微酸性土壤、不耐盐碱等特点，设施栽培园地选择时应具备以下条件。

1. 阳光充足

选择光照充足、背风向阳的园地，附近无高大建筑物或大树，避免影响光照。

2. 地势要高

选择排水便利、地下水位 1m 以上，没有积水历史的园地。

3. 土质疏松

桃树的根呼吸强度大，需氧量大。以选择土壤肥沃、土层深厚、土质疏松、透气性好的壤土或砂壤土为好，pH 值为 5.5～6.5。如果土质黏重，通气不良，土壤缺氧，易使桃树出现黄叶或流胶，应忌用。

4. 避免连作

因为桃根易产生有毒物质，会抑制新植桃树根部呼吸和生长，所以要避免选择前作种过桃等核果类果树的园地。

5. 排灌方便

桃树怕涝不耐湿但又怕缺水，所以要选择能灌快排，雨季排水畅通，但又近水源，能及时灌溉的园地。

（二）定植

1. 品种和种苗选择

根据当地实际和栽培目的选择适于桃设施栽培的品种。

栽植前要对苗木进行选择。优良苗木须品种纯正，苗木发育正常，根系发达，粗根少而细根多，干粗壮（粗约 0.8～1cm），在整形带内要有 5～7 个饱满芽，没有严重的病虫害。如用芽接半成苗定植，除注意根系是否完好外，还应检查接芽是否成活及愈合情况。

2. 定植密度

桃设施栽培多采用高密度栽培，其株行距应根据土壤肥力、树体矮化程度、栽培管理水平以及整形修剪方式等合理确定。由于桃树的年生长量较大，扩冠快，定植后经 1 年的露地生长，到扣棚时可达到理想的覆盖率。所以一般不提倡采用前期密植、后期间伐的变化性栽植方式，在南方生长更快，应对密度加以控制。一般以株距 1～2m，行距 2～3m 进行定植为好。

3. 授粉树配置

授粉树配置要求：一是与主栽品种花期相近；二是花粉较多；三是授粉树也是优良品种；四是长 60m 以上的大棚，宜配授粉品种 2～3 个，可以 10%～15% 比例配置。

4. 定植时期

不论是小苗、芽苗栽植还是假植后的大苗移植，都是在树体落叶后至萌芽前进行，以早为好。

5. 定植方法

（1）挖穴施肥。因设施栽培桃树，希望前期生长快、投产早，且栽植密度大，根系生长快，故要求土壤条件好，基肥充足，大肥大穴。按设置好的株行距定点放样，挖60cm深、长、宽各80cm的定植穴或60cm深、80cm宽的定植沟。挖穴或沟时，将表土与底土分开堆放，在种植穴（沟）底部先回填部分表土再分层施入有机肥、磷肥、生石灰。一般施充分腐熟的鸡粪4000～6000kg/667m^{2}或土杂肥7000kg/667m^2，钙镁磷肥75～100kg/667m^2，生石灰50～100kg/667m^2（酸性强的红黄壤用量多些，反之用量少）；也可使用相当肥量的商品有机肥，具体使用方法根据肥料种类按说明进行，土、肥拌匀，踏实后再回土到高出地面10～20cm左右待种。

（2）栽植。苗木栽植前，用1‰硫酸铜溶液浸根5min，再用清水冲洗，以预防根癌病。

定点种植苗木，将苗木根系在栽植穴中舒展后，边填土边踏实，轻轻提动苗木，让根系充分舒展。栽后立即浇一次透水或稀薄粪水，使根系与土壤密接。随后覆盖地膜。定干高度视树形及设施类型而定，一般以30～50cm为宜。

二、栽后管理

为促进树体前期良好生长和避免设施老化损耗，桃栽植后至结果前一般不盖棚，此期间管理的主要目的是前期促进树体快速生长、尽早成形，随后是促进花芽及早形成、尽早结果，后期适当控制树冠旺长。经精心管理，桃栽后当年即可形成一定量的花芽，第二年可进入结果期，进行盖棚管理。

（一）整形修剪

1. 适宜树形

大棚栽培的桃，要求低干矮树冠，在密植栽培情况下，宜用"Y"形、自然开心形等树形。

（1）"Y"形。又叫二主枝自然开心形，单栋塑料大棚中或连栋棚中密植时宜以此类树形为主。主干高度20～40cm，在主干的左右各配1个主枝，使主枝与树冠中心垂直线保持40°角。各主枝配1～2个副主枝，使副主枝与主枝的夹角保持60°角。然后在主枝和副主枝上培养结果枝组（图5-15）。如株距小于2m时，可以不配备副主枝或侧枝，直接在主枝上着生结果枝组。

（2）自然开心形。连栋大棚或栽植密度相对较大时可以选用此树形。主干高30～50cm，主干上培养3个主枝，主枝开张角度为30°～45°，每一主枝上着生1～2个副主枝或侧枝，副主枝开张角度为60°～80°（图5-16）。再在各级主枝上酌情培养结果枝组。

图5-15 "Y"形示意图　　　　图5-16 自然开心形示意图

2. 修剪

桃的幼树生长快，定植当年就能使树冠形成，通过加强促花措施，使其当年就能成花。幼树以轻剪、夏剪为主。冬剪时疏除过密枝、徒长枝，适度短截长果枝，疏放结合，稳定树势。生长期，要及时疏除过密的无用枝；对直立枝和徒长枝及时扭梢、摘心、短截、拉枝等，既控制枝梢生长，又改善树冠的通风透光条件，促进花芽形成。

（二）肥培管理

基肥已在定植时施下，追肥一般年施 4～5 次，分别为：4 月施尿素 50g/株；5 月施复合肥 100g/株加腐熟饼肥 250g/株；6 月施复合肥 100g/株加腐熟饼肥 200g/株；7 月施复合肥 100g/株；8—9 月腐熟饼肥 250g/株。

此外，还可用 0.2％磷酸二氢钾液、0.3％硫酸钾液、0.5％过磷酸钙浸出液等，多次轮换进行根外施肥。

（三）促花措施

促进花芽及早形成是桃促成栽培的成功的关键所在。桃树管理得当，当年就能形成花芽。除做好以上管理工作外，促进桃树花芽形成的措施主要如下：

1. 控制湿度

低湿有利桃树花芽分化。因此，为了促进桃树定植当年就能成花，在夏、秋季花芽分化时期要适当控制土壤水分，使相对湿度维持在 60％～70％。

2. 控制氮肥

因为氮肥多，易使新梢徒长，不利花芽分化。所以，桃树要当年定植当年成花的，施肥需要合理地控氮增磷钾。

3. 根外追肥

根外追肥能增加树体营养，促进花芽分化，具体施用方法如前述肥培管理。

4. 喷施多效唑

于 7 月中旬至 8 月中旬，每隔 15d 左右喷一次 15％多效唑（PP$_{333}$）200～300 倍液，连喷 2～3 次，能抑制新梢生长，促进花芽分化。喷施时要对着新梢的生长点，均匀细致。并根据品种和树势强弱，选用适当的浓度。树势强旺，宜浓度高些，反之宜浓度低些。

5. 拉枝摘心

拉枝开张角度，缓和树势；摘心可促进枝芽充实，有利花芽形成。

三、建棚、扣棚

（一）建棚时间

桃树栽培一年后树冠基本成形，有适量花芽形成时即可进行建棚。

（二）扣棚时间

扣棚应在树体完成自然休眠之后。具体扣棚时间，还要根据品种、大棚的设施条件、当时的气候状况等确定。南方桃大棚促成栽培的扣棚时间一般为 1 月上旬至 1 月下旬。但不同品种、不同年份扣棚时间也不尽相同，切不可盲目盖棚。而确定最适宜的盖棚日期，主要依据：

（1）冬季的温度高低。即冬季低温严寒，盖棚时期可早；而暖冬，盖棚时期要推迟。若是暖冬的年份，盖棚早了，反会使桃树开花延迟，或是开花不整齐。

（2）品种的低温需求量。即低温需求量少的品种，可以早盖棚；而低温需求量多的品种，则盖棚时期要迟。低温需求量不足就盖棚，亦会影响开花；甚至会出现枯花现象。有些低温需求量较多的品种，也可以推迟到 2 月下旬盖棚。

（3）树势的强弱。即树势强，营养生长旺盛，需要一边控制树势；一边推迟盖棚。而树势弱的桃树，可以早盖棚，但是在盖棚后，要加强培育，使树势增强。

四、扣棚后的管理

（一）温湿度和光照管理

1. 温度管理

南方桃品种群虽然要求年平均温度在 12～18℃，枝叶生长适温是 18～23℃。但是，不同物候期对温度的要求也不同，棚内需根据各时期的温度要求进行管理。

萌芽到始花，温度要求 10～15℃ 之间，适宜温度为 12～14℃，最低温度 6℃。如果温度在 0℃，花器会受冻害。

花期的白天温度在 15～25℃，不得超过 25℃；夜间不低于 5℃。花粉发芽的适宜温度为 18～25℃，在 30℃ 以上时，会抑制花粉发芽，而在 4℃ 的低温下，经 48h 也只有少量花粉发芽。

幼果发育期的适宜温度为 20～25℃，最高温度不超过 28℃。若是温度超过 30℃，果实的甜味就降低。夜间的温度应控制在 10℃ 左右，最低为 5℃。

果实着色期，温度在 15～25℃，果实着色正常；以 22℃ 着色最好；35℃ 以上会影响着色。

扣棚后萌芽期至幼果期如遇寒潮或晚霜危害，一定要注意加强保温或加温，以免花或幼果遭受伤害。主要措施有加盖内膜、棚外烧烟堆、棚内灌溉等。

2. 湿度管理

棚内桃要求低湿。空气相对湿度除盖棚初期和萌芽期分别要求控制在 80%～90% 和 70%～80% 以外；新梢生长期、硬核期和着色期，都要求控制在 60% 以下；开花期要求更低，以 50%～60% 为宜，有利授粉受精。

3. 光照管理

桃树在整个生长发育期，都需要良好的光照条件。由于棚室的光照度只是室外的 70%～80%；若膜上黏有水滴或灰尘，对光照更有影响。所以，最好加强以下方面管理，以改善光照。

（1）棚膜选用透光性好的无滴膜，并能经常清除膜上的灰尘或水滴，改善透光条件。

（2）地面铺设反光膜或银色地膜，使下部树冠及棚室都能增加光照。

（3）在离地面 1.5m 高处，悬挂白炽灯、日光灯增光。

（4）采用合理的密度和树形，且对棚内桃树及时整形修剪，使树体光照良好。

（二）花果管理

1. 疏花疏果

疏花疏果是提高坐果和果品质量的重要措施。但在设施栽培条件下的桃树，花期常受温度、湿度、光照、授粉等因素影响，易授粉受精不良，坐果不稳定。因此，棚室桃的疏花疏果要本着"轻疏花重疏果"的原则进行。

（1）疏花。一般在蕾期或开花期疏花。但要根据品种、树势和花期气候条件，有区别地进行。疏去果枝基部的花，保留中、上部的花；然后对中、上部的双花疏后保留单花，预备枝上的花全部疏除。

（2）疏果。大棚桃树的产量应控制在每 2000kg/667m² 以下，以提高品质。疏果应在第一次生理落果后能辨出大小果时进行。重点疏去并生果、畸形果、小果、黄萎果、朝天果和病虫果。在一个果枝上保留大果和长形果。

（3）定果。在硬核期以前进行。根据树势、品种、果形大小，预定株产而进行，并多留 10% 的果作保险果。

大果形品种：长果枝留 2～3 个果，中果枝留 1 个果，短果枝以 2～3 个枝条留 1 个果。中果形品种：长果枝留 3～4 个果，中果枝留 2 个果，短果枝留 1 个果。小果形品种：长果枝留 4～5 个果，中果枝留 2～3 个果，短果枝留 1 个果。

另外，要注意延长枝少留或不留果；壮枝多留，弱枝少留；预备枝不留果。

2. 保花保果

（1）人工授粉。多数桃品种虽会自花结实，但是坐果率异花授粉要优于自花授粉。加上棚室内风媒和虫媒授粉受到限制，影响坐果。因此，未配置授粉树的大棚，需要进行放养蜜蜂授粉或人工授粉。一般单栋棚每棚放养 1 箱蜜蜂，连栋棚放蜜蜂 1～2 箱/667m²。人工授粉在授粉前 2～3d 采集花药，以自然温度干燥或恒温箱 20～25℃ 阴干，取出花粉，再以 2～3 倍滑石粉或 1 倍葡萄糖混合后，用毛笔或橡皮头授粉。

（2）叶面追肥。在开花前后喷 0.2% 的硼砂加 0.2%～0.3% 的磷酸二氢钾液。

3. 促进果实着色

（1）摘叶。为使果实全面着色，在采收前 7d 左右摘除果实周围的遮光叶片，使全果面能充分接受光线，以利着色。

（2）铺设反光材料。果实着色期间，在树冠下铺设反光膜，增强果实的光照程度，促进果实着色。

（三）采摘和包装

1. 采摘

果实采收期可依据果实的外观、硬度、糖度、盛花后的天数来确定。一般成熟时外观会显示出各品种固有的色泽（如白里透红、乳白、鲜红、金黄等）；果实硬度下降，手感有弹性；糖度增加，出现各品种固有的风味等。一般近距离销售，可在果实完熟时采收，以获得最好的品质；在远距离销售时，宜在果实八成熟时采收。采收宜在上午露水已干但气温尚未很高时进行。

采摘时宜轻采轻放，不碰伤果面。

2. 分级包装

果实应及时进行分级包装入箱，装箱时最好单果包纸或网套，并实行单层或隔层包装。远距离销售或不当场销售的，最好采摘或装箱后及时进行冷藏。

（四）揭膜

果实采收结束后应及时揭膜，以增加光照和通风，促进枝梢生长健壮，花芽分化良好。

五、肥水管理

因各次施肥目的要求不同，桃对肥料种类，如有机或无机，迟效与速效，氮、磷、钾三要素等要求有不同。

（一）基肥

基肥要以有机肥料为主，不仅肥量要足，且肥效要长，并搭配适当的无机速效肥料。南方一般在 10 月至桃树落叶前后施入，以早为好。施肥量可根据树龄、树势、产量、土壤肥力及使用的肥料质量灵活掌握。一般可用腐熟有机肥 3000～5000kg/667m² 加复合肥 30kg/667m²，酸性土壤加施石灰 50～75kg/667m²。施肥方法主要采用沟施（环状、放射状或条状）和全园撒施。幼树和初果树以沟施为好；成年结果树以全园撒施为好。沟施一般要求沟深 20～40cm，并随着树龄增长而逐年加深，沟宽 30～40cm。全园撒施要结合秋季土壤深翻进行，将肥料翻入 20cm 土层以下。施肥后要及时灌水。

（二）追肥

追肥是根据桃树的各个生长时期的需肥特点及时补充肥料。追肥多用速效肥。施肥方法多采用沟施或穴施。追肥的时期、次数和肥料种类、数量应根据桃树的生长结果情况而定。桃对钾肥要求较高，常容易缺钾，管理上应特别重视。桃树追肥一般分以下几个时期：

（1）芽前肥。一般在扣棚升温前施入。其目的是补充树体上年储藏营养之不足，为萌芽开花做好物质准备，以促进萌芽、开花，提高坐果率。以氮肥为主，适当搭配磷肥，一般施尿素 50g/株。

（2）花后肥。在谢花后一周施入。以速效氮肥为主，配合磷、钾肥。一般可施三元复合肥 100g/株。以促进幼果膨大和新梢生长。

（3）壮果肥。在果实膨大期，一般采收前 15～25d 施入，以磷钾肥为主，一般可施入硫酸钾 25～50g/株。以增大果个，增加着色，提高果实品质。

（4）采后肥。在采果后施入，一般可施入复合肥 100g/株。以尽快恢复树势，促进花芽分化。

（三）根外追肥

根外追肥是既简单易行，又经济有效的施肥方法。其优点是用量少、发挥作用快；不受养分分配中心的干扰，能及时满足桃树对养分的急需；避免土壤的肥力固定，肥效高；能及时有效地防治缺素症；对促进光合作用、提高产量、增进果实品质均有良好的效果。

（1）喷肥的时间和方法。在整个生长期均可进行，具体视品种、树势、结果情况而定。根外施肥可单独进行，也可与防治病虫害喷农药时一同进行。喷施时间最好选择阴天，若晴天喷施应选择在上午 10 时以前和下午 4 时以后，切勿在中午高温时喷施，以免影响肥料吸收和产生肥害。

（2）喷肥的种类和浓度。生产上常用的有：0.35%～0.5%尿素液；0.2%磷酸二氢钾液；0.3%硫酸钾液；0.2%硼砂液；0.1%～0.4%硫酸亚铁和硫酸锌液；及其他商品叶面肥等。根据生长时期，可配合使用。具体用肥种类视树势和生长结果需要而定。

（四）水分管理

1. 灌溉

桃树设施栽培由于盖棚后自然雨水淋灌不到，桃树生长发育所需水分全靠灌溉所供给。所以，设施栽培的桃树比露地栽培的灌溉次数和灌溉量要大。尽管桃树比较耐旱，但当田间持水量低于 15% 时，桃树枝叶便会出现萎蔫现象，旱情严重时，桃树不能正常生长。所以当田间持水量低于 15% 时要及时灌水。一般每年盖棚期间至少要灌溉 5 次水，即萌芽水、新梢迅速生长水、果实膨大水、采前水和采后水。

灌溉方法，最好采用膜下滴灌，既节水又可避免棚内湿度过大；同时，也可以结合施肥进行灌溉，或将肥水随滴灌施入。灌溉时还要注意水温与土温不宜相差太大，以免伤根或水分蒸发伤叶等。

2. 排水

桃是果树中最不耐涝的树种，桃园积水，会迫使根系无氧呼吸，产生乙醇、甲烷等有毒物质，同时，使一些可溶性的微量元素变为不溶状态。短期积水就会引起黄化、落叶，一般桃园积水 24h 就会引起树体死亡。

因为南方雨水较多，设施栽培盖膜期间，可以避免雨水直接淋刷，但也要防止棚内进水而引起积水。如遇大雨，一定要做好棚面雨水及棚外雨水的排除工作，千万避免倒灌棚内引发积水。揭膜后，更要根据降雨情况及时排除园内积水，一定要使园内排水系统畅通，避免积水。平时园地整理上宜采用深沟高畦。

六、修剪

桃树修剪分生长期修剪和冬季修剪。

（一）生长期修剪

由于桃枝梢生长快、对光照要求高，所以生长期修剪是桃树栽培很重要的一项工作，次数多，工作量大，不论在揭膜前或是揭膜后，都要及时进行。主要措施有：

（1）抹芽。抹除双芽、三芽、剪口芽及砧芽。对于这些芽，要见芽就抹。

（2）除萌。砧木上的萌蘖，主干或主枝上的细弱芽梢，要及时除掉。

（3）疏枝。及时剪除无果的枝条和疏删密生的枝梢，避免树冠郁闭，增加内膛通透性。

（4）摘心。要随时进行。前期摘心，要连续进行，可以促发分枝，有利扩冠，形成良好的结果枝。后期摘心，可以充实枝梢和花芽。摘心次数，因树势和枝梢强弱而定。树势强的树，可进行 2～4 次摘心；弱树可以不进行。树冠内有空隙的地方，可以通过摘心培养结果枝组。

（5）扭梢。待新梢长到 30cm，可以通过扭梢，抑制徒长，促使形成花芽。枝条背上的直立枝经扭梢，也可促使形成果枝。扭梢的部位是在基部 5～10cm 处，将新梢扭转 180°，使之开张角度转向外侧方向。

（6）短截。枝梢生长期，剪截带叶的一段新梢，留基部 3～5 个健壮的芽，如 5—6 月截梢，可促发 2～3 个果枝；8—9 月截梢，可改善光照，促使枝梢成熟和花芽饱满。

（7）拉枝。为的是改变枝的角度，缓和树势，促进结果。对于枝干下部光秃空旷部位的直立旺枝，可用拉枝调节。拉枝的时间：一般在 5—6 月。按照树形的要求角度，用撑、拉、吊等方法，加以拉开角度。

生产实际中，宜根据品种生长发育特性、长势、结果状况、栽植密度、树形等各种措施合理配合使用。

（二）冬季修剪

1. 基本修剪

冬季修剪主要有疏枝、短截、回缩、长放等。

（1）疏枝。以疏剪密生枝、细弱枝、徒长枝、重叠枝、病虫枝等。此外，对衰弱树要疏掉部分的短果枝和花束状果枝，减少花果消耗养分，增强营养生长。

（2）短截。要根据树势不同而进行，即幼树或树势强的树，要轻截，能缓和树势，有利结果；而老树、弱树或弱枝，宜重截，促使萌发强壮的新梢，促使树势复壮。

（3）回缩。回缩的作用，既为枝序更新，如衰老枝序更新，骨干枝培育，结果枝组的更新和培养，主枝的更换等；又用于控制树冠不让升高。因此是大棚栽培中的重要修剪方式。

（4）长放。能缓和全树或个别枝梢的生长势，促进坐果。因此，大多应用于长势旺的初结果树。

2. 结果枝的修剪

桃结果枝的修剪是一项重要又细致的工作。要根据品种特性、坐果率多少、枝条粗度、果枝着生部位及果枝着生姿势等不同而进行。

（1）长果枝。大多长果枝作留用，仅剪去顶端不充实部分。若长果枝密生，疏直立留斜生的。被疏枝可留 2～3 芽短截作预备枝。将长果枝留 6～8 对花芽而进行短截时，剪口一定要有叶芽留着。

（2）中果枝。剪法与长果枝相同。若要短截，只留 4～6 对花芽而进行。剪口亦要注意留有叶芽，使结果后能发出良好的枝条。

（3）短果枝。只留 2～4 对花芽短截。剪口必须有叶芽。因此，剪口位置可以适当上移或下降，以见有叶芽为定。若短果枝密生，可以适当疏删，被删的短果枝留基部 1～2 个叶芽，以作预备枝之用。

（4）花束状结果枝。疏密留稀。

（5）徒长性结果枝。一般留 8～10 对花芽短截；并结合夏季摘心，使之生长良好。

七、病虫害防治

桃病虫害防治要坚持"预防为主，综合防治"的原则。首先要做好冬季清园，清除落叶，剪掉病虫枝并及时带出设施外销毁或深埋，以降低病虫基数，同时，结合清园，在落叶后和发芽前全园各喷洒 1 次 5°Be 石硫合剂；或 30 倍的晶体石硫合剂。再在生长期根据病虫种类和为害程度进行药剂防治。

桃的病虫害较多。病害主要有缩叶病、炭疽病、流胶病、细菌性穿孔病、疮痂病、根癌病、褐腐病、灰霉病、烟煤病等；虫害主要有：桃蛀螟、桃粉蚜、桃瘤蚜、球坚介壳虫、桃果象虫、潜叶蛾、叶螨、茶翅蝽等。有些病虫害，还兼害李、梅、杏、梨、苹果等多种果树。此外，还有缺乏锰、铁、锌、铜、钙、镁、硼等元素的缺素症，特别是缺钾和缺钙症及碱性土壤的缺铁症等，在有些园地严重发生，要注意防治。

在防治病虫害时，可兼防兼治，统一用药，以减少喷药次数，降低成本，提高防治效果。

大棚栽培以后，病虫害显著减少，主要病虫害及其防治方法如下。

（一）主要病害

1. 桃褐腐病

桃褐腐病也叫灰腐病、菌核病。主要危害桃果，也可危害花、叶和枝梢。病菌主要在僵果和病枝上越冬。翌年春季产生孢子，由风、雨、昆虫传播，引起初侵染，造成花腐，再蔓延到新梢，也可从伤口、皮孔侵入果实，初期呈浅褐色斑点，后逐步扩大，果肉变软，病斑呈灰白色霉状，严重时果实腐烂或果实干缩成僵果。

防治方法：

（1）及时套袋，套袋前要先喷1次杀虫、防病的农药。

（2）及时防治桃蛀螟、梨小食心虫、蜡象等害虫，减少病菌从伤口侵入的机会。

（3）开花初期和谢花后各喷1次80％代森锰锌600～800倍液；或70％甲基硫菌灵800～1000倍液；在果实采收前20d左右再喷施1次喷25％咪鲜胺1000倍液。

2. 桃缩叶病

此病主要危害叶片，受害嫩叶向后卷曲变形，受害叶片肥厚、萎缩变畸形，叶色变红，叶面在春末夏初时生出一层灰白色的子囊孢子，逐渐变深褐色，严重时枝梢枯死，病叶干枯脱落。新梢受害节间短缩肥粗，簇生病叶，树势衰弱。幼果被害后，初期发生黄色病斑，随着果实肥大，病斑变红褐色、龟裂、早落。

防治方法：

（1）桃园一旦发现病叶，应立即剪除烧毁。

（2）桃树萌芽期喷50％多菌灵可湿性粉剂600～800倍液。发病较重的，隔7d再喷一次75％达科宁可湿性粉剂800倍液等。

3. 桃灰霉病

桃灰霉病是南方大棚栽培的桃树主要病害。以发生在花期和幼果期为主，为害花、果，也为害叶片。病果产生灰色霉层的病斑，扩大后，病部凹陷腐烂。叶上病斑初为浅褐色，后见不规则的轮纹。

防治方法：

（1）由于大棚内温湿度太高，容易发病。所以，要注意通风换气，降低温、湿度，减轻发病。

（2）开花前喷洒50％腐霉利1200倍液；或65％代森锌600倍液；或70％甲基硫菌灵800倍液防治。

4. 桃炭疽病

此病主要为害果实和树梢，叶部也能受害。在油桃幼果初期发病时，果面初呈水渍状绿褐病斑，后变暗褐色，渐干缩，气候潮湿时，在病斑上生出粉红色小粒，成同心纹状，病果常挂在枝上成僵果。果实膨大期感染时，初期亦为水渍状，逐渐扩大成红褐色圆斑，并长出红色小粒点，果实脱落或挂于树枝上。枝梢受害初呈水渍状，浅褐色病斑，后变褐色，为长椭圆形，边缘稍带红色，稍凹陷，表面生有粉红色小粒点。

防治方法：

（1）加强果园管理，注意雨后排水，合理修剪，做到通风透光，防止枝叶过密，减少发病。

（2）在花谢80％时，喷施50％多菌灵可湿性粉剂600倍液；或80％代森锰锌可湿性粉剂600～800倍液进行保护。关键时期是在谢花10d，每隔7～10d喷一次杀菌剂防治，连喷2～3次，药剂可用80％炭疽福美可湿性粉剂800倍液；或25％咪鲜胺1000倍液；或75％达科宁可湿性粉剂800倍液。药剂交替使用。

5. 桃疮痂病

桃疮痂病又称黑星病，主要危害果实，也能危害叶片与枝梢。病斑多发生在果梗附近，果实未成熟时为暗绿色圆形斑点，近成熟时变为黑色，病菌的危害仅在果皮，病部表皮坏死，果肉仍继续生长，使病果发生龟裂，严重时形成落果。叶片发病始于叶背，初为不规则形灰绿色病斑，以后逐渐枯死，病斑脱落形成穿孔，严重的可造成落叶。枝梢发病，病斑为暗绿色，隆起，流胶，只危害表层不深入内部。

防治方法：

（1）加强果园管理，注意排水，结合修剪剪除有病枝梢，集中烧毁，减少菌源。加强夏季修剪，务必使树体通风透光。

（2）谢花后每隔10～15d左右喷一次65％代森锌500倍液；70％甲基硫菌灵600～700倍液；或40％氟硅唑8000～10000倍液等药剂，连喷3～4次。

6. 穿孔病

有细菌性穿孔病、霉斑穿孔病、褐斑穿孔病三种，都为害叶片、新梢、花和果实。其中细菌性穿孔病在发病初期，产生水渍状斑，周围有黄晕，后在叶背的病斑上溢出黄黏状菌脓。最后病斑干枯脱落成穿孔。褐斑穿孔病在叶上产生深褐色病斑，边缘紫色，并有环纹，后在叶背长出灰褐色霉状物。最后病斑干枯穿孔。

防治方法：

（1）清除病物烧毁。并要棚内加强修剪。

（2）加强温、湿度的管理，注意控氮，雨季注意排水。

（3）生长期喷施72％硫酸链霉素可湿性粉剂3000倍液（细菌性穿孔病）；或65％代森锌600倍液（霉斑穿孔病、褐斑穿孔病）。

（二）主要虫害

1. 蚜虫

为害桃树的蚜虫主要有桃蚜、桃粉蚜、桃瘤蚜三种，通常以桃粉蚜最为普遍和严重。被害的幼芽、嫩梢萎缩，叶片失绿卷缩；并且诱发烟煤病，传播病毒。

防治方法：

（1）蚜虫的天敌很多，如蚜小蜂、草蛉、瓢虫、食蚜虻等，保护这些天敌，控制蚜虫发生。

（2）蚜虫发生初期喷洒20％蚜虱灵2500倍液；或25％噻虫嗪水分散粒剂5000～6000倍液或24％螺虫乙酯4000～5000倍液；或10％吡虫啉3000倍液。

2. 叶螨

主要为山楂红蜘蛛。吸吮叶片、嫩芽、新梢及幼果的汁液。被害处产生许多苍白色的斑点，以后斑点变为灰黄色。引起落叶落果，树势衰弱。

防治方法：

在发生初期喷洒20％螨死净2000～2500倍液；或15％扫螨净2000倍液；或50％悬浮硫300倍液。

3. 桃蛀螟

孵化后的幼虫多从桃果梗茎部蛀入，也可从两果相贴处蛀进蛀食幼嫩核仁和果肉，蛀孔外流透明胶质与虫粪粘贴在果面上。桃蛀螟一年能发生4～5代。

防治方法：

（1）烧毁桃园内或附近的玉米秆之类秸秆，消灭虫源。

（2）在成虫羽化盛期喷施可用20％灭幼脲悬浮剂2000倍液或35％氯虫苯甲酰胺水分散粒剂1万～1.2万倍液；或90％晶体敌百虫1000倍液；或80％敌敌畏乳剂1500倍液；或

20％杀灭菊酯乳剂 3000 倍液等，隔 5～7d 喷一次，连喷 2～3 次，药剂交替使用。

实例 5-3　临安市大棚油桃栽种技术

杭州临安市藻溪镇九里村 2002 年开始，种植油桃 13.3hm²。原为水稻田，土壤 pH 值为 6.3。种植品种主要有：金山早红、东方红、曙光、超五月火等。种植株、行距为 1.4m 和 2.5m，栽植密度为 190 株/667m²。栽培 1 年后，搭建竹木大棚进行覆盖，大棚宽 5m，每棚 2 畦，每畦种植 1 行。每年 1 月 20 日后开始盖膜保温。2006 年产量高的达 1867kg/667m²，产值 6800 元/667m²。平均产量达 1430kg/667m²，产值 5325 元/667m²，获利 2870 元/667m²（成本：棚膜、大棚折旧、劳动工资、地租、肥料、农药等 2455 元/667m²）。大棚栽培有效防止了油桃裂果和提早成熟。在疮痂病控制好的情况下，大棚栽培油桃裂果率也就基本得到了控制，几年都未见有裂果发生，且果实表面光洁、商品性好。同品种成熟期比露地栽培提早 7～10d。其中东方红在 5 月 15 日左右成熟；金山早红、曙光在 5 月 20 日后成熟。

经多年试种和相关技术研究，对品种选择、修剪方式、扣棚时间、温湿度控制、授粉树配置等有了较成熟的技术措施，也取得了较好的效益。

一、品种选择

主要选择适合本地气候条件，早熟或特早熟，品质优良，在露地栽培难以成功的品种。主要有金山早红、东方红、曙光、超五月火等。

二、园地选择

大棚栽培油桃应选择地势高燥而平坦，土质疏松，土壤有机质含量高，排水条件好以及阳光充足的地块。最好是选择经过土地平整的大畈田块，大畈田块具有光照条件好，土地利用率高的优势。

三、定植前的准备

在定植前按照田块大小和长短，以及栽植密度等因素，确定大棚宽度，然后进行放样。挖深 40cm，宽 80cm 的定植沟，分层施入有机肥（栏肥）3000kg/667m²，含硫复合肥 50kg/667m²。做弧形高畦，开深沟，待定植。

四、栽植

（一）种植密度

为了达到一年种，二年收，三年出高效的目标，实行计划密植，前期树小增加密度实现早期丰产，随着树冠不断扩大，间隔疏除过密树，以达到油桃生长所需通风透光的要求。前期株、行距为 1m 和 2m 或 1.5m 和 1.5m 及 1.5m 和 2m。在大棚与大棚之间留 1m 以上的空间，以利生产管理和通风透光。

（二）搭配授粉树

大棚栽培没有昆虫传授花粉，棚内相对湿度又高。因此，一是选择主栽品种花粉量大，自花授粉率高品种。二是必须配置授粉树，主栽与授粉树比例一般为 5：1。

（三）栽植时间和前处理

油桃耐旱怕涝，宜浅栽。在栽植前，将苗木用 3°Be 石硫合剂喷洒全株消毒，以免病源菌带入果园。定植时，将油桃苗木根系向四周均匀舒展，接着将表土回填根部，边填土边压实，然后浇活根水，使土壤与根系紧密结合，提高苗木成活率。

定植时间，年前 11—12 月进行。

五、种植后的管理

（一）树形调整

根据不同的大棚跨度、种植密度及定植在大棚中不同的地点，确定树形。

（1）小冠纺锤形。该树形修剪量小，树冠成形快，枝芽量多，结果多，能够达到早熟丰产的目的。其主要特点是主干着生 6～10 个主枝，主枝上直接着生结果枝组，同方向主枝间隔 30～40cm，主枝长度及粗度不超过中心干，无明显层次。

（2）自然开心形。定干高度在 20～30cm，先留三大主枝，主枝约 20cm 长时进行摘心，分生侧枝，对萌生背上枝进行摘心或扭梢。

（二）枝梢管理

新梢管理主要是抹芽、摘心、扭梢、拉枝等。当主枝新梢长 30cm，侧枝长 20cm 时摘心，控制枝梢长度，副梢长 15cm 时再次摘心，采取多次摘心促生分枝，扩大树冠。平时要及时疏除过密枝，抹除背上芽等。

（三）肥水管理

为实现一年种二年收的目标，栽培技术措施与露地稀植栽培完全不同。实行前促后控：上半年以促使油桃快速生长，增大冠幅为主，为第二年丰产打好基础。在 7 月初开始采取多种措施控制枝梢的生长，促进花芽形成。

前促。当油桃开始生长时，做到薄肥勤施，每隔 10～15d 施一次速效化肥，结合防病治虫用 0.3％尿素和 0.2％磷酸二氢钾进行根外追肥。

后控。7 月开始停施氮肥，增施磷钾肥。7 月中旬拉枝开张角度，缓和长势，改善光照，促进花芽形成。在此期间，喷 15％多效唑 200～300 倍液，每隔 10d 喷一次，连喷 2～3 次。

（四）间作套种

油桃树栽植当年，树小间隔大，可通过间作套种增加收入，同时熟化土壤，改良土壤结构，一举两得。套种作物应选择矮秆，需肥少、效益高的作物，如花生、豆科作物及蔬菜等。为了节省劳动力，果园地面可铺黑色地膜，以避免杂草丛生。前期覆盖地膜，可提高土温，促进油桃根系生长。

（五）病虫害防治

油桃主要病害有缩叶病、细菌性穿孔病、流胶病等，做好定植前消毒和冬季封园，可大大减轻病害的发生，也可用 70％甲基硫菌灵 600 倍液，或 65％代森锌 500 倍液防治。主要害虫有蚜虫、红蜘蛛等，可用 10％蚜虱净 2000 倍液防治蚜虫，杀螨剂防治红蜘蛛。

六、大棚搭建及棚期管理

大棚分钢架大棚和竹木大棚两种，钢架大棚使用期长，搭建比较方便，其不足是跨度受到限制，一次性投资较大。而竹木大棚则相反。根据临安气候条件，不管采用何种大棚，必须在 1 月上中旬搭好大棚。

（一）覆盖棚膜

盖膜时间：油桃在落叶休眠时要有一定的低温条件，一般要求在 7.2℃ 以下温度 600h 以上，才能正常开花结果。因此，临安可在 1 月下旬至 2 月初盖膜，盖棚膜前 10d 铺地膜，以提高地温，促进根系活动。

（二）棚内温湿度控制

在盖棚前期主要做好保温工作，后期主要做好通风降温工作。各物候期温湿度管理指标见表5-4。

表5-4　　　　　　　　　　　　　　　油桃大棚栽培温湿度管理一览表

物　候　期	白天温度控制 /℃	夜晚温度控制 /℃	空气相对湿度 /%
盖棚膜至开花期	10~28	5~10	70~80
幼果期至硬核期	15~25	8~15	50~60
果实膨大期至采收期	15~30	10左右	60左右

（三）棚期花果和枝梢管理

1. 花果管理

由于大棚内空气湿度大，不利于花粉传播。因此，可采用棚内放蜂或人工授粉提高坐果率。为了提高果品质量，使果实大小均匀，果皮光滑，要及时进行疏果。疏果在坐果后进行，以疏除小果、畸形果、病虫果、双果为主。一般留果按枝条的粗细和长短来确定，通常情况下，长果枝留3~4个，中果枝留2~3个，短果枝留1个果。其间隔距离在7~10cm左右。

2. 枝梢管理

一是抹去双生枝芽，剪去背上直立枝等；二是当副梢长到5~6片叶时，及时摘心，能有效提高坐果率。经过摘心待梢在第二次抽生新梢5~6叶后要再次摘心，并不断抹去侧芽，其他旺长新梢在10片叶时，进行扭梢，控制旺长。

（四）肥水管理

（1）芽前肥。在覆盖地膜前，撒施尿素30kg/667m²。

（2）膨果肥。疏果后立即施以磷钾肥为主的膨果肥，水施含硫复合肥50kg/667m²。

（3）采果肥。果实采收完毕后，及时揭去地膜和天膜，揭膜时间最好在阴天或傍晚进行，然后，水施复合肥50kg/667m²，以恢复树势并促进枝梢生长。

（五）采收

果实成熟度在七八成熟时，即可采收。采时要戴手套，做到轻采、轻放、轻运，避免碰伤和挤压果实。采后要及时分级包装。

实训5-6　桃疏花疏果

一、目的要求

通过实习掌握桃疏花疏果的技术和方法。

二、材料和用具

（1）材料。处于盛果期的油桃或桃结果树。

（2）用具。疏果剪或修枝剪。

三、训练内容

（一）疏花疏果时期

桃树的疏花疏果包含疏花和疏果两部分，疏花又包含疏花芽、疏花蕾和疏花 3 个环节，分别在落叶休眠期、现蕾期和开花期进行，其中疏花芽可结合冬季修剪进行。疏果在落花后 1 周开始至 1 个月内进行。具体可根据树势、花量及品种特性确定疏花疏果的时期。一般花量多、结果性能好的宜早疏、分多次疏。

（二）疏花疏果的方法

1. 疏花芽

落叶期结合冬季修剪进行，根据长势和品种特性疏除过密的花束状短果枝，对徒长性长果枝、长果枝、中果枝、短果枝分别留 8～10 对、6～8 对、4～6 对、2～4 对花芽，减去过多过长部分的花芽。

2. 疏花蕾

在花蕾膨大期，根据花蕾多少适当疏除过多部分花蕾，通常疏除过密过弱的花蕾，双蕾的疏除 1 个留 1 个；花蕾的疏留量，一般为计划留果量的 1～2 倍。

3. 疏花

在开花初期根据花量多少疏除过多的花，一般疏除过密过弱的花。如疏花蕾做得好的，或花期天气不良，可以少疏或不疏。

4. 疏果

疏果一般宜在生理落果结束时进行，以疏除小果、畸形果、病虫果、双果等为主。一般留果按枝条的粗细和长短来确定，通常情况下，中果型品种长果枝留 3～4 个，中果枝留 2～3 个，短果枝留 1～2 个，花束状果枝留 1 个或不留；其间隔距离在 7～10cm 左右。大果型品种可以适当少留，间距增大；小果型品种可以适当多留，间距略小。树冠上位于上层枝、外围枝或大中型枝组的先端长果枝，可以多留果，采果后，将之疏除，留下边的长果枝代替。

疏花疏果时宜按大枝、枝组从上到下依次进行，以免漏疏。就一个品种或一个枝组而言，上部的果枝多留，下部的果枝少留，壮枝多留，弱枝少留。

四、实训报告

（1）简述所进行疏花疏果的品种特性、生长发育情况及疏花疏果技术。

（2）简述疏花疏果的优缺点。

实训 5 - 7　桃树冬季修剪

一、目的要求

通过实训，掌握桃树的冬季修剪技术，特别是大棚促成栽培中初果树冬季修剪要点。

二、材料和用具

（1）材料。处于生长旺盛期的初结果油桃或桃结果树。

（2）用具。修枝剪、手锯。

三、实训内容

冬季修剪，适当选留主枝和侧枝延长头，疏除过密枝，直立旺长梢等；注意保持主、侧枝及结果枝组的从属关系，注重主、侧枝剪留长度，培养结果枝组。

进入结果盛期后主枝延长头按 1：20 短截，侧枝按 1：15 短截，并注意结果枝组的更新，保持树势平衡。

桃结果枝的修剪要根据品种特性、坐果率多少、枝条粗度、果枝着生部位及果枝着生姿势等不同而进行。例如：

（1）长果枝。大多长果枝作留用。若是长果枝密生，疏直立留斜生的。被疏枝以留 2～3 芽短截作预备枝。将长果枝留 6～8 对花芽进行短截时，剪口一定要留有叶芽。

（2）中果枝。剪法与长果枝相同。短截时只留 4～6 对花芽截剪。剪口也要注意留有叶芽。

（3）短果枝。只留 2～4 对花芽短截，但剪口必须有叶芽。因此，剪口位置可以适当上移或下降，以见有叶芽为定。若短果枝密生，可以适当疏删。但是，被删的短果枝留基部 1～2 叶芽剪掉，以作预备枝之用。

（4）花束状结果枝。只行疏密。

（5）徒长性结果枝。一般留 8～10 对花芽短截；并结合夏季摘心，使之生长良好。

四、时间和方法

（1）时间。桃树落叶后至扣棚前进行。一般在 12 月进行。

（2）方法。实训时老师先讲解示范，然后学生分组逐株进行；最后老师对学生修剪情况进行总结点评。

五、实训报告

（1）简述桃冬季修剪的重要性。

（2）简述所修剪桃树的生长结果特点和修剪要点。

思考

1. 简述南方桃设施栽培品种选择的主要原则。

2. 简述桃树整形修剪的要点。

3. 试述南方桃设施栽培的扣棚时间及依据。

4. 南方桃设施栽培盖棚后如何进行温、湿度的管理？

项目四　樱桃设施栽培技术

- **学习目标**

　　知识：了解樱桃的生长发育特点、对环境条件要求及其适宜的栽培设施、主要品种等；掌握樱桃设施栽培花期调控、温湿度调控、整形修剪、花果管理、肥水管理、病虫害防治技术等。

　　技能：会选择樱桃设施栽培的适宜设施和栽培品种；会对樱桃不同栽培方式进行温、光、水、气、肥等环境调控；会对樱桃进行合理的整形修剪、疏花疏果、灌溉施肥、保温防冻、防病治虫等管理。

- **重点难点**

　　重点：樱桃设施栽培的温度管理、光照管理、灌溉施肥、整形修剪、保花保果、疏花疏果、病虫害防治等管理技术。

　　难点：樱桃设施栽培的覆盖保温、整形修剪，温、水、光、肥、气等环境调控、疏花疏果、病虫害防治技术。

　　樱桃是蔷薇科李属樱桃亚属植物，其果实玲珑剔透、色泽鲜艳亮丽、风味鲜美可口；且营养丰富，富含蛋白质、碳水化合物、磷、铁和多种维生素，铁含量是苹果、梨等的 $20\sim30$ 倍；食用方便，可食率高；深受消费者喜爱。

　　樱桃是自然栽培下成熟最早，也是单价最高、最受市场欢迎的鲜果。但由于其果实玲珑剔透，娇小可爱，也很受鸟类的喜爱和糟蹋；加上南方多雨，常因花期低温多雨而坐果率低，成熟期遇雨而裂果重等，大大制约了樱桃的发展，以致常言道："樱桃好吃树难栽"。而随着设施栽培的兴起，樱桃发展越来越快，效益也越来越高。

一、樱桃设施栽培的意义

（一）提早成熟

　　樱桃自然栽培下是所有水果中成熟最早的果树，在浙江等南方地区中国樱桃露地栽培一般在 4 月中下旬成熟，素有"春果第一枝"等美誉。随着设施栽培的兴起和应用，成熟更早，一般可以比露地栽培提前半个月左右上市。

（二）避免灾害

　　中国樱桃的休眠期较短，南方栽培在冬末早春气温回暖时易萌发，若遇"倒春寒"，使花器官受冻，会严重影响产量，甚至颗粒无收。南方多雨，常引起早期落花落果，后期裂果。通过大棚促成栽培或避雨栽培，可以避免或大大减轻因倒春寒引起的冻害，花期雨水过多引起的坐果率低和果实膨大期至成熟期雨水过多引起的裂果等，以及鸟害虫害，利于实现高产稳产。

（三）提高效益

由于樱桃成熟特早、色艳味美、营养价值高，其商品价值也很高，是目前市场上售价最高的水果之一。在浙江等市场，中国樱桃多年产地价格都在 50 元/kg 以上，设施栽培的可以达 60～100 元/kg，国产大樱桃当地价也在 70 元/kg 以上，而进口大樱桃春节期间价格基本在 100 元/kg 以上。

由于设施栽培后，避免了雨水的为害，还大大改善了采摘季节和采摘环境，加上果实的剔透诱人，使得采摘游、观光游等延伸产业发展很快，从而大大提高了樱桃的商品价值和栽培效益。如浙江临安的樱桃园，成熟季节樱桃园观光门票 50 元/人，采摘樱桃 100 元/kg；同期，附近的樱桃产地价仅 60 元/kg。2012 年浙江萧山的连栋大棚樱桃园，采摘游 150 元/人，除吃外可带走 1kg/人，旺季一天有 1000 多游客。

二、栽培历史及分布

樱桃全世界有很多种，分布于我国的约有 16 种，用于栽培的有 5 种，即中国樱桃、甜樱桃、酸樱桃、毛樱桃和杂种樱桃等。

中国樱桃：原产我国长江流域，已有 2000～3000 年的历史，分布很广，北起辽南、华北，南至云贵高原，西至甘肃、新疆，东至山东、江浙一带均有分布。目前浙江及周边地区栽培的主要品种有诸暨短柄樱桃、黑珍珠、葛家坞三号等。

甜樱桃：俗称大樱桃，野生种广泛分布于伊朗北部可撒斯山脉的南麓，以及欧洲西部山区。从 2～3 世纪起，欧洲已开始栽培，但直到 16 世纪末才开始大面积经济栽培，18 世纪初引入美国，19 世纪 70 年代引入我国，目前在山东等地发展较快。

我国目前樱桃栽培面积逾 1 万 hm²，产量逾 8000 万 t。随着设施栽培的发展，樱桃发展前景十分看好。

任务一　认识樱桃的栽培特性

一、生物学特性

（一）根系

中国樱桃实生苗主根不发达，无明显主根，根系分布浅，垂直分布一般多集中在 20cm 左右深的土层中；欧洲甜樱桃实生苗根系分布较深且发达；无性系砧木根系量比实生苗大，分布范围广，有两层根系。樱桃根蘖发生力强，生产上应及时除去或利用其繁育苗木。

樱桃根系怕积水，怕缺氧，不抗盐碱、不抗黏结，不耐雨涝。

（二）芽

樱桃的芽有纯花芽和叶芽两类。顶芽一般都是叶芽，侧芽有叶芽，也有花芽。幼树和旺树上的侧芽多为叶芽；成龄树生长中庸枝上的侧芽多为花芽。叶芽抽生新梢，用以扩大树冠或转化成结果枝；花芽只能开花结果。樱桃的侧芽多是单芽，偶有双生芽。樱桃幼龄期萌芽力和成枝力均较强（甜樱桃的成枝力比中国樱桃弱），进入结果期后逐渐减弱，盛果期后的老树往往抽不出中、长发育枝。一般在剪口下抽生 3～5 个中、长发育枝，其余的芽抽生短枝或叶丛枝，基部少数芽不萌发而变成隐芽。在盛花后，当新梢长至 10～15cm 时摘心可抽生 1～2 个中、短枝，其余的芽则抽生叶丛枝，在营养条件较好的情况下，这些叶丛枝当年可形成花芽。利用这一习性，可通过夏季摘心来控制树冠，调整枝类组成，培养结果枝组。

（三）枝梢

樱桃的枝可分为营养枝和结果枝两类。结果枝又可分为混合枝、短果枝、中果枝、长果枝和花束状果枝 5 类。

（1）混合枝。是由营养枝转化而来的。中国樱桃其枝条基部的枝段侧芽多为叶芽，其余枝段多为花芽，顶芽为叶芽；这种枝条既能发枝长叶，也能开花结果，具有开花结果和扩大树冠的双重功能，但这种枝条上的花芽质量一般较差，坐果率也低。

（2）短果枝。长度一般 5～8cm，除顶芽为叶芽外，侧芽均为花芽。短果枝数量较多，花芽质量高，坐果率高，果实品质好，是樱桃结果的重要枝类。

（3）中果枝。长度约为 9～15cm，除顶芽为叶芽外，侧芽均为花芽。中果枝数量较少。

（4）长果枝。一般长度约为 15cm 以上，除顶芽及其邻近几个侧芽为叶芽外，其余侧芽多为花芽。结果以后，中下部光秃，只有叶芽部分继续抽生不同长度的果枝。一般长果枝在初果期的幼树上占的比例较大，进入盛果期后，长果枝的比例会明显减少。

（5）花束状果枝。长度约 2～4cm，节间短，数芽簇生，除顶芽为叶芽外，侧芽均为花芽。这类枝是樱桃进入盛果期以后最主要的结果枝类型，花芽质量好，坐果率高，连续结果能力强。若树体出现上强下弱和枝条过密，通风透光不良时，内膛及树冠下部的花束状果枝极易枯死，造成结果部位外移，生产上应予以注意。

中国樱桃的混合枝和长果枝很难划分，有很大一部分果枝会无规则的着生一些叶芽，生产上要充分利用樱桃的这个习性，通过修剪促进结果枝的形成，并控制结果部位外移。

（四）花

樱桃花为总状花序，每花序有花 3～6 朵，花径 1.5～2.5cm，先叶开放；花梗长约 1.5cm，被短柔毛。萼筒圆筒形，具短柔毛；萼片卵圆形或长圆状三角形，花后反折。花瓣白色，雄蕊多数，子房无毛。

中国樱桃自花授粉结实率很高，一般可不配授粉品种，但在设施栽培中，为增强授粉受精，最好能适量配置。甜樱桃大多数品种自花不实，应搭配花粉亲和力强的授粉品种，并进行花期放蜂或人工授粉。

（五）果

核果，近球形，无沟，红色，直径约 1～2cm。成熟时颜色鲜红、深红或红黄，玲珑剔透，味美形娇，营养丰富。

樱桃果实生长发育期较短，中国樱桃从开花到果实成熟为 40～50d。

（六）叶

樱桃叶卵圆形至卵状椭圆形，长 7～16cm，宽 4～8cm，先端渐尖，基部圆形，边缘具大小不等的重锯齿，锯齿上有腺体，上面无毛或微具毛，下面有稀疏柔毛；叶柄长 0.8～1.5cm，有短柔毛，近顶端有 2 腺体。

在浙江桐庐，中国樱桃约在 11 月下旬初霜以后开始落叶。之后便进入休眠期。

二、樱桃对环境条件的要求

（一）温度

樱桃是喜温而不耐寒的果树，适于年平均气温 10～12℃以上的地区栽培。一年中要求日平均气温高于 10℃的时间在 150～200d。如果花期气温降至 −2℃，花就会受冻褐变，严重时导致绝产；早春防霜冻是保证樱桃丰产的关键措施。中国樱桃冬季通过自然休眠的需冷量为 300h 左右，而大樱桃需冷时间较长，多数品种在 1000～1400h 之间。

（二）光照

樱桃是阳性果树，喜光性强。在良好的光照条件下，树体健壮，果枝寿命长，花芽充实，坐果率高，果实成熟早，着色好。光照条件差时，树冠外围枝梢易徒长，果枝寿命短，结果部位易外移，花芽发育不良，坐果少，果实成熟晚，质量差，故设施栽培樱桃，应该采取适宜的栽植密度和树形，不宜栽植太密；同时，宜选用透光性好的覆盖材料。

（三）水分

樱桃是喜水果树，对水分管理要求很高，既不耐旱也不耐涝。水分过大，常引起枝叶徒长，不利结果；水分不足，新梢生长受抑制并引起大量落果。南方多雨地区栽培樱桃易造成裂果而失去商品价值，在生产上应予以重视，可进行避雨栽培或促成栽培。

（四）土壤

樱桃适宜在土层深厚、疏松肥沃，透气性好、保水力较强的壤土或砂壤土上栽培。适宜的土壤 pH 值为 6.0～7.5。樱桃耐盐碱和黏结能力差，故不宜在盐碱地、黏重的土壤上栽培。

任务二 了解樱桃设施栽培的主要类型和适宜品种

一、设施栽培方式

南方樱桃设施栽培主要有塑料大棚促成栽培、避雨栽培等。

（一）促成栽培

樱桃促成栽培是利用大棚或温室在冬末春初覆膜封闭保温、催芽促花，随气温上升，撤去内膜和裙膜，至采收后撤去顶膜转为露地栽培的栽培方式。

该栽培方式一般可比露地栽培提早成熟 7～15d，采摘期可延长 15d 左右；同时，可以避免花期冻害，成熟期遇雨裂果等危害；使得经济效益大幅提升。

由于该栽培方式的樱桃花期通常会在温度较低的 1—2 月，加上樱桃树体较为高大，又较喜光，所以，促成栽培应选用采光好、保温强、能耗低、结构相对高大且抗一定雪压的设施。在浙江等南方地区宜采用 GP－C825 型、GP－C832 型等装配式钢管大棚，或 8340 型和 7340 型及 GLP－832 型等连栋大棚。单栋型长度以 30～60m 为宜，连栋型以 3～8 连栋，长 40～80m 为宜，棚高以 3～4.5m 为宜。也可以用面积 667m² 左右的单栋大棚，跨度 7～10m，长度 50～80m。

为了获得更好的保温效果，可采用连栋大棚中套大棚，或多膜覆盖。结合临时加温措施，如棚外熏烟、棚内点燃酒精等，可成功的抵御花期低温危害。有条件时还可以在保温大棚基础上配置加温、降温、通风等设施成为温室促成栽培。甚至加大投入建设环境由计算机系统调控的栽培设施，综合利用高技术成果以提高单位面积产量、品质和经济效益。考虑到加温等系统配置的合理性及性价比，一般选择面积较大的棚型。

无论哪种棚型都要求棚高相对较高，棚膜离树高保持 50cm 以上的空间；大棚的两侧也应留有一定的距离。否则周边温差变化大，白天上部光照过强，容易出现烧伤，引起落花落果。大棚一般南北向布置，采光均匀，棚内栽植树行向也应为南北向。棚与棚之间的间距，一般是棚顶高的 0.8～1.5 倍。在风大的地方，棚要错开排列，以减轻大风的危害。连栋大棚每栋连接处留 0.5m 宽走廊，便于管理。

（二）避雨栽培

在樱桃果实第二次迅速膨大前对樱桃树体实行塑料薄膜覆盖，避免雨水直接接触樱桃果实和叶面的栽培方式，采收后撤膜转为露地栽培的方式。

这种栽培方式一般可比露地栽培提早成熟 3～5d，同时，可以避免成熟期遇雨产生裂果，并延长采摘期 7d 以上；有利于提高果品质量和经济效益。

樱桃避雨栽培设施可选用促成栽培类似的连栋大棚或单栋大棚。但考虑到成本和适用性，也可采用竹木结构大棚。该棚型一般跨度为 8～14m，顶高 2.2～2.6m，长 50m 左右。以 3～6cm 直径的竹竿为拱杆，每排拱杆由 4～6 根支柱支撑，拱杆间距多为 1～1.2m。立柱用水泥预制杆或木杆。拱杆上盖塑料薄膜，两拱杆间用 8 号铁丝或压膜线压紧薄膜，两端固定在预埋的锚上。特点是建造简单，拱杆由多柱支撑，比较牢固，建造成本较低，容易推广。但是遮光多，作业不方便。

二、栽培类型

（一）建园、建棚同步进行

按照设施栽培的方式，进行栽植并管理植株，促进树体及早结果并建棚。

该栽培类型特点：

（1）栽植密度大。一般栽植株距为 1.5～2m，行距为 2～3m。

（2）树冠紧凑，树形矮小。高 2.5m 以下，冠径 1～2m，树形主要为开心形，也有矮纺锤形和丛状形等。

（3）花芽形成早。采用多种控长促花措施，如采取拉枝、摘心、长放、扭枝、植物生长调节剂调控等控制树冠，促进花芽分化，使花芽早形成、多形成。

（4）上市早。棚体矮，保温效果好，果实成熟上市早。

（5）投产见效快。栽后 3 年投产，5 年丰产，建棚成本较低，管理容易。

（二）先建园后建棚

对露地栽植已结果的樱桃树盖棚，进行大棚促成栽培或避雨栽培。

该栽培类型特点：

（1）树体高大。一般树高在 3m 以上，冠径大。树体需进行一定改造，以符合设施要求。

（2）树龄较大。一般 4 年以上，已进入盛果期，产量高、效益好。

（3）密度较小。一般株距为 2～3m，行距为 3～4m，树形结构好，树形主要有开心型、主干疏层形、纺锤形等，通常以开心形应用较多。

三、适于设施栽培的主要樱桃品种

南方樱桃设施栽培时，应选择以中国樱桃为主。在浙江等地，少有甜樱桃成功栽培的实例，但要选择休眠期短，有可能成功栽培的品种进行试栽，以期在今后得以发展。

（一）品种选择原则

品种的选择和选配是樱桃高效设施栽培成功的关键。选择设施栽培樱桃品种应掌握以下原则：

1. 早熟性好

樱桃设施栽培的主要目的是提早成熟，实现淡季市场供应，因此应尽可能选择早熟品种。

2. 需冷量低

需冷量越少，通过休眠的时间短，保温的时间也可相应提早，成熟期就越提早，效益就越明显。

3. 品质优良

樱桃设施栽培投资大、成本高，在选择品种时应根据市场需求选择果大、味浓、色艳、丰产、耐储运的高档品种，再通过设施栽培充分体现其商品价值，从而实现高效益栽培目的。

4. 花期抗寒性强

设施栽培使樱桃花期提前，这时室外温度较低，遇灾害性天气或保温不当，设施内温度易波动，选择花期抗寒性强的品种更安全。

5. 自花授粉坐果率高

设施栽培时少有风和昆虫传粉，加之设施内相对湿度高，要尽可能选择花粉量大、自花授粉坐果率高的品种。

6. 树冠矮化

植株在大棚内生长空间受到限制，宜选择树体矮小、树冠紧凑，花芽易形成的品种，或利用矮化砧和短枝型品种及整形修剪技术培养矮化形树冠，必要时可适当应用植物生长调节剂。

(二) 主要品种

1. 中国樱桃

中国樱桃是适于南方设施和露地栽培的主要樱桃种类，适栽品种主要有：

(1) 短柄樱桃。产于浙江诸暨，故又称诸暨短柄樱桃，在浙江多有栽种。果实扁球形，平均果重 2.8g 左右，果柄粗短，果皮鲜红色，皮薄而韧，果肉黄白至浅红色，肉质细，柔软多汁，可溶性固形物含量为 14% 左右，甜酸适度，品质佳。自花结实性好。果实发育期 40~45d，在浙江桐庐 4 月中下旬成熟（露地栽培，下同）。适应性强，丰产性好。

(2) 葛家坞三号。是果树科技人员从浙江桐庐当地樱桃中选优品种，在当地和周边地区种植较多。果实圆球形，平均单果重 3g，大果重 3.8g，成熟果实红色，有光泽，艳丽美观。果肉浅红色，风味浓甜，品质上，可溶性固形物含量为 14% 左右，果皮较厚。在浙江桐庐 4 月中下旬成熟。适应性强，丰产性好。

(3) 黑珍珠。长势强旺，树姿半开张，萌芽力强，成枝力中等。果实圆球形，平均单果重 3.5g，大果重 5.2g，成熟果实全面着紫红色，有光泽，艳丽美观。果肉淡黄色，风味浓甜，品质极上，可溶性固形物含量为 15% 左右，离核，核小，可食率 89.7%。果皮厚，不裂果或轻微裂果。在浙江桐庐 4 月底至 5 月初成熟。早结丰产性好。缺点是采摘时易果柄分离。

(4) 垂丝樱桃。产于江苏南京。树势健壮。果柄细长，故称垂丝樱桃。平均果重 2.16g，果色鲜艳，肉质细腻，汁多，味甜，品质极佳。果实发育期 40d，在原产地 4 月中、下旬成熟。宜于大棚栽培。

(5) 东塘樱桃。产于江苏南京。树形较高，枝直立。叶色浓、叶片厚。果实圆形，平均果重 1.8g，果皮红黄色，鲜艳，果肉黄白色，汁多，甜酸适度，品质略逊于垂丝樱桃。果实发育期 40~45d，在原产地 5 月上旬成熟，丰产。

(6) 大鹰嘴。又名大鹰紫甘樱桃，产于安徽太和。树形直立，树势强。果较大，卵圆形，先端有尖嘴。果柄细长，果皮较厚，易剥离，果实完熟后紫红色，鲜艳。果肉黄白色，汁多，味甜，品质优。在原产地5月上旬成熟。

（7）樱黄。产于山东诸城、日照、五莲等地。树势中等，半开张。果实圆球形，平均果重2.5g。果皮厚，橘黄色，向阳面有红晕，具光泽，外形美丽。果肉黄色微红，汁多，甜酸适口，品质优。原产地5月上、中旬成熟。较耐贮，较丰产，为鲜食优良品种。

（8）崂山短把红。产于青岛崂山。树势强健，树姿半开张。以中、短果枝结果为主。果实圆球形，平均果重2g，果柄粗短。果皮深红色，完熟时紫红色，易剥皮。果肉黄色，汁多，味甜，品质优。原产地5月中旬成熟。

（9）莱阳矮樱桃。树体紧凑矮小，枝条粗短，早期丰产性好。果形端正、较小，平均果重1.7g，外观艳丽，汁多，味香甜，品质优，原产地5月下旬成熟。适应性强。

2. 甜樱桃

（1）大紫。又名大叶子、大红袍、红樱桃，原产于前苏联。既是我国的主栽品种；又是重要的授粉品种。树冠高大，生长强健。果实较大，阔心脏形。平均果重8g，最大果重17g。初熟时红色，后呈紫红色，果皮薄。果肉浅红色，肉质柔，多汁，可溶性固形物含量为12%～16%，味甜，品质优。5月底至6月上旬成熟。始果期早，丰产。以那翁、滨库等为主要授粉品种。

（2）那翁。又名黄樱桃、大脆，是一个黄色、硬肉的品种。树冠大，树势强健，适应性强。花束状果枝为多。果实大，正心脏形至长心脏形，平均果重7g。果皮厚，黄色，有红晕，不易剥离。果肉米黄色，肉质致密、脆，汁多，可溶性固形物含量为12%，味甜，品质优。6月上、中旬成熟。始果期早，丰产，耐贮运。但自花结实很少，需以大紫等品种授粉。

任务三　优质高效栽培樱桃

一、建园

（一）园地选择

（1）应选择背风向阳、地形开阔、光照良好，不受或少受晚霜危害、少有冷空气沉积处建园。

（2）排水便利、地下水位1m以上，棚内地面高于棚外地面，以防积水。

（3）交通便利、无污染。不可离公路太近，以免灰尘污染棚面。

（4）土壤肥沃、土层深厚、土质疏松、透气性好的壤土或沙壤土，pH值为6.0～7.5。

（二）定植

1. 品种和种苗选择

根据栽培地实际和栽培目的选择适于樱桃设施栽培的品种。如促成栽培可选择成熟较早的短柄樱桃和葛家坞三号等；避雨栽培宜选择黑珍珠樱桃等。

栽植前要对苗木进行选择。优良苗木须品种纯正，发育正常，根系发达，干粗壮，在整形带内有7～10个饱满芽，无病虫害。

2. 定植密度

（1）根据设施栽培树形定。一般纺锤形和丛状形株距为1.5m，行距为2～2.5m；开心形、主干疏层形株、行距为 2m 和 3m。

（2）根据棚式或建造早晚定。建园建棚同时进行，且棚高较矮的密一些，株距为 1.5～2m，行距为 2～3m；先建园后建棚或棚较高大的可栽植稀一些，株距为 2～3m，行距为 3～4m。

3. 定植时期

樱桃栽植可以是晚秋、早冬或早春定植，浙江等南方地区可在 11 月底至翌年 1 月定植，以早为好，以便早发新根，增强长势。

4. 定植方法

按设置好的株行距定点放样，然后挖 60cm 深、80cm 方的定植穴或 60cm 深、80cm 宽的定植沟。挖穴或沟时，将表土与底土分开堆放，在种植穴（沟）内回填表土半穴后施肥，施入充分腐熟的鸡粪 4000～6000kg/667m² 或土杂肥 7000kg/667m²，也可使用商品有机肥，具体使用方法根据肥料种类按说明进行。土、肥拌匀，踏实后再回土到高出地面 10～15cm 待种。定点种植苗木，舒展根系，踏实土壤后，立即浇一次透水或稀薄粪水，随后覆盖地膜。定干高度视树形及设施类型而定。

二、栽后管理

为促进树体前期良好生长和避免设施老化损耗，樱桃栽植后至结果前一般不盖棚，此期间管理的主要目的是前期促进树体快速生长、尽早成形，随后是促进花芽及早形成、尽早结果，后期适当控制树冠旺长。经精心管理，中国樱桃栽后第二年可少量开花试果，第三年可进入结果期，进行盖棚管理。

（一）整形修剪

1. 适宜树形

设施栽培樱桃，树冠不宜太高，要尽可能提高树冠的采光条件并尽早结果，所以常采用自然开心形、改良主干形和延迟开心形。一般中国樱桃宜采用开心形，甜樱桃宜采用改良主干形。具体还应根据设施的高度、大小，植株所处位置来选择树形和树体高度。

（1）开心形。定植当年，距地面 40cm 高定干，干高 20cm。萌芽后，在整形带内，选择长势较强壮、交错排列的 3 个新梢培养成主枝，整形带以下的芽及时抹除。当主枝长到 50～60cm 时，对主枝进行拉枝，使主枝基角成 45°左右，促使其缓和生长、发育充实、粗壮。对竞争枝、交叉枝、过密枝及早疏除，位置较好的枝条当长到 20～40cm 时进行摘心、拉枝等处理，控制过旺生长，培养成结果枝组和辅养枝。定植当年的冬季至第二年春季进行休眠期整形修剪。一般只对主枝留饱满外芽（约留 40cm 左右）短截，去掉中央干延长头，对其他枝条均甩放不剪，只要有空间应尽量多保留枝条。定植后第二年夏剪，当主枝延长枝长到 50～60cm 时摘心控制徒长，其他枝条到 20～30cm 时实施一次或多次摘心，使其形成发育充实、粗壮的短果枝和花束状结果枝。树高控制在 2m 左右。中国樱桃的开心形整形一般 2～3 年即可完成。

（2）改良主干形。定植当年，距地面 60cm 高定干，干高 30～40cm，中央领导干保持优势生长，其上着生 7～8 个主枝，可以分层，也可以不分层而螺旋式着生，主枝角度近水平，在主枝上着生大量的结果枝组，树高 2.5～3m。

另外，介于以上两种树形之间的是延迟开心形，即留 2 层主枝，主枝数 5～6 个，第二层主枝以上即将中央干落头。

2. 修剪

幼树以轻剪、夏剪为主。冬剪时疏除过密枝、徒长枝，单轴延伸、疏放结合，稳定树势，促进成花。春季，萌芽前刻芽促发分枝，填补空间。生长季，拉枝、扭梢、多次摘心，促生短果枝和花束状果枝。

（二）肥水管理

栽植后第一年至第二年主要是促进树体快速生长并促发多次抽梢。肥水管理上要施足基肥，勤施追肥。一般为每年秋季，施腐熟优质有机肥 3000～5000kg/667m²，或适量商品有机肥，方法是沿树冠滴水域挖深、宽 40～60cm 的环状沟施入，如遇干旱，施后应及时灌水。追肥应薄肥勤施，以氮肥为主，一般发芽前施一次尿素，用量为 0.2～0.3kg/株，以后每隔一个月左右施一次肥，用量为复合肥或尿素 0.1～0.2kg/株，共 4～5 次。如遇干旱，施肥后应进行灌水。可结合防治病虫害进行叶面追肥，一般可喷 0.5% 的尿素＋0.3% 磷酸二氢钾液或其他商品叶面肥。

（三）土壤管理

通过深翻扩穴、中耕除草、增施有机肥、覆草等措施，保持疏松良好的土壤结构，增加土壤的有机质含量，达到水、热、气、肥协调统一，促进根系健壮生长，保证根系旺盛的吸收水分、养分及贮藏营养物质的能力。深翻扩穴一般可结合秋季施基肥进行。不覆盖地膜的可结合施追肥进行全园中耕除草，特别是大雨或灌溉之后，要及时进行中耕，以免土壤板结。最好扣棚后地面能实施地膜覆盖，地膜可选用黑色、银色或反光膜，并采用膜下滴管，利用滴管进行肥水同灌。

（四）花芽分化与促花措施

樱桃花芽分化因品种、树龄、枝类而有所不同。成龄树比幼树易分化且早；花束状和短果枝比长果枝、混合果枝分化时间早；早熟品种开始分化早。樱桃花芽形成早且好是设施高效栽培获得成功的关键之一。促进樱桃花芽分化的主要措施有：

1. 拉枝开张角度，缓和树势

栽植后第一年主要是促进树体快速生长，极早成形。第二年可根据新梢生长情况，进行拉枝开张角度，缓和树势，以促进多形成短枝和花芽分化。

2. 轻剪长放、摘心、扭梢、环剥、刻芽

樱桃通过轻剪长放、摘心、扭梢、环剥、刻芽等措施能有效促进短果枝和花束状果枝形成，提高产量。可根据品种枝梢生长特性和不同生长发育时期选择应用；在生长前期对生长旺盛和直立的枝梢可以采用摘心和扭梢等措施；在生长后期花芽形成不良的枝梢可以采用环剥、刻芽等措施。

3. 使用植物生长调节剂

从栽后第二年开始适度使用多效唑（PP$_{333}$），对抑长促花效果明显。使用量视品种和树势而定。一般花芽难形成、树势强的用量多一点，花芽易形成、树势较弱的可不用或少用，如短柄樱桃、葛家坞三号樱桃幼树期花芽难以形成，多效唑的使用量可多些，而黑珍珠樱桃非常容易形成花芽，正常情况下可不用或少用多效唑。多效唑的使用方法有两种，可土施或喷施。土施：在萌芽前进行，按树冠投影面积，施 15% 多效唑可湿性粉剂 1.5～2g/m²，施用时，沿树冠滴水线开浅沟，施入一定水量的多效唑液，后覆土。喷施：幼年树，可于新梢长 20～30cm 时，用 500～700mg/L 有效成分的多效唑液对全树进行喷雾，必要时可连喷两次，间隔期 10d 左右；成年树，一般在采果后进行，浓度和方法同上。具体可根据树体长势确定使用浓度和次数。

4. 控氮、控水

在花芽分化期适度控制氮肥使用，以免徒长；同时，控制灌溉水量，适度降低土壤湿度等，有利促进花芽分化。

三、建棚、扣棚

（一）建棚时间

建棚要以单位面积上能否形成一定的商品产量，获取较高的经济效益为准。在精细管理下，一般栽后第二年就能形成一定数量的花芽，第三年就能结果投产。一般可于第二年底或第三年初开始建棚。

（二）覆膜时间

覆膜应在树体完成自然休眠之后。具体覆膜时间，还要根据大棚的设施条件、当时的气候状况等确定。在浙江临安，中国樱桃一般于 1 月底 2 月初覆膜升温。也可以在 12 月覆膜，但覆膜后不立即升温，到 1 月底 2 月初樱桃开始萌芽时才升温。避雨栽培的覆膜时间可迟些，一般在果实第二次迅速膨大前都可进行。

扣棚前应彻底清园。清除落叶，剪掉病虫枝并及时带出设施外销毁或深埋，以降低病虫基数。同时，全树淋洗式喷洒 1 次 5°Be 石硫合剂或晶体石硫合剂 30 倍液。在扣棚前 3～5d，如果土壤墒情不好，应先灌 1 次透水，确保足墒扣棚。

四、扣棚后的管理

（一）温湿度管理

1. 扣棚后至发芽期

（1）温度要求。扣棚升温后 7～10d，白天 18～20℃，夜间 2～5℃。以后白天 20～22℃，夜间 5～6℃。

（2）湿度要求。此期要求高湿度，相对湿度保持在 80% 左右，过低发芽不齐。

2. 开花至谢花期

（1）温度要求。白天 20～22℃，夜间不低于 6～8℃。要避免白天 25℃ 以上的高温，夜间低于 5℃ 以下的低温。防止受精不良或发生冻害。

（2）湿度要求。此期湿度应适当降低，一般相对湿度控制在 50%～60% 为宜。过低花器柱头干燥，对授粉受精不利；过高花粉吸水易破，影响授粉效果。

（3）灌溉。灌溉宜少量多次，不宜大水漫灌，提倡膜下滴灌或开沟浇水。

（4）防冻。遇有寒流或霜冻天气时，除加强保温外，还应及时灌水或熏烟，防止冻害。

3. 果实发育至收获期

（1）温度要求。白天 20～25℃，夜间 8～15℃。

（2）湿度要求。前期相对湿度 50%～60%；着色期 50%，果面上避免结水，以防裂果。大棚内空气相对湿度太大时，可采取通风的方法降低空气湿度；但应以不影响棚内温度为度。

（3）灌溉。果实膨大期需水量大，但一次灌溉过多，易发生裂果，宜小水勤灌。果实着色期，要避免忽干忽湿，防止裂果。

大棚内土壤湿度可通过控制灌水的措施调节。大棚内灌溉宜采取膜下滴灌或分次轮流穴灌的方法进行，以免因灌溉引起棚内空气湿度增加过大，或因灌溉大幅度降低土温。

扣棚后各时期对棚内温度和湿度的调节指标可参考表5-5和表5-6

表5-5   樱桃设施栽培最适温度指标一览表   单位：℃

时 期	最适温度指标	
	白天	夜间
扣棚至萌芽	18～20	2～5
萌芽至开花	18～20	6～7
花期	20～22（最高不超过25）	5～7
谢花期	20～22	7～8
果实膨大期	22～25	10～12
着色至采收期	22～25	12～15

表5-6   樱桃设施栽培最适湿度指标一览表

物候期	空气相对湿度/%	土壤相对含水量/%	主要灌溉指标/mm
扣棚至萌芽	80	60～80	10～20
初花至盛花期	50～60	60～70	10～15
谢花期	50～60	60～70	10～15
果实膨大期	60	60～70	10～15
着色至采收期	50	50	5～7

（二）光照管理

樱桃在整个生长发育期，都需要良好的光照条件。由于棚室的光照度只是室外的70%～80%；若膜上黏有水滴或灰尘，对光照更有影响。应做好以下方面的管理，以改善光照。

（1）棚膜选用透光性好的无滴膜，并能经常清除膜上的灰尘或水滴，改善透光条件。

（2）地面铺设反光膜或银色地膜，使下部树冠及棚室都能增加光照。

（3）及时修整树体，使树体透光性良好。

（三）花果管理

1. 疏花疏果

（1）疏花芽。花芽膨大未露花朵前，将花束状果枝上的瘦小花芽疏除，每个花束状果枝保留3～5个花芽。其他果枝可依据花枝粗度和花芽数量适度疏删。

（2）疏花疏果。疏花主要是疏除小花和畸形花；疏果分二次进行，第一次在谢花后，如着果过多可适度疏除弱小果；第二次在生理落果后进行，依据着果情况疏除小果、密生果、畸形果和病虫为害果。以增加单果重，提高果实质量。

2. 保花保果

（1）人工授粉。人工授粉从开花到开花后第三天均可进行，以当天授粉最好。人工授粉可用棉棒或毛掸在不同品种间相互摩擦，达到既采粉又传粉的目的，授粉次数越多，越仔细，效果越好。也可放蜂授粉，一般为每667m² 放养蜜蜂1箱；单棚面积小于667m² 的为每棚 1 箱。

（2）叶面追肥。在盛花期喷 0.2％的硼砂加 0.2％～0.3％的磷酸二氢钾液。

（3）新梢摘心。花后及时对新梢摘心，防止新梢与幼果生长竞争养分。

3. 促进果实着色

（1）摘叶。在合理整形修剪、改善冠内通风透光条件的基础上，在果实着色期将遮挡果实阳光的叶片摘除即可。果枝上的叶片对花芽分化有重要作用，切忌摘叶过重，影响翌年产量。

（2）铺设反光材料。果实采收前 10～15d，在树冠下铺设反光膜，增强果实的光照程度，促进果实着色。

（四）采收和包装

1. 采收

适期采收是大棚樱桃优质丰产、增加效益的有效措施。就地销售的果实，一般在果实完全成熟，充分表现出该品种的果实性状时采收。远距离销售的果实，一般在果实八成熟时采收。

采收时要带柄采摘，轻采轻放，避免损失果面，降低果实等级；避免损伤花束状果枝，以免降低来年产量。

樱桃成熟不一致，应分批采收。

2. 分级包装

采收后的樱桃果实，先集中初选，剔除青绿小果，病裂僵果、虫蛀果、霉烂果等，然后进行分选包装。

（五）揭膜

采收结束后，可根据气候状况，逐步揭除棚膜。

五、肥水管理

（一）基肥

基肥于每年秋季施入。数量视土壤质地、肥力以及树势而定，一般施腐熟优质有机肥 3000～5000kg/667m² 或适量的商品有机肥，同时施入三元复合肥 20～30kg/667m²。方法是沿树冠滴水线挖深、宽 40～60cm 的环状沟施入，如遇干旱，应及时灌水。

（二）追肥

樱桃进入盛产期后，追肥一般为每年 3 次，以速效肥为主。

1. 促芽肥

在萌芽前施入。以氮为主，一般施尿素 30～50kg/667m²。方法是撒施浅锄或沟施，施后灌水，灌水后覆盖地膜；或结合膜下滴灌施入。

2. 保果肥

在谢花后施入。以磷、钾为主，用量为硫酸钾 25～35kg/667m² 加三元复合肥 25kg/667m²。方法是环状沟施或穴施，施后及时灌水；或结合滴灌施入。

3. 采后肥

樱桃生长结果与其他落叶果树相比较，对储藏营养的依懒性更大。所以采后肥较为重要。在采果后立即施入，用量为三元复合肥 20 ～50kg/667m²。施肥后如遇干旱应及时灌水，或结合滴灌施入。

4. 叶面追肥

在花期和果实膨大期叶面各喷施 1～2 次 0.2％的硼砂加 0.2％～0.3％的磷酸二氢钾液（或加 0.5％尿素），以促进授粉受精，提高着果率和果实品质；其他时间可结合防治病虫害喷药进行叶面追肥，或单独喷施，肥料可用 0.5％的尿素加 0.3％磷酸二氢钾液或其他商品叶面肥，具体使用时间和次数依据树体长势和结果情况而定，结果多、长势弱多喷，反之不喷或少喷。

（三）水分管理

南方相对雨水较多，在覆膜前和揭膜后，遇雨水较多时要及时排水防涝害。覆膜后，棚内水分主要靠灌溉获得。由于樱桃皮薄遇水分太多或不均匀时，易裂果，所以在樱桃大棚栽培时，特别要注意土壤水分稳定，最好采用膜下滴灌，且灌溉均匀。一般要求保持土壤相对湿度 60％～70％为宜。

六、修剪

樱桃修剪分冬季修剪和夏季修剪，以夏剪为主，冬夏剪结合；修剪方法以疏剪为主，疏缩剪结合。

夏季修剪应在果实采收后立即进行，重点疏剪和缩剪已结果的中长果枝和衰弱的结果枝组，疏除密生枝和弱枝。冬季修剪是对夏季修剪的补充，主要对有生长空间的直立枝、旺长枝进行拉枝，降低生长角度；同时疏除过密枝，剪除病虫为害枝、无叶枝，疏除枝组顶端徒长性竞争枝，对无空间生长，已长出棚外的长枝合理短截。依据设施控制树体高度，一般植株限高 2.5m 左右，一则受棚高限制，二则便于采摘。

七、病虫害防治

樱桃病虫害防治要坚持"预防为主，综合防治"的原则。首先要做好冬季清园，清除落叶，剪除病虫枝并及时带出设施外销毁或深埋，以降低病虫基数，同时，结合清园，在落叶后和发芽前全园各喷洒 1 次 5°Be 石硫合剂；或 30 倍的晶体石硫合剂。再在生长期根据病虫种类和为害程度进行药剂防治。中国樱桃的主要病害有细菌性穿孔病、炭疽病、根癌病等，主要虫害有蚜虫、金龟子、斜纹夜蛾等。

（一）主要病害

1. 细菌性穿孔病

主要危害叶片。病菌在枝条病组织上越冬，在浙江露地 5—6 月开始发病，梅雨季节发病最盛，秋雨连绵天气可造成大量晚期侵染。

防治方法：展叶后至发病前连续喷 2～3 次 0.3°～0.4°Be 石硫合剂液；或 45％晶体石硫合剂 150～200 倍液；或 72％硫酸链霉素可湿性粉剂 3000 倍液。

2. 炭疽病

此病主要危害果实，常发生于果实硬核期前后。

防治方法：发病前用 50％甲基硫菌灵可湿性粉剂 500～800 倍液，或 50％多菌灵可湿性粉剂 500～600 倍液，或用 60％代森锌可湿性粉剂 500～600 倍液喷雾 2～3 次，每次间隔 5～6d；药剂尽可能交替使用。

3. 根癌病

此病多发生在主干基部，先形成白色的瘤状物，质软光滑，以后表面由灰白色渐变为褐色至深褐色，瘤体不断增大，质地较坚硬，表层细胞枯死而较粗糙，逐渐龟裂，在癌瘤周围或表面长出一些细根。

防治方法：

（1）禁用带根癌病的苗木，尽可能用实生芽接苗。

（2）苗木栽植前，根部用80～100倍硫酸铜液或5～6倍石灰乳浸泡5min消毒，也可用5°Be石硫合剂蘸根消毒，然后用清水洗净定植。

（3）如定植后发病，可刨开根癌病处，彻底切除根癌，然后用5°Be石硫合剂涂抹伤口保护，根部周围土壤用波尔多液；或石灰水或福尔马林等消毒。一般经过2～3年杀菌治理，病树会逐渐康复。

（4）注意防止蛴螬等地下害虫，避免因虫害造成根部伤口。

（二）主要虫害

1. 蚜虫

蚜虫发生普遍，主要有桃粉蚜、桃瘤蚜、桃蚜等。

防治方法：

（1）利用天敌七星瓢虫、异色瓢虫、大草蛉、中华草蛉、食蚜蝇、蚜茧蜂、食蚜螨等进行防治。

（2）盛花期用"蚜净"涂抹各主枝，涂抹长度20cm以上，一次涂抹可达到全年控制蚜虫为害的目的，但不可与其他农药混用。

（3）喷药防治。于蚜虫初发期，用10％吡虫啉2000～3000倍液；或5％啶虫脒3000～4000倍液；或25％噻虫嗪水分散粒剂6000～8000倍液；或0.36％苦参碱水剂500倍液对全树进行喷雾。

2. 金龟子

金龟子主要以成虫为害花蕾、嫩芽、新梢、果实，以4—7月为害更重。

防治方法：

（1）利用金龟子的假死性，清晨人工捕杀。

（2）利用金龟子的趋光性，晚间用黑光灯诱杀。

（3）杀灭金龟子的幼虫蛴螬，用5％辛硫磷颗粒剂，用量3～4kg/667m²，在树盘四周挖沟或在冬季翻地时撒施；或用50％辛硫磷乳油0.3～0.4kg/667m²加细土30～40kg/667m²拌匀撒施。

3. 斜纹夜蛾

斜纹夜蛾主要为害叶片，大龄幼虫白天躲在阴暗处或土缝内，傍晚出来蚕食叶片，是大棚樱桃栽培中为害最重的害虫之一。

防治方法：

（1）人工摘除卵块。一旦发现卵块和新的筛网状被害叶，及时摘除并烧毁。

（2）诱杀成虫。利用成虫的趋光性和趋化性，用黑光灯、糖醋液（红糖∶酒∶醋∶水＝6∶1∶3∶10，加入少许敌百虫）诱杀。

（3）药剂防治。在低龄阶段效果较好。常用药剂有5％抑太保乳油1000倍液；或5％卡死克乳油1500倍液；或24％美满悬乳剂2000倍液；或1.8％阿维菌素乳剂2000倍液喷雾，全树或树盘周围土层喷雾，以杀死躲在土缝中的幼虫。

实例 5-4　浙江临安中国樱桃促成栽培获高效

南方地区通常气温较高，尤其是冬季气温较高，低温持续时间短，如浙江省位于我国东部沿海，处于欧亚大陆与西北太平洋的过渡地带，属典型的亚热带季风气候区。全省年平均水量在 980～2000mm（临安年均降水量为 1600mm 左右），年平均日照时数 1710～2100h。年平均气温 15～18℃，极端最高气温 33～43℃，极端最低气温 -2.2～-17.4℃。对需冷量较低的中国樱桃来说，容易较早满足低温完成休眠，遇适宜温度就会较早萌芽，而萌芽后再遇晚霜低温等又极易冻害。因此，在浙江等南方地区对中国樱桃进行大棚设施栽培不但可以促使樱桃更早上市，且可避免晚霜为害带来损失，同时还可避免花期及成熟季节因多雨造成的落花落果和裂果，以及鸟害。尤以成熟较早的诸暨短柄樱桃设施栽培效益更佳。

临安市锦南街道锦源村陈元昌，于 2001 开始种植中国樱桃，并采用大棚覆盖促成栽培，至 2010 年栽培面积发展到 3.3hm²，投产面积达 1.1hm²，株产量达 25kg 左右；平均产量达 750kg/667m²；产地售价 100 元/kg，观光游门票 50 元/人；成熟期比露地栽培提早 7d；采摘期延长 15d 以上；平均产值可达 2 万元/667m²。通过设施栽培取得了良好的经济效益、社会效益和生态效益。其主要栽培技术为：

一、品种选择

主要选择诸暨短柄樱桃为主栽品种。该品种是中国樱桃鲜食品种中的优良品种，且成熟期早。栽后第 3 年开始结果并扣棚，树冠高度控制在 2.5m 以下。成年树平均单果重 3g 以上，可溶性固形物达 13.8％以上，酸度显著低于露地栽培。

二、建园

（一）园地选择

诸暨短柄樱桃花期较早、根系较浅；选择土壤疏松、质地肥沃，地下水位低、排灌良好，交通便捷，不易受晚霜危害的避风、避冷空气沉积处建园。

（二）苗木定植

1. 苗木选择

选择品种纯正，无病虫害，根系粗壮且须根多的健壮苗一级苗或二级苗进行定植。一级苗高 1m 以上，且嫁接口以上 1cm 处粗度 1cm 以上；二级苗高 0.8～1m，且嫁接口以上 1cm 处粗度为 0.8～1cm。

2. 定植时间

在秋季落叶即行定植，约 12 月上中旬开始定植。

3. 栽植密度

株、行距为 2m 和 3m。定植穴大小为 80cm×80cm。畦宽 3m，东西走向，起高畦深沟，这样大棚可搭成南北方向，有利于大棚覆盖保温。

三、整形修剪

（一）整形

树形为自然开心形，按矮化形进行整形。定植后即在嫁接口上部约 15cm 处剪去，并在基部保留 3～4 个饱满芽，使其长成骨干枝。并对基部的骨干枝条，于 4—8 月采用拉枝、撑枝等方法塑造成自然开心形。

拉枝弯曲处发出的直立旺长新梢，宜选择一部分健壮新梢留作新的骨干培养，当长至50cm时摘心，摘心部位，应以半叶为界，不宜过高或过低。新主干摘心后发出的第一梢可继续留作主干培养，当长到40cm左右时进行第2次摘心，新主干第2次摘心后长出的新梢至30cm左右时再行摘心，以后不再继续留新主干。其他新梢长至20～30cm时，视其木质化程度留10～15cm重摘心。拉弯的原主枝对其延长枝进行重摘心缓放。中后部新发小枝及背上直立旺枝可在萌芽时抹除，仅留背下及两侧的枝条。

（二）修剪

对已栽培2年后基本成形的树，修剪上宜以疏散、轻剪为主，适当回缩短截控制树冠过快过旺生长，修剪成适宜于大棚栽培的低矮自然开心形。

1. 夏季修剪

大棚栽培主要实行矮化修剪，而矮化修剪要以夏季修剪为主。诸暨短柄樱桃抽枝力不强，小树可轻剪、大树可重剪。由于是当年枝形成结果枝，已结果的枝段第二年不会结果，因此夏季修剪最佳的时间和方法是采后立即修剪，或边采收边修剪。促发新梢生长良好，避免结果部位过快外移。

夏季还宜采用抹梢、摘心、缓放等方法培养树形。抹除过量或节间过长的新梢以改善光照；对过长的新梢实行摘心；对直立过强的枝梢进行拉枝扭梢以缓和长势，促进花芽形成。

2. 冬季修剪

冬季修剪主要是对夏季修剪的补充，把生长旺、直立的、空间角度好的新梢拉枝至水平角度培养骨干枝，使树体透光较好；剪除病虫为害枝、无叶枝，疏除枝组顶端徒长性竞争枝以防扰乱树形与影响光照。

四、大棚选择

选择宽6m、高3.5m的单体高棚。拱杆间距80～100cm，每隔10m在顶部留50cm×80cm的天窗作通风换气口。

五、盖棚后的管理

（一）适时覆盖保温

一般年份，在临安1月底2月初盖棚保温。过早大棚覆盖保温将影响其正常开花结果，过迟覆盖保温达不到提早成熟上市目的。

（二）温度管理

诸暨短柄樱桃对温度较敏感。在萌芽期、开花期到果实成熟，白天最高温度不能超过25℃。如果超过25℃会有灼烧现象，生长发育停滞。因此，当大棚内温度升高到22～23℃时必须及时通风换气降温。

1. 覆盖保温后、开花前的温度管理

此阶段尚未开花，气温也最低，温度管理主要以升温保温为主。白天温度18～20℃，夜间温度0℃以上即可。此时温度高有利于生长而不会对花芽产生高温危害。

2. 开花后至果实成熟期的温度管理

（1）开花期温度控制。白天11～12℃，平均温度5～6℃。

（2）发芽期（幼果初期）温度控制。白天12～14℃，平均温度6～8℃。

（3）果实膨大期温度控制。平均温度15～23℃。

（4）果实成熟期温度控制。平均温度 18～25℃，要防止 25℃以上高温。

（5）果实着色期温度。白天不超过 25℃，夜间 12～15℃，保持昼夜温差 10℃左右，以提高果实的色泽、糖度和口感。此阶段，如白天无特殊高温，或者阴天，一般不必揭膜通风；如遇晴天气温 15℃以上，甚至 20℃以上特殊高温，早上 8 时即应揭膜、开天窗进行通风换气；如遇 −2℃以下低温，必须及时做好防冻工作。

3. 湿度管理

诸暨短柄樱桃对湿度要求低。大棚内相对湿度要求开花前到果实成熟期呈递减。即覆盖保温后到开花前大棚内相对湿度控制在 70%～80%，开花后到果实膨大期相对湿度要求 55%～65%，果实着色期相对湿度要求 50%。

诸暨短柄樱桃开花时需要大量的水分，必须浇好花前水，一般以园内表土不发白为准，土壤相对湿度控制在 70%左右。果实膨大期至成熟期既需要大量水分，又怕短时间内水分太多造成裂果。此期水分管理必须非常小心，在一定要求内平稳补给。

4. 花果管理

诸暨短柄樱桃具有较强的自花结实能力，不必搭配授粉树。但为了提高坐果率，保证稳产优质，必须进行如下花果管理。

（1）放蜂授粉。在大棚内放养蜜蜂，通过蜜蜂的活动传粉提高坐果率，一般每棚放养一箱蜜蜂。

（2）喷施叶面肥。在盛花期和果实膨大期喷施 1 次 0.3%硼砂加 0.5%尿素混合液和 0.3%～0.5%磷酸二氢钾叶面肥，以提高坐果率和果实糖度。

（3）疏花疏果。一般在开花前，将弱小的、发育不良的花蕾疏去。并疏掉每束花的边蕾。留下中间 1～3 朵花蕾。一般在生理落果后，疏除小果、畸形果，保留横向果。

5. 肥水管理

（1）施肥。

1）基肥。基肥在 10 月下旬至 11 月中下旬尚未自然落叶前施入。一般穴施或沟施饼肥 25kg/667m² 加上优质栏肥 3000～5000kg/667m²。基肥的施用量占全年施用量的 50%～70%。一般以厩肥、鸡粪、腐熟豆饼等有机肥为主，控制氮肥用量，并适量加入过磷酸钙或钙镁磷肥等。

2）追肥。追肥一般每年施 3～4 次。花前看树施肥，追施少量复合肥或叶面肥作为催花肥。开花期每隔 10d 一次，连续喷施 2 次 0.5%尿素加 0.3%硼砂液，或 0.2%磷酸二氢钾液加 0.3%硼砂液，有助于提高坐果率。谢花后进入果实发育时，叶面喷施尿素加磷酸二氢钾稀释 200 倍的速效肥一次。果实采收后即施三元复合肥 20kg/667m²，以补充采后和夏季修剪后的营养消耗，恢复树势，促进花芽分化，提高来年产量，一般以 5 月中下旬为宜。

（2）水分管理。诸暨短柄樱桃不耐湿、不耐旱、生长期需水量大，但又怕水分短期内过多，因此要平衡稳定供水。梅雨期要注意开沟排涝，土壤较薄的园地要注意伏旱和秋旱。在抗旱时，应采取傍晚或夜间灌溉，不能在早上露水已干后或者白天高温时灌溉，以免造成短时间内水分过多蒸发而萎蔫。

6. 病虫害防治

（1）主要病虫害。诸暨短柄樱桃主要病虫害有细菌性穿孔病、根癌病、流胶病、灰霉病、主要害虫有蚜虫、桃一点叶蝉、桃潜叶蛾、桃蛀螟、金龟子、蝉等。

（2）主要防治措施。在冬季自然落叶后至翌年开花前（以12月上中旬为宜），用5°Be石硫合剂冬季封园。在生长季节交替使用甲基硫菌灵、代森锰锌、百菌清等可湿性粉剂防病；防治灰霉病宜选用一熏灵烟雾剂、速克灵药剂为好。防治害虫、可选用吡虫啉、杀螟松、万灵等药剂。特别注意禁用杀虫双、敌敌畏、乐果等易造成药害的农药。对蝉、桃一点叶蝉、金龟子等害虫可采用频振式杀虫灯诱杀。

实训 5-8　樱桃夏季修剪

一、目的要求
通过实习掌握樱桃设施栽培生长季修剪的方法和技术。

二、材料和用具
（1）材料。塑料大棚内处于生长旺盛期的樱桃结果树，以自然开心形树形为例。

（2）用具。修枝剪、绑扎带（绳）。

三、实训内容
（一）摘心
在枝梢未木质化前，摘除先端部分。目的是控制枝梢旺长，增加分枝级数和枝量，促进枝梢向结果枝转化。早期摘心在花后7～10d进行，后期摘心在5月下旬至7月中旬随时进行。

（二）短截
采果后马上对结果后的长果枝进行短截，剪去已结过果光秃部分，促使其下部抽发新梢，并良好地形成花芽，便于翌年开花结果。

（三）扭梢
5月下旬至6月上旬，在新梢半木质化时，加以扭曲下垂，使其长势缓和，积累养分，促进花芽分化。

（四）拉枝
对树冠直立性的，或枝梢直立的，在春季或采果后，将枝拉开，以增大分枝角度，促进花芽分化，增强结果能力。

实训时应该针对不同的树体，根据不同的树龄、长势、树形及枝梢生长情况采取不同的修剪方法和修剪量及各种方法的配合使用，进行科学合理的修剪。

四、时间和方法
（1）时间。实训时间根据设施樱桃生长物候期确定，尽量选择多数内容可实施时期进行，有条件时尽可能每项内容都实施训练，也可结合疏花疏果等项目分次完成；不可能多次训练时尽可能安排在采果后进行。

（2）方法。实训时老师先讲解示范，然后学生分组逐株进行，最后老师总结点评。

五、实训报告
根据实训操作写出实训内容、操作过程和技术要点。

实训 5-9 樱 桃 冬 季 修 剪

一、目的要求

通过实习掌握樱桃设施栽培冬季修剪的方法和技术。

二、材料和用具

（1）材料。塑料大棚内处于盛果期的樱桃结果树，以开心形树形为例。

（2）用具。整枝剪、绑扎带（绳）。

三、实训内容

樱桃冬季修剪可分为短截、回缩、疏删、缓放等。

（一）短截

短截就是一年生枝剪去一段、留下一段的剪枝方法。樱桃短截时通常将一年生枝截去 1/4～2/3；甚至只留枝梢基部 4～5 个芽。

（二）回缩

回缩又叫缩剪。是把二年生以上的枝梢剪去一段、保留一段的修剪方法。缩剪的主要作用在于防止结果部位扩大和外移，同时也具有改善通风透光条件和更新树形的作用。樱桃回缩，一般是对生长较弱的成年树，或是下垂的枝梢，或是衰老的结果枝群更新时，都有回缩的处理。

缩剪一般多用于光秃枝或过长枝，特别是树冠过大、内膛中空、光秃枝段多、株间过密时应用较多。

（三）疏删

疏删又叫疏剪。是把整个枝条（包括一年生枝和多年生枝）从基部剪除的修剪方法。疏删是对密生枝、细弱枝、病虫枝，以及扰乱树形的徒长枝，进行删除，但不宜删枝太多。

（四）缓放

缓放是对一年生枝梢不加修剪，让其自然生长，使其能缓和生长势，调节枝量，增加结果枝数量。

实训时针对不同的树体，根据不同的树龄、长势、树形及枝梢生长情况选择不同的修剪方法和修剪量及各种方法的配合使用，进行科学合理的修剪。

四、时间和方法

（1）时间。樱桃落叶后至扣棚前进行。一般在 12 月进行。

（2）方法。实训时老师先讲解示范，然后学生分组逐株进行；最后老师点评总结。

五、实训报告

根据实训操作写出实训内容、操作过程和技术要点。

思考

1. 简述樱桃花果管理的技术要点。

2. 试述中国樱桃大棚中温湿度管理的技术要求。

3. 樱桃如何进行夏季修剪？

4. 简述樱桃促成栽培中幼树肥水管理的主要技术。

项目五 杨梅设施栽培技术

　　杨梅原产我国东南部，为南方特产果树之一。其果实色泽艳丽，酸甜可口，柔软多汁，食用方便，具有较高的营养价值和药用价值，果实中含糖、酸、蛋白质、维生素 C、类胡萝卜素等多种营养成分及钙、磷、铁等矿物质。具有止渴、生津、消暑、消食、除湿、止呕、止泻、利尿、治痢疾等功能。果实除鲜食为主外，还可加工成罐头、果酒、果汁等。果实经白酒浸渍，有除痧开胃的作用，深受人们喜爱被广泛食用。

　　我国杨梅大致分布在北纬18°～33°之间，但经济栽培主要集中在浙江、江苏、福建、广东、江西、安徽、湖南、贵州等省，其中以浙江栽培面积最大，产量最高。2010年浙江省栽培面积已达 6.7 万 hm²，产量 30 万 t，仅次于柑橘，成为第二大水果产业，形成了以宁波、温州、台州为中心的三大杨梅主产区。

　　杨梅栽培经济价值极高。由于果实外观诱人、鲜美可口、利身健体，深受众多消费者喜爱，市场售价逐年攀升。如浙江黄岩东魁杨梅，多年产地收购价都为 16～24 元/kg；市场零售价为 26～38 元/kg，甚至高达 62 元/kg。特别是随着交通、信息、经济及贮运条件的发展，消费群体日益扩大，还深受国外市场的欢迎。在香港超级市场的东魁杨梅，每只售价高达 1 美元。2000 年浙江青田东魁杨梅空运法国，售价约人民币 280 元/kg。主产地浙江余姚、慈溪的荸荠种杨梅，露地连片种植的，一般 4～5 年即可挂果，8 年后进入盛果期，可获产量 50～80kg/株，平均 1000kg/667m²，高的可达 2000kg/667m²，效益超万元。

　　随着经济和科技的发展，杨梅设施栽培也随之发展，效益更是倍增。2001 年 5 月 16 日，在浙江温州，设施栽培的丁岙梅，价格达 60 元/kg，且非常抢手；此后，促成栽培的杨梅价格一直居高不下。杨梅设施栽培不但可促进杨梅提前上市，提高售价和效益；更是可避开杨梅自然成熟正值南方梅雨季节这一缺陷，并且还有利于提高杨梅贮运性，延长销售时间，扩大销售市场，使得更多消费者可以品尝到这一佳果，也使得杨梅栽培可以实现高产、稳产、高效。

杨梅为常绿乔木，抗逆性强，适应性广，经济寿命长；既耐瘠耐阴、耐粗放管理，又四季常绿，不但是经济价值极高的栽培果树，还是绿化和水土保持的良好树种；也是旅游观光和采摘的一道亮丽风景，2010年余姚市杨梅节仅旅游门票收入就达600余万元。杨梅设施栽培更是一项发展农村经济、美化新农村、推进农业现代化的好项目，发展前景十分看好。

任务一　认识杨梅的栽培特性

一、生物学特性

（一）根系

杨梅根系适应性强，其生长状态和性能等与立地条件和管理技术有关，在土层深厚、通透性良好的立地条件下，根系呈放射状向下深入土层1m以上，形成深根；在土层浅薄、板结的立地条件下，幼树生长势弱甚至枯死，成年树根系纷纷趋向表土层吸收养分和氧气，主根不明显，须根发达，形成浅根。

杨梅根系与土壤中的放线菌等共生，向菌体输送碳水化合物，并从菌体中获得维持生长的有机氮化物，形成菌根。菌根呈瘤状突起，呈灰黄色，肉质，大小不一。

（二）枝梢

杨梅枝干直立性不强，而抽生和分枝能力强，所以通常形成圆头形树冠。杨梅一年内可萌发春梢、夏梢和秋梢。春梢一般抽生于上年生而今年未结果的春梢或夏梢上；夏梢多在当年的春梢和采果后的结果枝上抽生，少数在上年生枝上抽生；秋梢大部分于当年的春梢与夏梢上抽生。生长充实的春、夏梢当年腋芽分化为花芽成为结果枝。

杨梅的枝梢依性质分为徒长枝、普通生长枝、结果枝、雄花枝四种。徒长枝生长直立，长度在30cm以上，节间长，生长不充实，芽不饱满。普通生长枝在30cm以内，节间中长，芽较饱满。雌株着生雌花的枝条称结果枝，雄株着生雄花的枝条称雄花枝。结果枝按发生的季节不同可分春梢结果枝和夏梢结果枝两种。春梢结果枝的形成又有两种情况：一种是一年生结果枝在开花结果的同时，其顶芽萌发抽生的春梢发育成结果枝，这种多为中、短结果枝，生长期长，组织充实，是最好的结果枝，但数量不多，一般只能在生长健旺树或生长特别充实的枝条上才能发生；另一种是春季在生长枝上抽生，如生长充实，能分化花芽，形成结果枝。夏梢结果枝是在上年果实采收后的结果枝顶芽萌发抽生的夏梢，这种结果枝发生数量不多，但也是主要的结果枝之一。

结果枝依其长短性质不同又可分为徒长性结果枝、长果枝、中果枝和短果枝。徒长性结果枝，长度超过30cm，花芽不多，结实率很低。长果枝，枝条细弱，长度为15～30cm，结实率也较低。中果枝长度为5～15cm，发育充实，花芽多，结实率高，为优良结果枝。短果枝，枝长在5cm以下，结果较好。结果枝先端1～5节上的花序着果率最高，尤其是第一节占绝对优势，这是结果的主要部位。

（三）芽

杨梅的芽分为叶芽和花芽。枝条上的顶芽均为叶芽，腋芽单生，着生花芽之节无叶芽。

花芽圆形较大，叶芽比较瘦小。结果枝中上部叶腋内着生花芽。生长枝顶芽及其附近4～5芽易抽生枝梢，而下部的芽多不萌发，成潜伏状的隐芽。

（四）叶

杨梅的叶为单叶互生；叶片长椭圆或倒披针形，革质，长8～13cm，上部狭窄，先端稍钝，基部狭楔形，全缘，或先端有少数钝锯齿，上面深绿色，有光泽，下面色稍淡，平滑无毛，有金黄色腺体。新叶老熟期约50d，夏梢上的新叶生长最快，叶面积最大。叶龄可长达14个月，新梢枝叶成熟后，老叶轮换脱落。因此，杨梅树体四季常青。

（五）花和花芽分化

杨梅雌雄异株，花小，单生，无花被，风媒花，均为柔荑花序。一般，每个雄花枝上着生花序2～60个，雄花序长约3～6cm，由15～36朵小花组成。雄花开放较早，自花序上部渐次向下开放；每一结果枝一般着生雌花序2～26个，雌花序长约0.7～1.5cm，由7～26朵小花组成。同一花序中的花朵自上而下开放。

杨梅的花芽分化过程可依序划分为生理分化期、形态分化期、性细胞形成期。花芽的生理分化期在7月中旬至10月中旬；形态分化期在7月中旬至翌年开花前；性细胞形成期在11月至翌年开花授粉前的春梢萌发期。雄花既早于雌花20d以上，又延续到雌花授粉后的10多天。杨梅的花芽分化取决于前期充足的养分和适宜的气候条件。如前期结果太多，树体养分消耗大，则花芽分化少，翌年产量低。

（六）果实

杨梅属核果类。果实由多数菱形锥状汁囊集结于果核外（种壳坚硬，多呈扁圆形），四周呈放射状排列成球形。

杨梅每一雌花轴常坐果1～3个，花轴顶端成果的果梗长，花轴中部成果的果梗短。果实的可食部分是囊状突起层，称为肉柱。肉柱的长短、粗细、尖钝、硬软及风味等，取决于各品种的特性，也受环境条件、管理水平及树体状况、结果量、果实的成熟度等影响。养分充足的成年树，成熟果实肉柱圆钝，汁多、味甜、质软、可口；养分缺乏及未成年树，成熟果实肉柱尖头形，汁少，风味欠佳。

杨梅物候期因地区、环境条件、品种及雌雄性的不同而有差异。在浙江温州，常规栽培下，杨梅根系活动期在2月下旬至3月上旬。萌芽期因芽的性质而不同，花芽在2月中、下旬，叶芽在3月上旬至3月下旬，花芽比叶芽早萌发20d左右。开花期因雌雄而异，雄花为2月下旬至4月上旬，花期约45d，雌花为3月上旬至4月上旬，花期约20～30d。谢花后二周（4月中旬）和果实转色期（5月上旬）为落果高峰。果实发育有二个高峰，第一个高峰在生理落果后的4月下旬至5月上旬；第二个高峰在硬核期后的6月上旬。果实采收期一般在6月中旬至7月上旬。新梢生长期一年有3～4次，第一次在4月下旬，第二次在7月上旬，第三次在8月中旬，分别形成春梢、夏梢和秋梢三种新梢。

二、杨梅对环境条件的要求

杨梅属亚热带、温带果树，性喜温暖湿润。在光照充足、气候湿润、土壤持水状况良好的条件下，树体生长健壮，寿命长，结果多，果形大，品质好。杨梅适于土层深厚、疏松、保水性好的酸性土壤。

（一）温度

杨梅是比较耐寒的常绿果树。要求年平均温度在15～20℃，绝对最低温度不低于−9℃

的气候条件，大于 10℃ 的积温大于 5000℃（下限 4500℃）。一般以 1 月平均气温为 3℃，7 月不低于 29℃，花芽分化期在 20～25℃ 为宜。高温干燥对杨梅生长不利，特别是烈日照射，易引起枝干枯焦而死亡。冬季如遇短期（≥24h）－9℃ 以下的低温，或较长期（≥72h）－5℃ 以下低温，或连续多次的短期低温，会引起冻害，出现树皮开裂，严重时会导致整株死亡，且幼树较老树严重。

（二）水分

杨梅喜欢湿润，要求水分充足，年降水量在 1300mm 以上，特别是 4—9 月要求水分较多。4—6 月春梢生长和果实发育期如水分充沛，则新梢生长健旺，果实肥大，肉柱顶端多呈圆钝，果肉柔软多汁。反之，会使新梢生长缓慢，果形变小，肉柱形尖，汁少味劣。7—9 月水分供应充足，有利于树体后期生长，能促发新梢，增加叶面积指数，增进光合作用，从而保证了营养物质的积累和花芽分化，为次年开花结果打下基础。但南方露地栽培成熟期常遇梅雨季，雨水太多也会引起落果和果实腐烂，或不耐贮运，严重时甚至引起绝收。所以成熟期避雨是杨梅生产的一大保障性措施。冬季遭遇大雪也会引起雪灾，致使树冠压伤、压断，枝干遭受冻害，严重的整株死亡。

（三）光照

杨梅是喜阴耐湿树种，山坳或太阳照射不太强烈的地方，树势健壮，寿命长，果实汁多味甜，色泽鲜艳。栽植在山顶或南坡，则树势弱，寿命短，果实小，肉柱尖，汁少、品质差。因此，杨梅栽植的地点，以北坡、东北坡为最好，西或西南坡不良，南坡也较差。

（四）土壤

栽植杨梅的土壤，以土层深厚、土质松软、排水良好，富含石砾的黄砾泥、黄泥土或黄泥沙土，pH 值为 5～6 为适宜。凡蕨类、杜鹃、松、杉、毛竹、青冈栎、麻栎、苦槠等酸性指示植物繁茂的山地，均适于栽培。为避免冻害和雪灾，在浙江一般海拔 600m 以上地区不建议种植杨梅。

任务二　了解杨梅设施栽培类型及适宜品种

一、设施栽培类型

杨梅的设施栽培类型主要有大棚促成栽培和避雨栽培两种类型。

（一）杨梅大棚促成栽培

杨梅大棚早熟栽培是在杨梅基本完成花芽分化时利用大棚对其树冠实行整体覆盖，促进杨梅提早开花、提早结果和提早成熟的栽培方式，又称杨梅大棚早熟栽培。

由于杨梅花期较早，在南方多数适栽地区露地栽培易遇晚霜或倒春寒及冻害、雪灾为害而减产，甚至绝收，并引起大小年结果，如采用早期覆盖，不但能使杨梅提早成熟，还能避免晚霜或倒春寒等为害而实现高产稳产，所以杨梅大棚早熟栽培是一项管理容易，效益较高，值得推广的现代栽培技术。

杨梅大棚早熟栽培设施宜选用棚型较高的单栋塑料钢架大棚或连栋塑料钢架大棚，也可以根据当地实际采用相应的竹架大棚。单栋塑料钢架大棚主要可选用 GP－C825 型、GP－C832 型等，单栋型长度以 30～60m，棚高 3～4m 为宜。连栋塑料钢架大棚可选用 GLP－832、8430 型等。

（二）杨梅大棚避雨栽培

杨梅大棚避雨栽培是在杨梅成熟（或花期）前至采果期利用薄膜覆盖树冠顶部避免雨水对杨梅果实（及坐果）产生不利影响的栽培方式。

由于杨梅成熟季节常与产地的梅雨季节相遇，也常因梅雨而使即可收获的杨梅损失惨重甚至绝收。通过避雨覆盖可以使杨梅避免因雨水而引起的落果、烂果、无法采收等现象；如覆盖提前至开花前，还可以避免花期因多雨低温引起的落花落果而提高坐果率，从而避免损失，从而保证产量、品质，甚至增收。

杨梅避雨栽培的设施可以选用 GP－C825 型、GP－C832 型等单栋大棚，GLP－825 、GLP－832 型等连栋大棚；也可以根据栽培方式、树冠大小、栽培地形等灵活选用单栋甚至单株覆盖的竹木结构大棚，甚至可以用简易的棚架式、天幕式、伞式等覆盖设施进行杨梅避雨覆盖。

二、适于设施栽培的主要类型和品种

（一）植物学分类

杨梅属于杨梅科杨梅属（*Myrical rubra sat*）植物，为亚热带耐寒性常绿果树的核果类，鲜果兼有浆果的特性。根据杨梅果实完全成熟时的色泽，可分为四个基本变种。

（1）乌杨梅（*Myrica rnbra Var airopnrpurea Tsen*）。果实未成熟前呈红色，成熟后呈浓紫色，肉柱粗而钝，果肉与核脱离。

（2）红杨梅（*Myrica rubra Var typical Tsen*）。果实成熟后呈红色，既不浓紫色，又不杂白色。

（3）粉红杨梅（*Myrica rubra Var rosea Tsen*）。果实成熟后，向阳面呈淡红色，部分呈白色或淡黄色。

（4）白杨梅（*Myrica rubra Var altba*）。成熟后的果实呈乳白色。

根据杨梅不同的成熟期，又可分为：极早熟品种（6月以前成熟）、早熟品种（6月上、中旬成熟）、中熟品种（6月下旬至7月上旬）、迟熟品种（7月上旬以后成熟）。

（二）适于设施栽培的主要品种

杨梅随着南方各地逐年不断的筛选、引种和发展，形成了一些优良品种，如浙江黄岩的东魁杨梅、浙江余姚的荸荠种、浙江瓯海的丁岙梅、湖南靖县的光叶杨梅、江苏吴县的西山乌梅、浙江台州的松山早大梅、广东的乌酥核杨梅、贵州贵阳的火炭杨梅、浙江舟山的晚稻杨梅等。这些良种，在露地栽培的情况下，都因果实品质优良，市场售价较高。但对用于大棚早熟栽培的杨梅品种，在优质的前提下，还需首先考虑早熟性；再是要树势强健、树冠紧凑。而用于避雨栽培的品种主要考虑优质和市场适销。目前，适于设施栽培的主要品种有：

1. 松山早大梅

松山早大梅是浙江台州从实生优株中选出。果实圆球形，单果重16g，果色紫红，肉质致密。肉柱槌形，长而较粗。可溶性固形物含量为12%左右，甜酸适度，品质优良；耐贮运。树冠圆头形，高大，树姿开张，枝梢较稀疏。叶片披针形，先端钝圆或尖圆。在当地为6月中旬成熟，为优良稳产的大果早熟品种。

2. 荸荠种

荸荠种是浙江余姚从实生优株中选出，因果色似荸荠的外皮色泽而得名。果实圆球形，单果重11g。果紫黑色，果蒂小，果顶微凹，果底平，果柄短。肉柱棍棒状。可溶性固形物含量为 13％左右，汁多，味甜酸，品质优良，耐贮运。树冠半圆形，枝稀疏，树势中等。叶片倒卵形，全缘，无锯齿，正面的叶脉较明显，微凸。开始结果期早，不易落果，丰产。分为早熟、中熟、迟熟三类。早熟系在当地为 6 月 20 日左右成熟；中熟系为 6 月底至 7 月初成熟；迟熟系在 7 月 8 日左右成熟。促成栽培宜选用早熟系。

3. 丁岙梅

丁岙梅又名茶山杨梅，是浙江瓯海从实生优株中选出。果实圆球形，单果重 12g 左右。紫红色，果柄特长。可溶性固形物含量为 11％左右，柔软多汁，甜多酸少，品质优良，较耐贮运。树冠圆头形或半圆形。枝梢短。叶片倒披针形或长椭圆形，先端钝圆或尖圆，基部楔形，全缘，不易落果。在当地为 6 月中、下旬成熟。

4. 光叶杨梅

光叶杨梅是湖南靖县、会同、洪江等地的主栽品种。果实圆球形，单果重 13g 左右。肉柱圆钝。可溶性固形物含量为 12％，味甜微酸，品质优良。树冠半圆形，开张。叶片椭圆形，全缘。在当地为 6 月中旬成熟。

5. 早色

早色也叫早式，是实生早熟单株中选出。果实圆球形，深红色。单果重 13g，果蒂小。肉柱棒槌形，肉质稍粗，汁液中等。可溶性固形物含量为 12％左右。树冠稍直立，树势健壮，枝叶稀疏。叶片倒披针形，先端渐尖，基部狭楔形，全缘或稍有锯齿。在浙江萧山一带成熟期为 6 月中旬。本品种虽然味较酸，品质欠佳；却因成熟早，栽培容易、丰产。所以可选为大棚早熟栽培的品种。

6. 大叶细蒂

大叶细蒂是江苏吴县洞庭东山的主栽品种。果实圆形，单果重 15g。紫红色，肉厚，核小，可溶性固形物 10％，甜酸适度。不易落果，较耐贮。树冠高圆形，高大，树姿开张。枝梢长而粗壮。叶片大，宽披针形，全缘，也有先端小锯齿。在当地 6 月下旬成熟。高产。

7. 西山乌梅

西山乌梅是江苏吴县洞庭西山从实生早熟优株中选出。果实高圆形，单果重 14g 左右。深紫红色，果柄基部有明显的疣凸。可溶性固形物含量为 12％左右，肉质厚松，多汁，甜酸可口，风味浓郁，富香气，早熟，品质优良。树冠圆形，较矮化，开张，枝梢粗短，树势健壮。叶片披针形，全缘，向外翻卷。

8. 早性梅

早性梅是浙江黄岩的早熟品种。果实圆球形，不正。单果重 7g 左右。紫红色或红色。果蒂小或无，也是红色。可溶性固形物含量为 8％，汁液中等，味酸甜。不易落果。树冠圆头形，树势中等。叶小，椭圆形，全缘。本品种虽然果形小，品质也不佳；但是早熟，在当地为 6 月 1 日就上市，所以大棚早熟栽培有一定的经济价值。

9. 乌酥梅

乌酥梅是广东种植面积最大的鲜食良种。果实球形，单果重 16g 克左右。紫黑色，肉质厚，汁多味甜。核小，可溶性固形物含量为 12％，品质优良。树冠半圆形，树姿半开张，树势强健。叶片长倒卵形，正面叶色深，背面色淡，全缘。在当地 6 月上旬成熟，高产。

10. 早荠蜜梅

早荠蜜梅是浙江慈溪从荸荠种实生树中选出的早熟优株。果实扁圆形，单果重 8～9g。

深紫红色，有光泽。可溶性固形物含量为 12% 左右。由于比荸荠种杨梅早 10d 左右成熟，故在大棚早熟栽培时可以选用。

11. 大粒紫杨梅

大粒紫杨梅产于福建福鼎。果实圆球形，单果 13g 左右。紫红色，质软，味甜。可溶性固形物含量为 11% 左右，品质优良。在当地为 6 月中旬成熟。树冠扁圆形，树势旺盛，枝梢开张，新梢长粗。叶片倒披针形，先端渐尖，基部狭楔形，全缘或微波状，丰产。

12. 早红杨梅

早红杨梅产于福建连江。果实圆球形，单果重 7g。果实红色，在当地为 6 月上旬成熟。可溶性固形物含量为 9%，肉质软，味酸甜，品质较好。树冠半圆形，树势中等。枝梢开张。叶片倒披针形，先端钝尖或圆，基部狭楔形，全缘。

13. 歙县紫梅

歙县紫梅产于安徽歙县。又名乌梅、正梅。果实高圆球形，单果重 11g。紫红色，果顶凸起。可溶性固形物含量为 11%，汁多，有香气，不易落果，品质优良。所以在当地栽培较多。

14. 火炭杨梅

火炭杨梅产于贵州贵阳。果实扁圆形，单果重 12g 左右。紫黑色，肉质柔软，汁多，可溶性固形物含量为 12% 左右。树冠高大，开张，枝梢细长，树势强盛。叶较大，披针形，叶缘浅波状。果实酸味较重，成熟期为 6 月下旬至 7 月上旬，比较迟。但因产量高，适合云贵高原气候，可考虑在当地选用。

15. 白沙杨梅

白沙杨梅又名水晶杨梅，属白杨梅类。产于浙江上虞二都。果实球形，单果重 12g 左右。白色或乳白色，肉质柔软，汁多，味甜，可溶性固形物含量为 12% 左右，品质优良。树冠半圆形，树势强健。叶片倒披针形或倒长卵形，先端圆钝，边缘有锯齿，叶较薄。本品种是唯一的大果、早熟白杨梅。在肥沃土地，能够灌溉，精细管理的条件下能够丰产。

16. 东魁杨梅

东魁杨梅树势强健，发枝力强，以中、短结果枝为主。树姿稍直立，树冠圆头形，枝粗节密。果实特大，高圆形，平均单果重 25g，最大达 62g，为目前世界上果形最大的杨梅品种。完熟时果面深红色或紫红色，肉柱较粗大，先端钝尖，汁多，甜酸适中，味浓，含可溶性固形物含量为 13.4%，含酸量 1.1%，可食率达 94.8%，品质优良。适于鲜食或罐藏。主产地黄岩成熟期为 7 月上中旬，采收期 8～10d。

任务三 杨梅大棚早熟栽培

杨梅大棚早熟栽培是在杨梅基本完成花芽分化时利用大棚对其树冠实行整体覆盖，促进杨梅提早开花、提早结果和提早成熟的栽培方式，又称杨梅大棚促成栽培。由于杨梅花期较早，在南方多数适栽地区露地栽培易遇晚霜或倒春寒及冻害、雪灾为害而减产，甚至绝收，并引起大小年结果，如采用早期覆盖，不但能使杨梅提早成熟，还能避免晚霜或倒春寒等为害而实现高产稳产。所以杨梅大棚早熟栽培是一项管理容易，效益较高，值得推广的现代栽培技术。

一、品种选择

用于大棚早熟栽培的杨梅品种，宜选择成熟早、品质优良、树势强健、树冠紧凑的品种。可根据各品种特性及当地的消费习惯选择栽种。

二、设施类型选择

杨梅设施栽培宜选用棚型较高的单栋塑料钢架大棚或连栋塑料钢架大棚，也可以根据当地实际采用相应的竹架大棚。单栋塑料钢架大棚主要可选用型号有 GP-C825 型、GP-C832 型等，单栋型长度以 30～60m，棚高 3～4.0m 为宜。连栋塑料钢架大棚可选用 GLP-832（8430）型。跨度 8m，主立柱 80mm×60mm×2.5mm 热浸镀锌矩形钢管，材质 Q235，间距 4 m；天沟高（肩高）3m，顶高 4.5m，副立柱采用 4 根 Φ32×1.5mm 热浸镀锌圆管，材质 Q235，间距 1m；拉幕梁 60mm×40mm×2mm 热浸镀锌矩形钢管，材质 Q235；顶拱杆外径 32mm，壁厚 1.5mm，间距 1m。

三、建园定植

由于杨梅适应性较强，耐粗放管理，在露地栽培中大多栽种管理较粗放。而大棚早熟栽培的杨梅，由于投入大，希望投产早、见效快，所以建园要求就相对较高，宜采用精细建园、大苗移栽。一般采用一年生以上嫁接苗栽植，就地培育，待树冠直径达 1m 以上，才搭棚覆盖；或在树冠直径达 1m 以上移栽。

（一）栽植时期

杨梅的栽植时期，因南方各地的气温不同略有差异。如浙、苏、川、鄂、湘、赣等省，怕冬季冻害，宜选择在气温回暖的 2 月中旬至 3 月中旬栽植；而滇、黔、桂、粤等地，因冬季气温较高，在 10 月上旬到翌年 3 月上旬，都可栽植。

（二）栽植密度

杨梅露地栽植时大多栽植较稀，一般行距 5～7m，株距为 4～5m，栽植密度为 300～375 株/hm²；而大棚早熟栽培，为了充分利用大棚设施，提高栽培效益，宜采取密植，一般宜行距为 3.5m，株距为 3m，栽植密度为 900～950 株/hm²。

（三）授粉树配置

杨梅为雌雄异株，栽培杨梅都应配置雄树授粉，尤其是大棚栽培时，必须配置授粉树。一般可以用三种方法进行授粉：第一种是按 1%～2% 的比例配栽雄株；第二种是在雌株上适当地高接雄株枝条，作为授粉之用；第三种因配雄株或雄枝不便，在杨梅花期，剪取适量雄花枝，插在盛有水或泥水的瓶或竹筒中，悬挂大棚内，作临时授粉用。

（四）栽植要求

1. 大肥大穴

栽植前，要开大穴，施足基肥。一般定植穴 80cm×80cm×60cm，每穴施入腐熟的堆肥 50kg 左右；或厩肥 25～30kg；或饼肥 3～4kg，再加过磷酸钙 1kg。注意有机肥要分层施入或与土混匀后填入穴内。培成高出地面 20～30cm 的小土墩待种。

2. 深植压实

苗木在定植前，要先解除嫁接部位的塑料薄膜，修剪伤根，剪除过长的枝条，并留 20～25cm 定干。栽植时，先在定植墩上挖开定植穴，再把苗木置于穴内中心，舒展根系，分次填入表土，用脚将四周踏实，再覆土。最后培土至嫁接口以上 15cm 处（减少和避免主干受阳光直射），提高成活率。

3. 灌水覆盖

定植后即用稀薄粪水或清水将整个定植穴浇灌透水，然后覆盖地膜或杂草，促进成活。

4. 去叶遮阴

因杨梅的小苗，怕干怕晒。所以，刚栽植的小树，一则要去叶，减去 1/2～3/4 叶片，在风较大、气温较高处栽植，也可以去除全部叶片，只留叶柄，以减少水分蒸发；二则要做好遮阴防晒。

总之，杨梅栽植应做到"大穴、大肥、大苗"和"苗扶正、根舒展、深栽植、土踏实、盖松土、灌透水、剪枝叶、夏遮阴"等要点，以确保栽植成活和生长良好。否则，会影响成活或越夏困难。

大苗移栽的，先期可进行密植，待树冠直径达 1m 以上时进行移栽。

四、整形修剪

杨梅进行大棚早熟栽培时，采用矮化开心形树形，可有效地防止风害，使树体结构合理，达到抑制上强下弱的目的，可提早结果，有利于优质、丰产、稳产，操作方便，经济效益好。具体整形方法：苗木定植后留 20～25cm 短截，当主干上芽萌发后，要除去 15cm 以下的全部芽，使养分集中在上部的芽上，促使抽发出粗壮的枝条。春梢老熟，开始抽发夏梢，夏梢是幼树生长中重要的干枝，必须使夏梢生长粗壮有力，当一个春梢上抽发多条夏梢时，要选留 2～3 条，其余全部抹除，夏梢上长出秋梢后，对秋梢进行摘心，使其生长充实。按此管理，则第二年春季就可选留出 3 个主枝，对多余的长枝向下拉开角度缓和树势，对选出的主枝进行短截部分秋梢，使之继续向前延伸抽发春梢、夏梢、秋梢，并在离主干 70cm 处选出第一副主枝，副主枝要选在主枝侧面略向下，位置比主枝延长枝略低，生长势略弱些，主枝上其余枝条全部短截，长短有别，促使多抽发新梢，早日形成结果枝组。第三年在完成 3 个主枝、3 个第一副主枝的基础上配备第二副主枝，第二副主枝与第一副主枝间距 60cm，对其余枝条进行促夏梢、控秋梢管理，促进花芽分化。第四年春季对主枝、副主枝的顶端进行短截，促使抽发春梢，继续向外延伸生长，其余枝条一律不剪，并适当控制春梢抽发，达到第四年结果。

五、控梢促花

幼树杨梅通过科学管理生长很快，第三年就可形成一定树形，而此期又进入旺盛的营养生长期，如不采取相应的促花措施，将继续进行旺盛营养生长，花芽无法自然形成。因此，当幼龄杨梅树已达到可投产树冠（冠径 1.2m 以上，树高 1.5m 以上），即在 7 月 20 日至 8 月 15 日，用 15％多效唑 300 倍液喷树冠，进行控梢促花。

对于已有露地栽培的成年树杨梅，可通过对其主干和主枝采用"截高枝、控树冠"和"删内枝、开天窗"的办法，逐步改造成矮化开心形树冠，冠内通风透光良好，从而适合大棚促成栽培或避雨栽培。

六、盖棚时期

根据杨梅的花芽分化期从 7 月下旬开始，到 11 月底基本完成的特性，大棚早熟栽培从 12 月上旬至翌年 1 月上旬，都可以开始盖棚。在浙江地区多数为 12 月底至 1 月初盖棚。

七、棚内管理

（一）温度管理

杨梅对温度的要求是：最适宜的年平均温度是 15～20℃，极端最低温度为 -9℃。生长期温度在 20～25℃，对枝梢生长和花芽发育都良好。若是日平均温度超过 29℃，则枝梢生长细弱，亦影响花芽分化，翌年结果量就减少。

开花期气温在 5℃ 以上，结实良好。若气温降至 2℃ 以下，影响开花受精。0℃ 以下，花器受冻，落花严重。

幼果期温度高于 35℃，就会形成大量落果，转色成熟期高于 35℃，会使果实糖分减少，酸分增多，品质下降。

根据杨梅对温度的要求，大棚内温度管理应该是：白天，棚内温度不超过 35℃；夜间，棚内温度不低于 2℃。不同阶段具体管理要求见表 5-7。各物候期，若遇过高或过低温度时，就要采取降温或保温等措施。

表 5-7　　　　　　　　　　　　　杨梅大棚早熟栽培各阶段温度管理要求

时　期	棚　内　温　度　管　理/℃		
	白天	最高温度	夜间
盖棚后到开花前	20～25	≤30	≥2
开花期	20～30	≤35	≥5
幼果期	20～30	≤35	10℃左右
着色成熟期	25～30	≤35	5≤10～15≤20

（二）湿度管理

杨梅大棚内空气湿度不能太高，土壤水分不能太多。除在盖棚以前，将水分灌足；盖棚初期，空气相对湿度稍高，土壤水分适当偏多以外。以后，棚内空气相对湿度就不能高，土壤水分也不宜多，直至果实成熟期，棚内都要保持适当干燥的环境。否则，若是在春梢生长期，棚内过湿，会促使春梢旺长，形成大量落果；也会促使叶片发病，形成大量落叶。果实成熟期过湿，会影响果实着色。所以，棚内多湿，对杨梅生长和结果都是不利的。尤其是开户后至采果期杨梅棚内空气相对湿度要求控制在 70%～80%。若遇湿度过高，就要及时进行通风降湿。

（三）光照管理

杨梅较其他常绿果树耐阴。所以在山的北坡或是大树底下，都能生长和结果。用聚乙烯或聚氯乙烯薄膜盖的大棚，其透光度都能适应杨梅生长发育需要。所以，杨梅大棚早熟栽培，一般是无须增光措施。

可是，当棚内杨梅成熟期遇强光，易使果实软熟或糖分降低。在这种强阳光的天气下，宜于每天上午 10 时至下午 2 时，在棚顶盖遮阳网遮阳，以防果实降质。遮阳网有多种型号，宜选用 SZW-50 型遮阳网。

（四）保果

1. 喷营养液

在杨梅花期喷 0.2%～0.3% 硼砂液加 0.2% 磷酸二氢钾液；或加 0.3% 硫酸钾液，可增强花粉活力和防治枯梢病发生。

2. 人工授粉

杨梅开花前后若天晴又配置合理授粉树的杨梅可自然授粉。若授粉树配置不够合理又遇阴雨绵绵的，则要进行人工授粉。具体方法如下：

（1）挂花枝。采一些雄花杨梅花枝插在盛满水的瓶里，再将瓶挂在杨梅树树冠顶部，增加授粉机会。

（2）拍花粉。在雄花开时的中午，剪几枝雄花枝到杨梅园上风口、棚内进行轻轻拍打使花粉在棚中飘散。

3. 控春梢

初投产杨梅（或生长旺盛的东魁杨梅等）开花、抽发春梢和新根生长基本是同步进行，梢果矛盾很激烈，杨梅结果枝的顶芽为叶芽，部分结果枝在开花结果后能抽生春梢，消耗大量营养引起严重落果。因此，为提高杨梅坐果率需进行抹芽摘心措施，控制春梢生长。

（五）疏果

杨梅坐果后，挂果过多影响杨梅品质，果形变小，成熟期推迟，后期落果严重，并且易产生大小年结果。因此，为提高杨梅商品性，须进行疏果，特别是着果率高的品种，更要进行疏果。疏果应分 2～3 次进行，重点是疏去畸形果、病虫为害果、小果和密生果。果实迅速膨大期前定果，留果量视树势、结果多少及品种特性而定，如东魁杨梅疏果标准为 15cm 以上的长果枝和粗壮果枝留 2～3 个果，5～15cm 长的中果枝留 1～2 个果，5cm 以下的短果枝留 1 个果；荸荠种 15cm 以上的长果枝和粗壮枝留 4～5 个果，5～15cm 长的中果枝留 3～4 个果，5cm 以下的短果枝留 1～2 个果。

（六）防病

大棚内的杨梅，很少有病虫为害。但如棚内温度或湿度不当，会使新梢叶片或果柄上发生褐斑病，形成落叶或落果。一般在棚内多次交替喷洒低毒性的 50% 甲基硫菌灵 800 倍液；80% 代森锰锌可湿性粉剂 600～800 倍液；或 20% 噻菌铜 600～700 倍液，可防治褐斑病蔓延。

（七）根外追肥

大棚早熟栽培杨梅所需的矿质营养，主要靠土中施肥。但遇特殊情况，如根部受伤、土壤施肥不方便或吸收太慢等，需要叶面补肥时，可进行根外追肥。叶面喷洒一些微量元素，对促进枝梢生长和果实发育都有作用。常用根外追肥有：0.3% 硫酸钾、0.2% 磷酸二氢钾、0.2% 硼砂、0.2% 硫酸锌等。另外，还可要根据实际需要，喷施高美施 600～800 倍液及其他叶面肥。棚内根外追肥时，易引起空气相对湿度过高，要注意及时通风降湿。

（八）采收

杨梅成熟后极易腐烂和落果，要及时采摘。并注意轻采、轻放、轻挑；同时进行果实分级。

采收时间以清晨或傍晚为宜，下雨或雨后初晴，果实采摘后应进入冷库预冷，然后进行包装，实行冷运冷藏，以延长果实货架寿命。

八、揭膜后的管理

果实采摘结束后，如天气正常即可揭膜。揭膜后，既要促进杨梅树势的迅速恢复，又要为下年继续结果而作好准备。所以，要抓紧培育管理。

（一）施肥

杨梅属喜钾果树，每年要多施钾肥，少施磷肥，适施氮肥，为果实个大、质优提供营养物质。大棚早熟栽培的杨梅施肥，主要在盖膜前后分两次进行：

1. 揭膜肥

揭膜肥也称采后肥，是采果后的一次重肥。肥料种类上要求：有机肥多，钾肥多；对结果树一般少施磷肥。如以树龄 7～10 年生，树冠直径 2.5m 左右的树体为例，一般用禽畜粪 2000kg/667m²、饼肥 200kg/667m²、尿素 20kg/667m² 堆积腐熟后施入；另加硫酸钾 30kg/667m²。

2. 扣棚肥

扣棚肥也称促花肥，是在扣棚前施入。时间约在 10 月下旬至 1 月上旬，此时花芽分化快要完成，距盖棚还有一个月左右，为盖棚作好准备。这次施肥，果肥充足树势好的，促花肥未必要施，树势太旺反不利坐果，树势偏弱的可在花前施高氮低磷高钾复合肥，用量 50～80kg/667m²。膨大转色很重要，最好在坐稳果后（膨大转色前）施饼肥 100kg/667m²（腐熟后施入）或高钾复合肥 50～80kg/667m²，另加硫酸钾 40～60kg/667m²。

（二）修剪

修剪分二次为好，即采后修剪和休眠期修剪。以休眠期修剪为主，采收后修剪为辅。

1. 休眠期修剪

在低海拔地带冬季 0℃以下天数出现较少的地区，强壮树和普通树可在 10 月中下旬至 11 月修剪，弱势树在春季萌芽前修剪；而冬季 0℃以下天数出现较多的地区，宜在春季萌芽前修剪，一般 2 月下旬至 3 月中旬。

休眠期修剪主要是调节生长量、花果量和改善树形，以疏剪为主、适当短截。主要是剪去病虫枝、枯枝、弱枝、密生枝、直立徒长枝、晚秋梢，对少花树剪去部分无花枝，多花树剪去适量结果枝。

2. 采收后修剪

采收后修剪主要是恢复树形，以疏剪为主。东魁杨梅幼年树树形比较直立，枝条相对较少，应重剪促进多发枝条，以利造形；荸荠种杨梅枝条相对较多，采取短截和疏剪相结合的方法进行修剪。结果树一般以大枝修剪为主，锯掉树冠顶上高竖枝、两树交叉枝、下部拖地枝、冠内密生枝等，由于只锯大枝不剪小枝，能够强壮春梢花枝，不会盲目减少春梢花枝，同时能促发夏梢，更新内膛枝，增加结果枝。此次修剪一般宜在采收后即进行。在浙江黄岩，也有在整个生长期都修剪的，生长后期宜以疏剪为主。

（三）病虫防治

杨梅病虫害防治要改依赖化学防治为运用各种综合措施的控制技术；改优先使用化学防治为优先使用非化学控制技术；改杀虫治病为控虫防病；改传统施药为科学精确施药；改单户盲目用药为有组织、有节制用药。要在预测预报的基础上，优先协调运用植物检疫、农业防治、物理防治和生物防治，在达到防治指标时合理组配农药应用技术，尽可能做到兼防兼治，有效控制病虫危害，尽量减少用药次数和农药残留量，确保杨梅优质丰产。

揭膜后，是防治杨梅病虫害的一个很重要时期。主要病虫害及防治方法有：

1. 主要病害

（1）褐斑病。是为害杨梅的重要病害。为害叶片。病斑初期只有针头大小的红褐色小点，后扩大呈圆形或不规则形，褐红色，边缘褐色或灰褐色。严重时，病斑密布，大量掉叶，树势衰弱。防治方法：加强培育，增强抗病力；并清除落叶，减少病源；喷洒 0.5% 等量式波尔多液；或 70% 甲基硫菌灵 800 倍液；或 50% 多菌灵 800 倍液防治。

（2）赤衣病。21世纪初在某些地方蔓延较重的病害。主要为害主干与大、小枝。被害枝布满橘红色粉末。树势衰弱，直至枝枯树死。防治方法：增施有机肥和钾肥，增强树势；4月上旬病菌传播时，先用刷子将粉末刷除，再用1°～2°Bé石硫合剂涂刷或以0.5°Bé石硫合剂喷洒；喷洒时，要将枝干和地面喷遍；或用5％硫酸亚铁液刷涂枝干防治。

（3）癌肿病。大多发生在主干或主枝上。病斑初期，呈乳白色小突起，逐渐增大成肿瘤状，表面粗糙，成褐色或黑褐色坚硬的木栓质。防治方法：加强管理，避免树干受伤，在每次喷杀菌剂农药时都要喷湿枝干；剪除病枝（要求新梢抽发前进行）并烧毁；在3—4月肿瘤中病菌传出以前，用刀刮除病斑，涂上402抗菌剂200倍液，也可在病树主干分叉处挖一小孔滴入402药液。

（4）枝腐病。为害枝干皮层。病初呈红褐色隆起，病部松软。后期病部干缩，成黑色下陷，上密生黑色小粒点。防治方法：增施肥料，增强树势；刮除病部，涂402抗菌剂100倍液。

（5）根腐病。主要为害土下部分。病菌从伤口侵入，先为害细根，后向侧根和根茎蔓延。少数植株在主干也有此病。病部维管束变褐坏死，直至植株衰弱或青枯。防治方法：避免桃、梨与杨梅混栽，减少中间寄主；增施钾肥，增强抗病力；清除病根烧毁，可用50％多菌灵600～800倍液或70％甲基硫菌灵600倍液浇根；或用50％多菌灵或70％甲基硫菌灵每株250～500g土施根际。

（6）干枯病。为害枝干。病菌从伤口侵入，初为暗褐色不规则病斑。扩大后成带状凹陷的条斑。病斑表面密生黑色小斑点，枝干枯萎。防治方法：加强培育，避免伤口产生，及早剪除病枝烧毁。刮除病斑，伤口涂402抗菌剂100倍液。

（7）枯梢病。又叫小叶枯梢病。为害枝条。发病植株表现为：小叶、枝梢丛生，枯梢，不结果或很少结果，节间短，新梢顶芽萎缩。叶形小，叶色暗而无光泽，叶质脆。防治方法：因本病是缺硼引起的生理性病害，以紫沙土发病多，可于开花前喷洒0.2％硼砂液，或硼砂液加0.4％尿素液防治；增施有机肥，可以减少发病。

2. 主要虫害

（1）卷叶蛾。幼虫吐丝缀团为害新梢。一年发生2次，第一次5月下旬至6月中旬；第二次7月上旬至8月中旬。防治方法：人工捕杀幼虫；保护螳螂、寄生菌等天敌；也可喷洒800～1000倍青虫菌液（0.1亿孢子/mL）；用糖酒醋液或黑光灯诱捕成虫；喷洒20％杀灭菊酯4000倍液杀灭幼虫。

（2）蓑蛾。又名避债虫。幼虫吃食嫩梢与叶片，大量发生时，叶片被吃光，枝秃树死。防治方法：人工捕捉袋囊，杀死幼虫；灯光诱杀成虫；喷药同卷叶蛾的药剂；但要每隔5d，连喷2～3次。

（3）蚧类。为害杨梅的介壳虫主要有柏牡蛎蚧、长牡蛎蚧、樟盾蚧等3种。雌成虫与若虫群集枝叶，吸吮汁液，树势衰弱，直至枯枝死树。防治方法：保护瓢虫、小蜂等天敌，以虫治虫；喷洒松碱合剂，冬季10倍液，夏秋季20倍液，杀虫又清洁树冠；采果后喷1～2波美度石硫合剂；或40％速扑杀1500倍液＋95％机油乳剂500～1000倍液。

（4）白蚁类。为害杨梅的白蚁类主要有黑翅土白蚁和黄翅大白蚁等，主要蛀蚀杨梅根部或主干，损伤韧皮部和木质部，致使枯枝死树。防治方法：5—6月闷热天的傍晚，用黑光灯诱杀成虫；用新鲜的松树根或枝段、柴脑、嫩草或锯末粉诱集白蚁，再用灭蚁灵原粉杀灭。

（5）根结线虫。为害根部，幼虫从根尖侵入，形成大小不等的根结。以后根部黑腐，树势衰弱，梢少、叶落、枯梢。防治方法：根际土壤用客土改良，并用石灰调节 pH 值；用 50％辛硫磷乳油 800 倍液，浇灌土壤；或用 50％辛硫磷乳油 1.5～3kg/667m²，制成毒土撒施树盘后，翻入深 3～10cm 土壤中。

（6）天牛类。幼虫蛀食枝干。杨梅卸棚后，正是天牛产卵期，要注意预防。防治方法：在枝干上寻找卵或低龄幼虫，加以刮杀；或用细铁丝或竹丝沿虫孔捅杀幼虫；或用药毒杀枝干内的幼虫，方法是将新鲜的排粪孔中粪便取掉，塞入蘸有 80％敌敌畏乳油 5～10 倍液的药棉，再将虫孔封泥。

任务四　杨梅大棚避雨栽培

南方杨梅成熟时，正遇梅雨季节；常阴雨连绵，湿度较高；有时还暴雨倾泻，洪水泛滥。成熟的杨梅果实，因雨水多，湿度大，会造成大量落果，或果实软腐，甚至绝收。每当碰到这种天气，果农会痛心不已，眼看快到手的收入付之东流。因为杨梅果实肉柔嫩无果皮，既不耐雨水击打，又不能用药剂防病。所以，采用避雨设施，既可避免暴雨将成熟的果实击落；又能降低树冠湿度，减少果实熟腐，效益显而可见。

杨梅避雨栽培适用性强，尤其适合杨梅成熟期与梅雨相遇几率大，杨梅树冠相对较高大的类型。对不同树龄、树冠、地形、栽培方式及气候情况可灵活选择应用。对于已有露地栽培的成年树杨梅，也可通过对其主干和主枝采用"截高枝、控树冠"和"删内枝、开天窗"的办法，逐步改造成矮化开心形树冠，使树冠内通风透光良好，从而适合避雨栽培。

一、避雨膜覆盖的时期

根据树上果实着色情况而定。一般是树上果实初着色，或有 10％左右的果实现红时，进行避雨覆盖。对花期易遭遇低温多雨的也可以在开花前就实施覆盖。

二、避雨设施的类型和方法

杨梅的避雨设施，有条件或在花前就实施覆盖的可以选用棚型较高的单栋或连栋钢管大棚，这类大棚可参照促成栽培。此外，对于成熟前避雨的，由于应用时间较短，避雨设施可根据生产实际采用竹木结构大棚，棚型主要有棚架式、天幕式、伞式等，各地可根据地形、树冠大小、栽植方式等灵活选择使用。

（一）棚架式

该形式是按一定的面积在杨梅的边上用竹或木头架起棚架，再用塑料薄膜覆盖架上的避雨形式（图 5-17）。

该形式适于栽植密度较大、树冠高度适宜、地势较平坦的园地。棚架建设较牢固，避雨的效果也较好。虽然投资成本较大，却因能获得较好的经济效益，而使果农愿意投入使用。

（二）天幕式

该形式是在园的四角用竹或木材立支柱，再在支柱之间拉系铁丝，杨梅成熟期在铁丝上架起并固定薄膜，避免杨梅淋雨（图 5-18）。

该形式适于杨梅栽植较规范，密植度合理，树冠高度适宜的园地，避雨效果较好。该形式构造较简单，建设成本也较低，容易被果农接受和应用。

（三）伞式

该形式是杨梅成熟期，遇雨天在每株杨梅的顶上独立撑起一把伞样的避雨棚，雨天架上避雨，晴天取掉的栽培方式（图 5-19）。

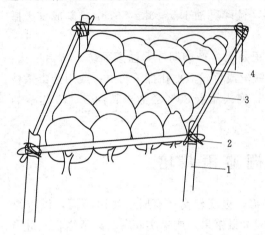

图 5-17　杨梅棚架式避雨设施示意图
1—支柱；2—扎绳；3—横杆；4—杨梅树

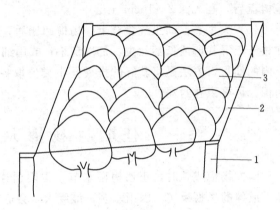

图 5-18　杨梅天幕式避雨设施示意图
1—支柱；2—铁丝；3—杨梅树

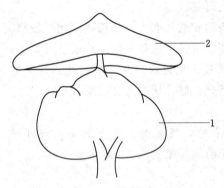

图 5-19　杨梅伞式避雨设施示意图
1—杨梅树；2—避雨伞

该形式适用于杨梅栽植较稀，行株距较宽，或地势不甚平坦的园地。这种方法，因是独株立罩，若遇暴雨从一方袭来，使树冠的一边果实仍会遭受损害。再则因遮伞只有中间一支干，易被大风掀倒。

该形式架卸方便，用材简单，成本较省，生产上易被接受和推广。

三、覆盖后的管理

因杨梅避雨设施的时间较短，前后 10d 左右。覆盖后的管理，主要是在日光强烈，气温升高时，要注意防治高温为害，可及时用遮阳网遮阳，或揭膜通风；最好棚顶离树冠顶部有 50cm 左右的空间。

其他管理可参考大棚促成栽培。

实例 5-5　温州茶山大棚杨梅促成栽培

在浙江温州茶山，于 12 月底或翌年 1 月初覆膜的大棚杨梅，5 月 15 日前后开始成熟采收，5 月 30 日采收完毕，比露地栽培早采 15～20d，当时售价在 50 元/kg 左右，每棚面积 330～470m²，收入达 1.5 万～2.0 万元。

主要方法和技术为：

一、建棚方法

在坡地较平缓处，选取早熟类型杨梅品种，树龄 10 年生左右，树冠相对矮小的丰产稳产园中建棚。每棚约占地 330～470m²，内栽杨梅 12～22 株，每棚内有一株雄杨梅。若无雄株，也可雄树单株建棚催花供授粉用。大棚用直径 1cm 的圆形铁架，或用毛竹架搭建，棚高超过树高 1m 左右，以防日灼。薄膜为厚 0.6～0.7mm、宽 8m，透明度 85％ 的普通农用薄膜。

二、主要管理技术

（一）温度

于 12 月底 1 月初杨梅已基本完成花芽分化和发育时即行覆膜。在棚内四角和中央各挂 1 支温度计，以便观察棚内温度升降情况。于 1—2 月间全棚应密封薄膜，以提高棚内气温，促进杨梅发芽和开花。3—4 月间，当棚内气温超过 30℃ 时，应开膜降温，防止叶、果日灼。4 月中旬以后，露地气温已高，可全部揭开薄膜或掀起四周棚膜，以免高温对树体和果实品质造成影响。

（二）人工授粉和疏果

大棚杨梅，于 2 月上旬开始初花，待盛花时，采棚内雄花枝，手持雄花枝或雄花枝缚在小竹上，在各株雌花上抖动几下进行授粉。

当幼果果径达 0.5cm 大小时，开始人工疏果，硬核期疏果结束。

（三）其他管理

遇少雨年份，棚内需及时灌（浇）水防旱，保证果实生长发育对水分的要求。施肥、病虫害防治等作业同常规管理。

实训 5‑10 杨梅的定植

一、目的要求

通过实习掌握杨梅的定植技术和提高杨梅成活率的关键措施。

二、材料和用具

（1）材料。适合定植的杨梅嫁接苗、有机肥、堆肥或厩肥、饼肥、过磷酸钙及消毒用波尔多液、石灰等适量。

（2）用具。锄头、撬等挖掘工具、整枝剪、皮尺、标杆、灌水器具等。

三、实训内容

（一）定植时期

2 月下旬至 3 月上旬，或 9 月下旬至 10 月上旬。

（二）定植前的准备

1. 定点（放样）

平整园地后，根据栽植密度和方式，测出定植点。并在定植点上撒上石灰以示标记。

2. 挖定植穴

按定植点开挖定植穴，定植穴的大小一般为 80cm×80cm×60cm；表土和心土分开堆放。回填时，先填表土，再填心土。

3. 施入基肥

开好穴后，按计划分层施入有机肥料或将有机肥与土拌匀施入，每株施入堆肥 50kg 左右，或厩肥 25～30kg，或饼肥 3～4kg，再加过磷酸钙 1kg。回填土壤至高出地面 20cm 左右成"馒头形"。

4. 苗木准备

选择品种优良、纯正、生长健壮、无病虫害、嫁接口愈合良好、嫁接口上方 10cm 处直径 0.8cm 以上的大苗；除去嫁接包扎膜，修剪损伤的根系、枝梢；留 20~25cm 定干（如大棚促成栽培宜短些）；剪去 1/2~3/4 叶片。并按 10% 的比例配置雄树。再把苗放在 0.5% 等量式波尔多液中浸泡 5~10min 备栽。

5. 定植技术

定植前先校正原来定植点的位置，并插上标杆。在定植点中挖一个小穴，将苗木放在定植穴内，舒展根系。假如是带土移栽的要注意不损伤土团，将土团保持完整的放入定植穴。根系不能直接接触肥料，一般离开肥料 15cm 以上为好。扶直对正苗木，填土压实。假如是不带土移栽的，应不时将苗木上下提动，使根系与土紧密接触，最后用表土填培至嫁接口以上 15cm 处，整成"馒头形"树盘。

6. 定植后管理

（1）及时浇足定植水，并进行树盘覆盖。浇透水后再在上面覆盖一层土或地膜。

（2）风大地区应立竿绑扶苗木，防风吹倒或吹歪。

（3）遇倒春寒时要注意防冻；遇干旱时要及时浇水。

（4）夏季要注意遮阴防晒。

（5）及时除萌。

四、实训报告

简述杨梅定植的关键技术。

实训 5-11　杨梅的结果习性观察

一、目的要求

认识杨梅各器官的形态特征，了解杨梅的生长结果习性。

二、材料和用具

（1）材料。杨梅主要品种的结果树。

（2）用具。皮尺、卷尺、刀、记录本等。

三、实训内容

（一）树性、树干

杨梅为常绿乔木，主干粗壮分枝多，叶色浓绿，树姿优美，多圆头形。观察杨梅树干的皮色、特点、干性强弱等。

（二）枝梢

杨梅每年抽 3 次梢，分别为春、夏、秋梢。每次梢的抽生时间、长度、强弱、方向性，及各类梢与结果的关系等。

（三）花与开花习性

杨梅的雌花和雄花的特点、开花习性。雌花的生长部位、花序、花的数量、颜色、特征及开花时间；雄花的生长部位、花序、花的数量、颜色、特征及开花时间等。

（四）果与果实发育

杨梅属多花果树，落花落果严重，坐果率低。观察落花落果的时间、特点及落果量，观察坐果量与枝梢抽发数量的关系，观察果实发育的时期和特点。

四、实训报告

（1）简述杨梅开花结果的特点。

（2）杨梅结果多少与枝梢抽发有何关系？

思考

1. 杨梅设施栽培有哪些特点？

2. 杨梅设施栽培适宜的扣棚时间。

3. 为提高杨梅栽植成活率要注意哪些要点？

4. 如何调节杨梅大小年结果？

参 考 文 献

［1］ 蒋锦标，吴国兴．名优果树反季节栽培［M］．北京：金盾出版社，2010.

［2］ 吴中军，袁亚芳．果树生产技术（南方本）［M］．北京：化学工业出版社，2009.

［3］ 师淑亮．果园优新技术实例［M］．北京：中国农业出版社，2006.

［4］ 王沛霖．南方果树设施栽培技术［M］．北京：中国农业出版社，2002.

［5］ 张彦萍．设施园艺［M］．北京：中国农业出版社，2009.

［6］ 胡繁荣．设施园艺学［M］．上海：上海交通大学出版社，2003.

［7］ 费显伟．园艺植物病虫害防治［M］．北京：高等教育出版社，2010.

［8］ 张福墁．设施园艺学［M］．北京：中国农业大学出版社，2007.

［9］ 姬廷伟，焦民江，申建勋．葡萄无公害标准化栽培技术［M］．北京：化学工业出版社，2009.

［10］ 张静．葡萄优质高效安全生产技术［M］．济南：山东科学技术出版社，2008.

［11］ 邓建平．南方葡萄避雨栽培技术［M］．北京：中国农业大学出版社，2008.

［12］ 葛会波，张学英．草莓安全生产技术［M］．北京：中国农业出版社，2009.

［13］ 张伟，杨洪强．草莓标准化生产全面细解［M］．北京：中国农业出版社，2010.

［14］ 马之胜，贾云云．无公害桃安全生产手册［M］．北京：中国农业出版社，2008.

［15］ 王宇欣，段红平．设施园艺工程与栽培技术［M］．北京：化学工业出版社，2008.

［16］ 杜纪格，宋建华，杨学奎．设施园艺栽培新技术［M］．北京：中国农业科学技术出版社，2008.

［17］ 邵冲，赵建平，倪裕福，等．中国樱桃设施栽培技术研究初报［J］．中国果树，2010（3）.

［18］ 李永强，陈文荣，辛德东，等．温度对中国樱桃花芽萌发的影响［J］．安徽农业科学，2010，38（31）.

［19］ 孟瑜清．诸暨短柄樱桃设施矮化栽培技术［J］．果农之友，2008（1）.

［20］ 吴海．中国樱桃花芽分化规律的研究［J］．林业科技开发，2007，21（5）.

［21］ 奕永庆．经济型喷微灌［M］．北京：中国水利水电出版社，2009.

［22］ 周长吉．温室灌溉［M］．北京：化学工业出版社，2005.

［23］ 周张叶．温室灌溉原理与应用［M］．北京：中国农业出版社，2007.

［24］ 浙江省农村水利总站，浙江省水利河口研究院．DB33/T 769—2009 浙江省农业用水定额［S］．杭州：浙江省水利厅，2004.

第六篇　特种经济作物设施栽培技术

项目一　铁皮石斛设施栽培

- **学习目标**

  知识：了解石斛的生长发育特点、对环境条件要求及其适宜的栽培设施、主要品种等；

  掌握石斛的育苗、栽植，促成栽培的温、光、水、肥调控、病虫害防治及其采收等技术。

  技能：会选择石斛设施栽培的适宜设施和栽培基质；会对石斛设施栽培进行温、光、水、气、肥等环境调控；会对石斛进行合理的栽植、疏花、灌溉施肥、遮阴降温、防病治虫等管理。

- **重点难点**

  重点：石斛设施栽培的育苗、栽培基质选择配制、移栽、温度管理、光照管理、灌溉施肥、病虫害防治等管理技术。

  难点：石斛设施栽培的温、水、光、肥、气等环境调控、栽培基质配制、病虫害防治技术。

铁皮石斛是我国传统名贵中药，历代中药典籍《神农本草经》《本草纲目》《本草纲目拾遗》等都有记载；以新鲜或干燥茎入药，具有滋阴清热、养胃生津、润肺止咳、补肾益精之功效。随着人们生活水平的日益提高，铁皮石斛的市场需求也越来越大，而铁皮石斛的生长特性及其对生境条件的苛求以及近年对野生资源的过度采摘，使得野生铁皮石斛资源日趋枯竭、濒临灭绝。因而铁皮石斛的引种驯化及快速繁育、设施栽培技术是解决野生铁皮石斛资源保护与满足市场需求矛盾的行之有效的途径。

浙江省是全国率先发展铁皮石斛产业的省份，是铁皮石斛类保健食品的生产基地和消费大省。浙江省医学科学院在国内率先进行组织培养及人工栽培研究；浙江天皇药业有限公司率先成功实现人工栽培，并形成规模化种植。随后，浙江大学、浙江省中药研究所等研究单位及部分企业继续进行多方面的研究开发工作，使得铁皮石斛的人工栽培成活率和单产稳步提高，种植成本大大降低，为进一步实现规模化生产提供了保障。

至 2010 年，据不完全统计，全国以铁皮石斛（枫斗）为原料的保健食品生产企业约有

30余家，产品有40多种。其中，浙江的企业就达20余家，产品有30多种，主要产品有铁皮枫斗颗粒、铁皮枫斗胶囊、铁皮枫斗茶、铁皮枫斗浸膏、西枫斗、铁皮枫斗露等，其中西枫斗历来是我国重要出口创汇商品，名满海外，市场价高达2000～3500美元/kg。至2010年，浙江省铁皮石斛种植面积已超出530hm²，铁皮石斛相关产品销售产值逾7亿元，一个新兴的铁皮石斛产业初步形成，且正在以更快更猛的势头发展。

任务一　认识铁皮石斛栽培特性

一、铁皮石斛的生物学特性

铁皮石斛（*Dendrobium candidum Wall. Ex Lindl.*）为兰科石斛属多年生草本植物，又名黑节草。铁皮石斛是附生植物，具有气生根。茎直立，圆柱形，长9～35cm，粗2～4mm，不分枝，具多节，常在中部以上互生3～5枚叶；叶2列，纸质，长圆状，披针形，先端钝，略钩转，基部下延为抱茎的鞘，边缘和中肋常带淡紫色；叶鞘常具紫斑，老时其上缘与茎松离而张开，并且与节留下1个环状铁青的间隙。总状花序常从落了叶的老茎上部发出，具2～3朵花；萼片和花瓣黄绿色，近相似，长圆状，披针形；唇瓣白色，基部具1个绿色或黄色的胼胝体，卵状披针形，比萼片稍短，中部反折，先端急尖，不裂或不明显3裂，中部以下两侧具紫红色条纹，边缘波状；唇盘密布细乳突状的毛，且在中部以上具1个紫红色斑块；蕊柱黄绿色，先端两侧各具1个紫点；蕊柱足黄绿色带紫红色条纹，疏生毛；药帽白色，长卵状三角形，顶端近锐尖并且2裂；花期3—6月（图6-1）。

图6-1　野生铁皮石斛的生境及形态

二、铁皮石斛对环境条件的要求

铁皮石斛对生长环境和气候条件要求十分苛刻，生长于海拔500～1000m，相对空气湿度60%～75%，林间透光度60%左右，生长季节气温20～25℃，冬季气温9～12℃，无霜多雾，年降雨量为1100～1500mm的常绿阔叶林中高大乔木的树干上及山地半阴湿石灰岩上；由于它的种子非常细小，没有胚乳，不含可供幼苗萌发和生长的营养成分，在自然界很难萌发，因而其繁殖率极低；1987年，我国将铁皮石斛列入《国家重点保护野生药材物种名录》，1992年，《中国植物红皮书》将其列为濒危植物。在我国主要分布于江西、浙江、云南、贵州、广东、广西等地的山区，国外的缅甸、越南、泰国也有分布，铁皮石斛生境如图 6-1 所示。

任务二 铁皮石斛的繁育

一、组织培养育苗

铁皮石斛的种子极小、无胚乳，自然条件下需与某些真菌共生才能萌发，自然生长繁殖极为缓慢。自 20 世纪 70 年代，我国有关科研机构即已开展铁皮石斛组织培养研究并获得完整植株，至今，铁皮石斛的组织快繁已有种子无菌萌发、试管苗原球茎发生和试管苗器官发生 3 种途径，有效克服了铁皮石斛自然繁殖力低的问题，能大量快速繁育铁皮石斛种苗。

二、炼苗与出瓶

组培苗栽培前先将瓶苗移至炼苗房进行 2~3 周的炼苗，让瓶苗从封闭稳定的室内环境向开放变化的环境过渡，慢慢适应自然环境，等瓶苗生长健壮、叶色浓绿时出瓶种植。出瓶苗要求是，增殖代数在 10 代以内，苗长 3cm 以上，茎粗 0.2cm 以上，茎有 3~4 个节间、长有 4~6 片叶，叶正常展开，叶色嫩绿或翠绿，有 3~5 条根，根长 3cm 以上，根皮色白中带绿，无黑色根，无畸形，无变异（图 6-2）。

图 6-2 铁皮石斛的组培苗

出瓶前先将瓶盖打开，让瓶苗在室外空气中放置 2~3d，让其适应自然温湿度。在洗苗时将培养基与小苗一起轻轻取出，整齐放置于盆中待清洗，污染苗和裸根苗或少根苗分别放置。正常组培苗先用自来水洗净培养基，特别是要洗掉琼脂，以免琼脂发霉引起烂根，再换自来水清洗一次。最好一边洗苗一边对小苗进行分级，可以按高度及粗度分三个等级，这样移栽时方便针对不同级别的苗采取不同的管理措施，以便提高苗的成活率和培育出整齐一致的壮苗。对裸根或少根组培苗经过上述清洗后，还需将小苗根部置于 100mg/L 的 ABT 生根粉中浸泡 15min 以进行生根诱导。污染苗经过清洗后，用 50% 多菌灵 1000 倍液或 0.3% 高锰酸钾浸泡整株小苗 20min，后期管理得当可有效控制污染的发生。

三、铁皮石斛的其他繁育方式

铁皮石斛还可采用分株扦插的方式进行繁育，分株时选择 1 年生或 2 年生，色泽嫩绿，健壮，萌发多，根系发达，无病虫害的植株作种株，剪去枯枝、断枝、老枝，剪去过长的须根，将株丛切开，分成小丛，每丛带有叶的茎株5～7根，即可种植。

任务三　铁皮石斛的设施栽培

一、设施栽培的基本要求

（一）环境要求

铁皮石斛喜温暖、多雾、微风、清洁、散射光的环境，切忌阳光直射、暴晒；原产区大多处于温带和亚热带，海拔高度在500m以上的地区，全年气候温暖、湿润（空气湿度在80％以上），冬季气温在0℃以上，生长较为缓慢。因此，为实现快速周年生产，铁皮石斛以保护地栽培为宜，目前主要是在大棚中进行，可使用玻璃温室、镀锌管大棚或简易竹木结构大棚等设施。大棚要求配备有遮阳网、喷雾和灌溉设备，棚内搭建有架空的高架种植畦，容易控制调节温度、湿度、透气性等环境因素。

（二）基质准备

铁皮石斛"基质栽培"用基质要求疏松透气、排水良好且能保水保肥、不易发霉、无病菌和害虫潜藏者为宜，包括锯木粉、松鳞、苔藓、树皮、水苔、椰丝、甘蔗渣、菌糠、泥炭土、河砂、砖碎及碎石片等，在使用前应经高温或药剂浸泡（多菌灵、甲基托布津、高锰酸钾，800～1500倍液）等方式消毒，如含有植物根茎叶的，应该通过堆沤发酵、浸泡和蒸煮等处理；某些基质体积较大较厚的可用开水煮或高温蒸汽蒸20min后，取出让其自然冷却晾干待用，基质含水量以60％左右为宜。目前在规模化栽培中所用的基质主要以粉碎过的松树皮颗粒（直径0.5～4cm）或锯末（由于锯末疏松，通水透气性好，保水、保肥能力强，且始终呈半腐熟状态，故较适合铁皮石斛的生长）为主。

（三）设施准备

1. 场地准备

栽培设施搭建前先深翻土壤20～30cm，曝晒，表面撒生石灰100kg/667m²进行土壤消毒处理。根据大棚建造设计规划开好畦沟、围沟，使沟沟相通，并有出水口，以利于排水。

2. 基本设施

石斛栽培大棚要通电通水通路，要求棚宽6～8m，长20～50m，棚肩高1.7m以上，棚顶高2.8m以上，棚顶覆盖塑料无滴薄膜和70％遮阴度的遮阴网，棚内安装有自来水管，大棚四周和入口装有20～40目防虫网，有条件的，棚内还要装有自动或手动控制的喷雾系统（最好既能喷雾，又能喷肥、喷药），这样可以防晒、防雨、防虫、保温、保湿、透气，还能大大减轻劳动量。

3. 搭建架空种植畦

棚内搭建畦底架空的种植畦，可用角钢、砖头、木板或方条等材料作为种植畦的框架，然后铺设孔径为0.3～0.5cm、基质漏不下去的塑料平板作为栽培基质的支撑面或者用石棉瓦（每隔10cm打一小孔用来排水透气）、剖开的竹条或木板作支撑面，然后在畦面上铺设栽培基质；也可以用营养杯的方式装基质来栽培，再摆放在畦面上。要求畦宽1～1.4m，畦长度可自定，畦底架空高度10～50cm。种植畦上方装有可随时喷雾的喷头，喷雾的时间最好能控制。没有条件的，也可以用喷雾器来代替。搭建高架种植畦的目的是为了使水分和透气容易控制，从而给予幼苗生长最佳的水分又不至积水，保证通风透气，又能同时喷肥喷药，小苗成活率高，大面积移栽时能大大节省劳动力。

4. 通风降温设施要求

有条件的还可在棚外高于棚顶 1m 处安装自动喷淋设施，在高温的夏季每隔 0.5～1h 对棚顶薄膜进行喷水，目的是为了加速棚内降温过程；或者在棚头加装大尺寸排风扇，棚中间加装 1～2 个环流风扇，增加棚内的空气循环，加强空气流通，有利于降温的同时，还可避免因喷雾降温次数多造成基质过湿易引发病害的问题，尤其是在高温高湿的夏季效果最明显。

5. 铺设基质

种植畦上铺 4～6cm 厚的基质，下层先铺 2/3 的颗粒较大的基质（直径 1～4cm），顶层再铺 1/3 颗粒较细的基质（直径 1cm 以内的），然后摊平，上细下粗目的是给根系创造一个疏松、透气且不易板结的小环境，有利于提高组培苗的移栽成活率。移栽前用 0.3% 高锰酸钾或 50% 多菌灵 1000 倍液对基质进行表面喷洒消毒。有试验研究表明：以［石灰岩碎石滤水层 5cm＋锯末（杂木、粗糙的锯末）8cm＋活苔藓 2cm］铺设作为栽培基质所获得的栽培效果最好。

二、铁皮石斛的栽植

（一）栽植季节

铁皮石斛定植的最佳温度是 15～28℃，气温过低或过高均不宜出瓶种植。一般来说，在铁皮石斛主产地，除了最冷的 1—2 月以及最热的 7—8 月，其余时间均可种植。部分高海拔地区，除了 12 月至次年的 3 月，其余时间均可种植。大多数地区最佳栽培时间为 3—6 月。

（二）种苗选择

选择无烂茎、烂根、黄叶，叶片 4 片以上，正常展开，叶色翠绿的幼苗作为栽培苗。

（三）基质栽培

组培苗或分株苗种植时在种植畦的基质上用手指挖 2～3cm 深的小洞，轻轻把洗净的铁皮石斛组培苗（分株苗）根部放入小洞内，然后用基质盖好，注意不要弄断石斛的肉质根、不要用基质压实根部，不能种得过深，让少量根露在空气中。不同等级的小苗和裸根的或少根的最好分开种，以便于管理。采用丛栽时栽培密度为 100～200 丛/m²（每丛约有 2～5 株苗），丛、行距为 8～10cm 和 10cm，栽植密度 10～18 万株/667m²；也可采用单株栽植方式移栽，单株按 5 cm×10cm 行株距进行栽植（图 6-3）。

图 6-3 铁皮石斛的基质栽培

（四）附生栽培

铁皮石斛是附生植物，在自然条件下主要生长于一些高大乔木阴湿的树干上或石灰岩上，因而在人工繁育栽培条件下，也可模拟自然环境条件进行栽植，根据附主的特性不同可将铁皮石斛的人工附主栽植分为树栽、石栽和腐殖土栽培几种形式。

树栽时可选择树皮厚、水分含量高、树冠浓密、叶草质或蜡质，树皮有纵沟的阔叶树种（如黄桷树、梨树、樟树等活树）作为栽培附主（图 6-4）；石栽则选择质地粗糙，松泡易吸潮，表面附着腐殖土或苔藓的石块作为栽植附主；腐殖土栽培时，选择在较阴湿的树林下，用砖或石砌成高 15cm 的高厢，将腐殖土、细砂和碎石拌匀填入厢内，平整后即可栽植，厢面上搭 100～120cm 高的阴棚。

图 6-4　铁皮石斛的附主栽培

三、田间管理

（一）设施环境管理

1. 温度与光照管理

铁皮石斛的适宜生长温度为 15～28℃，栽培棚内温度应低于 45℃，高于 0℃。夏季温度高时，大棚内须加强通风散热，要经常开启棚内的抽风循环系统，加强棚内外的空气对流，没有这个系统的则要经常喷雾来降温保湿，每天喷雾 3～5 次，每次喷雾 1～2min；冬季气温低时，要求大棚四周密封好，以防冻伤植株。

铁皮石斛喜阴，应采用遮阳措施以降低光照。生长期的铁皮石斛遮阴度以 60% 左右为宜。幼苗刚定植完成时，大棚须盖有 70% 遮阴度以上的遮阴网，以防强光的暴晒把幼苗晒蔫影响成活率。高温高强光的夏秋季，大棚的遮阴网须盖好盖牢，因为高强光很容易让植株提早封顶，长不高，影响产量。冬季应适当揭开阴棚以利透光，延长生长期。贴树栽培（附主栽培）的，应在每年冬春季节适当剪去附主植物过密的枝条。

2. 水分与湿度管理

水分控制是铁皮石斛栽培过程中最重要最关键的环节之一，刚移栽的石斛苗对水分最敏感，因此，基质水分的管理要求是"宁少勿多"，以保证基质含水量在 60%～70% 为宜，手抓基质用力挤，以挤不出水滴即可。移栽后一周内（幼苗尚未发新根）空气湿度保持在 90% 左右，一周后，植株开始发生新根，空气湿度保持在 70%～80%。

种植畦干湿交替有利于发根长芽。大苗的水分管理要求在生长旺盛期（4—7月）保证基质的水分充足，过干不利于长新芽发新苗。夏秋高温季节则尽量控制水分，以基质含水量在 40%～50% 为宜，进入 11 月以后的冬季，气温逐渐降低，温度在 10℃ 以下时铁皮石斛基本停止生长进入休眠状态，对水分的要求很低，此时应控制基质含水量在 30% 以内。

3. 越冬管理

越冬管理主要是保温，措施有：加二道膜、烟雾防冻、人工加温等。进入冬季前要对铁皮石斛进行抗冻锻炼并适当降低湿度，每半个月喷一次水。

（二）铁皮石斛的田间管理

1. 浇水

铁皮石斛栽植后，若空气湿度过小，要经常浇水保湿，可用喷雾器或迷雾喷灌系统以喷雾的形式浇水。基质以偏干为好，栽种后视植株生长情况，从第 3 天开始可以进行第 1 次浇水。若天气干旱，可结合追肥进行灌水。如遇伏天干旱，可在早晚喷水，切勿在阳光暴晒下进行。多雨地区和雨季，要及时清沟理墒，加深畦沟和排水沟，以及时排水。

2. 施肥

（1）施基肥。可用腐熟的花生壳饼、菜籽饼、过磷酸钙等加入河泥等混合物撒在根部作为基肥；每年施基肥 2 次，第 1 次在春季，以促进铁皮石斛生长；第 2 次在秋末，既可使铁皮石斛储蓄养分，又可使其保温过冬。

（2）叶面施肥。可用硝酸钾、磷酸二氢钾、腐殖酸类叶面肥、三元复合肥等进行根外追肥。一般移栽后 1 周，植株新根发生后开始喷施 1‰ 的硝酸钾或磷酸二氢钾，7～10d 喷 1 次，连续喷 3 次；长出新芽后每隔 10～15d 喷 3‰ 的三元复合肥等。一般情况下，施肥后 2d 停止浇水。

（3）生长期追肥。大苗在生长旺盛期需肥量较多，这个时期以施用有机肥为主，化学肥料为辅。可以用鱼粉、花生麸混合其他一些微量元素沤制腐熟后用来喷淋基质，每月 3～4 次，每次要淋透基质为准。也可以施用一些市面有售的兰花专用肥，不同时期有不同的专用肥，要按说明书要求去施用，施用前最好先小面积试用，待 10d 以后观察没有异常反应再大面积施用。秋冬季铁皮石斛肉质茎以横向增粗生长为主，是积累多糖等内含物的主要时期。因此，进入 10 月以后，最好少施或不施含氮元素的肥料，而要以钾肥为主，按 1000 倍→800 倍→600 倍→500 倍浓度连续追施四次磷酸二氢钾，施 20kg/667m²。

3. 整枝、翻兜

每年春季发芽或采收石斛时应剪去部分老枝或枯枝以及生长过密的茎枝，并除去病茎、弱茎以及病根，以促进新芽的生长。栽种 6～8 年的植株视丛兜生长情况翻兜，并除去枯老根进行分株，另行栽培，以促进植株的生长。

4. 中耕除草

每年至少应除草两次，常于每年春分至清明和立冬前后进行，除去杂草和枯枝落叶，结合除草进行追肥。此外，发现有板结的基质要用手或工具进行疏松，使得施肥浇水时让基质底部的根系能吸收到。

（三）病虫害防治

1. 石斛炭疽病

该病主要危害叶片，大量发生可导致落叶，严重影响铁皮石斛的生长。受害叶片形成圆形或不规则形病斑，边缘深褐色，中央部分浅色，一般 1—5 月均有发生。防治方法：在发病初期用75%百菌清800倍液叶面喷雾，较严重时用25%多菌灵1000倍液10%苯醚甲环唑水分散粒剂2000~2500倍液喷雾。一般每7d喷1次，连续喷2~3次。

2. 石斛黑斑病

该病危害叶片，使叶片枯萎，一般3—5月发生。防治方法：用80%代森锰锌可湿性粉剂600~800倍液，或50%多菌灵1000倍液喷雾2~3次。

3. 白绢病

该病发生时在栽培床表面可见绢状菌丝及中心部位形成褐色菜籽样菌核。该病可导致石斛基部腐烂，并向茎、叶扩展，形成毁灭性危害。防治方法：发现病株立即拔除烧毁，并用生石灰粉处理病穴，或用50%氟纹胺可湿性粉剂3000倍液或75%灭锈胺可湿性粉剂1000倍液喷雾。一般每7d喷1次，连续2~3次。着重喷植株基部及四周地面。

4. 白粉病

白粉病在大田栽培时发生较多，一般加强通风可以减轻，选用25%三唑酮可湿性粉剂1000~1500倍液喷雾防治，一般隔7d喷1次，连续喷2~3次。

5. 斜纹夜蛾

7—10月为幼虫高发期，主要为害叶片和嫩芽。防治方法主要有：①利用杀虫灯、性诱剂等诱杀害虫；②及时摘除卵块或初孵幼虫群集的"纱窗叶"；③在幼虫低龄期选用高效低毒低残留农药进行喷雾防治，药剂可选用35%氯虫苯甲酰胺水分散粒剂8000~10000倍液、20%米满乳油1000~1500倍液、5%抑太保乳油1500~2000倍液。

6. 短额负蝗

该虫取食叶片，严重时整叶吃光。防治方法主要有：①清除田边、地头、沟旁杂草；②在若虫3龄前突击防治，重点防治田埂、地边、渠旁嫩草丛，可用50%辛硫磷乳油1000~1500倍液。

7. 蜗牛

蜗牛为石斛常见害虫，在整个生长期都可为害，常咬食嫩叶。一般白天潜伏阴处，夜间爬出活动为害，雨天为害较重。防治方法：①人工捕杀；②毒饵诱杀，即用50%辛硫磷乳油0.5kg加鲜草50kg拌湿，于傍晚撒在田间诱杀；③在畦四周撒石灰，防止蜗牛爬入畦内为害。

8. 石斛菲盾蚧

石斛菲盾蚧寄生于植株叶片边缘或背面，吸食叶汁，5月下旬是为害孵化盛期。清除病株销毁，虫口密度小时，可手工用毛巾或毛刷轻轻除去。防治方法：用24%螺虫乙酯悬浮剂4000~5000倍液或70%吡虫啉水分散粒剂8000~10000倍液喷雾，已成盾壳但量少者，可采取剪除老枝叶片集中烧毁或捻死的办法进行防治。

9. 地下害虫

地下害虫主要是金龟子幼虫蛴螬、蝼蛄和小地老虎，立足栽培基质的预处理，防治方法主要有：①用毒饵诱杀；将麦麸炒香，用90%晶体敌百虫30倍液，将饵料拌湿或将鲜草切成3~4cm长，用50%辛硫磷乳油0.5kg加鲜草50kg拌湿，于傍晚撒在畦的周围诱杀；②黑光灯或糖醋诱杀成虫；用灯诱杀时可灯下放置盛虫的容器，内装适量的水，水中滴入少许煤油。

四、铁皮石斛的采收与加工

（一）采收

铁皮石斛一般是在开花前进行采收，此时鲜条内多糖药效成分含量最高且含水量少，采收最佳期为11月至次年6月，采收20个月以上生长期的茎枝，采用采旧留新的方式，留下嫩茎让其继续生长。

采收标准是鲜条基部以上几节开始长有白衣（发白的叶鞘），顶部数节还带有绿叶时，用剪刀剪基部2～3节以上那部分鲜条，不剪的部分留给来年发的新芽提供营养。剪下来的鲜条摘除叶子码齐后，用薄膜密封好待售；或者边采收边制成铁皮枫斗。

（二）加工

将采收的茎枝去掉须根、花序梗，并剥去叶鞘，清洗后切段，60℃以下低温烘干即可；需加工成铁皮枫斗的，在鲜品经低温烘培除去水分软化后，边烘烤边手工卷曲成螺旋形圆柱状，并用稻草秸秆或牛皮纸条加箍，通风处放置数日后拆去加箍材料，再在炭火上烘烤至干，表面呈金黄色即可。

实例6-1　无公害铁皮石斛生产技术

一、栽前准备

（一）场地准备

1. 深翻消毒

栽培设施搭建前先深翻土壤20～30cm，暴晒，表面撒生石灰100kg/667m²。

2. 设施准备

铁皮石斛以保护地栽培为宜，可使用玻璃温室或大棚等设施，配备遮阳网、喷雾和灌溉设备。

3. 开沟作畦

畦宽1.2～1.4m、长不大于40m；畦面呈龟背形，畦高约15cm；开好畦沟、围沟，使沟沟相通，并有出水口。

（二）基质准备

1. 基质选择

基质包括松鳞、苔藓、植物根、茎、叶及碎石片等。

2. 基质处理

基质在使用前应该经高温等消毒，使用植物根茎叶的，应该通过堆制、浸泡和煎煮等处理；基质含水量为60%左右，可添加0.5%的复合肥。

3. 基质铺设

将基质铺在畦面上，高约10cm，可播种共生菌菌种。

二、栽种

（一）品种选择

选用适合当地栽培环境的优质、高产、抗病品种。

（二）栽培季节

3月下旬至6月底为铁皮石斛的适宜移栽季节，冬季应该在有加温的设施中栽种。

（三）栽种方式

可用单株或丛栽方式栽种，单株按行距、株距 10cm 和 5cm，丛栽以 2～4 株为一丛，按行距、株距 10cm 和 10cm 栽种。

（四）用苗量

用苗量在 10 万株/667m² 以上。

三、栽后管理

（一）光照管理

在生长期，采用遮阳降低光照。

（二）温度管理

铁皮石斛适宜生长温度为 15～28℃，栽培棚内温度应低于 45℃，高于 0℃。

（三）水分管理

基质以偏干为好，栽种后视植株生长情况，在第三天开始可以进行第一次浇水。若天气干旱，可结合追肥进行灌水。如遇伏天干旱，可在早晚喷水，切勿在阳光暴晒下进行。多雨地区和雨季，要及时清沟理墒，加深畦沟和排水沟，及时排水。

（四）施肥管理

栽种一周后，可喷施叶面肥，以后视情况每次施农家肥 50～100kg/667m²；10 月下旬追施一次磷酸二氢钾 20kg/667m²；开春后再施农家肥 50～100kg/667m²。

（五）中耕除草

栽种后，应及时人工除草和松土。

（六）越冬管理

越冬管理主要是保温，措施有：加两道膜、烟雾防冻、人工加温等。进入冬季前要对石斛进行抗冻锻炼并适当降低湿度，每半个月喷一次水。

（七）病虫害防治

1. 病虫害防治原则

以"预防为主、综合防治"为原则，禁止使用高毒、高残留农药，有限度地使用部分化学农药。农药安全使用标准和农药合理使用准则参照 GB 4285 和 GB/T 8321（所有部分）执行。尽量使用物理方法，在必须施用时，严格执行中药材规范化生产农药使用原则，选用几种不同类农药品种进行交替使用，避免长期使用单一农药品种，以延缓害虫抗药性的产生。严格掌握用药量和用药时期，尽量减少产品农药残留。

2. 加强农业防治

进行场地预处理、清理场地周围的杂物、棚内外严格隔离，应用遮阴网。合理通风，降湿，开展以竹醋液、石灰、黑光灯诱杀等病虫害综合防治技术措施。竹醋液防治方法为：原液稀释 300～500 倍，每周进行叶面喷施，可以改善石斛光合作用，有效防治病害，并对害虫有趋避效果。

3. 化学防治

参见本项目任务三"病虫害防治"部分。

4. 铁皮石斛杂草的防治

考虑到铁皮石斛植株的安全性及产品质量，禁止使用化学除草剂除草。

四、采收和加工

（一）采收时间和方法

铁皮石斛适宜采收时间为 11 月至次年 6 月，采取采旧留新和全草采收两种方式。实行采旧留新的，采收 20 个月以上生长期的地上部分植株。

（二）验收与储藏

采收后及时剔除病株，称量，检测多糖、水分等；检测农药、重金属残留等项目，对不符合质量标准的产品及时处理；铁皮石斛鲜品可置阴凉潮湿处，防冻。

（三）烘干与保存

鲜品通过除杂、清洗后切段、60℃以下低温烘干，含水量 11%。干品置于通风干燥处，防潮。

（四）铁皮枫斗加工

1. 整理

鲜铁皮石斛原料去根、花序梗，并剥去叶鞘，短条留用，切成 7～10cm 的短段。

2. 烘培

低温烘培，除去水分并软化，以便于卷曲，同时在软化过程中尽可能除去残留叶鞘。

3. 卷曲加箍

加箍的目的使卷曲紧密，不致散开，形态美观，均匀一律。加箍的材料一般是稻草秆。

4. 干燥

低温干燥，以免枯焦。表面至金黄色。

五、建立生产档案

按《中药材生产质量管理规范》（试行）的要求建立生产档案。

实训 6 - 1　铁皮石斛的组织培养

一、目的要求

熟悉铁皮石斛组织培养的基本要求与步骤；掌握外植体的选择、培养基的配制、消毒、无菌接种操作等具体的操作要点。

二、材料与用具

铁皮石斛外植体，配制培养基所需的各种药品，无菌操作所需的各类器具、设备及药品。

三、方法与步骤

查询相关文献，根据铁皮石斛的生长特性及组织培养的基本原理确定适宜的外植体及培养基配方，并拟定操作过程中所需的各类药品和操作步骤，借此准备相关的物品。

（1）查询文献确定外植体的类型及培养基配方。

（2）选择相宜的外植体，对外植体进行分级、清洗、消毒处理。

（3）配制培养基并对其进行消毒、分装。

（4）无菌接种前的准备（穿戴实验服、个人清洁消毒；器具准备、消毒；无菌工作台消毒）。

（5）无菌接种操作。

四、实训报告

实训 6 - 2　铁皮石斛组培苗的定植

一、目的要求

熟悉铁皮石斛栽培基质的准备、消毒，组培苗清洗、移栽等定植过程中的必经步骤，并掌握具体的操作要点。

二、材料与用具

基质，消毒药品或消毒器具，铁皮石斛组培苗等。

三、方法与步骤

根据本章定植的相关内容，自行拟定基质的配方，确定消毒方法，并在种植畦上按一定程序铺设基质。

（1）基质的准备与消毒。

（2）铺设基质。

（3）组培苗的清洗、分离与分级。

（4）组培苗的定植。

（5）定植苗的管理。

四、实训报告

思考

1. 简述铁皮石斛的植物分类归属及自然生境。

2. 简述铁皮石斛幼苗定植的技术要点。

3. 简述铁皮石斛设施环境管理的技术要点。

4. 简述铁皮石斛田间生产管理的技术要点。

5. 简述铁皮石斛的主要病虫害及其防治措施。

项目二　茶树设施栽培技术

- **学习目标**

　　知识：了解茶树的生长发育特点、对环境条件要求及其适宜的栽培设施、主要品种等；

　　掌握茶树促成栽培的温湿度调控、植株调整、花果管理、肥水管理、病虫害防治技术等。

　　技能：会选择茶树设施栽培的适宜设施和栽培品种；会对茶树设施栽培进行温、光、水、气、肥等环境调控；会对茶树进行扦插育苗、整形修剪、灌溉施肥、保温防冻、防病治虫等管理。

- **重点难点**

　　重点：茶树设施栽培的催芽、温度管理、光照管理、灌溉施肥、整形修剪、病虫害防治等管理技术。

　　难点：茶树设施栽培的整形修剪，温、水、光、肥、气等环境调控、病虫害防治技术。

　　茶是世界三大天然饮料植物之一。茶叶作为饮料，经历了从生吃药用、熟吃当菜、烹煮饮用、冲泡饮用到制成各种茶饮料五个阶段。

　　茶树原产于我国西南的云贵高原，并沿长江流域传布到南方各省，再到日本、朝鲜半岛等周边地区，然后逐步走向世界。茶叶具有驱除困倦，帮助消化，利尿，消暑降温，抑菌、抗菌和杀菌，抗氧化活性，有效清除羟基自由基，防癌抗癌防基因突变，降血糖、降血脂等功效。因此，如今茶及饮茶之风风行海外，茶树由此而成为世界上最重要的一种天然饮料植物。

　　茶以采集其嫩芽加工成各种类型饮用茶叶为主，并以其早、嫩及其加工成各种名优茶叶为珍品。如浙江桐庐的雪水云绿，淳安的千岛银针等。闻名全球的西湖龙井，以最早萌发的一芽一叶嫩芽为原料，加工成"旗枪"而倍至珍贵；且以越早越珍贵，每年的头茶售价均高达每千克几千元甚至上万元。因此，大棚促成栽培为茶叶生产带来了很好的效益和发展前景，不断被各地所重视和推广应用，青岛华盛绿能农业科技公司等单位还利用光伏大棚进行了茶树设施栽培。

任务一　了解茶树的栽培特性

一、茶树的生物学特性

（一）茶树的植物系统分类地位

在植物系统分类上，茶树属于山茶目、山茶科、山茶属、茶组；1753 年，瑞典科学家林奈在《植物种志》中，就将茶树的最初学名定命为 Thea sinensis，意为"中国茶"。1950年由我国植物学家钱崇澍依国际命名法确定茶树的学名为：*Camellia sinensis*（*L.*）*O. Kuntze*。

（二）茶树的形态特征

茶树是由根、茎、叶、花、果实和种子等器官组成的，它们分别执行着不同的生理功能。其中根、茎、叶执行着养料及水分的吸收、运输、转化、合成和储存等功能，而花、果实及种子则为茶树生殖过程中不同阶段的繁殖器官。现将茶树营养体各部分主要形态特征描述如下：

（1）植株。茶树植株在非人为控制（如剪、采等）条件下的自然性状是一种较为稳定的生态型，其树型可分为乔木型、小乔木型和灌木型三种。乔木型茶树主干明显，分枝部位高，自然生长状态下，其树高通常达 3～5m 以上，野生茶树可高达 10m 以上。灌木型茶树无明显主干，树冠较矮小，自然生产状态下，树高通常只有 1.5～3m。小乔木型茶树属于乔木、灌木间的中间类型，有较明显主干与较高的分枝部分，自然生长状态下，树冠多直立高大，根系也较发达。

（2）叶。茶树属于不完全叶，有叶柄和叶片，但没有托叶，在枝条上为单叶互生，着生的状态依品种而异，有直立的、半直立的、水平的、下垂的四种。叶片可分为鳞片、鱼叶和真叶。真叶才是人们利用的主要对象。

（3）根。茶树的根为轴状根系，由主根、侧根、细根、根毛组成。根系按其发根的部位和性状分为定根和不定根。主根和侧根上分生的根称为定根，而从茎、叶上产生位置不一定的根，统称为不定根。由扦插、压条等无性繁殖茶苗所形成的根，就是不定根，因此，在生产中利用这种能自茎或叶产生不定根的特性进行无性繁殖，已成为常见的育苗方法之一。

茶树生长缓慢，但寿命可长达百年，如管理良好则可采茶数十年（一般专业茶园可采30 余年）。茶树的萌芽更新复壮能力很强，对老株施行重剪，很易自根茎处长出苗壮的新枝而重新形成树冠达到复壮的目的。

茶树种植后约 3 年起可少量采收，10 年后达盛产期，30 年后即开始老化，此时可从基部砍掉，让茶树重新生长，再老化后就须挖掉重种。

二、茶树对环境条件的要求

茶树长期的生长演化，基本上形成了喜光怕晒、喜温怕寒、喜湿怕涝、喜酸怕碱的习性。

年降雨量以达 1000mm 以上为宜。喜酸性土壤，pH 值为 4～6.5 为宜；喜深厚肥沃、排水良好的土壤。

（一）气候条件

1. 气温

茶树喜温暖湿润气候，大都在年均温为 15～25℃ 的地区生长，但亦能耐 -6℃ 以及短期的 -16℃ 以下的低温。茶树对于温度的适应性视品种而异。一般而言，小叶种的抗寒（-16℃）或抗旱性都比大叶种（-6℃）强。茶树的最高临界温度为 45℃。当昼夜平均气温稳定在 10℃ 以上时茶芽开始萌动并逐渐伸展。生长季节，月平均气温应在 18℃ 以上为宜，最适气温 20～27℃。生长适宜的年有效积温在 4000℃ 以上。如果当平均气温高于 35° 持续数日，又伴有旱情，树梢呈枯萎状。

2. 光照

茶树性喜光，略耐阴。光照度以 25～35klx 为最适强度，不耐强光；喜漫射光。光照对于茶树的影响，主要是光的强度和性质，从叶绿素的吸收光谱分析，光波较短的蓝紫光部分最多，而漫射光主要是波长较短的蓝紫光。所以茶树在漫射光条件下生长好是有依据的。

3. 雨量和湿度

茶树性喜湿润。茶树适宜的降雨量在年平均 1000～2000mm，生长季节的月降雨量在100mm 以上，相对湿度一般以 80％～90％为佳。土壤相对含水量以 70％～80％为宜。这样的雨量和湿度最适宜茶树生长。

（二）土壤条件

红壤、黄壤、沙壤土、棕色森林土，均适宜茶树生长，土壤结构要求保水性，通水性良好。上层深度 1m 以内没有硬盘层，土壤要求呈酸性，pH 值为 4.5～6.5（4.5～5.5 最适宜）；茶树是嫌钙植物，土壤中石灰质含量以 0.2％以下、地下水位在地表 1m 以下为宜。酸性土壤之所以特别宜于种茶，首先是酸性土壤为茶树提供了自身生长的适宜条件，茶树根部汁液含有多种有机酸，对土壤给予茶树共生的根菌提供了理想的共生环境，从而改善了茶树的营养与水分条件。茶树在盐碱土上不能生长。

（三）地形条件

茶园要求坡度小于 30°，海拔 1500m 以下。我国名茶大多产于高山大川。"高山出好茶"的根据除了高山多云雾外，因温差大，漫射光多，日照时间短，湿度大，芽叶持嫩性较强，有利于提高茶叶香气，有好的滋味和嫩度。但这也是各种环境因素综合影响的结果，并不是山越高越好，事实上平地也有产好茶的。

任务二　茶树品种及茶叶的分类

一、茶树的品种

茶树品种是在一定的生态和生产条件下，经长期培育和选择，使茶树遗传性朝着人们所期望的方向变异而形成的一种群体；同一品种在形态特征、生物学特性以及经济特性上有着相对一致和稳定的遗传性。

茶树是异花授粉植物，又是一个古老的树种，在千百万年的系统发育过程中，由于自然演化和天然杂交，品种性状和特性不断产生变异与进化，无论生殖器官或营养器官，都存在着复杂而广泛的变异。

根据我国茶树品种主要性状和特性的研究，并照顾到现行品种分类的习惯，我们将茶树品种按树型、叶片大小和发芽迟早 3 个主要性状，分为 3 个分类等级，作为茶树品种分类系统。各级分类标准如下：第一级分类系统称为"型"，分类性状为树型，主要以自然生长情况下植株的高度和分枝习性而定，分为乔木型、小乔木型、灌木型；第二级分类系统称为"类"，分类性状为叶片大小，主要以成熟叶片长度、并兼顾其宽度而定，分为特大大叶类、大叶类、中叶类和小叶类；第三级分类系统称为"种"（这里所谓的"种"，乃是指品种或品系，不同于植物分类学上的种，此处系借用习惯上的称谓），分类性状主要以头轮营养芽，即越冬营养芽开采期（即一芽三叶开展盛期）所需的活动积温而定，分为早芽种、中芽种和迟芽种。

据不完全统计，中国现有栽培的茶树品种有 600 多个。其中，经全国农作物品种审定委员会审（认）定的茶树良种有百余个，它们多数为新选育品种，少数为农家品种。现将适于江南地区栽种的几种主要国家级良种分别简述如下：

（1）祁门种，又名祁门槠叶种，原产安徽祁门县，现今各茶区均有栽培。为有性繁殖系，属灌木，中叶，中生种。所制红茶，条索紧细，色泽乌润，回味隽永，有果香味，是制"祁红"的当家品种。所制绿茶，滋味鲜醇，香气高爽。适宜在长江南北红、绿茶区种植。

（2）铁观音，又名红心观音、红样观音魏饮种，原产福建省安溪县西坪镇松岩村，主要分布在福建产茶区，广东省乌龙茶产区也有引种。为无性繁殖系，属灌木，中叶，晚生种。适制乌龙茶，品质特优，滋味醇厚甘鲜，回甜悠长，香气浓郁。适宜在长江以南乌龙茶产区推广种植。

（3）龙井 43，为无性繁殖系，属灌木，中叶，特早生种。已在浙江、江苏、安徽、江西、湖北等 14 个产茶省、区种植。适制绿茶，制成的"西湖龙井"，外形扁平光直，色泽嫩绿，清香持久，滋味鲜爽，汤色清绿。适宜在江北茶区、江南茶区的绿茶产区推广种植。

（4）浙农 12，为无性繁殖系，属小乔木，中叶，中生种。它由福鼎大白茶与云南大叶种自然杂交后代，经系统选育而成。已为浙江、安徽、湖南、广西、陕西、贵州、江西、江苏等省、区的产茶区引种。所制红碎茶，香高味浓，叶底红亮，品质上乘。所制绿茶，外形绿翠多毫，香高持久，滋味鲜浓，是制名优绿茶毛峰的优质原料。适宜在江南茶区的红茶、绿茶产区推广种植。

二、茶叶的分类

我国茶类的划分目前尚无统一标准，将目前流行的各种分类方法综合起来，我国茶叶大致可分为基本茶类和再加工茶类两大部分，基本茶类包括绿茶、白茶、黄茶、青茶、黑茶、红茶，而再加工茶类以花茶为主。

任务三　茶树设施高效栽培

一、设施环境对茶树生长及茶叶品质的影响

（一）设施环境对茶树生长的影响

1. 设施环境对茶苗成活率的影响

设施栽培条件下的茶苗成活率明显高于露天栽培的茶苗，这主要是由于茶苗幼年阶段对外界环境要求较高，适应能力和抗性均较低，而设施内的环境可调控，可以抵御造成茶苗死亡的冻害、寒害和干旱等，从而确保茶苗成活。研究表明：设施栽培条件下茶苗成活率比露地栽培高 12%。

2. 设施环境对茶树物候期的影响

在可控的设施环境条件下，茶树的物候期明显早于露地栽培条件。观测研究表明：设施栽培的茶树发芽时间和展叶期均早于露天栽培，一般能提早 10～14d 以上发芽。如南京地区一般可提前 2 周开采，这在生产上有重要意义。

3. 设施环境对茶树生长及产量的影响

早春季节，设施内气温回升更快，保温效果良好，有效地提高了室内积温，促使茶芽提早萌发、新梢生长提前、叶量增多、百芽重提高等，使得早春茶产量能够大幅度增加；同时

又有效地防止了江南地区春季"倒春寒"对茶树萌动新梢造成的伤害。另一方面由于茶树在设施栽培条件下生长发育得到提前，茶树年生长期也随之延长，不仅增加了早春茶产量，全年茶叶产量也因此提高。

有试验表明：设施条件下茶芽梢平均伸长速率为 0.60mm/d，比露地栽培条件下的茶芽梢伸长速率（0.28mm/d）增快 115.7％，设施内的茶芽百芽重较露天栽培平均高出 2.9g，原因可能是早春气温低时，设施内温湿度较高，提高了净同化率，加之白天和黑夜温差较大，有利于细胞中叶内成分的积累，因而使百芽重增加。同时，茶树在设施条件下促进了矿物质元素的吸收，这对百芽重也有明显的影响。

（二）设施环境对茶叶品质的影响

据金珊等试验研究表明：设施茶园的栽培环境能够提高春季绿茶中氨基酸和茶水浸出物的含量，降低茶多酚、咖啡碱的含量以及酚氨比。同时，在设施栽培条件下，决定茶叶品质之一的儿茶素品质指数也大于常规对照，从这一方面可证明设施栽培环境能够促进绿茶品质提高。

另一方面，在设施栽培条件下，茶叶低沸点赋香物质较露天栽培明显增多，这可能是由于设施内高温高湿的的栽培环境对茶叶香气前体物质或香气形成途径产生影响，而利于茶树体内低沸点香气物质的形成和积累。

二、茶树设施种植条件选择

（一）场地选择及土壤条件

要选择背风向阳、水源充足、土壤肥沃、土壤 pH 值为 4.5～6.5 的缓坡地建大棚，建棚后定植，或选择符合上述条件的现有茶园建棚。

（二）园地和品种选择

设施栽培茶园的立地条件、品种和生长势直接影响覆膜后的早发效果。因而在江南地区可选择龙井 43、乌牛早、早逢春、福鼎大白茶、迎霜和劲峰等早芽品种。

（三）设施要求

目前在江南地区应用较广泛的茶园设施有春暖式大棚，中拱棚、大拱棚及小拱棚。

确定茶树设施栽培的类型，要根据茶园的地形地势、茶树的树龄、茶蓬的大小等各方面因素。在生产中因地制宜地选用小拱棚、中拱棚、大拱棚、春暖式大棚。

小拱棚适宜 1～2 龄茶树，茶棚高度在 30cm 左右。江南地区一般在冬季降温前用竹条或钢筋等做成弓形插入茶行，要求棚高 50～80cm、跨度 60～140cm，每隔 120～140cm 插设一条弓形竹片（钢筋），经固定后，上覆薄膜。注意薄膜离茶棚距离不要少于 5cm，以免灼烧枝叶，同时要用土压紧薄膜两边，以防风刮。小拱棚搭建简单，造价低，但保温性能差。

中拱棚和大拱棚适宜 3～4 龄茶园，一般 2 行茶或 4 行茶搭建一个拱棚，高度 1.3m 左右，人能在棚内弯腰作业为宜。

春暖式大棚适宜投产茶园，主要用竹竿、立柱、薄膜等材料。建棚方向根据地形而定，跨度在 8～10m，长度 30m 左右最好。

棚膜要求透光好、抗拉压、抗老化、不滴水。目前南方设施茶园多用厚 0.05～0.1mm 无滴水 PVC 塑料薄膜。

（四）栽培要求

茶树种植要规范，一般采用双行矮化密植，株距 20cm、大行行距 1.5m、小行行距 30cm。

新建茶园要对土壤进行深翻，深度要在 80cm 以上，然后按种植基线开沟定植，沟宽、深各为 40cm，施入腐熟有机肥，并掺入一定数量的无机肥。有机肥用量为 1000kg/667m²，或饼肥 100～150kg/667m²，复合肥 50kg/667m²。

三、茶树设施栽培管理

（一）设施环境管理

茶树适宜生长的温度为 20～25℃。设施内升温快，天晴中午棚内气温可达 40℃，高温会导致灼伤茶树、芽叶，轻则减收，重则造成绝收。当棚内温度超过 30℃时，就要揭开通气口，进行人工通风，以降低温度，一般以控制在 25℃左右为宜。因此，除了在冬季要做好防寒保温措施外，特别要重视立春后外界气温的回升情况，做到定时测量，及时控温，并仔细观察茶芽生长情况；一般晴天在 10：00 左右温度升至 25℃时开启放风口，15：00 关闭放风口，利于茶树正常生长。此外，洒水和喷雾也是降低棚内温度较常用的方法。

由于温室设施内是一个相对封闭的环境，水分不易排出棚外，棚内空气湿度处于饱和状态时，极易发生病虫害。为降低空气湿度、抑制病虫害发生，应结合通风降温进行换气排湿，同时，采取行间铺草、覆盖地膜等措施，可使空气湿度降至 80%～70%。

二氧化碳是茶树进行光合作用的重要原料，二氧化碳不足是影响设施茶园茶叶产量和品质的主要限制因素，而且常被忽视。通风换气是补充大棚二氧化碳最常用的办法，但在严冬季节，通风换气会造成大棚内的热量损失，此时，可以通过增施有机肥或二氧化碳粒肥；也可利用硫酸加碳酸氢铵发生化学反应的方法，缓解大棚内二氧化碳的供求矛盾，施用气肥时间选择在 09：00～10：00 为宜。

（二）田间管理

1. 施足基肥，适量追肥

由于设施茶园改变了茶树原有的休眠习惯，促使茶树在冬春季仍在生长，所以必须特别注意在冬春季对茶树的营养供应。入冬前耕锄杂草施好基肥，施饼肥 2250～3000 kg/hm²，或施相应的复合肥、土畜肥；同时，把翌年施的部分春茶催芽肥可提前到 10 月与基肥一起施下，以提高春茶对肥料的利用率，促进茶芽早发壮发。由于设施内早春茶树新梢生长速度快，需肥较常规茶树大，开采前 20d 应及时补充速效肥，开采后还要及时喷施叶面肥，以满足茶树生长发育。

2. 水分管理

茶树在设施内不能吸收外界雨水，必须科学合理进行浇灌。土壤相对含水量在 70%～80%时，最有利于茶树的生长。

一般每隔 5～10d 喷水 1 次，保持土壤湿润。尤其是在茶芽萌发前后，耗水量增大，加上在设施条件下，温度高蒸发大，没有水分及时补给，影响茶芽生育，此时可结合喷水进行追施稀土微肥、尿素等叶面肥，这样既能补充水分，又可促进芽叶早发、壮发；或者采用提水浇灌或引水沟灌等方法进行灌水，保证茶树正常生长对水分的需求。

3. 耕锄结合铺草

设施内气温高，杂草容易生长繁殖，应在秋茶采后结合施基肥进行一次耕锄，并在茶行间铺以各种山地杂草、作物秸秆等 500～600kg/667m²，铺草厚 10～15cm，草上适当压土，第二年秋季深翻埋入土中既可起到保湿、增温作用，又可改良土壤提高肥力。

4. 合理修剪

秋茶采后结合封园进行一次轻修剪和边缘修剪，树冠蓬面整理成弧形。保持茶树行间有 15～20cm 的间隙，以利于通风透光和茶树养分的积累，有利于提高春茶的产量。春季修剪应从常规的春茶前推迟到春茶后（5 月中下旬）进行，每隔 2～3 年进行 1 次深修剪，5～8 年进行 1 次重修剪，控制树高 60～70cm 左右，彻底剪除鸡爪枝和瘦弱枝，以增强树势。切忌在每年的秋、冬进行深修剪，以免影响翌年春茶的产量。

5. 病虫害防治

茶园害虫多冬眠，故对设施冬茶危害较轻，无须施药。对一些病害如茶赤叶斑病等，若危害严重，可选用高效、低毒、低残留的农药防治，并严格控制施药量及施药安全间隔期。最好采用农业措施和生物农药防治病虫害，尽量不使用化学农药。

设施内的温度、湿度适宜于小绿叶蝉、煤烟病、茶赤叶斑病等病虫害的繁殖发生，茶尺蠖等病虫会提早发生。所以要重视设施内茶树病虫害防治，细心观察，及时防治，以农业防治和生物防治为主，尽量不使用化学防治，如必须使用，应选用低毒、低残留农药，并严格控制施药量及施药安全间隔期。有机茶园主要病虫害防治见表 6-1。

表 6-1　　　　　　　　　　有机茶园主要病虫害防治方法

病虫害名称	防治时期	防治措施
假眼小绿叶蝉	5—6 月，8—9 月若虫盛期，百叶虫口：夏茶 5～6 头、秋茶 >10 头时施药防治	（1）分批多次采茶，发生严重时可机采或轻修剪； （2）湿度大的天气，喷施白僵菌制剂； （3）秋末采用石硫合剂封园； （4）可喷施植物源农药：鱼藤酮、清源保、叶蝉真菌粉剂； （5）发生期黄板诱杀
茶毛虫	各地代数不一，防治时期有异。一般在 5—6 月中旬，8—9 月。幼虫 3 龄前施药	（1）人工摘除越冬卵块或人工摘除群集的虫叶；结合清园，中耕消灭茧蛹，灯光诱杀成虫； （2）幼虫期喷施茶毛虫病毒制剂； （3）喷施 Bt 制剂或用植物源农药：鱼藤酮
茶尺蠖	年发生代数多，以第 3、4、5 代（6—8 月下旬）发生严重，幼虫数大于 7 头/m² 即应防治	（1）组织人工挖蛹，或结合冬耕施基肥深埋虫蛹； （2）灯光诱杀成虫； （3）1～2 龄幼虫期喷施茶尺蠖病毒制剂； （4）喷施 Bt 制剂；或喷施植物源农药：鱼藤酮
茶橙瘿螨	5 月中下旬、8—9 月发现个别枝条有为害状的点片发生时，即应施药	（1）勤采春茶； （2）发生严重的茶园，可喷施矿物源农药：石硫合剂、矿物油
茶丽纹象甲	5—6 月下旬，成虫盛发期	（1）结合茶园中耕与冬耕施基肥，消灭虫蛹； （2）利用成虫假死性人工振落捕杀； （3）幼虫期土施白僵菌制剂或成虫期喷施白僵菌制剂
黑刺粉虱	江南茶区 5 月中下旬，7 月中旬，9 月下旬至 10 月上旬	（1）及时疏枝清园、中耕除草，使茶园通风透光； （2）湿度大的天气喷施粉虱真菌制剂； （3）喷施石硫合剂封园
茶饼病	春、秋季发病期，5d 中有 3d 上午日照小于 3h，或降雨量 2.5～5mm 芽梢发病率大于 35%	（1）秋季结合深耕施肥，将根际枯枝落叶深埋土中； （2）喷施多抗霉素； （3）喷施波尔多液

实例 6-2 杭州地区名优茶设施栽培

利用简易塑膜大棚作设施栽培，使春茶采摘期提早 30~40d，从而大大提高名优茶的经济效益。该项技术在杭州茶区试验示范已有 10 余年。

一、园地和品种选择

设施栽培茶园的立地条件、品种和生长势直接影响覆膜后的早发效果。品种可选择龙井 43、乌牛早、早逢春、福鼎大白茶、迎霜和劲峰等早芽品种。

二、简易塑膜大棚的搭建

大棚搭建时间以 12 月中下旬至 1 月上旬为宜，覆盖期 45d 左右，即可采摘新茶。棚的大小一般不小于 1 亩，棚大保温、保湿效果较好，棚小则反之。

搭棚用主要材料：

（1）0.08mm 聚氯乙烯农膜，用量 100kg/667m² 左右。

（2）长 2.5~3m、直径 10cm 的木桩，或同样长度的 10cm×10cm 水泥桩，用量约 80 根/667m²。

（3）长 4m 的毛竹析条，用量约 600kg/667m²。

具体搭建方法为：先按横向 2m、纵向 4m 的间距，在茶园内打桩（棚柱），桩高 2~2.5m，立柱上纵架毛竹桁条，间距约 0.67m，再横架毛竹椽子，间距约 1.5m。在立柱、桁条与椽子的交接处用铅丝绑一层稻草，以防刺破塑膜，然后覆盖塑料薄膜，并在薄膜上每隔 2 根椽子钉一竹片固定。最后薄膜周边用泥土砖石压紧，棚两头装两个活动门。大棚搭建后，如遇大雨、刮风、下雪等天气，要及时检查。

三、简易塑膜大棚的管理

对设施栽培茶园应在上年秋季（10 月底至 11 月初）施足有机肥，施栏粪 1500kg/667m² 或饼肥 150~200kg/667m²，尿素 40kg/667m²。大棚覆盖后遇持续晴天、露地气温在 10℃ 以上时，应每隔 1~2d 喷清水一次，也可结合喷施叶面肥，但浓度应比露天茶园低。

棚内较适合茶叶生长的温度为 20~25℃，最高不能超过 30℃，最低不能低于 8℃。晴天中午前后棚内的温度有可能超过 30℃，这时必须开门或打开通气口使它降温，防止高温闷热灼伤茶芽。当温度下降到 20℃ 时应及时关闭通口。夜间温度迅速下降，所以太阳下山后要注意保温，尤其是天气特别寒冷的阴雨天或多风天气更要注意。

如遇大风雨雪天气，应及时加固大棚，防止雨雪压塌。大棚内长期处于密封状态，因为茶树呼吸作用和土壤有机物分解等会使棚内气体成分发生很大变化，会影响茶树生长，所以每天都要进行适当的换气。一般在不使大棚温度下降到 8℃ 以下的情况下，每天上午 10 时许打开通气道或门帘，下午 3 时许关闭。

实例 6-3 浙南地区茶园大棚薄膜覆盖栽培

一、盖棚茶园的选择

（一）小气候条件

选择背风向阳，光照充足，地势平坦，排灌条件好的茶园进行建棚，茶行南北朝向。

（二）茶树品种

以乌牛早、龙井 43 等早生种成龄茶园为佳，但平阳特早茶不宜。

二、盖棚茶园的前期管理

准备冬季盖棚的茶园，春茶结束后，应立即对茶园进行深修剪或重修剪，追施茶叶专用肥 150～200kg/667m²。夏、秋以留养枝条为主，病虫害等其他管理措施同茶叶无公害生产技术。深秋对新长枝条作打顶采，以充实枝条营养。不同的年份打顶的时间有所不同，以打顶后不会诱发腋芽萌发为前提。扣棚前茶相的总体要求是：茶叶生长势强，病虫害指数轻，茶园覆盖率达 90% 以上，茶芽粗壮有力，有蓄势待发之状。

三、扣棚前的几项农艺措施

（一）施基肥

深秋茶树停止生长后，深施基肥。一般在 10 月中旬至 11 月上旬，施腐熟的菜籽饼 500kg/667m² 或腐熟的猪粪、鸡粪 2000kg/667m²，有机复合肥 100kg/667m²，磷肥 100kg/667m²，混合拌匀后在树冠垂直下方开深沟施下并盖土。

（二）大棚的搭建

钢管拱型大棚或毛竹拱型大棚。以大棚横向跨度不超过 12m、棚高不超过 3.5m 为宜，棚面积 300～400m²。

（三）茶园灌水

扣棚前，对茶园进行一次灌水。要求灌透，并排干积水。

四、扣棚时间

离春节两个月前扣棚，一般在 11 月下旬。不宜过早扣棚，否则会诱引休眠未深的茶树再次萌发，变成晚秋茶。

五、扣棚后管理

（一）棚内温度控制

晴天棚内温度升高很快，要谨防茶树被高温烧坏。茶叶棚面的温度一般控制在 32℃ 以下，棚内温度超过该温度时要及时掀开裙膜通风散热。阴雨天棚内外温度相差 5～10℃，一般无需掀棚。夜间棚内外温度十分接近，夜间最低温度不低于 5℃，否则给予人工加温。一般一个大棚配备两台加温机或热风锅炉，也可用简易法砌灶加温。茶芽萌动后，要特别注意受强冷空气影响下的气温急剧下降的天气，夜间必须人工加温，保证棚内温度不低于 3～8℃。有条件的可在棚上加盖草帘，提高加温效果。

（二）茶芽促发

扣棚后 20d，喷施复旦 1 号、绿隆等茶叶专用叶面肥催发茶芽，每隔 7d 左右喷一次，喷 2～3 次。喷施时间选择在晴天或多云的早晨、下午，棚内温度 20～25℃ 为宜。茶芽一芽一叶初展、长度 2cm 左右时采摘。茶叶制作技术与春茶相同。

六、掀棚

大棚茶叶采摘春节前后可基本结束，但大棚内外的温度、湿度等环境条件相差很大，因此大棚薄膜不宜一次性掀开。茶叶采摘结束后，先掀开小部分裙膜，夜间不予封闭，逐渐将棚内环境过渡到棚外环境，半个月后方可全部掀开。春季气温回暖，同品种茶树开始萌动，再对茶园进行重剪和追肥，开始转入下一年度大棚茶园管理。

实训 6-3 茶苗扦插繁育

茶树良种繁殖方式包括有性繁殖和无性繁殖两种，各地可从实际出发，因地制宜采用。有性繁殖是应用茶籽繁殖后代的方式，它的后代称为有性系。无性繁殖亦称营养繁殖，是利用茶树的根、茎、叶、芽等营养器官进行的繁殖。无性繁殖的方法有扦插、压条、分株等，当前常用的是短穗扦插法。

一、穗与剪穗

当母本园留养的新梢中下部呈红棕色或黄绿色，组织开始木质化，顶芽停止生长，腋芽膨大或萌芽，叶片成熟时，即可截取穗条剪取插穗。插穗部位以树冠中上部新生枝扦插成活率最高。剪穗要求穗长 3~4cm，茎粗 2.5~3.5mm，每穗带有完整的腋芽和一片真叶。

二、扦插

（一）扦插时间

一般来说，只要有穗源，茶树一年四季都可以扦插，但扦插效果存在一定的差别。

2—3 月间利用上年的秋梢进行扦插，称为春插。其优点是当年可出圃，圃地利用周转快，管理上也比较方便、省工。但由于春季 70~90d 才能发根，且往往是先发芽后发根，造成养分消耗过多，又得不到及时补充，加之穗本身的先天不足，因而春插的成活率低，育成的苗也较瘦弱。

6 月中旬到 8 月上旬利用当年春梢和春夏梢进行扦插称为夏插。其优点是发根快，成活率高，苗木生长健壮。但由于夏季光照强、气温高，光照和水分的管理要求高，苗圃培育时间也较长，需要 16 个月以上，成本较高。

8 月中旬到 10 月上旬利用当年夏梢或夏秋梢进行扦插，称为秋插。秋季气温虽然逐渐下降，但地温仍然较高，而且秋季叶片光合能力也较强，因而秋插的发根速度仍较快。一般 9 月上旬前扦插，发根速度与夏插基本相近，9 月中旬到 10 月初扦插，当年发根率可达 20%，10 月上旬扦插，当年发根率为 5% 左右。从成活率和出圃率来看，秋插亦与夏插相近，较夏插短，成本较低，更重要的是采用秋插，春茶期间可利用母本园采摘高档名成茶，增加收入。不足之处是晚秋扦插的苗木较夏插略小。

10 月中旬至 12 月间，利用当年秋梢进行扦插，称为冬插。由于冬季气温、地温均低，且较干燥，扦插成活率低，一般茶区都不采用。但在冬季气温较高的南方茶区，也有使用的。其优点是可以提高土地利用率。在冬季气温较低的茶区，使用塑料薄膜覆盖进行冬插，也有一定的效果，但成本较高。

综上所述，从扦插成活率和苗木质量来看，以夏插最好，这时平均气温、地温都在 25℃ 以上，一般插后 30d 左右发根，45d 齐根，生长期长，对培育壮苗十分有利。越冬条件较好的地方也可在 9—10 月插，但须加强冬季管理，翌年增施肥料。秋插特别是早秋扦插与夏插相近，春、冬扦插较差。而从综合效益来看，则以选择早秋扦插最为理想。

（二）扦插密度

不同的扦插密度与出苗数有一定关系，一般以正常叶片长宽作行株距，叶长超过 12cm 的可剪去部分叶片。如以行距 8~10cm、株距 2.5cm 计为 400 株/m²，按 65% 的土地利用率，可插 17.33 万株/667m²，如有 80% 的成苗率，可出圃 14 万株/667m²，约可供 1~1.3hm² 新茶园用苗。

（三）扦插技术

扦插前，苗床须充分洒水。扦插时，用拇指和食指夹住插穗的叶柄着生处，垂直插入土中，入土深度为插穗长 2/3 左右，以叶柄基部触地但不埋入土中为度。叶片应顺风排列。插好后及时进行苗圃管理。

三、扦插后的苗圃管理

扦插苗圃管理工作重点是遮阳、浇水、施肥、松土、扯草、摘除花蕾、防治病虫害。作为无公害茶园的苗圃地管理，在水肥管理和病虫害管理方面，用水质量和肥料使用种类应适合无公害化要求，而病虫害防治尽量采用物理防治（采用人工捕杀，利用害虫的趋性进行灯光诱杀、色板诱杀或异性诱杀）和生物防治方法，随时注意用药安全。

（一）遮阳

以搭置水平遮阳棚为好。春、秋季节阳光不强烈，遮阳可稀疏一些，雨季甚至可不遮，夏季烈日，则要遮得密一些。当插穗全部发根成苗后，可逐渐稀疏遮阳帘，秋分后可选择阴天逐步揭除遮阳帘。冬季或春雨季可以不遮，但如遇长时间强日照，还须放置遮阳物。

（二）浇水和施肥

通常春、秋季的晴天，每天或隔天浇水一次，夏季晴天，早晚浇水一次。若土壤较湿润，不一定天天浇水，可灵活掌握。扦插初期每天浇水两次，当插穗发根并长出枝叶成苗时，应相应减少浇水次数和浇水量，苗高 5～10cm 后不再多浇灌，可视旱情不定期浇水，总体而言以保持畦面湿润为度。扦插苗初步形成根系后，开始追肥，通常春插 3 个月后，夏插两个月后，秋插至翌年 4—5 月施第一次追肥，以后每隔 30d 左右施肥一次。追肥浓度应随茶苗的生长逐步增加，腐熟或硫酸铵可由 0.1％ 逐步增至 0.5％。追肥可结合浇水进行。

（三）除草、松土和病虫害防治

扦插的苗木在苗圃里的生育期长达一年以上。苗圃地要结合松土进行除草，且杂草要除早、除小。同时注意防治半跗线螨、介壳虫类、小绿叶蝉及炭疽病、云纹叶枯病等病虫害。一般扦插后 7～10d 喷一次半量式波尔多液，入冬前再喷一次，这有利于保持母叶和防治病害。另外，必须经常检查，注意及时小心清除花蕾，切勿摇动插穗。

四、苗木出圃

出圃的茶苗应达到一定的规定，符合《茶树种子和苗木》（GB 11767—1989）的规定一般苗高不低于 20cm，茎粗不小于 0.3cm。本地茶区一般在 10 月中、下旬起苗，起苗前可将高于第一次定型修剪高度的枝叶剪去，注意保护根系，勿使受到损伤，并保持湿润，切不可晒干。如发现茶苗根结线虫病或茶饼病的茶苗应就地烧毁。外运的茶苗必须妥善包装，一般可 50～100 株为一捆，根部可用谷草或塑料薄膜包扎。做到随挖、随运，不可积压太久，到达目的地必须立即栽植。

思考

1. 简述茶的植物系统分类地位。
2. 简述茶树的生态习性。
3. 在自然生长状况下，茶树对环境条件有哪些要求？
4. 设施环境对茶树的生长及茶叶的品质有哪些影响？
5. 简述茶树设施栽培管理的技术要点。

参 考 文 献

[1] 冷春鸿，张征，吴志刚，等. 铁皮石斛的形态特征与设施栽培技术 [J]. 农技服务，2010，27（4）：510-512.

[2] 白美发，黄敏. 铁皮石斛高效设施栽培技术研究 [J]. 安徽农业科学，2008，36（35）：15416-15421.

[3] 邢福桑，冯锦东，刘凌峰，等. 铁皮石斛的栽培技术研究概况 [J]. 时珍国医国药，2002，13（9）：559.

[4] 蒙平. 铁皮石斛组培苗优质高效栽培技术 [J]. 新技术，2010（5）：45-46.

[5] 范俊安，王继生，张艳，等. 铁皮石斛组培品与野生品的形态组织学和多糖含量比较研究 [J]. 中国中药杂志，2005，30（21）：1648-1659.

[6] 屠国昌. 铁皮石斛的化学成分、药理作用和临床应用 [J]. 海峡药学，2010，22（2）：70-71.

[7] 喻晓雁，陈梦媛. 铁皮石斛组织培养研究进展 [J]. 中医学报，2011，26（7）：828-830.

[8] 浙江省质量技术监督局. 无公害铁皮石斛-生产技术规范. DB33/T 635.3—2007 浙江省地方标准 [S]. 杭州：浙江省农业厅.

[9] 姚元涛，宋鲁彬，田丽丽. 茶树的设施栽培技术及其效应 [J]. 落叶果树，2009（3）：36-37.

[10] 王世斌，陆婷. 茶树设施栽培技术探讨 [J]. 安徽农业科学，2009，37（35）：17476-17478，17484.

[11] 金珊，余有本，张秀云，等. 设施栽培对绿茶品质的影响 [J]. 中国农学通报，2009，25（15）：261-267.

[12] 李倬，贺龄萱. 茶与气象 [M]. 北京：气象出版社，2008.

[13] 蔡淑娴，曾亮. 湖南塑料大棚栽培茶树可行性试验 [J]. 福建茶叶，2004（2）：15.

[14] 韩文炎，王国庆，许允文. 塑料大棚对茶树生理代谢的影响 [J]. 中国农业科学，2003，36（9）：1020-1025.

[15] 郭见早，李锡柱，张明霞，等. 江北茶区茶树设施栽培技术 [J]. 茶叶，1998，24（3）：164-165.